航天器机构及其可靠性
（第二版）

刘志全　等 著

中国宇航出版社

·北京·

内 容 简 介

第二版在第一版的基础上，补充了球铰接杆式支撑臂、空间柔性机械臂、月球钻取式采样机构、空间聚光电池阵菲涅耳透镜和太阳翼黏滞阻尼器等相关内容。

本书涵盖了"机械基础——零部件设计与分析"、"航天器机构的发展"、"航天器机构的设计与分析"和"航天器机构可靠性设计、试验及评估"四部分内容，不特别追求对机构基础理论描述的系统性和对机构种类覆盖的全面性，而力求突出航天器机构个性化的创新性研究成果。

作者以航天器机构工程研制经验为基础，总结了 20 多年来作者及有关合作者在部分机械零部件、航天器机构及其可靠性方面的研究成果，撰写成本书。

本书可供高等院校相关专业师生及航天器相关领域工程技术人员参考。

图书在版编目（CIP）数据

航天器机构及其可靠性/刘志全等著. --2 版. --

北京:中国宇航出版社,2015.12

ISBN 978 - 7 - 5159 - 1045 - 1

Ⅰ.①航… Ⅱ.①刘… Ⅲ.①航天器—机构学—可靠性 Ⅳ.①V423

中国版本图书馆 CIP 数据核字（2015）第 300533 号

责任编辑 彭晨光	**封面设计** 宇星文化	

出版发行 中国宇航出版社

社　址	北京市阜成路 8 号　邮　编　100830	版　次	2015 年 12 月第 2 版
	（010）60286808		2015 年 12 月第 2 次印刷
网　址	www.caphbook.com	规　格	787×1092
经　销	新华书店	开　本	1/16
发行部	（010）60286888　（010）68371900(传真)	印　张	30.75　彩　插　8 面
	（010）60286887　（010）60286804(传真)	字　数	668 千字
零售店	读者服务部　北京宇航文苑	书　号	ISBN 978 - 7 - 5159 - 1045 - 1
	（010）68371105　（010）62529336	定　价	98.00 元
承　印	北京画中画印刷有限公司		

本书如有印装质量问题，可与发行部联系调换

第二版前言

随着航天事业的发展，航天器的功能不断增强，性能不断提高，越来越多的机构被应用到航天器上。航天器机构的可靠性问题也越来越突出。为了进一步提升航天器机构的设计水平，提高航天器机构的可靠性，促进研究成果应用于航天器工程，作者以航天器机构工程研制经验为基础，总结了作者20多年来在部分机械零部件、航天器机构及其可靠性方面的研究成果，撰写成《航天器机构及其可靠性》这本书，并于2012年12月出版了第一版。

第二版在第一版的基础上，补充了球铰接杆式支撑臂、空间柔性机械臂、月球钻取式采样机构、空间聚光电池阵菲涅耳透镜和太阳翼黏滞阻尼器等相关内容。

本书涵盖了"机械基础——零部件设计与分析"、"航天器机构的发展"、"航天器机构的设计与分析"和"航天器机构可靠性设计、试验及评估"四个部分的内容，不特别追求对机构基础理论描述的系统性和对机构种类覆盖的全面性，而力求突出航天器机构个性化的创新性研究成果。

本书的出版得到了中国空间技术研究院总体部王永富研究员、范含林研究员、柴洪友研究员及中国宇航出版社的支持与帮助，作者在此谨致谢意。中国空间技术研究院总体部的官颖、孙国鹏和李新立3位高级工程师及王丽丽博士参加了本书的校对和修改工作，在此一并感谢。

本书可供高等院校相关专业师生及航天器相关领域工程技术人员作为参考。

欢迎读者对本书中的错误和疏漏之处给予批评指正。

作者
2015年10月

目 录

第1篇 机械基础——零部件设计与分析

第2篇 航天器机构的发展

第 3 篇　　航天器机构的设计与分析

第 4 篇　　航天器机构可靠性设计、试验及评估

第 1 篇

机械基础——零部件设计与分析

Research on Cone Tooth Spherical
Gear Transmission of Robot Flexible Joint [*]

Liu Zhiquan   Li Guixian   Li Huamin

Abstract: This paper studies the principles of cone tooth spherical gear transmission of robot flexible joint, and also analyses and calculates the profile of convex tooth and concave tooth.

Keywords: cone tooth   spherical gear transmission

INTRODUCTION

Robot flexible wrist is the end of robot action. Its flexibility and movement range greatly affect the robot performance as a whole. So experts and scholars working on robot research both at home and abroad pay much attention to the research of robot flexible wrist. The spherical gear transmission (shown in Fig.1) invented by a Russian, A. H. Куклин has been successfully applied to the robot wrist made in Norwegian Trallfa Company—a wrist much welcomed internationally. Document [1] analysed the gear meshing of the spherical gear transmission of this wrist. This wrist joint is in fact a space gear-connecting rod mechanism. Its simple figure is shown as Fig. 2

In the two pairs of spherical gears, the gear ratio of one pair is 1, but the gear ratio of another pair is not 1. It makes the transmission of variable gear ratio in the longitude direction. The tooth profile of these two pairs of gears is the rotation surface of involute (see also [1]). To the spherical gear transmission whose gear ratio is not 1, because the sizes of two pitch spheres are not the same, it is impossible to make sure their latitude arc lengths (pitch) correspondingly equal when they make sure their longitude arc lengths (pitch) equal. In order to realize the transition from one pitch sphere to another, the pitch surface has to become stepping concentric sphere, and tooth profile will have some proper modification. This inevitably affects the operation performance of gears. Document [2], directed against the problems remaining in the spherical gear transmission whose gear ratio is not 1, studied the quasi-ellipsoid gear transmission which used the smooth quasi-

* 1990 ASME Design Technical Mechanism Conference—21st Biennial Mechanism Conference, Chicago, Illinois, Sept. 16 - 19, 1990, DE - Vol. 26, pp419 - 422. EI: 1991020082933

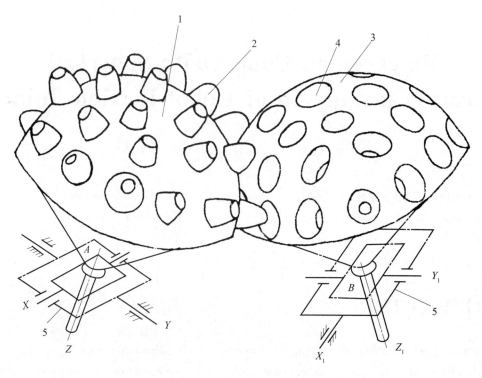

Fig. 1　Spherical gear transmission

ellipsoid pitch surface instead of stepping concentric sphere surface and also maked some improvement on tooth profile. On the basis of analysing the principles of the spherical gear transmission, this paper deals with that pair of spherical gear transmission whose gear ratio is 1, presents a new kind of tooth profile i. e. cone tooth instead of the involute rotation surface tooth profile which was adopted in the past, and studies this new kind of tooth profile.

1　THE PRINCIPLES OF SPHERICAL GEAR TRANSMISSION OF ROBOT FLEXIBLE JOINT

As shown in Fig. 2, 1-2 and 3-4 are respectively the two pairs of spherical gears. The rest all belongs to the frame work. A, C, D are all the intersection points of cross-shafts. The movements of the three degrees of freedom of flexible joint are the pitching movement around shaft X, the yawing movement around shaft Y, and the rolling movement around shaft Z. The so-called whole position bending is just the pitch-yaw compound motion of all kinds in different positions. Its bending extent depends on the travel of the cylinder pusher bars.

Take the two sphere crowns with different sphere centres as pitch surfaces; Take the sphere centres of these two sphere crowns respectively as two different rotation centres; Distribute convex teeth and concave teeth which can mesh each other respectively on the two spherical surfaces. This forms the spherical gear transmission, shown in Fig. 1.

In fact, the so-called rotation centres are intersection points of cross-shafts which are vertical with each other of the frame work. It is just like spherical hinge. As far as the spherical gear transmission whose gear ratio is 1 is concerned, the movement relation of this set of space gear-connecting rod mechanism can be completely simplified as the movement relation concerned in the epicyclic gear train (shown in Fig. 3) when the joint bends in one certain position in the limitted space, because the bending movements of the flexible joint in all positions are all the same.

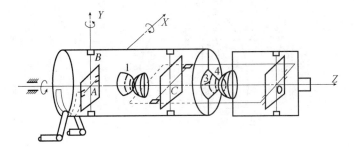

Fig. 2   A robot flexible wrist with two pairs of spherical gears

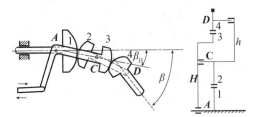

Fig. 3   Gear transmission principle

According to the Willis method

$$i_{12}^{H} = \frac{-\omega_{H}}{\omega_{h} - \omega_{H}} = -\frac{r_2}{r_1} \tag{1}$$

$$i_{34}^{h} = \frac{\omega_3^{H} - \omega_h^{H}}{\omega_4^{H} - \omega_h^{H}} = \frac{-(\omega_h - \omega_H)}{(\omega_4 - \omega_H) - (\omega_h - \omega_H)} = -\frac{r_4}{r_3} \tag{2}$$

Combine (1) and (2), we can obtain

$$i_{4H} = \frac{\omega_4}{\omega_H} = 1 + i_{21}(1 + i_{43})$$

i. e. $$\omega_4 = [1 + i_{21}(1 + i_{43})]\omega_H \tag{3}$$

Formula (3) is the movement relation between the hand 4 and planet carier H.

2　THE DISTRIBUTION OF TEETH

In the spherical gear transmission whose gear ratio is 1，the radii of two pitch spheres are the same and convex teeth match concave teeth one by one，so the distributions of convex teeth and concave teeth are all the same. In order to make the longitude pitch equal to the latitude pitch as much as possible，we can use the geometrical condition of the spherical equilateral triangle to distribute the teeth evenly on the pitch sphere，shown in Fig. 4.

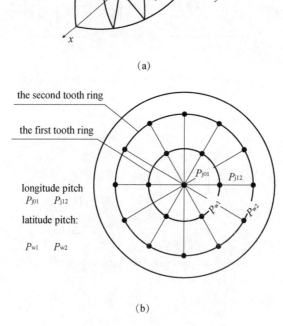

(a)

(b)

Fig. 4　The distribution of teeth

Put a tooth in the centre of Fig. 4 (b)；Distribute six teeth evenly on the first ring of latitude and twelve on the second one. To one certain tooth on the pitch sphere，its tooth profile equation will be established in the local space rectangular coordinate system. The three directions of the coordinate axes in the local space rectangular coordinate system are respectively the tanget line direction i of longitude，the tangent line direction j of latitude and normal line direction k of the pitch surface.

3   GEOMETRIC CALCULATION AND THE FLANK PRO-FILE EQUAION FOR CONE CONVEX TEETH

The convex tooth is of cone shape with a full tooth height of H_0 and a profile angle of α. Its axial cross section is shown as in Fig. 5. The dotted line indicates the pitch spherical surface $\sum_1$. Its radius is R. The flank profile of the cone convex tooth is indicated by line $ABCD$ in Fig. 5, of which AB is the addendum, and H is the distance from cone top to P point on the pitch spherical surface. In order to prevent the possible interference in the process of gear engagement, the addendum must be limitted within $PK \leqslant H \cdot \sin^2 \alpha$. We take out a point F in the middle part of the tooth, and make $PF = m$, m is the module of the gear. Referring to the formula for tooth thickness of the involute gear, we stipulate the tooth thickness here (at F point) is $\frac{\pi}{2} m - 2\delta$, that is $EF = \frac{\pi}{4} m - \delta$, in which δ is the circumferetial modification on a single side of the cone tooth (single side tooth thickness decreasement). The purpose of stipulating δ is to prevent the addendum of the concave tooth becoming sharp pointed. The geometrical calculation formula for each variables are as follows

$$\left.\begin{array}{l} H = \left(\dfrac{\pi}{4} m - \delta\right)\cot\alpha - m \\[2mm] PK = H\sin^2 \alpha \\[2mm] PQ = H_0 - PK \\[2mm] AK = H \cdot \sin\alpha \cdot \cos\alpha \end{array}\right\} \qquad (4)$$

In Fig. 5, the equation of the flank profile in AC side is

$$\left.\begin{array}{l} X_1 = -(H - V)\tan\alpha \\[2mm] Y_1 = R + V \end{array}\right\} \qquad (5)$$

Here V is a variable parameter, the range of it is

$$-PQ \leqslant V \leqslant PK, \text{ at } P \text{ point, } V = 0$$

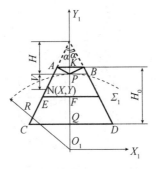

Fig. 5   A cone – shaped convex tooth

4 COORDINATE TRANSMISSION

As the above shows, the spherical gear transmission with the transmission ratio 1 is, substantially, simmilar to the case in which two pitch surfaces of the same size roll against one another in the limitted space. No matter which pair of the convex tooth and concave tooth on the spherical surface is engaging, their transmission ratio is always equal to 1. Therefore each pair of the convex tooth and concave tooth on the spherical surface engages exactly in the same way. When the flank profile of convex tooth is a rotative surface——a cone surface, the flank profile of the concave tooth is also a rotative surface. So it is typical to study the flank profile of any pair of a convex tooth and a concave tooth, when they are engaging alone the longitudinal disection on the pitch curve surface. The engagement of the convex tooth and concave tooth along the longitudinal direction of the pitch surface is equivalent to the engagement of a pair of cylinder gear with a transmission ratio 1. Therefore, we can make use of the solution for flank profile of the cylinder gear at the engagement to obtain the tooth shape of the concave tooth.

In Fig. 6, 1 and 2 are two pitch circles with the same radius. P is the pitch point. The centers of the two pitch circles are O_1 and O_2 respectively. The central distance is $a = 2R = O_1O_2$, the coordinate system $X_1O_1Y_1$ is fixed on gear 1; $X_2O_2Y_2$ is fixed on gear 2, XOY is a motionless coordinate system. The initial position of Y_1, Y_2 and Y coincides with each other. $X_gO_gY_g$ is fixed with coordinate system $X_2O_2Y_2$. O_g is on pitch circle 2. In the coordinate system $X_gO_gY_g$, the flank profile equation for concave tooth and its coordinate value will be more direct. The radius of addendum circle of the concave tooth is R_{a2} (dotted line in Fig. 6). The relationship between those concerned coordinates are as follows

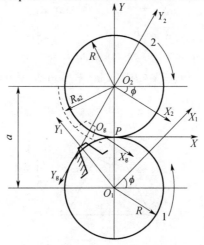

Fig. 6   Definition of coordinate systems

$$\begin{pmatrix} X \\ Y \\ 1 \end{pmatrix} = \boldsymbol{M}_{01} \cdot \begin{pmatrix} X_1 \\ Y_1 \\ 1 \end{pmatrix} = \begin{pmatrix} \cos\phi & -\sin\phi & 0 \\ \sin\phi & \cos\phi & -R \\ 0 & 0 & 1 \end{pmatrix} \cdot \begin{pmatrix} X_1 \\ Y_1 \\ 1 \end{pmatrix} \tag{6}$$

$$\begin{pmatrix} X_2 \\ Y_2 \\ 1 \end{pmatrix} = \boldsymbol{M}_{20} \cdot \begin{pmatrix} X \\ Y \\ 1 \end{pmatrix} = \begin{pmatrix} \cos\phi & -\sin\phi & R\sin\phi \\ \sin\phi & \cos\phi & -R\cos\phi \\ 0 & 0 & 1 \end{pmatrix} \cdot \begin{pmatrix} X \\ Y \\ 1 \end{pmatrix} \tag{7}$$

$$\begin{pmatrix} X_2 \\ Y_2 \\ 1 \end{pmatrix} = \boldsymbol{M}_{21} \cdot \begin{pmatrix} X_1 \\ Y_1 \\ 1 \end{pmatrix} = \boldsymbol{M}_{20} \cdot \boldsymbol{M}_{01} \cdot \begin{pmatrix} X_1 \\ Y_1 \\ 1 \end{pmatrix}$$

$$= \begin{pmatrix} \cos2\phi & -\sin2\phi & a\sin\phi \\ \sin2\phi & \cos2\phi & -a\cos\phi \\ 0 & 0 & 1 \end{pmatrix} \cdot \begin{pmatrix} X_1 \\ Y_1 \\ 1 \end{pmatrix} \tag{8}$$

$$\begin{pmatrix} X_g \\ Y_g \\ 1 \end{pmatrix} = \boldsymbol{M}_{g2} \cdot \begin{pmatrix} X_2 \\ Y_2 \\ 1 \end{pmatrix} = \begin{pmatrix} 1 & 0 & 0 \\ 0 & -1 & -R \\ 0 & 0 & 1 \end{pmatrix} \cdot \begin{pmatrix} X_2 \\ Y_2 \\ 1 \end{pmatrix} \tag{9}$$

5   THE EQUATION FOR CONTACTING LINE AND THE EQUATION FOR THE FLANK PROFILE OF THE CONCAVE TOOTH

The equation for contacting line

$$\left. \begin{aligned} X &= X_1\cos\phi - Y_1\sin\phi \\ Y &= X_1\sin\phi + Y_1\cos\phi - R \end{aligned} \right\} \tag{10}$$

The equation for the flank profile of the concave tooth

$$\left. \begin{aligned} X_2 &= X_1\cos2\phi - Y_1\sin2\phi + a\sin\phi \\ Y_2 &= X_1\sin2\phi + Y_1\cos2\phi - a\cos\phi \end{aligned} \right\} \tag{11}$$

6   THE CALCULATION IN COORDINATES FOR THE FLANK PROFILE OF THE CONCAVE TEETH

Take as a typical example the engagement of the left side flank of the central convex tooth (the shadow part in Fig. 6) and the corresponding flank profile of the central concave tooth. According to the given shape of convex tooth, the shape of the concave tooth can be identified with the method of tooth shape normal line (see document [3]) .

If the angle between axle X_1 and the tangent of convex tooth flank is γ, then

$$\tan\gamma=\frac{\mathrm{d}Y_1/\mathrm{d}V}{\mathrm{d}X_1/\mathrm{d}V}=\cot\alpha \tag{12}$$

$$\cos\psi=\frac{1}{R}\ (X_1\cos\gamma+Y_1\sin\gamma) \tag{13}$$

$$\phi=\frac{\pi}{2}-\ (\gamma+\psi) \tag{14}$$

To get the coordinate of the flank profile of the concave tooth, the angle ϕ corresponding to the start and end position in engagement must be determined.

Suppose the addendum sphere radius of spherical gear 2 where the concave tooth located is

$$R_{a2}=R+2m-\Delta R \tag{15}$$

Here, ΔR is the decreased amount of the addendum sphere radius of concave tooth. The purpose of setting ΔR is to prevent the addendum of the concave tooth becoming sharp pointed (within the permittable range of overlapping) .

When the root of convex tooth contacts the addendum of concave tooth, it means that a pair of teeth starts to be engaging; when the addendum of convex tooth contacts the root of concave tooth, the pair of teeth is out of engagement.

As for the engagement of central convex tooth and central concave tooth, the position at $\phi=0$ is the position of the two central teeth being out of engagement. This is determined by the convex tooth shape (cone tooth) and the position of convex tooth relative to the pitch surface Σ_1.

It can be seen in Fig. 6 that the correponding anlge ϕ should be negative, when the central convex tooth and central concave tooth are entering the engagement position. This negative number can be obtained through solving the non-linear equation (16), in which ϕ is dealt with as an unknown number

$$X_2^2+Y_2^2-\ (R+2m-\Delta R)^2=0 \tag{16}$$

Presume angle ϕ is ϕ_{in} when the central teeth begin to engage with one another, and ϕ_{out} when they begin to go out of engagement. Then within the engaging area ($\phi_{in}\sim\phi_{out}$), give ϕ a series values, ϕ_i (i=1, 2, $\cdots$, n) at a set step, a series of coordinate values of concave – tooth flank profile can be worked out according to the following procedures

7 EXAMPLE

Suppose the radius of two pitch spheres is $R = 36$mm, their central distance is 72mm, the full height of convex tooth $H_0 = 7$mm, module $m = 3$, $\theta = \theta^{(1)} = 15°$ corresponds to the latitudinal line of the first ring of convex teeth and $\theta = \theta^{(2)} = 30°$ corresponds to the latitudinal line of the second ring of convex teeth. To avoid structural interference at the bigger ends of the cone teeth and the sharp pointedness at the top of the addemdum of the concave teeth, the convex tooth profile angle α is not allowed too large. After calculation, $\alpha = 13°$ is appropriate. The circumferetial modification in one side of convex teeth, is $\delta = 0.4$mm. Reguards to the concave tooth gear, the longer the radius of its addendum sphere is, the larger the overlapping coeffient is, but the sharper its addendum top will become at the same time. Under the condition of meeting the overlapping coeffient requirement. It is proved by calculations that the addendum does not become over-sharp pointed when $\Delta R = 0.3$mm. The engaging area which each pair of convex tooth and concave tooth meshes along the longitudinal direction of the pitch surfaces should be $\phi = -0.321\ 311 \sim 0$ rad. Since this area is over 15°the continuing transmission can be realized.

The radius of the convex tooth addendum sphere is $R_{a1} = 36.276\ 960\ 79$ mm, the radius of its tooth root sphere is $R_{f1} = 29.276\ 960\ 79$ mm. While the radius of concave tooth addendum sphere is $R_{a2} = 41.7$ mm; The radius of its tooth root sphere is $R_{f2} = 34.973\ 039$ mm.

8 CONCLUSION

In the spherical gear transmission mentioned above, substituting cone teeth for involute rotative surface teeth is not only convenient to the rough maching of teeth, but also profitable to tooth flank grinding after hardening. It both makes easier the design and calculation and simplifies the technological process of manufacturing. This improved mechanism still maintains such advantages which the original structure had as compact structure, good mobility and omni-azimu-thal transmission.

REFERENCES

[1] Guo Jifeng. Principle and Design of Spherical Gear Transmission of Robot Flexible Wrist, Thesis for the Mastership, Harbin Institute of Technology, 1987.

[2] Liu Zhiquan. Principle and Design of Quasi-ellilipsoid Gear Transmission of Robot Flexible Joint, Thesis for the Mastership, Harbin Institute of Technology, 1989.

[3] Wu Xutang. Meshing Principle of Gears, Engineering Industry Publishing House, Beijing, 1982.

[4] Li Qingyang, et al. Numerical Value Analysis, Publishing House of Huazhong University of Science and Technology, 1983.

机器人柔性关节准椭球面齿轮传动
——节曲面的优化设计[*]

刘志全　李瑰贤　李华敏

摘　要：本文针对"东方"喷漆机器人柔性关节上装用的球面齿轮传动装置存在的问题，研制出了一种新型的可实现精密全方位变传动比的准椭球面齿轮传动。本篇依据空间双自由度啮合条件，对准椭球面齿轮的传动比函数及节曲面有关参数进行了优化设计。

关键词：柔性关节　准椭球面齿轮传动　节曲面

前　言

挪威 Trallfa Nis Underhang 公司生产的 Trallfa 柔性手腕是深受广大机器人用户青睐的产品，但由于技术保密等原因，连美国的 Devilbiss 等公司也不得不购置 Trallfa 手腕。在我国，为了探索 Trallfa 手腕的技术奥秘，有关研究人员作了大量工作。哈尔滨工业大学与航空航天部 811 厂联合研制了球面齿轮传动的柔性手腕[1]，该手腕已成功地安装在自行设计制造的"东方"喷漆机器人上并投入使用。该手腕与 Trallfa 手腕在传动原理和结构外形方面基本相同。所采用的球面齿轮传动——在两个不同球心的球冠上，一个嵌入凸齿齿柱，另一个切削出凹齿齿形所形成的空间齿轮传动，如图 1 所示。当两个球冠上的凸齿和凹齿沿着球面不同方位啮合时，手腕即可实现全方位弯转。

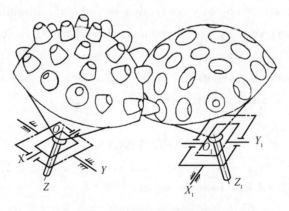

图 1　球面齿轮传动简图

* 《机器人》1990，Vol. 12，No. 3，pp36 – 41

对于这种球面齿轮传动，当传动比不为1时，若不采用其他措施，则两个大小不等的节球，在保证两者经线弧长相等的前提下无法保证两者纬线弧长也对应相等，即无法实现球面齿轮的空间双自由度啮合[1]。"东方"喷漆机器人手腕装有可实现名义传动比为$\frac{2}{3}$的球面齿轮。其解决办法是对节球和齿形作了"修形"。结果使得光滑节球变为阶梯式的同心球面。虽然这样的球面齿轮传动可以实现正确啮合，但是由于修形，节球阶梯处的半径急剧变化，传动比改变较大，因而有较大的加速度和冲击产生，运动的平稳性也因此受到影响。此外，名义传动比越大，两个节球的半径就越大，所需的修形量越大，传动就越不平稳。名义传动比也因此受到限制。针对球面齿轮传动存在的上述问题，本文研究一种新型的传动装置——准椭球面齿轮传动装置，它不仅适用于腕关节，而且也可适用于机器人其他柔性关节。

1 齿在节曲面上的分布

如图2所示，O_1 和 O_2 分别为小齿轮和大齿轮的转动中心。这里所说的转动中心，实质上是万向节十字叉轴的交点，相当于球形铰链。A 为中心距；坐标系 $\sigma^{(\omega)}[O_1, i_1, j_1, k_1]$ 是与小齿轮相固联的动坐标系；坐标系 $\sigma^{(2)}[O_2, i_2, j_2, k_2]$ 是与大齿轮相固联的动坐标系；节曲面 Σ_1 和节曲面 Σ_2 分别以 k_1 和 k_2 为回转轴的回转曲面，节曲面 Σ_1 经线方向的参数为 θ，纬线方向的参数为 γ_1；节曲面 Σ_2 经线方向的参数为 φ（φ 依赖于 θ），纬线方向的参数为 γ_2（$\gamma_2 = \gamma_1$）。r_1 和 r_2 分别是节曲面 Σ_1 和 Σ_2 上任意一对齿 p_1 和 p_2（p_1 和 p_2 是对应点）所在位置的径矢。节曲面 Σ_1 的矢方程为

$$r_1 = r_1(\theta)(\sin\theta\cos\gamma_1 i_1 + \sin\theta\sin\gamma_1 j_1 + \cos\theta k_1) \tag{1}$$

节曲面 Σ_2 的矢方程为

$$r_2 = r_2(\varphi)(\sin\varphi\sin\gamma_2 i_2 + \sin\varphi\cos\gamma_2 j_2 + \cos\varphi k_2) \tag{2}$$

其中 $\varphi = \varphi(\theta)$。

显然

$$\frac{\partial r_1}{\partial \theta} \cdot \frac{\partial r_1}{\partial \gamma_1} = \frac{\partial r_2}{\partial \gamma_2} \cdot \frac{\partial r_2}{\partial \varphi} = 0$$

可见，Σ_1 上的参数曲线 θ 线和 γ_1 线彼此正交；Σ_2 上的 φ 线和 γ_2 线也是正交的。切矢 $\frac{\partial r_1}{\partial \theta}$，$\frac{\partial r_1}{\partial \gamma_1}$ 和 Σ_1 的法矢 $\frac{\partial r_1}{\partial \theta} \times \frac{\partial r_1}{\partial \gamma_1}$ 是三个彼此垂直的矢量，对应的单位矢量分别为 i_h，j_h，k_h，在 p_1 点形成局部空间直角坐标系。同理 $\frac{\partial r_2}{\partial \gamma_2}$，$\frac{\partial r_2}{\partial \varphi}$ 和 $\frac{\partial r_1}{\partial \gamma_2} \times \frac{\partial r_2}{\partial \varphi}$ 对应的单位矢量 i_g，j_g，k_g，在 p_2 点形成局部空间直角坐标系。齿形方程将在上文提及的两个局部坐标系中建立。节曲面上每个齿都对应着自己的一个局部空间直角坐标系。齿在节曲面上的位置 (θ, γ_1) 或 (φ, γ_2) 一经确定，则相应的齿面对于节曲面的位置也就确定了。齿在节曲面上分布的俯视图见图3。

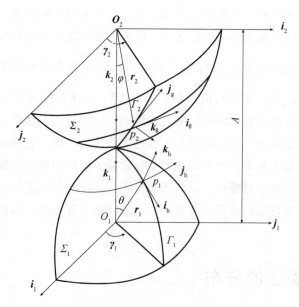

图 2　齿在节曲面上的位置

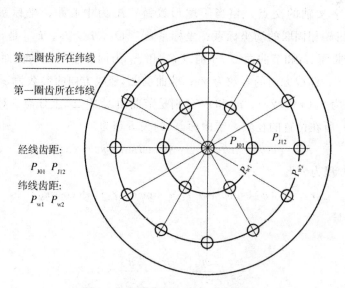

图 3　齿在节曲面上分布（俯视图）

中心处（$\theta = \varphi = 0$）布置一个齿；第一条纬线上均布 6 个齿；第二条纬线上均布 12 个齿，齿在节曲面 Σ_1 和 Σ_2 上的分布是一一对应的。

2　节曲面设计准则

1）节曲面 Σ_1 和 Σ_2 沿经线方向对滚，相当于一对不封闭的非圆齿轮传动；节曲面 Σ_1 和 Σ_2 沿纬线方向对滚，类似于一对传动比为 1 的圆锥齿轮传动。因要求 Σ_1 和 Σ_2 上经线弧长（从 $\theta=0$ 算起）对于任意给定的 θ 都对应相等；纬线弧长也对应相等。只有这样，才能保证经线方向的凸齿齿距等于凹齿齿距，这是正确啮合的前提条件。

2）节曲面 Σ_1 和 Σ_2 必须是光滑外凸的曲面，节曲面上不允许有奇点（无"尖角"或"凹坑"）。

3）中心齿所在处、第一圈齿所在处和第二圈齿所在处的传动比应尽量接近于名义传动比，传动比变化要均匀。

3　准椭球节曲面的优化设计

如上所述，节曲面 Σ_1 和 Σ_2 均为回转曲面，只要设计出曲面的一条母线，则回转曲面也随之可以求得。本文提及的准椭球节曲面，它的母线类似于椭圆但又不符合标准椭圆方程，这样的母线回转一周形成的回转曲面可以证明其上的点均为"椭圆点"[2]，故称之为准椭球节曲面。

如图 4 所示，Γ_1 和 Γ_2 分别为 Σ_1 和 Σ_2 上的母线，设经线方向名义传动比为 I_{21}，传动比函数为

$$i_{21}(\theta)=\frac{r_1(\theta)}{r_2(\theta)}$$

则 Γ_1 和 Γ_2 的极坐标方程为

$$r_1=r_1(\theta)=\frac{Ai_{21}}{1+i_{21}} \tag{3}$$

$$r_2=r_2(\theta)=\frac{A}{1+i_{21}} \tag{4}$$

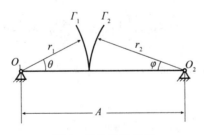

图 4　节曲面的母线

欲使节曲面经线方向弧长处处相等，则

$$\varphi=\int_0^\theta i_{21}(\theta)\mathrm{d}\theta \tag{5}$$

纬线弧长相等条件

$$r_1\sin\theta=r_2\sin\varphi \tag{6}$$

设传动比函数为

$$i_{21}=I_{21}+x_1\theta+x_2\theta^2+x_3\theta^3+x_4\theta^4 \tag{7}$$

式中　x_1，x_2，x_3，x_4——分别为待定系数。

对于由极坐标方程 $r_1 = r_1(\theta)$ 给出母线 Γ_1 来说容易证明，在 $\theta = 0$ 处，若

$$\frac{\mathrm{d}r_1}{\mathrm{d}\theta} = \frac{\mathrm{d}r_1}{\mathrm{d}i_{21}} \cdot \frac{\mathrm{d}i_{21}}{\mathrm{d}\theta} < 0$$

则 Γ_1 向内凹，节曲面 Σ_1 会出现"凹坑"；若 $\dfrac{\mathrm{d}r_1}{\mathrm{d}\theta} > 0$，则 Γ_1 向外凸，节曲面会出现"尖角"。

因此，只有当 $\dfrac{\mathrm{d}r_1}{\mathrm{d}\theta} = 0$ 时，Γ_1 才平滑过渡，节曲面 Σ_1 才不会有奇点，Σ_2 也不会有奇点。而

$$\frac{\mathrm{d}r_1}{\mathrm{d}\theta}\Big|_{\theta=0} = \frac{Ax_1}{1+I_{21}} = 0 \tag{8}$$

可推出 $x_1 = 0$。这说明欲使节曲面无奇点，则传动比函数 $i_{21}(\theta)$ 表达式中不允许有 θ 的一次项。于是，由"经线弧长相等条件"得到的 φ 的表达式为

$$\varphi = \int_0^\theta i_{21}\mathrm{d}\theta = I_{21}\theta + \frac{1}{3}x_2\theta^3 + \frac{1}{4}x_3\theta^4 + \frac{1}{5}x_4\theta^5 \tag{9}$$

由"纬线弧长相等条件"得到的 φ 的表达式为

$$\varphi = \arcsin(i_{21}\sin\theta) = \arcsin[(I_{21} + x_2\theta^2 + x_3\theta^3 + x_4\theta^4)\sin\theta] \tag{10}$$

理论上讲，（9），（10）两式应当相等，但是由于计算误差存在，两者不可能绝对相等，而且实际上也没有必要使两者严格相等，只要

$$\Delta\varphi(\theta) = \left|\int_0^\theta i_{21}\mathrm{d}\theta - \arcsin(i_{21}\sin\theta)\right| < \varepsilon \tag{11}$$

即可，ε 为误差允许值。在 θ 的工作角度范围内，按 Чебышев 插值点选取方法并作适当调整，选取两个插值点 θ_{01} 和 θ_{02}，使 $\Delta\varphi(\theta_{01}) = \Delta\varphi(\theta_{02}) = 0$，而其他点处，应使 $\Delta\varphi$ 尽可能小（在误差允许范围内）。这是一个以 x_2，x_3，x_4 为设计变量的三维优化问题。

（1）目标函数

$$F(x_2, x_3, x_4) = \max\left[\left|I_{21}\theta_j + \frac{x_2}{3}\theta_j^3 + \frac{x_3}{4}\theta_j^4 + \frac{x_4}{5}\theta_j^5 - \right.\right.$$
$$\left.\left. \arcsin[\sin\theta_j(I_{21} + x_2\theta_j^2 + x_3\theta_j^3 + x_4\theta_j^4)]\right|\right]$$

其中

$$\theta_j = (j-1)\pi/180 \, (j = 1, 2, \cdots, n) \tag{12}$$

（2）等式约束

$$H_1(x_2, x_3, x_4) = I_{21}\theta_{01} + \frac{x_2}{3}\theta_{01}^3 + \frac{x_3}{4}\theta_{01}^4 + \frac{x_4}{5}\theta_{01}^5 - $$
$$\arcsin[\sin\theta_{01}(I_{21} + x_2\theta_{01}^2 + x_3\theta_{01}^3 + x_4\theta_{01}^4)] = 0$$

$$H_2(x_2, x_3, x_4) = I_{21}\theta_{02} + \frac{x_2}{3}\theta_{02}^3 + \frac{x_3}{4}\theta_{02}^4 + \frac{x_4}{5}\theta_{02}^5 - $$
$$\arcsin[\sin\theta_{02}(I_{21} + x_2\theta_{02}^2 + x_3\theta_{02}^3 + x_4\theta_{02}^4)] = 0 \tag{13}$$

（3）不等式约束

$$G_j(x_2, x_3, x_4) = 1 - |\sin\theta_j(I_{21} + x_2\theta_j^2 + x_3\theta_j^3 + x_4\theta_j^4)| \geqslant 0 \tag{14}$$

其中
$$\theta_j = (j-1)\pi/180(j=1,2,\cdots,n)$$

考虑到该问题的非线性程度较大，存在局部收敛性，故必须选择一组较好的初值才能获得全局最优解。x_2，x_3，x_4 选取初值的程序框图见图 5。

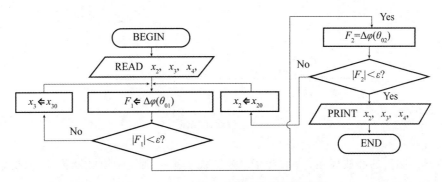

图 5　x_2，x_3，x_4 选取初值的程序框图

初值选定后，采用混合惩罚函数法调用 Powell 法的优化过程进行优化[3]。

参数 x_2，x_3，x_4 一经确定，则 $i_{21}(\theta)$，$r_1(\theta)$，$r_2(\theta)$，$\varphi(\theta)$ 均为已知函数，预期的节曲面即可求得。

4　实例

设准椭球面齿轮传动的中心距 $A=90$ mm，名义传动比 $I_{21}=\dfrac{2}{3}$；$\theta=0$ 处为中心齿所在处；$\theta=\theta^{(1)}=15°$ 为第一圈凸齿所在纬线的位置，沿纬线均布 6 个齿；$\theta=\theta^{(2)}=30°$ 为第二圈凸齿所在纬线的位置，沿纬线均布 12 个齿。θ 的工作角度范围为 0°～45°，取插值点 $\theta_{01}=27°$，$\theta_{02}=42°$，参照图 5，计算结果如下

$$x_2=0.092\,511,\quad x_3=0.000\,312,\quad x_4=0.004\,8$$

$$i_{21}(\theta)=\frac{2}{3}+0.092\,511\theta^2+0.000\,312\theta^3+0.0048\theta^4 \tag{15}$$

$$\varphi(\theta)=\frac{2}{3}\theta+0.030\,837\theta^3+0.000\,078\theta^4+0.000\,96\theta^5 \tag{16}$$

在 $\theta=0°～45°$ 内，$\Delta\varphi$ 最大值小于 10^{-6}；第一圈凹齿所在纬线位置 $\varphi^{(1)}=\varphi(\theta^{(1)})=10°1'54''$，第二圈凹齿所在纬线的位置 $\varphi^{(2)}=\varphi(\theta^{(2)})=20°15'22''$，将式（15）代入式（3）、式（4），则 $r_1(\theta)$ 和 $r_2(\theta)$ 成为已知函数。再将 $r_1(\theta)$ 和 $r_2(\theta)$ 代入式（1）和式（2），则准椭球节曲面得以求解。在 $\theta=0°～45°$ 内，$i_{21}(\theta)$ 与名义传动比 $I_{21}=\dfrac{2}{3}$ 相关不大，变化幅度也不大，如图 6 所示。

参考图 3，设 P_{J01}，P_{J02} 和 P_{J12} 分别代表中心齿到第一圈齿、中心齿到第二圈齿、第

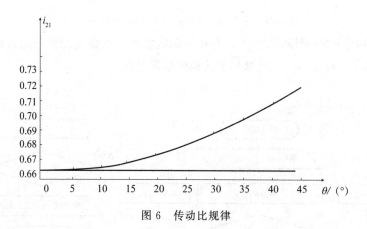

图 6　传动比规律

一圈齿到第二圈齿的经线齿距；P_{w1} 和 P_{w2} 分别代表第一圈齿和第二圈齿所在纬线上的纬线齿距；ΔP_{w1} 和 ΔP_{w2} 分别代表由于 $\Delta\varphi$ 而引起的第一圈纬线齿距误差和第二圈纬线齿距误差

$$
\begin{aligned}
P_{J01} &= \int_0^{\theta^{(1)}} \sqrt{r_1^2(\theta) + \left(\frac{\mathrm{d}r_1}{\mathrm{d}\theta}\right)^2}\,\mathrm{d}\theta \\
&= A\int_0^{\theta^{(1)}} \frac{\sqrt{i_{21}^2(1+i_{21})^2 + (\mathrm{d}i_{21}/\mathrm{d}\theta)^2}}{(1+i_{21})^2}\,\mathrm{d}\theta
\end{aligned}
\tag{17}
$$

$$
\begin{aligned}
P_{J02} &= \int_0^{\theta^{(2)}} \sqrt{r_1^2(\theta) + \left(\frac{\mathrm{d}r_1}{\mathrm{d}\theta}\right)^2}\,\mathrm{d}\theta \\
&= A\int_0^{\theta^{(2)}} \frac{\sqrt{i_{21}^2(1+i_{21})^2 + (\mathrm{d}i_{21}/\mathrm{d}\theta)^2}}{(1+i_{21})^2}\,\mathrm{d}\theta
\end{aligned}
\tag{18}
$$

$$
P_{J12} = P_{J02} - P_{J01}
\tag{19}
$$

采用复化 Simpson 数值积分方法计算得

$$
P_{J01} = 9.445\,693\,(\mathrm{mm}) \quad P_{J12} = 9.570\,928\,(\mathrm{mm})
$$

$$
\left.
\begin{aligned}
P_{w1} &= \frac{\pi}{3} r_1(\theta^{(1)})\sin\theta^{(1)} \\
\text{或 } P_{w1} &= \frac{\pi}{3} r_2(\varphi^{(1)})\sin\varphi^{(1)}
\end{aligned}
\right\}
\tag{20}
$$

$$
\left.
\begin{aligned}
P_{w2} &= \frac{\pi}{6} r_1(\theta^{(2)})\sin\theta^{(2)} \\
\text{或 } P_{w2} &= \frac{\pi}{6} r_2(\varphi^{(2)})\sin\varphi^{(2)}
\end{aligned}
\right\}
\tag{21}
$$

计算得

$$
P_{w1} = 9.812\,975\,(\mathrm{mm}); \quad \Delta P_{w1} = 0.114\,835\,8\times10^{-4}\,(\mathrm{mm});
$$

$$
P_{w2} = 9.640\,023\,(\mathrm{mm}); \quad \Delta P_{w2} = 0.754\,002\,7\times10^{-6}\,(\mathrm{mm})。
$$

5　小结

机器人柔性关节准椭球面齿轮传动机构是类似于 Trallfa 手腕的空间齿轮—连杆机构。准椭球面轮传动是一种新型的、可实现空间全方位变传动比传动的齿轮传动，光滑外凸的准椭球节曲面取代球面齿轮传动中阶梯式的同心球面；使精度得以提高，使运动平稳性得以改善。此外，准椭球节曲面不需修形，对简化加工工艺也是有益的。

大小齿轮上的准椭球节曲面，可以保证在经线弧长相等的前提下，纬线弧长也近似相等，齿距误差小于 $0.1\ \mu\mathrm{m}$。

准椭球节曲面的形状受传动比函数 $i_{21}(\theta)$ 制约。传动比函数是关于 θ 的四次多项式但不允许含有一次项。实例计算表明：变传动比与名义传动比差值不大且变化幅度较小。

凸凹齿啮合属于一一对应。从实例计算出的齿距数值 P_{J01}，P_{J12}，P_{w1} 和 P_{w2} 可以看出，齿在准椭球节曲面上的分布基本上属于均匀分布。

关于准椭球面齿轮的齿形设计及啮合原理等理论研究在另几篇论文中论述。

参 考 文 献

[1]　郭吉丰 . 机器人柔性手腕球面传动的原理与设计 . 哈尔滨：哈尔滨工业大学硕士学位论文，1987.

[2]　吴大任 . 微分几何 . 北京：人民教育出版社，1982.

[3]　万耀青 . 最优化计算方法常用程序汇编 . 北京：工人出版社，1983.

[4]　吴序堂 . 齿轮啮合原理 . 北京：机械工业出版社，1982.

机器人柔性关节准椭球面齿轮传动
——齿形分析与设计[*]

李瑰贤　　刘志全　　李华敏

摘　要：本文就机器人柔性关节准椭球面齿轮传动的齿形问题作了分析研究，其凸齿齿形是以圆锥面代替了以往采用的渐开线回转面，使加工制造大为简化；文中又依据空间双自由度啮合理论，推导出啮合方程组及凹齿齿面方程，对凹齿齿廓的几何特征作了分析并给出了齿廓坐标的计算方法。最后还对重合度进行了研究和计算，其结果证明该种准椭球面齿轮副传动可实现连续传动。

关键词：柔性关节　准椭球面齿轮传动　齿形

引　言

我们曾于本刊 1990 年第 3 期上对精密机器人柔性关节准椭球面齿轮传动进行了分析，根据空间双自由度啮合条件对准椭球面齿轮传动比函数及节曲面有关参数进行了优化设计，推导出了节曲面方程并对轮齿的分布进行了设计。

在此基础上，就凸齿齿形、凹齿齿形的设计以及凸齿和凹齿的啮合问题作进一步分析研究。为便于齿面粗加工及淬火后磨削，本文以锥形凸齿齿面代替过去球面齿轮传动所采用的渐开线回转面齿形，凹齿齿形则根据凸齿齿形并借助于双自由度啮合情况下双参数包络而求得。

1　凸齿齿面方程及坐标变换

在局部坐标系 $\sigma^{(H)}\{O_\mathrm{h}, i_\mathrm{h}, j_\mathrm{h}, k_\mathrm{h}\}$ 中考察凸齿齿面以及在局部坐标系 $\sigma^{(G)}\{O_\mathrm{g}, i_\mathrm{g}, j_\mathrm{g}, k_\mathrm{g}\}$ 中考察凹齿齿面较为直观，参见图 1。$\sigma^{(H)}$ 与 $\sigma^{(1)}$ 之间的转换关系为

$$\begin{bmatrix} x^{(1)} \\ y^{(1)} \\ z^{(1)} \\ 1 \end{bmatrix} = \begin{bmatrix} h\cos\gamma_1 & -\sin\gamma_1 & -q\cos\gamma_1 & Af\cos\gamma_1 \\ h\sin\gamma_1 & \cos\gamma_1 & -q\sin\gamma_1 & Af\sin\gamma_1 \\ q & 0 & h & Ag \\ 0 & 0 & 0 & 1 \end{bmatrix} \begin{bmatrix} x_\mathrm{h} \\ y_\mathrm{h} \\ z_\mathrm{h} \\ 1 \end{bmatrix} \tag{1}$$

$\sigma^{(G)}$ 与 $\sigma^{(2)}$ 之间的坐标转换关系为

---

* 《机器人》1991，Vol. 13，No. 4，pp7－12

$$\begin{bmatrix} x_g \\ y_g \\ z_g \\ 1 \end{bmatrix} = \begin{bmatrix} \cos\gamma_2 & -\sin\gamma_2 & 0 & 0 \\ G\sin\gamma_2 & G\cos\gamma_2 & G_Z & -(G_Z F_Z + GF)A \\ -G_Z\sin\gamma_2 & -G_Z\cos\gamma_2 & G & -(G_Z F_Z - G_z F)A \\ 0 & 0 & 0 & 1 \end{bmatrix} \begin{bmatrix} x^{(2)} \\ y^{(2)} \\ z^{(2)} \\ 1 \end{bmatrix} \quad (2)$$

其中，系数 h，g，f，q，G，G_z，F，F_z 随着纬线（齿所在的纬线）相对于节曲面位置变化而变化，数值详见参考文献 [1，2]。

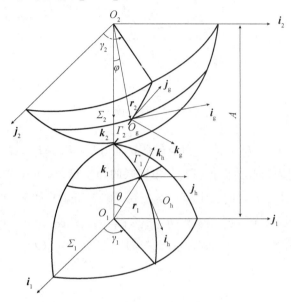

图 1　凸凹齿的局部坐标系

凸齿齿面 $\sum^{(1)}$ 采用全齿高为 H_0，锥角为 2α 的圆锥面；H 为锥顶到节曲面的法向距离。凸齿齿面 $\sum^{(1)}$ 的参数为 (u, V)。为防止啮合过程中的干涉，必须对凸齿齿顶加以限制：$V \leqslant H\sin^2\alpha$，齿顶处 $V = H\sin^2\alpha$，如图 2 所示。

$$H = \left(\frac{\pi}{4}m - \Delta\right)\cot\alpha - m \quad (3)$$

其中　m——模数；

　　Δ——凸齿齿厚单侧减薄量，设置 Δ 的目的在于防止凹齿齿顶变尖。

参照式（1），可得到 $\sum^{(1)}$ 在 $\sigma^{(1)}$ 坐标系中的齿面方程

$$\left.\begin{aligned} & \boldsymbol{r}^{(1)} = x^{(1)}\boldsymbol{i}_1 + y^{(1)}\boldsymbol{j}_1 + z^{(1)}\boldsymbol{k}_1 \\ & x^{(1)} = h\cos\gamma_1 x_h - \sin\gamma_1 y_h - q\cos\gamma_1 z_h + Af\cos\gamma_1 \\ & y^{(1)} = h\sin\gamma_1 x_h + \cos\gamma_1 y_h - q\sin\gamma_1 z_h + Af\sin\gamma_1 \\ & z^{(1)} = qx_h + hz_h + Ag \\ & x_h = (H - V)\tan\alpha\cos u \\ & y_h = (H - V)\tan\alpha\sin u \\ & z_h = V \end{aligned}\right\} \quad (4)$$

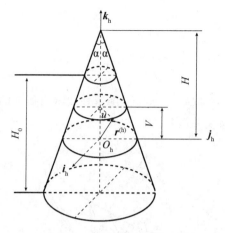

图 2　凸齿的圆锥面

坐标系 $\sigma^{(10)}\{O_1,\ \boldsymbol{i}_{10},\ \boldsymbol{j}_{10},\ \boldsymbol{k}_{10}\}$ 和坐标系 $\boldsymbol{\sigma}^{(20)}\{O_2,\ \boldsymbol{i}_{20},\ \boldsymbol{j}_{20},\ \boldsymbol{k}_{20}\}$ 均为固定坐标系；坐标系 $\sigma^{(1)}$ 和 $\sigma^{(2)}$ 分别为与节曲面 Σ_1 和 Σ_2 相固联的动坐标系，θ（或 φ）和 δ 分别为经线和纬线运动参数，$\sigma^{(1)}$ 与 $\sigma^{(2)}$ 之间的坐标转换关系（图 3 所示）如下

$$\begin{bmatrix} x^{(2)} \\ y^{(2)} \\ z^{(2)} \\ 1 \end{bmatrix} = \begin{bmatrix} s\delta c\delta[c(\theta+\varphi)-1] & c^2\delta c(\theta+\varphi)+s^2\delta & -c\delta s(\theta+\varphi) & As\varphi c\delta \\ s^2\delta c(\theta+\varphi)+c^2\delta & s\delta c\delta[c(\theta+\varphi)-1] & -s\delta s(\theta+\varphi) & As\varphi c\delta \\ -s\delta s(\theta+\varphi) & -c\delta s(\theta+\varphi) & -c(\theta+\varphi) & Ac\varphi \\ 0 & 0 & 0 & 1 \end{bmatrix} \begin{bmatrix} x^{(1)} \\ y^{(1)} \\ z^{(1)} \\ 1 \end{bmatrix}$$

$$(5)$$

其中 c＝cos；s＝sin.

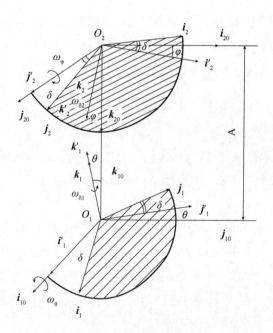

图 3　凸凹齿轮的坐标变换

2　凹齿齿面方程

凸齿齿面$\sum^{(1)}$在$\sigma^{(1)}$坐标系里的幺法矢为

$$\left.\begin{aligned}
\boldsymbol{n}^{(1)} &= x_n^{(1)}\boldsymbol{i}_1 + y_n^{(1)}\boldsymbol{j}_1 + z_n^{(1)}\boldsymbol{k}_1 \\
x_n^{(1)} &= \cos\alpha(h\cos\gamma_1\cos u - \sin\gamma_1\sin u - q\cos\gamma_1\tan\alpha) \\
y_n^{(1)} &= \cos\alpha(h\sin\gamma_1\cos u + \cos\gamma_1\sin u - q\sin\gamma_1\tan\alpha) \\
z_n^{(1)} &= \cos\alpha(q\cos u + h\tan\alpha)
\end{aligned}\right\} \tag{6}$$

凸—凹齿之间的相对速度矢量$\boldsymbol{v}^{(12)}$。

$$\left.\begin{aligned}
\boldsymbol{v}^{(12)} &= \omega_\theta\boldsymbol{P} + \omega_\delta\boldsymbol{Q} \\
\boldsymbol{P} &= [Ai_{21}\sin\delta\cos\theta - (1+i_{21})z^{(1)}\sin\delta]\boldsymbol{i}_1 + [Ai_{21}\cos\delta\cos\theta - (1+i_{21})z^{(1)}\cos\delta]\cdot \\
&\quad \boldsymbol{j}_1 + [-Ai_{21}\sin\theta + (1+i_{21})(y^{(1)}\cos\delta + x^{(1)}\sin\delta)]\boldsymbol{k}_1 \\
\boldsymbol{Q} &= [A\sin\varphi\cos\delta - z^{(1)}\cos\delta\sin(\theta+\varphi) - y^{(1)}(1-\cos(\theta+\varphi))]\boldsymbol{i}_1 + \\
&\quad [z^{(1)}\sin\delta\sin(\theta+\varphi) + x^{(1)}(1-\cos(\theta+\varphi)) - A\sin\varphi\sin\delta]\boldsymbol{j}_1 + \\
&\quad (x^{(1)}\cos\delta - y^{(1)}\sin\delta)\sin(\theta+\varphi)\boldsymbol{k}_1
\end{aligned}\right\} \tag{7}$$

根据双自由度啮合理论[3]，啮合方程组为

$$\left.\begin{aligned}
\boldsymbol{n}^{(1)}\cdot\boldsymbol{P} &= 0 \\
\boldsymbol{n}^{(1)}\cdot\boldsymbol{Q} &= 0
\end{aligned}\right\} \tag{8}$$

将式（4）和式（8）联立即是$\sum^{(1)}$与$\sum^{(2)}$相接触的接触点方程。凹齿齿面$\sum^{(2)}$的矢方程

$$\boldsymbol{r}^{(2)} = x^{(2)}\boldsymbol{i}_2 + y^{(2)}\boldsymbol{j}_2 + z^{(2)}\boldsymbol{k}_2 \tag{9}$$

其中$x^{(2)}$，$y^{(2)}$，$z^{(2)}$由式（5）和接触点方程决定。

3　凹齿齿面的几何特征分析及齿形计算

由于中心凸齿和中心凹齿沿着节曲面$\sum_1$（或$\sum_2$）任何方位啮合，其运动规律都一样，所以中心凹齿齿面必为回转曲面，其回转轴为$\boldsymbol{k}_2$轴。

对于那些非中心凹齿，即第一圈纬线上的6个凹齿和第二圈纬线上的12个凹齿，当它们与对应的凸齿沿节曲面经线方向啮合时，正反向运动规律并不对称，所以这些凹齿齿面相对于齿所在处经线之法平面$\boldsymbol{k}_gO_g\boldsymbol{i}_g$平面并不对称。

为了考察非中心凹齿关于凹齿所在处纬线之法平面$\boldsymbol{k}_gO_g\boldsymbol{j}_g$是否对称，现以与某凸齿相对应的凹齿作为代表来分析其对称性。

如图4所示，封闭曲线B_2代表凹齿B_2。作凹齿B_2两个截平面O_2N_1P和O_2N_2P，这两个截平面是关于平面$O_2-N_0-O_g-P$平面为对称的。用这两个截面去截B_2凹齿有两条截线，在啮合区域内，每给θ（经线方向运动参数）一个确定的值，在两条截线上就分别对应着一个点。如果这两条截线上的这两个点关于平面$\boldsymbol{k}_gO_g\boldsymbol{j}_g$为对称，则说明凹齿

B_2 也是关于 $k_g O_g j_g$ 平面为对称的，否则就是不对称的。实际计算证明，凹齿 B_2 关于 $k_g O_g j_g$ 平面对称。同理可知，所有非中心凹齿齿面均为对称曲面，但并非回转曲面。

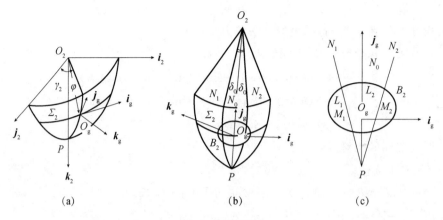

图 4　凹齿齿面

对于中心凹齿齿面（回转曲面），只要过其回转轴 k_2 任取一轴截面（取 $k_g O_g j_g$ 平面）截中心凹齿齿面，所得截线就是中心凹齿齿面的母线，母线坐标值（x_g，z_g）的计算过程为：

在 $\delta = \gamma_1 = \gamma_2 = 0$ 情况下求接触点 $(x^{(1)}, y^{(1)}, z^{(1)}) \rightarrow (x^{(2)}, y^{(2)}, z^{(2)}) \rightarrow (x_g, z_g)$。

分别以 B_2 和 N_2 为代表来计算第一圈和第二圈凹齿齿廓（B_2，N_2 凹齿分别对应于凸齿 B_1 和 N_1），凹齿 B_2 和 N_2 属于节曲面 Σ_2 上同一条经线（$\gamma_2 = 0$）上，所以两者齿廓计算思想及步骤完全相同，所不同的是 h，g，f，q，G，G_z，F，F_z 这些常数。这里仅讨论 B_2 凹齿的齿廓计算。

B_2 凹齿所在处局部空间直角坐标系 $\sigma^{(G)}$ 的坐标原点 O_g 位于节曲面 Σ_2 上并与 $\gamma_2 = 0$，$\varphi = 10°1'54''$ 相对应，该处的坐标面 $k_g O_g i_g$ 和 $k_g O_g j_g$ 分别作为截面去截凹齿 B_2，必有两条齿廓曲线。下面分别研究这两个不同方向上廓线坐标的计算。

3.1　以坐标面 $k_g O_g j_g$ 截 B_2 凹齿

在 $\delta = \dfrac{\pi}{2}$，$\gamma_1 = \gamma_2 = 0$ 情况下，计算 B_2 廓线坐标（y_g，z_g）的计算步骤：在啮合区域内，给 θ 一系列值 $\rightarrow$ 接触点 $(x^{(1)}, z^{(1)}) \rightarrow (y^{(2)}, z^{(2)}) \rightarrow (y_g, z_g)$，通过这一计算过程得到的坐标值是凹齿 B_2 在 $k_g O_g j_g$ 截平面内廓线的精确坐标值，用于齿廓的检测。

3.2　以坐标面 $k_g O_g i_g$ 截 B_2 凹齿

坐标面 $k_g O_g i_g$ 截 B_2 凹齿如图 5 所示。若采用类似于第 3.1 节情况下的计算方法直接求解非线性方程组，在数学上存在较大难度。为了近似求解 B_2 凹齿在 $k_g O_g i_g$ 截面内的齿廓以作为粗加工时的参考齿廓，这里采用几何逼近的处理办法（参见图 5）。$k_g O_g i_g$ 截面截Σ_2可得到一条法截线$\Gamma^{(2)}$，以法截线在O_g点的曲率半径R_{n2}为半径，以其曲率中心c_2为球心作球面近似代替O_g处的准椭球节曲面Σ_2。用同样的方法可以在凸齿B_1处以球面近似代替准椭球节曲面Σ_1。这样B_1和B_2在$k_g O_g i_g$平面内的啮合问题就简化为平面啮合中"已知1齿廓和两个节圆求2齿廓"的问题。如图6所示。通过"齿形法线法"[4]很容易求得2齿轮的齿廓——即B_2凹齿在$k_g O_g j_g$平面内的近似齿廓曲线坐标。

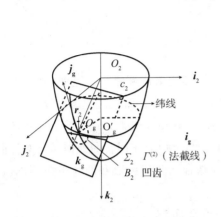
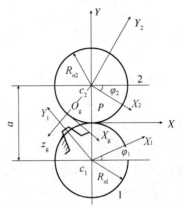

图 5　B_2凹齿的近似求解（1）　　　　图 6　B_2凹齿的近似求解（2）

4　重合度计算

参照图1和图3，在$\delta=0$情况下，当准椭球节曲面Σ_1沿经线方向转动θ角时，从中心凸齿进入啮合经第一圈上两个齿传递直到第二圈凸齿啮合，这一方位是"使传动中断可能性最大"的危险方位，下面有关重合度的研究都是针对这一方位而进行的。

$$重合度 = \frac{1+双齿啮合弧（重叠弧）}{经线方向齿距} \quad 即： \quad \left. \begin{array}{l} \varepsilon_{J01} = 1 + \dfrac{\Delta S_{J01}}{P_{J01}} \\[3mm] \varepsilon_{J12} = 1 + \dfrac{\Delta S_{J12}}{P_{J12}} \end{array} \right\} \quad (10)$$

这里的P_{J01}和P_{J12}曾在文献［1］中有过详细论述，此处不再重复。为了计算双齿啮合弧ΔS_{J01}和ΔS_{J12}，首先必须分别计算出经线运动方向上三个齿各自的啮合起止位置（以θ为度量）；其次找出其重叠区域（以θ为度量）；最后把重叠区域的两个端点值作为节曲面经线弧长积分表达式中的上下限，根据Simpson求积公式计算ΔS_{J01}和ΔS_{J12}。

为了便于计算且不影响啮合，凹齿齿顶限制在一个球面上（称之为凹齿齿顶球）即

$$[x^{(2)}]^2 + [y^{(2)}]^2 + [z^{(2)}]^2 - R_{a2}^2 = 0$$

$$R_{a2} = \frac{1}{2}(r_2^{(0)} + r_2^{(2)}) + 2m - \Delta R_{a2} \qquad (11)$$

式中　　R_{a2}——凹齿齿顶球半径；

$r_2^{(0)}$，$r_2^{(2)}$——分别表示准椭球节曲面Σ_2在中心凹齿处以及第2圈凹齿处的半径；

ΔR_{a2}——凹齿齿顶球半径的减小量，设置ΔR_{a2}的目的在于防止凹齿齿顶变尖。

计算啮合终止位置时，需要将凸齿齿顶参数 $V = H\sin^2\alpha$ 代入计算的数学模型中。计算啮合起止位置，实质上是求啮合起止接触点对应的 θ 值。

在 $\alpha = 15°$，$A = 90$ mm，$m = 3$，$I_{21} = 2/3$，$\Delta = 0.4$ mm，$\Delta R_{a2} = 0.4$ mm，$H_0 = 7$ mm，$\delta = 0$ 情况下作重合度的实例计算，得到 $\varepsilon_{J01} = 1.157\ 99$，$\varepsilon_{J12} = 1.318\ 851$。重合度数值大于 1，即本文所述的锥形齿准椭球面齿轮副可实现连续传动。

5　结论

1）本文研究的准椭球面齿轮传动，其凸齿齿形均采用圆锥形，这是对过去所采用的渐开线回转面齿形的改进，不仅使齿形的粗加工工艺简化，而且便于齿面淬火后磨削。

2）凸齿齿顶限制在准椭球节曲面 $\sum_1$ 外沿法向 $H\sin^2\alpha$ 处，以防啮合过程的干涉。

3）除中心凹齿为回转曲面之外，其他非中心凹齿均为非回转曲面但属于对称曲面。

4）凸齿与凹齿之间的啮合属空间双自由度啮合。凸齿齿数和凹齿齿数相同且在啮合过程中始终一一对应，接触性质为点接触。

5）为便于计算和加工，凹齿齿顶限制在一个球面上。

6）重合度大于 1，故齿轮副可实现连续传动。

参 考 文 献

[1]　刘志全，李瑰贤，李华敏. 机器人柔性关节准椭球面齿轮传动——节曲面的优化设计. 机器人，1990，12（3）.

[2]　刘志全. 机器人柔性关节椭球面齿轮传动的原理与设计. 哈尔滨：哈尔滨工业大学硕士学位论文. 1989.

[3]　陈惟荣. 齿轮啮合理论. 北京：煤炭工业出版社，1986.

[4]　吴序堂. 齿轮啮合原理. 北京：机械工业出版社，1982.

高速轴承结构和性能的发展[*]

刘志全　葛培琪　李　威　张鹏顺

摘　要： 对滚动轴承在不同历史时期的发展作了回顾。特别是对近年来国内外高速滚动轴承在结构设计、轴承材料、润滑方法和理论分析等方面的进展作了较详细的评述。

关键词： 高速轴承　结构　材料　润滑

1　高速轴承结构设计的改进

滚动轴承在高速运转条件下，由于离心力的作用，滚动体压向轴承外圈滚道产生较大的接触应力；滚动体与内圈之间产生打滑观象，从而导致轴承的磨损与发热，致使轴承早期损坏。为了减小滚动体的离心力并有效地防止打滑，Hanau 等人提出了在套圈的圆周等距间隔上预加载荷，采用空心滚子的办法来减小高速圆柱滚子轴承（以下简称 HCB）的打滑。Harris 等对 Hanau 的方法加以改进，采用椭圆外圈施加径向预载荷，滚子仍采用空心结构[1]。20 世纪 70 年代初期，Coe，Scibbe，Parker 和 Anderson 等人对电子束焊接空心球及通孔球轴承进行了分析估算，并在（$1.8 \times 10^6 \sim 3 \times 10^6$）$Dn$ 值范围内进行了许多试验研究[2~6]。Bowen 等也做过空心滚子试验[7]。这些分析与试验结果证明空心滚动体及椭圆外圈结构是有效的。为了减小 HCB 运转时滚子的偏扭，一般采用带凸度的滚子结构。垂直挡边改为倾斜挡边是 HCB 结构设计上的另一改进措施，这不仅减少挡边与圆柱滚子端面的接触与摩擦，而且有利于在滚子端面与挡边之间形成润滑油膜。对于高速球轴承（以下简称 HBB），外圈沟道用拱形沟槽代替圆弧沟槽，可使滚动体与外圈的接触由一点变为两点，从而使接触应力分散。

2　高速轴承材料的更新

燃气涡轮发动机 HCB 及 HBB 常常要求在高速（10 000 r/min 以上）和高温（200～250 ℃）条件下工作[8]。为了适应这样的工作条件，航空发动机主轴轴承的内外圈和滚动体材料一般采用热硬性好的高速钢。美国和日本主要采用钼系 M50 钢，而英国则使用钨系 T-1 钢。过去美国的大部分球轴承采用 AISI52100 钢制造，这种钢在连续工作时温度上限约为 163 ℃，这对于现代飞机燃气涡轮主轴轴承的工作条件来说是不够的。而 M50

* 《轴承》1996，No.4，pp3-5

钢经热处理淬硬，硬度高达 62HRC，轴承连续工作温度至少可达到 316℃[9]。因此，VIM-VAR（真空感应熔炼—真空电弧熔炼）M50 钢在过去 30 多年里一直作为发动机主轴轴承的优先选用材料。但是，M50 钢的断裂韧性有限，大约与 AISI52100 钢相等。这就意味着在工作期间，连续弯曲的轴承套圈表面上的任何缺陷都将导致套圈断裂和潜在的毁灭性破坏。

作为 M50 钢的改进型钢——M50 NiL 钢，它是引人注目的高镍低碳渗碳钢，其断裂韧性是 M50 钢断裂韧性的 2 倍多。经渗碳和热处理，其表层硬度至少可达 58HRC，而芯部基本上比较柔韧。试验结果表明[9]，由表面硬化的 M50 NiL 钢制成的轴承比由淬透的 M50 钢及 AISI52100 钢制成的轴承能提供更长的疲劳寿命。M50 NiL 钢在高温下保持硬度的能力比大多数渗碳合金都大。此外，用 M50 NiL 钢制造的轴承，其沟道表面和次表面具有高的残余压应力（淬硬的 M50 钢却是拉应力），这种残余压应力起到阻止裂纹扩展，延缓鳞剥的作用，从而提高了轴承表面抗疲劳剥落的能力[9]。

近期发展的 M50 NiL 钢的改进型——M50 Super NiL 钢，其断裂韧性提高到 M50 钢的 4 倍。M50 Super NiL 钢和 M50 NiL 钢是同一种钢材经不同冶炼工艺而形成的。在表层同样深度下，M50 Super NiL 钢的残余压应力要比 M50 NiL 钢大，如图 1 所示[9]。在非常高的套圈环向应力作用下，M50 Super NiL 钢与 M50 NiL 钢相比，在耐久性方面没有差异[9]。Harris 等在文献［8］中比较了 M50、M50 NiL 和 M50 Super NiL 钢的一些性能，如图 2 所示。从图 2 可见，M50 钢轴承的 Dn 值小于 2.4×10^{6}，M50 NiL 钢轴承的 Dn 值至少可达到 3×10^{6}，而 M50 Super NiL 钢轴承的 Dn 值则高达 4×10^{6}。

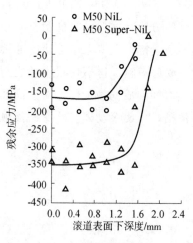

图 1　M50NiL 钢和 M50 Super NiL 钢的残余应力分布

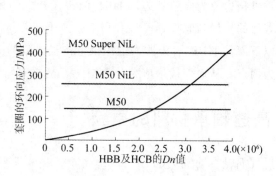

图 2　M50、M50 NiL 和 M50 Super NiL 三种钢的比较

M50 NiL 钢轴承的另一种改进就是在内、外套圈上镀有薄而硬的致密的铬层（TDC）。TDC 镀层提供了非常好的抗腐蚀和抗鳞剥的能力。Averbach 等进行的滚动轴承试验表明[10]，M50 NiL 钢 TDC 轴承的寿命约为标准 M50 钢轴承的 6 倍，而它的鳞剥率约为

M50 钢轴承的 $\frac{1}{6}$。中国目前某些航空发动机主轴轴承所采用的 10Cr4M04Ni4V 钢，其性能与 M50 NiL 渗碳钢相类似。

近几年，陶瓷材料（Si_3N_4）以其耐高温、密度低和重量轻等优点赢得了高速轴承制造者的青睐。陶瓷滚动体已在一定范围内得到了应用。

3　高速轴承润滑方法的改善

20 世纪五六十年代，高速主轴承一直采用喷咀喷射润滑。但是当轴承转速很高时，由于离心力很大，润滑油难以进入轴承内部，致使润滑和冷却效果不佳。随着 Dn 值的不断增大，喷射润滑已不能满足要求。1970 年，Brown 提出了环下润滑方法，即通过内圈上开设的许多径向小孔，利用离心力直接将油喷向沟道表面。该方法不仅使润滑冷却效果得以改善，而且使进入轴承沟道的润滑油很容易地把从保持架上磨下来的粉末冲出去。此外，环下润滑的用油量也比喷射润滑的少，因而可以减少搅油损失和轴承发热。采用环下润滑方法润滑的高速轴承，其内圈温度可以比外圈温度低，这样就能有效地防止在高速轴承内圈沟道上经常出现的蹭伤。目前大部分航空发动机主轴轴承都采用这种润滑方法。

我国对高速圆柱滚子轴承和高速球轴承的研究起步较晚。近几年从不同角度对高速轴承进行了分析和试验[11-15]，但这方面的研究还不够完善，有待于进一步探讨。

参 考 文 献

[1]　Harris T A, et al. ASLE Trans, 1967 (10): 235 - 242.

[2]　Coe H H, et al. NASA TND - 5800, 1970.

[3]　Coe H H, et al. NASA TND - 7007, 1970.

[4]　Coe H H, et al. ASME J. Lubr. Tech, 1971, 93 (1): 47 - 59.

[5]　Coe H H, et al. NASA TND - 7501, 1973.

[6]　Scibbe H W, et al. ASME J. Lubr. Tech, 1974, 96 (2): 230 - 236.

[7]　Bowen W L, et al. ASME J. Lubr. Tech, 1981, 103 (1): 1 - 5.

[8]　Harris T A, et al. Trib. Transi, 1992, 35 (1): 194 - 198.

[9]　Harris T A, et al. Trib. Trans, 1992, 35 (4): 731 - 737.

[10]　Averbach B L, et al. Lubr. Eng, 1991, 47 (10): 837 - 843.

[11]　战胡学. 航空发动机, 1979 (1): 11 - 31.

[12]　郑林庆, 等. 润滑与密封, 1982 (4): 1 - 6.

[13]　万长森. 滚动轴承的分析方法. 北京: 机械工业出版社, 1987.

[14]　方宁, 等. 南京航空航天大学学报. 1993, 25 (3).

[15]　陈国定, 等. 航空学报. 1994, 15 (12): 1475 - 1477.

滚动轴承油膜厚度及运动参数的测试*

刘志全　葛培琪　张鹏顺

摘　要： 评述了滚动轴承弹流润滑油膜厚度测试方法的特点，综述了滚动轴承保持架及滚动体转速的测试方法。得出了滚动轴承实用的油膜测试技术以电测法为主，高速滚动轴承运动参数以磁电感应测试法为主的结论。

关键词： 油膜　厚度　测试

引　言

滚动轴承的润滑状态直接影响着轴承的工作性能和寿命，在高速情况下，这种影响更为严重。预测弹流膜厚的各经典公式大多是从有限的弹流数值计算结果中回归出来的。因此，用经典膜厚公式预测不同工况下滚动轴承的油膜厚度需要通过实际测试加以验证。此外，进行滚动轴承的膜厚测试，掌握不同工况下轴承的润滑状态及其影响因素，对于有效地改善润滑状态、提高轴承的工作性能、延长轴承的使用寿命具有重要意义。

在预测高速滚动轴承打滑的理论研究方面，Harris，Poplawski，Rumbarger，Gupta，Kleckner 和 Chang 等相继建立了各种分析模型并发表了相应的预测结果。检验或评价其预测结果与实验结果的一致程度，就必然需要测试保持架转速、滚子转速或钢球运动等轴承运动参数。在高速滚动轴承的各类试验研究中，运动参数的测试占有重要的地位。

1　滚功轴承油膜厚度的测试方法及其特点

油膜厚度的测试方法虽然有多种，但是其中某些方法（如 X 射线法、超声波法、磁阻法、放电电压法和激光衍射法等）因测试原理的局限性或实际应用的困难而不能被应用于滚动轴承油膜厚度测试中。用于滚动轴承油膜厚度测试的方法及其特点如表 1 所示。

表 1　滚动轴承油膜厚度的测试方法及其特点

测试方法	特点
电阻法	电阻法的测试电路很简单。在测量滚动轴承的成膜率、定性分析轴承润滑状态时，电阻法是行之有效的方法。但该方法不能用电阻大小来反映油膜厚度的大小，不能定量测量油膜厚度的大小

* 《轴承》1996，No. 8，pp41 - 44

续表

测试方法	特点
电容法[1]	电容法的优点是：测试手段简单，能定量测出两接触表面间在全膜润滑状态下的油膜厚度，且测试结果与计算结果基本一致。该方法的缺点是：一旦发生金属微峰接触，该方法便失效了。此外，分布电容往往很难准确估算，从而影响标定和测试结果的准确性
电容分压器法[2]	该方法既可用于全膜弹流测试又可用于部分膜弹流测试，还可以测量润滑状态的转化。但该方法需要载波和低通滤波，信号失真很大，测出的数据准确度不高
阻容振荡法[3]	阻容振荡法集中了电阻法和电容法的优点，克服了电容法致命的缺点，既可用于全膜弹流测试，又可用于部分膜弹流测试，测试结果与计算结果基本吻合，该方法的缺点是：分布电容难于准确估算，标定曲线的制定较为复杂，外界干扰信号对频率读数和示波器波形均有一定影响，从而影响测试精度
综合动态测试法[4]	该方法具有单片机高速采样、判断功能，既可用于全膜润滑状态测试，又可用于部分膜润滑状态测试，同时具有电阻法和电容法的优点。但该方法的测试结果同样受到分布电容的影响
光干涉法[5]	在实验室条件进行滚动轴承的模拟性测试[5]，光干涉法能够较准确地测出油膜厚度的大小。但光干涉法要求接触件之一必须由透光材料制成，所以在滚动轴承油膜厚度的测试中无法采用。即使在实验室条件下，用光干涉法测滚动轴承的膜厚，其造价也很高
应变仪法[6,7]	应变仪法测试原理简单，测试结果与计算值大体一致。但该方法要求被测轴承的结构需特殊设计，滚动体数目要少、套圈壁尽量薄。故该方法的应用范围十分有限，难以推广

2 高速滚动轴承运动参数的测试

2.1 滚子转速的测试

在高速滚子轴承滚子转速的测试方法中，磁电感应方法为许多研究者[8-11]所采用。尽管他们所采用的滚子转速测试装置及方法各自有别，但其测试原理基本相同。即在某一被测滚子的一个端面上打出若干个小孔，孔内装有磁铁，在与此相对的套圈挡边或保持架上装有感应线圈，滚子旋转使感应线圈中产生电信号，通过测感应线圈的电信号来测出滚子的转速。这些不同研究者所用测试方法的共同特点是，被测滚子需要进行结构改造，而且仅仅能测出单个滚子的平均转速。郑林庆等[12]对此作了改进，将一个滚子磁化后装入轴承中，不需要对滚子及保持架做结构上的改动，避免了附加动载荷的影响，同时还可测出滚子随保持架公转一周过程中滚子自转转速的变化。为了测量滚子瞬时转速，Bremble[13]等在保持架上粘贴了纸片，用激光速度计测试了滚子的转速。Goksem[14]等则认为粘贴纸片是 Bremble 等人测试方法的主要缺点，他们采用激光多普勒测速仪（LDA）测量了滚子的转速。该方法不需对滚子结构作任何改动可测出滚子在轴承中任何角位置处的瞬时转速。

2.2　钢球运动的测试

Hirano[15]用磁电感应方法对角接触球轴承的钢球运动做了测试。他把钢球加以磁化，轴承外圈上装有感应线圈，磁化球的运动引起磁通量的变化，使感应线圈内产生电流，通过测量线圈电流来测量球的三维运动。但该方法仅仅适用于接触角大于 20°的角接触球轴承。Boness‑Chapman[16]用光学记录方法测量了深沟高速球轴承的钢球运动。他们在被测的某一钢球上打一小孔，孔内填充白色环氧树脂作为标记，钢球运动速度及轴线位置经一套光学系统由电视录相带记录下来，从而可分析钢球的运动。为了便于观察钢球的运动，保持架需要作一定的结构变动。

2.3　保持架转速的测试

磁电感应法是保持架转速测试中常用的方法。战明学[17]用磁电式传感器对高速滚子轴承的保持架转速作了测试。即：在整体型铜制保持架的一个端面上沿圆周均匀分布地拧入三只小螺钉，使固定的磁电传感器探头对准小螺钉的端头，当保持架旋转时，小螺钉与磁性探头之间的磁隙发生变化，由此而产生的电压信号输入转速数字显示仪或紫外线示波器，经数据处理即可测出保持架转速。这种磁电感应法的缺点是需要对保持架做些小的结构改动。Ford‑Foord[5]和 Prashad[18]分别用光学转速计和高频谐振技术（HFRT）测量了保持架的转速。HFRT 的优点是结构简单，操作方便，不需对轴承结构做改动。其缺点是：测出的保持架转速误差较大，精度不高。

3　结束语

综上所述，滚动轴承实用的油膜厚度测试技术以电测法为主。优化电路参数，降低干扰，提高分辨率和自动化程度，完善标定方法乃是当前和今后的一个努力方向。高速滚动轴承运动参数的测试以磁电感应法为主。高速球轴承钢球运动参数的测试有待于深入研究。

参 考 文 献

[1]　Wilson A R. The Relative Thickness of Grease and oil Films in Rolling Bearings. Proc. Instn. Mech. Engrs, 1979, 193 (17): 185 - 192.

[2]　Heemskerk R S, Vermeiren K N, Dolfsma H. Measurement of Lubrication Condition in Rolling Element Bearings. ASLE Trans, 1981, 24 (4): 519 - 527.

[3]　Zhang Pengshun, Li Shuguang, Zhai WenJie. A New Measurement of Oil Film Thickness in the EHL Condition: the R - C Oscillation Technique. Wear, 1991, 148: 39 - 46.

[4]　刘苏亚，等 . 滚动轴承润油膜的测试 . 轴承，1994 (4)：39 - 42.

[5]　Ford R A J, Foord C A. Studies on the Separating Oil Film (Elastohydrodynamic Oi Film Thickness), Between the Inner Race and Rollers of a Roller Bearng. Mech, Eng. Trans. , The

Instn. Engr. , Australia, 1981, 140 – 144.

[6] Meyer D R, Wilson C C. Measurement of Elastohydrodynamic Oil Film Thickness and Wear in a Ball Bearing by the Strain Gage method. ASME J. Lubr. Tech, 1971, 93 (2): 224 – 230.

[7] 赵冬初, 李俊豪, 等. 脂润滑微型球轴承弹流膜厚的实验研究. 轴承, 1986 (5), 20 – 25.

[8] Smith C F. Some Aspects of the Performance of High－Speed Lightly Loaded Cylindrical Roller Bearings. Proc. Instn. Mech. Engrs, 1962, 176 (22): 566 – 581.

[9] Garnell P, Higginson G R. The Mechanics of Roller Bearings. proc. Instn. Mech. Engrs. 1965 – 1966, 180. 3B: 197 – 205.

[10] Boness R J. Cage and Roller Slip in High – Speed Roller Bearings.　J. Mech. Eng. Sci. 1939, 11 (2): 181 – 188.

[11] Tessenow F. Experimental Investigations of High Speed Roller Bearings. Motortechnische Zeitschrift (MTZ), 1973 (8): 241 – 246 (In – German) .

[12] 郑林庆, 朱东. 高速滚子轴承的打滑分析. 润滑与密封. 1982 (4): 1 – 6.

[13] Bremble G R, Cleaver J W, Lalor M J. A Technique for Measuring the Speed of Rolling Elements in a Roller Bearing Using a Laser Velocimeter. Trib. , Aug. , 1971: 147 – 149.

[14] Goksem P G, Flectcher E J, Hargreaves R A. Measurement of Roller Speed in a Cylindrical Roller Bearings Using a Laser Anemometer. ASME J. Lubr. Tech. 1978, 100 (4): 486 – 491.

[15] Hirano F. Motion of a Ball in Angular Contact Ball Bearing. ASLE Trans. 1965, 8: 425 – 435.

[16] Boness R J, Chapman J J. The Measurement and Analysis of Ball Motion in High Speed Deep Groove Ball Bearings. ASME J. Lubr. Tech. 1975, 97 (3): 341 – 349.

[17] 战明学. 某型发动机主轴承打滑蹭伤故障的试验研究. 航空发动机, 航空工业部第 606 研究所, 1979 (2): 11 – 31.

[18] Prashad H. The Effect of Cage and Roller Slip on the Measured Defect Frequency Response of Rolling -Element Bearings. ASLE Trans. 1987, 30 (3): 360 – 367.

线接触弹流理论研究的三个方面[*]

刘志全　李　威　葛培琪　张鹏顺

摘　要： 本文详细论述了线接触等温全膜弹流、部分膜弹流及热弹流的数值计算方法的特点和发展概况；介绍了不同时期提出的线接触等温弹流和热弹流膜厚计算公式及其适用范围；列举了各种非牛顿流体模型和黏度—压力—温度关系等流变学关系式并评述了这些关系式的特点及应用场合。

关键词： 线接触　弹流

引　言

弹流理论 40 多年突飞猛进的发展，对于提高齿轮、滑动轴承、滚动轴承、凸轮等机械零部件的工作性能，延长工作寿命产生了巨大的影响。弹流润滑已成为高速、精密机械设计中不可忽视的重要因素。本文综合评述线接触弹流理论在数值计算方法、油膜厚度公式及流变学方程这三方面的进展。

1　数值计算方法

线接触弹流的一个基本问题就是联立求解 Reynolds 方程、弹性变形及膜厚方程、黏度—压力关系、密度—压力关系等有关方程。这样复杂的非线性偏微分方程组的数值求解往往是很困难的。因此探索有效的快速收敛计算方法是必要的。Dowson - Higginson（1959，1962，1965），Archard（1961），Hamilton（1971），侯克平等（1985—1986）分别用逆解法求得了等温线接触弹流的完全数值解。逆解法的特点是，该方法较适用于重载工况，但在入口区和出口区逆解 Reynolds 方程难以进行，而且在全域上难以处理边界条件。有文献采用分区段计算的办法，使计算进一步精化。顺解法具有直观简单的优点，但大多适用于轻载工况。Stephenson（1962），Taylor（1972），Hamrock—Jacobson（1984）分别用有限差分低松弛迭代法、有限元法和 Φ 解法改进了顺解法。Rohde（1975）提出了基于三阶 Hermite 插值和三次样条插值的牛顿法，并用该方法求解了不可压缩流体在中、轻载荷下的线接触弹流问题。该方法的优点是迭代收敛快，缺点是不适用于重载工况。杨沛然等（1986）对此作了改进使之适用于可压缩流体和各种黏压关系。小野京右（1977）

＊《机械设计》1996，Vol. 13，No. 4，pp1 - 5

首次将牛顿法与有限差分法结合起来求解线接触弹流问题。该方法收敛快但计算量大且基本上适用于中、轻载荷工况。Okamura（1982），Kostreva（1982），Houpert—Hamrock（1985—1986）对小野京右的牛顿—有限差分法作了改进使之适用于重载工况。此篇文献所用算法虽有差异但其原理基本相同，即先用差分法将积分形式的 Reynolds 方程离散成非线性代数方程，然后用 Newton-Raphson 法求解。Herrbrugh（1968，1970）用一种特殊的方法对线接触弹流进行求解，他把积分形式的 Reynolds 方程和弹性方程各自作一些变换，用代入消元法消去未知压力 P，使问题转化为关于膜厚 h 的非线性积分方程，然后用逐次逼近法来求解。Chow（1971）和田稻苗（1975—1976）也进行了类似的工作。杨沛然等（1988，1990）提出并发展的复合直接迭代法不需要引入中间变量，其收敛速度快，适用于任何黏压关系，适用于重载线接触弹流问题的求解。由 Lubrecht（1986）首次应用于线接触弹流数值计算的多重网格（Multi-Grid）法，具有收敛稳定性好，收敛速度快，计算精度高等优点，在近期线接触弹流计算中得到了广泛应用。

部分膜弹流的概念是由 Tallian（1965）首次提出的。他在 1972 年第一个提出了部分膜弹流理论。Christensen 等（1965—1975）连续发表了一系列部分膜弹流的数值解，建立了一维粗糙表面润滑的 Christensen 模型。Patir 和 Cheng（1978）基于一维流动提出了三维粗糙面间的平均流量模型和平均 Reynolds 方程。Teale 和 Lebeck（1980）认为Patir-Cheng 的平均流量粗糙模型的建立具有局限性。胡元中（1985）提出了适用于同时包括粗糙度和波纹度的复合随机表面的平均 Reynolds 方程，并对三维粗糙平面的油膜形成能力进行了研究。Majumdar（1982）和 Prakash（1983）分别应用平均流量模型和半分析模型对线接触部分膜弹流进行了完全数值计算。张鹏顺等（1987）在大量数值计算的基础上提出了线接触部分膜弹流的膜厚公式及接触载荷公式。此外，朱东（1989），Sadeghi（1989），Wang D S（1991）等人采用 Newton-Raphson 法也获得了线接触部分膜弹流的数值解。

线接触热弹流的数值求解开始于 Sternlicht～Cheng（1964—1965）和 Dowson-Whitaker（1965—1966）。他们在低压区均采用直接迭代法；在高压区：Sternlicht-Cheng 采用有限差分法和 Newton—Raphson 法求解，而 Dowson-Whitaker 则采用逆解法求解。但是，他们的计算都因考虑的载荷较小而反映出来的热效应并不明显。Cheng（1967），Dyson-Wilson（1968），Greenwood-Kauzlarich（1973），Murch-Wilson（1975），Goksem-Hargreaves（1978），Blok（1979）等在 Грубин 假设条件下相继进行了线接触问题的入口区热分析。尽管他们的数值计算方法各自有别，但大多数分析计算都取得了一致的结论：在高速情况下，入口区的黏性剪切热使油膜厚度有明显的降低，温升对油膜厚度的影响不可忽视。Ghosh-Hamrock（1985）对线接触热弹流进行了完全数值计算，但在高速大滑动情况下并不收敛。Sadeghi—Dow（1987）求得了重载滚滑线接触的热解，但他们的计算需要把压力和表面温度测量值作为边界条件。Sadeghi-Sui（1990—1991）发表了一系列接触热弹流完全数值计算的研究论文。他们用 Newton-Raphson 法求解 Reynolds 方程和弹性方程，用控制体积有限元法求解能量方程和边界条件。1992 年，

Wolff 针对三种"黏度—压力—温度"关系，用 Newton‑Raphson 法和有限差分法对线接触热弹流进行了数值求解。Lee 等（1993）提出滚滑线接触热弹流分析的一种快速算法。李威和刘志全等（1995）用多重网格法成功地获得滚滑线接触热弹流的完全数值解。近期线接触弹流的数值计算主要集中在非牛顿流体热弹流的数值计算上。

2　油膜厚度公式

自从 Грубин（1949）建立了第一个实用的油膜厚度公式之后，随着大量数值计算结果和实验数据的积累，人们陆续回归出了一系列膜厚公式，这些公式为工程设计提供了有力的工具。表 1 和表 2 分别列举了线接触等温弹流和热弹流的膜厚公式及其适用范围，从中展示出线接触全膜弹流膜厚计算方面的发展状况。

表 1　线接触等温弹流的膜厚计算公式

提出者	膜厚计算公式	说明
Грубин（1949）	$H_0 = 1.95(GU)^{8/11} W^{-1/11}$	该式为膜厚近似计算公式。H, G, U, W 为 Dowson 无量纲参数。中心膜厚近似等于入口区名义膜厚。以下公式中的 H, G, U, W 均指 Dowson 无量纲参数。此处及下文的 H 的下角标 c, o 和 min 分别指中心、入口区、最小
Block（1950）	$H_{min} = 1.66(GU)^{2/3}$	该式适用于 R‑V（刚性—变黏度）情况的近似计算。由该式计算的膜厚值比实验值小 1～2 个数量级，因此实际计算很少用
Dowson‑Higginson（1961）	$H_{min} = 1.6G^{0.6}U^{0.7}W^{-0.13}$	该式适用于 E‑V（弹性—变黏度）情况。Dowson—Higginson 1968 年对该式作了修正
Herrebrugh（1962）	$H_{min} = 2.32U^{0.6}W^{-0.2}$	该式适用于 E—I（弹性—等黏度）情况
Christensen（1964）	$h_c = k(\eta_s u)^{0.83} w^{-0.2}$	该式是以实验为基础的公式。k 为实验常数，η_s 为有效粘度
Dowson‑Higginson（1968）	$H_{min} = 2.65G^{0.54}U^{0.7}W^{-0.13}$	该式适用于 E‑V 情况。当 $G<1\,000$ 或 $W<10^{-5}$ 或入口乏油时，该式不适用。在重载时计算值高于实测值，误差较大
Wymer（1972）	$H_0 = 0.44G^{0.58}U^{0.64}W^{-0.17}$	该式是以实验为基础的公式
Dowson‑Toyoda（1978）	$H_c = 2.90G^{0.56}U^{0.69}W^{-0.07}P_{\bar{H}}^{0.06}$	$P_H = P_{max}/E'$（无量纲压力），P_{max}：Hertz 最大压力
Gecim‑Winer（1981）	$H_0 = 2.48m^{0.4}G^{0.651}U^{0.651}W^{-0.175}I(p)^{-1.05/a0.651}$ $H_0 = 1.5m^{0.4}(E'/P_i)^{0.651}U^{0.651}W^{-0.175}$ $H_0 = 1.738m^{0.469}U^{0.765}W^{-0.765}$ $H_0 = 2.5 \times 1.738m^{0.469}U^{0.765}W^{-0.765}$	Gecim‑Winer 用非牛顿流体模型，在纯滚动条件下对入口区进行了 Грубин 型分析，提出了四种润滑状态（E‑V，E‑I，R‑I，R‑V）下的线接触等温弹流的入口区名义膜厚公式（公式自上而下分别与 E‑V，E‑I，R‑I，R‑V 对应）

续表

提出者	膜厚计算公式	说明
Hamrok - Jacobson (19841)	$H_{\min} = 3.07G^{0.57}U^{0.71}W^{-0.11}$	该式适用于轻、中载荷工况，比 Dowson - Higginson (1968) 公式更精确
张鹏顺 (1985)	$\overline{h}_{\min}=Ag_v^n$，$\overline{h}_c=Cg^n$，$A=3t$， $n=2.5t^2-3.6t+1.9$， $C=-10.8t^2+21.6t-7$ $t=(\lg g_e+2)/(\lg g_v+2)$ $\overline{h}_{\min}=HW/U$， $g_v=GW^{3/2}U^{-1/2}$，$g_e=WU^{-1/2}$	该式为线接触等温弹流的统一膜厚公式。t 为润滑状态参数，g_v，g_e，$\overline{h}$ 为 Johnson (1970) 无量纲参数。$t<5/9$：R—V $5/9<t<1$：E—V $t>1$：E—I
杨沛然—温诗铸 (1988)	$H_{\min}=6.76G^{0.53}U^{0.75}W^{-0.16}$ $H_c=11.9G^{0.4}U^{0.74}W^{-0.2}$	该式精确程度高，适用范围广
Ping Pan - Hamrock (1989)	$H_{\min}=1.174G^{0.568}U^{0.694}W^{-0.128}$ $H_c=2.922G^{0.470}U^{0.692}W^{0.166}$	公式精确程度高，适用范围广

表 2　线接触热弹流的膜厚计算公式及膜厚热修正系数公式

提出者	膜厚计算公式	说明
Cheng (郑绪云) (1967)	$C=f_1(1-0.1S_c)(1+f_3 p_{\max}/E')$	$p_{\max}$：Hertz 最大压力。S_c：滑滚比（以下公式中的 S_c 均指滑滚比）。f_1，f_3：系数
Murch - Wilson (1975)	$C=3.94/[3.94+L^{0.62}]$ $L=\eta_0\gamma u^2/k$	k：热传导系数；γ：黏温系数；u：卷吸速度；L：热承载系数（以下公式中的 L 均与此相同）
Goksem—Hargreave (1978)	充分供油膜厚公式： $h^*_{\infty,L}=RW\exp\left[\left(\dfrac{157}{221}+\dfrac{5}{679}L^{26/111}\right)\cdot\right.$ $\ln D-\left.\left(\dfrac{268}{243}+\left\{\ln 1+\dfrac{98}{323}L^{94/155}\right\}\right)\right]$ 贫油润滑膜厚公式： $h^*_{xi,L}=h^*_{\infty,L}\{1-1/\exp[\{\exp$ $\left(\dfrac{0.78\ln\Psi_{i,L}}{1+0.001L}\right)\}\ln(4.6+1.15L^{0.6})]\}$	该公式考虑了入口区黏性剪切热对膜厚的影响。G，U，W 为 Dowson 无量纲参数（以下公式中的 G，U，W 与此相同） $D=\left(\dfrac{9\pi^3}{2}\right)^{\frac{1}{2}}\times\dfrac{GU}{W^{1.5}}$ $\Psi_{i,L}=\left[\dfrac{3}{4\sqrt{2}}\times\dfrac{WR\,\overline{X}_i}{h^*_{\infty,L}}\right]^{2/3}$
Wilson - Shen (1983)	$C=1/\{1+0.24[(1+14.8S_c^{0.83})\cdot L^{0.64}]\}$	该式对 Murch - Wilson (1975) 公式作了改进
Ghosh - Hamrock (1984)	$C=10/(10+L^{0.4})$	与 Wilson 公式相类似
Shao Wang - Cusano - Conry (1991)	$C=1-0.242Y$，$Y=L_e^{0.26}Z^{1.7}g_1^{-0.58}g_2$ $L_e=1+3.08\times10^{-6}g_1^2L$ $Z=1+|S_c|/2$ $g_1=[\alpha^2W^3/\eta_0 uR]^{\frac{1}{2}}$ $g_2=[\alpha_2 wE'/2\pi R]^{1/2}$	该式考虑了热效应和非牛顿流体模型（Ree - Eyring）
Sadeghi (1991)	$H_{\min}=8.78\times10^{-3}G^{0.949}U^{0.624}W^{-0.175}S_c^{-0.029}$ $H_c=3.13\times10^{-2}G^{0.881}U^{0.633}W^{-0.141}S_c^{0.011}$	该式是考虑了热效应的膜厚计算公式

3　流变学方程

许多实验证明，用牛顿流体模型预测弹流牵曳力和温度场往往产生很大误差。为了准确地预测弹流牵曳力和压力分布，一些研究者已把研究方向从低压（入口区）转向了高压（接触区）。在弹流接触区，油膜压力在不到 1ms 之内可高达 4GPa 左右；油膜厚度极薄，剪应变率可达到 $10^6 \sim 10^8 \text{s}^{-1}$；在几十到几百微米的空间尺度内，润滑油膜将产生几十乃至 $100 \sim 200℃$ 的局部温升。这种极特殊的状态决定了润滑油的黏度和密度随压力及温度发生瞬间急剧变化。在此状态下润滑油不仅表现黏性，而且还表现出弹性或塑性。当压力很大时通常的润滑油甚至变成弹塑性固体或玻璃质状态。因此，为了确切地反映润滑油的流变学特性，Eyring（1936），Smith（1960），Johnson-Tevaarwerk（1977），Bair-Winer（1922，1979，1990），Hamrock（1990，1991）等人针对润滑油的黏弹性、弹性及塑性等流变特性提出了各种非牛顿流体模型（如表 3 所示）。此外，Cameron（1962），Cheng（1965），Roelands（1963，1966），Yasutomi（1984），Wu C S（1989），Bair-Winer（1992）等人对润滑油的黏度随压力及温度变化的关系，Dowson-Higginson（1966）对润滑油的密度随压力及温度变化的关系作了研究，并给出了各种关系式，如表 4 所示。尽管人们提出了种种非牛顿流体模型，但每一种模型都有其局限性。例如，线性 Maxwell 黏弹性模型是根据微小剪 切应变条件得出来的，用它来计算剪切应变较大的弹流摩擦不能得到满意的结果。Johnson-Tevaarwerk（1977）模型和 Bair-Winer（1979）模型主要适用于重载接触场合，而 Eyring 模型则多用于中等载荷或轻载荷工况。Bair-Winer（1992）模型更适用于润滑油发生相变呈玻璃质状态的场合。Smith（1960）模型一般仅限于在极端工况条件下使用。总之目前还没有能够全面描述弹流接触区润滑油流变特性的通用模型，因此，在线接触弹流流变方程研究方面仍需做大量深入的工作。

表 3　牛顿及非牛顿流体模型的本构方程

流体模型	本构方程	流体模型	本构方程
Newton	$\dot{\gamma} = \tau/\eta$	Gecim-Winer (1980)	$\dot{\gamma} = (\tau_L/\eta)\tanh^{-1}(\tau/\tau_L)$
Ree-Eyring (1936)	$\dot{\gamma} = (\tau_0/\eta)\sinh(\tau/\tau_0)$	General (1990)	$\dot{\gamma} = (n\tau_L/\eta)[(1-\tau/\tau_L)^{-1/n}-1]$
Linear-Maxwell	$\dot{\gamma} = (1/G)\times d\tau/dt + \tau/\eta$	Lee-Hamrock (1990)	$\dot{\gamma} = (\tau/\eta)[1-(\tau/\tau_L)^2]^{-1/2}$
Smith (1960)	$\tau = \begin{cases} \eta\dot{\gamma} & \tau \leqslant \tau_L \\ \tau_L & \tau > \tau_L \end{cases}$	Iivonen-Hamrock (1991)	$\dot{\gamma} = (\tau_L/\eta)[(1-\tau/\tau_L)^{-1}-1]$
Johnson-Tevaarwerk (1977)	$\dot{\gamma} = (1/G)\times d\tau/dt + (\tau_0/\eta)$ $\sinh(\tau/\tau_0)$	Bair-Winer (1990)	$\dot{\gamma} = (\tau_L/\eta)\ln(1-\tau/\tau_L)^{-1}$
Bair-Winer (1979)	$\dot{\gamma} = (1/G_\infty)\times d\tau/dt - (\tau_L/\eta)$ $\ln(1-\tau/\tau_L)$	Bair-Winer (1992)	$\dot{\gamma} = \dfrac{d(\tau/G)}{dt} + \dfrac{\tau_L}{\eta}\exp$ $\left(\dfrac{p\tau}{p_g\tau_L}\right)\ln\left(1-\dfrac{\tau}{\tau_L}\right)^{-1}$

表 4 黏度—压力—温度关系，密度—压力—温度关系

提出者	关系类别	关系式	说明
Duff (1887)	黏温关系	$(1/\eta)\ d\eta/dT = -1/P\ (T)$ $P\ (T) = a_0 + b_0 T + c_0 T^2 + d_0 T^3 + \cdots$	$P\ (T) = a_0 \rightarrow$ Reynolds 黏温关系 $P\ (T) = a_0 + b_0 T \rightarrow$ Slotte 黏温关系 $P(T) = a_0 + b_0 T + c_0 T^2 \rightarrow$ Vogel 黏温关系
Reynolds		$\eta = \exp\ (-aT)$	形式简单，计算精度低
Slotte		$\eta = a/\ (b+T)^c$	计算精度高，用于分析计算
Vogel		$\eta = a\exp\ [b/\ (T+c)\ ]$	计算精度高，用于低温条件
Andrade – Eyring		$\eta = b\exp\ (a/T)$	用于高温条件
Walther – ASTM		$v + a = bd^{1/T^e}$	用于绘制黏温图
Barus (1893)	黏压关系	$\eta = \eta_0 \exp\ (ap)$	适用于轻、中载荷。压力越大， 计算误差越大
Cameron (1962)		$\eta = \eta_0\ (1+cp)^n$	比 Barus 公式更适用于较高压力
Roelands (1963)		$\log\eta = \ (\log\eta_0 + 1.2)\ (1 + p/2\,000)^z - 1.2$	
Roelands (1966)		$(\eta/\eta_0)\ = \ (\eta_\infty/\eta_0)^{[1-(1+E'P/C)^Z]}$ $\eta_\infty = 6.31 \times 10^{-5}\,\mathrm{N/m^3}$, $C = 1.96 \times 10^8\,\mathrm{N/m^3}$ $P = p/E'$	较为精确的（等温）黏压关系
		$\log\eta + 4.2 = \ (\log\eta_0 + 4.2)\ \cdot\ (1 + 5.1 \times 10^{-9} p)^z$	
		$\eta = \eta_0 \exp\{(\ln\eta_0 + 9.67)\cdot[1 + 5.1 \times 10^{-9} p]^z - 1]\}$	
Cheng – Sternlicht (1965)	黏压温关系	$\eta = \eta_0 \exp\ (\alpha p + \beta/T - \beta/T_0 + \gamma p/T)$	实验常数 α，β，γ 的确定较复杂， 很少采用
Barus – Reynolds		$\eta = \eta_0 \exp\ [\alpha p - \gamma\ (T - T_0)\ ]$	Barus 黏压关系与 Reynolds 黏温关系的组合
Cameron – Reynolds		$\eta = \eta_0\ (1+cp)^n \exp\ [-\gamma\ (T - T_0)\ ]$	Cameron 黏压关系与 Reynolds 黏温关系的组合
Roelands (1963)		$\eta = \exp\ \{\ [\ln\eta_0 + 9.688]\ (1 + p/1.961 \times 10^8)^z\ (T+35)\ /\ (T_0 + 135)^{-s_0} - 9.688\}$	较为精确的黏压温关系，目前广泛使用
		$\eta = \eta_0 \exp\ \{\ [\ln\eta_0 + 9.67]\ [-1 + \ (1 + 5.1 \times 10^{-9}/P_H P^z)\ ] + \gamma\ (T_0 - T)\ \}$	
Roelands (1966)		$(\lg\eta + 1.2)\ /\ (\lg\eta_0 - 1.2) = \ [\ (T_0 + 135)\ /\ (T + 135)\ ]^{s_0}\ (1 + p/2\,000)$	
		$\eta = \eta_0 \exp\ \{\ (\ln\eta_0 + 9.67)\ [\ (1 + 5.1 \times 10^{-9})\ p]^z\ [\ (T - 138)\ /T_0 - 138]^{-s_0} - 1\}$	
Yasutomi (1984)		$\eta = \eta_g \exp\ \{\ [-2.3 C_1\ (T - T_g)\ F]\ /\ [C_2 + \ (T - T_g)\ F]\ \}$	$T_g = T_{g0} + a_1 \ln\ (1 + a_2 p)$ $F - 1 - b_1 \ln\ (1 + b_2 p)$

续表

提出者	关系类别	关系式	说明
Wu C S (1989)		$\log\eta = c_0 - c_1 / \{1 + c_2 / [(1 - b_1 \ln (1 + b_2 p)) (T - TS_0 / T_0 - a_1 \ln (1 + a_2 p))] \}$	该式是 Yasutomi（1984）公式的改进型公式
Bair—Winer (1992)		$\eta = \begin{cases} \eta_g \exp \{ [-2.3 C_1 (T - T_g) F] / [C_2 + (T - T_g) F] \} & p \leqslant p_g \\ \eta_g \exp [a_g (p - p_g)] & p > p_g \end{cases}$	该式适用于高压情况。T_g，F 的计算同 Yasutomi（1984）公式。p_g 为润滑剂过渡到玻璃质状态时的压力
Dowson— Higginson (1966)	密压温关系	$\rho = \rho_0 \left[1 + \dfrac{1 + Ap}{1 + Bp} + D (T - T_0) \right]$	对于矿物油 $A = 0.6 \times 10^{-9}$ m²/N $B = 1.7 \times 10^{-9}$ m²/N，$D = 0.000\ 7$ K⁻¹

4　结束语

线接触弹流理论经众多科学工作者的不懈努力发展到现在，已在某些方面趋于成熟并在实际工程中得以广泛应用。在弹流计算尤其是牵曳力计算中，需要同时考虑热效应和润滑油的流变特性的影响，这已得到研究者的公认。这方面的研究正在深入进行。线接触部分膜热弹流理论的研究还需要进一步深入。

Parameter Measurement of 4010 Synthetic Aviation Lubricant*

Liu Zhiquan   Ge Peiqi   Qi Yulin   Zhang Pengshun

Abstract: 4010 oil is a new synthetic aviation lubricant. At present, however, there are no complete experimental data on the characteristic parameters of the oil in China. In this paper, the viscosity – temperature relations, the density – temperature relations, the viscosity – pressure relations and the dielectric constant – temperature relations of the oil are determined by measurements. Besides, the experimental data of these parameters and some fitting formulas are given. The variation laws of the characteristic parameters of the oil are summarized.

Keywords: viscosity – temperature relation   viscosity – pressure relation   density – temperature relation   dielectric constant

INTRODUCTION

4010 oil is a new kind of synthetic aviation lubricant produced by Yiping Chemical Plant subordinated to China Petrochemical Engineering Corporation. At present, the oil is in its probation period, and there are no complete experimental data on its characteristic parameters. However, these parameters, such as piezoviscous parameters, viscosity – temperature relations, density – temperature relations and dielectric constant – temperature relations, are necessary for analysing the lubrication condition of aeronautical power machines and for calculating the film thickness and the film capancitance. In order to complete the experimental data on characteristic parameters of 4010 oil and to meet the practical demands, the authors of the present paper, entrusted by Yiping Chemical Plant, carried out the following parameter measurements for 4010 synthetic lubricant.

* Journal of Harbin Institute of Technology, 1997, Vol. E – 4, No. 1, pp77 – 81

1　MEASURMENTS OF VISCOSITY – TEMPERATURE RELATIONS AND DENSITY – TEMPERATURE RELATIONS

The Engler viscosity of the oil at temperature T can be got through Engler viscosimeter

$$E°(T) = t(T)/t_0 \tag{1}$$

where　$t(T)$——the time for which the measured oil having a volume of 200 milliliters

flows through the small hole of the viscosimeter at temperature T;

t_0——the time for which the distilled water of' the same volume does at 20℃,

$t_0 = (51\pm1)$ s.

The kinematic viscosity[1]$v(T)$ of the oil can be obtained through $E°(T)$

$$v(T) = \begin{cases} [8.0E°(T) - 8.64/E°(T)] \times 10^{-6} \\ (1.35 < E°(T) \leqslant 3.2) \\ [7.6E°(T) - 4.0/E°(T)] \times 10^{-6} \\ (3.2 < E°(T)) \end{cases} \tag{2}$$

The dynamic viscosity $\eta(T)$ of the oil is

$$\eta(T) = v(T) \times \rho(T) \tag{3}$$

here, $\rho(T)$ is the density[2] of the oil at temperature T

$$\rho(T) = \rho(T_0)[1 - \alpha_T(T - T_0)] \tag{4}$$

where　$$\alpha_T = \begin{cases} \dfrac{1}{5}[23 - 9\lg\eta(T)] \times 10^{-4} & (\eta(T) \leqslant 3\text{ Pa·s}) \\ \dfrac{1}{8}(31 - 3\lg\eta(T)) \times 10^{-4} & (\eta(T) > 3\text{Pa·s}) \end{cases} \tag{5}$$

From formulas (2) to (5), the units of T, η, v, ρ and α_T are ℃, Pa·s, m²/s, kg/m³ and 1/℃ respectively. With $\rho(T_0)$ being measured, $\rho(T)$ can be obtained from iterative calcuations.

There are two samples of the measured oil— new 4010 oil and old 4010 oil. The new oil has never been used before, but the old one has been circulated for more than 10 hours in a lubrication system of high speed roller bearing for aircraft. When $T_0 = 10$℃, the density of the new oil, $\rho_{new}(T_0)$, is 950 kg/m³, while that of the old oil, $\rho_{old}(T_0)$, is 930 kg/m³.

The results of the measurements about viscosity – temperature relations and density-temperature relations of 4010 oil are shown in Fig. 1～2.

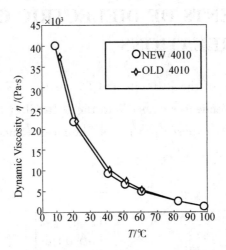

Fig. 1   Viscosity – temperature curve of 4010 oil

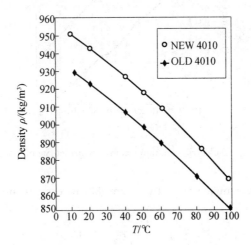

Fig. 2   Density – temperature curve of 4010 oil

Based on the measurement data, following formulas can be matched through the least square method.

Viscosity-temperature relations are

new oil: $\eta(T) = 0.048\,4\exp\,(-0.036\,8T)\,(\text{Pa}\cdot\text{s})$,   (6)

old oil: $\eta(T) = 0.048\,7\exp\,(-0.035\,3T)\,(\text{Pa}\cdot\text{s})$,   (7)

new oil: $v(T) = 50.23\times10^{-6}\exp\,(-0.035\,7T)\,(\text{m}^2/\text{s})$,   (8)

old oil: $v(T) = 51.71\times10^{-6}\exp\,(-0.034\,4T)\,(\text{m}^2/\text{s})$.   (9)

Density-temperature relations are

new oil: $\rho(T) = (4.37\times10^{-9}T^2+6.48\times10^{-7}T+1.05\times10^{-3})^{-1}\,(\text{kg}/\text{m}^3)$ (10)

old oil: $\rho(T) = (4.06\times10^{-9}T^2+6.88\times10^{-7}+1.07\times10^{-3})^{-1}\,(\text{kg}/\text{m}^3)$ (11)

2　MEASUREMENTS OF DIELECTRIC CONSTANT-TEMPERATURE RELATIONS

The dielectric constant of the 4010 oil, ε (T), is C_{oil} (T) $/C_{air}$. Here, C_{oil} (T) is the capacitance of a plate-condenser dipped into the 4010 oil at temperature T; C_{air} is the capacitance of the condenser exposed to the air. The measurement results on the dielectric constant of 4010 oil are shown in Fig. 3.

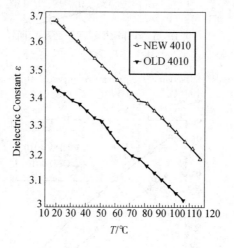

Fig. 3 · Dielectric constant - temperature curve of 4010 oil

According to the data measured, the formulas below are matched through the least square method

$$\left.\begin{array}{l} \text{new oil：} \varepsilon(T)=3.78-5.15\times10^{-3}\,T \\ \text{old oil：} \varepsilon(T)=3.54-4.91\times10^{-3}\,T \end{array}\right\} \tag{12}$$

3　MEASUREMENTS OF VISCOSITY-PRESSURE RELATIONS AND PIEZOVISCOUS PARAMETERS

3.1　Test Rig

The test rig mainly consists of NY–1 high pressure capillary viscosimeter (shown as Fig. 4), WY–15D displacement transducer, electric heater and X–Y function recorder.

3.2　Principle of Measurements

As shown in Fig. 5, the pressure acted on the measured 4010 oil is obtained fromweight 1 and weight 1′ which have the same weight. The pressure $P_k = 5k + 1$ (MPa) . k is the number of the weights put on the weight pan2 ($k = 1, 2, \cdots, n$).

Fig. 4　NY – 1 high pressure capillary viscosimeter

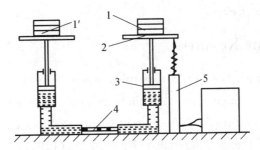

Fig. 5　Measurement principle of NY – 1 high pressure capillary viscosimeter

If a small weight is added to one of the two balanced weight pans, a pressure difference ΔP between the two pistons will be produced and the pistons will move upwards or downwards accordingly, so the pressurized oil will flow through the capillary 4. Transduced through the displacement sensor 5, the displacement of piston 3 will be recorded by the $X - Y$ function recorder.

The viscosity of the oil flowing in the capillary is

$$\eta = \pi R^4 \Delta P t / (8LAS) \tag{13}$$

here　R, L ——respectively the radius and length of the capillary;

　　　A, S ——respectively the intersection area and the displacement of piston 3.

　　　t——the time corresponding to the displacement S.

Under a given pressure difference ΔP, suppose that the piston displacement S_i and the oil's viscosity η_i are corresponding to pressure P_i, similarly, S_j and η_j are corresponding to P_j, then formula (14) can be derived from formula (13) when $t_i = t_j$

$$\eta_i / \eta_j = S_j / S_i \tag{14}$$

here　S_i, S_j——the known quantities from the recorder.

Hence，when ΔP keeps constant and the viscosity value corresponding to one certain pressure is known，other unknown viscosity values can be solved according to formula (14) . Thus，the viscosity pressure relation can be obtained.

Under low pressure，for example $P \leqslant 11\text{MPa}$，Barrus relation $\eta = \eta_0 \exp (\alpha' P)$ is tenable. i. e.

$$\alpha' = [\ln(\eta_2/\eta_1)]/(P_2 - P_1) = [\ln(S_1/S_2)]/(P_2 - P_1) \tag{15}$$

here，$P_1 = 6\text{MPa}$，$P_2 = 11\text{MPa}$，then $\alpha' = \dfrac{1}{5}\ln (S_1/S_2)$，so

$$\eta_1 = \eta_0 (S_1/S_2)^{\frac{6}{5}} \tag{16}$$

where　η_0——the known viscosity under ordinary pressure.

Values of viscosity under other pressures can be obtained from formula (14) and (16)，so a series of $\eta_k - P_k (k = 1, 2, 3, \cdots, n)$ can be got，which is just the viscosity-pressure relation. In the rectangular coordinate system，the gradient of line $\ln \eta_k - P_k$ is the piezoviscous parameter α.

3.3　Measurement Results

The measurement results on the viscosity - pressure relations of 4010 oil are shown in Figs. 6~12. The formula which represents the variation of piezoviscous parameter of 4010 oil with respect to temperature T can be matched from the data measured. i. e.

$$\alpha = (1.4 - 0.025T) \times 10^{-8} \quad (1/\text{Pa}) \tag{17}$$

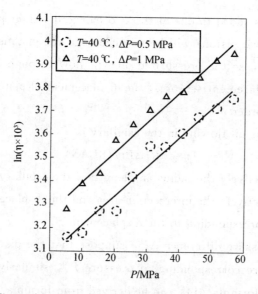

Fig. 6　$\ln \eta - P$ curve of 4010 old oil when $T = 40$ ℃

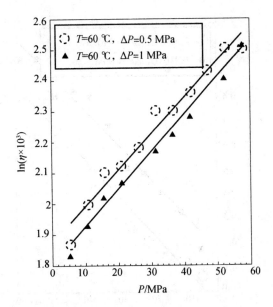

Fig. 7   lnη−P curve of 4010 old oil when $T = 60$ ℃

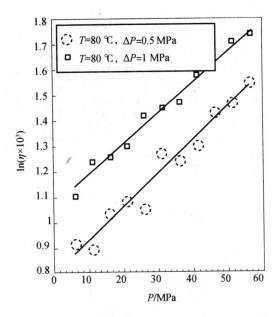

Fig. 8   lnη−P curve of 4010 old oil when $T = 80$ ℃

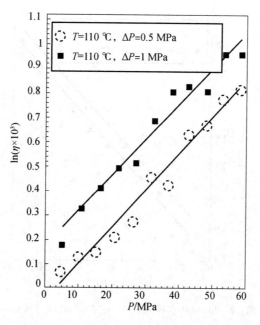

Fig. 9　lnη－P curve of 4010 old oil when $T=110$ ℃

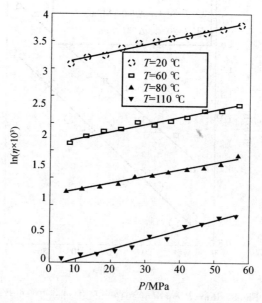

Fig. 10　lnη－P curve of 4010 old oil when $\Delta P=0.5$ MPa

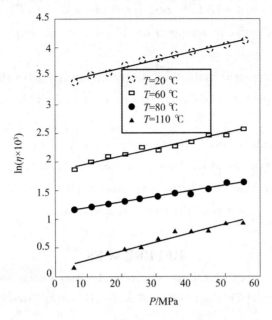

Fig. 11 $\ln\eta - P$ curve of 4010 old oil when $\Delta P = 1$ MPa

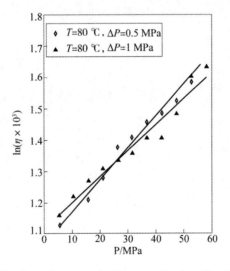

Fig. 12 $\ln\eta - P$ curve of 4010 new oil when $T = 80$ ℃

4   CONCLUSIONS

1) The viscosity – temperature relation of the 4010 synthetic lubricant is an exponential function, i. e. viscosity decreases exponentially with the increase of temperature. Viscosity – temperature curve of the new oil is similar to that of the old one. At the same temperature, viscosity of the old oil is slightly higher than that of the new one.

2) The density of 4010 oil, following the formula $\rho = (aT^2 + bT + c)^{-1}$, decreases hyper-bolically with the rise of temperature. The density of new oil is higher than that of the old one at the same temperature.

3) The dielectric constant of 4010 oil decreases linearly with the increase of temperature. At the same temperature, dielectric constant of new oil is greater than that of the old one.

4) At a certain temperature, the viscosity of 4010 oil increases with the increase of pressure. Under a certain pressure, viscosity decreases as temperature increases. Most measurement data show that the viscosity becomes high when ΔP increases. Piezoviscous parameter α tends to decrease with the rise of temperature.

REFERENCES

[1]　Gunther R C. Lubrication. Philadelphia, New York, London: Chilton Book Company. 1971, 191.

[2]　Wen Shizhu. Principle of Tribology. Beijing: Tsinghua University Press. 1990, 17.

高速圆柱滚子轴承的热分析模型*

刘志全　张鹏顺　沈允文

摘　要：分析了高速圆柱滚子轴承的发热因素，建立了高速圆柱滚子轴承的功率损失计算模型、热传递计算模型和热流分析模型。这些模型的建立，为定量计算轴承发热及温度分布奠定了基础。

关键词：高速圆柱滚子轴承　功率损失　热传递　温度分布

引　言

随着航空发动机主轴滚子轴承 dn 值的不断增大，轴承的发热问题愈来愈突出。如果轴承内产生的摩擦热不能有效地散发，则会导致轴承温度升高，润滑油黏度下降，滚子与内外圈滚道间的油膜厚度减小，最终使轴承因滚子回火或滚道表面剥落而报废，其后果是十分严重的。因此，研究高速圆柱滚子轴承的发热机理、传热过程及温度分布，对于改善高速轴承工作性能有着重要的意义。

1　高速圆柱滚子轴承的发热因素及功率损失计算模型

1.1　发热的主要因素

1）滚子与内外滚道之间的滚动及滑动摩擦；

2）保持架与套圈引导面之间的滑动摩擦；

3）滚子与保持架兜孔之间的滑动摩擦；

4）滚子端面与挡边之间的滑动摩擦；

5）润滑剂的黏性摩擦。

1.2　功率损失的计算模型

图 1 展示了圆柱滚子轴承的结构及主要结构尺寸符号。该轴承承受径向载荷 F_r，保持架引导形式为外圈引导。假设：非承载区各滚子具有相同的自转角速度 ω_{ru}；非承载区各滚子受保持架驱动，其驱动力均值为 F_{cu}；非承载区滚子因离心作用与内圈滚道脱离接

* 《机械科学与技术》1997，Vol. 16，No. 4，pp607 – 611

触，与外圈滚道作纯滚动；承载区载荷分布为对称分布，对称于 F_r 的作用线，两边受载滚子数均为 N，故总的受载滚子数为 $2N+1$，承载区滚子编号如图 2 所示。

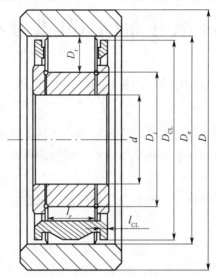

图 1　圆柱滚子轴承的结构及主要结构尺寸

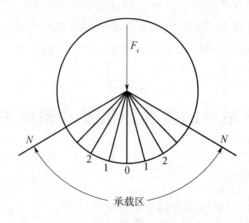

图 2　承载区滚子

1.2.1　滚子与内圈滚道间的功率损失 Q_i

滚子与内圈滚道间的功率损失 Q_i 为

$$Q_i = T_{i0}V_{i0} + 2\sum_{j=1}^{N} T_{ij}V_{ij} + Q_{chi} \tag{1}$$

式中　T_{i0}，V_{i0}——分别为承载区受载最大的 0 号滚子与内圈滚道之间的摩擦力和滑动速度；

　　　　T_{ij}，V_{ij}——分别为第 j 个（$j=1$，2，…，N）受载滚子与内圈滚道之间的摩擦力和滑动速度；

　　　　Q_{chi}——内圈的搅油功率损失。

1.2.2 滚子、保持架与外圈滚道间的功率损失 Q_e

滚子、保持架与外圈滚道间的功率损失 Q_e 为

$$Q_e = Q_{e1} + Q_{e2} + Q_{e3} + Q_{chc} + Q_{chr}/3 \tag{2}$$

$$Q_{e1} = T_{e0}V_{e0} + 2\sum_{j=1}^{N} T_{ej}V_{ej} \tag{3}$$

$$Q_{e2} = [Z - (2N + 1)]F_m f_{Re}\omega_{ru} \tag{4}$$

$$Q_{e3} = \frac{1}{2}D_{cL}\omega_c f[m_c g + m_c\omega_c^2 e/4 + (m_r)\omega_c^2] \tag{5}$$

式中 Q_{e1}，Q_{e2}，Q_{e3}——分别为承载区滚子与外圈滚道间的摩擦功率损失、非承载区滚子与外圈滚道间的摩擦功率损失和保持架凸缘与外圈引导面之间因保持架重力、偏心涡动及制造不平衡而引起的摩擦功率损失；

Q_{chc}，Q_{chr}——分别为保持架和滚子的搅油功率损失；

T_{e0}，V_{e0}——分别为 0 号滚子与外圈滚道间的摩擦力和滑动速度；

T_{ej}，V_{ej}——分别为第 j 个滚子（$j=1$，2，…，N）与外圈滚道间的摩擦力和滑动速度；

ω_c，m_c，e——分别为保持架的角速度、质量和偏心量（$e=D_e-D_{cL}/2$）；

F_m，m_r，Z——分别为滚子的离心力（$F_m=D_m m_r\omega_c^2/2$）、质量和总数；

(m_r)——保持架的残余不平衡量，一般小于 3×10^{-5} kg·m[1]；

f_{Re}，f——分别为滚动摩阻和摩擦系数。

1.2.3 搅油功率损失 Q_{chi}，Q_{chc} 和 Q_{chr}

若半径为 r 的圆柱表面在密度为 ρ，运动黏度为 ν 的黏性流体介质中以角速度 ω 绕轴线旋转时，圆柱表面有效面积 A 引起的搅拌功率损失 Q_{ch} 为[2]

$$Q_{ch} = \rho f_v A\omega^3 r^3/8 \tag{6}$$

式中 f_v——黏性摩擦系数，为雷诺数 Re 的函数，即

$$f_v = f_v(Re) = \begin{cases} 3(Re/2\,500)^{0.856} \cdot (16/Re) & Re > 2\,500 \\ 16/Re & Re < 2\,500 \end{cases} \tag{7}$$

$$Re = r\omega C/\nu \tag{8}$$

式中 C——圆柱表面圆周的特征间隙。

将 $\omega=\omega_i$（ω_i 为内圈的角速度），$C=u_r/2$（u_r 为轴承工作径向游隙），$r=D_i/2$，$A=\pi D_i l_i[Z-(2N+1)]/3Z$（$l_i$ 为内圈滚道宽度）代入式（6）～（8）得

$$Q_{chi} = \pi[Z - (2N+1)]\rho f_{vi}D_i^4 l_i\omega_i^3/192Z \tag{9}$$

式中 $f_{vi}=f_v(Re_i)$，$Re_i=D_i\omega_i u_r/4\nu$。

将 $\omega=\omega_c$，$C=e$，$r=D_{cL}/2$，$A=4(\pi D_{cL}\times 2l_{cL})/5$ 代入式（6）～（8）得

$$Q_{chc} = \pi\rho f_{vc}D_{cL}^4 l_{cL}\omega_c^3/40 \tag{10}$$

式中 $f_{vc}=f_v(Re_c)$，$Re_c=D_{cL}\omega_c e/2\nu$。

将 $\omega=\omega_r$（ω_r 为滚子自转角速度），$C=C_{rc}$（滚子与保持架兜孔之间的间隙，$r=D_r/2$，$A=2\pi D_r l_r/5$ 代入式（6）～（8）得

$$Q_{chr}=\pi\rho D_r^4 l_r\left[f_{vr0}\omega_{r0}^3+2\sum_{j=1}^{N}f_{vrj}\omega_{rj}^3+(Z-2N-1)f_{vru}\omega_{ru}^3\right]/160 \tag{11}$$

式中　$f_{vr0}=f_v(Re_{r0})$；

　　　$f_{vrj}=f_v(Re_{rj})(j=1,2,\cdots,N)$；

　　　$f_{vru}=f_v(Re_{ru})$；

　　　$Re_{r0}=D_r C_{rc}\omega_{r0}/i\nu$；

　　　$Re_{rj}=D_r C_{rc}\omega_{rj}/2\nu(j=1,2,\cdots,N)$；

　　　$Re_{ru}=D_r C_{rc}\omega_{ru}/2\nu$。

下角标 0，j，u——分别表示 0 号滚子、第 j 个滚子和非承载滚子。

1.2.4　滚子与保持架兜孔之间的摩擦功率损失 Q_{rc}

滚子与保持架兜孔之间的摩擦功率损失 Q_{rc} 为

$$Q_{rc}=fD_r\left[F_{c0}\omega_{r0}+2\sum_{j=1}^{N}F_{cj}\omega_{rj}+(Z-2N-1)F_{cu}\omega_{ru}\right]/2 \tag{12}$$

式中　F_c——滚子与保持架之间的作用力；

下角标 0，j，u 的意义同上。

1.2.5　滚子端面与挡边之间的摩擦功率损失 Q_{end}

圆柱滚子轴承当只受径向载荷作用时，滚子端面与挡边之间的法向力本应为零。但实际上，由于某些随机因素的作用（如主轴倾斜、小扰动引起的滚子陀螺运动等），滚子端面与挡边之间确有接触压力和摩擦力存在，因而存在功率损失 Q_{end}。但是，影响 Q_{end} 的因素随机性很大，难以用公式来表达，所以这部分影响在 Q_{chi} 的计算中通过修正系数来考虑。

在上述各式中，流体介质的密度 ρ 为润滑油与空气混合物的密度，参照文献 [1] 和 [2] 取 $\rho=40\%\rho_{油}$。上述计算模型涉及的一系列力或运动参数——T_{ij}，V_{ij}，T_{ej}，V_{ej}，F_{cj}，ω_{rj}，T_{i0}，V_{i0}，T_{e0}，V_{e0}，F_{c0}，ω_{r0}，ω_c，ω_{ru}，F_{cu} 均需根据轴承的具体工况，由拟静力学分析方法确定[3]，本文不再详述。

1.2.6　轴承总功率损失 Q_T 与各部分功率损失的关系

轴承总功率损失 Q_T 与各部分功率损失的关系为

$$Q_T=Q_i+Q_e+2Q_{chr}/3+Q_{rc} \tag{13}$$

总功率损失 Q_T 显然亦可表示为

$$Q_T=\pi n_i(M_1+M_v)/30 \tag{14}$$

式中　n_i——主轴或内圈的转速；

　　　M_1，M_v——分别为载荷摩擦力矩和黏性摩擦力矩，具体算式见文献 [4]。

2 高速圆柱滚子轴承的热传递计算模型

高速圆柱滚子轴承内产生的热量将通过热传导、对流换热和热辐射的形式散发。在这三种热传递形式中，对流换热占有主导地位。因为轴承各元件的温差不大，计算出的辐射换热量很小，可以忽略不计。而轴承工作系统内的热传导近似采用一维稳态导热的计算公式来计算，这在大多数《传热学》教材中均有论述，此处不再讨论。

高速圆柱滚子轴承大多数采用环下润滑方法。在此情况下，轴承工作系统内润滑油与内圈滚道表面的对流换热、润滑油与外圈滚道的对流换热、润滑油与保持架及滚子表面的对流换热、轴承箱内空气与高速旋转的主轴轴套端面的对流换热均为强制对流换热，其对流换热系数 α 可按下式近似计算[5]

$$\alpha = \begin{cases} 0.332(K/l)Pr^{1/3}Re^{1/2} & (Re < 5 \times 10^5) \qquad 层流 \\ (0.037Re^{0.8} - 850)(K/l)Pr^{1/3} & (5 \times 10^5 \leqslant Re < 10^7) \quad 紊流 \end{cases} \tag{15}$$

式中　$Pr = C_p\rho\nu/K$，为流体的普朗特准则（普朗特数）；

　　　$Re = ul/\nu$，为流体的雷诺准则（雷诺数）；

　　　l——定型尺寸；

　　　K，C_p，ρ，ν——分别为流体的导热系数、比热容、密度和运动黏度。

但应注意，对于不同的换热面，应选用相应的定型尺寸、流体平均速度和定性温度。

轴承壳体外表面与静止空气（非强制气流）之间的对流换热属于大空间内自然对流换热。其换热系数可按下式进行近似计算[5]

$$\alpha = 0.53(K/l)(GrPr)^{1/4} \tag{16}$$

式中　$Gr = g\beta\Delta T l^3/\upsilon^2$ 为葛拉晓夫准则；

　　　K，υ，Pr——分别为空气的导热系数、运动粘度和普朗特数；

　　　l——定型尺寸；

　　　ΔT——壁面与空气的温差；

　　　g——重力加速度；

　　　β——热膨胀系数。

3 高速圆柱滚子轴承的热流分析模型

为了求解高速轴承工作系统内的温度场，首先要将系统根据实际需要和便于测试的原则离散为若干个温度节点。对于任一个节点，在稳态传热时，流入节点的热流应当等于流出节点的热流，否则就不是稳态传热。因此，在每个节点上可列出一个热流平衡方程式（一般为非线性方程，因对流换热往往是非线性的），则轴承工作系统的 n 个节点就可列出 n 个非线性方程，即

$$q_1 = q_1(T_1, T_2 \cdots T_n) = 0$$

$$q_2 = q_2(T_1, T_2 \cdots T_n) = 0 \tag{17}$$
$$\vdots$$
$$q_n = q_n(T_1, T_2 \cdots T_n) = 0$$

方程组（17）是关于未知温度 T_1，T_2，…，T_n 的非线性方程组，其具体形式需要结合具体轴承结构及节点划分情况给出。为了求解这一非线性方程组，可用 Newton-Raphson 法将上述非线性方程组转化为以 $\Delta T_j (j=1, 2, \cdots, n)$ 为未知数的线性方程组，即

$$\begin{bmatrix} \partial q_1/\partial T_1 & \partial q_1/\partial T_2 & \cdots & \partial q_1/\partial T_n \\ \partial q_2/\partial T_1 & \partial q_2/\partial T_2 & \cdots & \partial q_2/\partial T_n \\ \vdots & \vdots & \vdots & \vdots \\ \partial q_n/\partial T_1 & \partial q_n/\partial T_2 & \cdots & \partial q_n/\partial T_n \end{bmatrix} \begin{bmatrix} \Delta T_1 \\ \Delta T_2 \\ \vdots \\ \Delta T_n \end{bmatrix} = \begin{bmatrix} -q_1 \\ -q_2 \\ \vdots \\ -q_n \end{bmatrix} \tag{18}$$

当给定 $T_j (j=1, 2, \cdots, n)$ 的初值后，就可按线性方程组求出残余误差 $\Delta T_j (j=1, 2, \cdots, n)$，若 $|\Delta T_j|$ 不满足精度要求，则按下式计算 T_j 的新值

$$T_j^{(k-1)} = T_j^{(k)} + \Delta T_j^{(k)} \qquad (j=1, 2, \cdots, n) \tag{19}$$

其中　k ——迭代次数。

当 $|\Delta T_j^{(k)}| < \varepsilon$（控制精度）时，则 $T_j^{(k)} (j=1, 2, \cdots, n)$ 即为方程组（17）的解，于是轴承工作系统的温度分布也就确定了。

4　结束语

本文建立了高速圆柱滚子轴承的热分析模型——发热计算模型、传热计算模型和热流分析模型。利用这些模型，作者曾计算了高速圆柱滚子轴承 D1842926S$_3$Q$_1$ 在 23 种工况下的温度分布。计算结果与测试结果基本吻合。关于高速圆柱滚子轴承温度分布的计算与测试拟另文讨论。

参 考 文 献

[1]　Poplawski J V. Slip and Cage Forces in a High-speed Roller Bearing. ASME J. Lubr. Tech.. 1972, 94（2）：143-152.

[2]　Rumbarger J H, et al. Gas Turbine Engine Mainshaft Roller Bearing-System Analysis. ASME J. Lubr. Tech.. 1973, 95（4）：401-416.

[3]　刘志全. 高速滚子轴承的热分析及油膜测试. 哈尔滨：哈尔滨工业大学博士学位论文，1996.

[4]　万长森. 滚动轴承的分析方法. 北京：机械工业出版社，1987.

[5]　杨世铭. 传热学. 北京：高等教育出版社，1987.

高速圆柱滚子轴承温度分布的计算与测试*

刘志全　沈允文　张鹏顺　力华东

摘　要：针对高速圆柱滚子轴承 D1842926S$_3$Q$_1$ 的 23 种工况条件，进行了轴承工作系统温度分布的计算和测试，计算结果与测试结果基本吻合，此为有效控制航空发动机主轴滚子轴承关键部位的温度提供了理论和实验依据。

关键词：高速圆柱滚子轴承　温度分布　测试

引　言

掌握高速轴承在不同工况下的温度分布，对于分析航空发动机主轴承工作系统的失效机理，有的放矢地控制轴承的润滑与冷却和提高轴承的工作性能均具有现实的意义。文献[1]中作者建立了高速圆柱滚子轴承的热分析模型，本文以该模型为基础，以高速圆柱滚子轴承 D1842926S$_3$Q$_1$ 工作系统的具体结构为计算和测试对象，进行了轴承温度分布的计算与测试。

1　轴承工作系统的结构参数、温度节点划分及工况条件

1.1　轴承工作系统的结构参数、温度节点设置及节点间的热传递关系

高速圆柱滚子轴承 D1842926S$_3$Q$_1$ 工作系统的结构如图 1 所示。该结构是为进行高速圆柱滚子轴承温度分布计算和测试及油膜厚度测试而专门设计的。其中，圆柱滚子轴承 D1842926S$_3$Q$_1$ 的主要参数如表 1 所示，表中的长度单位为 mm，质量单位为 kg。尚未标注在图 1 中的几个结构参数为：组件 16 中的轴套内径或与之相配合的主轴轴颈的直径 $d_s = 52$ mm；与轴套过盈配合的供油衬套的最大圆直径（即衬套凸缘外径）和轴向长度分别为 $D_{x1} = 148$ mm 和 $l_{x1} = 13$ mm；供油盘（零件 10）内腔直径和轴向长度分别为 $D_{hi} = 170$ mm 和 $l_{hi} = 18$ mm；供油盘左端凸出部分的外径 D_{he} 和轴向长度 l_{he} 分别为 $D_{he} = 210$ mm 和 $l_{he} = 28$ mm。

温度节点的位置如图 1 中的 ①～⑭（⑭未标在图上）所示，节点代表的温度如表 2 所

───────────────

* 《机械科学与技术》1997，Vol. 16，No. 5，pp805－811

示。其中，①～⑨节点的温度为未知数，⑩～⑭节点的温度为实测得到的已知数（边界条件）。节点之间的热传递关系为

热源　　　　①—① ③—③

传导换热　　①—② ③—④ ③—⑤ ④—⑤ ④—⑦ ⑤—⑥ ⑤—⑦ ⑥—⑦ ⑥—⑬

对流换热　　①—⑭ ②—⑫ ③—⑭ ⑦—⑫ ⑧—⑩ ⑨—⑫

热辐射　　　②—⑫ ⑦—⑫

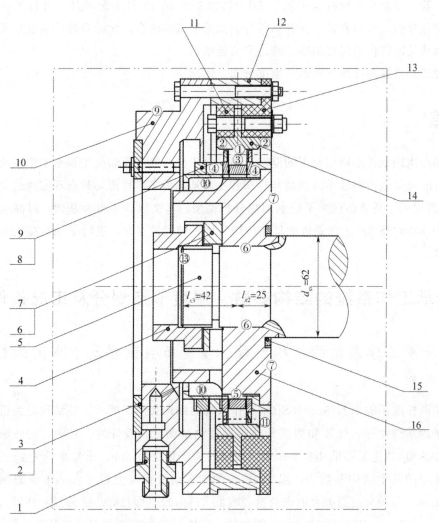

图 1　高速圆柱滚子轴承 D1842926S$_3$Q$_1$ 工作系统的结构图

1—喷油嘴；2—封油盖；3—密封垫；4—锁紧螺母；5—主轴；6—锁片；7—压板；

8—锁紧螺母；9—压板；10—供油盘；11—绝缘套；12—轴承外衬套（径向加载套）；

13—绝缘套；14—圆柱滚子轴承 D1842926S$_3$Q$_1$；15—调整垫；

16—供油组件（轴套及供油衬套）。双点划线—轴承箱内壁

表 1 圆柱滚子轴承 D1842926S₃Q₁ 的主要参数

名称	符号	参数	名称	符号	参数
轴承内径	d	130	滚子长度	l_r	12
内圈滚道直径	D_i	143	滚子质量	m_r	0.0 105
内圈滚道宽度	l_i	12	滚子有效长度	l_e	8
内圈总宽	B_i	24	滚子直径	D_r	12
外圈滚道直径	D_e	167	保持架内圆直径	D_{ci}	152.5
轴承外径	D	180	保持架外圆直径	D_{co}	165.3
外圈宽度	B_e	30	保持架引导凸缘直径	D_{cl}	166.3
工作径向游隙	U_r	0.046	保持架引导凸缘单侧宽度	l_{cl}	5.5
轴承节圆直径	D_m	155	保持架总宽	B_c	23
滚子数	Z	30	保持架质量	m_c	0.305

表 2 节点号—温度对应表

节点号	节点代表的温度	符号	节点号	节点代表的温度	符号
①	外圈滚道表面温度	T_1	⑧	供油盘内壁面平均温度	T_8
②	外圈端面温度	T_2	⑨	供油盘外表面平均温度	T_9
③	内圈滚道表面温度	T_3	⑩	供油温度	T_g
④	内圈端面温度	T_4	⑪	回油温度	T_h
⑤	内圈内圆表面温度	T_5	⑫	轴承箱内空气温度	T_a
⑥	主轴与轴套配合表面温度	T_6	⑬	主轴轴端温度	T_s
⑦	组件 16 端面平均温度	T_7	⑭	轴承内润滑油的温度	T_f

1.2 材料的热物性参数

在图 1 所示的 16 个主要零、部件中，1，4，5，7，8，9，12，15，16 的材料均为 45 号钢。轴承的内、外圈材料均为 H10Cr4Mo4Ni4V；轴承的滚子和保持架材料分别为 Cr4Mo4V 和 QSi - 3.5 - 3 - 1.5。零件 6 的材料为 1Cr18Ni9Ti。零件 2 和 10 的材料为 LY2。零件 11 和 13 的材料为 3240 环氧酚醛层压玻璃布板（绝缘绝热材料）。零件 3 的材料为橡胶石棉板 S₂（绝热材料）。上述主要材料的导热系数见参考文献[2] ～ [5]。

轴承的润滑方式为环下润滑。试验所用润滑油为 4010 合成航空润滑油。关于 4010 合航空润滑油的黏温关系 $v(T)$、密度—温度关系 $\rho(T)$ 等参数的测试，文献[6]作了详细介绍。4010 油的导热系数 k 和比热容 C_p 根据文献[2]用类比法获得：$k = 0.14\ \mathrm{W/(m \cdot ℃)}$，$C_p = 2\ \mathrm{kJ/(kg \cdot ℃)}$。4010 油的普朗特数 Pr 随温度变化的关系式为

$$Pr(T) = \frac{C_p v(T)\rho(T)}{k} = 14\ 286 v(T)\rho(T) \tag{1}$$

轴承箱内空气的热物性参数随温度的变化关系详见文献[7]的附表。

1.3 轴承工况

本文的计算和测试是在表 3 所示的 23 种轴承工况下进行的。

表 3　23 种轴承工况

组号	序号	径向载荷/ N	工作转速/ (r/min)	供油压力/ MPa	供油温度/℃	组号	序号	径向载荷/ N	工作转速/ (r/min)	供油压力/ MPa	供油温度/ ℃
1	1	4 903.0	6 000	0.35	70±5	4	13	4 903.0	11 500	0.1	70±5
	2		8 000				14			0.2	
	3		10 000				15			0.3	
	4		12 000				16			0.4	
							17			0.35	
2	5	2 451.5	11 500	0.35	40±5	5	18	2 451.5	1 000	0.35	40~50
	6	3 922.4					19	4 903.0	3 000		
	7	4 903.0					20	4 903.0	5 000		
	8	5 393.3									
3	9	2 451.5	11 500	0.35	70±5	6	21	2 451.5	1 000	0.35	18~20
	10	3 922.4					22	4 903.0	3 000		
	11	4 903.0					23	4 903.0	5 000		
	12	5 393.3									

2　轴承工作系统热平衡方程组的建立与求解

2.1　基本假设及简化

1）假设温度关于主轴轴线对称分布。

2）假设传热过程均为稳态传热过程。

3）绝缘套按绝热材料处理，稳态时轴承外圈无径向导热。

4）除轴承内的摩擦热之外，轴承工作系统无外部热量输入。

5）因供油盘由 LY2 材料制造，导热系数大，故假设供油盘为单一温度，即 $T_8 = T_9$。

6）忽略配合表面的接触热阻。

7）忽略轴承元件之间的热辐射，仅考虑组件 16 端面及轴承外圈端面向空气的热辐射[8]。

8）假设轴承箱内空气具有等温温度场。

2.2　热平衡方程组的建立与求解

对图 1 所示的轴承工作系统的结构进行分析，可将该系统分为三个部分。第一部分是外圈及其所固结的绝缘套，热源为外圈滚道上功率损失 Q_e 的一半；第二部分是"内圈－供油衬套－轴套－主轴"，其热源为内圈滚道上功率损失 Q_i 的一半；第三部分是供油盘，自身内部无热源，热量来源于外部热传递。

根据节点之间的热传递关系和文献[1]的热传递计算模型，建立如下热平衡方程组。

第一部分的热平衡方程组为

$$(1/2)Q_e = [\pi k_b(D^2 - D_e^2)/B_e](T_1 - T_2) + \pi D_e B_e \alpha_{eo}(T_1 - T_f) \tag{2}$$

$$(2k_b/B_e)(T_1 - T_2) = 5.67\varepsilon_b\{[(T_2 + 273)/100]^4 - [(T_a + 273)/100]^4\} + \alpha_{ea}(T_2 - T_a) \tag{3}$$

式中　k_b，ε_b——分别为轴承套圈的导热系数和表面黑度；

　　　　ε_b——取值为 0.2 W/（$m^2 \cdot K^4$）；

　　　　$T_f = 0.65$（$T_g + T_h$）；

　　　　α_{eo}，α_{ea}——分别为润滑油与外圈滚道间的对流换热系数和空气与外圈端面间的对流换热系数。算式见文献[1]和文献[8]。

式（2）～（3）中的未知数为 T_1 和 T_2，其中，式（2）为线性方程，经代入消元，可将上述问题转化为非线性方程的求解问题。

第二部分的热平衡方程组为

$$q_3 = \frac{Q_i}{2} - \frac{2\pi k_b l_i}{\ln\dfrac{D_i}{d}}(T_3 - T_5) - \pi D_i l_i \alpha_i(T_3 - T_f) - \frac{\pi k_b(D_i^2 - d^2)}{B_i}\left(\frac{T_3 + T_5}{2} - T_4\right) = 0 \tag{4}$$

$$q_4 = \frac{2k_b l_i}{\ln\dfrac{D_i}{d}}(T_3 - T_5) - \frac{2k_s B_i}{\ln\dfrac{d}{d_s}}(T_5 - T_6) - \frac{k_s(d^2 - d_s^2)}{2l_{x2}}\left(\frac{T_5 + T_6}{2} - T_7\right) = 0 \tag{5}$$

$$q_5 = \frac{2k_b(D_i^2 - d^2)}{B_i}\left(\frac{T_3 + T_5}{2} - T_4\right) - \frac{k_s(D_{x1}^2 - d^2)}{l_{x1}}(T_4 - T_7) = 0 \tag{6}$$

$$q_6 = \frac{2B_i}{\ln\dfrac{d}{d_s}}(T_5 - T_6) - \frac{d_s^2}{4l_{x3}}(T_6 - T_5) = 0 \tag{7}$$

$$q_7 = \frac{k_s(D_{x1}^2 - d^2)}{l_{x1}}(T_4 - T_7) + \frac{k_s(d^2 - d_s^2)}{l_{x2}}\left(\frac{T_5 + T_6}{2} - T_7\right) - (D_{x1}^2 - d_{sx}^2)$$

$$\left\{\alpha_w(T_7 - T_a) + 5.67\varepsilon_s\left[\left(\frac{T_7 + 273}{100}\right)^4 - \left(\frac{T_a + 273}{100}\right)^4\right]\right\} = 0 \tag{8}$$

式中　T_f——$T_f = 0.4(T_g + T_h)$ 为已知量；

　　　　k_s——45 号钢的导热系数；

　　　　ε_s——组件 16 端面的黑度，取 $\varepsilon_s = 0.5$ W/（$m^2 \cdot K^4$）。

　　　　α_i，α_w——分别为润滑油与内圈滚道间的对流换热系数和空气与组件 16 端面间的对流换热系数，算式见文献[1]和文献[8]。

式（4）～（8）中的未知数为 T_3，T_4，T_5，T_6，T_7。由式（4）～（8）组成的非线性方程组可按文献[1]的热流分析模型用 Newton - Raphson 法求解。

第三部分的热平衡方程为

$$D_{hi} l_{hi} \alpha_{hi}(0.7T_g - T_x) = D_{he} l_{he} \alpha_{he}(T_a - T_x) \tag{9}$$

式中　α_{hi}，α_{he}——分别为润滑油与供油盘内腔表面强制对流换热的换热系数和空气与供油盘外表面自然对流换热的换热系数。其中，α_{he} 中隐含了未知数 T_x（$T_x = T_8 = T_9$）。α_{hi} 和 α_{he} 的算式见文献[1]和文献[8]。

对于式（9）的非线性方程，可用非线性方程的求解办法求解。

3　温度分布的计算结果

温度分布的计算结果如表 4 所示。

表 4　温度分布的计算结果

节点温度/℃ 工况序号	T_1	T_2	T_3	T_4	T_5	T_6	T_7	T_8, T_9
1	81.1	80.8	108.1	99.5	102.6	93.3	97.4	40.2
2	80.2	80.0	100.1	77.8	90.3	71.1	82.3	33.3
3	83.6	83.2	107.1	84.7	99.1	77.0	87.5	31.1
4	91.4	90.9	114.4	83.2	109.5	79.7	92.6	27.3
5	90.1	89.7	92.8	83.1	89.0	79.5	82.8	22.4
6	88.5	88.1	97.0	83.6	91.0	79.3	84.6	23.4
7	89.8	89.4	100.8	85.4	94.8	82.2	87.7	24.6
8	88.2	87.8	100.6	85.7	93.1	81.2	87.2	23.7
9	109.8	109.4	118.6	97.4	110.3	90.3	99.5	43.7
10	109.1	108.6	123.2	102.2	114.5	95.2	104.2	44.1
11	114.9	114.5	134.8	106.5	123.0	97.7	111.4	42.2
12	116.1	115.7	136.1	107.6	124.2	98.7	112.5	43.8
13	114.2	113.7	103.0	96.3	102.7	100.0	98.4	38.6
14	111.5	111.0	97.6	91.1	97.8	95.0	93.4	38.3
15	104.9	104.4	91.6	75.5	87.3	79.7	83.5	37.8
16	104.7	104.2	99.4	83.9	95.4	87.7	90.8	38.4
17	114.4	114.0	133.5	106.3	122.4	97.7	110.8	41.4
18	60.5	60.3	43.8	38.0	44.0	42.0	41.6	33.9
19	53.4	53.3	59.0	42.4	58.0	40.4	47.7	26.3
20	55.3	55.2	89.4	50.1	86.2	47.1	65.3	26.1
21	24.9	24.9	22.2	16.3	21.9	20.0	19.7	10.4
22	26.9	26.8	50.6	32.7	46.4	29.3	37.9	11.3
23	35.7	35.5	73.1	48.2	65.4	38.9	52.0	12.5

4　轴承工作系统温度分布的测试

4.1　测温传感器及测温点的布置

测温传感器为镍铬－考铜热电偶。其中内圈和主轴等旋转件上的热电偶丝通过集流环引出。测温点的布置情况为：

1）内圈端面（测内圈端面温度 T_4'）；

2）外圈端面（测外圈端面温度 T_2'）；

3）绝缘套 13 端面（测流出轴承的润滑油油温－回油温度 T_h）；

4）供油管内（测供油温度 T_g）；

5）供油盘外表面（测供油盘温度 T_9'）；

6）轴承箱内空气温度 T_a 的测点（固定在供油盘上）；

7）主轴轴端（测主轴轴端温度 T_s）；

8）轴承箱底部回油口处（测回油温度 T_{h2}）；

9）供油盘内壁回油口处（测回油温度 T_{h1}）。

其中 T_g，T_h，T_a，T_s 的测量值作为温度分布计算时的已知数（边界条件）。T_{h1} 和 T_{h2} 的测量值作为参考数据。T_2'，T_4'，T_9' 的测量值分别与温度节点②，④，⑨的计算值 T_2，T_4 和 T_9 相对应，用作计算值与测量值的比较分析。

4.2　温度分布的测试结果

温度分布的测试结果如表 5 所示。

表 5　温度分布的测试结果

工况序号	温度分布的测试结果/℃								
	T_g	T_h	T_4'	T_2'	T_a	T_s	T_9'	T_{h1}	T_{h2}
1	60	62	66	70	50	63	36	58	33
2	52	66	72	78	50	72	36	52	33
3	49	70	78	85	50	78	36	52	33
4	45	82	82	79	52	83	33	52	32
5	40	85	80	92	53	85	32	49	32
6	41	81	80	93	53	85	32	50	32
7	42	82	83	93	52	88	33	50	32
8	41	80	82	93	52	86	32	50	32
9	66	98	91	104	59	84	40	67	38
10	67	95	96	105	61	90	41	69	40
11	68	105	99	108	70	99	42	72	40
12	70	105	100	109	71	100	44	73	41
13	62	103	100	120	68	97	42	71	38
14	61	99	95	111	65	91	41	79	38
15	59	90	80	100	60	79	38	62	38
16	60	89	88	99	61	87	39	62	38
17	67	105	99	107	70	100	42	70	40
18	50	43	42	48	37	36	28	45	28
19	41	40	41	46	35	41	28	40	27
20	40	42	50	50	35	50	28	40	26
21	18	20	20	20	15	18	16	16	18
22	19	20	30	28	18	28	17	19	18
23	20	30	40	35	19	39	18	20	20

5　温度分布计算结果与测试结果的对比分析

从表 4 及表 5 可以看出，对于节点②，④及⑨的温度计算结果（分别为 T_2，T_4，T_9）与测试结果（分别为 T_2'，T_4'，T_9'）基本吻合。这表明文献[1]所建立的热分析模型基本上反映了高速圆柱滚子轴承的发热、传热和温度分布规律，对于工程应用是适合的。

从表 4 及表 5 还可看出，计算结果与测试结果之间也存在一定误差。这种误差是由多种原因造成的。其中主要有：

1）对流换热计算公式是近似计算公式，势必影响计算结果。

2）计算的前提条件是稳态传热，而实际测试时某些工况不一定能充分达到稳态热平衡。尽管计算结果与测试结果之间存在一定误差，但这种误差在绝大多数工况下不超过 10℃，所以计算结果与测试结果基本一致。

6　结论

本文按照文献[1]的热分析模型，以高速圆柱滚子轴承 D1842926S$_3$Q$_1$ 在 23 种工况下的温度分布为计算和测试对象，进行了轴承温度分布的计算与测试。计算结果与测试结果基本吻合。该研究为有效控制航空发动机主轴滚子轴承关键部位的温度提供了理论和实验依据。

参 考 文 献

[1]　刘志全，张鹏顺，沈允文. 高速圆柱滚子轴承的热分析模型. 机械科学与技术，1997，16（4）：607 - 611.

[2]　工程材料实用手册编辑委员会. 工程材料实用手册. 北京：中国标准出版社，1989.

[3]　陈恒庆，伍千思，于吉福. 中国钢铁材料牌号手册. 北京：中国标准出版社，1994.

[4]　安继儒. 中外常用金属材料手册. 西安：西安交通大学出版社，1990.

[5]　冶金部钢铁研究总院. H10Cr4Mo4N i4V 钢的物理常数及机械性能. 研究报告，1995.

[6]　Liu Zhiquan, et al. Parameter Measurement of 4010 Synthetic Aviation Lubricant. Journal of Harbin Institute of Technology，1997，E4（1）：77 - 81.

[7]　杨世铭. 传热学. 北京：高等教育出版社，1987.

[8]　刘志全. 高速滚子轴承的热分析及油膜测试. 哈尔滨：哈尔滨工业大学博士学位论文，1996.

某直升机齿轮传动系统的稳态热分析[*]

刘志全　沈允文　陈国定　张永红

摘　要：以某直升机齿轮传动系统为研究对象，用热网络法建立了该传动系统的热平衡方程组；建立了热阻、功率损失、对流换热的计算模型；用自行编制的热分析程序计算了给定工况下的功率损失、对流换热系数和稳态温度场，为该传动系统的瞬态热分析提供了初始条件。

关键词：齿轮传动系统　热网络法　功率损失　对流换热

军用直升机传动系统（减速器）的一个重要设计要求是，在中弹漏油失去润滑的极端工况下，传动系统能够维持 30 min 以上的生存能力，以保证受损的直升机撤离战场险境返回己方阵营。为了理论预测传动系统在失去润滑情况下的生存能力，进行传动系统的瞬态热分析是非常必要的。作为瞬态热分析的基础，本文将对某直升机齿轮传动系统在有润滑情况下进行稳态热分析。

1　热节点布置及热网络图

某直升机传动系统的结构及热节点布置见图 1。图中各节点的含义见表 1。

动力输入轴转速为 n_I，动力输出轴转速为 n_O。传动元件的润滑方式为飞溅润滑。弧齿锥齿轮和英制圆锥滚子轴承的主要结构参数名称及符号如表 2 所示。

根据图 1 展示的节点位置及节点间的传热关系，可形成如图 2、图 3 所示的热网络图。

在热网络图中，$\otimes$ 表示热源，对应零件的节点发热量为 Q_i（$i=1$，3，4，8，9，14，17，18，21，22）；箭头表示热流方向；R 表示热阻，R 下标中的字母 C 和 V 分别表示传导（conduction）和对流（convection），R 下标中的数字表示节点号。

2　热平衡方程组的建立

在建立热平衡方程组之前，首先作如下几点假设和简化。

1）传动系统的传热过程为稳态传热过程；

2）传动系统内各元件之间温差不大（忽略辐射换热）；

* 《中国机械工程》1999，Vol. 10，No. 6，pp607－610

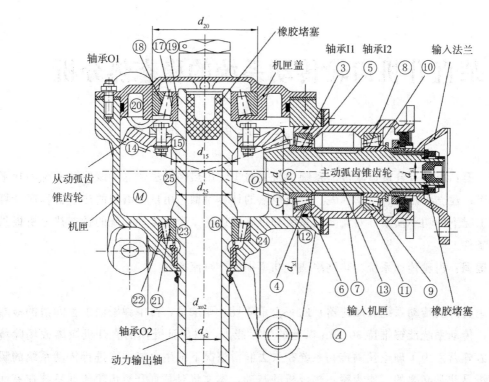

图 1　传动系统的结构及热节点布置

表 1　节点的位置

节点号	节点位置及含义	符号	节点号	节点位置及含义	符号
1	主动锥齿轮齿面平均温度	T_1	15	从动齿轮与输出轴径向结合面温度	T_{15}
2	主动齿轮轴轴孔表面平均温度	T_2	16	输出轴轴孔表面平均温度（已知）	T_{16}
3	轴承 $I1$ 内滚道表面温度	T_3	17	轴承 $O1$ 内滚道表面温度	T_{17}
4	轴承 $I1$ 外滚道表面温度	T_4	18	轴承 $O1$ 外滚道表面温度	T_{18}
5	轴承 $I1$ 与齿轮轴结合面温度	T_5	19	轴承 $O1$ 与输出轴结合面温度	T_{19}
6	输入机匣在轴承 $I1$ 处的温度	T_6	20	机匣盖在轴承 $O1$ 处的表面温度	T_{20}
7	输入机匣在 $I1$ 与 $I2$ 中间处的温度	T_7	21	轴承 $O2$ 内滚道表面温度	T_{21}
8	轴承 $I2$ 内滚道表面温度	T_8	22	轴承 $O2$ 外滚道表面温度	T_{22}
9	轴承 $I2$ 外滚道表面温度	T_9	23	轴承 $O2$ 与输出轴结合面温度	T_{23}
10	轴承 $I2$ 与齿轮轴结合面温度	T_{10}	24	机匣在轴承 $O2$ 处的外表面温度	T_{24}
11	输入机匣在轴承 $I2$ 处的温度	T_{11}	25	输出轴（在轴承 $O2$ 和从动齿轮之间）外表面温度	T_{25}
12	机匣在轴承 $I1$ 处的外表面温度	T_{12}	A	机匣外空气的平均温度（已知）	T_A
13	主动齿轮轴在 $I1$ 与 $I2$ 中间处的外表面温度	T_{13}	M	机匣内油气混合物的平均温度（已知）	T_M
14	从动锥齿轮的齿面平均温度	T_{14}	O	机匣内润滑油的平均温度（已知）	T_O

表 2　主要结构参数名称及符号

弧齿锥齿轮的结构参数	符号	英制圆锥滚子轴承的结构参数	符号
主动齿轮齿数	Z_1	轴承内径	d
从动齿轮齿数	Z_2	轴承外径	D
主动齿轮齿宽中点分度圆直径	d_{m1}	滚子平均直径	D_r
从动齿轮齿宽中点分度圆直径	d_{m2}	轴承节圆直径	D_m
齿宽	b	内圈宽度	B_i
平均齿高	h_m	外圈宽度	B_e
主动齿轮分锥角	δ_1	内圈滚道平均直径	D_{im}
齿宽中点螺旋角	β_m	外圈滚道平均直径	D_{em}
压力角	α	滚子与内圈的接触角	α_i
		滚子与外圈的接触角	α_e
		内圈滚道的轴向宽度	B_{ir}

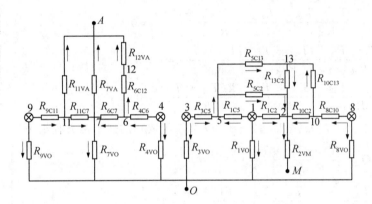

图 2　动力输入部分的热网络图

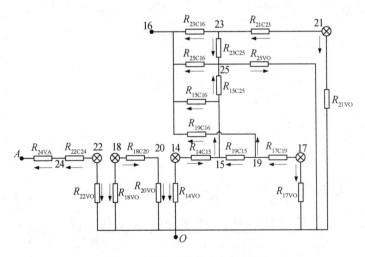

图 3　动力输出部分的热网络图

3）主动齿轮及从动齿轮各齿具有相同温度；

4）传动系统内金属零部件材料各向同性，热阻大小与热流方向无关；

5）传动系统内油气混合物具有同一温度，机匣外空气具有同一温度。

在稳态传热过程中，根据 Kirchhoff 能量平衡原理，流入某一节点的热流量应当等于流出该节点的热流量。基于该原理并参照图 2，图 3，可得第 1 部分（由节点 $1-2-3-5-8-10-13-O-M$ 组成）的热平衡方程组

$$
\left.
\begin{aligned}
&Q_1 - \frac{T_1 - T_2}{R_{1C2}} - \frac{T_1 - T_O}{R_{1VO}} - \frac{T_1 - T_5}{2R_{1C5}} = 0 \\
&\frac{T_1 - T_2}{R_{1C2}} + \frac{T_{10} - T_2}{R_{10C2}} + \frac{T_5 - T_2}{R_{5C2}} + \frac{2(T_{13} - T_2)}{R_{13C2}} - \frac{T_2 - T_M}{R_{2VM}} = 0 \\
&Q_3 - \frac{T_3 - T_O}{R_{3VO}} - \frac{T_3 - T_5}{R_{3C5}} = 0 \\
&\frac{T_3 - T_5}{R_{3C5}} + \frac{T_1 - T_5}{2R_{1C5}} - \frac{T_5 - T_2}{R_{5C2}} - \frac{T_5 - T_{13}}{2R_{5C13}} = 0 \\
&Q_8 - \frac{T_8 - T_{10}}{R_{8C10}} - \frac{T_8 - 0.5(T_O + T_M)}{R_{8VO}} = 0 \\
&\frac{T_8 - T_{10}}{R_{8C10}} - \frac{T_{10} - T_2}{R_{10C2}} - \frac{T_{10} - T_{13}}{R_{10C13}} = 0 \\
&\frac{T_5 - T_{13}}{2R_{5C13}} + \frac{T_{10} - T_{13}}{R_{10C13}} - \frac{2(T_{13} - T_2)}{R_{13C2}} = 0
\end{aligned}
\right\}
\tag{1}
$$

第 2 部分（由 $4-6-7-9-11-12-A-O$ 节点组成）的热平衡方程组为

$$
\left.
\begin{aligned}
&Q_4 - \frac{T_4 - T_6}{R_{4C6}} - \frac{T_4 - T_O}{R_{4VO}} = 0 \\
&\frac{T_4 - T_6}{R_{4C6}} - \frac{T_6 - T_7}{R_{6C7}} - \frac{T_6 - T_{12}}{R_{6C12}} = 0 \\
&\frac{T_6 - T_7}{R_{6C7}} + \frac{T_{11} - T_7}{R_{11C7}} - \frac{T_7 - T_A}{R_{7VA}} - \frac{T_7 - 0.5(T_O + T_M)}{R_{7VO}} = 0 \\
&Q_9 - \frac{T_9 - T_{11}}{R_{9C11}} - \frac{T_9 - 0.5(T_O + T_M)}{R_{9VO}} = 0 \\
&\frac{T_9 - T_{11}}{R_{9C11}} - \frac{T_{11} - T_A}{R_{11VA}} - \frac{T_{11} - T_7}{R_{11C7}} = 0 \\
&\frac{T_6 - T_{12}}{R_{6C12}} - \frac{T_{12} - T_A}{R_{12VA}} = 0
\end{aligned}
\right\}
\tag{2}
$$

第 3 部分（由 $14-15-16-17-19-21-23-25-O$ 节点组成）的热平衡方程组为

$$
\left.
\begin{aligned}
&Q_{14} - \frac{T_{14} - T_O}{R_{14VO}} - \frac{T_{14} - T_{15}}{R_{14C15}} = 0 \\
&\frac{T_{14} - T_{15}}{R_{14C15}} + \frac{T_{19} - T_{15}}{2R_{19C15}} - \frac{T_{15} - T_{16}}{R_{15C16}} - \frac{T_{15} - T_{25}}{2R_{15C25}} = 0 \\
&Q_{17} - \frac{T_{17} - T_{19}}{R_{17C19}} - \frac{T_{17} - T_O}{R_{17VO}} = 0
\end{aligned}
\right\}
$$

$$
\left.\begin{array}{l}
\dfrac{T_{17} - T_{19}}{R_{17C19}} - \dfrac{T_{19} - T_{16}}{R_{19C16}} - \dfrac{T_{19} - T_{15}}{2R_{19C15}} = 0 \\[3mm]
Q_{21} - \dfrac{T_{21} - T_{O}}{R_{21VO}} - \dfrac{T_{21} - T_{23}}{R_{21C23}} = 0 \\[3mm]
\dfrac{T_{21} - T_{23}}{R_{21C23}} - \dfrac{T_{23} - T_{16}}{R_{23C16}} - \dfrac{T_{23} - T_{25}}{2R_{23C25}} = 0 \\[3mm]
\dfrac{T_{23} - T_{25}}{2R_{23C25}} + \dfrac{T_{15} - T_{25}}{2R_{15C25}} - \dfrac{T_{25} - T_{16}}{R_{25C16}} - \dfrac{T_{25} - T_{O}}{R_{25VO}} = 0
\end{array}\right\} \tag{3}
$$

第 4 部分（由 $18 - 20 - O$ 节点组成）的热平衡方程组为

$$
\left.\begin{array}{l}
Q_{18} - \dfrac{T_{18} - T_{O}}{R_{18VO}} - \dfrac{T_{18} - T_{20}}{R_{18C20}} = 0 \\[3mm]
\dfrac{T_{18} - T_{20}}{R_{18C20}} - \dfrac{T_{20} - 0.5(T_{O} + T_{M})}{R_{20VO}} = 0
\end{array}\right\} \tag{4}
$$

第 5 部分（由 $22 - 24 - O - A$ 节点组成）的热平衡方程组为

$$
\left.\begin{array}{l}
Q_{22} - \dfrac{T_{22} - T_{O}}{R_{22VO}} - \dfrac{T_{22} - T_{24}}{R_{22C24}} = 0 \\[3mm]
\dfrac{T_{22} - T_{24}}{R_{22C24}} - \dfrac{T_{24} - T_{A}}{R_{24VA}} = 0
\end{array}\right\} \tag{5}
$$

3 热阻的计算模型

上述 5 部分方程组中出现的传导热阻和对流换热热阻，其计算模型分别见表 3 和表 4。其中，K_g，K_b，K_s，K_x 分别为齿轮、轴承、输出轴和机匣的导热系数；L 为节点之间的有关尺寸；α 为对流换热系数；下标中的数字及 O，A，M 表示节点号。A_1 和 A_{14} 分别为节点 1 和 14 的对流换热面积。轴承结构参数符号的下标 I，$O1$，$O2$ 分别表示输入轴轴承 $I1$ 或 $I2$（$I1$ 与 $I2$ 型号相同）、输出轴轴承 $O1$ 和轴承 $O2$。

表 3　传导热阻计算模型

$R_{1C2} = \ln(d_{m1}/d_{s1})/(2\pi K_g b)$	$R_{10C13} = R_{5C13}$
$R_{1C5} = 4L_{1C5}/[\pi K_g(d_1^2 - d_{s1}^2)]$	$R_{14C15} = \ln(d_{m2}/d_{15})/(2\pi K_g L_{14C15})$
$R_{5C2} = \ln(d_1/d_{s1})/(2\pi K_g B_{iI})$	$R_{19C15} = 4L_{19C15}/[\pi K_s(d_{O1}^2 - d_{s2}^2)]$
$R_{10C2} = R_{5C2}$	$R_{15C25} = 4L_{15C25}/[\pi K_s(d_{25}^2 - d_{s2}^2)]$
$R_{13C2} = \ln(d_1/d_{s1})/(2\pi K_g L_{13C2})$	$R_{15C16} = \ln(d_{15}/d_{s2})/(2\pi K_s L_{15C16})$
$R_{3C5} = \ln(D_{imI}/d_1)/(2\pi K_b B_{iI})$	$R_{23C16} = \ln(d_{O2}/d_{s2})/(2\pi K_s B_{iO2})$
$R_{4C6} = \ln(D_1/D_{emI})/(2\pi K_b B_{eI})$	$R_{19C16} = \ln(d_{O1}/d_{s2})/(2\pi K_s B_{iO1})$
$R_{5C13} = 4L_{5C13}/[\pi K_g(d_1^2 - d_{s1}^2)]$	$R_{25C16} = \ln(d_{25}/d_{s2})/(2\pi K_s L_{25C16})$
$R_{6C7} = 4L_{6C7}/[\pi K_x(d_c^2 - D_1^2)]$	$R_{17C19} = \ln(D_{imO1}/d_{O1})/(2\pi K_b B_{iO1})$
$R_{6C12} = \ln(d_{x1}/d_c)/(2\pi K_x B_{eI})$	$R_{18C20} = (\ln(D_{O1}/D_{emO1})/K_b + \ln(d_{20}/D_{O1})/K_x)/(2\pi B_{eO1})$
$R_{11C7} = R_{6C7}$	$R_{21C23} = \ln(D_{imO2}/d_{O2})/(2\pi K_b B_{iO2})$
$R_{8C10} = R_{3C5}$	$R_{22C24} = (\ln(D_{O2}/D_{emO2})/K_b + \ln(d_{xO2}/D_{O2})/K_x)/(2\pi B_{eO2})$
$R_{9C11} = R_{4C6}$	$R_{23C25} = 4L_{23C25}/[\pi K_s(d_{25}^2 - d_{s2}^2)]$

表 4　对流换热热阻的计算模型

$R_{1VO} = 1/(\alpha_1 A_1)$	$R_{8VO} = 1/(\alpha_8 \pi D_{imI} B_{irI})$	$R_{18VO} = 1/(\alpha_{18} \pi D_{emO1} B_{eO1})$
$R_{2VM} = 1/(\alpha_2 \pi d_{s1} L_{2VM})$	$R_{9VO} = 1/(\alpha_9 \pi D_{emI} B_{eI})$	$R_{20VO} = 1/(\alpha_{20} \pi d_{20} B_{eO1})$
$R_{3VO} = 1/(\alpha_3 \pi D_{imI} B_{irI})$	$R_{11VA} = 1/(\alpha_{11} \pi d_c B_{eI})$	$R_{21VO} = 1/(\alpha_{21} \pi D_{imO2} B_{irO2})$
$R_{4VO} = 1/(\alpha_4 \pi D_{emI} B_{eI})$	$R_{12VA} = 1/(\alpha_{12} \pi d_{x1} B_{eI})$	$R_{22VO} = 1/(\alpha_{22} \pi D_{emO2} B_{eO2})$
$R_{7VA} = 1/(\alpha_{7VA} \pi d_c L_{7VA})$	$R_{14VO} = 1/(\alpha_{14} A_{14})$	$R_{24VA} = 1/(\alpha_{24} \pi d_{xO2} B_{eO2})$
$R_{7VO} = 1/(\alpha_{7VO} \pi D_1 L_{7VA})$	$R_{17VO} = 1/(\alpha_{17} \pi D_{imO1} B_{irO1})$	$R_{25VO} = 1/(\alpha_{25} \pi d_{25} L_{25VO})$

4　功率损失（发热量）的计算模型

弧齿锥齿轮的功率损失 $N_f^{(G)}$ 取输入功率 N_1 的 $1\% \sim 3\%$，即 $N_f^{(G)} = (0.01 \sim 0.03)N_I$。圆锥滚子轴承的功率损失 N_f 及轴承摩擦力矩 M_f 的算式如下

$$N_f = \frac{\pi n_i M_f}{30} \tag{6}$$

$$M_f = \begin{cases} 2Yf_1 F_a D_m + 10^3 f_0 (\nu n_i)^{\frac{2}{3}} D_m^3 & \nu n_i \geqslant 2 \times 10^{-3} \\ 2Yf_1 F_a D_m + 16 f_0 D_m^3 & \nu n_i < 2 \times 10^{-3} \end{cases} \tag{7}$$

其中

$$n_i = \begin{cases} n_1 & \text{对于输入轴轴承 } I1 \text{ 和 } I2 \\ n_o & \text{对于输出轴轴承 } O1 \text{ 和 } O2 \end{cases} \tag{8}$$

式中　Y，F_a——分别为圆锥滚子轴承的轴向系数和轴向反力[2]；

　　　　ν——润滑剂运动黏度（m^2/s）；

　　　　f_0，f_1——与轴承类型及润滑方式有关，其数值见文献 [1]。

参照文献 [3]，滚子与内圈之间的功率损失取 $0.4N_f$，滚子与外圈之间的功率损失为 $0.35N_f$，由此可计算 $Q_i(i = 3，4，8，9，17，18，21，22)$。$Q_1 = (1 - Z_1/Z_2)N_f^{(G)}$，$Q_{14} = (Z_1/Z_2)N_f^{(G)}$。

5　对流换热系数的计算模型

（1）弧齿锥齿轮齿面与润滑油的受迫对流换热系数[4]

$$\alpha_j = \frac{0.228 Re^{0.731} Pr^{0.333} K_O}{L_j} \quad (j = 1，14) \tag{9}$$

式中　Re——雷诺数；

　　　Pr——润滑油的普朗特数；

　　　K_O——润滑油的导热系数；

　　　L——定型尺寸。

（2）机匣外圆表面与空气之间的受迫对流换热系数[5]

$$\alpha_j = \frac{0.3 K_A X_j Re_j^{0.57}}{L_j} \qquad (j = 7VA，11，12，24) \tag{10}$$

Re_j，L_j，X_j——分别为第 j 节点的雷诺数、定型尺寸和修正系数；

K_A——空气的导热系数。

（3）圆锥滚子轴承与润滑剂之间的受迫对流换热系数[6]

$$\alpha = 0.098\,6 K_O \sqrt[3]{Pr} \sqrt{\frac{n_i}{\nu} \left(1 \pm \frac{D_r cos\gamma}{D_m}\right)} \tag{11}$$

式中，"+"用于外圈，"−"用于内圈；对于内圈 $\gamma = \alpha_i$，对于外圈 $\gamma = \alpha_e$；节点 3，4，8，9，17，18，21，22 的换热系数可按式（11）计算。

（4）机匣内有关表面与润滑剂之间的受迫对流换热系数[5]

$$\alpha_j = \frac{0.332 K_O Pr^{\frac{1}{3}} Re_j^{\frac{1}{2}}}{L_j} \qquad (j = 7VO，20，25) \tag{12}$$

6　稳态热分析结果及讨论

传动系统稳态热分析的计算流程为：

　　1）输入原始数据；

　　2）计算传导热阻；

　　3）载荷分析；

　　4）计算功率损失及其在相关节点上的分配；

　　5）计算对流换热系数；

　　6）计算对流换热热阻；

　　7）求解热平衡方程组获得稳态温度场。

需要输入的原始数据如下所示。

　　1）导热系数（单位：W/（m・℃））：$K_g \approx 36$，$K_b \approx 40$，$K_x \approx 152$，$K_s \approx 40$，$K_o \approx 0.147$，$K_a \approx 0.026$。

　　2）运动黏度 $\nu = 6 \times 10^{-6}$ m^2/s，普朗特数 $Pr = 77.6$。

　　3）齿轮参数：$Z_1 = 15$，$Z_2 = 44$，$d_{m1} = 38.55$ mm，$d_{m2} = 113.07$ mm，$b = 20$ mm，$h_m = 5$ mm，$\delta_1 = 18°49'29''$，$\beta_m = 35°$，$\alpha = 20°$。

　　4）工况参数及边界条件：$N_1 = 22$ kW，$n_1 = 6\,000$ r/min，输出轴轴向压力 $p = 580$ N，$T_O = 90$ ℃，$T_A = 25$ ℃，$T_M = 75$ ℃，$T_{16} = 70$ ℃。

　　5）轴承几何参数：3 种英制圆锥滚子轴承的几何参数可根据其产品代号和设计图纸获得，此处不一一罗列。I1 和 I2 轴承的代号为 LM78349 和 LM78310A，O1 轴承和 O2 轴承的代号分别为 359S/354A 和 LM503349/LM503310。

　　6）其他结构参数（单位均为 mm）：$d_{s1} = 19$，$d_{s2} = 30$，$d_c = 70$，$d_{15} = 54$，$d_{20} = 94$，$d_{25} = 46$，$d_{x1} = 84$，$d_{xO2} = 88$，$L_{1C5} = 20$，$L_{13C2} = 30$，$L_{5C13} = 28$，$L_{6C7} = 28$，$L_{14C15} = 8$，

$L_{19C15} = 25$，$L_{15C25} = 30$，$L_{15C16} = 10$，$L_{23C25} = 40$，$L_{25C16} = 40$，$L_{2VM} = 120$，$L_{7VA} = 26$，$L_{25VO} = 40$。

热分析的结果如表 5 所示。其中，$N_f^{(G)} \sim N_f^{(O2)}$ 为功率损失（W），$\alpha_1 \sim \alpha_{25}$ 为对流换热系数（W/（$m^2 \cdot$℃）），$T_1 \sim T_{25}$ 构成稳态温度场（℃）。

表 5　稳态热分析结果　　　　　　　　（单位参见表前文字）

$N_f^{(G)}$	$N_f^{(I1)}$	$N_f^{(I2)}$	$N_f^{(O1)}$	$N_f^{(O2)}$	α_1	α_2	α_3	α_4	α_{7VA}	α_{7VO}	α_8
440	89.0	34.8	39.2	12.3	3 129	1 000	331	372	50	67	165
α_9	α_{11}	α_{12}	α_{14}	α_{17}	α_{18}	α_{20}	α_{21}	α_{22}	α_{24}	α_{25}	T_1
186	75	70	3 129	189	221	61	194	216	68	112	121.1
T_2	T_3	T_4	T_5	T_6	T_7	T_8	T_9	T_{10}	T_{11}	T_{12}	T_{13}
100.1	106.8	87.9	105.5	86.7	82.8	101.8	83.0	101.3	82.6	86.5	100.2
T_{14}	T_{15}	T_{16}	T_{17}	T_{18}	T_{19}	T_{20}	T_{21}	T_{22}	T_{23}	T_{24}	T_{25}
97.5	78.6	70.0	73.0	99.1	72.3	99.0	71.6	76.1	71.2	75.5	70.7

由表 5 可见：

1）弧齿锥齿轮副是该齿轮传动系统中的最大热源；

2）主动弧齿锥齿轮齿面温度最高，是该传动系统中的危险零件；

3）温度场预测结果基本符合热流流动规律；

4）表 5 给出的热分析结果是在给定工况和边界条件下得到的，若工况和边界条件发生变化，则上述结果也要发生变化。

参 考 文 献

[1]　万长森.滚动轴承的分析方法.北京：机械工业出版社，1987：270-280.

[2]　许镇宇，邱宣怀，等.机械零件修订版.北京：人民教育出版社，1981：240-260.

[3]　Astridge D G，Smith C F. Heat Generation in High-Speed Cylindrical Roller Bearings. Proc. Instn. Mech. Engrs.，1972，(C14)：83-94.

[4]　Handschuh R F. Thermal Behavior of Spiral Bevel Gears. NASA-TM-106518，1995.

[5]　Harris T A. Rolling Bearing Analysis. Second edition. A Wiley-Interscience Publication，John Wiley & Sons，1984：537-539.

[6]　Hadden G B，Kleckner R J，et al. Research Report：Users Manual for Computer Program AT81-Y003 SHABERTH Steady State and Transient Thermal Analysis of a Shaft Bearing System Including Ball，Cylindrical and Tapered Roller Bearings. NASA-CR-165365，1982.

某直升机齿轮传动系统的瞬态热分析*

刘志全　沈允文　陈国定　苏　华

摘　要：提出了传动系统瞬态温度场的分析方法，建立了失去润滑条件下传动系统功率损失及对流换热系数的计算模型，该模型考虑了失去润滑后传动系统热状态参数的时变特征。在稳态热分析的基础上，求解了某直升机齿轮传动系统的瞬态温度场，为该传动系统生存能力的预测提供了理论依据。

关键词：齿轮传动　温度场　热分析

引　言

军用直升机传动系统，在战场上遭敌方火力攻击而中弹漏油失去正常润滑的概率很大。在失去润滑这样严苛的工作条件下，传动系统的生存能力很大程度取决于传动系统的瞬态温度场和传动元件材料的热承载能力。笔者在文献［1］中已对某直升机齿轮传动系统（在正常润滑条件下）进行了稳态热分析，本文将在此基础上对该传动系统进行失去润滑条件下的瞬态热分析从而为传动系统生存能力预测提供理论基础。

1　传动系统瞬态温度场的分析方法

求解系统瞬态温度场所遵循的基本原理是，节点的净热流量等于节点相关体积内能的增加。即

$$q_j = \rho_j C_{pj} V_j (\mathrm{d}T_j / \mathrm{d}\tau) \quad (j = 1, 2, \cdots, n) \tag{1}$$

式中　q_j——第 j 个节点处的净热流量；

ρ_j——第 j 个节点处的材料密度；

C_{pj}——第 j 个节点处的材料比热；

V_j——第 j 个节点处的相关体积；

T_j——第 j 个节点处的温度；

τ——时间；

$\mathrm{d}T_j / \mathrm{d}\tau$——第 j 个节点处的温升率。

求解式（1）给出的一系列一阶非线性微分方程（因含有辐射项和对流换热项）的简便数

* 《航空动力学报》1999，Vol. 14，No. 3，pp309－312

值计算方法是将时间 τ 按时间步长（变步长）离散为一个时间序列，k 为循环次数，则 $\tau^{(k+1)}$ 时刻的温度场 $T_j^{(k+1)}$ 就可用 $\tau^{(k)}$ 时刻的温度场 $T_j^{(k)}$ 递推出来，即

$$\tau^{(k+1)} = \tau^{(k)} + \Delta\tau^{(k)} \tag{2}$$

$$T_j^{(k+1)} = T_j^{(k)} + [dT_j/d\tau]^{(k)}\Delta\tau^{(k)} = T_j^{(k)} + (q_j^{(k)}/\rho_j^{(k)}C_{pj}^{(k)}V_j)\Delta\tau^{(k)} \tag{3}$$

利用递推公式（3）就可求解系统的瞬态温度场。但是若时间步长 $\Delta\tau$ 选取不当，就会发生计算结果的"振荡"现象，为此时间步长需满足条件 $dT_j^{(k+1)}/dT_j^{(k)} > 0$，即

$$\Delta\tau_j^{(k)} \leqslant -\frac{\rho_j^{(k)}C_{pj}^{(k)}V_j}{\partial q_j^{(k)}/\partial T_j^{(k)}} \tag{4}$$

对于有 n 个节点的系统，满足式（4）的 $\Delta\tau_j^{(k)}$ 就有 n 个。在每一次循环时对不同节点可选用统一的一个时间步长 $\Delta\tau^{(k)}$，即：$\Delta\tau^{(k)} = \mathrm{Min}(\tau_j^{(k)})$，$(j = 1, 2, \cdots, n)$。将上述选定的 $\Delta\tau^{(k)}$ 代入式（3）并将有润滑时系统的稳态温度场作为 $\tau = 0$ 时瞬态温度场的初始值，则可获得系统的瞬态温度场。某直升机齿轮传动系统的结构和热节点布置如图 1 所示。

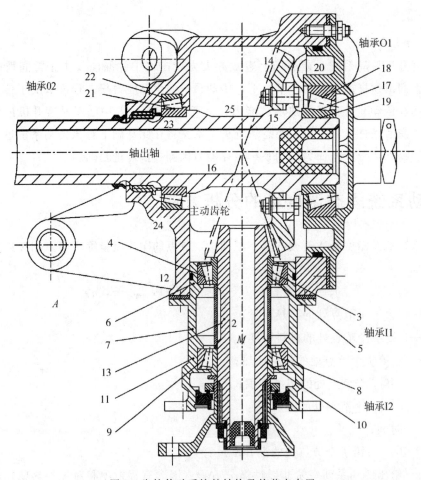

图 1　齿轮传动系统的结构及热节点布置

2　失去润滑条件下的功率损失及对流换热系数

失去润滑条件下，弧齿锥齿轮平均功率损失 $N_\mathrm{f}^{(G)}$ 取为输入功率 N_1 的 2.5%。$N_\mathrm{f}^{(G)}$ 在主从动齿轮（节点 1 和节点 14）上的分配与文献 [1] 中对应的分配方法完全一致。

圆锥滚子轴承的平均功率损失 N_f 可按下式计算[2]

$$\left.\begin{aligned} &N_\mathrm{f}=\pi M_\mathrm{f} n_i/30 \\ &M_\mathrm{f}=P\mu d/2 \\ &P=\begin{cases} F_\mathrm{r} & F_\mathrm{a}/F_\mathrm{r} \leqslant 1.5\tan\alpha_\mathrm{e} \\ 0.4(F_\mathrm{r}+F_\mathrm{a}\cot\alpha_\mathrm{e}) & F_\mathrm{a}/F_\mathrm{r} > 1.5\tan\alpha_\mathrm{e} \end{cases} \\ &\mu=0.002\,8 \end{aligned}\right\} \tag{5}$$

式中　　n_i——轴承内圈转速（r/min）；

F_r，F_a——分别为圆锥滚子轴承承受的径向力和轴向力（N）；

d，α_e——分别为轴承的内径（m）和接触角。

对于传动系统内的 4 个圆锥滚子轴承 $I1$，$I2$，$O1$ 和 $O2$ 可按式（5）分别算出其平均功率损失 $N_\mathrm{f}^{(I1)}$，$N_\mathrm{f}^{(I2)}$，$N_\mathrm{f}^{(O1)}$，$N_\mathrm{f}^{(O2)}$。该平均功率损失在轴承内外圈上的分配原则与文献 [1] 中对应的分配原则一样。

在失去润滑条件下，机匣内的对流换热介质为空气，机匣内空气与弧齿锥齿轮齿面的对流换热系数仍近似地按正常润滑情况下对应的换热系数公式（文献 [1]）计算，所不同的是公式中的普朗特数、导热系数、运动黏度需要代入机匣内空气对应的热物性参数而不是润滑油的热物性参数[3]。同理，机匣内空气与圆锥滚子轴承之间的对流换热系数也可近似地按有润滑情况下对应的换热系数公式（文献 [1]）计算。但需将公式中的导热系数、普朗特数、运动黏度替换为机匣内空气对应的热物性参数[4]。除此之外，其他节点处（节点号为 $j=2$，7，11，12，20，24，25）的对流换热系数可用下式计算[5]：

$$\alpha_j=0.3Re_j^{0.57}x_jK_j/L_j \tag{6}$$

式中　　Re，K，x，L——分别为雷诺数、导热系数、修正系数和定型尺寸。

需要指出的是，在失去润滑条件下，由于传动系统温度场具有时变特性，所以有关材料的热物性参数也将随温度场的变化而变化。机匣内空气的热物性参数随机匣内空气温度的变化关系为

$$\left.\begin{aligned} \text{普朗特数：} &Pr(T)=0.707-2\times10^{-4} && 10\text{℃} \leqslant T \leqslant 100\text{℃} \\ \text{导热系数：} &K(T)=2.43\times10^{-2}+8\times10^{-5}T && 10\text{℃} \leqslant T \leqslant 100\text{℃} \\ \text{运动黏度：} &\nu(T)=\begin{cases} [14.16+0.93(0.1T-1)]\times10^{-6} & 10\text{℃} \leqslant T \leqslant 50\text{℃} \\ [17.95+1.036(0.1T-5)]\times10^{-6} & T > 50\text{℃} \end{cases} \end{aligned}\right\} \tag{7}$$

金属材料的密度 $\rho(\mathrm{kg/m^3})$ 和比热容 $C_p[\mathrm{J/(kg \cdot ℃)}]$ 随温度的变化不是很大，可近似将其视为定值，即：$\rho_j=7\,850$，$C_{pj}=641(j=1$，2，5，10，13，14）；$\rho_j=7\,810$，$C_{pj}=670(j=3$，4，8，9，17，18，21，22）；$\rho_j=2\,680$，$C_{pj}=963(j=6$，7，11，12，20，

24）；$\rho_j = 7\,830$，$C_{pj} = 550(j = 15,\ 19,\ 23,\ 25)$。这里 j 为节点号。文献［1］中提及的导热系数 K_b 和 K_s 随温度 T 的变化规律为

$$K_b(T) = -3.36 \times 10^{-5} T^2 + 2.3 \times 10^{-2} T + 37.836 \qquad (100℃ \leqslant T \leqslant 900℃)\ (8)$$

$$K_s(T) = -2.5 \times 10^{-5} T^2 - 2.55 \times 10^{-2} T + 43.8 \qquad (100℃ \leqslant T \leqslant 400℃)\ (9)$$

3　节点净热流量及节点相关体积

某节点 j 的净热流量 q_j 等于功率损失（发热量）在该节点上的分配 Q_j 加上流入该节点的热流量 $Q_{{\rm IN}j}$ 减去流出该节点的热流量 $Q_{{\rm OUT}j}$。即

$$q_j = Q_j + Q_{{\rm IN}j} - Q_{{\rm OUT}j} \tag{10}$$

对于本文研究的在失去润滑条件下的直升机齿轮传动系统

$$Q_{{\rm IN}j} = \sum \frac{T_w - T_j}{R_{wCj}} \tag{11}$$

$$Q_{{\rm OUT}j} = \sum \frac{T_j - T_x}{R_{jCx}} + \sum \frac{T_j - T_y}{R_{jVy}} + \sum \left[(T_j + 273)^4 - (T_z + 273)^4\right]\sigma\varepsilon_z A_z \tag{12}$$

其中　R_{wCj}，R_{jCx}——传导热阻；

R_{jVy}——对流换热热阻；

σ——玻尔兹曼黑体辐射常数，值为 $5.67 \times 10^{-8}\,{\rm W}/\ ({\rm m}^2 \cdot {\rm K}^4)$；

ε_z——表面黑度；

A_z——辐射换热面积；

下标中的 w，x，y，z——均指与节点 j 有直接换热关系的节点号。

q_j 的具体表达式及各节点对应的节点相关体积 $V_j(j = 1 \sim 15,\ 17 \sim 25)$ 的算式所占篇幅较大（详见文献［6］），此处不一一罗列。失去润滑情况下的传导热阻和对流热阻仍按文献［1］中的热阻公式来计算，但需考虑失去润滑后对流换热介质的变化及材料热物性参数随温度变化的因素。

4　瞬态热分析结果及讨论

根据上述瞬态热分析思想和数学模型，笔者编程计算了某直升机齿轮传动系统的瞬态温度场。需要输入的结构参数与该传动系统稳态温度场计算时的一样。这里的边界条件是：

1）机匣外空气温度 $T_a = 25\ ℃$；

2）机匣内空气温度 $T_H^{(k+1)} = T_H^{(k)} + 0.02\Delta\tau^{(k)}$，$T_H$ 初值为 70 ℃；

3）16 节点的温度 $T_{16}^{(k+1)} = T_{16}^{(k)} + 0.05\Delta\tau^{(k)}$，$T_{16}$ 的初值为 70 ℃。

取循环次数 $k = 800$ 次。计算结果为：

1）传动系统输入轴有关节点温度随时间的变化关系如图 2 所示；

2）传动系统输出轴有关节点温度随时间的变化关系如图 3 所示。

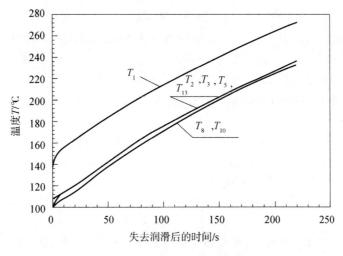

图 2　输入轴部件瞬态温度场

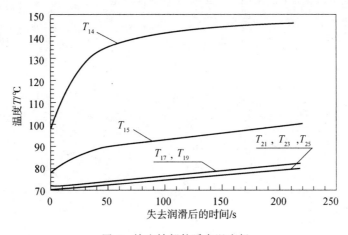

图 3　输出轴部件瞬态温度场

由图 2 和图 3 可得到如下结论。

1）输入轴有关节点（1，2，3，5，8，10，13）的温升率最大，当时间经历 $\tau = 220$ s 时，主动齿轮齿面温度上升了 151℃，已达到 272℃，其余各节点温度在原有基础上上升了 120～130℃。主动齿轮齿面是整个传动系统中温度最高的部位。

2）输出轴有关节点的温升率较之于输入轴有关节点的温升率小得多，在 $\tau = 220$ s 的时间经历内，大多数节点温度仅升高 10～20℃，从动齿轮齿面温度上升 48℃。

3）从 T_3，T_8，T_{17}，T_{21} 随时间变化的曲线来看，在 4 个轴承中，轴承 I1 和 I2 在失去润滑后发生失效的可能性大于轴承 O1 和 O2。

4）与文献［7］所揭示的温度时变规律比较，本文的瞬态温度场计算结果基本反映了传动系统的热时变规律。

参 考 文 献

［1］　刘志全，沈允文，陈国定，张永红．某直升机齿轮传动系统的稳态热分析．中国机械工程，1999；10（6）：607－610．

［2］　万长森．滚动轴承的分析方法．北京：机械工业出版社，1987．

［3］　Handschuh R F. Thermal Behavior of Spiral Bevel Gears. Ph. D. Thesis，1993，NASA － TM － 106518，1995.

［4］　Hadden G B，Kleckner R J，et al. Users Manual for Computer Program AT81Y003 SHABERTH Steady State and Transient Thermal Analysis of a Shaft Bearing System Including Ball，Cylindrical and Tapered Roller Bearings. NASA － CR － 165365，1982.

［5］　Harris T A. Rolling Bearing Analysis. 2nd edition. A Wiley － Interscience Publication，John Wiley & Sons，1984.

［6］　刘志全．武装直升机生存能力的研究-传动系统的稳态及瞬态热分析．西北工业大学博士后研究工作报告，西安：1998：55－57．

［7］　Coe H H. Thermal Analysis of a Planetary Transmission with Spherical Roller Bearings Operating After Complete Loss of Oil. NASA － TP － 2367，1984：8.

航空发动机轴承腔热状态分析
模型及温度场计算[*]

李　健　刘志全　袁培益

摘　要：分析了轴承腔的主要热源。建立了轴承及石墨密封摩擦热的计算模型、密封热泄漏率的计算模型、对流换热系数的计算模型及温度场的计算模型。用热网络法建立了轴承腔的热平衡方程组，并采用拟牛顿法求解了该方程组。获得了 10 种不同工况下的温度场计算结果，该结果与本文的测试结果基本吻合。

关键词：航空发动机　轴承　温度场　热分析

引　言

随着航空发动机推重比等性能不断提高，发动机主轴承及轴承腔的热问题愈来愈突出，直接影响着轴承寿命和发动机的可靠性。因此，进行轴承腔的热分析，定量计算出轴承及密封的摩擦热及热泄漏量，确定轴承腔系统的温度场，对于优化发动机的参数设计、提高发动机的推重比和可靠性具有重要意义。

1　计算模型

1.1　轴承摩擦热的计算模型

图 1 为某型发动机后轴承腔结构的分析模型（节点位置与节点号的对应关系见表 1）。该轴承腔的主要热源有：轴承摩擦热 Q_{bfr}；石墨接触密封的摩擦热 Q_{rub}；密封的热泄漏量 Q_{air}；外界热源以传导方式输入轴承腔的热量。轴承的摩擦功率损失为[1]

$$Q_{\mathrm{bfr}} = CZ\rho l^{2} u^{3} \beta'　　　　　　　　　（1）$$

式中　Z——滚动体数量；

　　　ρ——润滑油密度；

　　　l——滚子长度；

　　　u——轴承保持架圆周速度；

　　　β'——径向游隙对功率损失的影响系数；

* 《航空动力学报》1999，Vol. 14，No. 3，pp242－246

C——总阻力系数，具体算式详见文献［1］。

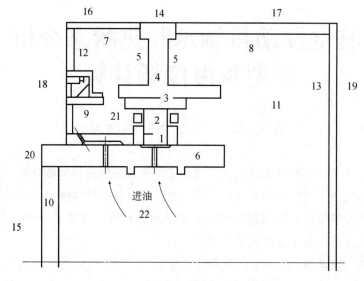

图 1　某型发动机后轴承腔结构的分析模型

1.2　石墨接触密封摩擦热的计算模型

$$Q_{\text{rub}} = F_{\tau}\nu\mu \tag{2}$$

$$F_{\tau} = \pi(F_{\text{r}} + F_{\text{gr}} + F_{\text{g}})D \tag{3}$$

式中　F_{τ}，ν，μ——分别为密封件接触合力、滑动速度和摩擦系数；

　　　F_{r}——单位密封周长径向气体不平衡力；

　　　F_{g}——密封件扇形接头间隙气体不平衡力；

　　　F_{gr}——密封件和周向弹簧系统的惯性力（周向弹簧力按密封环和弹簧系统的运动
　　　　　惯性力来设计计算，因此周向弹簧的最大径向载荷按 F_{gr} 计算）；

　　　D——密封直径。

$$F_{\text{r}} = A(1-K)\cdot\Delta p \tag{4}$$

$$K = [1 + 1/(1 + p_2/p_1)]/3 \tag{5}$$

$$F_{\text{g}} = cnl\Delta p/(\pi D) \tag{6}$$

$$F_{\text{gr}} = 9m\omega^2\delta/2 \tag{7}$$

在式（3）～（7）中　　Δp——密封压差；

　　　　　A——密封凸缘宽度；

　　　　　K——载荷系数；

　　　　　p_1——挡油空气压力；

　　　　　p_2——油腔压力；

　　　　　c——密封环接头间隙；

　　　　　Δp——密封压差（Pa）；

l——密封接头流动长度（m）；

n——密封环接头数目；

m——密封件和周向弹簧单位周长质量；

ω——密封跑道角速度；

δ——密封件径向跳动量。

1.3　密封热泄漏率的计算模型

轴承腔外热空气通过密封渗入到轴承腔内的热量为

$$Q_{air} = G \cdot c_p \cdot \Delta T \tag{8}$$

根据试验数据，得出如下的拟合公式

$$G = \frac{Dp_1}{\sqrt{T}} \left[-0.715\,1 + 0.938\,2\left(\frac{p_1}{p_2}\right) - 0.230\,5\left(\frac{p_1}{p_2}\right)^2 + 0.019\left(\frac{p_1}{p_2}\right)^3 \right] \tag{9}$$

式中　G——气体泄漏率（kg/s）；

c_p——气体比热容〔J/（kg·K）〕；

D——跑道直径（m）；

ΔT——密封泄漏前后空气的温差；

T——气腔温度（K）；

p_1——气腔压力（MPa）；

p_2——油腔压力（MPa）。

1.4　轴承腔内对流换热系数的计算模型

轴承腔内的传导和辐射是比较容易处理的，而对流换热系数是最难精确计算的。本文研究的后轴承腔，其轴承润滑方式为环下润滑。润滑油与轴承内外滚道、润滑油与石墨密封跑道之间都要进行强制对流换热，将其中的摩擦热带走。从轴承和石墨跑道飞溅到轴承腔中的润滑油与空气混合形成两相流，两相流与高温轴承腔内壁也要进行对流换热。这几种对流换热系数采用如下公式计算

$$a = \begin{cases} 0.332(k/l)Pr^{1/3}Re^{1/2} & (Re < 5 \times 10^5) \text{ 层流} \\ (0.037Re^{0.8} - 850)(k/l)Pr^{1/3} & (5 \times 10^5 \leqslant Re < 10^7) \text{ 紊流} \end{cases} \tag{10}$$

针对不同的换热面，采用不同的定型尺寸 l、雷诺数 Re 和普朗特数 Pr。

1.5　轴承腔温度场的计算模型

首先将轴承腔进行温度节点的划分。在稳态传热时，流入任一节点的热流等于流出该节点的热流。在任一时刻任一节点的净热流率为

$$q_i = q_{Gi} + \sum_{j=1}^{n}(q_{ci,j} + q_{vi,j} + q_{ri,j}) \tag{11}$$

式中　q_{Gi}——分配到 i 节点的内部生成热；

$q_{ci,j}$，$q_{vi,j}$，$q_{ri,j}$——分别为 i 节点到 j 节点的传导热流率、对流换热热流率、辐射

　　　　　热流率；

　　n——有换热关系的节点总数。

　　则轴承腔系统的热平衡方程式组为

$$q_j = q_j(T_1, T_2, \cdots, T_m) = 0 \qquad (j = 1, 2, \cdots, m) \qquad (12)$$

　　求解这一方程组即可求出轴承腔的温度场 $T_j(j = 1, 2, \cdots, m)$。

2　轴承腔温度节点及热网络图

　　轴承腔分析模型热节点布置如图 1 所示（所考虑元素为轴对称）。节点位置与节点号的对应关系见表 1。各节点之间的热传递关系可用图 2 所示的热网络图来表示。

表 1　节点位置与节点号的对应表

节点号	节点位置及含义	节点号	节点位置及含义
1	内圈平均温度 T_1	13	后盖内表面温度 T_{13}
2	外圈滚道表面温度 T_2	14	轴承座外环温度 T_g（已知）
3	轴承外圈与轴承座配合表面的温度 T_3	15	涡轮轴中心孔温度 T_s（已知）
4	轴承座外表面的温度 T_4	16	轴承腔外前部空气温度 T_q（已知）
5	轴承座侧表面的温度 T_5	17	轴承腔外后部空气温度 T_h（已知）
6	轴颈平均温度 T_6	18	密封跑道外侧环境温度 T_c（已知）
7	石墨密封装置安装边内侧温度 T_7	19	后盖外环境温度 T_w（已知）
8	轴承腔筒体内壁温度 T_8	20	轴颈外端温度 T_{zj}（已知）
9	石墨跑道上的平均温度 T_9	21	润滑轴承后的润滑油温度 T_0（已知）
10	测温感应头平均温度 T_{10}	22	供油温度 T_1（已知）
11	轴承腔内润滑油—空气温度 T_{11}	23	回油温度 T_e（已知）
12	密封跑道内侧壁温度 T_{12}		

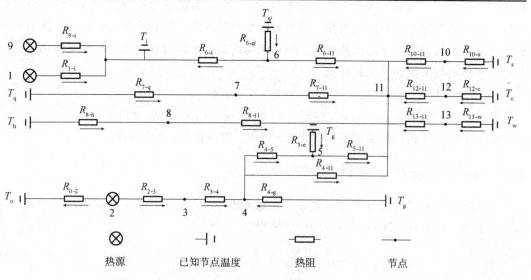

图 2　轴承腔的热网络图

3　热平衡方程组的建立

根据上述热网络图和所建立的模型，建立如下的热平衡方程组

$$q_1 = (1/2)Q_i - \alpha_i A_i (T_1 - T_i) = 0 \tag{13}$$

$$q_2 = \frac{1}{2}Q_e - \frac{2\pi k_1 B_e}{\ln(D/D_e)}(T_2 - T_3) - \alpha_e A_e (T_2 - T_0) = 0 \tag{14}$$

$$q_3 = \frac{2\pi k_1 B_e}{\ln(D/D_e)}(T_2 - T_3) - \frac{2\pi k_2 B_e}{\ln(D_1/D)}(T_3 - T_4) = 0 \tag{15}$$

$$q_4 = \frac{2\pi k_2 B_e}{\ln(D_1/D)}(T_3 - T_4) + \frac{2\pi k_3 l_1}{\ln(D_2/D_1)}(T_g - T_4) -$$
$$\frac{\pi k_2 (D_2^2 - D_1^2)}{l_1}\left(\frac{T_4 + T_g}{2} - T_5\right) - \alpha'_{11} A_0 (T_4 - T_{11}) = 0 \tag{16}$$

$$q_5 = \frac{\pi k_2 (D_2^2 - D_1^2)}{2l_1}\left(\frac{T_4 + T_g}{2} - T_5\right) - \alpha'_{11} A_2 (T_5 - T_{11}) = 0 \tag{17}$$

$$q_6 = \alpha_2 A'_3 (T_{zj} - T_6) - \alpha'_2 A_3 (T_6 - T_i) - \alpha'_{11} A_4 (T_6 - T_{11}) = 0 \tag{18}$$

$$q_7 = U_7 A_7 (T_q - T_7) - \alpha_{11} A_7 (T_7 - T_{11}) = 0 \tag{19}$$

$$q_8 = U_8 A_8 (T_h - T_{11}) - \alpha_{11} A_8 (T_8 - T_{11}) = 0 \tag{20}$$

$$q_9 = 0.98 Q_{rub} - \alpha_9 A_9 (T_9 - T_i) = 0 \tag{21}$$

$$q_{10} = \alpha_{10} A_{10} (T_s - T_{10}) - \alpha_{11} A_{10} (T_{10} - T_{11}) = 0 \tag{22}$$

$$q_{11} = U_{12} A_{16} (T_c - T_{11}) - \alpha_{11} A_{16} (T_{12} - T_{11}) = 0 \tag{23}$$

$$q_{12} = U_{13} A_{17} (T_w - T_{11}) - \alpha_{11} A_{17} (T_{13} - T_{11}) = 0 \tag{24}$$

$$q_{13} = Q_{bfr} + Q_{rub} + Q_{air} + \frac{2\pi k_3 l_1}{\ln(D_2/D_1)}(T_g - T_4) + 2\alpha'_{11} A_2 (T_5 - T_{11}) +$$
$$\alpha_2 A'_3 (T_{zj} - T_6) + U_7 A_7 (T_q - T_{11}) + U_8 A_8 (T_h - T_{11}) + \alpha_{10} A_{10} (T_s - T_{10}) +$$
$$U_{12} A_{16} (T_c - T_{11}) + U_{13} A_{17} (T_w - T_{11}) - (10^{-3}/60) c_{p13} \rho_{13} L_{oil} (T_e - T_i) = 0 \tag{25}$$

式中　k_1，k_2，k_3——分别表示轴承外圈、轴承座和轴承座结构部件的导热系数；

U_7，U_8，U_{12}，U_{13}——分别为密封安装边筒体、轴承腔筒体、密封跑道侧壁和后盖平壁的总传热系数；

$A_i \sim A_{17}$——对流换热面积[2]；

α_i，α_e，α_9——分别为润滑油与内圈滚道表面、与外圈滚道表面和与石墨跑道的对流换热系数，$\alpha_9 = 2\,000\,W/(m^2 \cdot K)$；

α_{11}——轴承腔内油气混合物与轴承腔壁的换热系数，其值为$600W/(m^2 \cdot K)$；

α'_{11}——油气混合物与轴承腔内其它面的换热系数，其值为$250\,W/(m^2 \cdot K)$；

ρ_{13}——润滑油在进口和出口平均温度下的密度。

c_{p13}——润滑油在进口和出口平均温度下的比热容；

$Q_i = 0.35 Q_{bfr}$，$Q_e = 0.30 Q_{bfr}$。

4　轴承腔温度场的计算结果及测试结果

4.1　工况及原始数据

　　轴承腔的结构参数及本文的 10 种计算和测试的工况见文献 [2]，轴承腔结构材料的导热系数见文献 [3]。试验所用 4109 合成航空润滑油，其密度 $\rho(\text{g/cm}^3)$、比热容 $c_p[\text{kJ/(kg·K)}]$、导热系数 $k[\text{W/(m}^2\cdot\text{K)}]$、运动黏度 $\nu(\text{mm}^2/\text{s})$ 随温度 $t(℃)$ 变化的计算公式为

$$\rho = 0.974\,8 - 0.000\,753t \qquad (26)$$

$$c_p = 1.78 + 0.002\,8t \qquad (27)$$

$$k = 0.153\,6 - 0.000\,1t \qquad (28)$$

$$\ln\ln(\nu + 0.8) = 21.171 - 3.538\ln(t + 273) \qquad (29)$$

4.2　温度场的计算结果

　　用拟牛顿法求解由式（13）～（25）组成的热平衡方程组。温度场的求解结果如表 2 所示。

表 2　节点温度的计算结果和测试值（单位：℃）

工况序号	节　　点　　温　　度													测试值
	T_1	T_2	T_3	T_4	T_5	T_6	T_7	T_8	T_9	T_{10}	T_{11}	T_{12}	T_{13}	T_4
1	95.4	83.1	80.4	77.2	174.0	100.3	156.4	98.70	125.5	111.3	87.70	147.7	88.40	77.0
2	94.8	86.8	84.7	82.1	184.6	106.2	168.3	108.4	131.2	121.7	97.10	159.2	97.70	85.0
3	94.4	89.0	87.6	86.0	182.4	100.2	170.2	115.7	130.0	127.1	105.3	162.0	106.0	78.0
4	91.3	83.95	81.5	78.6	194.6	106.2	177.0	110.1	137.8	126.0	97.40	166.9	98.00	81.0
5	94.0	87.8	86.0	83.7	178.1	103.3	163.8	109.2	144.0	120.7	98.80	155.5	99.40	83.0
6	90.4	88.1	86.9	85.8	189.0	105.0	177.0	119.0	141.8	131.7	108.0	168.2	108.6	82.0
7	92.8	90.9	89.2	87.3	203.9	115.0	189.3	124.8	151.6	139.0	111.8	179.4	112.5	88.0
8	93.1	90.0	88.1	85.9	199.5	113.7	184.2	119.5	154.0	134.7	107.2	174.3	107.9	89.0
9	93.2	88.2	86.2	83.9	191.5	109.2	175.7	113.4	153.5	127.5	101.6	166.2	102.3	87.0
10	92.9	88.2	86.1	83.6	186.2	107.0	172.2	113.7	152.8	126.5	102.6	163.2	103.2	87.0

4.3　轴承腔热状态参数的测试

　　本文除了测量各工况条件中的有关参数（如轴承腔外温度 T_q、进油温度 T_i 等）外，还测量了各工况下 4 节点的温度值 T_4。测试结果如表 2 所示。

5　测试结果与计算结果的比较

　　从表 2 可看出，测试值与计算值基本吻合。这表明文献 [1] 所建立的热分析模型基

本反映了轴承腔的发热、传热和温度分布规律。从表中还可看出，测试值与计算值之间也存在一定的偏差。造成这种偏差的主要原因有：

1）进行传热计算时，选用的计算公式为近似公式；

2）测量仪器本身存在误差；

3）有些测试值是在工况尚未达到完全稳定的情况下获得的。但偏差值都在6℃内，计算结果与测试结果基本吻合。

该研究为更加有效地控制轴承腔内关键部件的温度，计算轴承腔最佳润滑油量提供了理论和试验依据，并为新机研制提供了实用的技术储备。

参 考 文 献

[1]　斯库巴切夫斯基. 航空燃气涡轮发动机零件结构与计算. 北京：国防工业出版社，1992.

[2]　李健. 航空发动机轴承腔的热分析. 西安：西北工业大学硕士学位论文，1998.

[3]　工程材料实用手册编辑委员会，工程材料实用手册（第1卷～第8卷）. 北京：中国标准出版社，1989.

[4]　刘志全，张鹏顺，沈允文. 高速圆柱滚子轴承的热分析模型. 机械科学与技术，1997，16（4）：607－611.

[5]　刘志全，沈允文，张鹏顺. 高速圆柱滚子轴承温度分布的计算与测试. 机械科学与技术，1997，16（5）：805－811.

[6]　刘志全，张永红，苏华. 高速滚动轴承热分析. 润滑与密封，1998，（4）：66－68.

[7]　刘志全，沈允文，陈国定. 某直升机齿轮传动系统的稳态热分析. 中国机械工程，1999，10（6）：607－610.

[8]　刘志全，沈允文，陈国定. 某直升机齿轮传动系统的瞬态热分析. 航空动力学报，1999，14（3）：309－312.

高速滚动轴承在失去润滑情况下
工作游隙的计算方法[*]

刘志全 苏 华

摘 要：以弹性理论为基础，分析了失去润滑情况下影响高速滚动轴承工作游隙的因素，研究了轴承工作游隙的变化并给出其计算公式。为合理选择轴承参数、提高轴承系统工作寿命提供了依据。

关键词：滚动轴承 游隙 弹性

引 言

游隙是滚动轴承的重要参数，它影响到轴承的载荷分布、振动、摩擦及寿命，故设计时要选择合适的游隙值。游隙是随轴承装配及工作状况而变化的，这个变化的值是多少却少有准确的定量描述。对于高速高精度要求的轴承工作系统，确定这一变化是十分必要的。尤其在轴承失去润滑的特殊条件下，工作状况急剧恶化，发热严重，致使轴承工作游隙减小。当失去游隙时，就会出现"抱轴"现象，轴承工作失效。如武装直升机在遭到击伤后，润滑系统往往受到破坏，其传动系统就处于失去润滑的运转状态，此时轴承系统的工作寿命是关系到飞机生存能力的一个重要方面。因此研究在失去润滑状态下高速滚动轴承游隙的大小及其随时间变化的规律，是具有现实意义的。本文从弹性理论出发，分析计算了高速滚动轴承在失去润滑条件下工作游隙的变化。

1 影响高速滚动轴承工作游隙的因素

以轴承内圈转动、外圈固定的情况为例说明。

1）滚动轴承在安装前有一定的初始游隙。当轴承以过盈配合安装于轴和轴承座时，由于过盈量而导致弹性变形，使内圈膨胀，外圈收缩，轴承游隙减小。

2）轴承工作时其内圈随轴一起作高速转动，在离心力作用下，内圈将产生径向位移，使内圈与轴之间的过盈量减小，轴承的游隙发生变化。同时，滚动体连同保持架一起旋转时产生的离心力作用于轴承外圈上，使外圈亦产生径向位移，导致游隙变大。

3）轴承运转时，由于滚动体与套圈滚道表面接触，一般内圈内表面温度低于其外表面温度，外圈内表面温度高于其外表面温度，在失去润滑情况下这种温度变化尤为明显，由此引起套圈热变形将使轴承游隙进一步减小。

4）轴承在外载荷作用下，套圈及滚动体将发生弹性变形，使轴承游隙增大，并影响载荷的分布。

由上可见，高速滚动轴承的工作游隙要受到装配、高速转动、工作温度变化及外载荷作用等多方面因素的影响。下面将分别讨论在各种因素作用下工作游隙的变化及其大小的计算。

2　轴承工作游隙的计算

如图 1 所示，滚动轴承安装在一空心轴上，内圈随轴以角速度 ω 转动，外圈安装在轴承座孔内（未画出）固定不动。有关参数见表 1。

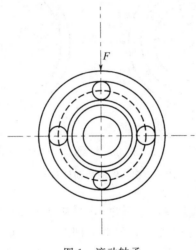

图 1　滚动轴承

表 1　轴及轴承的有关数据

参数	意义	参数	意义
r_1	空心轴内半径	E_1	轴材料的弹性模量
r_2	内圈内半径	E_2	内圈材料的弹性模量
r_3	内圈外半径	E_3	外圈材料的弹性模量
r_4	外圈内半径	μ_1	轴材料的泊松比
r_5	外圈外半径	μ_2	内圈材料的泊松比
ρ_1	轴材料密度	μ_3	外圈材料的泊松比
ρ_2	内圈材料密度	ω	轴的角速度
R	外载荷		

2.1　装配时套圈的变形

2.1.1　轴承内圈的扩张

轴承内圈与轴过盈配合使配合面产生装配压力 p_c，对于空心轴外表面而言受到的是外压力 p_c，对于内圈内表面而言受到的为内压力 p_c，并引起应力。考虑到配合面有一定的轴向长度，所以按轴对称平面应变问题处理。

如图 2 所示，空心轴的外表面受到 p_c 作用时，在接触面上的点产生负位移 u_1（指半径减小），而轴承内圈内表面上所产生的正位移是 u_2，由变形协调关系可得

$$(-u_1) + u_2 = \delta \tag{1}$$

式中　δ——装配过盈量。

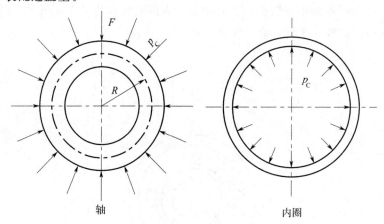

图 2　轴承内圈与轴过盈配合

在图 2 中，设空心轴（或套圈）壁厚为 t，平均厚度曲面的最小曲率半径为 R，按弹性理论，一般认为当 $t/R \ll 1/20$ 时，属薄壳问题[4]。考虑到滚动轴承套圈及空心轴的结构不属于薄壳问题，故本文中轴承套圈及空心轴的弹性变形均按厚壁筒处理。由弹性理论可知[1]

$$u_1 = -\frac{r_2 p_c (1+\mu_1)}{E_1(r_2^2 - r_1^2)}\left[(1-2\mu_1)r_2^2 + r_1^2\right] \tag{2}$$

$$u_2 = -\frac{r_2 p_c (1+\mu_2)}{E_2(r_3^2 - r_2^2)}\left[(1-2\mu_2)r_2^2 + r_3^2\right] \tag{3}$$

将式（2），（3）代入式（1），整理可得

$$p_c = \frac{\delta}{r_2\left[\dfrac{(1+\mu_1)\left[(1-2\mu_1)r_2^2 + r_1^2\right]}{E_1(r_2^2 - r_1^2)} + \dfrac{(1+\mu_2)\left[(1-2\mu_2)r_2^2 + r_3^2\right]}{E_2(r_3^2 - r_2^2)}\right]} \tag{4}$$

由式（4）可算出在过盈量 δ 下产生的装配压力 p_c。在内压力 p_c 作用下，轴承内圈上任一点的径向位移为

$$U_I = \frac{p_c r_2^2 (1+\mu_2)}{E_2(r_3^2 - r_2^2)}\left[(1-2\mu_2)r + \frac{r_3^2}{r}\right] \tag{5}$$

因为轴承游隙是按直径间隙测量的，而径向位移为套圈半径的变化量（下同），设由于轴承内圈扩张引起的轴承游隙的减小量为 δ_{fi}，则

$$\delta_{fi} = 2(U_{\mathrm{I}})_{r=r_3} = \frac{4p_c r_2^2 r_3 (1-\mu_2^2)}{E_2 (r_3^2 - r_2^2)} \tag{6}$$

式（6）表示了在静止状态下 p_c 与游隙的关系。由于轴承的高速转动使过盈量减小，故压力也将发生变化，游隙的变化量也随之改变。这将在下文论述。

2.1.2 轴承外圈的收缩

如图 3 所示，轴承外圈与轴承座过盈配合后在接触面产生压力 p_d。在 p_d 作用下轴承外圈上任一点的径向位移为

$$U_{\mathrm{II}} = -\frac{p_d r_5^2 (1+\mu_3)}{E_3 (r_5^2 - r_4^2)} \left[(1-2\mu_3)r + \frac{r_4^2}{r} \right] \tag{7}$$

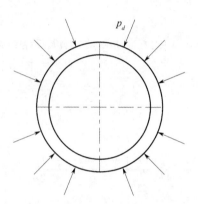

图 3 轴承外圈与轴承座过盈配合

p_d 可按上述方法由装配过盈量求得。

设由于外圈在装配压力作用下引起收缩变形而导致轴承游隙的减小量为 δ_{fo}，则

$$\delta_{fo} = -2(U_{\mathrm{II}})_{r=r_4} = \frac{4p_d r_5^2 r_4 (1-\mu_3^2)}{E_3 (r_5^2 - r_4^2)} \tag{8}$$

2.2 轴承高速旋转时游隙的变化

高速旋转的滚动轴承系统，由于离心力作用会引起旋转件变形并产生应力。考虑到轴承的结构，认为应力分布是均匀的。

对于轴承内圈，内圈与轴以角速度 ω 高速转动，在离心力作用下，一方面内圈将产生径向位移，另一方面使内圈与轴之间的过盈量由装配时的 δ 减小为 δ'，使轴承游隙发生变化。由于内圈的几何形状及离心力均对称于轴承中心，故按轴对称平面应变问题处理。

按弹性理论[1]，当一厚壁筒以角速度 ω 高速旋转时，可推出其壁上任一点的位移为

$$U_{\mathrm{III}} = \frac{\rho \omega^2 r (3-2\mu)(1+\mu)(1-2\mu)}{8E(1-\mu)} \times \left[a^2 + b^2 + \frac{a^2 b^2}{(1-2\mu)r^2} - \frac{r^2}{3-2\mu} \right] \tag{9}$$

式中 ρ——材料密度；

a——内半径；

b——外半径；

μ——泊松比；

E——弹性模量。

轴承内圈和空心轴在高速旋转下的径向位移均可由式（9）求得。设轴承内圈在高速旋转时产生的径向位移对游隙的减小量为 $\delta_{\omega i}$，则

$$\delta_{\omega i} = 2(U_{\text{Ⅲ}}) \left|\begin{array}{l} a=r_2 \\ b=r_3 \\ r=r_3 \end{array}\right. = \frac{\rho_2 \omega^2 r_3 (3-2\mu_2)(1+\mu_2)}{2E_2} \times \left[\left(\frac{1-2\mu_2}{3-2\mu_2}\right) r_3^2 + r_2^2\right] \tag{10}$$

在 2.1.1 部分已经推出了过盈量 δ 与压力 p_c 的关系式（4）。但由于离心力作用使内圈与轴之间的过盈量减小为 δ'，则配合面间的压力也将变为 p'_c，由此产生的径向位移亦减小为 δ'_{fi}，δ' 可由下式计算

$$\delta' = \delta - \left[(U_{\text{Ⅲ}}) \left|\begin{array}{l} a=r_2 \\ b=r_3 \\ r=r_2 \end{array}\right. - (U_{\text{Ⅲ}}) \left|\begin{array}{l} a=r_1 \\ b=r_2 \\ r=r_2 \end{array}\right.\right] \tag{11}$$

记

$$\Delta' = (U_{\text{Ⅲ}}) \left|\begin{array}{l} a=r_2 \\ b=r_3 \\ r=r_2 \end{array}\right. - (U_{\text{Ⅲ}}) \left|\begin{array}{l} a=r_1 \\ b=r_2 \\ r=r_2 \end{array}\right.$$

$$= \frac{\rho_2 \omega^2 r_2 (3-2\mu_2)(1+\mu_2)}{4E_2}\left[\left(\frac{1-2\mu_2}{3-2\mu_2}\right)r_3^2 + r_2^2\right] -$$

$$\frac{\rho_1 \omega^2 r_2 (3-2\mu_1)(1+\mu_1)}{4E_1}\left[\left(\frac{1-2\mu_1}{3-2\mu_1}\right)r_2^2 + r_1^2\right]$$

将式（11）代入式（4）可得出新的压力 p'_c，再代入式（6）可得

$$\delta'_{fi} = 4r_2^2 p'_c r_3 (1-\mu_2^2)/[E_2(r_3^2 - r_2^2)] \tag{12}$$

滚动体的公转引起的离心力对外圈是径向压力作用，亦使外圈的内表面产生径向位移，游隙变大了 $\delta_{\omega o}$。假设离心力均布于外圈内表面上，$\delta_{\omega o}$ 可近似按照式（5）计算，只是这里套圈为外圈，p_c 相当于离心力，其大小为 $m_r D_m \omega_c^2 / 2$[3]（m_r 为滚动体质量，D_m 为滚动体的中心圆直径，ω_c 为公转角速度）。则

$$\delta_{\omega o} = \frac{m_r D_m \omega_c^2 r_4 (1+\mu_3)}{E_3 (r_5^2 - r_4^2)}\left[(1-2\mu_3) r_4^2 + r_5^2\right] \tag{13}$$

2.3　热变形

正常润滑条件下轴承内各零件表面温度是不同的，可认为处于稳定状态。在轴承系统失去润滑的情况下，轴承各表面温度为时间和位置的函数。对于像轴承这样的二维轴对称温度场 $T_{1,2} = T_{1,2}(r, t)$（下标 1，2 分别表示轴承的内、外圈）可通过轴承热分析获得。因此就可以计算出由于轴承内外圈各表面温度不同而引起的热变形。假设温度场对称于轴承中心，按平面应变问题处理，则套圈上任一点的径向位移为

$$U_{\text{IV}} = \frac{1+\mu}{1-\mu} \cdot \frac{a}{r} \int_a^r Tr\,dr + \frac{\alpha(1+\mu)\left[(1-2\mu)r^2+a^2\right]}{r(1-\mu)(b^2-a^2)} \int_a^b Tr\,dr \tag{14}$$

式中　a，b——分别为内、外半径；

　　　α——热膨胀系数；

　　　T——温度函数。

由于滚动体与套圈滚道表面接触为失去润滑条件下的主要热源，因此内圈外表面温度高于其内表面温度，外圈内表面温度高于其外表面温度，故内外圈的热变形均会使游隙减小，设内圈热变形使游隙减小量为 δ_{ti}，外圈热变形使游隙减小量为 δ_{to}，则

$$\delta_{\text{ti}} = 2(U_{\text{IV}}) \begin{vmatrix} a=r_2 \\ b=r_3 \\ r=r_3 \end{vmatrix} = 2\frac{1+\mu_2}{1-\mu_2} \times \left[r_2+\alpha_1+2\alpha_1(r_2^2-r_3^2\mu_2)\right] \cdot \int_{r_2}^{r_3} T_1(r,t)\,dr \tag{15}$$

$$\delta_{\text{to}} = 2(U_{\text{IV}}) \begin{vmatrix} a=r_4 \\ b=r_5 \\ r=r_4 \end{vmatrix} = \frac{4r_4^2\alpha_2(1+\mu_3)}{(r_5^2-r_4^2)} \cdot \int_{r_4}^{r_5} T_2(r,t)\,dr \tag{16}$$

式中　α_1，α_2——分别为内、外圈材料热膨胀系数。

2.4　外载荷 F 作用下的弹性变形

滚动轴承的滚动体与内、外圈的接触为点接触或线接触，在外载荷 F 作用下将产生弹性变形，使轴承游隙增大了 δ_F，这对于支承刚度和精度要求较高的轴承系统是必需考虑的。当滚动体组件转动时，弹性变形的量也随之改变[2]。但这些变化很小，所以计算可不考虑。按赫兹理论，有

$$\delta_F = (F/C_\delta)^{2/3} \tag{17}$$

式中　F——外载荷；

$$C_\delta = (C_{\delta\text{I}} + C_{\delta\text{A}})^{3/2} d_{\text{w}}^{1/2}$$

式中　d_{w}——滚动体直径；

　　　$C_{\delta\text{I}}$——内圈的变形系数；

　　　$C_{\delta\text{A}}$——外圈的变形系数。

$C_{\delta\text{I}}$ 及 $C_{\delta\text{A}}$ 可由下式计算

$$C_\delta = (2.79/10^4) \cdot (2k/\mu) \cdot (d_{\text{w}} \cdot \sum{}_\rho)^{1/3}$$

式中　$2k/\mu$——赫兹系数，可查轴承手册；

　　　$\sum{}_\rho$——接触处的曲率半径。

以上从四个方面分别考虑了轴承游隙在某种因素的影响下其大小的变化，按照叠加原理，滚动轴承在高速及失去润滑条件下的工作游隙可用下式计算

$$\Delta = \Delta_o - (\delta'_{\text{fi}} + \delta_{\text{fo}} + \delta_{\text{ti}} + \delta_{\text{to}} + \delta_{\omega\text{i}}) + \delta_{\omega\text{O}} + \delta_F \tag{18}$$

式中　Δ_o——初始的游隙；

其余各量分别用式（8），（10），（12），（13），（15），（16），（17）等代入。

　　需要说明一点，这里主要考虑的是滚动轴承的径向游隙。有些轴承还有轴向游隙，可通过公式换算得到[2]。

3　结论

　　1）一般资料中提供的有关轴承游隙变化的公式多为按轴承的几何关系得出的一些经验公式或需查很多图表[2]，既不准确也不全面。本文由上述分析推演所得的计算公式较为准确、全面地反映了失去润滑条件下高速滚动轴承游隙变化的实际状况。尤其对于诸如飞机传动系统等精度要求较高的场合显得更为重要。此结果为轴承设计时的游隙选择提供了依据。

　　2）通过热分析得知轴承元件温度分布及变化情况后，可用式（17）计算出轴承出现"抱轴"现象所需经历的时间。这对于提高高速滚动轴承的工作寿命及可靠性是十分重要的，同时也是整机生存能力估算的重要组成部分。

参 考 文 献

[1]　黄载生，等. 弹性力学与应用. 杭州：浙江大学出版社，1989.

[2]　埃斯曼，等. 滚动轴承设计与应用手册. 武汉：华中理工大学出版社，1985.

[3]　小野繁，著. 滚动轴承的应用设计. 贵阳：贵州人民出版社，1985.

[4]　吴毓熙，著. 应用弹性力学. 上海：同济大学出版社，1989.

[5]　刘志全，等. 高速圆柱滚子轴承的热分析模型. 机械科学与技术，1997，16（4）：607 - 611.

[6]　刘志全，等. 高速圆柱滚子轴承温度分布的计算与测试. 机械科学与技术，1997，16（5）：805 - 811.

第 2 篇

航天器机构的发展

第 2 篇

航天器机构的发展

空间对接组件中的结构锁及其传动系统[*]

曹 鹏 刘志全

摘 要：空间对接组件结构锁及其传动系统是航天器空间对接技术中的重要组成部分。本文介绍了对接组件几类典型结构锁及其传动系统的结构组成及工作原理，并分析比较了它们的特点。

关键词：航天器 对接 结构锁 传动系统

引 言

空间交会对接是现代复杂航天器，尤其是载人航天器长期在轨运行不可缺少的空间活动。空间对接过程以两个航天器实现刚性密封连接作为结束标志。两个航天器的空间对接是靠装在它们上面的对接组件（见图1）来实现的。空间对接组件结构锁及其传动系统（见图2）是将两个航天器对接框拉紧，实现两个航天器刚性密封连接的执行机构，也是两个航天器完成对接后实现解锁分离的执行机构，它的设计及工作可靠性将直接影响对接的成败。本文针对空间对接组件中的三类典型结构锁及其传动方式，就其工作原理和特点作一分析。

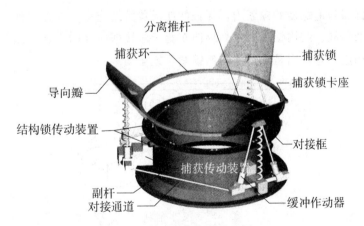

图1 某型对接组件示意图

* 《载人航天》2003，No.5，pp41-44

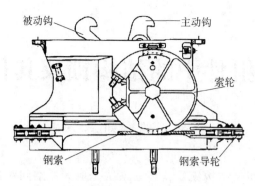

图 2　结构锁及其传动系统

1　结构锁的工作原理及特点

结构锁按锁紧方式可分为[1]：

1）锁钩式结构锁（如应用于阿波罗飞船—联盟号飞船对接装置中的结构锁）；

2）螺栓/螺母式结构锁（如应用于麦道公司的对接/停靠装置中的结构锁）；

3）卡爪式结构锁（如应用于欧洲空间局的弱撞击对接装置中的结构锁）。

1.1　锁钩式结构锁

锁钩式结构锁早在 20 世纪 70 年代初期，便应用在美国阿波罗飞船的指令舱和登月舱的对接飞行中，最初的结构锁没有采用异体同构式结构，只是在追踪器上安装了如图 3 所示的锁钩式结构锁[2]。这种结构锁位于追踪器对接舱段的末端，其作用是在对接过程的最后阶段提供目标器与追踪器的锁紧力，保证两航天器刚性连接。除此之外，它还具有安全分离两航天器的功能。结构锁由一系列周向布置于对接框内缘的锁钩构成，拉伸弹簧分别与锁钩和机架相连，其作用是强迫锁钩向锁紧位置运动。

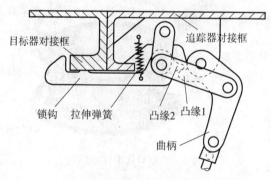

图 3　美国早期的结构锁

异体同构式的锁钩式结构锁应用在联盟号飞船—礼炮号空间站对接试验中，并在 1975年执行阿波罗—联盟号联合飞行试验计划（ASTP）时得到了继承和发展。当时，美苏两国专家在设计对接框时，都把联盟号飞船—礼炮号空间站对接组合的对接框结构锁系作为设计方案的基础。

1.1.1　工作原理

当曲柄逆时针转动时，锁钩顺时针转动至锁紧位置并拉紧目标器的对接框内缘，完成对接。分离的过程与此相反，曲柄顺时针转动，凸缘1与凸缘2接触，强迫锁钩逆时针转动，完成分离。这种单锁钩式结构锁结构简单、便于操作。其不足之处在于锁钩没有备份分离装置，可靠性较低。

1.1.2　特点

美国阿波罗飞船对接框上的结构锁[1]（见图4）有以下几个基本特点：

1）结构锁系包括主动钩和被动钩。

2）锁系中实现主动钩拉紧与打开的基本传动机构直接安装在每一个锁上。结构锁的备份打开由带有独立封闭锁系的附加传动机构来完成，这个机构使杠杆式主动钩与被动钩的打开机构同时动作。

3）结构锁主动与辅助传动机构完全相同，并且与对接传动机构一样，被做成基本单元，如电机、减速器、锁系和弹簧组等。

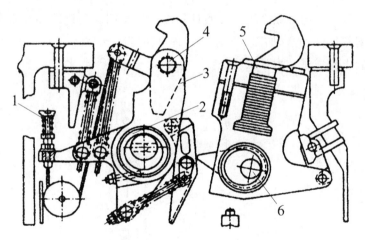

图4　阿波罗飞船对接框上的结构锁

1—输入弹簧；2—偏心轮；3—备用放下杆；4—旋转轴；5—被动钩弹簧组；6—备用偏心轴

与美国早期的结构锁相比，用于阿波罗—联盟号联合飞行试验计划的阿波罗飞船对接框上的结构锁不仅实现了紧急情况下的备份分离功能，而且备份驱动系统独立于正常驱动系统，大大提高了飞船完成对接后分离的可靠性。其缺点是：带有辅助传动的结构锁的备份打开实际上很复杂，因为这种锁包括大量的活动零部件，其中有些元件对间隙和公差又很敏感，这在某种程度上降低了可操作性。美国后来用于发现号航天飞机与和平号空间站对接的结构锁（见图5）中，只保留了用于备份打开主动锁钩的爆炸螺栓[3]，再附加12个用于连接锁钩的爆炸螺栓，这些螺栓可以用来分离处于连接状态的对接组件。

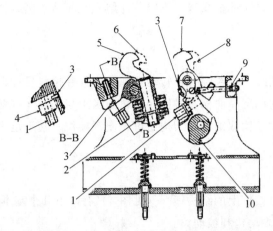

图 5　应用于发现号航天飞机与和平号空间站对接的结构锁备份分离装置

1—爆炸螺栓；2—碟型弹簧；3—锁钩分离销；4—被动钩；5—被动钩（爆破分离后）；

6—被动钩（正常位置）；7—主动钩（爆破分离后）；8—主动钩（正常位置）；

9—拉紧弹簧；10—偏心凸轮

1.2　螺栓/螺母式结构锁

在完成阿波罗—联盟号联合飞行试验计划之后，美国又研制了一种带有螺栓/螺母式结构锁的新型对接组件[1,4]，如图 6 所示。这种对接组件于 1988 年在马歇尔航天飞行中心的动力学试验台上完成了动力学试验。

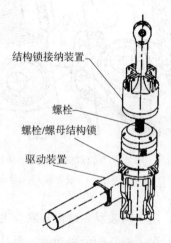

结构锁接纳装置

螺栓

螺栓/螺母结构锁

驱动装置

图 6　螺栓/螺母式结构锁系统

对接/停靠技术的发展更加有利于调整和拉紧航天器，保证对接顺利完成。螺栓/螺母式结构锁适用于具有较高初始位置精度的对接组件。结构锁由专为真空环境使用而改造的无刷直流电机通过蜗轮/蜗杆传动装置来驱动，滑动离合器限制了转动力矩的最大值。蜗轮的旋转带动驱动转轴的旋转，利用螺旋传动原理驱动螺栓轴向移动[4]。

1.2.1　工作原理

对接时，传动系统驱动追踪器对接组件的螺栓向外伸出，螺栓伸进目标器对接组件上的浮动接纳装置，完成拉紧与刚性连接。分离时，直流电机反向转动，螺栓脱离接纳装置，并收回至机座。

1.2.2　特点

这种结构锁对对接初始条件及密封性要求较高并具有载荷调整及过载保护的功能。其缺点是蜗轮/蜗杆传动效率较低，拉紧/分离两航天器的时间较长。螺栓/螺母式结构锁未应用于空间对接中，这种结构锁技术还有待发展。

1.3　卡爪式结构锁

欧洲空间局在20世纪80年代初期针对当时所使用的对接装置控制精度不高、体积较大、质量较重、结构较复杂的情况，对不载人空间对接提出了软对接要求[1]，即着眼于提高测量和控制精度，使对接初始条件更加精确。为此，研制了卡爪式结构锁。这种结构锁由于不需要利用碰撞实现捕获，而只需借助摄像机和光学敏感器测出横向位置偏差、滚动误差，对接系统经分析偏差数据后，通过控制完成机构的刚性连接、解锁和分离，因此对接组件结构相对简单。

卡爪式结构锁包括撞锁和卡爪机构两部分。在目标器上装有4个撞锁，追踪器上装有对应的卡爪机构（见图7）。当追踪器的卡爪伸到撞锁把手杆处时，卡爪将把手杆卡住，并拉紧，压在接纳元件槽中实现锁紧。

这种对接组件利用摄像机的"视觉"功能及对接卡爪的"力觉"功能，使对接组件实现了智能化。

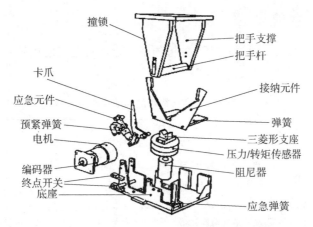

图7　欧洲空间局的卡爪锁机构和撞锁结构

这样就避开了分析两航天器对接时的碰撞、回弹、能量吸收和摩擦力条件下的运动与变形，以及对接失败后航天器的运动等。这种对接组件降低了对捕获控制系统的要求，提高了对接系统的可靠性。其缺点是，对对接初始条件、摄像机敏感器和各种传感器以及姿态控制系统的要求较高。目前采用这种结构锁的对接装置还要受一定的限制。

　　日本于 1988 年提出了类似欧洲空间局的弱撞击对接组件方案[5]，其中结构锁的设计同样采取了卡爪式（如图 8 所示）。空间对接组件依靠追踪器的 CCD 相机获取目标器标记的图像，通过图像处理系统和姿态控制系统调整两航天器的相对位置、速度和加速度，使其在预定的对接初始条件下完成交会对接。这种对接组件结构锁可以在对接或停靠两种对接方式下工作，智能化程度较高，具有较强的适应性。日本宇宙开发事业集团采用这种对接组件在工程试验卫星-Ⅶ上进行了自动交会对接和地面交会对接试验，并成功地完成了两次在轨对接与分离试验。

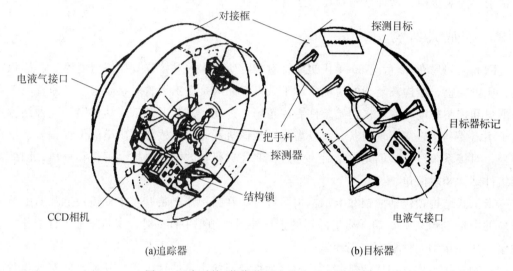

(a)追踪器　　　　　　　　　　　　(b)目标器

图 8　日本对接/停靠装置中的卡爪式结构锁

1.4　三类结构锁的比较

　　在对三类结构锁的工作原理及特点分析的基础上，对它们的优缺点进行了比较，其结果见表 1。

表 1　三类结构锁的优缺点比较

结构类型	优点	缺点
锁钩式	1）动作快，拉紧/解锁所需时间较短； 2）在较大的校准误差情况下，可保证成功对接	1）预载大小固定； 2）对接框轴向相对距离不能调整
卡爪式	1）动作快，拉紧/解锁所需时间较短； 2）具有缓冲阻尼器，在一定范围内可同时实现捕获和锁紧功能	1）预载大小固定； 2）对接框轴向相对距离不能调整
螺栓/螺母式	1）可调整预加载荷大小； 2）可调整对接框轴向相对距离	完成拉紧/解锁过程需要较长的时间

2 结构锁传动方式分类及特点分析

2.1 传动方式分类

一系列相同的结构锁通常均匀分布在对接组件的端面，实现这些结构锁同步工作的是结构锁的传动系统。结构锁的传动方式分为三种。

1）单独传动：每一个结构锁（如单锁钩、卡爪或螺栓）都由单独的驱动装置驱动。美国阿波罗飞船的指令舱与登月舱的对接采用了这种传动方式[6]。

2）统一传动：所有的结构锁由同一个驱动装置驱动。美国早期的锁钩式结构锁采用了这种传动形式。

3）分组传动：将所有的结构锁分为几组，每一组有一套驱动装置。1975 年阿波罗—联盟号联合飞行试验计划中美国的阿波罗飞船对接组件结构锁采用了这种传动方式[1]。

2.2 特点

1）就单独传动的结构锁而言，几个彼此互不联系的锁同时自动打开的可能性比统一传动的小，从可靠性的角度来讲，连接可靠性较高。但是，由于单独传动的结构锁，其锁紧与分离时参与工作的元件数量太多，因此它的质量大，限制了其在大型航天器对接装置上的应用。

2）统一传动的结构锁与驱动机构之间用钢索联系。这种传动方式质量相对较轻，可应用于大型航天器的对接装置。但钢索的失效会造成连接失败，因此连接可靠性相对较低。

3）分组传动的结构锁具有第一、二种传动方式的一些优点，如质量较轻，连接可靠性较高。它的驱动机构有两套：一套是基本驱动，另一套是备份驱动。备份驱动指的是辅助驱动机构或火工品燃气驱动。两航天器对接分离时，可以采用基本驱动，也可以采用辅助驱动或火工品燃气驱动。

3 结构锁相关理论分析

理论分析的重点是结构锁的力学分析。与结构锁动载荷紧密相关的最重要的几个因素是触发距离、预紧力、动作速度和对接界面的局部刚度等[6]。由于锁的动力学研究基于非线性动力学，分析结果对结构锁参数的微小变化都相当敏感，因此影响结构锁动载荷的关键因素必须在设计之初确定下来。在对结构锁的动载荷进行数学建模时，线性刚度矩阵或柔度矩阵被用于定义对接界面结构的弹性，分段线性力和约束力偏差值被用于构造结构锁的非线性特征和对接界面的边界条件[6]。这种建模方法适用于上述三种典型的结构锁动载荷分析。

4　结论

1）用封闭钢索联系的分组传动的锁钩式结构锁具有动作速度快、对准误差冗余能力较大及可靠性高的特点。这种结构锁及其传动系统应用广泛。

2）结构锁动态载荷主要取决于触发距离、预紧力、动作速度和对接界面局部刚度等因素。

3）智能化、高可靠性是对接组件结构锁及其传动系统的发展方向。

我国经过过去十几年的努力，在空间交会对接技术方面已经取得了相应的成果。当前研制一种继承性强，同时又与我国载人飞船相关分系统协调的空间对接组件结构锁及其传动系统具有重要的现实意义。

参 考 文 献

[1]　娄汉文，曲广吉，刘济生. 空间对接机构. 北京：航空工业出版社，1992.

[2]　Robert R. Belew. Docking Structure for Spacecraft，N71－35082.

[3]　Boeing Reusable Space Systems Office of External Communications，STS—89 press information and mission time line，1998.

[4]　William Mc C，Neal B. Structural Latches for Modular Assembly of Spacecraft and Space Mechanisms，N88－21471.

[5]　Endo E，Mitsuma H，etc. Berthing and Docking Mechanisms for Future Japanese Space Structures，AIAA 90－0516.

[6]　Graves D L，Glynn P C. A Technique for Analyzing Latching Dynamics And Loads Induced During Spacecraft Docking，AIAA 70－21.

载人航天器舱门机构原理与特点分析[*]

嵇景全　刘志全　游　巍

摘　要：舱门机构是载人航天器的重要组成部分，本文阐述了几种舱门机构的工作原理，总结并分析了它们的特点，以促进载人航天器工程设计。

关键词：载人航天器　舱门　机构

引　言

在载人航天器中，无论是飞船、空间实验室、空间站还是航天飞机，航天员的生活舱都必须是密封舱，以确保航天员的生命安全。舱门是实现密封舱密封功能的重要组成部分，同时也是航天员出入密封舱的通道，因此，载人航天器舱门的研究对于航天员的舱内安全保障、太空出舱活动，以及载人航天器的交会对接都具有重要意义。本文对载人航天器舱门原理及特点进行了分析，以促进载人航天器工程设计。

1　阿波罗飞船指令舱的周边压紧手动式舱门

1.1　舱门组成及工作原理

阿波罗飞船指令舱的舱门设计采用了一体化舱门概念，即舱门门体结构是由热屏蔽层、内部结构层和推动保护层一体化而成。舱门机构由插销、铰链、手动操纵的齿轮系、活塞以及曲柄滑块机构等组成。

当在舱内开关舱门时，航天员用手转动手柄（见图1所示），手柄通过齿轮系的作用带动15把插销的运动，实现舱门开锁和闭锁。因舱门结构比较重（158.8 kg），手动开启比较困难，所以采用了曲柄滑块机构来实现开启和关闭。

图1　阿波罗飞船指令舱舱门结构图

* 《载人航天》2003，No.3，pp34－39

1.2　舱门机构特点分析

阿波罗飞船指令舱舱门的门体结构不仅采用了一体化设计，还设有窗口，这有利于航天员在航天器进行对接时进行观察，并可在紧急情况下迅速打开舱门，以保证航天员的安全。但是，舱门机构过于复杂，门插销数目过多，影响了机构的可靠性。而且，舱门比较笨重，当飞船在地面期间，舱门结构重力对舱门门轴铰链产生较大的附加力矩，影响门轴铰链处的受力状态，易造成结构变形。

2　赫尔墨斯航天飞机气闸舱的周边压紧手动式舱门

2.1　舱门组成及工作原理

赫尔墨斯航天飞机是欧洲空间局在实施长期天地往返运输系统预备计划（the long-term space transportation system preparatory programme）期间设计的一种载人航天器，后来因技术和经费等原因，这一载人航天器计划被取消。

它的气闸舱有 3 个舱门（如图 2 所示）。舱门 1 用来连接气闸舱和机舱；舱门 2 位于气闸舱的上部，用来连接对接通道或者与外部空间相通；舱门 3 用来连通货运飞船。气闸舱的 3 个舱门均由门体结构、舱门门轴组件、舱门锁紧与开锁机构、密封组件组成，其中门体选择了 D 字形的结构。

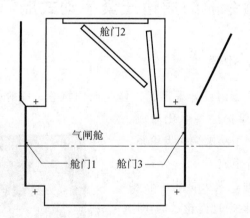

图 2　赫尔墨斯航天飞机计划的气闸舱舱门布局

气闸舱 3 个舱门的锁紧密封机构采用了两种不同的布局方案：舱门 1 和舱门 2 采用了径向布局（如图 3 所示），舱门 3 采用了周边布局（如图 4 所示）。

径向布局的舱门锁紧密封是通过曲柄连杆机构与曲柄滑块机构来实现的。当锁紧舱门时，航天员用手转动曲柄连杆机构的曲柄，带动位于舱门中心的轮子转动，轮子又通过与其相铰接的 6 个连杆带动滑块在滑槽（滑槽分两部分，分别固定在门体和门框上）内滑动，当滑块插入位于门框上的滑槽时，门体与门框（两虚线之间的部分）之间实现压紧密封。若航天员逆向转动曲柄则可实现舱门开锁。

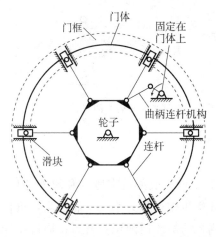

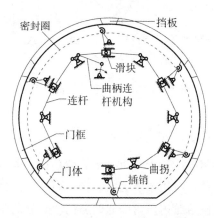

图 3　径向布局锁紧与开锁机构原理图　　　图 4　周边布局锁紧与开锁机构原理图

　　对于周边布局的锁紧与开锁机构，当航天员转动曲柄连杆机构的曲柄时，带动与其铰接的曲拐转动，再通过连杆带动滑块平动，滑块的平动又引起门插销的转动（如图 5 所示），通过插销与挡板作用，实现门体与门框（虚线间的部分）之间的压紧密封。若航天员逆向转动曲柄则可实现舱门开锁。

　　赫尔墨斯航天飞机气闸舱的 3 个舱门的性能要求不同，因此，3 个舱门采用了不同的开启关闭机构。图 6 所示为舱门 1 的开启关闭机构，采用了平行四边形机构，使舱门可在其所在平面内平动。

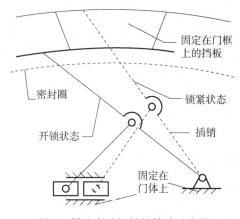

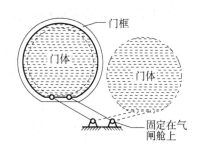

图 5　周边布局门插销转动示意图　　　　　图 6　舱门 1 的开启关闭机构

　　图 7 为舱门 2 的开启关闭机构的原理图，由四杆机构通过与其铰接的杆子带动舱门运动，实现舱门的开启和关闭。

　　舱门 3 的开启关闭机构为一个四杆机构（如图 8 所示），通过两个杆子转动带动舱门的转动，实现舱门的开启与关闭。

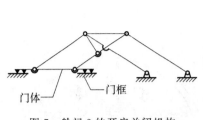 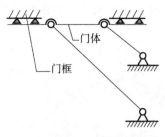

　　图 7　舱门 2 的开启关闭机构　　　　　图 8　舱门 3 的开启关闭机构

2.2　舱门机构特点分析

　　赫尔墨斯航天飞机气闸舱舱门内外均设有开关手柄，航天员在舱内和舱外都可操作，操作简单，可用单手完成。径向布局舱门锁紧与开锁机构操作力小，可靠性高，机构容易布置，但由舱内压力引起的舱门中心处的位移影响机构对舱门的压紧密封；周边布局舱门的锁紧与开锁机构都布置在周边，舱门中心处由舱内压力引起的位移对机构的影响很小，另外，由于舱门中心部位空间较大，有利于实现电动操作。

　　舱门 1 的开启关闭机构简单，平行四边形机构使门体在其所在平面内平动，节省了舱内空间。舱门 2 的开启关闭机构使门体开启和关闭时所扫过的空间较小，节省了舱内空间，但机构比较复杂，降低了可靠性；舱门 3 的开启关闭机构简单，可靠性高。

3　哥伦布实验室的椭圆形电动舱门

3.1　舱门组成及工作原理

　　哥伦布实验室是欧洲空间局研制的，对接在国际空间站上的一个压力舱。其舱门由门体结构、舱门锁紧与开锁机构和舱门开启关闭机构等组成（如图 9 所示）。门体用铝合金制成，采用了具有一定刚度的椭圆形结构，是承受压力载荷的主要部件。

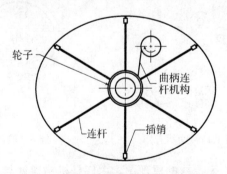

　　图 9　哥伦布实验室的舱门示意图

　　哥伦布实验室舱门锁紧与开锁机构，与赫尔墨斯航天飞机气闸舱径向布局锁紧密封机构原理相似。所不同的是，整个机构由一个无刷电机驱动，而不是航天员手动，然后通过一个曲柄连杆机构带动与连杆铰接的位于舱门中心的一个轮子转动，轮子再通过与其铰接的 6 个连杆带动 6 把插销沿径向的平动，对舱门进行锁紧和密封。

　　舱门的开启关闭机构和锁紧与开锁机构是相互独立的，由电机驱动，机构比较复杂。舱门要求从舱内压紧密封，即舱门关闭方向与压力方向一致。同时，为了节省舱内空间，又要求舱门向外开启，这就要求舱门能够穿过门框。为了达到设计要求，采用了椭圆形的舱门设计，由 2 个四杆机构完成。舱门的开启过程分为以下 6 个步骤（如图 10 所示）。

　　1）舱门沿垂直门框的方向与门框分离；

　　2）舱门在其所在平面内旋转 90°，使舱门的短轴与门框的长轴平行；

　　3）沿舱门长轴方向移动舱门，使舱门的边缘能够通过门框；

　　4）使舱门绕一条平行于门框长轴的轴线旋转；

　　5）移动舱门，使舱门通过门框，然后再绕一条平行于门框长轴的轴线旋转；

　　6）舱门开启完毕。

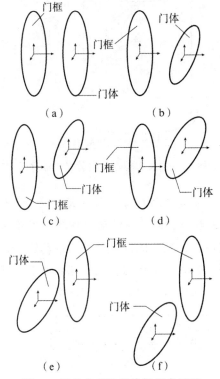

图 10　哥伦布实验室舱门开启过程

3.2　舱门机构特点分析

　　哥伦布实验室舱门的压紧与开锁机构和开启关闭机构都采用了电动设计，操作方便；椭圆形的门体结构使舱门在压力密封的条件下向外开启，既有利于密封，又节省了舱内空间。但是执行机构复杂，可靠性不高，舱内压力作用引起的舱门中心处的位移影响机构的锁紧和密封。

4　欧洲空间实验室气闸舱的手动式舱门

4.1　舱门组成及工作原理

空间实验室是欧洲空间局研制的一种载人航天设施，由美国的航天飞机携带飞行，完成实验任务后随航天飞机返回。第一个空间实验室于 1983 年 11 月 28 日随哥伦比亚号航天飞机上天，在轨道上运行了 10 天。

空间实验室气闸舱有两个舱门，包括外门和内门。外门用来使空间实验室与外层空间隔开，内门用来连接实验室舱。如图 11 所示。

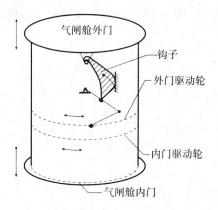

图 11　空间实验室气闸舱布局示意图

气闸舱外门的锁紧与开锁机构由外门驱动轮驱动，带动 12 把钩子实现舱门门体与门框的压紧密封。图 12 给出其中一个钩子的运动原理图。当锁紧舱门时，驱动轮转动，通过连杆 1 带动连杆 2 绕固定在气闸舱上的铰链转动，带动钩子运动，弹簧使钩子与导向块紧密配合，控制钩子的运动，使钩子钩住门体上的球面轴承，然后继续转动驱动轮，通过钩子带动门体，使门体与门框压紧密封。运动的逆过程就是开锁过程。

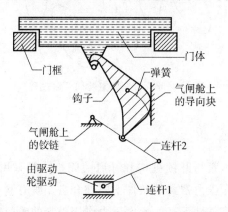

图 12　气闸舱外门锁紧与开锁机构原理图

气闸舱内门的锁紧与开锁机构是通过驱动凸轮带动 4 把钩子实现门体和门框间的压紧密封。钩子上装有 2 个滚子，滚子 2 与舱门的边缘相配合，在弹簧的作用下，滚子 1 可相对驱动凸轮滚动。当驱动凸轮运动时，滚子 1 在凸轮上滚动，使钩子上下运动，完成舱门的开锁和闭锁，如图 13 所示。另外，通过钩子上的限位槽与气闸舱上的限位销作用，可以控制钩子的运动。

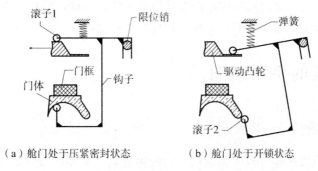

（a）舱门处于压紧密封状态　　　（b）舱门处于开锁状态

图 13　气闸舱内门锁紧与开锁机构原理图

4.2　舱门机构特点分析

空间实验室气闸舱舱门外门锁紧与开锁机构因部件过多，机构容易卡死，而且没有采用压力密封，需要使用较多的钩子（12 把）来保证密封。同时，为了满足机构的强度要求，还要加大零件尺寸，增加了结构质量。内门锁紧与开锁机构对钩子的加工精度要求较高，使其加工困难。

5　等强度梁的手动式舱门

5.1　舱门组成及工作原理

等强度梁的手动式舱门（如图 14 所示）主要由门体结构、铰链、等强度梁以及锁紧机构组成。

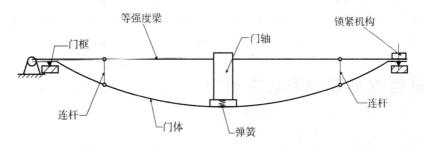

图 14　等强度梁的手动式舱门原理示意图

在锁紧的情况下，锁紧机构对等强度梁施加压力，等强度梁通过门轴压紧弹簧对舱门进行加载，使舱门与门框密封。开启舱门时，首先打开锁紧机构，转动等强度梁，使等强度梁通过连杆带动舱门门体结构，将舱门打开。其中，连杆结构只传递拉力，不承受压力。

5.2　舱门机构特点分析

等强度梁的手动式舱门机构比较简单，但加工比较困难，而且等强度梁虽然经过有限元优化，但舱门系统还是比较重。另外，舱门只能从舱内开启，不便于航天员出舱活动。

6　螺旋压紧的手动式舱门

6.1　舱门组成及工作原理

螺旋压紧的手动式舱门为一圆形门，门向内开启，如图 15 所示。开启时由螺旋副带动移动副向上运动，通过铰接的连杆，带动分布在舱门周边的增力杠杆绕舱门上的固定点 1 转动，在弹簧的共同作用下，使增力杠杆压紧凹槽，凹槽又压紧门体，使得门体与门框压紧密封。当螺旋副逆向转动时，凹槽与增力杠杆松弛配合，完成开锁运动，就可以打开舱门。

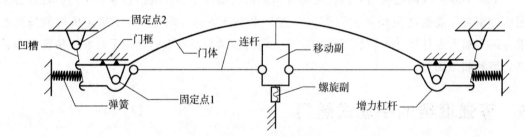

图 15　螺旋压紧手动式舱门机构原理图

6.2　舱门机构特点分析

螺旋压紧的手动式舱门结构简单，操作轻便，力放大倍数大（手柄加力仅需 20 N，周边加载能力能达到 15 kN），而且由舱内压力作用引起舱门变形，带动移动副向外运动，使增力杠杆转动，有助于舱门的锁紧密封。但机构复杂，可靠性不高。

7　行星齿轮加载的手动式舱门

7.1　舱门组成及工作原理

行星齿轮加载的手动式舱门主要由门体结构、门轴、锁紧与开锁机构等组成，如图 16 所示。

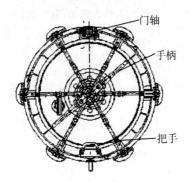

图 16 行星齿轮加载的手动式舱门

这种舱门机构的原理与赫尔墨斯航天飞机的气闸舱径向布局的舱门锁紧与开锁机构原理相似，如图 17 所示。舱门锁紧与开锁机构的传动过程为：用手转动手柄带动主轴旋转，将力通过行星齿轮系传递到与主轴套连接的 6 根连杆上，带动与其相连的滑块的运动，完成舱门的锁紧和开锁。

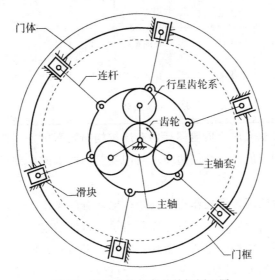

图 17 行星齿轮加载的舱门原理图

7.2 舱门机构特点分析

行星齿轮加载的手动式舱门机构比较合理，操作简单，可用单手完成，而且操作力不大，可靠性比较高。另外，舱内开关手柄可用滚珠锁锁定，防止航天员由于误动作导致舱门非正常打开。

8 结束语

对载人航天器几种舱门机构进行综合比较，比较结果见表 1。

表 1　国内外载人航天器舱门机构综合比较

舱门名称		门体形状	驱动方式	质量	机构布局	压紧点数目	开启方向	特点
阿波罗飞船指令舱的手动式舱门		方形	手动	重	周边布局	15	向外	舱门门体采用了一体化设计
赫尔墨斯航天飞机气闸舱的手动式舱门	舱门 1	D 形	手动	轻	径向布局	6	舱外平动	舱门的平动开启方式节省了舱内空间
	舱门 2	D 形	手动	轻	径向布局	6	向内	机构受舱门两侧压差影响较大
	舱门 3	D 形	手动	轻	周边布局	6	向外	机构受舱门两侧压差影响较小
哥伦布实验室的电动舱门		椭圆形	电动	轻	径向布局	6	向外	椭圆形的门体形状使舱门在压力密封条件下向外开启，既有利于密封，又节省了舱内空间
空间实验室手动舱门	外门	圆形	手动	重	周边布局	12	向外	没有采用压力密封，采用了较多的压紧点以满足密封要求
	内门	圆形	手动	重	周边布局	4	向内	钩子的加工精度要求较高，加工困难
等强度梁的手动式舱门		圆形	手动	重	径向布局	1	向内	等强度梁虽经过有限元优化，但舱门系统仍然较重
螺旋压紧的手动式舱门		圆形	手动	轻	径向布局	6	向内	操作轻便，力的放大倍数大
行星齿轮加载的手动式舱门		圆形	手动	轻	径向布局	6	向内	操作简单，受舱门两侧压差影响较大

　　由表 1 可以看出，载人航天器舱门径向布局机构布置简单，受舱门两侧的压差影响较大，一般适用于对接通道舱门，而周边布局舱门受舱门两侧的压差影响较小，适用于航天员出舱舱门。

　　手动式舱门可靠性较高，但操作相对复杂；电动舱门操作方便，一般适用于航天员出舱活动，但为保障航天员的安全，一般还要采用手动备份措施。

　　向舱内开启的舱门一般都采用压力密封，有利于满足密封要求。向舱外开启的舱门一般较难进行压力密封，如果采用压力密封，执行机构较复杂，可靠性不高；如果不采用压力密封，虽然节省了舱内空间，但较大的预紧力要求较大的结构尺寸和较多的压紧点。舱外平动的舱门虽然节省了舱内空间，但要考虑舱门在气闸舱的布局。

参 考 文 献

[1]　Walker L J, Hart R J, Zosky E W. The Apollo Command Module Side Access Hatch System N70 -21447.

[2]　Romero C. Compostizo, Transfer Airlock Requirements，N89 - 14254.

[3]　Composyizo, C, Olazabal L D. An Opening Mechanism For The Scientific Airlock Outer Hatch, N94 - 24027.

[4]　Hatch Latch Mechanism For Spacelab Scientific Airlock, 10th Aerospace Mechanism Symposium, N78 - 19026, pp. 89 - 97.

月球探测器软着陆机构发展综述[*]

刘志全　黄传平

摘　要：综述了月球探测器软着陆机构的发展概况；分析了国际上月球探测器软着陆机构的结构组成、工作原理及特点。对不同展开机构和缓冲器特点进行了分析，预测了月球探测器软着陆机构的发展趋势。

关键词：月球探测器　软着陆　缓冲器　展开机构

引　言

人类开发利用月球资源的关键技术之一是实现月球探测器的软着陆。若月球探测器直接着陆在月球表面，速度可达 2.5 km/s。即使采取制动火箭减速，着陆瞬时速度仍有 4～7 m/s。较大的冲击会使探测器的有效载荷受损。软着陆机构是月球探测器实现软着陆的重要组成部分，它直接影响到月球探测器软着陆的成败。因此，软着陆机构的研究对于空间科学和深空探测技术的发展具有重要意义。

1　软着陆装置分类

目前，深空探测器的软着陆装置大致分为气囊缓冲装置和软着陆机构两类。软着陆装置大致分类见图 1。

气囊缓冲装置是以充气气囊作为着陆缓冲元件[1]。包覆在探测器外侧的充气气囊首先被弹出并落在月球表面上，然后探测器自由落在气囊上，通过释放气体来吸收能量。第一个在月球表面软着陆的探测器——苏联月球-9 号采用的就是气囊缓冲装置。

气囊缓冲装置的优点是吸能效果好，能够缓冲较大的冲击；但探测器着陆后反弹次数多、姿态不易控制。探测器着陆后，气囊无法对探测器姿态调整，难以实现从月球表面返回。因此，后期的月球探测器多用软着陆机构。它具有着陆姿态稳定，易控制，着陆不反弹且可调整等优点。

---

　* 《中国空间科学技术》2006，Vol. 26，No. 1，pp33－39. EI：2006209881059

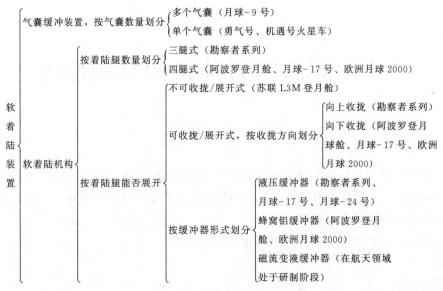

图 1　软着陆装置分类

2　软着陆机构的组成、工作原理与特点分析

月球探测器软着陆机构的组成基本相似，主要由着陆腿、缓冲器、足垫、展开锁定机构等组成[2]，其组成部分和基本功能如表 1 所示。

表 1　软着陆机构基本组成及功能

序号	基本组成	功能
1	着陆腿	保持探测器着陆过程中的姿态稳定和着陆后的长久支撑。可装摄像机
2	缓冲器	软着陆机构的关键部件，连接在着陆腿的主承力杆件上，吸收探测器与月球表面碰撞产生的冲击能量
3	足垫	吸收部分冲击能量，增大探测器与月球表面的接触面积，减小压强。可安装测速雷达和冲击传感器
4	展开机构	展开并锁定着陆腿，起辅助支撑作用

2.1　向上收拢的三腿式软着陆机构

向上收拢的三腿式软着陆机构主要应用在质量较轻的探测器上。美国勘察者系列探测器采用了向上收拢的三腿式软着陆机构[3]。

探测器发射前，着陆腿呈向上收拢状，能较好地满足运载火箭整流罩的尺寸要求。当探测器进入奔月轨道后，地面站发送指令，展开机构的火工装置点火解锁，推动着陆腿运动到工作位置后，再次被锁定[4]。工作原理见图 2。

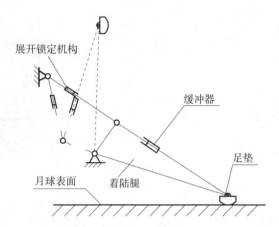

图 2 向上收拢的三腿式软着陆机构的收拢和展开状态

注：图中虚线为收拢状态，实线为展开状态

探测器着陆面积大，则稳定性好。若底部离月球表面距离较小，则缓冲器的工作行程短，冲击加速度较大，约 $15g_n$。g_n 为地球重力加速度，下文出现的 g_n 的含义也与此相同。该着陆机构的着陆腿是桁架式的，质量较大，但能抵抗较大的横向冲击。相对四腿式软着陆机构而言，三腿式软着陆机构系统冗余小，可靠性略低。

2.2 向下收拢的四腿式软着陆机构

随着探测器质量越来越大，诸如月球-17 号（见图 3）、月球-24 号（见图 4）、欧洲月球 2000（见图 5）、阿波罗登月舱（见图 6）等探测器陆续采用了向下收拢的四腿式软着陆机构。四腿式软着陆机构的组成与三腿式基本相似，不同的是该软着陆机构的着陆腿采用了轻型杆状，而不是质量较大的桁架式结构。

月球-17 号是第一个带有月球车在月球表面着陆的探测器[5]，月球车在月球表面行走了约 10 km；而月球-24 号的任务是在月球表面取样并返回。

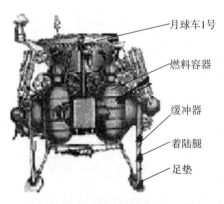

图 3 发射状态的月球-17 号

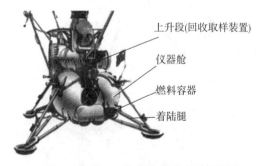

图 4 月球-24 号着陆月球表面工作图

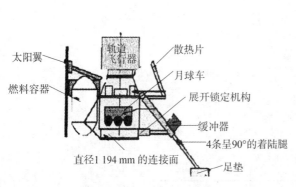

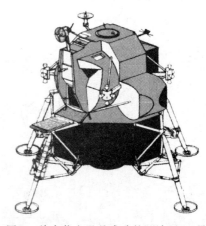

图 5　欧洲月球 2000 探测器　　　　　图 6　首次载人登月成功的阿波罗 11 号

　　欧洲月球 2000 带有 3 台微型月球车，探测器总质量较大（2 900 kg）。软着陆机构每条腿的上端都固定在探测器主圆柱体顶部的边缘[6]。阿波罗登月舱和欧洲月球 2000 相似，其软着陆机构如图 7 所示。

　　四腿式软着陆机构的工作原理同三腿式软着陆机构的工作原理相似（如图 8 所示）。探测器发射前，软着陆机构处于虚线位置，即收拢状态。当探测器进入奔月轨道后，地面站发送指令，展开锁定机构推动着陆腿运动到工作位置（实线位置）后被再次锁定[7]。足垫接触到月球表面吸收部分冲击能量（主要是水平方向的），大部分能量都由安装在主支撑杆件上的缓冲器吸收。4 条着陆腿具有着陆更稳定的优点，即使在月球表面不平整的情况下也能保持探测器的正常工作。展开后与月球表面夹角较大，增加了着陆的面积，保证了着陆稳定性。着陆腿主承力结构是一杆件，结构简单，质量轻，但抵抗横向冲击较差。

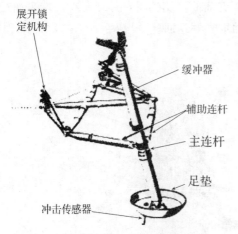

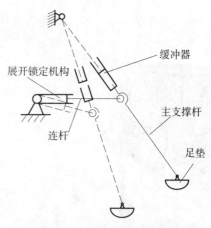

图 7　阿波罗登月舱软着陆机构　　图 8　向下收拢的四腿式软着陆机构收拢和展开状态

　　　　　　　　　　　　　　　　　　　　　　注：图中虚线为收拢状态，实线为展开状态

2.3 不可收拢/展开的四腿式软着陆机构

苏联的载人登月舱 L3M 是为载人登月而研制的，如图 9 所示。它最大特点是软着陆机构的 4 条着陆腿呈 90°固定在登月舱底部，发射和着陆时都处于不可收拢和展开的状态。

不可收拢/展开式软着陆机构中没有展开锁定机构，结构相对简单。但由于火箭整流罩的尺寸限制了着陆腿间的跨距，所以该机构的着陆稳定性比可收拢/展开式的差，目前软着陆机构都采用可收拢/展开式的。

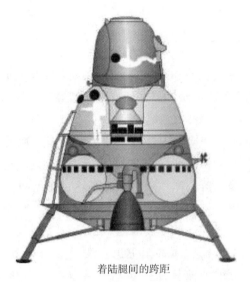

着陆腿间的跨距

图 9　苏联 L3M 载人登月舱

3 展开锁定机构和缓冲器的特点分析

软着陆机构的主要功能是对探测器实施缓冲和着陆后的支撑。软着陆机构能否有效展开，缓冲器能否吸收冲击能量是决定软着陆机构功能完成的两个重要前提。

3.1 展开锁定机构

展开锁定机构的驱动方式主要有：电机驱动、弹簧驱动和液压驱动。

1）对于电机驱动的展开锁定机构，电机一般安装在固定构件上，直接驱动主动件或者通过传动使着陆腿展开。这类展开锁定机构的特点是便于控制，展开过程平稳、冲击较小，可实现着陆腿同步或者异步展开。但由于引入了电源、电控等部件，展开锁定机构系统趋于复杂。

2）弹簧驱动就是在杆件节点处设置弹簧，弹簧在着陆腿收拢时产生弹性能。当着陆腿被解锁后，通过释放弹性能而驱动着陆腿同步运动。这类驱动的特点是系统相对独立、可靠性高，但展开过程平稳性不易控制。最新的改进型在展开终了位置增加一个缓冲器吸收冲击能量，以减小冲击对探测器姿态的影响。

3）液压驱动的展开锁定机构，其工作原理与弹簧驱动的展开锁定机构工作原理相似。和弹簧驱动的展开锁定机构相比，液压驱动的展开锁定机构展开过程较为平稳。但液体介质的引入会使得液压系统变得复杂。太空环境对液压系统的密封和温度的影响将影响到展开锁定机构的可靠性。

除了上述主要驱动方式外，还有其他的展开驱动方式。如采用特定的柔性材料，利用其"弹性范围内压缩变形储存能量，解锁后依靠材料自身的变形能恢复原状"的原理进行展开过程的驱动。

3.2　缓冲器

缓冲器是软着陆机构的关键和核心部件。它的主要作用是吸收着陆器与月面碰撞的冲击能量。目前软着陆机构上采用的缓冲器主要有液压缓冲器、蜂窝铝缓冲器和磁流变液缓冲器。

探测器软着陆机构的液压缓冲器与普通工业级的液压缓冲器有较大的区别。液压缓冲器的液体密封在缓冲器的缸体内部（如图 10 所示），不会外流；缓冲器吸能时液体向两侧流动。普通工业级的缓冲器液体一般被认为是不可压缩的，而月球探测器软着陆机构的缓冲器液体是可压缩的。例如，美国勘察者号的缓冲器液体中加入了硅树脂，增强了液体的可压缩性。当探测器着陆月球表面时，着陆腿受外力 F 的作用推动活塞运动，液体流经阻尼孔，从而产生所需的缓冲阻尼力。假设活塞运动到位置 A 时，全部冲击能量被吸收，这时由于被压缩的液体反弹。推动活塞反向运动，最后使得探测器姿态恢复。

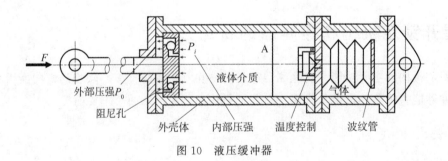

图 10　液压缓冲器

液压缓冲器具有缓冲过程平稳、中途没有反弹的优点。由于液压缓冲器缓冲吸能后具有可恢复性，所以液压缓冲器在月球软着陆机构中得以广泛应用。美国勘察者系列和苏联的月球-16 号、月球-17 号、月球-20 号、月球-24 号上使用的这种缓冲器，都获得了成功。但是液压缓冲器必须很好地解决缓冲器的密封和温控问题。

蜂窝铝缓冲器（如图 11 所示）通过压缩内筒中的蜂窝铝材料，产生永久变形来吸收冲击能量。它具有质量轻、缓冲行程长、工作可靠等优点，该缓冲器在阿波罗登月舱和欧洲月球 2000 的软着陆机构中得以应用。但蜂窝铝缓冲器的缓冲阻尼性能不稳定、受力不易控制、最大的缺点是蜂窝铝变形后不可恢复。

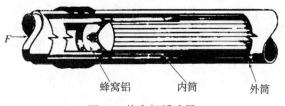

蜂窝铝　　内筒　　外筒

图 11　蜂窝铝缓冲器

　　磁流变液缓冲器是利用"电磁场变化改变液体黏度从而得到所需缓冲阻尼力"的原理来实现着陆缓冲的。磁流变液缓冲器具有体积小、液体的黏度能够连续可逆变化、缓冲后可以恢复等优点，可通过计算机程序控制使用。但磁流变液缓冲器目前在航天领域尚处于研制阶段，技术还不够成熟。随着该技术的不断成熟，在未来的月球软着陆机构缓冲器设计中，磁流变液缓冲器将是一个重要的选择。

　　液压缓冲器、蜂窝铝缓冲器和磁流变液缓冲器的综合比较参见表 2。

表 2　缓冲器特点的综合分析比较

项目	缓冲器类型		
	液压式	蜂窝铝（可压缩材料）	磁流变液
自身质量	质量较大	质量轻	质量轻
缓冲介质	硅油（有一定压缩性的液体）	蜂窝铝（可压缩材料）	有压缩性的液体
结构复杂度	一般	简单	较复杂
缓冲效果（冲击加速度）	缓冲时输出加速度较大，$10\sim15g_n$	缓冲时输出加速度较小，$5g_n$	尚处于研制阶段
着陆后姿态的可调整性	姿态可调整	姿态不可调整	姿态可调整
缓冲性能的稳定性	好	差	好
对环境温度的敏感性	较敏感，需温控	不敏感	一般

4　软着陆机构综合分析

　　月球探测活动经历了"绕月飞行→月球表面硬着陆→月球表面软着陆→月球表面软着陆并取样返回→载人登月并返回"的发展历程。软着陆缓冲装置也由起初的气囊缓冲装置发展为软着陆机构，随着探测器质量的增加，软着陆机构的形式都趋向于四腿、向下收拢。月球探测器软着陆机构的综合分析见表 3。

表 3　月球探测器软着陆机构的综合分析

软着陆机构	所应用的典型探测器	探测器的有效载荷	着陆腿	足垫	缓冲器	展开锁定机构	着陆性能指标			特点
							垂直速度/(m/s)	水平速度/(m/s)	响应加速度	
向上收拢三腿式	勘察者系列	科学探测仪器，总质量较小	3腿，桁架式，质量大，结构较复杂	尺寸较大，蜂窝铝材料	液压缓冲器，行程较小	向上收拢，连杆式	0~4	0~2	≤15g_n	着陆机构质量大，抵抗横向冲击力强，缓冲行程小，对探测器冲击大
向下收拢四腿式	月球-24	取样装置、科学仪器、上升段	4腿，桁架式，质量大，结构一般	尺寸较大，可压缩材料	液压缓冲器，行程较小	向下收拢，连杆式	0~3	0~1.5	≤10g_n	着陆机构质量大，抵抗横向冲击力强，缓冲行程小，对探测器冲击大
	欧洲月球2000	3台月球车，科学探测仪器，总质量较大	4腿，单根主杆，质量轻，结构简单	尺寸较大，蜂窝铝材料	蜂窝铝缓冲器，缓冲行程较大	向下收拢，展开后起到辅助连杆的作用	0~4.5	1~1.5	≤5g_n	着陆机构质量小，缓冲行程大，但抵抗横向冲击弱
	阿波罗登月舱	宇航员，月球车，返回燃料，科学仪器，总质量很大	与欧洲月球2000相似	尺寸较大，刚性材料	蜂窝铝缓冲器，缓冲行程较大	向下收拢，两套并联展开连件	0~6	0~2	≤6g_n	足垫，是刚性材料，横向冲击能量的吸收减少，抵抗横向冲击力弱
不可收拢/展开式	苏联L3M登月舱	宇航员，返回燃料，科学仪器，总质量大	4腿，结构简单	尺寸较小，刚性材料	液压式	不可收拢/展开	0~4	0~1	≤10g_n	没有展开机构，着陆面积小，稳定性较差

5　结论

月球探测器软着陆技术经过40多年的发展，从早期的气囊式缓冲装置发展到后来的软着陆机构。随着各种技术水平的提高，软着陆机构在很多方面都取得了发展。

1）在缓冲吸能方面，液压缓冲器、蜂窝铝缓冲器是当前应用较多的缓冲器形式。磁流变液缓冲器将是未来缓冲器的一个发展方向。液压缓冲器可用于着陆后的姿态调整与复位；而蜂窝铝的缓冲效果好，冲击加速度可以控制在5g_n以下，但是不能实现着陆后的姿态调整与复位，适用于质量较大的探测器着陆。

2）月球表面环境比地球表面恶劣的多，密封和温控问题是液压缓冲器设计的关键技术难题。液压缓冲器的液体吸能介质将向着高凝固点、高沸点、弹性效果更好的方向发展；液压缓冲器壳体的材料向着绝热性能更好的方向发展，这将使得月球表面温度的变化对液体介质影响更小。

3）桁架式结构的着陆腿最大特点是抵抗冲击时，其稳定性比杆式着陆腿强，而且能抵抗较大的横向冲击，但质量较大；而杆式着陆腿质量轻。着陆腿逐渐趋于采用低密度、高强度复合材料。

4）为了减小展开机构的冲击对探测器姿态的影响，着陆腿的展开机构由过去的弹簧驱动或液压驱动向着展开更平稳的复合驱动（弹簧与液压），甚至是记忆合金驱动方向发展。

5）随着月球着陆制导技术的发展，着陆点的控制精度越来越高，横向冲击将变弱。主要用于吸收横向冲击能量的足垫，其材料将由目前的蜂窝铝（冲击变形后不可恢复），向着低密度的刚性材料方向过渡。

参 考 文 献

[1] Taylor Inc. Investigation of The Application of Airbag to Provide Softlanding. AIAA 2001 - 2045，2001.

[2] 邓宗全. 微小型航天着陆器技术初探. 导弹与航天运载技术，2003，262（2）：1 - 6.

[3] Sperling F B. The Surveyor Shock Absorber. AIAA N50 - 17368，1964.

[4] Milton B. Surveyor Lander Mission Capability，NASA N64 - 28969，1964.

[5] Lavochkin. The Lunokhod Unmanned Lunar - 17 Surface Rover. NASA 1976 - 081A，1976.

[6] Nelson M Inc. The Progression of EuroMoon 2000. NASA 1996 - 78，1996.

[7] Finzi A E，Vasile M. Optimal Trajectory Attitude Manoeuvres for Apollo Missions. IAF - 98 - A410，1998.

载人航天器舱门周边传动锁紧释放机构的原理与特点*

刘志全　　夏祥东　　嵇景全

摘　要：周边传动锁紧释放机构是实现载人航天器舱门密封和开闭操作的重要机构。针对载人航天器空间对接所用的舱门，介绍了几种典型周边传动锁紧释放机构的工作原理，并分析比较各自的特点，可为载人航天器空间对接舱门的设计提供参考。

关键词：交会对接　舱门　机构

引　言

舱门是载人航天器中直接影响到飞行任务完成和航天员生命安全的关键组件。周边传动锁紧释放机构是实现载人航天器舱门密封和开闭操作的关键机构。相对于径向传动，周边传动因不占据舱门中心位置，更有利于在舱门中心布置观察舷窗。文献［1］在分析了国内外载人航天器舱门原理及特点后，提出周边传动锁紧释放机构更适合对接舱门。在此基础上，本文就几类典型的舱门周边传动锁紧释放机构工作原理和特点进行分析，为我国载人航天器空间对接舱门设计提供有益的参考。

1　"平行四边形＋滑块"联动机构

"平行四边形＋滑块"联动机构见图1。

驱动轮和驱动滚轮安装在舱门门体上，既可手动也可电动。驱动轮通过齿轮传动带动与驱动滚轮铰接的两个连杆运动。平行四边形联动机构沿舱门圆周方向布置。其6个连杆的运动驱使滑块（锁块）沿舱门径向往复运动，实现舱门的锁紧和释放。图1中的细实线圆表示舱门门框（下同）。当滑块（锁块）运动到大于细实线圆的位置时，舱门处于锁紧状态；反之，舱门处于释放状态。

该机构利用连杆传递动力，利用锁块和门框上的锁块来实现舱门的锁紧。该机构易于实现周边传动和锁紧释放。但是，由于多组平行四边形机构联动，连杆的加工精度和滚轮中心的位置精度要求较高。另外，每个连杆的中部受横向力，为避免因连杆弯曲变形而导致机构卡死，连杆需要具有较大的抗弯刚度。

* 《载人航天》2006，No.2，pp12－14

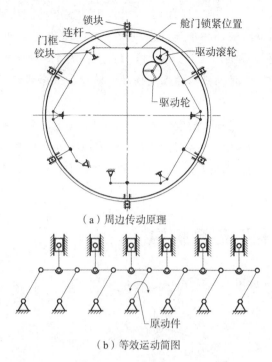

（a）周边传动原理

（b）等效运动简图

图1　"平行四边形 + 滑块"联动机构

2　"曲拐＋滑块"联动机构

"曲拐＋滑块"联动机构见图2。

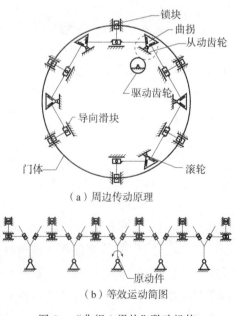

（a）周边传动原理

（b）等效运动简图

图2　"曲拐＋滑块"联动机构

驱动齿轮和从动齿轮安装在舱门门体上，可以手动或电动。从动齿轮上固结了与之同轴的曲拐，曲拐上有两道滑槽，两个连杆通过滚轮可在滑槽内运动。为了实现同步联动，曲拐上的两个滑槽曲面需要专门设计。同时，在连杆中间位置增加了一个导向滑块的约束，加强了连杆的刚度。该联动机构曲拐的摆动，转化为 6 个锁块的径向往复运动，实现舱门的锁紧和释放。

该机构也是利用锁块和门框上的锲块来实现舱门的锁紧。该机构中的连杆中间位置增加了一个导向滑块，所以刚度比"平行四边形 + 滑块"联动机构好。但是导向滑块的增加意味着舱门质量有所增加，且滑动副数目增多，需要进行润滑的部位也增多，零件加工精度要求较高。

3　"齿轮＋凸轮"组合机构

"齿轮＋凸轮"组合机构见图 3。

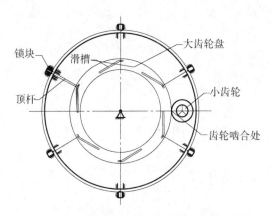

图 3　"齿轮＋凸轮"组合机构

为了实现舱门锁紧或释放，国际空间站加拿大舱的舱门上应用了"齿轮＋凸轮"组合机构。驱动轮固联在与之同轴的小齿轮上，当驱动轮转动时，与之同轴的小齿轮驱动大齿轮盘转动。在大齿轮盘的端面，按照所设计的运动规律加工出滑槽。顶杆的一端铰接在大齿轮盘滑槽中的小滚轮中心，顶杆的另一端与锁块固联，并可沿舱门径向作往复运动。大齿轮盘既是齿轮传动的从动轮，同时又是"滑槽＋顶杆"凸轮机构的凸轮。该"齿轮＋凸轮"组合机构把驱动轮的转动转化为 6 个锁块的径向往复平动，从而实现舱门的锁紧和释放。

"齿轮＋凸轮"组合机构的组成简单，操作方便，而且大齿轮盘所受的顶杆的反作用力对称分布，受力情况较好。但是，对于快速实现舱门的锁紧或释放来说，齿轮的传动比不宜过大，即大齿轮的齿数或直径也不宜过大，这就使得这种传动有一定的局限性。若舱门中心处拟布置观察舷窗，则大齿轮盘的尺寸限制可能要影响到观察舷窗的布置。该机构的传动效率很大程度也取决于滑槽的设计和制造质量，而且为了保证 6 个顶杆运动的同步性，滑槽的加工精度也需要严格控制。

4　"钢丝绳＋齿轮齿条"传动机构

"钢丝绳＋齿轮齿条"传动机构见图4。

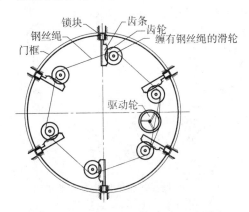

图4　"钢丝绳＋齿轮齿条"传动机构

　　驱动轮通过钢丝绳带动滑轮和与之同轴固联的齿轮转动，齿轮与齿条的啮合传动使得锁块沿舱门径向进行往复运动，实现舱门的锁紧和释放。

　　为了防止钢丝绳与滑轮打滑，钢丝绳上需要施加一定的预紧力。

　　相对于前文所述的几种机构，该传动由于采用了钢丝绳和齿轮齿条，所以对于齿轮（滑轮）安装误差不敏感，减小了因加工累积误差带来的过约束和卡死概率，并且质量相对较轻。

　　钢丝绳作为柔性体只能承受拉力，所以无论滑轮正向转动还是逆向转动，只能借助于钢丝绳的拉力。钢丝绳还需要承受一定的预应力，以适应太空冷热交变的环境。当长期在轨使用时，还需要考虑因钢丝绳自身状态的变化（如产生一定的蠕变量）而导致绳上预应力下降带来的影响。

5　"钢丝绳＋圆锥齿轮"传动机构

　　"钢丝绳＋圆锥齿轮"传动机构见图5。

　　该机构与俄罗斯APAS 75型对接组件所用舱门的周边传动锁紧释放机构相类似。

　　驱动轮通过钢丝绳带动6个滑轮转动。就其中的某一个滑轮而言（如图6所示），滑轮与一个圆锥齿轮同轴固联；相互啮合的另一个圆锥齿轮与一个偏心轮同轴固联。当钢丝绳带动6个滑轮转动时，圆锥齿轮啮合传动和偏心轮的转动驱使锁钩摆动，使得锁钩的钩尖压进或退出门框上的锁块（即锁钩钩住或移出门框上的相应部位），实现拉紧或松开门体，完成舱门的锁紧或释放。

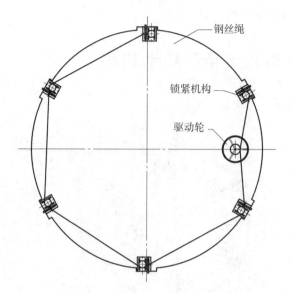

图 5　"钢丝绳＋圆锥齿轮"传动机构

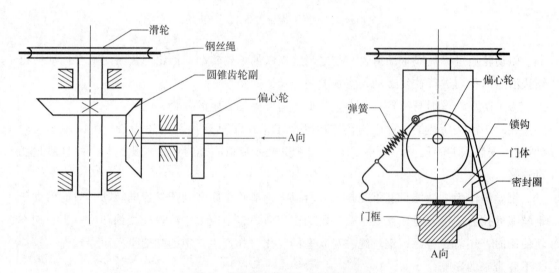

图 6　"滑轮＋锁钩"式锁紧机构

图 7 是舱门锁紧过程中一个锁钩带动门体运动的简图。

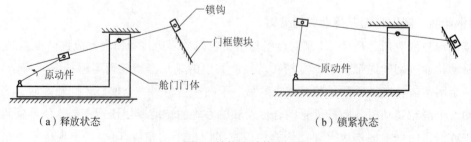

（a）释放状态　　　　　　　　　（b）锁紧状态

图 7　锁钩运动简图

图 6 中的偏心轮等效为曲柄，在图 7 中作为原动件；锁钩的钩尖与门框锲块的运动等效为一个转动副和滑动副的组合；弹簧作为锁钩打开的动力在图 7 中省略。由图 7 可以看出，锁钩的运动带动门体压向门框方向，从而完成舱门的锁紧密封任务。

"钢丝绳＋圆锥齿轮"传动机构具有与"钢丝绳＋齿轮齿条"传动机构相同的特点，只是在舱门的锁紧方式和锁紧元件方面，两者差异较大。前者采用了锁块和门框上的锲块滑动锁紧方式，整个舱门所占用的空间较大；而后者采用了锁钩和门框上的锲块摆动锁紧方式，减小了锁紧行程，整个舱门所占用的空间较小。从结构组成来看，"钢丝绳＋圆锥齿轮"传动机构比"钢丝绳＋齿轮齿条"传动机构复杂。

6 结束语

综合上述 5 种机构，完成锁紧动作的部件主要有滑块和锁钩两种。采用滑块方式，动作简单，容易实现，但是滑块伸出后，增加了门体外轮廓尺寸，而且需要在门框的相应部位增加锁紧支座，所以，舱门密闭时占用空间较大。锁钩方式的动作相对复杂，其最大的优点就是机构比较紧凑。

动力传递的元件有刚性传动和柔性传动两种。刚性传动较易实现规定的动作，但需要较高的加工和装配精度；柔性传动质量较轻，加工精度要求较低，但需要增加预紧力，若长期在轨使用时，应充分考虑到预紧力的变化。

参 考 文 献

[1]   嵇景全，刘志全，游巍. 载人航天器舱门机构原理与特点分析. 载人航天，2003（4）：34 - 39.
[2]   刘志全，嵇景全. 载人航天器电动兼手动舱门的研究. 中国空间科学技术，2005，25（4）：1 - 7.

空间光学遥感器的主镜展开机构[*]

刘志全　　孙国鹏

摘　要：采用分块可展开成像系统是空间光学遥感器实现大口径甚高分辨率的有效途径，主镜展开机构是分块可展开成像系统的关键部分之一。对空间光学遥感器主镜展开机构进行了大致分类，分析了几种典型主镜展开机构的组成、工作原理和特点。从结构形式、驱动方式、展开/锁定机构和理论研究等方面阐述了主镜展开机构的发展趋势，分析了中国发展主镜展开机构的主要技术难点，提出了这些技术难点的解决思路。

关键词：展开机构　光学系统　遥感器　发展趋势

引　言

空间光学遥感器（以下简称遥感器）是安装在航天器平台上用于对地面或天体及各种宇宙现象摄影的精密光学仪器。分辨率的高低是遥感器性能优劣的重要标志。为了实现甚高分辨率（如 $0.10 \sim 0.15 \mathrm{m}$）[1]，遥感器光学系统的口径必须增大。然而，大口径整体式主镜方案因运载火箭整流罩尺寸的限制难以实现，而分块可展开成像系统使大口径甚高分辨率的实现成为可能。美国下一代太空望远镜（NGST，Next Generation Space Telescope）或詹姆斯·韦伯太空望远镜（JWST，James Webb Space Telescope）和可展开式激光雷达（LIDAR，light detection and ranging）系统均采用了这种分块可展开成像系统[2,3]。主镜展开机构是分块可展开成像系统中的关键部分，其展开精度和稳定性直接影响和决定着成像系统的成像品质和镜子主动控制系统的复杂性[4]。因此，研究高精度和高稳定性的主镜展开机构，对于研制大口径甚高分辨率遥感器，提高对地观测及深空探测水平具有非常重要的意义。

主镜展开机构可按照以下几种方法进行大致分类。

主镜展开机构
- 按可展开方式分类
  - 花瓣式主镜展开机构（收拢时，各旁瓣子镜位于中央子镜周围）
  - 堆栈式主镜展开机构（收拢时，各旁瓣子镜折叠堆放于中央子镜上方）
- 按旁瓣子镜展开时序分类
  - 同步展开的主镜展开机构
  - 顺序展开的主镜展开机构
- 按驱动装置分类
  - 电机驱动的主镜展开机构（如：伺服电机或步进电机驱动）
  - 弹性元件驱动的主镜展开机构（如：扭簧或形状记忆材料驱动）

* 《中国空间科学技术》2006，Vol. 26，No. 6，pp42 – 48. EI：20071010474658

1 几种典型主镜展开机构的组成、工作原理和特点

典型的分块可展开成像系统主要由主镜、次镜、波前（到达传感器前的光波属性）检测器、控制器、驱动器和探测器等组成，如图 1 所示。在图 1 中，M 表示驱动器。

当航天器发射时，分块的子镜按照一定的方式折叠收拢以满足整流罩尺寸的要求；当航天器入轨后，主镜展开机构将分块的子镜展开并锁定，从而"拼接"成一块完整的镜子。入射光经主镜和次镜的两次反射后，首先到达波前检测器。波前检测器测量光波的波前误差后，控制器产生信号来控制驱动器的动作，从而改变单片镜子的镜面形状以补偿波前误差。经过这样一个反馈控制过程，光学系统可获得最佳的工作状态。最后，探测器接收补偿后的入射光波产生图像信号。

展开后的 JWST 主镜如图 2 所示。JWST 主镜由一个固定的中央子镜和两个可展开的旁瓣子镜组成。JWST 主镜展开机构主要由齿轮驱动组件（步进电机和传动齿轮）、锁紧装置和定位装置组成，如图 3 所示。

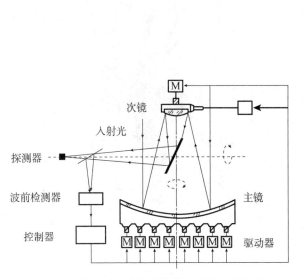
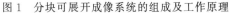

图 1 分块可展开成像系统的组成及工作原理

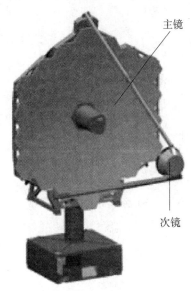

图 2 展开后的 JWST 主镜

JWST 主镜展开机构的工作原理如图 3 所示。当航天器入轨并且压紧装置解锁后，步进电机驱动传动齿轮将旁瓣由收拢位置逐渐展开。当旁瓣子镜接近中央子镜时，通过锁紧螺杆与锁紧螺母的旋紧实现旁瓣的锁紧。定位是通过一组能够限制 6 个自由度的球面/平面配合的定位装置来实现的，定位原理如图 4 所示。

电机驱动的 Lidar 系统[3]的主镜由 6 个可向前收拢的旁瓣子镜和 1 个中央子镜组成，见图 5。旁瓣子镜的展开和锁定机构的组成及工作原理如图 6 所示。图中铰链为复合材料铰链（将角接触球轴承嵌入复合材料中形成的）。

当航天器发射时，6 个旁瓣子镜处于收拢状态。当航天器入轨且旁瓣子镜解除约束

后，电机驱动滚珠丝杠使螺母作直线运动，从而拉动旁瓣子镜由收拢位置（图 6 中实线位置）绕复合材料铰链 C_2 逐渐展开至图 6 中虚线所示位置（展开后 C_1 和 C_3 分别对应为 C_1' 和

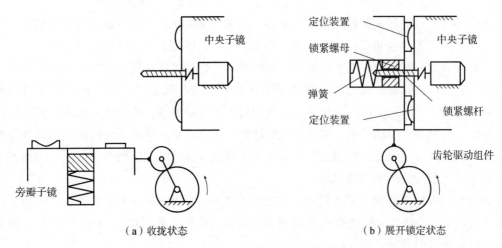

（a）收拢状态　　　　　　　　　　　　　　（b）展开锁定状态

图 3　JWST 主镜展开和锁定的原理

图 4　JWST 旁瓣子镜的定位原理　　　　　图 5　电机驱动的 Lidar 系统

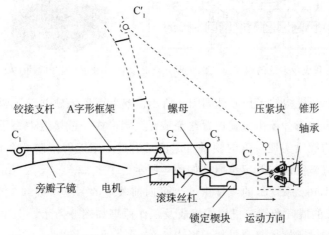

图 6　电机驱动的 Lidar 系统主镜展开机构的组成和工作原理

C_3'），最终由双楔块锁紧机构实现锁紧。定位通过锁定楔块与锥形轴承的配合来实现。

弹性记忆复合材料（Elastic Memory Composite）铰链（下文简称 EMC 铰链）驱动的 Lidar 系统是在电机驱动的 Lidar 系统的基础上改进而成[5]。该系统主镜展开机构的组成和工作原理见图 7。当航天器发射前，预埋在 EMC 铰链内的加热元件将 EMC 铰链加热至高弹性状态，然后将该 EMC 铰链折叠为图 8 所示的形状。EMC 铰链冷却后获得很大的刚性并维持其折叠后的形状（图 7 中实线所示）。当航天器入轨后，再次对 EMC 铰链加热，EMC 铰链依靠材料的"记忆"功能缓慢地由折叠状态恢复到直线状态，从而使旁瓣子镜逐渐展开。当 EMC 铰链完全展开后，停止加热。冷却后，EMC 铰链处于刚性状态，从而维持主镜展开后的形状。展开后的状态如图 7 中虚线所示（展开后的 C_1' 和 C_2' 分别对应于展开前的 C_1 和 C_2）。

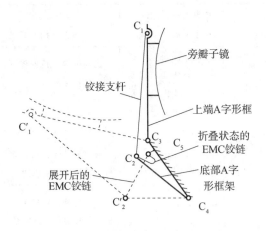

图 7　EMC 铰链驱动的 Lidar 系统主镜展开　　　　图 8　折叠状态的 EMC 铰链
机构的组成和工作原理

国内某空间望远镜主镜展开机构方案[6]采用了前后交错折叠/展开的方案，即 8 个旁瓣子镜分为两组，分别向前（次镜方向）和向后（仪器舱方向）折叠。

向前折叠子镜展开机构的组成和工作原理如图 9（a）所示。当航天器入轨且向前折叠子镜解除约束后，扭簧驱动子镜由折叠状态［图 9（a）虚线所示］向后展开，通过阻尼器来消除展开终了时的冲击，展开完成后锁紧电机驱动双楔块锁紧机构完成锁紧。为了避免向前折叠子镜在折叠状态下与中央子镜的干涉，折叠时通过向心调整机构将四个旁瓣子镜沿径向外移一定距离。

向后折叠子镜展开机构的组成见图 9（b）。向后折叠子镜在向前折叠子镜展开后再进行展开，其展开原理与电机驱动的 Lidar 主镜的相同。向后折叠子镜展开后的锁定通过子镜间有自锁功能的锥面销来实现［如图 9（c）所示］。

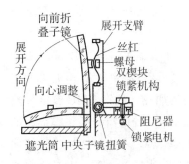

（a）向前折叠子镜展开过程

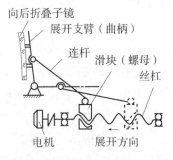

（b）向后折叠子镜展开过程

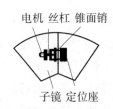

（c）子镜间的定位锁紧

图 9　国内某空间望远镜主镜展开机构

以上几种典型主镜展开机构的特点见表 1。

表 1　几种典型主镜展开机构的特点

项目	JWST 主镜展开机构	电机驱动的 Lidar 主镜展开机构	EMC 驱动的 Lidar 主镜展开机构	国内某主镜展开机构方案
展开驱动方式	电机＋齿轮传动	电机＋丝杠螺母＋摇杆机构	四连杆机构。其中一个杆几何形状可变。形状记忆材料加热变形驱动作为动力源	向前折叠子镜的展开：扭簧＋丝杠螺母
				向后折叠子镜的展开：电机＋丝杠螺母＋摇杆机构
锁定方式	电机＋螺杆＋锁紧螺母＋弹簧＋定位装置	双楔块锁紧机构＋锥形轴承	形状记忆材料变形（驱动）后冷却刚化锁定	向前折叠子镜的锁定：电机＋双楔块锁紧机构
				向后折叠子镜的锁定：电机＋丝杠螺母＋锥面销
展开重复精度/μm	X（展开方向）：30[2]；Y（转轴方向）：43；Z（次镜方向）：33	X（展开方向）：8.6[7]；Y（转轴方向）：0.8	试验失败未得到有效数据[5]	
优点	结构紧凑、传动效率高、展开运动简单。铰链的销轴在展开锁定后可以脱离载荷路径，不影响展开重复精度和微动力稳定性。定位装置的配合面采用了球面与平面的配合方式，使得接触区域为点接触，这有利于保证展开重复精度和微动力稳定性	结构简单，展开失效风险小。所采用的复合材料铰链在相同的温度变化条件下比金属铰链的热变形要小。重复精度高，刚度大	采用 EMC 铰链可以克服机械锁定机构刚度不易保证的缺点，并且比机械锁定机构具有更好的微动力稳定性。EMC 铰链同时具有展开和锁定的功能，使得主镜展开机构更加简单和轻量化	上下交错的展开形式可以使主镜具有较大的反射镜面积，获得较好的成像质量。子镜间设计了锁定机构，提高了子镜的定位精度和刚度

续表

项目	JWST 主镜展开机构	电机驱动的 Lidar 主镜展开机构	EMC 驱动的 Lidar 主镜展开机构	国内某主镜展开机构方案
缺点	锁定装置的点接触带来了刚度不易保证的缺点，必须采取增加接触点的方式来提高刚度	采用丝杠传动使结构质量较大，旁瓣子镜向前收拢使收拢后的轴向尺寸较大。航天器发射时旁瓣子镜与中央子镜的连接铰链承受发射载荷，因此发射段的载荷可能影响展开精度。锁定机构对载荷较敏感[3]	铰链过多，展开重复精度有待于验证	为避免向后展开的子镜与中央子镜干涉，设计了向心调整机构，增加了展开机构的复杂性，可靠性不易保证

2 国外主镜展开机构的发展趋势

1）主镜展开机构虽有近 10 年的发展史，目前尚无飞行验证经历，但主镜展开机构的研究正逐步向空间应用的方向发展。

2）开发具有微米级甚至亚微米级重复精度和稳定性的新型展开/锁定机构及其相关的高精密测试装置将是主镜展开机构的发展趋势之一。

3）在主镜展开机构的驱动方面，形状记忆复合材料驱动将是一个重要的发展方向。因为这种驱动将使得主镜展开机构的结构更紧凑、质量更小。

4）堆栈式主镜展开机构由于存在结构复杂、精度和刚度不易保证等缺点，所以，主镜展开机构未来的主流发展方向是花瓣式的结构形式。

5）在主镜展开机构的理论研究方面，展开重复精度的影响因素的分析与控制、微动力不稳定性的产生机理以及相关的非线性动力学问题等将是未来主镜展开机构理论研究的热点。

6）随着主镜展开机构逐步转向空间应用，结合空间环境（特别是微重力环境）来研究主镜展开机构展开精度等性能将是当前和未来主镜展开机构试验研究方面的重要内容之一。

3 国内主镜展开机构研究的主要技术难点及解决思路

主镜展开机构是光、机、电、热一体化的空间复杂大型展开机构。为了满足光学成像要求，展开机构必须具有很高的展开重复精度和展开后的稳定性[4]，这些要求远远高于航天器上太阳翼和天线的展开机构。就国内目前主镜展开机构的研究现状而言，主要的技术难点及其解决思路如下。

3.1　高精密展开/锁定装置研制及其性能试验

主镜展开机构的重复精度和展开后的稳定性主要由展开/锁定装置决定。为满足主镜展开机构微米级重复精度、高刚度和低滞后的性能要求，必须研制高精密的展开/锁定装置。目前研制这种高精密展开/锁定机构的工程经验不足，该展开/锁定装置采用形状记忆材料驱动也有一定的难度。所以应重点开展机械式展开/锁定装置的研究。设计高展开重复精度和稳定性的机械式展开/锁定装置应尽量使零件间具有确定的载荷路径（即可以通过静力学方法确定载荷的方向），而且沿载荷路径的机械接口处通过摩擦传递的载荷要尽可能小甚至为零。机械接口处要尽量采用点接触或线接触的方式。所有的预紧机构都不要直接参与传递通过机械接口的工作载荷[8]。

为了验证展开/锁定装置的性能，需要进行部件级和子系统级的性能试验。部件级性能试验主要验证铰链和锁定装置的刚度、阻尼和滞后性能；子系统级性能试验主要验证主镜展开机构的展开重复精度、非线性滞后效应和微动力学稳定性等性能。试验装置的分辨率和动态响应频率比所测试的零部件本身的分辨率和动态响应频率至少要高一个数量级，而展开/锁定装置的分辨率和动态响应频率已经很高，所以试验装置的高动态特性和高分辨率要求是需要解决的主要试验技术难点。

3.2　主镜展开机构的非线性动力学

主镜展开机构的旁瓣子镜和中央子镜大多采用铰链连接，存在许多运动副。运动副内的摩擦、间隙、碰撞等不确定因素和运动副外部的热、真空、扰动等随机因素会引起严重的非线性动力学特性。铰链的非线性动力学特性对主镜展开机构的非线性动力学特性具有重要的影响。虽然近几年国内学者对太阳翼展开机构的铰链非线性动力学特性也进行过研究[9]，但是具有变拓扑和非线性的空间展开机构动力学研究还不成熟，理论分析结果与试验结果有一定差距，理论模型有待进一步完善。此外，将太阳翼铰链的分析建模方法推广到具有不同结构形式的主镜展开机构铰链的有效性也有待进一步验证。所以，主镜展开机构的非线性动力学是理论研究的重点和难点。为了解决主镜展开机构的非线性动力学问题，可以首先根据展开铰链的具体结构形式和材料特性来解决主镜展开铰链内间隙、摩擦等引起的非线性动力学，从而进一步解决主镜展开机构的非线性动力学特性问题。

3.3　主镜展开机构的热设计

主镜展开机构位于航天器外侧，暴露于冷热交变、温差较大的空间环境中，若热设计不合理，可能会造成结构变形甚至展开机构卡死。由于热分析模型（包括机构运动副接触热阻、花瓣子镜内部结构的热阻等）的简化或近似处理，因此获得较精确的空间环境下大型展开机构的温度场计算结果较为困难。所以必须解决主镜展开机构的热分析方法和热试验方法，以获得较精确的温度分布情况。在此基础上对主镜展开机构进行合理的热设计。

3.4 在地面进行模拟微重力环境下的主镜展开机构展开试验

主镜展开机构在太空微重力环境下工作时，只要驱动力矩大于铰链的阻力矩就可以实现展开运动。在地面重力场内进行主镜展开机构的展开试验时，驱动力矩除了需要克服铰链的阻力矩外，还需要克服旁瓣子镜重力产生的阻力矩，这样对于所选的动力源的驱动力矩就有两种状态（即地面重力场内的大力矩状态和太空微重力环境下的小力矩状态）。

在地面进行模拟微重力环境下的主镜展开机构展开试验时，为尽量减小重力场对展开机构的影响，可采用有效的方法来克服重力的影响，但需要针对主镜展开机构的结构形式研制专用的展开试验装置。液体悬浮法存在对主镜镜面污染和对机构可能的腐蚀作用，所以难以用液体悬浮法来抵消重力场对主镜展开机构的影响。气浮法虽然能够将整机的重力用气浮力平衡掉，但是难以抵消主镜展开机构内部局部的重力影响。吊挂法（通过诸如滑动装置、导向装置、悬吊装置等来吊挂抵消重力场的影响）虽然是航天器许多地面展开试验经常采用的方法，但是，由于主镜展开机构在空间沿多个方向运动，所以既能克服重力影响、又能满足主镜展开机构空间运动要求的吊挂试验装置本身的研制也有很大的难度。因此，研制适用于单瓣子镜展开运动的试验装置更为现实。

参 考 文 献

[1] 陈晓丽，傅丹鹰. 大口径甚高分辨率空间光学遥感器技术途径探讨. 航天返回与遥感，2003，24（4）：19-24.

[2] Paul R，et al. Design and Development of the Primary and Secondary Mirror Deployment Systems for the Cryogenic JWST. Proceedings of the 37th Aerospace Mechanisms Symposium，Johnson Space Center，2004.

[3] Lake M S，et al. A Deployable Primary Mirror for Space Telescope. SPIE 3785-02，1999.

[4] Lake M S，et al. Research on the Problem of High-Precision Deployment for Large-Aperture，Space-Based Science Instruments. Space Technology & Applications International Forum，Albuquerque，New Mexico，July，1998.

[5] Francis W，et al. Development of an EMC Self-Locking Linear Actuator for Deployable Optics. 45th AIAA/ASME/ASCE/AHS/ASC Structures，Structural Dynamics & Materials Confer，Palm Springs，California，2004.

[6] 王翔，张广宇，等. 空间大口径望远镜可展开镜片系统的概念设计. 机械设计与研究，2004，20（6）：49-52.

[7] Heald J，Petersen L D. Deployment Repeatability of A Space Telescope Reflector Petal. 42nd Structures，Structural Dynamics and Materials Conference，Seattle，WA，April 2001.

[8] Lake M S，Hachkowski M R. Design of Mechanisms for Deployable Optical Instruments：Guidelines for Reducing Hysteresis. NASA-TM-2000-210089，March，2000.

[9] 王巍，于登云，马兴瑞. 关于航天器铰接结构非线性动力学研究的几点建议. 中国空间科学技术. 2004，24（4）：24-29.

构架式空间可展开支撑臂[*]

构架式空间可展开支撑臂[*]

刘志全　黎　彪　程　刚

摘　要： 构架式空间可展开支撑臂在实现大尺寸高刚度航天器方面有着广泛的应用需求。文章论述了几种典型构架式空间可展开支撑臂的结构组成、工作原理和发展现状，从多个方面比较了不同类型构架式空间可展开支撑臂的特点，阐述了构架式空间可展开支撑臂发展趋势，指出球铰接杆式空间可展开支撑臂是适应大型化发展的空间可展开支撑臂主要发展方向，分析了实现球铰接杆式空间可展开支撑臂工程化尚需解决的关键技术。

关键词： 支撑臂　构架式　盘压杆　铰接杆　航天器

引　言

随着大型航天器的发展，大型航天器部件的需求越来越大。空间可展开支撑臂以实现航天器大型化的优势和在柔性太阳翼、太阳帆、大口径空间望远镜、空间站等诸多领域具有广泛的应用前景而赢得了航天界的普遍关注。可储存管状伸展杆式支撑臂[1-3]因其承载能力弱、结构刚度低而在实现航天器大型化方面受到了一定的限制。伸缩套筒式支撑臂[4-5]的应用范围也因收拢率（收拢状态下的轴向长度与展开后的轴向长度之比，以百分数表示）较大的缺点而受到了制约。充气刚化式支撑臂[6-7]虽具有低密度、收拢率小等优点，但一般不可循环收拢展开，且承载能力不足。整体张拉式支撑臂[8]目前还处于研发阶段，在工程中应用较少。构架式空间可展开支撑臂具有收拢率小、可展开长度大等优点，更能够适应于大尺寸和高刚度需求的航天器大型化应用场合，是目前最为先进的可展开支撑臂之一。本文对构架式空间可展开支撑臂的发展现状、结构组成、工作原理、性能特点和发展趋势进行综述，旨在促进构架式空间可展开支撑臂在实现中国航天器大型化方面的发展和应用。

1　发展现状及特点

构架式空间可展开支撑臂一般分为两类：一类是采用弹性杆件以周向盘旋方式进行收拢的盘压杆展开机构，另一类是采用刚性杆件以向心折转或侧向倒伏方式进行收拢的铰接杆展开机构[9]。

* 《中国空间科学技术》2011，Vol. 31，No. 2，pp32－38. EI：20112414058065

1.1 盘压杆展开机构

盘压杆展开机构是一种利用纵梁盘压收拢时储存的应变能进行伸展的线性展开机构。这类机构最早由美国 ASTRO 公司于 20 世纪 60 年代提出,其典型代表为 Astromast[10] 的盘压杆机构,如图 1 所示。盘压杆展开机构由横向支架、纵梁和对角件组成,纵梁为连续的细长弹性杆,横向支架位于与纵梁垂直的平面内,对角件是位于盘压杆每侧面的十字交叉的对角绳索等组件。

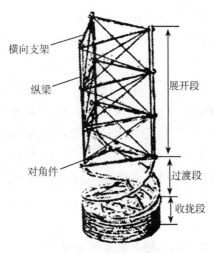

图 1 盘压杆展开机构的组成

在收拢状态下,盘压杆受压紧装置的作用被压缩成如图 1 收拢段所示的螺旋形。此时横向支架中的杆件轴向受压而发生弹性变形,同时连续纵梁产生弯曲变形。当压紧装置释放后,横向支架中的杆件和纵梁中所储存的弹性势能得以释放,使得纵梁恢复为直线型,从而实现了盘压杆的展开。

盘压杆有两种展开方式:拉索展开方式和套筒螺母展开方式,如图 2 所示。在拉索展开方式中,拉索一端固定在顶盘中心,另一端与盘压杆根部的阻尼器或减速器相连接,利

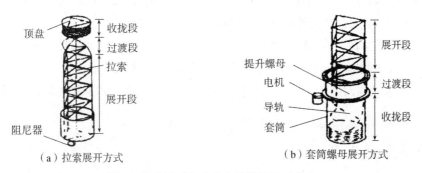

（a）拉索展开方式　　　　　　（b）套筒螺母展开方式

图 2 拉索展开方式及套筒螺母展开方式

用拉索提供的阻力来控制展开速度。而对于套筒螺母展开方式，在展开过程中，电机通过传动装置驱动提升螺母旋转，在提升螺母的带动下，展开段向外直线伸展，同时展开段带动套筒中收拢段的盘压杆沿着螺旋状导轨运动，实现盘压杆的连续展开。

拉索展开方式的优点是结构简单、可靠性高，缺点在于展开过程中顶端会旋转，而且在太空只能实现一次伸展，不能自动收拢，展开过程中过渡段的刚度很低。

套筒螺母展开方式的优点在于：展开过程中和展开后的盘压杆都具有较高的强度和刚度；展开过程中盘压杆的顶端无转动；可以实现多次收拢展开，并能够提供较大的展开驱动力，可以用于展开较大的负载。其缺点是套筒组件导致总质量增大。

自从 20 世纪 60 年代盘压杆展开机构问世以来，国外对其进行了大量的构型设计、有限元分析、选材、展开控制系统设计、地面试验和空间展开收拢试验。盘压杆展开机构已成功应用在美国洛克希德公司研制的太阳电推进（SEP，Solar Electric Propulsion）太阳阵和土卫星（TERRA）的太阳翼上。在飞行试验 SAFE[11]（Solar Array Flight Experiment）中，盘压杆展开机构也得到了成功应用。20 世纪 80 年代，日本研究人员在 Astromast 的基础上研制了两种不同结构的盘压杆展开机构 Simplex Mast 和 Hingeless Mast[12-13]，黎明（AKEBONO）卫星上两根 3 m 和 5 m 的磁强计支撑臂均采用了 Simplex Mast 盘压杆展开机构，Hingeless Mas 则应用于地磁尾（GEOTAIL）卫星 6 m 磁强计支撑臂和空间飞行单元（SFU，Space Flight Unit）11.3m 太阳翼支撑臂。

近几年，国内高校和研究机构也研制出了 10～20 m 盘压杆展开机构原理样机[14-15]。文献［14］指出，盘压杆桁架节距、横向框架外接圆直径和杆件直径是决定盘压杆展开后结构特性的关键设计参数，但文献［14］中弯曲、扭转刚度推导过程并未考虑盘压杆桁架节距的影响。基于收拢过程大变形的有限元分析结果，文献［16］指出，随着盘压杆机构逐渐压缩，纵梁的最大应力逐渐变大，在最终压紧状态下可能会超过材料的强度极限，但该文未对轴向压力可能导致的结构失稳进行分析。文献［17］采用 Kirchhoff 理论对一个盘压杆单元段的压缩收拢过程进行了动力学推导，得到了能保证收拢时螺旋线平衡稳定性的轴向压力和扭矩的变化规律，但文中将横向框架视为刚性结构，并假设杆的盘绕过程足够缓慢，忽略了其动力学效应。完全展开状态下的 Simplex Mast 和 Hingeless Mast 盘压杆各参数对结构动力学特性的影响比对分析表明，相同构造下 Hingeless Mast 比 Simplex Mast 的固有频率更大，对角件的有无对结构刚度影响较大[18]。

盘压杆展开机构的优点是运动部件少，可靠性高，展开刚度和强度较高，展开的长度较大。其缺点是桁架整体的非线性特征较为明显，收拢状态下的大变形容易产生蠕变现象，当储存温度较高时尤为明显。盘压杆展开机构的承载能力弱于铰接杆展开机构，不易实现精确定位。

1.2 铰接杆展开机构

与盘压杆展开机构不同，铰接杆展开机构的纵梁由许多单元段铰接而成，而且纵梁和横向框架都是刚性的，不能产生大变形来储存弹性能，因此，铰接杆的展开收拢需要电机驱动。按照纵梁的收拢折叠方式划分，铰接杆展开机构可分成两类：折铰接杆展开机构和球铰接杆展开机构。

折铰接杆展开机构的组成如图 3 所示。两个相邻横向框架之间组成一个单元段，折铰接杆可以视为由若干个单元段叠加而成。横向框架和纵梁通过折铰相连，纵梁的中部设有肘形折铰，折铰接杆展开机构的每个侧面都设置有对角件，用于保持展开后的稳定性和刚度。

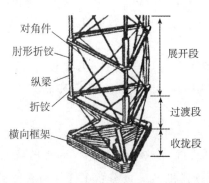

图 3　折铰接杆展开机构的组成

折铰接杆展开机构的展开与收拢过程是按单元段依次进行的，以图 3 中过渡段的单元段为例，电动机驱动单元段的上横向框架向上运动，上横向框架通过折铰带动纵梁运动，使得肘形折铰打开，当肘形折铰完全打开时，纵梁完全展开，实现了单元段的展开。

ADAM（Able Deployable Articulated Mast）球铰接杆展开机构[19]的组成如图 4 所示。纵梁为连续直杆，中间无肘形折铰，直纵梁的两端通过球铰与上下横向框架相连。球铰接杆展开机构每一侧面都有斜拉索组件，构架展开到位后，斜拉索通过锁定装置锁定并保持预紧力，以消除球铰间隙，提高球铰接杆的展开刚度。

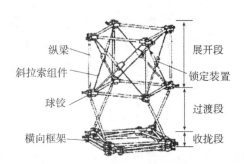

图 4　ADAM 球铰接杆的组成

球铰接杆展开机构的展开与收拢过程与折铰接杆展开机构相类似，也是按单元段依次进行的。以图 4 中过渡段单元段为例，上横向框架在电机的驱动下向上运动，通过球铰带动纵梁运动，当纵梁展开到一定程度时，与纵梁相连的下横向框架开始绕质心旋转，当纵梁完全直立时，下横向框架刚好旋转到位组成一个立方体，此时斜拉索组件中的锁定装置锁定，从而使单元段保持构型成为结构。

铰接杆展开机构最早由美国 ASTRO 公司在 20 世纪 60 年代后期研制成功[20]。折铰接杆展开机构纵梁的折叠收拢可采用向心折叠和侧向折叠两种不同形式。向心折叠，即纵梁向横截面的几何中心折叠；侧向折叠，即纵梁沿着横杆的边框折叠。20 世纪 80 年代末，日本研制的 HIMAT[13] 展开机构属于向心折叠方式，该展开机构被应用于 SFU 和 ADEOS 卫星的太阳翼支撑臂。美国 AEC - ABLE 公司研制的 FAST[21]（Folding articulated square mast）铰接杆展开机构属于侧向折叠方式，其完全展开长度为 34.75 m，收拢筒的长度为 2.3 m，直径为 1.09 m。它的收拢率大约为 6.6%，已应用在国际空间站的太阳翼上。

球铰接杆展开机构的典型代表是美国 AEC - ABLE 公司研制的 ADAM 支撑臂。它完全展开后长 60 m，收拢率为 4.87%，已应用于 IPEX - 2，SRTM，WSOA 和 Astro Physics 项目中。

20 世纪 90 年代至今，国内研制出了一种电机驱动的滑块连杆折铰接杆展开机构原理样机[22]，它能够顺利展开收拢，但其驱动力不足、同步性差、收拢率较大。国内也研制了 20 m 球铰接杆展开机构原理样机[23]，并分析了杆件和斜拉索截面大小、斜拉索张力等因素对支撑臂结构性能的影响。文献 [24] 对球铰接杆展开机构展开过程进行了力学分析，计算了展开过程中所需的电机功率并对展开过程进行了仿真，但将展开过程视为准静态，忽略了动力特性，并未考虑由于配合间隙等因素带来的非线性影响。

铰接杆展开机构的优点是通过电动机驱动，能够对展开过程进行有效的控制，并且套筒能够在展开过程中提供一定的刚度。铰接杆展开长度的增加只需要增加单元段数目，因此在工程实际中容易实现。在大的展开长度下，铰接杆展开机构的刚度不会有很大的降低，其展开精度优于盘压杆展开机构，能够满足高精度的任务要求。其缺点是较多的铰链间隙削弱了支撑臂的整体刚度，带来一系列非线性问题，对支撑臂的动力学特性带来较大的影响。

折铰接杆展开机构的铰链过多，降低了整个结构的刚度，限制了折铰接杆的长度；折铰接杆的每一段中间纵梁都是对折收拢，其收拢率大于球铰接杆。球铰接杆取消了纵向杆的中间铰链，在相同长度条件下能提供更高的刚度和强度，能够承受更大的载荷，与折铰接杆相比也更加简单可靠。

1.3　综合比较

不同类型的构架式空间可展开支撑臂特点的综合比较如表 1 所示。

表 1　不同类型构架式空间可展开支撑臂的特点比较

比较项目	盘压杆展开机构		铰接杆展开机构	
	拉索	套筒螺母	折铰接杆	球铰接杆
动力源	纵梁的弹性力驱动	电动机驱动	电动机驱动	电动机驱动
运动部件的约束	拉索的力约束	套筒螺母几何约束	套筒螺母几何约束	套筒螺母几何约束

续表

比较项目	盘压杆展开机构		铰接杆展开机构	
	拉索	套筒螺母	折铰接杆	球铰接杆
大尺寸下相同展开长度的展开刚度	最低	较高	较高（优于套筒螺母展开机构）	最高
收拢率	最好	较好（约2%）	较好（FAST 6.6%）	较好（ADAM 4.87%）
可展开长度	几米	几米到几十米	几十米	几十米到上百米
展开精度	最低	较低	较高	最高
重复展开	不可	可以	可以	可以
结构组成的复杂性	简单	一般	最复杂	较复杂
制约展开长度/刚度的主要因素	纵梁材料蠕变和较小的收拢率	纵梁材料蠕变和较小的收拢率	铰链数量	铰链数量

2 发展趋势

基于对不同类型构架式空间可展开支撑臂的现状与特点分析，构架式空间可展开支撑臂具有如下的发展趋势。

1）构架式空间可展开支撑臂向着小收拢率、高刚度、高精度、大展开长度（几十米、上百米）的方向发展。

2）在多种类型的构架式空间可展开支撑臂中，铰接杆展开机构因其具有收拢率小、刚度高、可展开长度大等优点，更能够适应航天器大型化的发展需求，它的发展方向代表了构架式空间可展开支撑臂的主流发展方向。

3）对于铰接杆展开机构，球铰接杆展开机构优于折铰接杆展开机构，球铰接杆展开机构将是重点发展的对象。

4）构架式空间可展开支撑臂的驱动及运动部件的约束形式向着"电机驱动＋套筒螺母展开"的方向发展。

5）构架式空间可展开支撑臂的材料向着比刚度大的轻质材料方向发展，复合材料将成为重要的选材对象。

6）随着航天器大型化和高精度的发展需求，精度要求将成为构架式空间可展开支撑臂设计的一个重要要求；铰链对铰接杆展开精度、动力学特性等方面的影响将是构架式空间可展开支撑臂的重要研究方向；构型优化设计将是构架式空间可展开支撑臂工程应用中值得研究的方向。

3 发展球铰接杆空间可展开支撑臂的关键技术

针对目前国内球铰接杆空间可展开支撑臂的研究现状，球铰接杆空间可展开支撑臂实现工程化还需重点研究以下几方面的关键技术。

1）支撑臂构型优化设计。纵梁横截面面积、横向框架横截面面积、单元段的跨距、对角件中拉索的预紧力、纵梁数目等参数都影响着支撑臂的结构性能、质量和收拢率。如何合理选取上述各参数是工程中必须考虑的问题，必须开展支撑臂构型的优化设计。

2）锁定装置设计及预紧力对支撑臂刚度影响。构架式支撑臂单元在完全展开后即成为一个框架结构，该结构的锁定成形及保持则是通过构架单元上对角件中的斜拉索来完成的。当构架单元展开到位锁定后，斜拉索中的预紧力可确保上下横向框架间直纵梁的垂直度，保持单元展开构形的几何不变，使得单元由可运动的机构转化为刚化结构。

斜拉索的预紧力是通过其锁定装置来保持的，在构架展收过程中，希望斜拉索组件的入锁力尽可能小，解锁力尽可能大。锁定装置设计决定了斜拉索组件及支撑臂展开后形成的桁架结构的性能好坏。因此，对角件中斜拉索的锁定装置设计是一项关键技术。

斜拉索中的预紧力可以减小支撑臂中的铰链间隙，提高了支撑臂整体的刚度。预紧力对展开后支撑臂刚度的影响是复杂的，合理选取预紧力是需要解决的一个技术难题。因此，必须开展预紧力对支撑臂刚度的影响分析。

3）展开过程及展开后的动力学特性分析。支撑臂是通过提升螺母的牵引、支撑臂上导向轮在套筒导向槽中运动来实现展开的。套筒导向槽与支撑臂上导向轮之间的间隙直接影响着展开过程的动力学特性。间隙过小，容易发生展开运动卡死；间隙过大，则会引起支撑臂展开过程周期性的冲击，从而引起已展开的桁架结构部分的振动。另一方面，已展开结构的振动又会影响筒体内正在展开的机构的运动。即支撑臂的展开过程是一个伸展运动与弹性振动相耦合的过程。间隙影响整个支撑臂的动力学特性[25-26]，球铰接杆中大量球铰的存在（间隙的存在）使得整个支撑臂动力学特性具有严重的非线性，即使在支撑臂完全展开后，这种非线性动力学依然存在。为了解决这类问题，需要进行展开过程及展开后的动力学特性分析。

4）大型零重力地面展开试验方法研究。支撑臂在太空处于微重力环境，而在地面的组装、测试和试验过程中则处于重力环境。因此，需要研制大型零重力环境模拟试验装备来完成支撑臂的地面试验。对于几十米大尺寸的支撑臂地面零重力展开试验，目前国内尚无先例，国外对这种大型可展开支撑臂的地面试验一般采用绳索悬吊式零重力模拟试验装置。如何保证悬吊式零重力模拟装置对支撑臂特性影响最小，保证试验所获得的数据可信是未来值得研究的课题。

参 考 文 献

[1]　Wolff G. Oriented Flexible Rolled – up Solar Array. Los Angeles：AIAA 3rd Communications Satellite Systems Conference，1970.

[2]　Anon. Tubular Spacecraft Booms. NASA – SP – 8065，1971.

[3]　Lapp P A，Sampels R L. An Extendible Boom System for Space Vehicles. NASA – CR – 55578，1964.

[4]　Becchi P，Dellamico S. Design and Testing of a Deployable，Retrievable Boom for Space Application. NASA – 89 – 23898，1989.

[5]　Thomson M W. Deployable and Retractable Telescoping Tubular Structure Development. California：

AIAA/AHS/ASEE Aerospace Design Conference，1993.

[6] Cadogan D，Grahne M，Mikulsa M. Inflatable Space Structures：A New Paradigm for Space Structure Design. Melbourne：49th International Astronautical Congress，1998.

[7] Derbes B. Case Studies in Inflatable Rigidizable Structural Concepts. Novada：37th AIAA Aerospace Sciences Meeting and Exhibit，1999.

[8] Gunna T. Deployable Tensegrity Structure for Space Application. UK：Department of Mechanics，Royal Institute of Technology，Doctoral Thesis，2002.

[9] Bowden M，Benton M. Design of Deployable Truss - Mast for Space Station. California：AIAA/AHS/ASEE Aerospace Design Conference，1993.

[10] Hayman，Hedgepeth G J，Park J M，et al. Design Freedoms of Articulating Astromast and Their Optimization for Improved Performance. Washington，DC：the 35th AIAA/ASME/ASCE/AHS/ASC Structures，Structural Dynamics，and Materials Conference，1994.

[11] Anon. Solar Array Flight Experiment. NASA - CR - 183535，1986.

[12] Takayuki K，Okazaki K，Natori M. Development of a Hingeless Mast and Its Application. Innsbruck：37th Congress of the International Astronautical Federation，1986.

[13] Kitamura T，Okazaki K，Yamashiro K. Developments of Extendible Beams for Space Applications. California：AIAA/AHS/ASEE Aerospace Design Conference，1993.

[14] 张淑杰，李瑞祥，丁同才. 盘绕式杆状展开机构的设计与力学分析. 力学季刊，2006，27（2）：341 - 347.

[15] 王炜. 盘压杆展开机构的研究. 北京：中国空间技术研究院硕士学位论文，2000.

[16] 刘义良，王春洁，孟晋辉. 基于 ANSYS 的盘压杆机构大变形有限元分析. 通用机械，200（1）：73 - 75.

[17] 刘延柱，薛纭. 弹性杆盘绕折叠的力学分析. 力学季刊，2008，29（3）：343 - 348.

[18] 戈冬明，陈务军，董石麟. 盘绕式空间可伸展臂展开状态结构动力研究.//浙江大学第四届海峡两岸结构与岩土工程学术研讨会文集，杭州，2007：602 - 607.

[19] Douglas M，Calf S B. Module for an Articulated Stowable and Deployable Mast. US，5，267，424，1993.

[20] Crawfordd R F. Strength and Efficiency of Deployable Booms for Space Applications. California：AAS/AIAA Variable Geometry and Expandable Structures Conference，1971.

[21] Jones P A，Spence B R. Spacecraft Solar Array Technology Trends. IEEE，1998，1（1）：141 - 152.

[22] 胡其彪. 空间可伸展结构的设计及动力学分析研究. 杭州：浙江大学，2001.

[23] 石卫华. 索杆式展开结构的设计与分析及骨架式膜结构研究. 杭州：浙江大学，2003.

[24] 郭宏伟，刘荣强，邓宗全，等. 空间索杆式伸展臂展开过程力学分析与仿真. 机械设计，2008，25（7），31 - 35.

[25] 阎绍泽，季林红，吴德隆，等. 航天多铰接机械系统动力学研究. 机械科学与技术，2000，19（4）：517 - 520.

[26] 阎绍泽，黄铁球，张永，等. 航天多铰接机械系统动力学分析与设计. 北京：中国机械工程学会第三届全国青年学术会议，1998.

深空探测自动采样机构的特点及应用*

刘志全　庞　彧　李新立

摘　要： 利用自动采样机构获取星体表面土壤或岩石样品，并将收集到的样品返回实验室进行分析研究是我国未来深空探测需要解决的关键技术。文章分析了深空探测自动采样机构应用及研发的现状，将采样机构分为挖取式自动采样机构、钳取式自动采样机构、研磨式自动采样机构、钻取式自动采样机构及其他新型采样机构几种类型，分别论述了这些深空探测自动采样机构的结构组成和工作原理，从多个方面分析和比较了采样机构的特点和适用条件。从获得样品科学需求的角度，分析了未来采样机构的发展趋势，结合钻取式自动采样机构可保留样品原位性的特点和我国探月任务总体规划，提出了月面自动采样机构发展及应用的建议，为我国探月工程中的月面自动采样提供技术参考。

关键词： 深空探测　月球探测　自动采样机构　发展建议

引　言

为探索空间资源分布、了解宇宙发展演化历史，人类已多次开展了行星表面土壤和岩石样品的采样和分析。利用采样机构获取样品并对样品进行分析研究，是深空探测中的重要任务和关键技术。国际空间组织、研究机构对深空探测采样返回技术投入了大量精力，并已取得了很多有价值的成果。随着我国月球探测工程的深入发展，我国未来将要实现月球土壤样品的自动采集与返回[1-2]。本文在对国外深空探测自动采样机构应用特点及发展趋势分析的基础上，结合我国探月工程实际需求，提出月面自动采样机构发展及应用的建议，从而为我国探月工程中的月面自动采样提供技术参考。

1　深空探测自动采样机构的组成及特点

半个世纪以来，美国国家航空航天局（NASA）多次成功实现了对月球、火星的采样探测；苏联曾成功完成了月球、金星采样探测；欧洲空间局（ESA）对火星的采样探测未能成功，对彗星的采样探测器正在轨道运行；日本宇宙航空研究开发机构成功完成了对小行星的采样探测。在这些采样活动中，除阿波罗（Apollo）月球探测器采取有人采样方式外[3-4]，其余都采用了无人操作的自动采样机构，主要包括：挖取式自动采样机构、钳取

＊《航天器工程》2011，Vol. 20，No. 3，pp120 - 125

式自动采样机构、研磨式自动采样机构、钻取式自动采样机构及其他新型自动采样机构等。

1.1　挖取式自动采样机构

挖取式自动采样机构通常是由类似铲形的采样机构以挖掘的方式获取样品，该类机构在美国国家航空航天局火星探测任务中的海盗号（Viking）着陆器、凤凰号（Phoenix）探测器和火星极区着陆器上都得到了应用。

1975 年发射的海盗号火星着陆器，采用机械臂末端安装挖取式自动采样机构进行采样[5]。采样机构主要由铲体、盖子、螺线管振荡器、筛网、反向铲、驱动电机等部分组成，如图 1 所示。采样机构前端是带有盖子的铲形容器，内置驱动电机可驱动铲体绕轴向180°旋转。铲体顶端装有螺线管振荡器和孔径 2 mm 的金属筛网，用来筛选采集的样品。铲体底部装有反向铲。在机械臂向后拖动时，反向铲可以将坚实的火星土壤翻松，以便铲体能以较小的铲入力完成采样。

为了收集火星土，采样机构的盖子首先是打开的，随后机械臂带动铲体插入火星土壤，一旦铲体内充满样品，则触动指示开关给出信号，使盖子合上完成样品的采集。铲体绕轴向180°翻转，螺线管振荡器驱动筛网振动，使直径小于 2 mm 的颗粒掉入分析仪器的收集器内。剩余颗粒度较大样品可由机械臂送到其他的分析仪器内。海盗号探测器所用挖取式自动采样机构重 11.3 kg，功率 30 W，外形尺寸 614.8 mm×233.7 mm×342.9 mm，最大采样深度约 200 mm，最大挖取力为 133 N。

挖取式自动采样机构的主要优点是结构简单、可靠性高，适用于浅表层松软土壤及小型岩石采样。采样铲通常安装于机械臂末端，可以灵活选择采样地点，规避障碍，还可进行重复采样动作，因此获取的样品量较大。挖取式自动采样机构通常还复合有其他功能机构来完成特定任务，如海盗号着陆器上的采样机构复合有分离筛选机构、凤凰号探测器上的采样机构复合有破冰钻等。挖取式自动采样机构的缺点是：获取的样品无法保留其层理特性，且不能对深层月壤及较大的月岩进行采样，因此所采样品信息量有限。

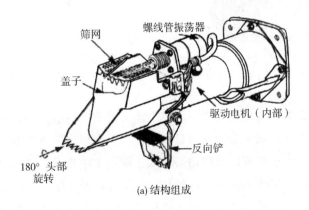

(a) 结构组成

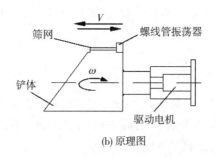

(b) 原理图

图 1　海盗号火星着陆器上挖取式自动采样机构

1.2　钳取式自动采样机构

1995～1997 年由香港理工大学研制的微型末端感应器（MEE，Micro End Effector）钳取式自动采样机构，应用于欧洲空间局和意大利航天局（ASI）合作的"行星表面小样本采样工具"研制项目中[6]。该机构拟用于从火星或彗星表面采集微量土壤样品。

微型末端感应器钳取式自动采样机构安装于机械臂末端的旋转支座上，主要由钳口、钳臂、丝杠、螺母及驱动电机组成（见图 2）。钳口结构类似一对钳子，每个钳口顶端有尖锐齿，两钳口闭合后形成钻头状。钳臂是连接钳口和螺母的一系列连杆，每个钳口两侧各安装一对钳臂。

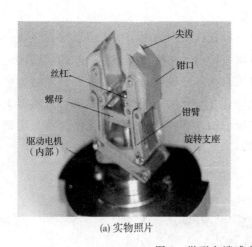

(a) 实物照片

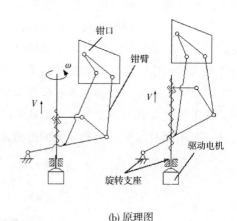

(b) 原理图

图 2　微型末端感应器钳取式自动采样机构

采样时，机械臂末端的旋转支座先固定不动，微型末端感应器的电机驱动丝杠正向旋转，带动螺母向上平移，同时带动钳臂运动使钳口闭合形成钻头形状。随后机械臂末端旋转支座转动带动采样机构形成的微型钻头钻入土壤。土壤松动后，机械臂抬起，旋转支座停止转动。微型末端感应器的电机驱动丝杠反向旋转，带动螺母向下移动使钳口张开。在摄像机的监控下，调整机械臂姿态。电机的正反向驱动实现了钳口的开合。这样，采样机构就可夹住和采集小块的目标岩石和土壤样品。微型末端感应器质量 1.76 kg，功率 5 W，采样能力约 0.2 cm³，可以钻进深度约 1～2 cm。

钳取式自动采样机构结构简单、可靠性高，可实现采集样品的有效传递，但受到采样能力及适用范围限制，钳取式自动采样机构应用较少。在欧洲空间局的猎兔犬 2 号（Beagle‐2）火星探测器中，虽然采用了类似钳取式与研磨式复合的采样机构，但由于此任务的失败，该采样机构也未能得到真正的应用。

1.3 研磨式自动采样机构

2003 年美国国家航空航天局研制的"火星巡视探测器"（MER，Mars Exploration Rover）携带了由英国 Honeybee Robotic 公司设计的研磨式自动采样机构，即岩石研磨工具（RAT，Rock Abrasion Tool）[7]，如图 3 所示。

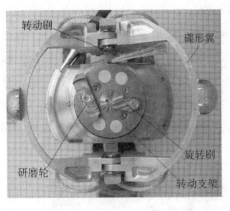

(a) 实物照片

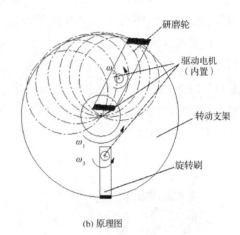

(b) 原理图

图 3 "火星巡视探测器"上的研磨式自动采样机构

岩石研磨工具安装于机械臂末端，主要由研磨轮、旋转刷、转动刷、转动支架、蝶形翼和驱动电机组成，质量 705 g，直径 70 mm，长 100 mm，功耗 11 W。研磨轮两端带有金刚石尖齿，通过高速旋转的方式研磨坚硬的岩石。旋转刷和转动刷可及时将研磨产生的岩石屑从工作区域清除。蝶形翼由两个半圆形支架铰接组成，采样机构工作时，蝶形翼在机械臂作用下展开压紧于岩石表面，可起到辅助支撑的作用。

岩石研磨工具上的研磨轮和旋转刷由各自的电机驱动，分别以角速度 ω_2（约 30 rad/s）和 ω_3 转动。研磨轮、旋转刷和各自电机都安装在转动支架上，而转动支架在其电机驱动下以角速度 ω_1 转动。因此，研磨轮在绕自身轴心以角速度 ω_2 高速自转的同时还绕转动支架中心以角速度 ω_1 进行公转，最终可以在岩石上研磨出一个直径 45 mm、深度为 5 mm 的圆形区域。同理，旋转刷可以及时将研磨产生的碎屑清扫出研磨区域。研磨可以使岩石内部未受空间环境辐射的岩心裸露出来。随后，探测器上机械臂末端携带的科学探测仪器就位于裸露出来的岩心处，开始进行在线分析。

研磨式自动采样机构可以有效去除岩石表层风化、辐照和氧化层，能够对保存了星体信息的岩石内部样品进行采样，从而保证了采样分析的科学性和准确性；但研磨后的样品的层理性被破坏，可达到的采样深度有限，不具有样品收集和保存能力。因此，采用研磨式自动采样机构，只能实现样品的在线分析，而不是取样返回地球后的实验室分析。

1.4　钻取式自动采样机构

钻取式自动采样机构是通过钻孔方式获得星体土壤或岩心样品的机构。1976 年，苏联月球-24（Luna-24）探测器上携带的采样机构就是钻取式自动采样机构[6]。

该钻取式自动采样机构主要由钻机、传送机构、回收机构、钻杆、支撑桁架、导轨等部分组成，如图 4 所示。整个采样机构通过支撑桁架固连于着陆器侧面。传送机构安装在支撑桁架的中部，可为钻机沿导轨向下运动提供驱动力。传送机构的工作原理类似卷扬机，钢丝绳的一端缠绕在传送机构中的卷筒上，钢丝绳的另一端与钻机相连。当传送机构中的电机驱动卷筒转动来缠绕钢丝绳时，钢丝绳收紧，对钻机施加了沿导轨向下的作用力。钻机安装于支撑桁架的导轨上，在传送机构钢丝绳的作用下可沿着导轨运动。钻机自带的电机驱动钻杆绕其轴线做回转运动。钻机和传送机构同时工作时，钻杆在周向回转切削力和轴向加载力的共同作用下钻入月壤。钻杆横截面为双层同心圆结构，其内层钻杆的内壁上装有专门的柔性取样袋，如图 5 所示。随着钻探深度增大，月壤逐渐进入内层钻杆的空腔内，柱形月壤被柔性取样袋收集其中。柔性取样袋顶端封闭并与钢丝绳连接，钢丝

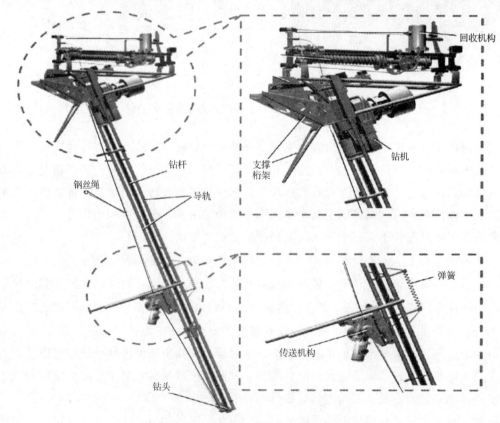

图 4　月球-24 探测器上的钻取式自动采样机构

绳沿支撑桁架向上缠绕在回收机构的卷筒上。当钻杆钻入指定深度后，柔性取样袋下端收紧封装所取样品。回收机构安装于支撑桁架的顶端，其工作原理与传送机构相似，即利用回收机构的电机驱动回收卷筒缠绕钢丝绳的方法，将内层钻杆中的柔性取样袋提出并缠绕至回收卷筒上。回收机构中装有分离释放装置，将缠绕了柔性取样袋的卷筒弹入返回器内。最后，火工品断开支撑桁架与返回器之间的连接，关闭并密封上升器舱盖，如图6所示。

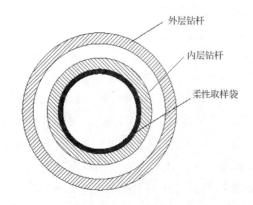

图5　钻杆剖面图

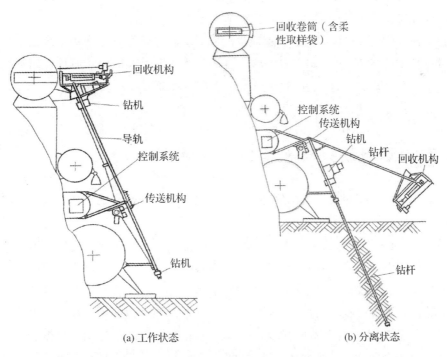

(a) 工作状态　　　　　　(b) 分离状态

图6　月球-24探测器上钻取式自动采样机构工作原理

月球-24着陆器上钻取式自动采样机构的质量为55 kg，钻探功率为900 W，采样深度达1.6 m，实现采集月壤质量170.1 g，样品直径8 mm，并在不破坏月壤层理特性的情况下运送回地球。该钻取式自动采样机构在月面工作时间 2.2 h，钻孔时间 1 h，总能耗小于 35 Ah。

钻取式自动采样机构是迄今适用范围最广的一种深空探测自动采样机构，它获取的样品可以是星体土壤也可以是岩心样品；它的采样深度可从几厘米到几米。此外，双层钻杆的结构能够保持所采样品的层理特性。因此用钻取式自动采样机构获得的样品具有更大的科学价值。但是钻取式自动采样机构组成复杂、技术难度大，需要采取一系列有效的可靠性措施来防止卡钻、埋钻等潜在故障。

1.5　其他新型自动采样机构

近年来，随着科技进步以及人类对空间认识的不断深入，其他一些新型采样机构开始陆续被研制出来。2002 年，意大利航天局为美国国家航空航天局的火星探测任务（Mars Exploration Mission）开展了深层钻孔（Deep Driller）项目研究，所研制的新型多钻杆组合采样机构，拟用于钻取火星表层 2.5 m 深的土壤样品，并将样品转移至科学分析仪器或储存容器内[8]。针对传统钻机质量大、体积大、能耗高等缺点，激光钻孔技术、超声波切割技术、仿生学原理在采样机构的设计中得到了应用。2003 年，美国国家航空航天局喷气推进实验室（JPL）研制了超声波钻孔机（USDC），这种钻机的钻头不会转动，而是依靠超声波产生的振动能来驱动其振动切入土壤（或岩石）。钻杆的顶部安装有超声波激励器，该激励器可将超声波信号经由压电物质转化为振动能输出到钻杆上[9]。1997 年，美国燃气技术研究所（GTI）和美国国家航空航天局对激光钻孔技术在火星表面采样的应用进行了可行性试验与研究[10]。2005 年，英国萨瑞大学将生物仿生学原理应用到机构设计中，研制了木蜂产卵式自动采样机构[11]。这些新型自动采样机构是将新技术与传统采样原理相结合的产物，还需在未来的应用环境中加以考核。

2　深空探测自动采样机构的发展趋势

基于对国外深空探测采样机构的特点分析，对深空探测采样机构的发展趋势作出如下展望。

1）具有深层采样能力的钻取式自动采样机构是未来深空探测采样机构的主要发展方向之一。星体表面的土壤和岩石受冷热交变和太阳风粒子作用等环境影响较大，其携带的科学研究信息难以反映深层样本的信息。为了获取更加丰富的、有效的星体信息，需要设法获得原始的、没有被破坏的样本（如，岩石表层内几厘米深的中心部分或垂直深入星体表面超过 1 m 的土壤样本[12]）。挖取式和钳取式自动采样机构仅适用于星体表层松软土壤样品采样；研磨式自动采样机构虽然可以对岩心采样，但不具有样品收集功能，仅适用于在线分析；而钻取式自动采样机构适用范围广泛（采样深度从几厘米到几米均可），无论是岩心样品还是土壤样品均能实现采样。因此钻取式自动采样机构具有极大的发展潜力。随着科技的进步，综合有激光、超声波等技术的钻取式自动采样机构，将会大幅度提高自动采样机构的采样能力和效率。

2）多功能、低能耗、轻小型自动采样机构是未来远距离（远大于月球探测距离）深空探测采样机构发展的趋势之一。由于空间探测任务的特殊性，采样机构的质量、功耗、构型等指标很大程度上受到探测器系统运载能力的约束。在远距离深空探测任务中，由于很难实现采样返回，因此对采样机构同时具有样品保存、分选、处理等功能的要求就更加突出。挖取式和钳取式自动采样机构以其质量轻、能耗低、可靠性高、兼容性好等优点而更能适应未来发展的需求，因此多功能复合的小型挖取式和钳取式自动采样机构在远距离深空探测中有着极好的发展前景。

3 我国月面自动采样机构发展的建议

根据我国月球探测发展规划，未来将要实现对月壤样品的无人自动采样与返回，结合月球探测工程的科学目标和探测器系统的功能需求，建议采用钻取式自动采样机构来获取内容更加丰富的月球表层及深层的科学研究信息，以适应我国航天跨越式发展的新形势。建议采用有效的机构可靠性保证措施，来保证钻取式自动采样机构可靠工作，以适应钻取式自动采样机构复杂、工作环境恶劣的特点；在条件允许的情况下，建议适当增加挖取式或复合其他功能的采样机构，以增加获取样品的种类和数量，提高采样任务可靠性。

参 考 文 献

［1］ 欧阳自远. 月球——人类走进深空的前哨站. 北京：科学出版社，2002.

［2］ 欧阳自远. 月球科学概论. 北京：中国宇航出版社，2005.

［3］ Bugos G E，Boyd J W. Robotic Lunar Precursors to Apollo. AIAA - 2007 - 6163，2007.

［4］ Martin Co. Apollo Lunar Surface Drill（ALSD）Final Report. Baltimore，MC，1968.

［5］ Moore H J，Liebes S. Rock Pushing and Sampling Under Rocks on Mars. NASA - TM - 80489，1978.

［6］ Matti A. Concept Eveluation of Mars Drilling and Sampling Instrument. Holand：Helsinki University of Technology，2005.

［7］ Myrick T. The RAT as a Rock Physical Properties Tool//Space Conference Oragnized by AIAA. AIAA - 2004 - 6096，2004.

［8］ Re E，Magnani P G，Ylikorpi T，et al. Deeeri Drill Tool Prototype and Drilling System Development for Mars Soil Sampling Applications//ASTRA2002 Conference，2002.

［9］ Bar - Cohen Y. Ultrasonic Sampler and Sensor Platform for in - siu Astrobiological Exploration. SPIE Smart Structures and Materials Symposium. CA，2003：50 - 55.

［10］ Brian C G，James G R. Geological Investigation of Lunar and Martian Subsurface Using Laser Drilling System//California：Space 2004 Conference and Exhibit，2004：28 - 30.

［11］ Gao Yang，Ellery Alex. Deploylable Wood Wasp Drill for Planetary Subsurface Sampling. IEEEAC paper#1591，vision 1，2005.

［12］ Ylikorpi T，Visentin G，Suomela J. A Robotic Rover - Based Deep Driller for Mars Exploration// Proceedings of the 35th Aerospace Mechanisms Symposium，Ames Research Center，2001.

空间太阳电池阵的发展现状及趋势*

刘志全　杨淑利　濮海玲

　　摘　要：从 4 个方面分析了空间太阳电池阵的发展现状，包括体装式、带桨展开式、单板展开式、多板展开式、柔性多模块多维展开等总体构型的发展历程，常用空间电池片如硅电池片、砷化镓电池片、柔性薄膜电池片的材料与性能的发展现状，刚性基板结构、半刚性基板结构、柔性基板结构的发展与应用及五种展开机构的特点与空间应用分析，论述了空间太阳电池阵发展的制约因素，指出了聚光型柔性太阳电池阵是未来空间太阳电池阵的发展趋势。旨在促进空间太阳电池阵向着大尺寸、大功率、模块化、低成本和质量轻的方向发展，以适应大功率航天器的发展需求。

　　关键词：太阳电池阵　总体构型　太阳电池片　基板结构　展开机构

引言

　　空间太阳电池阵是航天器的核心供电设备，其功率、质量、寿命、成本等指标是衡量空间太阳电池阵技术水平的标准和依据[1]。随着航天器对大功率低成本的轻型空间太阳电池阵需求的不断增加，传统的太阳电池阵遇到了航天任务新的挑战，也突显出其固有的局限性。为了适应航天任务的发展，必须研究新型空间太阳电池阵技术。空间太阳电池阵总体构型、电池片材料及性能、基板类型和展开机构影响和决定着空间太阳电池阵的整体性能，本文从上述 4 个方面对空间太阳电池阵的发展现状及存在问题进行阐述，分析空间太阳电池阵的发展趋势，以促进空间太阳电池阵的发展。

1　空间太阳电池阵总体构型的发展

　　空间太阳电池阵总体构型经过了由球形体装式构型→柱形体装式构型→带桨展开式构型→单板展开式构型→多板展开式构型的发展历程[2]，如图 1 所示。近期，空间太阳电池阵总体构型正向着柔性多模块多维展开的方向发展。

　　20 世纪 50 年代末期发射的航天器，其功率需求不大，一般采用太阳电池片布置在航天器表面的体装式构型的太阳电池阵。美国（1958 年）第一颗卫星的太阳电池阵构型就是球形体装式构型[3]。体装式构型的太阳电池阵受航天器表面积的限制，发电功率

──────────

　　* 《航天器工程》2012，Vol. 21，No. 6，pp112 - 118

(a)球形体装式　(b)柱形体装式　(c)带桨展开式　(d)单板展开式　(e)多板展开式

图 1　空间太阳电池阵总体构型的发展

十分有限。目前，体装式构型的太阳电池阵仅在部分微小卫星上应用，且多为柱形体装式。

20世纪60～70年代，随着航天器功率需求的增大，航天器开始配备发射时收拢、入轨后展开的带桨展开式太阳电池阵。带桨展开式太阳电池阵可以提供更大的电池布片面积，也可以通过增加桨叶的数量来提高电源总功率。但是，带桨展开式太阳电池阵没有太阳电池阵驱动组件（SADA，Solar Array Drive Assembly），无法实现对日定向，所以太阳电池阵的面积利用率并不高。20世纪70年代，为了充分利用太阳电池阵的面积，人们发展了对日定向技术。借助于对日定向技术，太阳电池阵单位面积的阳光吸收量得到了大幅度的提高。同时，人们发展了具有对日定向功能、结构简单的单板展开式构型和多板展开式构型的太阳电池阵。多板展开式构型综合了带桨式（桨叶数目多）和单板展开式（对日定向）两种构型的优点，同时，可实现模块化设计和构型的灵活配置。目前，大功率航天器的主流太阳电池阵总体构型为可对日定向的多板展开式构型。该种构型能够在一定程度上满足功率快速增长的需求。

在多板展开式构型中，应用较多的是如图2所示的一维一次展开构型[4]和如图3所示的二维多次展开构型[3]。若在太阳电池阵面积相同的情况下，二维多次展开构型相对于一维一次展开构型可减小轴向尺寸及由此带来的挠度。

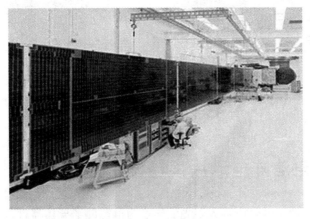

图 2　多板一维一次展开构型[4]

图 3　多板二维多次展开构型[3]

　　目前，空间站、月球基地等应用对空间太阳电池阵提出了高达数万瓦的超大功率需求。对于需要"太阳能—电力"推进和更高比功率（150~200 W/kg）的航天飞行任务，传统刚性多板展开的太阳电池阵（比功率约 45 W/kg）难以完成，仅依靠增加基板的数量来提高太阳电池阵的发电功率亦受到航天器整流罩尺寸和航天器质量的限制。为了满足航天器对超大功率、低成本的轻质太阳电池阵的需求，太阳电池阵总体构型正向着柔性多模块多维展开方向发展，如图 4 所示。美国国家航空航天局（NASA）在 21 世纪初的新千年规划中，为太空技术第八代（ST8）任务平台设计了 Ultra Flex 柔性太阳电池阵[5]。该太阳电池阵是以扇形方式进行折叠和展开的。由数十个超轻三角形薄膜组成的太阳电池阵展开后形成浅伞状结构[6]，如图 4（a）所示。这种构型能够提供超过 100 W/kg 的质量比功率。21 世纪初，美国微卫星系统公司（MSI）也设计了基于柔性薄膜太阳电池片的可折叠矩形多模块太阳电池阵[7]，如图 4（b）所示。它的展开过程为二维二次展开，两侧纵向板预先折叠在中间纵向板上，中间纵向板的展开和多板展开式的展开过程相同，展开锁定后，两侧纵向板随后再横向展开，从而构成多模块的柔性太阳电池阵。该电池阵可以提供 150 W/kg 的质量比功率，以满足超大功率航天器的任务需求，这种模块式太阳电池阵的未来设计目标是质量比功率超过 500 W/kg。

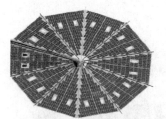

（a）柔性三角模块化展开　　　　　（b）柔性矩形模块化展开

图 4　近期空间太阳电池阵总体构型的发展趋势

2　空间太阳电池阵电池片材料与性能的发展

　　太阳电池片是通过光电效应将太阳光能转换为电能的半导体器件，其主要性能参数包括光电转换效率、抗辐射能力、开路电压、短路电流和填充因子等。其中，光电转换效率是影响太阳电池片性能的关键参数。

常见的三类空间太阳电池为硅、砷化镓和柔性薄膜太阳电池片。硅电池片包括单晶硅、多晶硅等类型；砷化镓也有单晶砷化镓和多结砷化镓等类型。所谓柔性薄膜电池是以玻璃、金属箔和塑料等低成本材料为底衬、表面附着以薄膜形式存在的半导体材料的光电转化装置。空间太阳电池片特点及其应用如表 1 所示。

表 1　空间太阳电池片特点及其应用

序号	太阳电池	优点	缺点	空间应用情况
1	硅电池片	硅是地球上储量最丰富的半导体材料之一，可获得性好	和其他半导体材料相比，晶体硅需要的厚度至少是其他半导体材料的十倍才能吸收相同多的阳光；与砷化镓电池片相比，光电转换效率不高	1958 年世界上第一个用太阳能供电的卫星——美国的先锋 1 号使用单晶硅太阳电池作为电源，其光电转换效率不足 10%[8]。美国、日本和欧洲一些国家相继开展了高效硅太阳电池片的研究。在批量生产中，采用不同的途径使得硅的光电转换效率达到了 17%～18%
2	砷化镓电池片	与硅电池片相比，光电转换效率高；光谱响应特性和温度特性好，抗辐射能力强	材料密度大；机械强度较弱，易碎；价格昂贵，工艺复杂，质量较大	20 世纪 80 年代初期，苏联、美国、英国、意大利等国家开始研究砷化镓系列太阳电池，逐渐取代了传统的硅电池片，并大规模应用在空间太阳电池阵上。更加高效的多结砷化镓及其他Ⅲ-Ⅴ族化合物电池片是满足未来空间太阳电池阵功率需求增长的一个重要途径[9]
3	柔性薄膜电池片	电池片成本低；比功率高；发射装载容量低；抗空间辐射性能较好	光电转换效率低（截止到 2000 年，其最高转换效率是硅电池片的 1/2）；且光电转换性能衰减较快	20 世纪 90 年代后期，美国、日本等国家开展了以玻璃、金属箔和塑料等为衬底的柔性薄膜（如非晶硅、铜铟硒、锑化镉等）太阳电池的研制，并取得了一定的进展。由于其性能衰减较快，需要与超大尺寸模块化展开式太阳电池阵构型相结合才能发挥出他的优势

为了提高太阳电池片光电转化效率，多年来各国研究机构取得了卓有成效的研究工作。图 5 显示了不同类型太阳电池片的光电转换效率随年份的增长曲线[10]。基于Ⅲ-Ⅴ族材料的电池（如砷化镓和镓铟磷）为多结器件，具有不同的光学和电学特性，每结生长在另一结上。多结电池性能好的主要原因是：采用高质量高纯度的晶体材料制备；可以捕获更宽范围的光谱或同等光谱下更有效；使用透镜在高聚光比条件下，提高了效率。2000年前研制的双结聚光砷化镓太阳电池，其最高转换效率达到 33.8%；2000 年后研制的三结及多结聚光太阳电池的最高转换效率可达到 40.7%。

单晶和多晶硅电池最高转换效率在 20%～25%，难以满足空间太阳电池阵对电池高转换效率的需求，所以硅太阳电池片在逐渐退出空间应用领域。

多结聚光太阳电池具有最高的光电转换效率，已成为当前的研究热点和未来的发展方向。多结砷化镓太阳电池光电转换效率高、短路电流小、串联电阻影响小的特点决定了它更适合于在聚光条件下应用。而在聚光条件下，多结砷化镓太阳电池片的数量可以大大减少，以此弥补多结砷化镓太阳电池成本过高的不足。

此外，在聚光条件下，柔性薄膜太阳电池片光电转换效率不高的问题也可以迎刃而解。

聚光太阳电池是附加聚光系统的一种特殊电池，可以获得更多的光能，这使得电池扩散层与基区的载流子的扩散、迁移和复合发生变化，因而聚光太阳电池的开路电压、短路电流、填充因子等不同于非聚光太阳电池的对应参数。

图 6 显示了三结砷化镓电池在几何聚光倍数为 2.1 倍下和非聚光条件下的电流电压曲线[11]。由图 6 可知，聚光条件下的最佳工作功率约是非聚光条件下的两倍。因此在特定功率下，按照图 6 情况计算，运用聚光技术可以减少约 50% 太阳电池片数量，从而显著降低电池阵的成本，使得聚光电池在未来的空间应用中潜力很大。

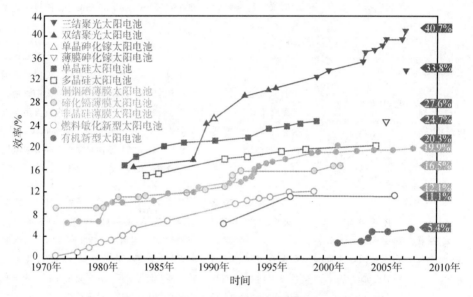

图 5　不同材料的太阳电池片光电转换效率随年份的变化曲线[10]

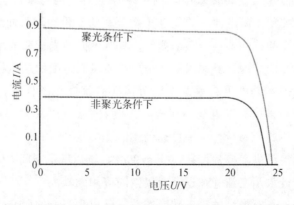

图 6　太阳电池片在聚光和非聚光条件下的 I-U 曲线[11]

空间聚光太阳电池阵已在 1998 年成功应用于美国深空 1 号探测器[2]上。目前国内在该领域应用的主要制约因素是聚光系统较为复杂，且双轴聚光对准精度尚不能完全满足要求。但是随着技术进步，在不久的将来，空间聚光太阳电池阵可在我国大功率航天器上发挥作用。

3　空间太阳电池阵基板类型的发展

空间太阳电池阵基板是太阳电池片的安装基础。根据结构组成和刚度大小的不同，空间太阳电池阵基板分为刚性基板、半刚性基板和柔性基板 3 种类型。

3.1　刚性基板

多数单板、多板展开式空间太阳电池阵采用刚性基板，面密度为 $1.0 \sim 1.3 \ \mathrm{kg/m^2}$，基板占整个电池阵总质量的 $45\% \sim 60\%$[8]。多板展开式空间太阳电池阵刚性基板之间通过扭簧铰链连接，太阳电池阵整体通过扭簧铰链及连接支架（也有无连接支架的情况）同航天器本体相连。"铝蜂窝芯＋碳纤维复合材料面板＋聚酰亚胺膜"是刚性基板的典型结构。面板材料有铝箔、卡普顿（Kapton）纤维和碳纤维复合材料等，而具有碳纤维复合材料面板的刚性基板质量最轻。基板表面所粘贴的聚酰亚胺膜，用以满足太阳电池与基板间的绝缘要求。

刚性基板具有结构简单、刚度较大等优点，其主要缺点是质量和收拢后的体积大。

3.2　柔性基板

柔性太阳电池阵用张紧的柔性毯基板结构作为太阳电池片的安装基础，电池片粘贴在柔性毯结构上。柔性毯的张紧由盘压杆展开机构、铰接杆或套筒式展开机构等来实现。柔性毯衬底一般由复合材料组成。柔性太阳电池阵所使用的电池片可以是普通电池片也可以是柔性薄膜电池片。

21 世纪初美国国家航空航天局的以折叠方式收拢或展开的地球观测卫星 - AM（EOS -AM）太阳电池阵[12]及波音（Boeing）公司的大功率卷筒式收拢的柔性薄膜太阳电池阵[13]均采用了柔性基板结构。

柔性基板结构能显著减小电池阵整体质量，柔性基板结构面密度通常小于 $0.8 \ \mathrm{kg/m^2}$。采用柔性基板的太阳电池阵比采用刚性基板太阳电池阵拥有更高的质量比功率。图 7 比对了刚性基板太阳电池阵和柔性基板太阳电池阵的比功率变化情况[2]。

由图 7 可见，当功率需求小于 3 kW 时，柔性太阳电池阵并没有展示出其明显的优势，原因是柔性毯收拢与展开装置的质量在整个太阳电池阵质量中占有很大比重。因此，功率需求低于 3 kW 的太阳电池阵没有必要采用优势不明显的柔性基板，而应该采用技术成熟

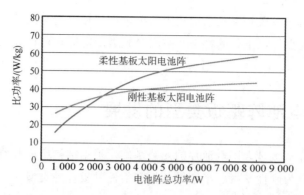

图 7　柔性基板太阳电池阵和刚性基板太阳电池阵比功率的比较

的刚性基板类型。而当功率需求大于 3 kW 时，柔性太阳电池阵在质量比功率方面有着明显的优势。

3.3　半刚性基板

半刚性基板是介于刚性基板和柔性基板之间的一种类型，其面密度为 0.8～1.0 kg/m²，基板占整个太阳电池阵总质量的 30%～45%[8]。它用碳纤维复合材料制作刚性框架，刚性框架之间采用网格状的环氧玻璃纤维材料或碳纤维、卡普顿纤维增强的聚酰亚胺薄膜材料。苏联及俄罗斯的航天器（如和平号空间站）上应用了很多半刚性基板太阳电池阵。

与刚性基板相比，半刚性基板具有质量轻、散热性好、可双面粘贴电池片实现双面发电等优点；它的缺点是结构复杂，容易变形。

4　空间太阳电池阵展开机构的发展

刚性基板及半刚性基板展开式太阳电池阵的展开机构大多采用"扭簧铰链＋联动绳"机构。对于柔性太阳电池阵，可选用的展开机构包括铰链扭簧机构、盘压杆展开机构[14]、铰接杆展开机构[15]、弹性卷曲管状杆展开机构[16]和充气展开机构[17]等，见图 8。这些展开机构的技术特点见表 2。

(a)扭簧铰链　　　　(b)盘压杆　　　　(c)铰接杆　　　(d)管状杆　　　(e)充气杆

图 8　几种展开机构类型

表 2 展开机构的几种形式及其应用

序号	展开机构	优点	缺点	应用
1	"扭簧铰链+联动绳"机构	机构简单，展开可靠性高，得到广泛应用	相对于电机驱动的展开机构，展开冲击较大	多应用于尺寸中等的刚性、半刚性太阳电池阵。对于大型刚性太阳电池阵，可利用阻尼器吸收电池阵的展开冲击能量
2	盘压杆展开机构	收拢率（收拢状态下的轴向长度与展开状态下的轴向长度之比，以百分数表示）小；展开长度较大；展开刚度和强度比较高；运动部件较少，可靠性高	展开后形成的桁架整体的非线性特征较为明显；在温度较高的收拢状态下易发生蠕变；套筒螺母式的盘压杆展开机构，其套筒质量较大	依靠该展开机构，使柔性毯保持一定的预张力，防止柔性毯松弛，该展开机构在1984年美国国家航空航天局的太阳电池阵飞行实验（SAFE）[2]、1989年欧洲空间局（ESA）的奥林匹斯（Olympus）卫星[14]、1994年美国的军事战略战术中继卫星系统（Milstar)[14]等航天器的大型柔性太阳电池阵上得以应用
3	铰接杆展开机构	通过电机驱动有效控制展开过程，减少展开过程的冲击；承载能力大；展开精度优于盘压杆展开机构的展开精度；展开长度较大；展开后的刚度和强度高	含有大量的铰链，铰链间隙会带来一系列的问题。部件多、收拢筒和机构较复杂	1998年发射的国际空间站的大型柔性太阳电池阵就采用了铰接杆展开机构[15]。
4	弹性卷曲管状杆展开机构	可实现较长的展开长度；收拢率小，结构简单	对温度变化比较敏感，刚度和强度较低，存在蠕变现象	1976年美国国家航空航天局的CTS卫星的柔性太阳电池阵采用了位于电池阵中间的弹性卷曲管状杆展开机构[16]。1990年美国的哈勃太空望远镜卷筒式柔性毯使用两个弹性卷曲管状杆展开机构，分布在柔性毯的两侧[2]。
5	充气式展开机构	收拢率小，结构简单，收拢后的体积和质量较小	存在漏气的风险	20世纪90年代初，美国L'Garde公司研制的ITSAT航天器的太阳翼采用了充气式展开机构[17]。

5 空间太阳电池阵发展现状的分析结论

基于对空间太阳电池阵发展现状的分析，得出如下几点结论。

1）体装式构型的空间太阳电池阵主要应用在部分微小卫星上；多板展开式构型的空间太阳电池阵是当前的主流；柔性多模块多维展开式构型的空间太阳电池阵将更加适应大功率轻质空间太阳电池阵的发展需求。

2）诸如三结砷化镓或多结砷化镓电池片的Ⅲ-Ⅴ族化合物太阳电池片以光电转化效率高等性能优势正在逐步取代硅电池片并开始大规模的空间应用。柔性薄膜电池片具有成本低和质量轻的优势，更适合应用于大功率航天器供电或电推进系统。

3）刚性基板结构简单可靠，但质量和收拢体积大。柔性基板具有收拢体积小和质量轻等优点，但它的展开机构较为复杂。柔性基板在功率需求较大时，柔性太阳电池阵相对于刚性太阳电池阵在比功率方面有着明显的优势。反之亦然。

4）"扭簧铰链＋联动绳"展开机构多应用于刚性、半刚性太阳电池阵；弹性卷曲管状杆展开机构、盘压杆展开机构、铰接杆展开机构和充气式展开机构多应用于大型柔性太阳电池阵。

6　空间太阳电池阵的发展趋势

经过 50 多年的发展，空间太阳电池阵总体构型、太阳电池片材料与性能、电池阵基板结构和展开机构都经历了重大的变化与革新。随着航天器对大功率低成本轻质空间太阳电池阵需求的不断增加，作为当前主流产品的多板展开式刚性基板的空间太阳电池阵越来越受到航天任务需求的挑战，因为依靠增加基板的数量来提高太阳电池阵的发电功率受到航天器整流罩尺寸和航天器质量的限制；通过选用高转换效率的太阳电池片来提高太阳电池阵的发电功率也受到成本和质量的限制（砷化镓材料价格约为硅材料价格的几倍；砷化镓材料的密度比硅材料密度大[18]）。所以，柔性薄膜太阳电池阵得以发展来弥补多板展开式刚性基板的空间太阳电池阵的不足。柔性薄膜太阳电池阵相比刚性太阳电池阵具有质量轻和收拢体积小的显著优势，也多次应用在航天器上，然而柔性薄膜太阳电池片光电转换效率较低的特点也限制了薄膜电池的大面积应用，柔性太阳电池阵的技术优势没有完全发挥出来。

考虑到刚性和柔性太阳电池阵发展的制约因素，未来大功率航天器的空间太阳电池阵将向着聚光型柔性太阳电池阵的方向发展。聚光型柔性太阳电池阵将是适应大功率低成本轻质太阳电池阵需求的新一代空间太阳电池阵。在保留柔性太阳电池阵质量轻、收拢体积小的优点的同时，空间聚光型太阳电池阵应用了大面积廉价轻质的聚光材料，通过聚光材料增加太阳光的入射强度，进一步提高了电池的光电转换效率。聚光器将较大面积的太阳光汇聚在较小范围内并投射到太阳电池上，从而获得更多的电能输出。据估算[8]，对于聚光倍数为 1.8 倍的聚光太阳电池阵，在功率为 5 kW 时与没有聚光器的太阳电池阵相比，质量比功率可提高约 20%。对于 5 kW 的太阳电池阵，聚光型比非聚光型电池阵降低成本20% 以上。因此，空间聚光型柔性太阳电池阵较好的解决了太阳电池阵大功率与轻质低成本之间的矛盾，是未来空间太阳电池阵的发展趋势。

参 考 文 献

[1]　　Keener D N，Marvin D. Progress in the Multijunction Solar Cell Mantech Program，NASA/CP -

2004 - 212735. Washington：NASA，2004.

[2] Piszczor M F. Trends in Solar Array Technology Development，AIAA 2011 - 1150. Washington：AIAA，2001.

[3] Rauschenbach H S. Solar Cell Array Design Handbook. California：California Institute of Techno-logy，1976.

[4] Fodor J S，Gelb Z，Maassarani Z，et al. Analysis of Triple Junction Solar Arrays After Three Years in Orbit//4th Photovoltaic Energy Conversion. New York：IEEE 2006：1955 - 1958.

[5] Allen D M. A Survey of Next Generation Solar Arrays，AIAA 1997 - 86. Washington：AIAA，1997.

[6] Trautt T A，While S T. ST8 UltraFlex - 175 Solar Array—Deployed Dynamics Analytical Modeling and Comparison to Validation Criteria，AIAA 2010 - 1498. Washington：AIAA，2010.

[7] Zuckermandel J W，Enger S，Gupta N，et al. Modular，Thin Film Solar Arrays for Operationally Responsive Spacecraft//Aerospace Conference. New York：IEEE，2007：391 - 396.

[8] 李国欣. 航天器电源系统技术概论. 北京：中国宇航出版社，2008.

[9] Fairbanks E S，Gates M T. Adaptation of Thin - Film Photovoltaic Technology for Use in Space//26th Photovoltaic Specialists Conference. New York：IEEE，1997：979 - 982.

[10] Fetzer C，King R R，Law D C，et al. Multijunction Solar Cell Development and Production at Spec-trolab，NASA/CP - 2007 - 214497. Washington：NASA，2007.

[11] Eskenazi M，Jones A. Preliminary Test Results for the CellSaver Concentrator Ingeosynchronous Earth Orbit//31th Photovolataic Specialists confernce. New York：IEEE，2005：622 - 625.

[12] Gibb J，Billets S. A Case Study：Integrating Triple - Junction Solar Cells into Flat - Folding Flexible Solar Array Panels//35th Photovoltaic Specialists Conference. New York：IEEE 2010：731 - 735.

[13] Stribling R. Boeing High Power Thin Film Solar Array. AIAA 2006 - 4013. Washington：AIAA，1993.

[14] Takayuki K，Okazaki K. Developments of Extendible Beams for Space Applications，AIAA 93 - 0977. Washington：AIAA，1993.

[15] Tibert A G，Pellegrino S. Deployable Tensegrity Masts. AIAA 2003 - 1978. Washington：AIAA，2003.

[16] Hazelton C S，Gall K R，et al. Development of a Prototype Elastic Memory Composite STEM for Large Space Structures，AIAA 2003 - 1977. Washington：AIAA，2003.

[17] Peypoudat V，Defoort B，Lacour D，et al. Development of a 3. 2m—Long Inflatable and Rigidizable Solar Array Breadboard. AIAA 2005 - 1881. Washington：AIAA，2005.

[18] Luque A，Hegedus S，et al. 光伏技术与工程手册. 王文静，李海玲，等，译. 北京：机械工业出版社，2011.

载人航天器柔性机械臂的动力学建模方法[*]

刘志全　　危清清　　王耀兵

摘　要：空间机械臂在载人航天活动中有着迫切的应用需求。航天器尺寸、质量等因素的限制使得空间机械臂具有大柔性的特点。文章结合空间机械臂应用环境的特殊性，论述了空间柔性机械臂多体动力学和关节的动力学建模方法，分析比较了不同建模方法的特点。为了满足未来空间机械臂在航天器工程应用的要求，文章指出，空间柔性机械臂宜采用混合坐标法描述臂杆刚性运动与柔性变形的耦合；开展关节精细动力学研究，宜将重点放在齿轮传动系统的低速级上。

关键词：空间机械臂　动力学　建模　关节

引　言

空间机械臂是实现航天器在轨组装和空间维修等作业的重要支持设备。从20世纪70年代起，加拿大、日本、欧洲等相继开展了空间机械臂的研究，并成功将空间机械臂应用在多种载人航天器上。加拿大SPAR公司研制的航天飞机遥操作机械臂系统（SRMS，Shuttle Remote Manipulator System）[1-2]于1981年应用于美国的航天飞机上。SPAR公司的空间站遥操作机械臂系统（SSRMS，Space Station Remote Manipulator System）[3]，日本实验舱遥控机械臂系统（JEMRMS，Japanese Experiment Module Remote Manipulator System）[4]及欧洲机械臂（ERA，European Robotic Arm）[5-9]也分别于2001年、2008年和2013年应用到国际空间站上。中国未来的空间站也将应用空间机械臂执行相关空间作业任务[10]。

应用于载人航天器上的大型空间机械臂的质量小、负载质量大、活动范围大的设计需求决定了机械臂一般设计为细长结构，而细长结构和大质量的末端负载使得机械臂系统频率一般为零点几赫兹，柔性特征十分明显，因此带来的动力学与控制问题影响着空间机械臂在轨应用的效果。SRMS的应用结果表明[1]：SRMS约有30％的工作时间被用于等待柔性机械臂振动的衰减。可见，空间柔性机械臂大柔性的特点严重影响了空间柔性机械臂的工作效率。

针对上述问题，国内外相关研究部门展开了空间机械臂柔性多体动力学[2]和关节的动力学的研究，基于上述研究工作，本文结合未来中国空间柔性机械臂工程应用所面临的技

＊《航天器工程》2013，Vol. 22，No. 5，pp34－41

术问题，对空间柔性机械臂多体动力学、关节的动力学建模方法进行分析，旨在建立更为准确的机械臂系统动力学模型，以期更准确地反映空间柔性机械臂动态性能，由此设计和验证的控制系统可有效缩短柔性机械臂在轨运动过程中的振动衰减时间，提高空间柔性机械臂的控制精度，促进空间柔性机械臂在航天器工程中的应用。

1 柔性机械臂多体动力学的建模方法

多体动力学研究由多个柔性体或刚体所组成的复杂机械系统在经历大范围空间运动时的动力学行为[11]。空间柔性机械臂是典型的多体系统[12-13]，由机械臂臂杆、关节、控制器等组成，图1展示了加拿大SPAR公司的SRMS机械臂的组成[14]。为了给关节提供准确的输出力矩命令、预测机械臂关节及末端的轨迹，须要建立并求解机械臂的多体动力学模型[15]。常用的多体动力学建模理论主要有牛顿—欧拉法[13,16]、拉格朗日法[11,17]和kane法[12]等，这几类方法各有所长，目前国外载人航天器机械臂广泛应用的动力学建模理论主要有牛顿—欧拉法和拉格朗日法；对柔性体进行离散化处理的方法主要有集中参数法（LMM）、有限元法（FEM）和假设模态法（AMM)[18-19]；刚柔耦合系统动力学建模方法主要有运动—弹性动力学法与混合坐标法[16,19-20]。

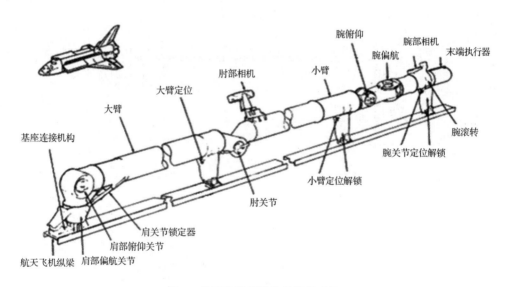

图1 航天飞机遥操作机械臂系统

为了预测并验证SRMS的动力学性能，加拿大SPAR公司从1974年起，耗时18个月建立了两套多体动力学仿真系统：实时仿真设备（SIMFAC）和非实时仿真设备（AS-AD)[21-22]。ASAD采用集中参数法将机械臂简化为7个集中质量体用弹簧串联而成的开环链（open kinematic chain）（如图2所示），每个关节被简化为一个杆和一个转动副，杆的两端各连接一个扭簧用来模拟关节壳体的扭转刚度。ASAD用几段具有集中质量的悬臂梁来计算臂杆的模态特征，计算中只涉及了臂杆的弯曲变形而忽略了臂杆的剪切变形。

　　SPAR 公司在机械臂的每个杆与前后杆的连接处固连两个坐标系（如图 3 所示），其中 $O_0X_0Y_0Z_0$ 是基座坐标系（与航天器本体相固连的坐标系）；$O_{i-1}X_{i-1}Y_{i-1}Z_{i-1}$ 和 $O'_{i-1}X'_{i-1}Y'_{i-1}Z'_{i-1}$ 是与杆 $i-1$ 相固连的两个坐标系；$O_iX_iY_iZ_i$ 和 $O'_iX'_iY'_iZ'_i$ 是与杆 i 相固连的两个坐标系。通过坐标系 $O'_{i-1}X'_{i-1}Y'_{i-1}Z'_{i-1}$ 和 $O_iX_iY_iZ_i$ 的坐标变换矩阵，建立杆 $i-1$ 与杆 i 的相对运动关系。这样，由杆 $i-1$ 的运动参数（含角位移、角速度和角加速度）可以递推得到杆 i 的运动参数，分析杆件间的作用力，利用牛顿－欧拉法得到机械臂动力学模型的一般形式

$$\sum_j \boldsymbol{F}_{j,i} = \frac{\mathrm{d}(m_i v_i)}{\mathrm{d}t} = m_i \boldsymbol{a}_i^{C_i} \tag{1}$$

$$\sum_j \boldsymbol{T}_{j,i} + \sum_j \boldsymbol{r}_j^{C_i} \times \boldsymbol{F}_{j,i} = \frac{\mathrm{d}(J_i \dot{\boldsymbol{\theta}}_i)}{\mathrm{d}t} = J_i \ddot{\boldsymbol{\theta}}_i + \dot{\boldsymbol{\theta}}_i \times (J_i \dot{\boldsymbol{\theta}}_i) \tag{2}$$

式中　$\boldsymbol{F}_{j,i}$ 和 $\boldsymbol{T}_{j,i}$——分别为杆 j 对杆 i 施加的合力与合力矩（j 对应于图 3 中 $i-1$ 和 $i+1$），显然，$\boldsymbol{F}_{j,i}=-\boldsymbol{F}_{i,j}$、$\boldsymbol{T}_{j,i}=-\boldsymbol{T}_{i,j}$；

　　　　$\boldsymbol{r}_j^{C_i}$——坐标系 $O_jX_jY_jZ_j$ 的坐标原点 O_j 到质心 C_i 的矢量；

　　　　J_i，m_i——分别为杆 i 的转动惯量和质量；

　　　　v_i，$\boldsymbol{a}_i^{C_i}$——分别表示杆 i 质心 C_i 的平动速度和加速度；

　　　　$\dot{\boldsymbol{\theta}}_i$，$\ddot{\boldsymbol{\theta}}_i$——分别为杆 i 的角速度和角加速度。

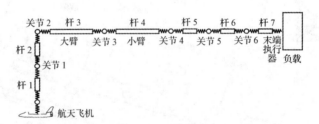

图 2　SRMS 柔性模型

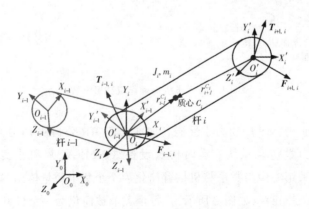

图 3　牛顿－欧拉法动力学模型

ASAD 根据末端轨迹规划计算机械臂开环系统各个部件的运动参数，采用运动—弹性动力学法把机械臂看作是运动的弹性系统，在描述机械臂大范围运动时，将臂杆视为刚体；描述机械臂变形时将臂杆视为柔性体。对应的，ASAD 动力学模型由两部分组成，一部分用于描述柔性体的高频振动，另一部分用于描述刚体的低频振动。ASAD 把外力和刚体惯性力施加到柔性臂杆上计算柔性体的变形，并将此变形与臂杆刚性运动叠加，在此基础上求出机械臂的运动学和动力学参数。这种算法简化了动力学求解的难度，但是忽略了柔性体变形与刚体运动的相互影响，这也是 ASAD 仿真结果与 SRMS 遥测数据之间总存在较大误差的原因之一[1,22-23]。

20 世纪 90 年代中期，为了辅助组装和维护国际空间站上的俄罗斯舱段，荷兰 Fokker 公司开始研制欧洲机械臂并开发了欧洲机械臂的多体动力学仿真系统（ESF，ERA Simulation Facility)[24-25]，该系统采用臂杆的前两阶弯曲模态与第一阶扭转模态来表征臂杆柔性特征；同时将关节简化为非线性扭簧来表征关节刚度特征，关节摩擦力矩模型则采用如图 4 所示的模型[26]，为了方便计算，ESF 将实验测量的动摩擦力矩作为常值处理。

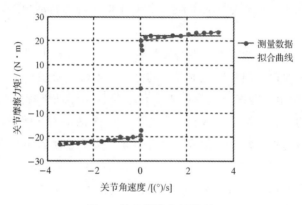

图 4　关节摩擦力矩模型

与 ASAD 一样，ESF 也是采用运动—弹性动力学法建立欧洲臂柔性多体动力学模型，也存在同样的问题，即忽略了柔性体变形与刚性运动的相互影响[25]。

2001 年应用于国际空间站的 7 自由度机械臂 SSRMS，利用其冗余自由度灵巧避障、避奇异点，改善了各关节的力矩状况，这也是 SSRMS 优于 SRMS，ERA，JEMRMS 的地方[27-28]。文献[29]采用拉格朗日法建立 SSRMS 多体动力学模型，采用神经网络法来优化轨迹及各个关节的输出。

定义与各个关节相固连的坐标系（如图 5 所示），并将每个关节的转角定义为广义坐标，即可得到各个部件之间的坐标变换矩阵和各个部件间的运动关系。通过系统动能和系统势能可建立机械臂的动力学模型

$$L = Q - V \tag{3}$$

$$T_i = \frac{\mathrm{d}}{\mathrm{d}t}\left[\frac{\partial L}{\partial \dot{\theta}_i}\right] - \frac{\partial L}{\partial \theta_i} \tag{4}$$

式中　Q——机械臂的系统动能；

　　　V——机械臂的系统势能；

　　　T_i——关节 i 的输出力矩；

　　　L——拉格朗日函数。

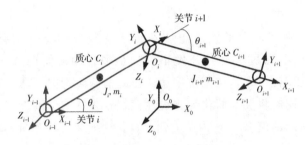

图 5　拉格朗日法动力学模型

在图 5 中，θ_i 和 θ_{i+1} 分别为杆 i 和 $i+1$ 相对于前一杆的转动角度，$\dot{\theta}_i$ 和 $\dot{\theta}_{i+1}$ 则为对应的角速度。

混合坐标法将空间机械臂臂杆假设为弹性连续体，在臂杆上建立浮动坐标系（坐标系与柔性臂杆固连，柔性臂杆的变形使坐标系的坐标原点位置及坐标轴方向都随之改变，故称为浮动坐标系），则柔性臂杆上任意一点的位置坐标由浮动坐标系的刚体坐标与柔性体相对于浮动坐标系的模态坐标叠加得到。相比于 SRMS 的动力学模型，混合坐标法建立的动力学模型描述了空间机械臂系统大范围刚性运动与柔性振动的相互影响，更加接近实际情况。

20 世纪 90 年代中期，日本宇宙航空研究开发机构（JAXA）也开展了空间机械臂 JEMRMS 的多体动力学研究，最初也是利用有限元法计算模态特征值[30]。JEMRMS 主要实现电池插拔等灵巧操作，最大操作载荷只有 7 000 kg，将 JEMRMS 臂杆设为刚性，只考虑关节柔性，这样与 SRMS、ERA、SSRMS 等有很大不同。

2007 年，文献[31]认为，简单地将 SSRMS 臂杆假设为末端自由的悬臂梁来建立 SS-RMS 动力学模型并不能反映实际情况，于是 JSC 采用拉格朗日法建立了一套 SSRMS 模拟臂的动力学模型，在求解柔性臂杆模态方程时，在末端边界条件中加入了末端质量影响因子，以表征不同末端质量下臂杆的模态特性，经过实验验证，修正末端边界后的动力学模型更加接近实验结果。

2009 年，文献[32-33]利用牛顿—欧拉法建立了含空间站、机械臂及负载的多体系统动力学模型，其中柔性臂杆模型也是通过混合坐标法建立的；针对关节与机械臂末端振动抑制问题提出了一种控制策略，但其机械臂系统只考虑了一个关节，动力学模型比较简单。

上述空间机械臂动力学建模方法的比较见表1。

表1 空间机械臂动力学建模方法比较

	自由度 N	多体动力学建模理论与特点		臂杆离散化方法	刚柔耦合系统建模方法与特点	
		建模理论	特点		建模方法	特点
SRMS	6	牛顿—欧拉法	1）建模需要参考笛卡尔坐标系，物理概念明确，但是建模过程与各个部件坐标系、形状等联系紧密，不利于快速程序化建模； 2）建模过程中公式推导量与机械臂自由度数呈线性关系； 3）引入了内力项，增加了未知数，增加了动力学方程的个数	集中参数法	运动—弹性动力学法	未考虑臂杆运动与臂杆振动的耦合，计算量小，仿真结果与遥测结果误差较大[23]
ERA	7			—		
SSRMS	7	拉格朗日法	1）依托独立坐标，不用考虑变量的具体物理概念，过程简单，方便快捷，适合编写通用程序； 2）建模过程中公式推导量与机械臂自由度数呈几何级数关系； 3）采用独立坐标，动力学方程个数与广义变量数相同	假设模态法	混合坐标法	考虑臂杆运动与臂杆振动的耦合，计算量大，更接近实际
JEMRMS	6				—	—

注：表中的“—”指未见相关文献报道。

文献[12]认为采用拉格朗日法建立的空间机械臂动力学模型比牛顿—欧拉法建立的动力学模型规模小，计算效率更高。对于柔性多体系统，采用混合坐标法建模考虑了刚性运动与柔性振动的耦合，更符合实际情况。因此，推荐用拉格朗日法建立空间机械臂多体动力学模型，同时用混合坐标法描述臂杆柔性变形与刚性运动的耦合。

2 柔性机械臂关节的动力学建模方法

空间柔性机械臂关节是空间机械臂提供动力、感知位置和机械连接的重要部件，是保证机械臂运动范围、运动精度和运动平稳性的关键。空间柔性机械臂关节主要由动力源、传动装置、传感器和控制器等组成。

空间柔性机械臂关节的动力学建模是指建立关节输出力矩与关节输出运动参数的联系。关节动力学模型与关节传动装置有关，长寿命大型空间柔性机械臂关节一般采用行星齿轮传动系统作为主要传动装置，图6为某空间柔性机械臂关节齿轮传动系统。

目前，针对空间柔性机械臂关节动力学建模的研究主要有两种思路：

1）基于简化模型的空间柔性机械臂动力学研究。此方法将柔性关节简化成扭簧，不考虑传动装置内部动力传动关系，只考虑关节输出力矩与关节输出运动参数的关系。

2）基于精细模型的空间柔性机械臂动力学研究。此方法深入分析传动装置各个部件间的受力、运动关系，考察部件与部件之间的各种非线性影响因素，建立整个关节的动力学模型，由此得到关节输出力矩与关节输出运动参数的关系。

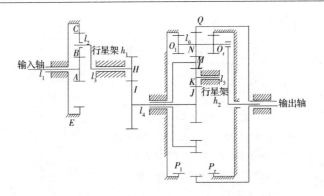

图 6　某空间柔性机械臂关节齿轮传动系统

2.1　基于简化模型的动力学建模方法

关节动力学的早期研究是将关节假设为线性扭簧，此模型无法涵盖齿轮传动系统的摩擦及间隙等非线性因素的影响。1982 年，文献[2]在研究 SRMS 关节动力学时，将关节简化为一个非线性扭簧，该扭簧刚度曲线由一段直线与一段抛物线组成（如图 7 所示），其中直线段斜率为关节输出参数稳定时的关节刚度，直线段延长线与横轴的交点即为关节间隙角的一半，抛物线与直线交点（δ_1，T_1）则通过实验数据拟合获得。此刚度模型综合考虑了刚度与间隙的影响，并通过实验数据拟合修正，可信程度较大。

文献[34]在关节模型中引入摩擦力矩的影响，将电机自身的摩擦力矩与关节传动系统的摩擦力矩区别对待，关节摩擦力矩模型简化为图 4 所示的库仑摩擦模型，忽略非线性影响。文献[30]也将 JEMRMS 关节简化为此类弹簧－阻尼模型。

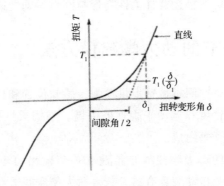

图 7　SRMS 关节刚度模型

2008 年，文献[35－36]在建立柔性机械臂动力学模型时也将关节简化为非线性扭簧，并在此基础上建立关节控制系统。

关节简化模型忽略了实际关节中复杂的齿轮构形与受力关系，仅考虑关节宏观动力学特点。以此建立的关节控制系统结构简单。简化模型对关节的非线性刚度特别是齿轮啮合刚度的时变特性无法准确描述，也不能解释关节的高频振动等现象，模型的各个参数均需通过实验测量获得，代价较大，简化模型对关节零部件的机械系统设计、减重及优化指导意义不大，难以获得关节内部传动的动力学特性。然而，由于该模型简单且能反映关节的宏观运动特点，所以在单关节控制系统的设计中应用较多。

2.2　基于精细模型的动力学建模方法

为了准确预测机械臂的动力学行为，要用更高精度的机械臂关节动力学模型来反映真实动力学特性，需要建立更加细化的、全面考虑关节非线性影响因素的关节模型。

多级行星齿轮传动系统动力学建模一般参照齿轮的动力学建模方法[37]。影响齿轮啮合的非线性因素主要包括时变啮合刚度、传动误差、齿侧间隙和啮合阻尼（如图 8 所示）。

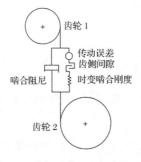

图 8　齿轮精细动力学模型

1）时变啮合刚度[38]。啮合刚度即轮齿抵抗沿啮合线方向变形的能力。由于轮齿啮合位置的变化及重合度的影响，齿轮啮合刚度呈周期性变化。

2）传动误差[39]。齿轮加工、装配过程中产生的几何偏心及运动偏心等误差，造成的齿轮机构从动轮实际转角与理论转角之差即为传动误差，此误差属于随机误差。

3）齿侧间隙。齿轮加工时造成的轮齿变薄及装配中齿轮副中心距的改变，使得啮合轮齿对之间存在间隙。齿侧间隙一般由分段函数表示。

4）啮合阻尼。由于齿面摩擦等引起的阻碍齿轮副相对运动的能力。

1993 年，文献[40]在设计一个容错关节时，采用精细模型分析了齿轮传动系统各个齿轮间的啮合关系，计算了关节频域特性，计算结果与实验数据基本吻合。然而，为了简化计算，此模型只考虑了齿轮扭转刚度与惯性等线性因素，将啮合刚度当作常值处理，忽略了齿侧间隙等非线性因素的影响。

2010 年，文献[41-42]将这种方法引入到多级行星齿轮传动系统动力学建模中，采用集中参数法分析了齿轮传动系统中每对齿轮的时变啮合刚度、齿侧间隙、传动误差及啮合阻尼的影响，建立了细化关节模型。

细化关节模型中，轮齿单齿啮合刚度由国际标准 ISO6336 提供的经验公式计算得到，双齿或多齿啮合情况下的啮合刚度根据重合度的大小计算得到，双齿或多齿啮合刚度视为单齿啮合的并联系统，由此获得齿轮传动啮合刚度的周期性时变特性[42]。在该模型中，传动误差视为齿轮转角的正弦函数，齿侧间隙用双曲正切函数来模拟。

仿真结果表明，齿侧间隙是造成关节谐振的重要因素，在建立关节传动系统动力学模型时必须考虑。然而，关节精细模型的计算精度虽有了较大提高，但是求解计算量大（每个关节模型由 11 个 2 阶偏微分方程组成），不能直接应用，需要予以简化。

2013 年，文献[43]基于关节精细模型对某多级行星齿轮传动的关节齿轮传动系统刚度进行了分析，分析结果表明，关节多级行星齿轮传动系统高速级与中速级刚度降低 90% 时，关节传动系统总刚度仅降低 1.85%，关节传动系统的刚度主要受低速级影响，高速级则可当作刚性对待，这样简化后每个关节模型的规模将降低 60% 以上。

基于以上分析，采用精细模型来研究空间柔性机械臂关节动力学特性时，重点应放在传动系统的低速级上。同时，还须通过相关实验获得齿轮时变啮合刚度、传动误差和齿侧间隙等参数来修正关节动力学模型。

3　结束语

基于对国内外载人航天器柔性机械臂动力学建模方法的综合分析，得出如下几点结论：

1）空间柔性机械臂多体动力学可采用拉格朗日法建模，以利用拉格朗日法建模程序化、规范化、模型规模小的优点；宜采用混合坐标法来描述臂杆刚性运动与柔性变形的耦合，更准确地描述机械臂的动力学行为。

2）应建立含时变啮合刚度、间隙及传动误差等非线性因素的关节精细动力学模型，使关节动力学行为的描述更准确。

3）建立关节精细动力学模型时，宜将重点放在齿轮传动系统的低速级上，可忽略高速级柔性，以简化关节精细模型。

4）关节动力学模型建立时需要辅以实验手段，用关节参数的测试结果修正关节动力学模型。

5）空间柔性机械臂多体动力学模型和关节动力学模型的准确建立，有利于有的放矢地设计控制系统，提高机械臂末端定位精度，降低末端振动衰减时间。

参 考 文 献

[1] Hunter J A，Ussher T H，Gossain D M. Structural Dynamic Design Considerations of the Shuttle Remote Manipulator System，AIAA‑0706. Washington D. C. ：AIAA，1986

[2] Nguyen P K，Ravindran R，Carr R，et al. Structural Flexibility of the Shuttle Remote Manipulator System Mechanical Arm，AIAA‑1982‑1536//Guidance and Control Conference. Washington D. C. ：AIAA，1982：246‑256

[3] Graham G，Savi S，Benoit M，et al. Canada and the International Space Station Program Overview and Status. Acta Astronautica，2003，51（1）：591‑600

[4] Shiraki K，Ozawa K，Matsueda T，et al. JEMRMS Development Status，Japanese Experiment Module Used for International Space Station，IAF‑93‑502//44th International Astronautical Congress. Paris：IAF，1993：16‑22

[5] Amadieu P J. European Contribution to the International Space Station Alpha，IAF－94－434//45th International Astronautical Congress. Paris：IAF，1994

[6] Freund E，Rossmann J. Multimedia and Virtual Reality Techniques for the Control of ERA，the First Free Flying Robot in Space，IEEE－01CH37164//Proceedings 2001 ICRA IEEE International Conference. Washington D. C. ：IEEE，2001：1921－1926

[7] Kampen S，Mandersloot W，Thirkettle A J，et al. The European Robotic Arm and Its Role as Part of the Russian Segment of the International Space Station Alpha，IAF－95－T303//46th International Astronautical Congress. Paris：IAF，1995

[8] Lambooy P J，Mandersloot W M，Bentall R H. Some Mechanical Design Aspects of the European Robotic Arm，NASA－95N27262. Washington D. C. ：NASA，1995

[9] Boumans R，Heemskerk C. The European Robotic Arm for the International Space Station. Robotics and Autonomous Systems，1998：23（1）：17－27

[10] 于登云，孙京，马兴瑞. 空间机械臂技术及发展建议. 航天器工程，2007，16（4）：1－8

[11] 陆佑方. 柔性多体系统动力学. 北京：高等教育出版社，1993

[12] Woerkom A K. Misra Robotic Manipulators in Space a Dynamics and Control Perspective. Acta Astronautica，1996，38（4）：411－421

[13] 曲广吉. 航天器动力学工程. 北京：中国科学技术出版社，2000

[14] Ravindran R，Doetsch K H. Design Aspects of the Shuttle Remote Manipulator Control，AIAA－1982－1581//Guidance and Control Conference. Washington D. C. ：AIAA，1982：456－465

[15] Dubowsky S，Vafa Z. A Virtual Manipulator Model for Space Robotic Systems，NASA－89N26574. Washington D. C. ：NASA，1987

[16] 黄文虎，邵成勋. 多柔体系统动力学. 北京：中国科学出版社，1996

[17] 洪嘉振. 计算多体系统动力学. 北京：高等教育出版社，1999

[18] 洪嘉振，尤超蓝. 刚柔耦合系统动力学研究进展. 动力学与控制学报，2004，2（2）：1－6

[19] 洪嘉振，刘铸永. 刚柔耦合动力学的建模方法. 上海交通大学学报，2008，42（11）：1921－1926

[20] 宋轶民，余跃庆. 柔性机器人动力学分析与振动控制研究综述. 机械设计，2003，20（4）：1－5

[21] Stovman J A，Wagner－Bartak C G，Doetsch K H. A Real－Time Simulation Facility for the Development of Manipulator Systems with Man－in－the－Loop，AIAA－1978－1604//10th Space Simulation Conference. Washington D. C. ：AIAA，1978

[22] Mccllough J R，Sharpe A，Doetsch K H. The Role of the Real－Time Simulation Facility，SIM-FAC，in the Design，Development and Performance Verification of the Shuttle Remote Manipulator System（SRMS）with Man－in－the－Loop，NASA－81N14147. Washington D. C. ：NASA，1981

[23] Glenn J，Elizabeth B. SRMS History，Evolution and Lessons Learned，NASA－JSC－CN－24512. Washington D. C. ：NASA，2011

[24] Hoogstraten J A，Mortensen U. EUROSIM － System and Applications，IAF93－587//44th IAF International Astronautical Congress. Paris：IAF，1993

[25] Couwenberg M J H，Blommestijn R J H，Schulten D J，et al. The ERA Simulation Facility for the European Robotic Arm Programme，IAF－99－U301//50th International Astronautical Congress. Paris：IAF，1999

[26] Breedveld P，Diepenbroek A Y，Lunteren T. Real－Time Simulation of Friction in a Flexible Space

Manipulator，IEL－0－7803－4160－0//8th International Advanced Robotics Conference. Netherlands：IEL，1997

[27]　Daniell R G，Beck J R. On the Design and Development of the Space Station Remote Manipulator System（SSRMS），IAF91－074//42nd International Astronautical Congress. Paris：IAF，1991

[28]　Fayssai A，Buhariwala H，MacLean K，et al. Dynamics Analyses of Space Station Remote Manipulator System Operations，IAF－97－T312//48th International Astronautical Congress，Paris：IAF，1997

[29]　Talebi H A，Patel R V，Asmer H. Dynamic Modeling of Flexible－Link Manipulators Using Neural Networks With Application to the SSRMS，IEEE－0－7803－4465－0//1998 IEEE/RSJ International Conference. Washington D. C.：IEEE，1998：673－678

[30]　Tatsuo M，Fumihiro K，Shoichi M，et al. Development of Japanese Experiment Module Remote Manipulator System，NASA－95N23708. Washington D. C.：NASA，1995

[31]　MacLean J R，Huynh A，Quiocho L J. Investigation of Boundary Conditions for Flexible Multibody Spacecraft Dynamics，NASA－DETC2007－35511. Washington D. C.：NASA，2007

[32]　谭春林，刘新建. 大型挠性空间机械臂动力学与减速比对振动抑制影响. 国防科技大学学报，2009，31（4）：102－106

[33]　谭春林. 大型挠性空间机械臂振动抑制的一种关节控制策略. 动力学与控制学报，2009，7（3）：275－278

[34]　Elizabeth B，Kuo Yingming，Phung N，et al. Upgrade of the SRMS Math Model to Support the Orbiter Tile Repair Maneuver，AIAA－2005－5990//Guidance，Navigation，Control Conference and Exhibit. Washington D. C.：AIAA，2005

[35]　张晓东，贾庄轩，孙汉旭，等. 空间机器人柔性关节轨迹控制研究. 宇航学报，2008，29（6）：1865－1869

[36]　张晓东. 空间柔性机械臂控制策略研究. 北京：北京邮电大学，2008

[37]　张策. 机械动力学. 北京：高等教育出版社，2007

[38]　王龙宝. 齿轮刚度计算及其有限元分析. 江苏镇江：江苏大学，2007

[39]　孙智民，季林红，沈允文. 2K－H 行星齿轮传动非线性动力学. 清华大学学报（自然科学版），2003，43（5）：636－639

[40]　Wu E C，Hwang J C，Chladek J T. Fault－Tolerant Joint Development for the Space Shuttle Remote Manipulator System：Analysis and Experiment，IEEE－1042－296X//Robotics and Automation. Washington D. C.：IEEE，1993：675－684

[41]　潘博，于登云，孙京. 大型空间机械臂关节动力学建模与分析研究. 宇航学报，2010，31（11）：2448－2455

[42]　潘博. 空间机械臂关节动力学分析研究. 北京：中国空间技术研究院，2010

[43]　危清清，王耀兵，刘志全. 空间机械臂关节零部件对关节总刚度的影响分析. 中国空间科学技术，2013，33（5）：76－81

第 3 篇

航天器机构的设计与分析

空间对接机构结构锁的优化设计*

吴义忠　刘志全　陈立平　周　济

摘　要：结构锁是实现两航天器空间对接的机电装置。本文在分析结构锁的 5 种机构方案优缺点基础上，通过优化比较选择了结构简单、自锁可靠的偏心轮加凸轮机构；然后对其在摆正阶段和拉紧阶段进行参数优化，其中在拉紧阶段又分别以负载最大扭矩最小、消耗最大功率最小和动作时间最短 3 个目标对偏心轮方案的结构锁参数进行了优化设计。结果证明：经过优化的方案消耗能量最少。

关键词：空间对接机构　结构锁　优化设计

引　言

空间对接机构的结构锁是为了保证两个航天器之间的刚性连接而设计的机电装置。结构锁是对接系统中最为关键的传动部件之一，它们被安装在对接框上，工作必须安全可靠，即使发生小的零件破坏，也可能会带来灾难性的后果[1]。因此设计结构锁的一个最重要的原则就是保证可靠性与安全性。

航天器对能源和质量有严格的限制[2-3]，因此，小功率驱动和质量轻是结构锁设计的一个特点。

两航天器对接一般由多对锁钩啮合提供预紧力，结构锁沿对接框周向均匀分布[4]。每个结构锁的动力来源于一个直流力矩电机，电机经过减速系统，由钢索带动结构锁的鼓轮，驱动主动锁钩运动。结构锁设计的已知条件有：结构锁（主动锁钩）的数目、对接过程要提供的拉紧力、拉紧行程、电机的输入功率、对接过程时间。

对接机构结构锁设计采用反对称原则[1,5]：每个结构锁有一个主动锁钩和一个被动锁钩，航天器甲的某个结构锁 A 主动锁钩与航天器乙的对应结构锁 B 的被动锁钩啮合，航天器乙的结构锁 B 的主动锁钩与航天器甲的结构锁 A 的被动锁钩相啮合。

结构锁的对接过程如图 1 所示。对接过程一共可以分为 5 个位置：初始位置、啮合位置、拉紧位置、松开位置和脱离啮合位置。在初始位置时，主动锁钩与被动锁钩错开一个角度。对接开始时，主动锁钩要摆正，进入啮合位置，此过程主动锁钩作空载摆动（最好是向下运动的同时作摆动）。进入啮合位置后，主动锁钩便进行直线拉紧运动。后面的松开和脱离啮合则为相反运动过程。

---

* 《空间科学学报》2000，Vol. 20，No. 4，pp356 - 365

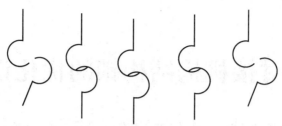

初始位置　　啮合位置　　拉紧位置　　松开位置 脱离啮合位置

图 1　结构锁的对接过程示意图

　　由此看出：对接过程中，结构锁的被动锁钩方向保持不变，主动锁钩先作空载摆正、后受力拉紧与之对应的被动锁钩作直线运动。为保证预紧力稳定和不受制造误差的影响，被动锁钩上需加弹簧组件。本文将讨论主动锁钩复合运动的实现。

1　结构锁的结构方案比较和分析

　　图 2 给出 5 种结构锁方案。表 1 对这 5 种方案作一比较。

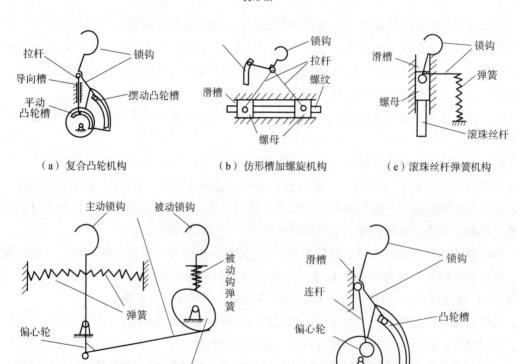

（a）复合凸轮机构　　　（b）仿形槽加螺旋机构　　　（e）滚珠丝杆弹簧机构

（c）偏心轮加弹簧机构　　　　　　（d）偏心轮加凸轮机构

图 2　机构运动简图

表 1   结构锁方案比较

项目\方案	工作原理	自锁保证	优缺点
复合凸轮机构	凸轮摆动槽推动锁钩使锁钩产生摆动。凸轮平动槽带动拉杆作直线运动	通过凸轮平动槽轮廓曲线实现自锁	优点是结构简单；可以通过设计凸轮的轮廓曲线，按预定运动规律实现锁钩摆动和上下运动。缺点是存在高副接触，磨损严重
仿形槽加螺旋机构	螺杆转动推动两螺母在滑槽中作反向运动，通过两拉杆拉动锁钩向下运动。锁钩的摆动与角度固定靠仿形槽的形状实现	矩形螺纹的升角小于摩擦角	优点是采用了螺纹这种力放大机构，驱动方便；采用了对称螺纹传动使水平方向上的力抵消，减小传动系统上的载荷。缺点是结构较复杂，效率低；加工和安装误差易导致机构卡死；锁钩在拉紧过程中，运动速度和拉力越来越大，所需驱动功率成倍增大
偏心轮加弹簧机构	偏心轴带动锁钩底端作圆周运动，锁钩在两端弹簧力作用下产生摆动而啮合，啮合后由于被动钩的支持力作用从而使主动锁钩作直线运动	偏心轮受力作用线与作用点和转轴中心连线的夹角小于摩擦角	优点是结构简单；容易实现备份打开。缺点是产生在对接框上的分力，虽然可以由对称结构来抵消或利用导向杆来支撑，但不可避免地使部分功率损耗；空载摆正时间较长
偏心轮加凸轮机构	锁钩摆动靠凸轮槽实现。锁钩进入啮合后，由凸轮槽保证其方向不变。锁钩的直线运动靠偏心轮带动连杆、连杆拉动锁钩在滑槽的支撑下实现	偏心轮受力作用线与作用点和转轴中心连线的夹角小于摩擦角	优点是传动效率高、结构简单；锁钩拉紧的速度越来越小，从而使得所需驱动功率在拉紧力逐渐增大的情况下不至于增加太大。缺点是由于偏心轮承受的力矩较大，决定了偏心轮的转速要小，也使得鼓轮的半径增大或钢索的拉力增大；由于力矩时刻变化，电机输出转速随之变化，给计算对接时间带来麻烦
滚珠丝杆弹簧机构	滚珠丝杆带动螺母沿滑槽作直线运动，锁钩受到弹簧的推力而摆正啮合。啮合后主动锁钩在被动锁钩的支持下压缩弹簧，保持方向不变。打开过程与拉紧过程相反	滚珠丝杆可以采用摩擦片使其反方向自锁	优点是机构简单，功率恒定，传动效率高；支持备份打开（同偏心轮加弹簧机构）。缺点是弹簧可能会过压失效而影响打开操作；另外，若要减少摆正时间，必须使锁钩与弹簧连接的突出杆长很短，从而增加安装的困难。所以，一般需增加位移放大机构

由表 1 可见，偏心轮加凸轮机构的方案具有效率高、结构简单、自锁可靠等优点，而且可以通过计算和优化，使其工作状态达到最好，使得结构锁在完成对接任务的情况下消耗最小的功率或使用最短的时间。因此采用这种方案。苏联联盟号飞船对接机构结构锁也是采用偏心轮机构[1]。下面详细讨论这种机构的优化设计问题。

2   结构锁的摆正优化模型

由于电机的输出功率有限，而整个对接工作时间又有限制，所以要尽量减少空载摆正时间。因为偏心轮与凸轮是固连在一起的，故凸轮与偏心轮同步转动。如图 3 所示，设主动锁钩摆正角度为 β_0，而对应的凸轮（偏心轮）转动角度为 α_0。又假设空载摆正过程中机构所受的摩擦力矩为一定值，则偏心轮匀速转动，那么要减少空载摆正时间，就是在合适的位置设计凸轮槽，使机构在空载摆正时保证锁钩转动 β_0 的情况下，偏心轮即凸轮的

转角 θ_0 最小。

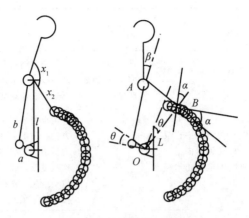

图 3　主动锁钩摆正优化

设偏心轮的偏心距为 a、连杆长为 b、锁钩开始位置到偏心轮转动中心距离为 l（若偏心轮从竖直位置开始转动，则 $l = a + b$），则优化问题如下所示。

设计目标是使得凸轮的转角 θ_0 最小；设计参变量是锁钩末端杆长 x_2 及其与锁钩体夹角 x_1；约束条件：锁钩匀速摆正 β_0；锁钩末端在凸轮槽中运动不能卡死，即压力角 α 必须小于许用压力角 $[\alpha]$

$$l = b\cos\left[\arcsin\left(\frac{a}{b}\sin\theta\right)\right] + a\cos\theta \tag{1}$$

要使得锁钩匀速摆动，即

$$L = |OB| = \sqrt{x_2^2 + l^2 - 2x_2 l\cos(\pi - x_1 - \beta)} \tag{2}$$

$$\beta = \frac{\beta_0}{\theta_0}\theta \tag{3}$$

式中　β_0——锁钩从初始位置到竖直位置的转角；

　　　　θ_0——与 β_0 对应的偏心轮转角。

由式（1）～（3）可知：当机构的几何参数一定时，L 是 θ 的函数。

锁钩底部与凸轮槽之间的压力角 α 等于锁钩底部端点 B 的运动方向与受力方向的夹角，也等于矢量 $\boldsymbol{AB}$ 与凸轮轮廓曲线在 B 点处切线的夹角，即

$$\alpha = \boldsymbol{AB} \quad \wedge \quad \boldsymbol{kB} \tag{4}$$

其中，$\boldsymbol{AB}$ 可由 l，L 和 θ 求得，$\boldsymbol{kB}$ 为轮廓曲线在 B 点处的切线方向角，由 $L(\theta)$ 求导得到。

综上所述，结构锁摆正过程的数学模型（目标函数和约束条件）为

$$\min: \theta_0;$$

约束条件：
$$\begin{cases} X_1 > x_1 > 0，X_1 \text{ 为结构约束尺寸；} \\ X_2 > x_2 > 0，X_2 \text{ 为结构约束尺寸；} \\ \alpha < [\alpha] \end{cases}$$

3　结构锁的拉紧优化模型

设直流力矩电机的最大输入功率为 P_i，通过减速器和钢索同时驱动 N 对锁钩运动，被动锁钩上的预紧拉力为 F_0，锁钩拉紧行程为 δ，工作时间为 t。

显然，传动比 i 不同，连杆长度 b 不同，偏心距 a 不同，以及对应于工作行程 δ 时的偏心轴转到最低处总转角 α 不同时，都会影响工作负载力矩 T，从而影响电机的输出功率 P_o，影响对接工作时间 t。为了求得合适的 i，a，b 及 α，可以采用三种途径进行优化设计：以偏心轮承受的最大扭矩最小为目标；以电机的最大输出功率最小为目标；以拉紧时间最短为目标。下面对这三种情况分别阐述，最后将它们综合进行多目标优化。

3.1　以最大扭矩最小为目标的优化模型

不考虑功率和时间限制，只考虑偏心轮在转动过程中所受到的最大扭矩尽量小。选定设计变量 a，b，α，则任一转角 φ 时，负载扭矩 T 为（见图 4）

$$T = \frac{F_0 h}{\cos\psi - \mu\sin\psi} \tag{5}$$

式中　μ——锁钩铰链与滑槽的摩擦系数；

$\psi = \arcsin\left(\dfrac{a\sin\varphi}{b}\right)$；

$h = (b\cos\psi - a\cos\varphi)\sin\psi$。

则 $T_m = \max\{\,T\,\}$，$\varphi = 0 \sim \alpha$，显然对于不同的设计变量 a，b，α，T_m 的值随之变化。优化的目标函数是使 T_m 最小。

约束函数（见图 5）

1）几何约束

$$-a < 0,\ \delta - 2a \leqslant 0,\ -b < 0,\ -\alpha < 0,\ \alpha - \pi \leqslant 0$$

2）工作行程 δ 约束

$$l_0 - l - \delta = 0$$

其中：$l_0 = \sqrt{b^2 + a^2 - 2ab\cos(\beta - \alpha)}$，$\beta = \arcsin(a\sin\alpha/b)$，$l = b - a$。

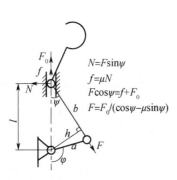

$N = F\sin\psi$
$f = \mu N$
$F\cos\psi = f + F_0$
$F = F_0/(\cos\psi - \mu\sin\psi)$

图 4　偏心轮在任一转角处的负载

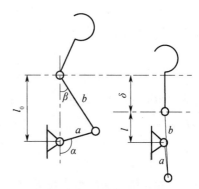

图 5　设计变量关系图

3.2　以电机所需的最大输出功率最小为目标的优化模型

机构的总传动效率一定，要使得电机最大输出功率最小，就是要使偏心轮在拉紧过程中所需的最大扭矩最小，即：$P_{\max} = (Tn)_{\max}$ 最小。若对拉紧时间限定为 t，又因偏心轮转速变化不大视为匀速（由此计算的 $P_{\max}$ 比真实值大，不影响电机额定功率的选择），则优化的目标是使

$$P_{\max} = \left(\frac{T\alpha}{t}\right)_{\max} \tag{6}$$

最小。其中 T 由公式（1）求出，设计变量和约束函数与 3.1 节相同。

3.3　以拉紧时间最短为目标的优化模型

设直流力矩电机参数：额定输出功率为 P_0，空载转速为 n_0，额定转速为 n_e，堵转电流为 I_{st}，堵转力矩为 T_{st}。如图 6 所示。

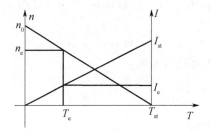

图 6　直流力矩电机的机械特性及电流特性

因为偏心轮在驱动锁钩转动时负载扭矩是变化的，从而导致转速的波动，虽然转速变化不大，但若取平均速度计算时间，结果表明小于真实值，这样会使对接不能够在预定的时间内完成。因此，这里对拉紧时间作精确计算。

设 t 为拉紧时间，可以用偏心轮转动 α 内的数值积分求得，即

$$t = \int_0^\alpha \frac{\mathrm{d}\varphi}{V(\varphi)} \tag{7}$$

式中　$V(\varphi)$ ——偏心轮转动过程中转速对转角的函数。

由公式（1）可知任一角度 φ 时

$$T = F_0 h / (\cos\varphi - \mu\sin\varphi) = f(a, b, \varphi)$$

式中　T——a, b, φ 的函数。

设传动比为 i，机构的总传动效率为 η，结构锁数目为 N，则负载为 T 时电机轴输出扭矩 T_d 为

$$T_d = \frac{NT}{\eta \cdot i}$$

由图 6 可知，电机额定输出扭矩 $T_e = 9.55\, P_0/n_e$，负载 T 时电机的转速 n_d 为 $n_d = n_e + (T_d - T_e)n_0/T_{st}$，偏心轮的转速 $n = n_d/I$，取步长为 $\Delta\Phi$，则在内运动时间为 $\Delta t =$

$\Delta\Phi/n$ 。因此，本优化问题描述为：目标是使拉紧时间 t 最短。

设计变量：a，b，i，α；

约束条件：

1) 几何约束同 3.1 节。

2) 拉紧行程为 δ，同 3.1 节。

3) 电机工作力矩 T_d 小于堵转力矩 T_{st}，即

$$T_d - T_{st} \leqslant 0$$

4) 电机输入功率不大于 P_i，电机工作电压 U 一定

$$UI - P_i \leqslant 0$$

由图 5 可知

$$I = T_d I_{st} / T_{st}$$

5) 电机效率不能高于 90%

$$\frac{T_d n_d}{9.55UI} - 0.9 \leqslant 0$$

3.4 多目标综合优化模型

对最大负载扭矩、最大功耗和对接拉紧时间三个目标进行综合，建立多目标优化模型的目标函数如下（设计变量和约束函数同 3.3 节）

$$\min: f(\boldsymbol{X}) = \sum_{j=1}^{3} W_j f_j(\boldsymbol{X})$$

式中　$\boldsymbol{X}$——设计变量，$\boldsymbol{X} = [a, b, i, \alpha]^T$；

$f_j(\boldsymbol{X})$——分别为式（5）～（7）所描述的最大负载扭矩、最大功耗和对接拉紧时间对 $\boldsymbol{X}$ 的函数。

W_j——各个目标函数的加权因子，为了使得各个目标在不同的数量级上能够获得最优解[7]，取 W_j 为

$$W_j = \frac{W_{j1} \cdot W_{j2}}{\sum_{j=1}^{3} W_{j1} \cdot W_{j2}}$$

W_{j1}——本征权因子，为

$$W_{j1} = \frac{f_j(\boldsymbol{X}^0)}{\sum_{j=1}^{3} f_j(\boldsymbol{X}^0)}$$

W_{j2}——校正权因子

$$W_{j2} = \frac{[f_j(\boldsymbol{X}^0) - f_j(\boldsymbol{X}^*)]^{-1}}{\sum_{j=1}^{3} [f_j(\boldsymbol{X}^0) - f_j(\boldsymbol{X}^*)]^{-1}}$$

式中　$f_j(\boldsymbol{X}^0)$——第 j 个目标的初始值；

$f_j(\boldsymbol{X}^*)$——第 j 个目标的最优值。

4　优化求解与实例

实例　已知对接拉紧力 $F_0 = 2.8$ t，对接拉紧行程 $\delta = 8$ mm，电机输入功率不大于 25 W。

4.1　摆正过程

因为该优化问题的目标函数和约束条件与设计变量之间的关系比较复杂，用传统的公式推导方法求解最优解显得很麻烦，所以笔者采用在 Pro/Mechanica 软件下进行仿真求最优解，可以自动求出每一位置处的压力角。如图 7 所示，首先根据结构参数建立机构的运动学模型，应用 Pro/Develop 二次开发工具，从锁钩零件上引出若干条 x_1 不同的辅助线，在每一根辅助线上选择 x_2 不同的点，转动偏心曲柄，在验证每一点的压力角小于许用压力角的情况下，在保证锁钩摆动 β_0 的情况下，选择最合适的 x_1，x_2 使得偏心曲柄的转角 θ_0 最小。

由锁钩形状设计的结果得知，锁钩需要摆动 β_0 为 15.5° 进入啮合，锁钩开始位置到偏心轮转动中心距离 $a = 4$ mm，$b = 60$ mm，$l = 60$ mm。优化结果

$$\min\{\theta_0\} = 12.5°$$

此时，$x_1 = 150°$，$x_2 = 30$mm。

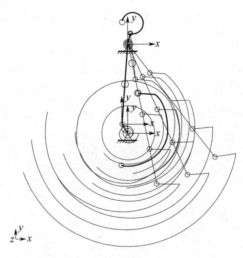

图 7　Pro/Mechanica 下摆正优化

4.2　拉紧过程

由于三种优化模型以及其多目标的综合优化模型的目标函数都比较复杂，因此采用算法可靠的网格法求解。偏心距 a，连杆长度 b 的初值 a_1，b_1 及终值 a_2，b_2 根据结构来确定。设 $a_1 = 3.0$ mm，$a_2 = 20$ mm，$b_1 = 20$ mm，$b_2 = 120$ mm。其步长 Δa，Δb 可根据工

程实际取 0.5 mm 或 1 mm。偏心轮转角 α 初值 α_1、终值 α_2 可取 0°和 180°，其步长 $\Delta\alpha$ 取 1°或 2°。传动比 i 的变化范围比较大（取 $i_1 = 1\,000$，$i_2 = 10\,000$），应根据具体的电机额定转速、额定功率等参数确定，其步长 Δi 可以取（$i_2 - i_1$）的 5% 或 10%。

以时间最短为目标的优化设计网格法程序框图如图 8 所示（其他类似），当搜索完全部的设计变量区间，得到的 t_0 即为最优解，a_0，b_0，α_0，i_0 即为最优解对应的设计变量值。

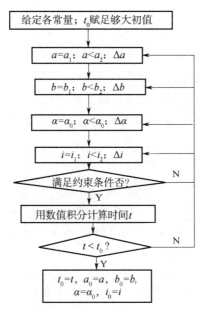

图 8   优化程序框图

1）负载最大扭矩最小优化。取 $\mu = 0.05$，优化结果为
$$\min \{T_{\max}\} = 91.2 \text{ N} \cdot \text{m}$$
此时，$a = 3.5$ mm，$b = 52.5$ mm，$\alpha = 137°$。

2）消耗最大功率最小优化。取 $\mu = 0.05$，$t = 4$ min，优化结果为
$$\min \{P_{\max}\} = 10.49 \text{ W}$$
此时，$a = 4$ mm，$b = 60$ mm，$\alpha = 122°$（$T_{\max} = 98.5$ N·m）。

3）拉紧时间最短优化。取 $\mu = 0.05$，$P_i = 20$ W，$U = 27$ V，$P_e = 17$ W，$n_e = 200$ r/min，$I_{st} = 1.48$ A，$T_{st} = 1.4$ N·m，$\eta = 0.60$，则优化结果为
$$\min \{t\} = 211 \text{ s}$$
此时，$a = 3.5$ mm，$b = 52.5$ mm，$\alpha = 137°$，$i = 2\,610$。

4）多目标综合优化。同取 3）的参数值，分别带入 3 个目标函数的初始值和优化值，求出综合目标 $f(\boldsymbol{X})$ 的各个 W_j 权值
$$W_{11} = 0.299, W_{12} = 4.286, W_{21} = 0.034, W_{22} = 30.000, W_{31} = 0.667, W_{32} = 2.607$$
所以
$$f(\boldsymbol{X}) = 0.317 T_{\max} + 0.252 P_{\max} + 0.431 t$$

最后的优化结果为

$$\min\{f(\boldsymbol{X})\} = 125.5$$

此时

$$\boldsymbol{X} = [3.5，60，128，2\ 650]^{\mathrm{T}}$$

5　小结与讨论

　　本文对空间对接机构的偏心轮加凸轮机构这一方案进行了优化设计探讨，分别以摆正时间、最大扭矩值、消耗最大功率、拉紧时间因素作为目标对该方案进行优化设计。计算结果表明：经过优化的方案消耗能量最少。但是，本文没有针对空间对接机构的不同方案，对机构的自锁性、结构复杂性、受力情况、啮合可靠性、重量、安装性等进行全面理论化的优化分析，笔者已另文对空间对接机构的不同方案进行较详细地模糊优化和决策分析。

参 考 文 献

[1]　娄汉文，曲广吉，刘济生，译．空间对接机构．北京：航空工业出版社，1992.15－108.

[2]　Стыковочные В С. Устроистьа Космлуеских Аппаратов. м. Машинострoние，1984.

[3]　Bloom K. A. The Apollo Docking System. Proc. 5－th AMS USA，1970. 46－74.

[4]　Grubin C. Docking Dynamics for Rigid—body spacecraft. J. AIAA. 1964，2（1）：26－47.

[5]　赵阳，等．空间对接机构差动式缓冲阻尼及传动系统力学特性研究，空间科学学报，1999，19（2）：173－180.

[6]　王学孝．空间飞行器对接动力学研究．宇航学报，1991，12（3）：19－24.

[7]　刘惟信，孟嗣宗．机械最优化设计．北京：清华大学出版社，1986. 102－156.

带有偏心轮的锁钩式结构锁
运动性能和力分析[*]

带有偏心轮的锁钩式结构锁
运动性能和力分析[*]

刘志全　　曹　鹏

摘　要： 锁钩式结构锁因动作速度快和误差补偿能力好而广泛应用于空间对接装置中。文章对两航天器空间对接正常拉紧过程中带有偏心轮的锁钩式结构锁进行了受力分析；分析了对接框下端面粗糙度对结构锁拉紧力的影响；针对"仅一组钢索传动"的故障情况，进行了结构锁的力学计算；提出了改善结构锁啮合性能的方法——增大主动钩特征点的 y 坐标值，尽可能减小偏心轮偏心距。导出了主动钩啮合面法线与对接框平面法线的夹角计算公式以及结构锁法向载荷在啮合间隙误差影响下的计算公式，为设计提供依据。

关键词： 连接分离机构　轨道对接　结构分析　航天器

引　言

　　两个载人航天器空间对接过程以它们对接组件实现刚性密封连接作为结束标志。空间对接装置结构锁及其传动系统（以下简称"结构锁系统"）是将两航天器对接框拉紧，实现两个航天器刚性密封连接以及完成对接后解锁分离的执行机构。文献 [1] 对各类结构锁的工作原理和特点作了详细论述。其中，锁钩式结构锁因动作时间短和误差补偿能力强的优点被广泛采用。结构锁沿周向均匀分布于对接框端面上，通过两飞行器之间主动与被动锁钩的相互作用实现两航天器的连接与分离。结构锁系统的可靠性直接关系到对接的成败，因此研究空间对接装置结构锁系统对于我国载人航天发展具有重要意义。本文对带有偏心轮的锁钩式结构锁进行了运动学和力学分析，旨在合理地进行结构锁系统参数设计，为国内结构锁系统的工程研制提供理论依据。

1　锁钩式结构锁的结构组成及运动原理

　　带有偏心轮的锁钩式结构锁示意图见图 1。

　　当两航天器捕获后拉近时，主动钩必须预先摆开一个角度，如图 1（a）所示，便于被动钩进入啮合位置；然后主动钩作摆正运动，如图 1（b）所示；最后作拉紧运动，如图 1（c）所示。主动钩在拉紧运动过程中有一段空行程[2]，在两航天器对接保持阶段，结构锁

---

　　* 《中国空间科学技术》2004，Vol. 24，No. 5，pp43－50. EI：2005018768084

完成两航天器之间的刚性密封连接；在两航天器解锁分离阶段，结构锁作解锁运动，是拉紧过程的逆运动，但没有空行程。

如图 1 所示，被动钩相对于结构锁壳体具有移动自由度，被动钩碟形弹簧组为结构锁提供预紧力，主动钩的转轴 O 安装在偏心轮上，偏心轮与结构锁壳体形成转动副。结构锁壳体固联在对接框上。

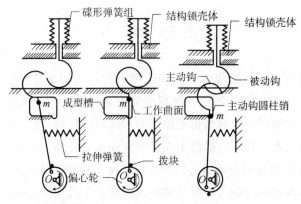

（a）摆开位置　（b）摆正位置　（c）拉紧位置

图 1　结构锁示意图

该结构锁采用"偏心轮＋拨块＋成型槽＋弹簧"的组合方式，在主动钩上固联一圆柱销 m，在结构锁壳体上铣出一成型槽，拉伸弹簧提供一定大小的预紧力。弹簧力、锁钩拉紧力、锁钩啮合面摩擦力以及成型槽作用力对主动钩轴心的合力矩保证主动钩圆柱销 m 始终与成型槽的工作曲面保持接触，形成高副。与偏心轮固联的拨块具有拨动主动钩，强迫其转动的功能。

在拉紧过程中，主动钩摆正，圆柱销开始与成型槽接触，偏心轮拨块脱离与主动钩的接触。随着偏心轮继续顺时针转动，主动钩实现与被动钩啮合，并拉紧被动钩直到偏心轮运动到"死点"位置。

当解锁时，偏心轮反转，在被动钩以及成型槽的作用下，主动钩按照确定的运动规律运动到摆正位置。随着偏心轮继续逆时针转动，偏心轮拨块与主动钩接触，强迫主动钩绕偏心轮转动，直到主动钩运动至摆开位置，实现与被动钩的解锁。

2　结构锁运动性能分析

成型槽工作曲面形状直接影响主动钩的运动规律和与被动钩啮合时的接触受力方式。在对接过程中希望相互啮合的一对锁钩有尽可能大的啮合面积，这就要求主动钩在啮合过程中尽可能减小相对于被动钩的摆动角，保持与被动钩的平稳啮合。因此，规定主动钩上一特征点的运动轨迹为竖直方向，如图 2 所示。

主动钩和被动钩的相对运动属平面运动。通过 ADAMS 运动学仿真分析可知，如果主动钩特征点位置与主动钩圆柱销圆心位置不重合，将造成主动钩实际运动轨迹和设计意图的偏差，从而导致结构锁在拉紧位置受力方式的改变[2]。因此将主动钩特征点的位置确定为主动钩圆柱销圆心位置。

由几何关系可知"主动钩与被动钩两啮合面的夹角"与"主动钩啮合面相对于结构锁壳体的摆角（以下简称'主动钩摆角'）"相等。由于主动钩在摆开或摆正阶段与被动钩不发生受力接触，这里仅考虑主动钩与被动钩的啮合阶段主动钩摆角的变化情况。

图 3 反映了主动钩特征点位置及偏心轮偏心距与主动钩摆角的几何关系。坐标系建立在结构锁壳体上，坐标原点位于主动钩处于摆正位置时的转轴中心 O。

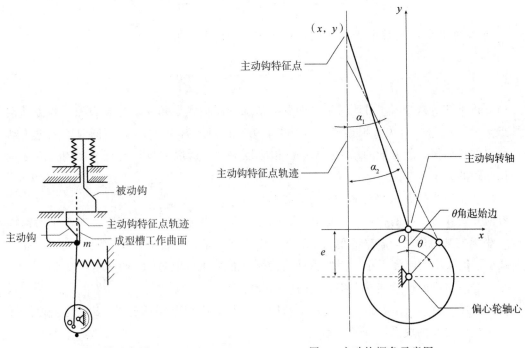

图 2　成型槽示意图　　　　　　　图 3　主动钩摆角示意图

$$\alpha_1 = \arctan \frac{|x|}{y} \qquad (y > 0) \tag{1}$$

$$\alpha_2 = \arctan \frac{|x| \pm e\sin\theta}{\sqrt{x^2 + y^2}} \tag{2}$$

$$\alpha = \alpha_2 - \alpha_1 \tag{3}$$

式中　α——主动钩摆角；

　　　α_1——摆正位置主动钩相对于结构锁壳体的转角；

　　　α_2——啮合过程中主动钩相对于结构锁壳体的转角；

　　　x，y——主动钩特征点坐标值；

　　　e——偏心轮偏心距；

θ——偏心轮相对于结构锁壳体的转角（θ 的起始边见图 3，规定顺时针方向为正方向）。

根据公式（1）～（3），在偏心距 e 相同的情况下，结构锁啮合过程中（偏心轮转角 θ 在 0°～187° 范围内变化时），主动钩摆角与偏心轮转角的关系因特征点位置不同而不同。当 $x > 0$ 时，α 在 $\theta = 0$°～180° 范围内为负值，摆角绝对值按照"先增大，后减小"的规律变化；主动钩拉紧至最低位置（$\theta = 180$°）时，摆角为 0°；在"死点"位置（$\theta = 187$°）有较小摆角。由公式（3）得

$$\frac{\partial \alpha}{\partial \theta} = \frac{\pm e\cos\theta}{\sqrt{y^2 - e^2\sin^2\theta \mp 2\,|\,x\,|\,e\sin\theta}} \tag{4}$$

令 $\dfrac{\partial \alpha}{\partial \theta} = 0$，可得偏心轮转角 $\theta = 90$° 时，对应主动钩最大摆角 $\alpha_{\max}$ 为

$$\alpha_{\max} = |\,\alpha\,|_{\theta=90°} = \left|\arcsin\frac{|\,x\,| \pm e}{\sqrt{x^2 + y^2}} - \arctan\frac{|\,x\,|}{y}\right| \tag{5}$$

由分析可知，减小 $\alpha_{\max}$ 可改善啮合面受力情况。而最大摆角 $\alpha_{\max}$ 与偏心距 e 和主动钩特征点坐标（x，y）有关。根据式（5），主动钩特征点坐标（x，y）不同时，无论主动钩特征点位置如何，随着 e 的增大，$\alpha_{\max}$ 也相应地增大，所以在设计允许范围内，应尽量减小偏心距的大小。

（1）主动钩特征点 x 坐标值对 $\alpha_{\max}$ 的影响分析

根据公式（5），在偏心距 e 一定和主动钩特征点 y 坐标不同的情况下，对于主动钩特征点 y 坐标的某一取值，x 坐标值与 $\alpha_{\max}$ 近似成线性关系，并且随着 x 坐标值的增大 $\alpha_{\max}$ 逐渐减小，但减小的幅度很小。因此主动钩特征点的 x 坐标值对 $\alpha_{\max}$ 的影响可忽略。

（2）主动钩特征点 y 坐标值对 $\alpha_{\max}$ 的影响分析

根据公式（5），当偏心距 e 一定，主动钩特征点 x 坐标不同情况下，$\alpha_{\max}$ 与主动钩特征点 y 坐标值之间的关系如图 4 所示。

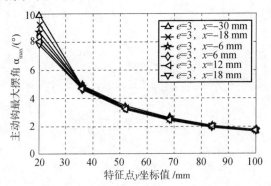

图 4　主动钩特征点 y 坐标值与 $\alpha_{\max}$ 的关系

由图 4 知，$\alpha_{\max}$ 随着特征点 y 坐标值的增大而减小，但二者间成非线性关系；并且在坐标值增大的初始阶段，$\alpha_{\max}$ 变化较快，以后逐渐变慢。此外，几条曲线的变化趋势趋于重合，这再次说明主动钩特征点的 x 坐标值对 $\alpha_{\max}$ 的影响很小。

由于特征点 y 坐标值增大将导致 α_{max} 急剧减小，因此在确定了偏心距后，应在结构和质量允许范围内，增大主动钩特征点 y 坐标值。

3　结构锁受力分析

结构锁主动钩受力简化模型如图 5 所示。图中，F 为主动钩拉紧力；β 为主动钩拉紧力与 y 轴夹角；f_1 为啮合面摩擦力；F_n 为成型槽支持力；f_2 为成型槽摩擦力；F_s 为拉伸弹簧拉力（可忽略不计）；F_x 为主动钩转轴 x 向受力；F_y 为主动钩转轴 y 向受力；坐标系 xOy 同图 3。

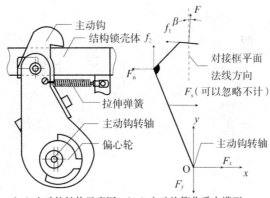

（a）主动钩结构示意图　（b）主动钩简化受力模型

图 5　主动钩受力简化模型

为了便于计算，作如下假设：因机构中转动副摩擦力相对结构锁拉伸力非常小，故忽略所有转动副的摩擦力；假设锁钩为平动；对接装置工作于空间微重力环境中，因此忽略重力。

建立基于图 5 所示坐标系的静力平衡方程

$$\left.\begin{array}{l} F_x - F_n - f_1\cos\beta + F\sin\beta = 0 \\ -F_y + F\cos\beta + f_1\sin\beta + f_2 = 0 \\ F \times s_d + f_2 \times s_2 - F_n \times s_n - f_1 \times s_1 = 0 \\ f_1 = \mu_1 F \\ f_2 = \mu_2 F \end{array}\right\} \qquad (6)$$

式中　s_d，s_2，s_n，s_1——分别代表 F，f_2，F_n，f_1 对主动钩转轴中心的力臂；

　　　　μ_1——主动钩与被动钩啮合面摩擦系数；

　　　　μ_2——主动钩圆柱销与成型槽的摩擦系数。

借鉴俄罗斯的经验，在设计时，要求主动钩在初始位置时，啮合面中点与主动钩转轴中心的连线［即图 6（a）中 AB 边］和主动钩圆柱销运动轨迹线（即对接框平面法线方向）平行[3]。

根据图 6 所示几何关系，可求得 s_d，s_2，s_n 和 s_1，γ 为主动钩拉紧力 F 与 AB 边的夹

角；d_1，d_2，d_3，d_4 和 δ 为已知几何参数。若 F 已知，方程组（6）有唯一解

$$
\left.
\begin{aligned}
F_n &= \frac{F(\mu_1 s_1 - s_d)}{\mu_2 s_2 - s_n} \\[6pt]
F_x &= \left[\frac{(\mu_1 s_1 - s_d)}{\mu_2 s_2 - s_n} + \mu_1 \cos\beta - \sin\beta\right]F \\[6pt]
F_y &= \left[\frac{\mu_2(\mu_1 s_1 - s_d)}{\mu_2 s_2 - s_n} + \mu_1 \sin\beta + \cos\beta\right]F
\end{aligned}
\right\}
\qquad (7)
$$

将结构锁拉紧力在对接框平面法向的分量称为"结构锁法向载荷"。对接拉紧过程中单个结构锁法向载荷 F_d 的计算公式见式（8），如图 7（a）所示，规定顺时针方向为正。

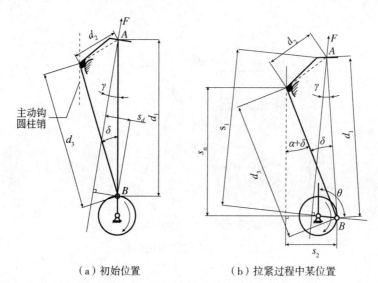

（a）初始位置   （b）拉紧过程中某位置

图 6   主动钩简化模型几何尺寸及位置关系

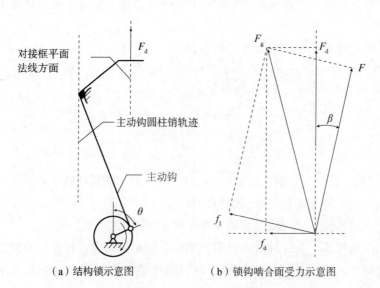

（a）结构锁示意图   （b）锁钩啮合面受力示意图

图 7   单个结构锁法向载荷 F_d 与拉紧力 F 的关系

$$F_d(\theta) = \begin{cases} 0 & 0° \leqslant \theta \leqslant 90° \\ [-p_M e\cos\theta + p_T(47.5 - e\cos\theta)]/24 & 90.0° \leqslant \theta \leqslant 146.5° \\ F_e + p_D(-e\cos\theta - 2.5) & 146.5° \leqslant \theta \leqslant 187.0° \end{cases} \quad (8)$$

式中　F_e——蝶簧组预紧力；

　　　p_M——密封圈等效刚度；

　　　p_T——弹簧分离推杆等效刚度；

　　　p_D——碟簧组等效刚度（F_e，p_M，p_T，p_D 计算公式及结果参见文献［2］）。

结构锁拉紧力 F 与法向载荷 F_d 之间的矢量关系如图7（b）所示

$$F = \frac{F_d}{\cos(\arctan\mu_1 - \beta)\sqrt{1 + {\mu_1}^2}} \quad (9)$$

由公式（3），（4），（6），（8）和（9）得到 F 与 θ 的关系，经分析可知，拉紧力最大值出现在偏心轮转角为180°时，当偏心轮继续旋转直至"死点"位置时 F 有所减小，但仍满足对接框密封要求。

假设结构锁锁钩的材料选用牌号为 TC10 的钛合金，由经验取 $\mu_1 = 0.1$。$F_n > 0$ 是主动钩具有确定的运动规律的前提条件，将公式（9）代入公式（7），在满足 $F_n > 0$ 的条件下，求得 $\gamma > 5.7°$，取 $\gamma = 6°$。

4　结构锁拉紧力影响因素分析

在确定了主动钩的运动规律后，结构锁的拉紧力取决于被动钩碟簧组的变形情况，也就是主动钩与被动钩在对接框平面法线方向上的相对位置。将主动钩在摆正后与被动钩啮合面的间隙称为"啮合间隙"。由于制造、安装或热变形等因素导致啮合间隙具有一定误差，将啮合间隙在对接框平面法向的误差分量称为"啮合间隙误差"。

可见，所有影响结构锁啮合间隙误差的因素都会影响结构锁拉紧力。这些因素主要有：对接框形状和位置误差；结构锁壳体形状和位置误差；主动钩或被动钩制造误差；碟簧的制造与安装误差等。

由于对接框的形状和位置误差在上述几项误差中占主导地位，为了便于分析，假设结构锁啮合间隙误差仅由对接框形状误差造成，其他误差可忽略。

对接框下端面是结构锁壳体的装配基准平面，因为制造误差造成的下端面粗糙度会给结构锁在拉紧、分离过程中的受力造成一定影响[3]。

理想情况下主动钩在拉紧过程中有 3 mm 的空行程，由公式（8）知，偏心轮转角 θ 在0°～90°范围内主动钩拉紧力 $F = 0$。在对接框下端面粗糙度（以下简称"对接框粗糙度"）为 Δ 的情况下，偏心轮中心线在对接框平面法线方向上偏移了 Δ，如图8所示。

考虑最恶劣的情况，相互对接的飞行器对接框均具有下端面粗糙度 Δ，则一对锁钩啮合间隙误差为 2Δ。主动钩空行程减小为 $(3 - 2\Delta)$ mm，如图9所示。

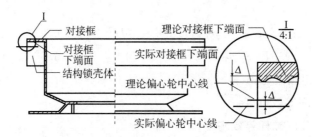

图 8　下端面粗糙度为 Δ 时的对接框示意图

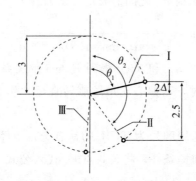

图 9　单个结构锁拉紧力 F 与偏心轮转角 θ 的关系

Ⅰ—空行程结束位置；　Ⅱ—密封圈完全压缩位置；

Ⅲ—"死角"位置

在对接框下端面粗糙度 Δ 确定的情况下，单个结构锁法向载荷变化规律如下

$$F_d^\Delta(\theta) = \begin{cases} 0 & 0° \leqslant \theta \leqslant \theta_1 \\ [p_M \cdot e(\cos\theta_1 - \cos\theta) + p_T \cdot (47.5 + e(\cos\theta_1 - \cos\theta))]/24 & \theta_1 \leqslant \theta \leqslant \theta_2 \\ F_e + p_D \cdot (-e\cos\theta - 2.5 + 2\Delta) & \theta_2 \leqslant \theta \leqslant 187° \end{cases}$$

（10）

式中　F_d^Δ——当对接框粗糙度为 Δ 时单个结构锁法向载荷；

　　　F_e——碟簧组预紧力。

由公式（10），Δ 在 0~1.25 间均匀取值，单个结构锁法向载荷 F_d 与偏心轮转角 θ 的关系如图 10 所示。

由图 10 可知，对应不同的对接框粗糙度 Δ，F_d 与 θ 的一系列曲线变化趋势相同；随着 Δ 增大，结构锁空行程减小，当 Δ＝1.5 mm 时，空行程为零；当 Δ＞1.5 mm 时，结构锁主动钩在摆正过程中和被动钩发生干涉；Δ 越大，相同偏心轮转角 θ 对应的 F_d 越大，当 Δ 的取值超过一定大小时，被动钩碟簧组被压平，F_d 将不随 θ 而变化，这种情况应当避免。

事实上，所有可能导致结构锁啮合间隙误差的因素都会导致被动钩碟簧组的行程改变，进而影响结构锁的法向载荷。设计时，应当尽可能的减小这些对结构锁法向载荷产生影响的误差。

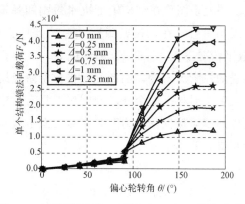

图 10　对接框粗糙度 Δ 不同时 F_d 与 θ 的关系对比

5　"仅一组钢索传动"故障情况下结构锁力学分析

结构锁系统的可靠性关系到整个对接活动的成败，对结构锁系统在故障情况下的力学分析是系统可靠性分析的重要组成部分。"仅一组钢索传动装置工作"是结构锁系统几种主要故障模式之一。结构锁传动系统采用了热储备的传动方式，如果因驱动装置发生故障或一组钢索过载而拉断导致一组钢索传动装置发生故障，则仅靠另一组钢索传动装置来工作。下文提及的"故障情况"均指"仅一组钢索传动"的情况。

在故障情况下，参与拉紧对接框的结构锁数量从正常情况下的 12 副减少为 6 副[2]。由公式（8）容易得到故障情况下单个锁钩法向载荷 $F_d^{(f)}$ 计算公式

$$F_d^{(f)}(\theta) = \begin{cases} 0 & 0° \leqslant \theta \leqslant 90° \\ [-p_M e \cos\theta_1 + p_T(47.5 - e\cos\theta)]/12 & 90° \leqslant \theta \leqslant 146.5° \\ F_e + p_D(-e\cos\theta - 2.5) & 146.5° \leqslant \theta \leqslant 187° \end{cases} \quad (11)$$

式中各符号含义与公式（8）中相同。图 11 反映了故障情况下与正常情况下，拉紧过程中单个结构锁法向载荷与偏心轮转角的关系对比。

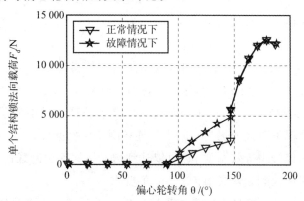

图 11　正常情况下和故障情况下 F_d 与 θ 的关系对比

由图 11 可知，F_d 与 θ 的关系图除在结构锁抵抗密封圈和弹簧推杆变形抗力阶段有所不同外，其余阶段两条曲线均重合；在抵抗密封圈和弹簧推杆变形阶段，故障情况下 F_d 大于正常情况下 F_d，但故障情况下 F_d 小于 F_e 仍然成立，故碟簧组工作正常；结构锁在偏心轮"死点"位置所承受的拉紧力不变，因此在对接保持阶段结构锁工作正常。

为保证在对接通道充压后，对接框的金属端面间仍然具有一定大小的压紧力，充压前需对对接框进行预紧。这里的"对接框预紧力"是指对接框金属端面间压力。充气前结构锁法向载荷由以下几部分组成

$$F_{nd}^{(b)} = F_T + F_M + F_0 \tag{12}$$

$$F_{nd}^{(a)} = F_T + F_M + F'_0 + F_N \tag{13}$$

式中　$F_{nd}^{(b)}$——充压前结构锁法向载荷总和；

　　　$F_{nd}^{(a)}$——充压后结构锁法向载荷总和；

　　　F_0——对接框预紧力；

　　　F'_0——对接框剩余预紧力；

　　　F_M——密封圈最大变形抗力；

　　　F_T——弹簧分离推杆最大变形抗力；

　　　F_N——航天器内外压差引起的结构锁法向载荷。

将对接框视为绝对刚体[3]，因此对接框预紧力 F_0 与剩余预紧力 F'_0 有关系

$$F'_0 = F_0 - F_N \tag{14}$$

故障情况下，在对接保持阶段由于结构锁法向载荷 F_d 与正常情况下相同，但提供对接框剩余预紧力的结构锁数量减少了一半，因此对接框剩余预紧力减小。根据公式（12），（14），故障情况下，在对接保持阶段对接框剩余预紧力 $F_{01}^{(f)}$ 计算公式

$$F_{01}^{(f)} = \frac{n_j}{2} \cdot F_d^{(f)} - F_T - F_M - \frac{n_j}{2} \cdot F_N \tag{15}$$

式中　n_j——单个航天器结构锁锁钩的数量。

将 $n_j = 24$，$F_d^{(f)} = 12\,054$ N，$F_T = 320$ N，$F_M = 57\,490$ N 和 $F_N = 133\,695$ N 代入公式（15），得 $F_{01}^{(f)} = -46\,857$ N。$F_{01}^{(f)} < 0$ 说明因压力差产生的结构锁法向载荷 F_N 需要碟簧组变形来补偿。单个结构锁碟簧组附加受力 F_a 为

$$F_a = |F_{01}^{(f)}| / (n_j/2) \tag{16}$$

代入具体数据得 $F_a = 3\,904$ N。由碟簧组等效刚度 p_D 可得单个结构锁碟簧组附加变形量为 0.28 mm，对接处产生 0.28 mm 间隙，密封圈压缩率 $\varepsilon = 0.27$。对于给定漏率，压缩率 $\varepsilon = 0.27$ 仍然满足密封要求[3]。但由于此时对接框剩余预紧力减小为零，连接刚度有所下降。为了保证故障情况下对接处仍具有较大的连接刚度，根据公式（8）和（15），在碟形弹簧设计阶段，增大碟簧组等效刚度 p_D 可以达到增大结构锁法向载荷 $F_{01}^{(f)}$ 的目的，从而满足对接保持阶段对接框剩余预紧力 $F_{01}^{(f)} > 0$ 的要求。

对结构锁运动性能及力学性能的上述理论分析结果已经过仿真软件 ADAMS 和 NAS-TRAN 验证，验证表明，理论分析结果与仿真结果相吻合。由于篇幅所限，该部分内容

拟另文发表。

6 结论

1）增大主动钩特征点的 y 坐标值，减小偏心距可改善结构锁啮合性能，但是主动钩特征点的 x 坐标值对主动钩摆角的影响可以忽略。

2）为了保证在"仅有一组钢索传动装置工作"的故障情况下，结构锁和一组钢索传动装置仍可正常工作，并且仍然能够满足"刚性密封连接"要求，应增大碟簧组等效刚度 p_D。

3）结构锁啮合间隙误差增大，将增大结构锁法向载荷，对传动系统的负载要求也相应提高，甚至可能导致结构锁主动钩在摆正过程中与被动钩发生干涉。在满足功率指标要求的前提下，将结构锁啮合间隙误差控制在一定范围内，以避免运动干涉和驱动装置过载。

参 考 文 献

[1] 曹鹏，刘志全．空间对接组件中的结构锁及其传动系统．载人航天，2003，（5）：41-44.

[2] 曹鹏．对接装置结构锁及其传动系统的设计与分析．中国空间技术研究院工学硕士学位论文，2003.

[3] 娄汉文，曲广吉，刘济生．空间对接机构．北京：航空工业出版社，1992.

载人航天器电动兼手动舱门的研究*

刘志全　嵇景全

摘　要： 为了适应载人航天出舱活动和交会对接技术的发展，需要研究一种既能在轨保持良好密封性能、又能实现电动兼手动操作的高可靠舱门机构。在分析了载人航天器舱门特点的基础上，提出了一种新型电动兼手动操作的舱门锁紧与开锁机构方案，设计了电动/手动切换机构，借用 Pro/E 软件对各零件进行三维造型和装配，并通过 ADAMS 软件进行了舱门机构的运动学仿真。模装与仿真结果表明，该电动兼手动舱门能够实现其预期的运动，无结构干涉，具有操作简单、操作力小、传动效率高的特点。

关键词： 舱门　机构　载人飞船

引　言

在载人航天器中，航天员的生活舱都必须是密封舱，以确保航天员的生命安全。舱门是保障密封舱密封功能的重要组成部分，同时也是航天员出入舱的通道。因此，载人航天器舱门的研究不仅对于航天员的舱内安全保障，而且对于太空出舱活动（EVA）及航天器交会对接（RVD）都具有重要意义。航天员太空出舱活动时，穿着充气状态的、体积较大的舱外航天服，难以做较为复杂的动作。因此，舱门的锁紧与开锁力求操作简单、操作力小。文献［1］对国内外若干种载人航天器舱门机构的原理和特点进行了分析。在此基础上，本文研究电动兼手动操作的舱门锁紧与开锁机构，旨在探索一种既能在轨飞行且保持良好密封性能，又能实现在舱内电动操作、手动备份，舱外手动操作的新型舱门机构。

1　舱门系统的方案设计

1.1　舱门系统的组成与功能

舱门系统主要分为结构、机构两部分。结构部分包括门体结构和门框结构及密封件。门体结构是受力的主要部件，作为舱门零部件安装的基体；密封件用以保证舱门的密封性能。机构部分包括锁紧与开锁机构、门轴组件、电动/手动切换机构和驱动装置。在驱动装置的驱动下，锁紧与开锁机构保证舱门实现正常的锁紧与开锁功能；门轴组件的功能是

---

　　*《中国空间科学技术》2005，Vol. 25，No. 4. pp1 - 7. EI；2005469478850

实现舱门与舱体的连接，使舱门可绕门轴组件转动，实现舱门的开启和关闭，参见图1。图1中的两虚线同心圆之间的区域表示门框结构。为了使电机正常工作，电源和电源开关固定在航天器舱内侧壁上，电源开关具有防误操作的功能。电机与电源相连接的导线线路布置不影响舱门开闭运动。为了对锁紧与开锁机构的两个极限位置（对应于开锁状态和锁紧状态）的操作进行限位，在门体上设置了限位装置，并在限位装置上装有压点开关，将锁紧与开锁机构的状态反馈给电源的控制系统，以控制锁紧与开锁机构的电动操作过程。因篇幅所限，"限位装置及控制系统"、"电动/手动切换机构中的离合器电控操作"的研究内容拟另文发表，不在本文中论述。

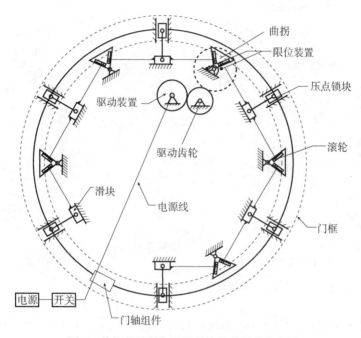

图1 舱门的锁紧与开锁机构及电源线路布置

1.2 锁紧与开锁机构

锁紧与开锁机构采用周边布局方案（如图1所示），这不仅有利于减小舱内外压差对机构部件变形的影响，而且还有利于在门体中央位置安装交会对接的观察窗口。传动过程：驱动装置（电机或手动驱动）通过驱动齿轮，带动与其相连的曲拐转动，使得滚轮在相应的曲拐滑槽上滚动，带动滑块运动，从而实现舱门的锁紧和开锁。

机构的自由度

$$F = 3n - (2p_1 - p_h) - F'$$

式中 n——活动构件的个数；

p_1——机构的低副个数；

p_h——机构的高副个数；

F'——机构的局部自由度。

机构的自由度为 1，且与原动件的个数相等，因而机构具有确定运动。

为了保证密封可靠，在舱门的锁紧过程中，需要 6 个压点锁块同步运动。为了满足这一要求，需对曲拐的滑槽进行设计。如图 2 所示，当舱门处于锁紧状态时，滚轮的滚子中心与相应的曲拐基点的连线垂直于与滚子相连的连杆的轴线方向，连杆 3 垂直于滑块的运动方向，以曲拐基点为原点，以滚子与曲拐基点的连线为 x 轴建立直角坐标系 Oxy、$Ox'y'$。

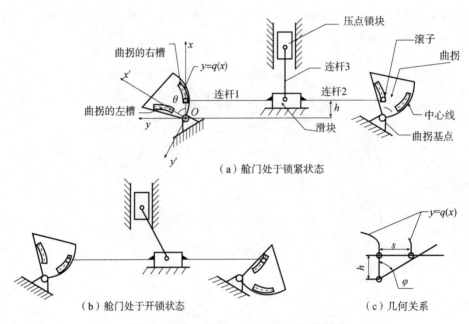

图 2　"曲拐—滑块—压点锁块"机构原理

曲拐的左槽和曲拐的右槽简化为曲线问题进行分析。为了保证 6 个压点锁块同步运动的要求，在坐标系 $Ox'y'$ 下的曲拐的左槽的曲线方程设计成与在坐标系 Oxy 下的曲拐的右槽的曲线方程相同，且坐标系 $Ox'y'$ 的 x' 轴与坐标系 Oxy 的 x 轴的夹角（用 θ 表示）为 $\pi/3$。

在舱门的开锁和锁紧过程中，为了提高机构的效率，应尽量减小连杆 1 和连杆 2 的压力角，即：在曲拐转动过程中，应使曲拐与滚子接触点的公法线方向与连杆运动方向保持一致。

设曲拐相对锁紧状态转过的角度为 φ，滑块到两曲拐基点间连线的距离为 h（如图 2 所示），以曲拐的右槽为例进行分析。设曲拐与滚轮接触的曲线方程为 $y=q(x)$，若使曲拐与滚子接触点的公法线方向与连杆运动方向保持一致，则

$$\left.\begin{aligned}
\frac{\mathrm{d}y}{\mathrm{d}x} &= \tan\varphi \\
x &= \frac{h}{\cos\varphi} - y\tan\varphi
\end{aligned}\right\} \tag{1}$$

由式（1）可得曲拐与滚轮接触曲线的参数方程为

$$x = \frac{h}{\cos\varphi} - h\sin\varphi\tan\varphi + h\varphi\sin\varphi \left.\right\}$$
$$y = h\sin\varphi - h\varphi\cos\varphi$$

(2)

设滑块的行程用 s 表示，根据图 2 的几何关系可得

$$s = h\tan\varphi - y/\cos\varphi$$

(3)

由式（2）和式（3）可得

$$s = h\varphi$$

(4)

则滑块的最大行程和曲拐的最大转角之间的关系为

$$s_{max} = h\varphi_{max}$$

(5)

设连杆 3 的长度为 c，压点锁块的行程为 δ_0，两曲拐基点间的距离用 l 表示，由"压点锁块－杆 3－滑块"的关系，可得

$$s_{max} = \sqrt{c^2 - (c - \delta_0)^2}$$

(6)

锁紧与开锁机构的设计参数如表 1 所示。

为了选择合适的电机和减速器，对锁紧与开锁机构进行力学分析，计算机构的负载转矩。计算可得驱动齿轮的负载力矩 M_c 随驱动齿轮的转角 φ_1 的变化曲线如图 3 所示。

表 1　锁紧与开锁机构的参数

有效通径/mm	δ_0/mm	c/mm	θ/rad	s_{max}/mm	h/mm	l/mm
850	25	60	$\pi/3$	48.74	46.54	315.76
1 000	25	60	$\pi/3$	48.74	46.54	402.37

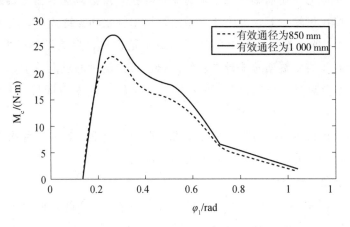

图 3　驱动齿轮的负载力矩的理论曲线

1.3　手动/电动切换机构

本文设计的锁紧与开锁机构为舱内电动操作、手动备份及舱外手动的新型舱门机构，要求电动操作时，手动机构不运动；为了满足设计要求，设计了如图 4 所示的切换机构。

电动操作与手动操作的切换由离合器 1、离合器 2、离合器 3 及控制离合器的开关装

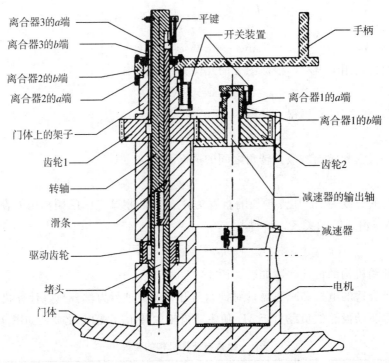

图 4　舱门手动操作和电动操作的切换机构

置来实现。

　　离合器 1 的 a 端与减速器的输出端通过平键连接，可沿减速器输出端的纵向移动，离合器 1 的 b 端固接在齿轮 2 上，齿轮 2 与减速器输出轴之间无键连接，但可绕减速器的输出轴转动；离合器 2 的 a 端与门体上的架子通过平键连接，只能沿架子的纵向方向滑动，不能转动；离合器 3 的 a 端通过平键与转轴连接，可沿转轴的纵向移动，并可随转轴一起转动（当离合器 2 分离时）；离合器 2 的 b 端与离合器 3 的 b 端固接，只能绕转轴转动，不能沿轴向滑动。

　　三个离合器的状态不同，使锁紧与开锁机构有一种锁紧状态和三种操作模式：舱内电动操作模式、舱内手动操作模式和舱外手动操作模式。

　　（1）舱门处于锁紧状态

　　当舱门处于锁紧状态时，离合器 1 分离，离合器 2、离合器 3 都处于啮合状态。离合器 2 的啮合使离合器 2 上的手柄与门体上的架子锁定，离合器 3 的啮合使转轴与手柄锁定，即转轴与门体锁定，使锁紧与开锁机构处于锁定状态，可防止航天员的误动作。

　　（2）三种操作模式

　　1）舱内的电动操作模式。当舱门处于锁紧状态时，对锁紧与开锁机构进行电动操作，通过操作开关装置，使离合器 1、离合器 2 啮合，离合器 3 分离，接通电源，电机通过减速器减速带动减速器的输出端转动，输出端通过啮合的离合器 1 带动齿轮 2 转动，然后通过齿轮的传动带动转轴转动，转轴通过平键的连接带动驱动齿轮转动，驱动齿轮驱动锁紧与开锁机构，实现舱门的锁紧与开锁运动。

2）舱内的手动操作模式。当电机不能正常工作时，要对锁紧与开锁机构进行手动操作，使离合器1、离合器2分离，离合器3啮合，通过手动转动手柄，通过啮合的离合器3带动转轴转动，使得驱动齿轮转动，实现舱门的锁紧与开锁运动。

3）舱外的手动操作模式。当需要在舱外对锁紧与开锁机构进行手动操作时，用如图5所示的舱外开门装置进行舱外的手动操作。在操作过程中，使舱外开门装置的凸台顶住图4中的堵头，使堵头推动滑条滑动，滑条通过推动离合器3的 a 端和转轴之间的平键，使离合器3分离，解除锁紧与开锁机构的锁定状态，转动舱外开门装置，带动转轴转动，通过驱动齿轮驱动锁紧与开锁机构，实现舱门的锁紧与开锁运动。

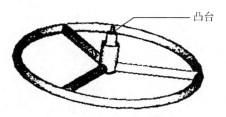

图 5 舱外开门装置

为了控制离合器的啮合与分离，设计了如图6所示的开关装置。离合器 a 端可沿轴向滑动，离合器 b 端只能绕轴转动，不能滑动，连杆可绕挡板上的销子转动，在扭簧的作用下，连杆上的触块与离合器保持接触。当需要离合器两端啮合时，只需转动连杆，使连杆上的触块脱离离合器的 a 端，在弹簧的作用下，使离合器处于啮合状态；当按图6所示的反方向滑动离合器的 a 端时，在扭簧的作用下，使得连杆钩住离合器的 a 端，使离合器处于分离状态。

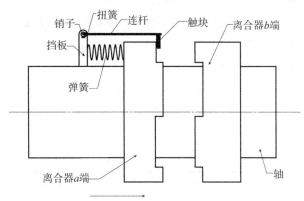

图 6 离合器的开关装置原理

1.4 电机的选择

由于驱动齿轮的负载状况为低转速、小力矩，所以，电机的输出功率要求较小。根据负载状况，选择步进电机为舱门的锁紧与开锁机构的驱动电机。步进电动机输入的脉冲信号转换成机械角度或直线位移，具有系统简单、运行可靠、寿命长等优点。

设电动锁紧时间和电动开锁的时间均为 t_d（初定为 20 s），驱动齿轮的角速度为 ω_z，所需的最大输入功率为 $P_z^{\max}$，则

$$P_z^{\max} = M_c^{\max} \cdot \omega_z$$

设锁紧与开锁机构的系统效率为 η_s，减速器的效率为 η_j。则所需的电机输出功率 P_d 为

$$P_d = P_z^{\max} \cdot \eta_s \cdot \eta_j \tag{7}$$

综合考虑电机的输入功率、转速、静态转矩以及尺寸的要求，选择型号为 70BYG002 的步进电机。其中，该电机的步距角 $\theta_b = 1.8°$，运行频率 $f_w = 2\,300$ Hz，静态转矩 $M_t = 1.275$ N·m，则

电机输出端转速 ω_d

$$\omega_d = \frac{180 f_w \cdot \theta_b}{\pi} \tag{8}$$

初定的减速器的传动比 i_j

$$i_j = \frac{\omega_d}{\omega_z} \tag{9}$$

驱动齿轮负载转矩折算到电机转轴上的负载转矩 M_d

$$M_d = \frac{M_c^{\max}}{i_j \cdot \eta_s \cdot \eta_j} \tag{10}$$

所需电机的静态转矩 M_s

$$M_s = \frac{M_d}{n_z} \tag{11}$$

式中　n_z——电机的静态转矩和负载转矩间的折算系数。

将 $\omega_d = 72.26$ rad/s，$\omega_z = 0.314$ rad/s 代入式（9）计算可得减速器的传动比 $i_j = 230$，选取与现有型号减速器最接近的传动比 $i_j = 200$，取 $n_z = 0.3$[2]，考虑空间环境的影响，取 $\eta_s = 0.8$，$\eta_j = 0.5$，计算可得驱动装置参数（见表 2）。

表 2　驱动装置参数

有效通径/mm	ω_d/（rad/s）	i_j	M_d/（N·m）	M_s/（N·m）	t_d/s
850	72.26	200	0.29	0.968	17.4
1 000	72.26	200	0.34	1.135	17.4

由表 2 的数据可知，所需的电机静态转矩小于电机可提供的静态转矩 M_t，满足设计要求。

1.5　减速器的选择

根据设计要求及电机的参数，采用单级谐波齿轮减速作为设计方案，谐波齿轮传动与一般齿轮传动比较，具有传动比大、承载能力大、传动精度高、传动平稳、效率高、体积小、质量轻等优点。

为了保证锁紧与开锁机构操作可靠，取"所需的减速器输出转矩"与"负载的最大转矩"之比 $K_j=2$，则所需的减速器输出转矩 M_j 为

$$M_j = M_c^{max} \cdot K_j \tag{12}$$

将具体数值代入，计算可得出转矩 M_j（见表3）。

表 3　所需的减速器输出转矩

舱门有效通径/mm	$M_j/(\text{N} \cdot \text{m})$
850	46.48
1 000	54.48

根据转矩要求，选取 XB1-80-200 型谐波减速器。

2　舱门系统仿真

用 Pro/E 软件对舱门系统的各零部件进行了三维造型和装配。经验证，整个舱门虚拟样机未发生干涉现象。

用 MSC/ADAMS 仿真软件对舱门系统的锁紧与开锁机构进行了仿真，仿真的技术路线如下。

1）采用 Pro/E 软件进行各零件的三维造型并进行装配；

2）利用 ADAMS 和 Pro/E 的接口软件，将装配体模型转换为 ＊.cmd 文件，然后用 ADAMS 软件读入该文件；

3）在 ADAMS 中加入各种约束，使机构具有确定运动；

4）根据机构预定的运动规律，加入运动驱动；

5）仿真过程的后处理：将 ADAMS 生成的有关曲线（如图 7 所示）和理论分析结果（如图 3 所示）进行对比；

6）仿真结果的可视化输出。

上述仿真结果验证了方案的正确性。

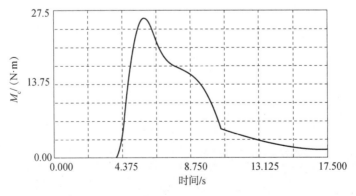

图 7　驱动齿轮的负载力矩仿真结果

3　结论

综上所述，可以得出如下结论。

1）曲拐的设计使曲拐与滚子接触点的公法线方向与连杆运动方向保持一致，保证连杆的压力角在传动过程中为零，提高了机构的效率；

2）电动/手动切换机构使电动操作和手动操作分离，互不干涉；

3）整个舱门系统无结构干涉现象；

4）机构能完成舱门的锁紧与开锁运动，6个压点锁块同步运动，使密封圈变形抗力均匀变化。

参 考 文 献

[1]　嵇景全，刘志全，游巍. 载人航天器舱门机构原理与特点分析. 载人航天，2003（3）：34 - 39.

[2]　成大先. 机械设计手册（五）. 北京：化学工业出版社，1998.

[3]　Walker L J，Hart R J，Zosky E W. The Apollo Command Medule Side Access Hatch System. N70 - 21447，1970.

[4]　Composyizo C，Olazabal L. An Openirg Mechanisum for the Scientific Airlock Oater Hatch. N 94 - 24027，1994.

载人航天器舱门有限元分析及
机构最小传动角计算[*]

王耀兵 刘志全 夏祥东

摘　要：舱门关闭后的密封性及开闭操作的灵活性是载人航天器舱门的重要性能。应用有限元法分析某载人航天器舱门结构在舱内外有压差情况下的应力和变形，以及舱门结构变形对安装在其上的周边传动锁紧/释放机构的影响，并对该机构最小传动角进行优化计算，给出机构优选的设计参数。

关键词：载人航天器　舱门　机构　传动角

引　言

　　载人航天器舱门是关系到载人飞行成败及航天员生命安危的重要组件。舱门关闭后的密封性及开闭操作的灵活性是载人航天器舱门的重要技术指标。载人航天器在轨飞行期间，其舱门内外两侧的气压因任务需求的不同或工作时段的不同而有所不同。出舱活动舱门在开启之前首先需要将气闸舱进行泄压，使得舱门内侧气压由原来约 1×10^5 Pa（一个大气压）降低到接近于舱门外侧真空气压（$< 1 \times 10^{-3}$ Pa）。舱门内外两侧压力平衡后，航天员才能打开舱门开始进行出舱活动。对于载人航天器空间交会对接任务而言，当载人航天器完成空间交会对接后，需要将对接通道内充气增压。舱门外侧对接通道的气压由原来的真空状态上升到接近于舱门内侧气压后，经压力平衡阀平衡舱门内外两侧压力，航天员才能打开对接通道的舱门，进入对接通道[1-4]。由于作用在舱门门体结构上的压力发生变化，势必引起舱门门体结构的变形。如果这种变形包含塑性变形的成分，则导致安装在门体结构上的传动机构运动状态发生变化，严重时会导致传动机构卡死、舱门开闭操作功能失效。传动机构的传动角大小也是决定舱门开闭操作力大小的关键因素，为了使航天员在轨灵活操作舱门的开启和关闭，必须将舱门两侧气压变化引起门体结构的变形控制在弹性变形范围内，同时需对舱门传动机构的运动参数进行优化计算。本文就一种载人航天器舱门，开展门体结构有限元分析和周边传动锁紧/释放机构的传动角计算，旨在减小该舱门的开闭操作力，实现舱门的灵活操作。

----

　　[*]《载人航天》2007，No.1，pp36 - 39

1　舱门周边传动锁紧/释放机构的工作原理

　　某载人航天器舱门整体由门体结构、锁紧/释放机构、门体密封圈和压力平衡阀等组成，锁紧/释放机构安装在门体周边。门体外侧周边端面上加工有安装门体密封圈的槽；门体内侧周边留有与锁紧机构滑块相配合的滑槽以及锁紧机构曲柄轴的安装支座。锁紧/释放机构包括 6 个相同的曲柄滑块机构（由曲柄、连杆和滑块组成）和 4 个相同的双曲柄机构，见图 1。其中曲柄和曲柄 1 固连并具有共同的转动轴，该转动轴安装在曲柄轴支座上；滑块在门体滑槽内滑动。在执行压紧操作时，航天员通过手柄转动手柄轴，经齿轮系的传动使两个扇形齿轮同步反向转动。两个扇形齿轮带动 6 个曲柄滑块机构同步运动（此同步运动由 4 个双曲柄机构保证），由于门体滑槽的限制，滑块及安装在滑块上的滚轮沿舱门径向向外伸出，滚轮在向外伸出时受到门框上压紧曲面的限制而向下移动，迫使密封圈在门体和门框之间发生弹性变形而实现舱门和舱体之间的密封，见图 2。图 2 所示状态为舱门的压紧状态。当执行释放操作时，航天员反向转动手柄，经过齿轮系和机构的传动而使滑块沿舱门径向向内缩回，解除舱门的锁紧状态并允许打开舱门。

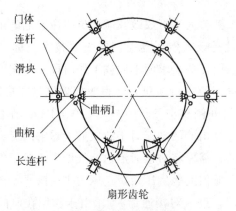

图 1　舱门周边传动锁紧/释放机构

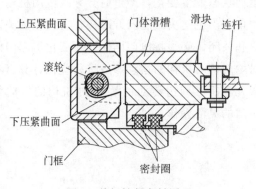

图 2　舱门锁紧密封原理

2　舱门结构的有限元分析

2.1　有限元建模

设载人航天器在轨飞行时，其舱内外存在约为 1×10^5 Pa 的压力差，此时舱门的变形最大。在建立舱门有限元模型时，由于对称关系，舱门有限元模型仅考虑舱门的一半，见图 3。由于锁紧机构等组件对舱门刚度的影响很小，故在模型中不包含门体和密封圈外的其他部分。舱门门体结构为薄壁铝质球面结构，其中边框以实体单元模拟，中心板材、舷窗及加强筋板以板壳单元模拟；密封圈材料为橡胶材料，根据材料实测数据近似按照各向同性材料选取其力学参数，模型中以实体单元模拟密封圈。舱门门体和密封圈通过共结点的方式连接。坐标系选取舱门舷窗中心为原点，x 轴为舱门对称轴，正向为手柄所在的一侧，y 轴垂直于舷窗并指向舱内，z 轴由右手法则确定。

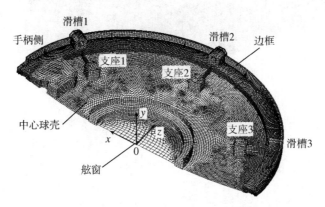

图 3　某载人航天器舱门有限元模型

2.2　载荷及边界条件

如前文所述，在 1×10^5 Pa 的内压作用下，舱门锁紧/释放机构的滚轮将与上压紧曲面脱离而受下压紧曲面的支撑，同时两道密封圈将在原来锁紧/释放机构提供的压力的基础上进一步受压。因此，在舱内侧的单元表面上施加 1×10^5 Pa 的压力载荷，约束密封圈与门框接触点的 y 向自由度，约束滑槽孔内结点的 y 向自由度，按照对称关系处理舱门对称面上各结点的约束。

2.3　计算结果分析

按表 1 选取材料参数，对所建立的有限元模型进行求解，可以得到在 1×10^5 Pa 的内压下舱门的变形及应力分布，分别见图 4 和图 5；门体滑槽和曲柄轴支座（见图 3）处的 y 向位移见表 2。

表 1　有限元分析所选取的材料参数

结构	材料	弹性模量/MPa	泊松比
舱门门体	铝	7.2×10^4	0.33
密封圈	橡胶	4	0.49

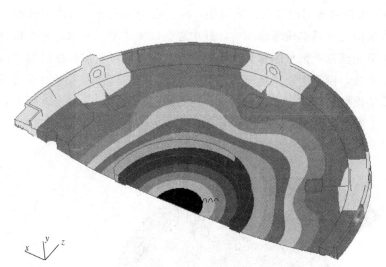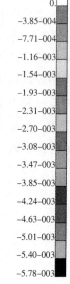

图 4　舱门 y 向位移云图

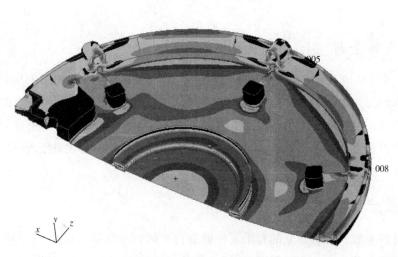

图 5　舱门 Von－Mises 应力云图

表 2　舱门门体上滑槽和曲柄轴支座处的 y 向位移

	支座 1	支座 2	支座 3	滑槽 1	滑槽 2	滑槽 3
位移/mm	−1.75	−1.79	−1.8	−1.4	−1.4	−1.4

由表 2 可知，曲柄轴支座处的 y 向位移平均为 −1.78 mm，而滑槽上表面位移为 −1.4 mm，负号表示位移方向与 y 轴正向相反。因此，对于每个曲柄滑块机构来说，如果舱内外存在 1×10^5 Pa 的压力差，则滑块与曲柄将不在一个平面内，两者之间的 y 向差值最大为 0.4 mm。但是，在开关门操作时，舱门内外两侧的压力已经平衡（或近似平衡），所以只要压差引起的结构变形属于弹性变形，则舱门开闭操作时曲柄滑块机构仍保持为平面机构，即压差引起的结构变形对于开闭操作力没有影响。由于舱门受到内压作用时，门体密封圈的压缩量会进一步增大，所以舱门密封性能不会降低。

由图 5 可知，舱门最大 Von - Mises 应力为 204 MPa，出现在曲柄轴支座和边框之间的筋板与边框的连接处。由于此局部应力不影响舱门的整体性能，并且仍在门体材料的许用强度范围内。为了安全起见，需在此处增加过渡圆角，以降低应力集中程度；除此处以外，舱门其他处的 Von - Mises 应力均在 110 MPa 以下，满足舱门设计的强度要求。所以，在该条件下，由压差引起的结构变形对于开闭操作力没有影响。

3　周边传动锁紧/释放机构的最小传动角分析

机构传动角是机构传力性能的重要指标，对周边传动锁紧/释放机构最小传动角的分析，旨在明确曲柄长度和滑块行程对传动角的影响，以便设计人员通过调整这些参数，优化机构的传动效率，减小舱门开启时的操作力。

3.1　理论分析

图 1 所示的 6 个曲柄滑块机构相隔 60° 均匀布置在舱门门体上，即图 6（a）中夹角 $\angle A_1 O A_2$ 为 60°。另外，根据 6 个滑块同步到达压紧位置的要求，图 6（a）中 A_1，B_1，D_2，A_2 构成平行四边形 $A_1 B_1 D_2 A_2$，即双曲柄机构的两曲柄长度相等，图 6（a）中曲柄和曲柄 1 之间的夹角 α 为 60°。

图 6 所示位置为舱门完全开启时锁紧机构所处的位置，舱门压紧锁定后，曲柄 $A_1 B_1$ 和连杆 $B_1 C_1$ 共线。其中：

　　r——曲柄长度；

　　l——连杆长度；

　　a——曲柄转动轴 A_1 到滑块销轴 C_1 之间的距离；

　　a_0——舱门完全开启状态时曲柄转动轴 A_1 到滑块销轴 C_1 之间的距离；

　　Δ——舱门由完全开启状态进入压紧锁定状态过程中滑块的行程；

　　γ——曲柄滑块机构的传动角；

　　ψ——双曲柄机构的传动角；

θ——曲柄与滑块到舱门中心连线的夹角。

由图 6（b）可知，以上各参数之间存在如下关系

$$\begin{cases} r+l=a_0+\Delta \\ r\sin\theta=l\cos\gamma \\ r\cos\theta+l\sin\gamma=a_0 \end{cases} \tag{1}$$

在舱门关闭、压紧过程中，θ 角将逐步由 θ_0（舱门完全开启状态时的 θ 角）减小到 0（即进入锁定状态），同时传动角 γ 逐步增加为 90°，因此图 6 所示的传动角 γ 即为最小传动角 $\gamma_{\min}$。根据图 6 和式（1），可知最小传动角 $\gamma_{\min}$ 和曲柄长度 r 以及滑块行程 Δ 之间满足如下关系

$$\sin\gamma_{\min}=\frac{(a_0+\Delta-r)^2+a_0^2-r^2}{2a_0(a_0+\Delta-r)} \tag{2}$$

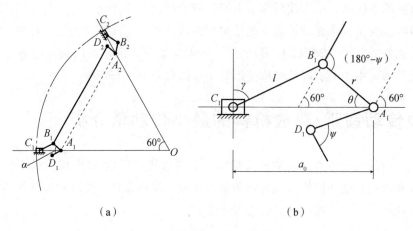

图 6　锁紧机构原理图（部分）

因此，当舱门完全开启时曲柄转动轴 A_1 到滑块销轴 C_1 之间的距离 a_0、曲柄长度 r 和滑块行程 Δ 确定后，可通过公式（2）确定曲柄滑块机构最小传动角 $\gamma_{\min}$，从而获得曲柄初始角度 θ_0 的值。

由于锁紧机构中还包括 4 个双曲柄机构，为了保证整个锁紧/释放机构的传动性能，还需考虑双曲柄机构的最小传动角 $\psi_{\min}$。根据图 6 中的几何关系可知 ψ 的变化范围为（120°−θ_0，120°），则双曲柄机构的最小传动角

$$\psi_{\min}=\min(120°-\theta_0，60°) \tag{3}$$

由公式（3）可知 $\psi_{\min}$ 与 θ_0 有关，为避免 $\psi_{\min}$ 太小，则 θ_0 的取值不能太大。

3.2　算例

设舱门完全开启时曲柄转动轴 A_1 到滑块销轴 C_1 之间的距离 a_0 为 56 mm，滑块的行程 Δ 为 22～25 mm，曲柄长度 r 的取值为 22～37 mm，计算得到的曲柄滑块机构最小传动角 $\gamma_{\min}$ 和曲柄初始角度 θ_0 见表 3。

表 3　最小传动角 γ_{min} 和曲柄初始角度 θ_0

曲柄长度 r/mm	滑块行程 $\Delta=25$ mm		滑块行程 $\Delta=24$ mm		滑块行程 $\Delta=23$ mm		滑块行程 $\Delta=22$ mm	
	曲柄初始角 θ_0/ (°)	最小传动角 γ_{min}/ (°)	曲柄初始角 θ_0/ (°)	最小传动角 γ_{min}/ (°)	曲柄初始角 θ_0/ (°)	最小传动角 γ_{min}/ (°)	曲柄初始角 θ_0/ (°)	最小传动角 γ_{min}/ (°)
22	86.8	68.1	84.3	68.2	81.8	68.3	79.3	68.5
23	83.3	66.8	80.9	66.9	78.6	67.1	76.3	67.3
24	80.1	65.5	77.9	65.7	75.7	65.9	73.4	66.2
25	77.1	64.2	75.0	64.5	72.9	64.7	70.8	65.1
26	74.3	62.9	72.3	63.2	70.4	63.6	68.4	63.9
27	71.7	61.7	69.8	62.0	67.9	62.4	66.1	62.8
28	69.3	60.4	67.5	60.8	65.7	61.2	63.9	61.7
29	66.9	59.1	65.2	59.6	63.5	60.1	**61.8**	**60.6**
30	64.7	57.9	**63.1**	**58.4**	**61.5**	**58.9**	**59.8**	**59.4**
31	62.6	56.6	**61.1**	**57.1**	**59.5**	**57.7**	58.0	58.3
32	60.6	55.3	59.1	55.9	57.7	56.5	56.2	57.2
33	58.7	54.0	57.3	54.7	55.9	55.3	54.4	56.0
34	56.9	52.7	55.5	53.4	54.1	54.1	52.8	54.8
35	55.1	51.4	53.8	52.1	52.5	52.9	51.2	53.6
36	53.4	50.1	52.1	50.8	50.9	51.6	49.6	52.4
37	51.7	48.7	50.5	49.5	49.3	50.4	48.1	51.2

由表 3 可知：

1）随着曲柄长度减小，曲柄滑块机构的最小传动角 γ_{min} 将增加，但由于曲柄初始角 θ_0 也随之增加，根据公式（3），这将导致双曲柄机构的最小传动角 ψ_{min} 减小。

2）随着锁紧机构的滑块行程 Δ 的增加，曲柄滑块机构的最小传动角 γ_{min} 将减小，而 θ_0 将增加，这说明行程的增加将导致曲柄滑块机构和双曲柄机构的最小传动角 γ_{min} 和 ψ_{min} 同时减小；在表 3 中可以看到，当行程 Δ 为 25 mm 时，已经无法同时保持 γ_{min} 和 ψ_{min} 大于 60°。推荐设计时优先选取表 3 中黑体字数据所对应的设计方案。

4　结论

1）在 1×10^5 Pa 的内压作用下，曲柄轴支座和门体滑槽在 y 方向上的位移差为 0.4 mm。但由压差引起的变形属于弹性变形，且舱门开闭操作时舱门内外压力平衡，所以由压差引起的变形不影响舱门开闭操作力。

2）舱门门体最大 Von-Mises 应力为 204 MPa，出现在曲柄轴支座和边框之间的筋板与边框的连接处，此局部应力不影响舱门的整体性能，并且仍在门体材料的许用强度范围内。但为了安全起见，需在该处增加过渡圆角，以降低应力集中程度。

3）设计曲柄长度时应综合考虑曲柄滑块机构传动角和双曲柄机构传动角的变化，在满足舱门压紧要求的基础上应尽量减小滑块行程。在满足滑块行程的条件下，按表 3 中的黑体字数据进行设计，可提高舱门周边传动锁紧/释放机构的传动效率。

参 考 文 献

[1]　嵇景全，刘志全，游巍. 载人航天器舱门机构的原理与特点分析. 载人航天. 2003，（3）：34 - 39.

[2]　刘志全，嵇景全. 载人航天器电动兼手动舱门的研究. 中国空间科学技术. 2005，25（4）：1 - 7.

[3]　刘志全，夏祥东，嵇景全. 载人航天器舱门周边传动锁紧释放机构的原理和特点. 载人航天. 2006，（2）：12 - 14.

月球探测器软着陆机构展开过程的运动学分析[*]

黄传平　刘志全

摘　要：软着陆机构是月球探测器实现软着陆的关键部件。针对一种四腿式软着陆机构方案，论述了该软着陆机构展开的工作原理，分析了机构的奇异性，推导了机构不发生奇异的条件，建立了展开机构的运动学方程组，采用 Newton – Raphson 法求解了该非线性运动学方程组，获得了主支撑杆运动参数的变化规律。

关键词：软着陆机构　展开　运动学　月球探测器

引　言

软着陆技术是月球探测的一项关键技术，而采用软着陆机构是探测器实现软着陆的重要途径之一。软着陆机构大多数都具有可收拢/展开功能，机构在轨道能否有效展开决定了探测器软着陆能否实现。因此软着陆机构展开过程的运动学特性对于软着陆机构至关重要[1-2]。

1　软着陆机构的组成及展开锁定过程

文献［3］设计了一种四腿式软着陆机构，如图 1 所示。探测器软着陆机构的总体方案是 4 条着陆腿呈对称分布，月球车放置在探测器的顶部。

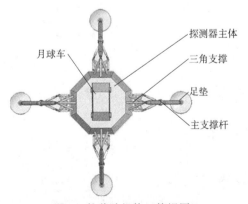

图 1　软着陆机构（俯视图）

＊《中国空间科学技术》2007，Vol. 27，No. 2，pp10 – 16

展开杆通过铰链 A（图 2），铰接在探测器主体结构（相当于机架）上，两根悬臂杆的左端通过万向联轴节与展开杆相连，右端通过球铰与主支撑杆的套筒连接。主动杆的左端通过铰链 B 与探测器主体结构铰接，右端与连杆铰接，并通过连杆带动展开杆运动。被动钩通过铰链 C 铰接在探测器主体结构上，压缩弹簧的上端与探测器铰接，下端连接被动钩。主支撑杆上端通过万向节与探测器主体结构的三角支架连接，主支撑杆的中部与连接套筒固连。

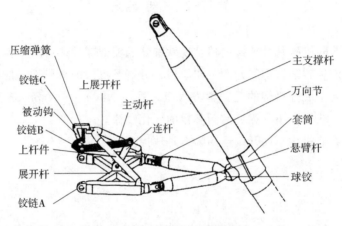

图 2　四腿式软着陆机构的组成

软着陆机构在探测器发射前处于收拢状态［如图 3（a）所示］。当探测器进入奔月轨道后，地球发送指令，展开机构的火工装置点火解锁，与主动杆相固连的动力源提供动力，主动杆沿箭头方向转动，连杆带动展开，使得展开杆绕铰链 A 转动，从而通过 2 根悬臂杆推动主支撑杆向外侧展开［如图 3（b）所示］。

锁定装置由主动钩、被动钩和弹簧等组成。被动钩与主动钩之间通过一根圆柱销相切，依靠弹簧的弹性力压紧在主动钩的外圆弧上。

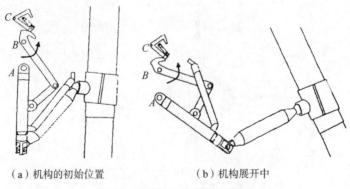

（a）机构的初始位置　　　　　（b）机构展开中

图 3　软着陆机构的展开过程

机构展开前，锁钩处于图 4（a）的位置，随着着陆腿的展开，圆柱销沿着主动钩外圆弧运动到钩尖 D 处，即将滑入钩槽里。此时，展开杆运动到水平位置。在弹簧的作用下，圆柱销向内圆弧运动到工作位置，被动钩的钩子插入上展开杆的方孔，软着陆机构的展开锁定工作完成，如图 4（b）所示。图 4（c）是锁定装置的工作原理图。

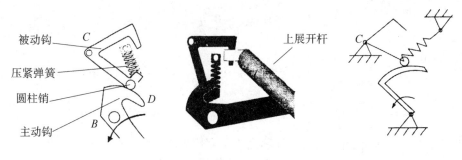

（a）锁钩的初始位置　　　　（b）被动锁钩插入上展开杆的方孔　　　（c）锁定装置的工作原理

图 4　软着陆机构的锁定过程

2　机构的奇异性分析

奇异性是指机构在运动过程中，当机构运动到某些特殊位置时，系统中的某个或几个运动件会出现运动方向的不确定性，或不能运动。这个位置也称之为机构的"死点"。

约束系统可以采用拉格朗日（Lagrangian）坐标系（以下简称拉氏坐标）来描述。假设系统中有 M 个活动构件，则可相应地用 M 个拉氏坐标来完全地描述该系统中构件的运动[4]。

在完整的约束系统中可以用下列形式表示其约束方程

$$f_i(\psi_1, \psi_2, \cdots, \psi_M) = 0 \qquad (i = 1, 2, \cdots, N) \qquad (1)$$

式中　$\psi_j (j = 1, 2, \cdots, M)$——拉氏坐标；

　　N——约束方程的个数，$N = 2L$；

　　L——机构闭链的个数。

式（1）对时间求导，得

$$\sum_{j=1}^{M} \frac{\partial f_i}{\partial \psi_j} \dot{\psi}_j = 0 \qquad (i = 1, 2, \cdots, N) \qquad (2)$$

根据系统驱动力作用的位置不同，机构的活动件可分为主动件和从动件。在拉氏坐标系中，主动件的运动参数称为一级坐标，用 $(q_1, q_2, \cdots, q_F)$ 表示主动件的一级坐标，F 为系统中一级坐标的数量。从动件的运动参数称为二级坐标，用 $(\phi_1, \phi_2, \cdots, \phi_N)$ 表示从动件的二级坐标，N 为系统中二级坐标的数量。因此，一级坐标是独立的拉格朗日坐标，具有独立的运动参数，它的数量恰好等于机构的自由度 F，而二级坐标的数量恰好等于约束方程的个数 N。

于是式（2）可改写成

$$\sum_{j=1}^{N} \frac{\partial f_i}{\partial \phi_j} \dot{\phi}_j + \sum_{k=1}^{F} \frac{\partial f_i}{\partial q_k} \dot{q}_k = 0 \qquad (i=1,\ 2,\ \cdots,\ N) \tag{3}$$

式（3）用矩阵形式表达为

$$\boldsymbol{A} \{\dot{\phi}\} = \boldsymbol{B} \{\dot{q}\} \tag{4}$$

其中

$$\boldsymbol{A} = \left[\frac{\partial f_i}{\partial \phi_j}\right] \qquad (i=1,\ 2,\ \cdots,\ N \qquad j=1,\ 2,\ \cdots,\ N) \tag{5}$$

$$\boldsymbol{B} = -\left[\frac{\partial f_i}{\partial q_k}\right] \qquad (i=1,\ 2,\ \cdots,\ N \qquad k=1,\ 2,\ \cdots,\ F) \tag{6}$$

其中 $\boldsymbol{A}$ 是 $N \times N$ 的速度矩阵，又称之为雅克比矩阵。

如果式（4）有解，则机构在运动过程中，对于任意位置的拉氏坐标值 ϕ_j，代入 $\boldsymbol{A}$ 中，都有行列式 $\det\boldsymbol{A} \neq 0$，可以确定该机构在运动过程中没有奇异点。

如果机构在运动过程中，存在某一位置，而该位置的拉氏坐标 ϕ_j，有 $\det\boldsymbol{A} = 0$。这时 $\boldsymbol{A}$ 为奇异矩阵，式（4）无解或有无数多的解。可判定，当机构运动到该位置时，出现奇异点。

软着陆机构的展开过程是一个空间运动，但如果把两根悬臂杆看成一个三角形，则空间机构的展开就可看作一种平面机构来分析。

用拓扑图及其矩阵来分析运动参数较为方便。由两个闭链 $A-B-H-G-A$ 和 $A-C-D-E-F-A$ 组成的机构，其驱动杆的转角为 q，拉杆、展开杆、悬臂杆和主支撑杆的转角依次为 ϕ_1，ϕ_2，ϕ_3，ϕ_4。展开机构的拓扑图如图 5 所示。

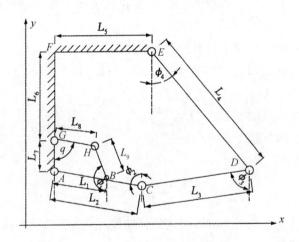

图 5　展开机构的拓扑图

在机构拓扑图中，只有驱动杆的转角 q 为一级坐标，其余杆件转角 ϕ_1、ϕ_2、ϕ_3、ϕ_4 均为二级坐标，图 6 是两个闭链的矢量图。

在闭链 $A-B-H-G-A$ 和闭链 $A-C-D-E-F-A$ 中，各矢量在 x 轴和 y 轴方向的投影代数和为零，有

$$\left.\begin{array}{l}f_1 = L_8\cos q - L_9\cos\phi_1 - L_1\cos\phi_2 - L_7 = 0 \\ f_2 = -L_8\sin q - L_9\sin\phi_1 + L_1\sin\phi_2 = 0 \\ f_3 = -L_2\cos\phi_2 + L_3\cos\phi_3 + L_4\cos\phi_4 - L_6 - L_7 = 0 \\ f_4 = L_2\sin\phi_2 + L_3\sin\phi_3 - L_4\sin\phi_4 - L_5 = 0\end{array}\right\} \quad (7)$$

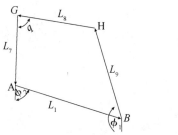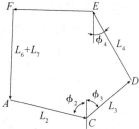

图 6　机构闭环的矢量图

则雅克比矩阵 $\boldsymbol{A}$

$$\boldsymbol{A} = \left[\frac{\partial f_i}{\partial \phi_j}\right] = \begin{bmatrix} \dfrac{\partial f_1}{\partial \phi_1} & \dfrac{\partial f_1}{\partial \phi_2} & \dfrac{\partial f_1}{\partial \phi_3} & \dfrac{\partial f_1}{\partial \phi_4} \\[2mm] \dfrac{\partial f_2}{\partial \phi_1} & \dfrac{\partial f_2}{\partial \phi_2} & \dfrac{\partial f_2}{\partial \phi_3} & \dfrac{\partial f_2}{\partial \phi_4} \\[2mm] \dfrac{\partial f_3}{\partial \phi_1} & \dfrac{\partial f_3}{\partial \phi_2} & \dfrac{\partial f_3}{\partial \phi_3} & \dfrac{\partial f_3}{\partial \phi_4} \\[2mm] \dfrac{\partial f_4}{\partial \phi_1} & \dfrac{\partial f_4}{\partial \phi_2} & \dfrac{\partial f_4}{\partial \phi_3} & \dfrac{\partial f_4}{\partial \phi_4} \end{bmatrix} = \begin{bmatrix} L_9\sin\phi_1 & L_1\sin\phi_2 & 0 & 0 \\ -L_9\cos\phi_1 & L_1\cos\phi_2 & 0 & 0 \\ 0 & L_2\sin\phi_2 & L_3\sin\phi_3 & -L_4\sin\phi_4 \\ 0 & L_2\cos\phi_2 & L_3\cos\phi_3 & -L_4\cos\phi_4 \end{bmatrix}$$

$$\boldsymbol{B} = -\left[\frac{\partial f_i}{\partial q}\right] = -\left[\frac{\partial f_1}{\partial q} \quad \frac{\partial f_2}{\partial q} \quad \frac{\partial f_3}{\partial q} \quad \frac{\partial f_4}{\partial q}\right]^{\mathrm{T}} = -\begin{bmatrix} L_8\sin q \\ L_8\cos q \\ 0 \\ 0 \end{bmatrix}$$

角速度方程为

$$\boldsymbol{A}\left[\dot{\phi}_1 \quad \dot{\phi}_2 \quad \dot{\phi}_3 \quad \dot{\phi}_4\right]^{\mathrm{T}} = \dot{q}\boldsymbol{B} \tag{8}$$

$$\det\boldsymbol{A} = L_1 L_3 L_4 L_9 \sin(\phi_1 - \phi_2) \cdot \sin(\phi_3 + \phi_4) \tag{9}$$

在主支撑杆的展开过程中，由机构的拓扑图可知：$\dfrac{\pi}{2} < \phi_1 < \pi$，　$0 < \phi_2 < \dfrac{\pi}{2}$。有 $0 < \phi_1 - \phi_2 < \pi$；即

$$\sin(\phi_1 - \phi_2) \neq 0 \tag{10}$$

同理 $0 < \phi_3 < \dfrac{\pi}{2}$，　$0 < \phi_4 < \dfrac{\pi}{2}$。有 $0 < \phi_3 + \phi_4 < \pi$，即

$$\sin(\phi_3 + \phi_4) \neq 0 \tag{11}$$

由式（10）和式（11）可知，对于式（9）

$$\det\boldsymbol{A} \neq 0$$

因此，如图 2、图 3 所示的四腿式软着陆机构，在展开过程中不会出现奇异点，展开过程的每一步都具有确定的运动。

但是，如果在设计时 $L_1 \sim L_9$ 的尺寸关系使得 $\det\boldsymbol{A}=0$，则机构会出现奇异。

若 $L_1+L_9 \leqslant L_7+L_8$ 或 $|L_1-L_7| \geqslant |L_9-L_8|$ 时，闭链 $A—B—H—G—A$ 就有 $\phi_1-\phi_2=0$，π，机构会出现奇异点。同理，若 $L_2+L_6+L_7 \geqslant L_3+L_9$，闭链 $A—C—D—E—F—A$ 就有 $\phi_3+\phi_4=0$，机构会出现奇异点。因此，机构不出现奇异的条件是

$$\left.\begin{array}{l} L_1+L_9 > L_7+L_8 \\ |L_1-L_7| < |L_9-L_8| \\ L_2+L_6+L_7 < L_3+L_9 \end{array}\right\} \tag{12}$$

3　软着陆机构展开过程的角位移、角速度和角加速度分析

展开机构的目的是把主支撑杆展开到工作位置，主支撑杆是软着陆机构的最主要杆件，所以对主支撑杆的角位移、角速度和角加速度进行分析和仿真，可以研究整个软着陆机构的展开特性。由于软着陆机构的展开是在奔月轨道完成的，无需考虑各构件的重力影响。

角位移方程（7）属于非线性方程组，不能直接求出 $\{\phi_1，\phi_2，\phi_3，\phi_4\}$ 的解析解。这里采用 Newton‑Raphson 法求解该非线性方程组，如图 7 所示。图中，校正矢量 $\Delta\phi = -\{\boldsymbol{A}^{(i)}\}^{-1} f^{(i)}$。

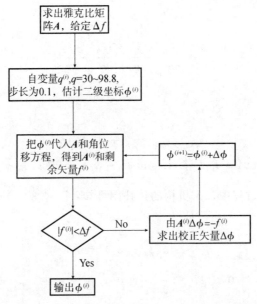

图 7　Newton‑Raphson 法求解非线性方程组流程图

作为一个算例，把 $L_1 = 115$ mm，$L_2 = 245$ mm，$L_3 = 300$ mm，$L_4 = 557$ mm，$L_5 = 270$ mm，$L_6 = 496$ mm，$L_7 = 80$ mm，$L_8 = 160$ mm，$L_9 = 96$ mm 代入以上方程组，用 MATLAB 软件求解方程，一级坐标 q 的取值范围为（30°，98.8°），步长值为 0.1°。$\Delta f = |f_1| + |f_2| + |f_3| + |f_4| < 0.2$ 求解结果如图 8 所示。

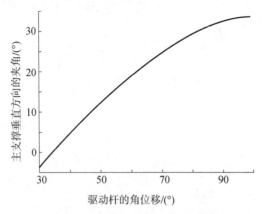

图 8　主支撑杆角位移仿真曲线

主支撑杆的角位移 ϕ_4 与主动杆的角位移 q 之间的函数关系，可以用 3 次多项式进行拟合，且误差较小（0.638°）

$$\phi_4 = -4.234 \times 10^{-5} q^3 + 0.002\ 682\ 6 q^2 + 0.767\ 86 q - 27.738 \tag{13}$$

从角位移曲线可以看出，在展开过程中，主支撑杆的角位移随着驱动杆的展开而增大，每一位置都有确定的位移，无跳动和奇异的现象。

由角速度方程组（8）可知：

$$\begin{bmatrix} \dot{\phi}_1 & \dot{\phi}_2 & \dot{\phi}_3 & \dot{\phi}_4 \end{bmatrix}^{\mathrm{T}} = \dot{q} \boldsymbol{A}^{-1} \begin{bmatrix} L_8 \sin q & L_8 \cos q & 0 & 0 \end{bmatrix}^{\mathrm{T}} \tag{14}$$

采用电机驱动，$\dot{q}$ 可以设计成恒定值。但是电机的角速度从 0 到 $\dot{q}$ 需要一定的时间，这里取为 2s，且为线性变化[5]。分别取 $\dot{q} = 5(°)/s$，$8(°)/s$，$10(°)/s$ 进行仿真，得到曲线如图 9 所示。

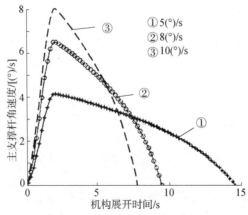

图 9　主支撑杆角速度曲线

从曲线图中可以看出，电机的角速度越大，主支撑杆角速度的峰值就越大，相应地展开时间较短，电机角速度较小的主支撑杆角速度相对较为平稳。

角加速度反应机构在展开过程中角速度变化的快慢，也是反应冲击力大小的一个重要参数。角速度方程（8）各项对时间求导，便可得到机构在展开过程的角加速度方程（15），写成矩阵表达式为

$$\frac{\mathrm{d}}{\mathrm{d}t}(\boldsymbol{A}\{\dot{\phi}_1 \quad \dot{\phi}_2 \quad \dot{\phi}_3 \quad \dot{\phi}_4\}) = \frac{\mathrm{d}}{\mathrm{d}t}(\dot{q}\boldsymbol{B}) \tag{15}$$

把上式展开，整理方程右边只留下未知数 $\ddot{\phi}_1$，$\ddot{\phi}_2$，$\ddot{\phi}_3$，$\ddot{\phi}_4$

$$\begin{bmatrix} -L_9\sin\phi_1 & L_1\sin\phi_2 & 0 & 0 \\ -L_9\cos\phi_1 & -L_1\cos\phi_2 & 0 & 0 \\ 0 & -L_2\sin\phi_2 & L_3\sin\phi_3 & L_4\sin\phi_4 \\ 0 & L_2\cos\phi_2 & L_3\cos\phi_3 & -L_4\cos\phi_4 \end{bmatrix} \begin{bmatrix} \ddot{\phi}_1 \\ \ddot{\phi}_2 \\ \ddot{\phi}_3 \\ \ddot{\phi}_4 \end{bmatrix} = \ddot{q}\begin{bmatrix} L_8\sin q \\ -L_8\cos q \\ 0 \\ 0 \end{bmatrix} + \begin{bmatrix} L_8\cos q \cdot \dot{q}^2 \\ L_8\sin q \cdot \dot{q}^2 \\ 0 \\ 0 \end{bmatrix} - $$

$$\begin{bmatrix} -L_9\cos\phi_1 \cdot \dot{\phi}_1 & L_1\cos\phi_2 \cdot \ddot{\phi}_2 & 0 & 0 \\ L_9\sin\phi_1 \cdot \dot{\phi}_1 & L_1\sin\phi_2 \cdot \dot{\phi}_2 & 0 & 0 \\ 0 & -L_2\cos\phi_2 \cdot \dot{\phi}_2 & L_3\cos\phi_3 \cdot \dot{\phi}_3 & L_4\cos\phi_4 \cdot \dot{\phi}_4 \\ 0 & -L_2\sin\phi_2 \cdot \dot{\phi}_2 & -L_3\cos\phi_3 \cdot \dot{\phi}_3 & L_4\sin\phi_4 \cdot \dot{\phi}_4 \end{bmatrix} \begin{bmatrix} \dot{\phi}_1 \\ \dot{\phi}_2 \\ \dot{\phi}_3 \\ \dot{\phi}_4 \end{bmatrix}$$

分别取 $\dot{q}=5$，8，$10(°)/s$ 进行仿真，可以得出主支撑杆的角加速度在展开过程中随时间的变化曲线（如图 10 所示）。

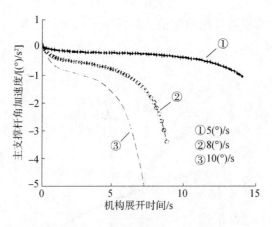

图 10　主支撑杆角加速度曲线

主动杆的角速度越大，主支撑杆的角加速度绝对值的峰值越大，变化较大；主动杆的角速度越小，主支撑杆的角加速度绝对值也就越小，变化较小。

4 结论

通过对四腿式软着陆机构的奇异性以及主支撑杆的运动参数的分析，得到以下结论。

1）所设计的四腿式软着陆机构的展开过程连续、没有奇异点。若各杆件几何尺寸满足式（12）的条件，则可避免机构出现奇异。

2）当主动杆的角位移在 $30°\sim70°$ 时，主支撑杆的角位移随着主动杆的角位移呈近似线性递增关系，当主动杆的角位移大于 $70°$ 时，主支撑杆的角位移随着主动杆的角位移的增加而平缓增加（非线性）。

3）主支撑杆的展开角速度值都从零开始逐渐增大，到达峰值后，又逐渐减小为零；角加速度与角速度方向相反，并逐渐增大，电机的角速度越大，展开时间就越短，主支撑杆的角速度和角加速度的峰值也越高。

参 考 文 献

[1]　刘志全，黄传平. 月球探测器软着陆机构发展综述. 中国空间科学技术，2006，26（1）：33－39.

[2]　Kelly J T. Manned Lunar Lander Design－The Project Apollo Lunar Module. AIAA 92－1480，1992.

[3]　黄传平. 月球探测器软着陆展开机构的研究. 北京：中国空间技术研究院硕士学位论文. 2006.

[4]　曹惟庆，等. 连杆机构的分析与综合. 北京：科学出版社，2002：10－50.

[5]　Adam G. The Intergration of A Load Limiter to An Orbiter Over－Center Mechanism. The 37th Aerospace Mechanism Symposium. Johnson Space Center，2004.

一种空间光学遥感器的主镜展开机构[*]

孙国鹏　　刘志全

摘　要：分块可展开光学系统的相关技术是空间光学遥感领域当前的研究热点之一。文章设计了一种环扇形剖分主镜的展开机构总体方案。为了满足主镜展开机构的高重复定位精度要求，定位装置采用了点接触的运动支承；中央子镜与旁瓣子镜之间的锁紧力通过控制步进电机转角的方法来控制，以降低系统的复杂性；为了提高机构运动可靠性并尽可能减少润滑剂对光学镜面的污染，运动副表面采用了 MoS_2 固体润滑剂方式；经Solidworks 软件仿真，该主镜展开机构无结构干涉，能够实现主镜的收拢和展开功能。

关键词：展开机构　主镜　遥感器

引　言

研制大口径高分辨率空间光学遥感器（以下简称遥感器），对提高对地观测及深空探测水平具有非常重要的意义。然而，大口径整体式主镜加工制造难度大，又受运载火箭整流罩尺寸的限制，所以主镜的口径增大程度十分有限。采用分块可展开光学系统使大口径主镜的实现成为可能。分块可展开光学系统的主镜按照一定的方式进行剖分，各分块子镜在发射时折叠收拢，入轨后通过展开机构实现展开锁定，从而"拼接"成一个完整的主镜。

文献［1］对国内外几种典型主镜展开机构的组成、工作原理和特点进行了分析比较，本文在此基础上进行主镜展开机构的总体方案设计。

1　主镜展开机构的组成及工作原理

主镜的剖分方式多种多样，图 1 为一种环扇形的剖分方式。考虑强度点扩散函数后，环扇形剖分的主镜由 9 个子镜拼接而成，中央为固定的正八边形子镜，周围为 8 个形状相同的环扇形的旁瓣子镜，如图 1（a）所示。主镜的口径 4 m，在相同口径下，中央子镜多边形的外接圆直径（径向尺寸）越大，则旁瓣子镜的径向尺寸越小，折叠收拢后总体效果是径向尺寸大，轴向尺寸小，反之，则径向尺寸小，轴向尺寸大。综合考虑收拢状态下的径向尺寸和轴向尺寸，中央子镜多边形的外接圆直径取为 2 m，旁瓣子镜的径向长度取为

　　* 《航天器工程》2007，Vol. 16，No. 5，pp29－33

1 m。为了避免相邻旁瓣子镜在折叠收拢时发生干涉，旁瓣子镜采用上下交错的折叠收拢方式，即 8 个旁瓣子镜分成相间的两组（每组 4 个子镜），一组向前折叠收拢，另一组向后折叠收拢，如图 1（b）所示。

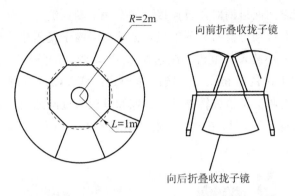

（a）主镜剖面形式　　　　　　　（b）主镜折叠收拢形式

图 1　主镜的总体方案

主镜展开机构主要由展开铰链、驱动装置、定位装置、锁紧装置和微动开关组成。主镜展开机构的工作原理（如图 2 所示）：航天器在发射段，主镜呈折叠收拢状态［见图 1（b）和图 2（a）］，并由压紧释放机构约束其运动。当航天器入轨且压紧释放机构解除对主镜的运动约束后，驱动装置通过与展开铰链相连的齿轮传动装置将旁瓣子镜由收拢位置逐渐展开，旁瓣子镜运动至与中央子镜接合处后压下微动开关，发送信号使驱动锁紧装置工作，在锁紧装置的锁紧力和定位装置的约束共同作用下旁瓣子镜实现与中央子镜的精确定位和稳定锁紧。

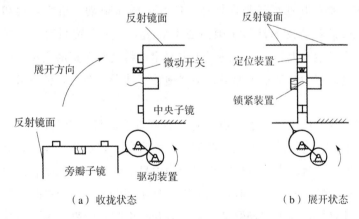

（a）收拢状态　　　　　　　　　（b）展开状态

图 2　主镜展开机构工作原理

各旁瓣子镜展开并锁定后，主镜的面形已具有较高的精度，但是尚未达到成像要求的最终精度。主镜的面形要达到成像所需的最终精度，还需要通过安装在分块子镜下面的位置微调节机构进行微调。位置微调节机构不在本文讨论的范围之内。其工作原理参见文献［1］。

2　主镜展开机构的展开和驱动装置

旁瓣子镜与中央子镜之间通过两对铰链连接，一个为主动铰链，一个为从动铰链，如图 3 所示。每一对铰链由公铰和母铰两部分组成，公铰与旁瓣子镜固连，母铰与中央子镜固连。主动铰链上安装有驱动装置（电机、减速器）。从动铰链的结构除了没有电机和驱动机构外，其他部分均与主动铰链相同。铰链的作用是：航天器发射时承受发射段的载荷，航天器入轨后驱动折叠收拢子镜旋转展开。公铰和母铰通过间隙配合的销轴连接。铰链销轴要有足够的间隙以保证锁定后销轴可以脱离载荷路径，这样可以保证铰链处不受力，不影响重复定位精度。

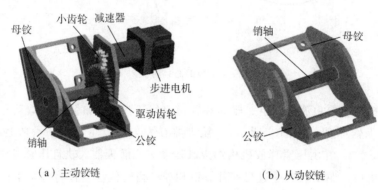

（a）主动铰链　　　　　　　　　　（b）从动铰链

图 3　旁瓣子镜展开铰链

驱动装置的功能是为主镜展开提供动力源，保证展开所需的角速度和转矩。主镜展开机构的驱动方式主要有弹性记忆复合材料（EMC）铰链驱动、扭簧驱动和电机驱动三种方式[1,2]。EMC 铰链驱动技术目前在国内还不成熟。对于扭簧驱动，展开角速度不易控制，展开结束时会产生较大的冲击，这对于重复定位精度要求高的主镜展开机构来说是不可接受的。采用电机作为驱动动力源可以很好地控制展开角速度，使展开过程平稳，展开结束时冲击小。

适于航天器机构使用的电机主要有三种：有刷直流电机、无刷直流电机和步进电机。有刷直流电机的电刷在空间环境下极易磨损，在高真空中容易产生火花，并会产生无线电干扰。由于这个弱点，有刷直流电机在空间应用中呈下降趋势。无刷直流电机与步进电机相比，除了转动平稳性好外，它没有定位力矩，且驱动电源的电子线路比较复杂。

对于主镜展开机构，为了减轻旁瓣子镜在展开结束时对中央子镜的碰撞冲击，采用步进电机配合大传动比齿轮传动装置方案为宜。

3　主镜展开机构的锁定装置

向前折叠收拢子镜与向后折叠收拢子镜采用相同的锁紧方式。锁紧装置布置在旁瓣子镜和中央子镜的对接面处。该锁紧装置的主要功能是连接旁瓣子镜和中央子镜，提供稳定的锁紧力。

锁紧装置的工作原理如图 4 所示，当旁瓣子镜展开接近中央子镜时，安装在中央子镜上的锁紧螺杆对准安装在旁瓣子镜上的锁紧螺母，螺杆不旋转，顶着螺母向前运动，使弹簧压缩。旁瓣子镜继续运动，压下安装在对接面上的压点开关，发出信号使电机开始工作驱动锁紧螺杆旋转，锁紧螺母在后面弹簧推力的作用下与锁紧螺杆旋合实现锁紧。

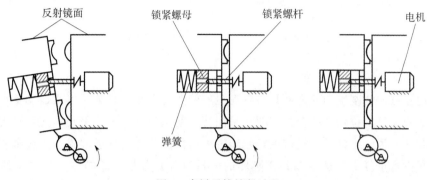

图 4　旁瓣子镜锁紧过程

锁紧电机选用步进电机，为了使锁紧力达到所需的大小，必须对锁紧力进行适当的控制。锁紧力的控制方法主要有两种：

1）在锁紧装置上安装应变计，通过检测应变来确定螺杆产生的锁紧力大小；

2）通过控制步进电机的驱动脉冲数来控制步进电机的转角，从而来控制锁紧力的大小。

安装应变计的方法对锁紧力的控制准确可靠，但是需增加检测控制线路，而且应变计的安装也比较困难。通过控制步进电机转角来控制锁紧力的方法不需要增加检测线路，只要电机足够可靠，决不会产生失步[3]。但是，必须通过地面试验来标定锁紧力大小与步进电机驱动脉冲数的关系，从而获得达到锁紧力要求的驱动脉冲数。

经比较，本文主镜展开机构采用通过控制步进电机转角来控制锁紧力大小的方案。

为了使主镜展开机构获得较好的重复定位精度（运动部件上某一给定位置在作多次重复定位时实际位置的一致程度），定位装置采用运动支承方式来实现精确定位。

典型的运动支承有两种形式：开尔文（Kelvin）运动支承和博伊斯（Boyes）运动支承，如图 5 所示[4,5]。这两种运动支承方式均采用了球面与平面的配合方式，接触区域均为点接触，可以获得较好的重复定位精度。

开尔文运动支承的原理如图 5（a）所示，位于一个结构上的 3 个定位球分别和位于另一个结构上的锥形定位块、V 形定位块和平面定位块接触配合。博伊斯运动支承的原理如图 5（b）所示，位于一个结构上的 3 个定位球分别和位于另一个结构上的 3 个 V 形定位块接触配合。

与开尔文运动支承相比，博伊斯运动支承可以实现几何上的对称。这种几何对称可以

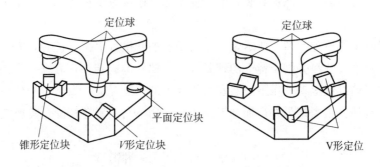

定位球　　　　　　　　　　　　定位球

平面定位块

锥形定位块　　　V形定位块　　　　　　　　V形定位

（a）开尔文运动支承　　　　　　（b）博伊斯运动支承

图 5　两种典型的运动支承

使连接结构各方向的刚度均衡，而且也具有更好的热稳定性。对于开尔文运动支承和博伊斯运动支承的重复定位精度的分析表明，采用博伊斯运动支承比采用开尔文运动支承的重复定位精度好。因此主镜展开机构的定位装置采用博伊斯运动支承方式。因篇幅所限，关于主镜展开机构重复定位精度和锁紧刚度的分析过程及分析结果拟在《中国空间科学技术》杂志上发表。

4　主镜展开机构的润滑

为了保证机构满足动作要求和可靠性要求，必须在活动零部件间采取润滑措施。主镜展开机构包含有多个活动零部件，如展开铰链、锁紧螺杆、螺母和齿轮等。

空间机构用润滑剂主要有：润滑油、润滑脂、固体润滑剂。

润滑油与润滑脂虽然具有许多良好的润滑特性，但是它们存在真空易挥发的致命缺点，需经过特别的处理和密封才适合空间应用。所以，大多数航天器低速机构多采用固体润滑。固体润滑剂具有在极端温度环境（4～1 000K）中工作的能力，一般不会污染周围的重要表面（如光学镜面和热控涂层）。

因此，主镜展开机构中的活动部件采用 MoS_2 固体润滑剂实现润滑。但是，MoS_2 具有潮湿敏感性，通常控制航天器贮存环境相对湿度在 50% 以下，若要更加显著地提高润滑剂的稳定性，则需控制航天器贮存环境相对湿度在 30% 以下[6]。

5　主镜展开机构总体构型

根据主镜展开机构的总体方案设计，最终的主镜展开机构总体构型如图 6 所示。为避免向前折叠子镜与中央子镜的干涉，向前折叠子镜与中央子镜间留有一定间隙。向后折叠子镜为保持与向前折叠子镜具有相同的形状，也留有同样的间隙，见图 6（b）。

当航天器进入发射段时，主镜呈折叠收拢状态。为了减小发射段振动、冲击等恶劣的力学环境对主镜展开机构工作性能的影响，保证航天器入轨后顺利实现主镜展开并且获得

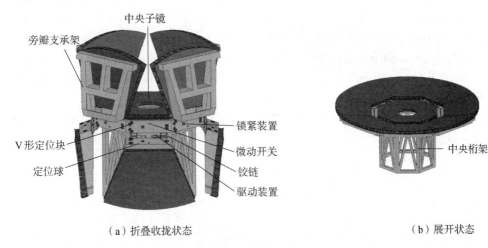

（a）折叠收拢状态　　　　　　　　　　　　（b）展开状态

图 6　主镜展开机构总体构型

所需的精度和刚度，在发射段需要约束主境各旁瓣子镜的可能运动。通过连接相邻旁瓣子镜支撑架的方式并借助于展开铰链来约束向前折叠收拢子镜可能的运动。通过固结在中央桁架结构上的压紧释放机构（图 6 中未给出）并借助于展开铰链来约束向后折叠收拢子镜可能的运动。压紧释放机构的压紧点位置和数量需要根据主镜结构收拢状态下的动力学分析结果来确定。关于旁瓣子镜的压紧释放具体技术细节及动力学分析拟另文发表。

利用 Solidworks 软件对主镜展开机构进行三维造型并装配，验证了主镜展开机构无结构干涉，能够实现主镜的收拢和展开功能。

6　结论

综上所述，得出结论如下。

1）定位装置采用点接触的运动支承（博伊斯运动支承和开尔文运动支承）可满足主镜展开机构的高重复定位精度要求；

2）通过控制步进电机转角来控制中央子镜与旁瓣子镜之间的锁紧力的大小，可降低系统的复杂性；

3）为了提高机构运动可靠性并尽可能减少润滑剂对光学镜面的污染，运动副表面采用 MoS_2 固体润滑剂方式；

4）经 Solidworks 软件建模仿真，所设计的主镜展开机构无结构干涉，能够实现主镜收拢和展开功能。

参 考 文 献

［1］　刘志全，孙国鹏 . 空间光学遥感器的主镜展开机构 . 中国空间科学技术，2006，26（6）：42 - 48.

［2］　孙国鹏 . 空间光学遥感器主镜展开机构研究 . 北京：中国空间技术研究院硕士学位论文，2007.

［3］　Hale L C，Slocum A H. Optimal Design Techniques for Kinematic Couplings. Precision Engineering，2001，25（2）：114－127.

［4］　Slocum A H. Kinematic Couplings for Precision Fixturing － Part I：Formulation of Design Parameters. Precision Engineering，1988，10（2）：85－91.

［5］　Sarafin T P. Spacecraft Structures and Mechanisms：from Concept to Launch. California：Microcosm Inc.，1995.

［6］　Conley P L. Space Vehicle Mechanisms：Elements of Successful Design. New York：John Wiley & Sons Inc.，1997.

空间光学遥感器主镜展开机构重复
定位精度分析[*]

刘志全　孙国鹏

摘　要：提出了基于赫兹接触理论的空间光学遥感器主镜展开机构重复定位精度分析方法，利用该方法分别对博伊斯运动支承和开尔文运动支承在两种典型布置方式下进行重复定位误差分析。分析结果表明：博伊斯运动支承的重复定位误差受锁紧力不一致性的影响比开尔文运动支承要小；增大定位球直径可以减小因锁紧力不一致性而引起的重复定位误差（绝对值），并且减小的趋势逐渐变缓；在对接面内与旁瓣转轴方向相垂直的方向上，重复定位误差对锁紧力位置误差最为敏感。

关键词：重复定位精度　展开机构　主镜　遥感器　空间光学

引　言

主镜展开机构是大口径高分辨率空间光学遥感器分块可展开成像系统中的关键部分[1]。作为主镜展开机构的重要性能指标之一，重复定位精度是指运动部件上某一给定位置在作多次重复定位时实际位置的一致程度，以重复定位误差来表征。主镜展开机构只有具备了高重复定位精度，才能保证航天器入轨后分块子镜展开锁定的状态与地面装调后的展开锁定状态具有很好的一致性。重复定位精度与主镜展开机构展开后的稳定性和微动力学等复杂动力学问题相关，研究重复定位精度对于解决这些复杂动力学问题有重要意义。

分块子镜展开锁定后需要通过主动控制来调整各分块子镜的位置和曲面形状，从而使主镜的位置精度和曲面形状精度满足成像要求。提高主镜展开机构的重复定位精度可以降低用于调整子镜位置和面形的主动控制系统的复杂性。

1　主镜展开机构定位块的布局

本文作者在文献 [2]，[3] 中设计了一种环扇形剖分主镜的展开机构，并对该主镜展开机构的组成和工作原理作了论述。其中，定位装置采用基于精确约束理论的开尔文运动支承和博伊斯运动支承。本文对采用这两种运动支承的主镜展开机构的重复定位精度进行分析。

---

[*]《中国空间科学技术》2008，Vol. 28，No. 1，pp27－34

根据旁瓣子镜和中央子镜对接面的结构尺寸，运动支承定位块在对接面上的布局可分别采用顶角为 138°和 11°的等腰三角形布置方式，如图 1 所示。图 1 中的数字 1，2，3，4，5，6 分别表示定位球与定位块平面的 6 个接触点，x 表示对接面内与旁瓣转轴轴线方向相同的方向，y 表示对接面内与旁瓣转轴轴线方向相垂直的方向。

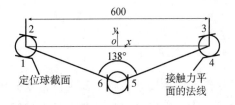

（a）博伊斯运动支承顶角138°等腰三角形布置

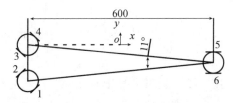

（b）博伊斯运动支承顶角11°等腰三角形布置

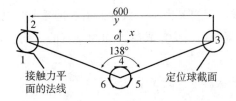

（c）开尔文运动支承顶角138°等腰三角形布置

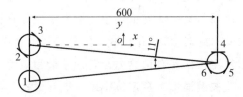

（d）开尔文运动支承顶角11°等腰三角形布置

图 1　运动支承定位块的两种布置方式

为使各方向的刚度均衡，博伊斯运动支承和开尔文运动支承的 V 形定位块和锥形定位块上与定位球接触的平面与定位块所在对接面的夹角均为 45°。对于博伊斯运动支承，为了获得良好的稳定性，"沿 V 形槽纵向的定位球切线"应与"3 个定位球球心构成的三角形对应角的角平分线"平行[4]；开尔文运动支承中的 V 形定位块也是如此设计。

旁瓣子镜展开后，锁紧装置施加锁紧力使旁瓣子镜与中央子镜保持稳定可靠的连接。为了获得较好的稳定性和重复定位精度，锁紧力的施力点位置应使得上述 6 个接触点处接触力相等。

为分析方便，假设仅有 1 个锁紧力施力点。实际上，锁紧力施力点可能为 2 个或更多，但是，这些锁紧力为空间平行力系，可等效为 1 个力。因此，假设 1 个锁紧力施力点并不失一般性。

2　锁紧力误差对重复定位精度的影响

2.1　接触变形引起的定位误差

定位误差的分析流程如图 2 所示[5]。分析中假设：相互接触的两物体均为弹性体，并且只考虑接触区域的弹性变形；接触区域无摩擦。

图 2　定位误差分析流程

2.1.1　接触力方向余弦与接触点位置的计算

为了计算球与平面接触时接触力的方向余弦，以接触点 o_i 为原点建立局部坐标系 $o_i x_i y_i z_i$（见图 3）。$o_i z_i$ 轴与总体坐标系 oz 轴平行，$o_i x_i$ 轴与 $o_i z_i$ 轴和接触力矢量 $\boldsymbol{F}$ 共面，并且 $o_i x_i$ 轴的方向指向球的内部，$o_i y_i$ 的方向由右手定则确定。

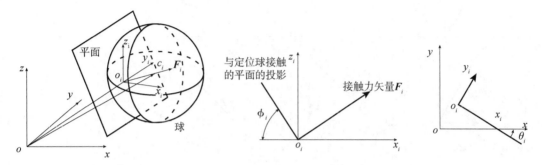

图 3　球与平面接触的几何关系

总体坐标系相对局部坐标系的方向余弦阵为 $\boldsymbol{C}_z = \begin{bmatrix} \cos\theta_i & \sin\theta_i & 0 \\ -\sin\theta_i & \cos\theta_i & 0 \\ 0 & 0 & 1 \end{bmatrix}$，其中 θ_i 为局部坐标系绕 z_i 轴相对于总体坐标系的转角（见图 3）。

所以，接触力在总体坐标系下的方向余弦 $\{\alpha_i, \beta_i, \gamma_i\}^\mathrm{T}$ 满足

$$\{\alpha_i, \beta_i, \gamma_i\}^\mathrm{T} = \boldsymbol{C}_z \{\alpha_{oi}, \beta_{oi}, \gamma_{oi}\}^\mathrm{T} = \{\cos\theta_i \sin\varphi_i - \sin\theta_i \sin\varphi_i, \cos\varphi_i\}^\mathrm{T} \tag{1}$$

式中　φ_i——V 形和锥形定位块中与定位球接触的平面与对接面的夹角，$\varphi_i = 45°$。

如图 3 所示，矢量 $\boldsymbol{oo}_i$、$\boldsymbol{o}_i\boldsymbol{c}_i$ 和 $\boldsymbol{oc}_i$ 满足 $\boldsymbol{oo}_i = \boldsymbol{oc}_i - \boldsymbol{o}_i\boldsymbol{c}_i$（$c_i$ 为球心），该矢量关系在总体坐标系下的分量形式为

$$\left. \begin{aligned} x_{oi} &= x_{ci} - D_i \cdot \alpha_i / 2 \\ y_{oi} &= y_{ci} - D_i \cdot \beta_i / 2 \\ z_{oi} &= z_{ci} - D_i \cdot \gamma_i / 2 \end{aligned} \right\} \tag{2}$$

式中　x_{oi}，y_{oi}，z_{oi}——接触点位置坐标；

　　　x_{ci}，y_{ci}，z_{ci}——定位球球心坐标；

　　　D_i——定位球直径。

因此，可以通过公式（2）计算得到接触点位置坐标。

2.1.2　接触力的计算

以运动支承的定位球为分析对象，进行静力分析。受力分析如图 4 所示，图中接触力

$\boldsymbol{F}_i$（$i=1$，2，…，6）的方向为与定位球接触的平面的法线方向，o_i 为接触点。对于锁紧装置，忽略对接面内的摩擦力，只考虑垂直于对接面的锁紧力。图 4 所示的静力关系对于图 1 所示的 4 种布局形式均适用。

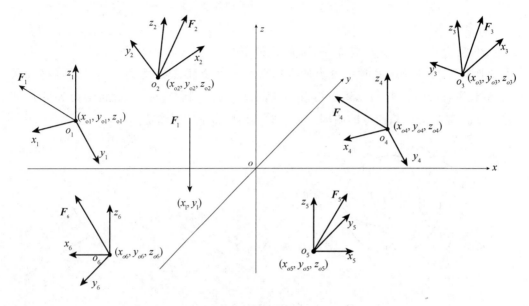

图 4　定位球受力分析

根据静力平衡方程可以得到接触力的计算式如下

$$\begin{bmatrix} F_1 \\ F_2 \\ \vdots \\ F_6 \end{bmatrix} = \begin{bmatrix} \alpha_1 & \alpha_2 & \cdots & \alpha_6 \\ \beta_1 & \beta_2 & \cdots & \beta_6 \\ \gamma_1 & \gamma_2 & \cdots & \gamma_6 \\ \gamma_1 y_{o1} - \beta_1 z_{o1} & \gamma_2 y_{o2} - \beta_2 z_{o2} & \cdots & \gamma_6 y_{o6} - \beta_6 z_{o6} \\ \alpha_1 z_{o1} - \gamma_1 x_{o1} & \alpha_2 z_{o2} - \gamma_2 x_{o2} & \cdots & \alpha_6 z_{o6} - \gamma_6 x_{o6} \\ \beta_1 x_{o1} - \alpha_1 y_{o1} & \beta_2 x_{o2} - \alpha_2 y_{o2} & \cdots & \beta_6 x_{o6} - \alpha_6 y_{o6} \end{bmatrix}^{-1} \begin{bmatrix} 0 \\ 0 \\ -F_1 \\ -F_1 y_1 \\ -F_1 x_1 \\ 0 \end{bmatrix} \tag{3}$$

式中　α_i，β_i，γ_i——接触力 F_i 的方向余弦；

　　　F_1——锁紧力的大小；

　　　x_{oi}，y_{oi}，z_{oi}——定位球上接触点的位置坐标；

　　　x_1，y_1——锁紧力施力点的坐标。

公式（3）简化为

$$\boldsymbol{F}_c = \boldsymbol{S}^{-1} \boldsymbol{F}_g \tag{4}$$

式中　$\boldsymbol{F}_c$——接触力矢量，$\boldsymbol{F}_c = \{F_1, F_2, F_3, F_4, F_5, F_6\}^{\mathrm{T}}$；

　　　$\boldsymbol{S}$——几何参数矩阵；

　　　$\boldsymbol{F}_g$——锁紧力矢量，$\boldsymbol{F}_g = \{0, 0, -F_1, -F_1 y_1, -F_1 x_1, 0\}^{\mathrm{T}}$。

2.1.3　接触变形的计算

球与平面接触的接触变形可由赫兹理论计算求得，如图 5 所示。在半径为 a 的圆形接

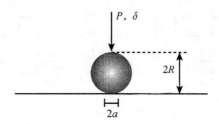

图 5 球与平面接触示意图

触区域，接触变形 δ 为[6]

$$\delta = \frac{a^2}{R} = \left(\frac{3P}{4E'}\right)^{\frac{2}{3}}\left(\frac{1}{R}\right)^{\frac{1}{3}} \tag{5}$$

式中 E'——等效弹性模量

$$\frac{1}{E'} = \frac{1-v_1^2}{E_1} + \frac{1-v_2^2}{E_2}$$

式中 E_1，E_2——分别为两种接触材料的弹性模量；

v_1，v_2——分别为两种接触材料的泊松比；

P——接触力的大小；

R——定位球半径。

由公式（5）可计算得到接触变形，它为接触球和接触平面的变形之和。

2.1.4 定位误差的计算

为满足各接触点接触变形要求，结构必须作为一个整体运动，结构的整体位移由沿各接触点法线方向的接触变形共同作用产生。根据能量守恒定律，系统弹性势能的增加等于锁紧力和力矩所做的功，弹性势能的增加量用接触力的功来计算，所以有如下关系

$$W = \frac{1}{2}\boldsymbol{\delta}_c^T \boldsymbol{F}_c = \frac{1}{2}\boldsymbol{\delta}_g^T \boldsymbol{F}_g \tag{6}$$

式中 $\boldsymbol{\delta}_c$——接触变形向量，$\boldsymbol{\delta}_c = \{\delta_1, \cdots, \delta_6\}$，其中 $\delta_i (i=1, 2, \cdots, 6)$ 可由式（5）计算得到；

$\boldsymbol{\delta}_g$——定位误差，$\boldsymbol{\delta}_g = \{\delta_x, \delta_y, \delta_z, \varepsilon_x, \varepsilon_y, \varepsilon_z)^T$；

$\{\delta_x, \delta_y, \delta_z\}^T$——平移误差分量；

$\{\varepsilon_x, \varepsilon_y, \varepsilon_z\}^T$——角度误差分量。

公式（4）和公式（6）联立可得到定位误差

$$\boldsymbol{\delta}_g = \boldsymbol{S}^T \boldsymbol{\delta}_c \tag{7}$$

2.2 锁紧力误差引起的定位块的重复定位误差

对于设计的锁定装置，锁紧力误差引起的定位块的重复定位误差可以参照上面的方法来确定，流程如图 6 所示。

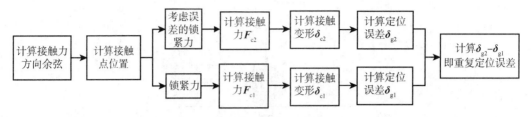

图 6　锁紧力对重复定位误差影响的计算流程

3　重复定位误差计算结果分析

3.1　锁紧力的不一致性对重复定位误差的影响

分析锁紧力的不一致性对重复定位误差的影响时采用的锁紧力大小为 5 kN，定位球直径 $D=90$ mm。分别分析了锁紧力的不一致性为 -10%，-8%，-6%，-4%，-2%，2%，4%，6%，8%，10% 情况下的重复定位误差。

博伊斯运动支承在顶角 138°等腰三角形布置和顶角 11°等腰三角形布置时，锁紧力的不一致性与重复定位误差的关系具有相同的变化曲线，如图 7（a）所示。由图 7（a）可

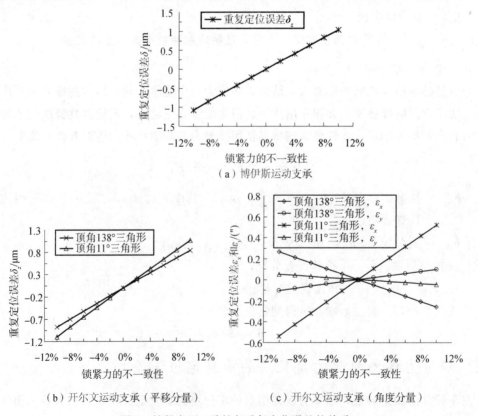

（a）博伊斯运动支承

（b）开尔文运动支承（平移分量）　　　　　　（c）开尔文运动支承（角度分量）

图 7　锁紧力不一致性与重复定位误差的关系

以看出，对于博伊斯运动支承，锁紧力的不一致性在 ±10％范围内，重复定位误差与锁紧力的不一致性基本呈线性关系，并且锁紧力的不一致性只影响重复定位误差的 δ_z 分量，重复定位误差其他分量（δ_x，δ_y，ε_x，ε_y，ε_z）均为 0。

开尔文运动支承时锁紧力的不一致性与重复定位误差的关系如图 7（b）所示，锁紧力的不一致性引起的重复定位误差具有 δ_z，ε_x 和 ε_y 3 个分量。

综合比较可以看出，博伊斯运动支承的重复定位误差受锁紧力不一致性的影响比开尔文运动支承的要小。这主要是因为博伊斯运动支承具有对称性，使各接触点接触变形在垂直对接面的方向上产生的位移相等，从而使重复定位误差无角度分量。

3.2 定位球直径对重复定位误差的影响

分析定位球直径对重复定位误差的影响时采用的锁紧力大小为 5 kN，锁紧力的不一致性为 5％。

由图 8 可见，重复定位误差（绝对值）随定位球直径增大而逐渐减小，并且减小的趋势逐渐变缓。其中，博伊斯运动支承只有 δ_z 分量，开尔文运动支承具有 δ_z，ε_x 和 ε_y 三个分量。重复定位误差随定位球直径增大而逐渐减小的原因是：在接触力一定的条件下，各接触点的接触变形随定位球直径的增大而减小。因此，增大定位球直径可以减小锁紧力的不一致性引起的重复定位误差。

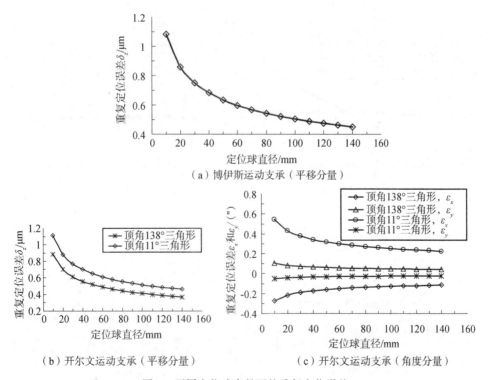

（a）博伊斯运动支承（平移分量）

（b）开尔文运动支承（平移分量）

（c）开尔文运动支承（角度分量）

图 8 不同定位球直径下的重复定位误差

3.3　锁紧力位置误差对重复定位误差的影响

　　分析锁紧力位置误差对重复定位误差的影响时采用的锁紧力大小为 5 kN，定位球直径 $D=90$ mm，锁紧力的不一致性为 5%。分析时，取锁紧力 x 向（旁瓣转轴方向）和 y 向（与旁瓣转轴方向相垂直的方向）的位置误差为 ±5 mm，±4 mm，±3 mm，±2 mm，±1 mm（负号表示与规定的方向相反），实际的锁紧力位置误差的值一般不会超过这个范围。

　　分析结果如图 9 所示。可见，无论是顶角 138°等腰三角形布置还是顶角 11°等腰三角形布置，博伊斯运动支承和开尔文运动支承的重复定位误差，均随锁紧力的位置误差的增大而近似线性地增大。

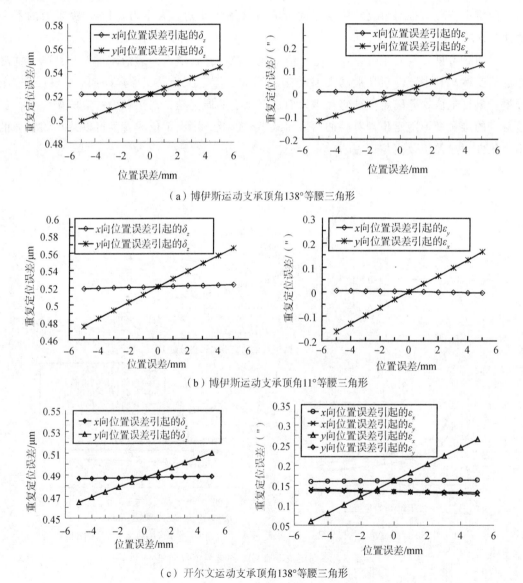

（a）博伊斯运动支承顶角138°等腰三角形

（b）博伊斯运动支承顶角11°等腰三角形

（c）开尔文运动支承顶角138°等腰三角形

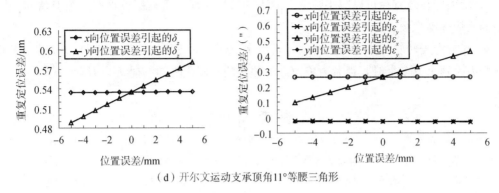

（d）开尔文运动支承顶角11°等腰三角形

图 9　锁紧力位置误差对重复定位误差的影响

根据分析结果应用最小二乘法得到重复定位误差各分量对位置误差的变化率（拟合直线的斜率）（见表 1）。4 种布置方式下，"δ_z 对 y 方向位置误差的变化率"与"δ_z 对 x 方向位置误差的变化率"的比值最大值为 453，最小值为 21；"ε_x 对 y 方向位置误差的变化率"与"ε_x 对 x 方向位置误差的变化率"的比值最大值为 23 125，最小值为 53。可见，对于博伊斯运动支承和开尔文运动支承，无论是顶角 138°等腰三角形布置还是顶角 11°等腰三角形布置，重复定位误差对锁紧力 y 方向位置误差要比对锁紧力 x 方向位置误差敏感得多。

由于锁紧力存在不一致性，所以锁紧力合力的施力点将偏离设计的位置，产生位置误差。而重复定位误差对锁紧力 x 方向位置误差的敏感程度，要比对锁紧力 y 方向位置误差的敏感程度低得多。因此，当锁紧力为两个或多个时，施力点的位置应尽量沿旁瓣转轴方向布置。

表 1　重复定位误差各分量对位置误差的变化率

支承顶角布置	δ_z 对位置误差的变化率/ $(10^{-3}\mu m/mm)$		ε_x 对位置误差的变化率/ $[10^{-2}('')/mm]$		ε_y 对位置误差的变化率/ $[10^{-2}('')/mm]$	
	x 方向	y 方向	x 方向	y 方向	x 方向	y 方向
博伊斯顶角 138°	0.010	4.53	—	2.44	−0.119	—
博伊斯顶角 11°	0.435	9.07	—	3.26	−0.089 6	—
开尔文顶角 138°	0.216	4.53	0.038 8	2.05	−0.119	−0.039 0
开尔文顶角 11°	0.148	9.78	0.000 144	3.33	−0.071 3	0.008 77

4　结论

本文应用赫兹接触理论对博伊斯运动支承和开尔文运动支承在两种典型布置方式下的重复定位误差进行了分析，得到如下结论。

1）博伊斯运动支承的重复定位误差受锁紧力的不一致性的影响比开尔文运动支承的要小。因此，主镜展开机构的定位装置优先选用博伊斯运动支承。

2）增大定位球直径可以减小锁紧力的不一致性引起的重复定位误差（绝对值），并且减小的趋势逐渐变缓。

3）在与旁瓣转轴相垂直的方向上，重复定位误差对锁紧力不一致性最为敏感。因此，当锁紧力为两个或多个时，锁紧力施力点的位置应尽量沿旁瓣转轴方向布置。

参 考 文 献

[1]　刘志全，孙国鹏. 空间光学遥感器的主镜展开机构. 中国空间科学技术，2006，26（6）：42 - 48.

[2]　孙国鹏，刘志全. 一种空间光学遥感器的主镜展开机构. 航天器工程，2007，16（5）：29 - 33.

[3]　孙国鹏. 空间光学遥感器主镜展开机构研究. 北京：中国空间技术研究院硕士学位论文，2007：12 - 14.

[4]　Slocum A H. Design of Three-Groove Kinematic Couplings. Precision Engineering，1992，14（2）：67 - 73.

[5]　Schmiechen P，et al. Analysis of Kinematic Systems：A Generalized Approach. Precision Engineering，1996，19（1）：11 - 18.

[6]　Johnson K L. 接触力学. 徐秉业，译. 北京：高等教育出版社，1992.

空间光学遥感器主镜展开机构
锁紧刚度分析[*]

孙国鹏　　刘志全

摘　要： 采用等效弹簧模型对空间光学遥感器主镜的旁瓣子镜与中央子镜的锁紧刚度进行简化处理，分别分析了"旁瓣子镜与中央子镜之间锁紧力"和"旁瓣子镜与中央子镜之间定位装置的定位球直径"对空间光学遥感器主镜结构固有频率的影响。分析结果表明，旁瓣子镜与中央子镜通过运动支承定位并由锁紧装置锁紧后，结构一阶固有频率由整体式结构的 33.592Hz 下降为十几赫兹，下降幅度约 50%。增大锁紧力和定位球直径都可以提高主镜结构的固有频率，但是增大定位球直径对固有频率的提高比增大锁紧力对固有频率的提高要明显得多。

关键词： 等效弹簧模型　展开机构　刚度　锁定紧固装置　光学遥感器　航天器

引　言

空间光学遥感器主镜展开机构的主要功能是在空间实现主镜分块精确展开，并使展开锁定后的主镜具有良好的刚度，从而完成大口径高分辨率空间光学遥感器的使命[1]。然而，主镜展开机构定位装置、锁紧装置的采用，对主镜结构的固有频率和振型会产生很大影响。因此，分析空间光学遥感器主镜展开机构的锁紧刚度对于主镜展开机构定位装置、锁紧装置的设计具有重要的指导意义。

本文作者在文献 [2]，[3] 中设计了一种环扇形剖分主镜的展开机构，并对该主镜展开机构的组成和展开/锁定工作原理做了论述（本文不再赘述）。其中，定位装置采用了基于精确约束理论的开尔文（Kelvin）运动支承和博伊斯（Boyes）运动支承。文献 [4] 对采用这种运动支承的主镜展开机构的重复定位精度进行了分析，本文在此基础上对主镜展开机构的锁紧刚度进行分析。

1　锁紧刚度的等效

1.1　接触点的接触刚度

旁瓣子镜展开后，锁紧装置施加锁紧力使旁瓣子镜与中央子镜保持稳定可靠的连接

* 《中国空间科学技术》2008，Vol. 28，No. 2，pp21－27

（锁紧工作原理见文献［3］）。为了获得较好的稳定性和重复定位精度，锁紧力的施力点位置应使得上述 6 个接触点（见图 1）处接触力相等。为分析方便，假设仅有 1 个锁紧力施力点[4]。

博伊斯运动支承和开尔文运动支承这两种典型支承形式中共有 3 种类型的定位块（见图 1），分别具有 1 个、2 个和 3 个接触点，每个接触点均是由球与平面接触产生的。

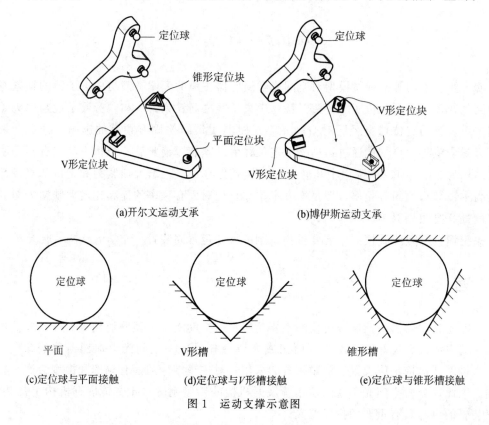

(a)开尔文运动支承　　　　　　　　(b)博伊斯运动支承

(c)定位球与平面接触　　　(d)定位球与V形槽接触　　　(e)定位球与锥形槽接触

图 1　运动支撑示意图

对于具有相同弹性常数的接触球和接触平面，球体与平面接触时的法向接触刚度[5]为

$$k_n = \left[6PR(E^*)^2\right]^{\frac{1}{3}} \tag{1}$$

式中　P——法向接触力；

　　　R——定位球半径；

　　　E^*——等效弹性模量。

结合式[5]$a = \left(\dfrac{3PR}{4E^*}\right)^{\frac{1}{3}}$，$\dfrac{1}{E^*} = \dfrac{2(1-\nu^2)}{E}$ 和 $G = \dfrac{E}{2(1+\nu)}$，则式（1）可以写成

$$k_n = \frac{2Ga}{1-\nu} \tag{2}$$

式中　a——接触圆形区域的半径；

　　　E——弹性模量；

　　　G——剪切模量；

ν——泊松比。

在法向接触力 P 的作用下球体与平面具有圆形接触区，如果紧接着施加一个切向力 Q_t（见图2），且接触区无滑动时，由赫兹接触理论可知，切向变形 δ_t 为[5]

$$\delta_t = \frac{Q_t(2-\nu)}{4aG} \qquad (3)$$

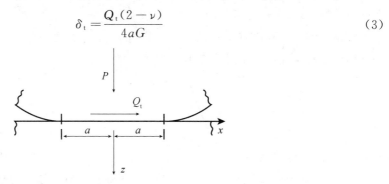

图2　球与平面的接触力示意图

由式（3）可知，在法向接触力不变的情况下，切向变形与切向力成正比。

切向力 Q_t 值小于摩擦力 μP（μ 为静摩擦系数），切向接触刚度 k_t 可由式（3）得到，即

$$k_t = \frac{\mathrm{d}Q_t}{\mathrm{d}\delta_t} = \frac{4aG}{2-\nu} \qquad (4)$$

所以，切向接触刚度与法向接触刚度之比为

$$\frac{k_t}{k_n} = \frac{2(1-\nu)}{2-\nu} \qquad (5)$$

对于金属材料，泊松比约为0.3，所以切向接触刚度与法向接触刚度之比约为0.82，故切向接触刚度满足

$$k_t = 0.82k_n \qquad (6)$$

1.2　锁紧刚度的处理

锁定机构锁紧刚度特性分析的关键是如何处理锁紧后的对接面。由于受到加工误差和装配误差的影响，精确计算对接面的刚度特性十分困难。另外，锁紧力的大小会影响对接面的接触状态进而影响锁紧刚度。因此，锁紧刚度的精确分析必然属于非线性的范畴。为便于建模，这里将采用简化处理方法来分析锁紧刚度。

球体与平面接触时，法向变形与法向接触力呈非线性关系，如图3所示。对应某一锁紧力，球体与平面的法向接触力和法向变形均为某个具体值，考虑到在轨工作情况下动量轮、太阳翼驱动机构等产生的扰动载荷相对于锁紧力小很多，所以在扰动载荷作用下，接触点处的法向接触力相对于原某具体值变化很小，可近似将法向接触力与法向变形按线性关系来处理。法向接触刚度 k_n 的值可以由式（1）来计算，其中的法向接触力 P 可以通过静力分析得到；切向接触刚度可由式（5）或式（6）计算得出。

根据上面的分析，可以将运动支承中每个接触点处的刚度等效成如图4所示的形式，

即球与平面之间在接触点处通过 3 个方向的弹簧元连接，弹簧的刚度值可以按第 1.1 节中的方法计算得到，并且切向接触刚度 k_x 和 k_y 值相等。

锁紧装置中的锁紧螺杆主要承受拉力，可近似把锁紧螺杆简化为受拉杆，锁紧力施加在杆单元的两端。

铰链销轴与轴孔要有足够的间隙，以保证旁瓣子镜展开锁定后销轴可以脱离载荷路径，因此在有限元模型中对铰链不予考虑。

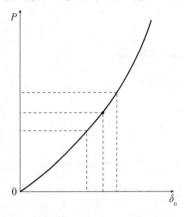

图 3　法向接触力与法向变形的关系

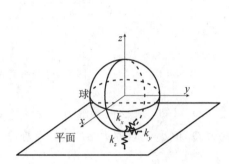

图 4　接触点刚度的等效处理示意图

2　锁紧刚度分析流程

采用 MSC/Nastran 软件对旁瓣、中央部分以及锁定装置建立有限元模型进行分析，前后处理软件采用 MSC/Patran。采用图 5 所示的结构（旁瓣支撑结构和中央部分结构的 1/8）进行锁紧刚度的分析。锁定装置中点接触部位是主镜结构中刚度最为薄弱的环节，本文仅分析定位块的几何尺寸和布置方式等对锁紧刚度的影响，对主镜具体的支撑结构的刚度和振型不做讨论。这样，以这 1/8 作为代表来研究锁紧力、定位球直径以及定位装置布置方式对锁紧刚度的影响规律不失一般性。

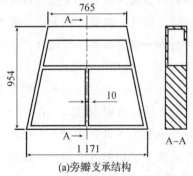

(a)旁瓣支承结构

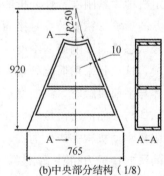

(b)中央部分结构（1/8）

图 5　旁瓣支承结构与中央部分结构

锁紧刚度特性的分析计算流程如图 6 所示。分析计算中旁瓣和中央部分结构材料参数为：弹性模量 $E = 70\,\mathrm{GPa}$，泊松比 $\nu = 0.33$，密度 $\rho = 2.8 \times 10^3\,\mathrm{kg/m^3}$。对于所分析的各种工况，旁瓣部分和中央部分的有限元模型采用相同的网格和单元属性，边界条件均为中央部分的内侧圆柱面固定。

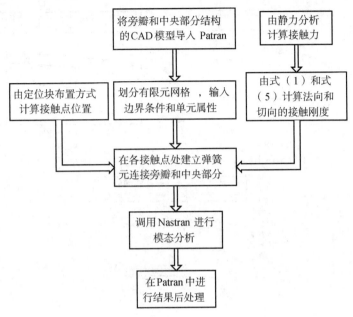

图6　锁紧刚度特性计算流程

3　计算结果分析

考虑运动支承锁紧刚度后，锁定装置所连接结构的前3阶固有频率（锁紧力为5 kN，定位球直径为90 mm），与整体式结构下的前3阶固有频率的对比见表1。从中可以看出，前者的固有频率下降很多。其中，1阶固有频率下降 $50.23\%\sim59.56\%$；2阶固有频率下降 $22.68\%\sim30.72\%$；3阶固有频率下降 $29.36\%\sim43.57\%$。固有频率下降的主要原因是运动支承采用点接触的定位方式，使得锁紧刚度降低。

表1　考虑锁紧刚度后的固有频率与整体式结构的固有频率对比

阶数		1阶	2阶	3阶
整体式结构的固有频率/Hz		33.592	33.829	71.626
博伊斯	固有频率/Hz	16.549	23.436	41.605
顶角138°	下降幅度	50.74%	30.72%	41.91%
博伊斯	固有频率/Hz	16.72	26.158	50.599
顶角11°	下降幅度	50.23%	22.68%	29.36%
开尔文	固有频率/Hz	13.585	21.433	40.416
顶角138°	下降幅度	59.56%	36.64%	43.57%
开尔文	固有频率/Hz	15.741	25.213	49.412
顶角11°	下降幅度	53.14%	25.47%	31.01%

当定位球直径为 90 mm 时，运动支承不同布置方式下锁定装置所连接结构的固有频率随锁紧力的变化曲线如图 7 所示。当锁紧力为 5 kN 时，运动支承不同布置方式的锁定装置所连接结构的固有频率随定位球直径的变化曲线如图 8 所示。

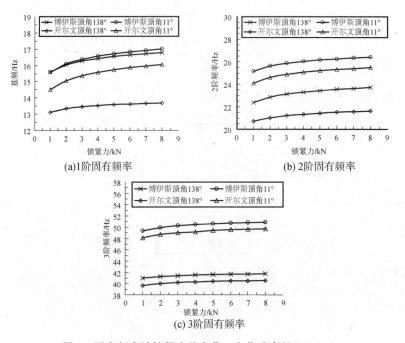

(a)1阶固有频率　　　　　　　　　　(b) 2阶固有频率

(c) 3阶固有频率

图 7　固有频率随锁紧力的变化（定位球直径 90 mm）

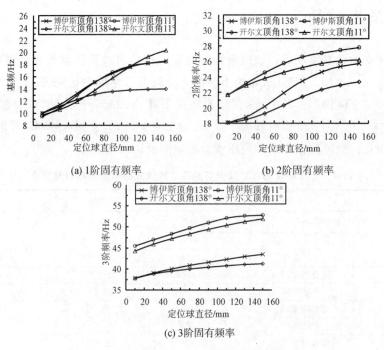

(a) 1阶固有频率　　　　　　　　　　(b) 2阶固有频率

(c) 3阶固有频率

图 8　固有频率随定位球直径的变化（锁紧力 5 kN）

在定位球直径为 90 mm 的条件下，锁紧力由 1 kN 增大至 8 kN，锁定装置所连接结构的前 3 阶固有频率呈 1.88%～10.69% 幅度不等的提高，详见表 2。

表 2　锁紧力和定位球直径对固有频率提高程度的对比

锁紧力和定位球变化量		固有频率提高幅度/%		
		1 阶	2 阶	3 阶
锁紧力由 1kN 增大至 8kN （定位球直径 90mm）	博伊斯顶角 138°	7.49	6.02	1.88
	博伊斯顶角 11°	9.21	4.89	3.22
	开尔文顶角 138°	4.36	4.48	2.37
	开尔文顶角 11°	10.69	5.70	3.36
定位球直径由 10 mm 增大至 150 mm （锁紧力 5 kN）	博伊斯顶角 138°	85.58	42.11	14.84
	博伊斯顶角 11°	94.28	28.72	15.99
	开尔文顶角 138°	39.37	29.06	9.27
	开尔文顶角 11°	109.25	21.05	17.30

当锁紧力为 5 kN 时，定位球直径由 10 mm 增大至 150 mm，锁定装置所连接结构的前 3 阶固有频率呈 9.27%～109.25% 幅度不等的提高。可以看出，增大锁紧力和定位球直径都可以提高锁定装置所连接结构的固有频率，但是增大定位球直径对固有频率的提高比增大锁紧力对固有频率的提高要明显得多。根据赫兹接触理论，增大锁紧力和定位球直径都可以增大接触点的接触刚度，所以都可以提高锁定装置所连接结构的固有频率。

以上分析结果是在本文的边界条件和结构形式下得出的，对于不同的主镜支撑结构，分析结果会有所不同，但是锁紧力大小和几何尺寸等因素对锁紧刚度的影响规律和趋势是相同的。

4　结论

本文采用等效弹簧模型对旁瓣部分与中央部分的锁紧刚度进行简化处理，应用此模型简化方法分析了运动支承定位装置、锁紧力和定位球直径对锁定装置所连接结构的固有频率的影响问题，得到以下结论。

1）在锁紧力为 5 kN，定位球直径 90 mm 时，旁瓣部分与中央部分通过运动支承连接后，其 1 阶固有频率相对整体式结构的 1 阶固有频率（30 余赫兹）下降约 50%；

2）增大锁紧力和定位球直径都可以提高锁定装置所连接结构的固有频率；

3）增大定位球直径对固有频率的提高比增大锁紧力对固有频率的提高要明显得多。

参 考 文 献

[1]　刘志全，孙国鹏 . 空间光学遥感器的主镜展开机构 . 中国空间科学技术，2006，26（6）：42 - 48.

[2]　孙国鹏 . 空间光学遥感器主镜展开机构研究 . 北京：中国空间技术研究院硕士学位论文，2007.

[3]　孙国鹏，刘志全 . 一种空间光学遥感器的主镜展开机构 . 航天器工程，2007，16（5）：29 - 33.

[4]　刘志全，孙国鹏 . 空间光学遥感器主镜展开机构重复定位精度分析 . 中国空间科学技术，2008，28（1）：27 - 34.

[5]　Johnson K L. 接触力学 . 徐秉业，译 . 北京：高等教育出版社，1992.

球铰接杆式支撑臂构型参数分析[*]

黎 彪 刘志全 程 刚 丁 锋

摘 要：论述了球铰接杆式支撑臂的组成和主要构型参数。利用有限元分析软件建立了球铰接杆式支撑臂有限元模型，进行了模态分析并与试验结果进行了对比，验证了模型的正确性；分析了单元段跨距、套筒半径、横向框架边数和斜拉索预紧力对支撑臂性能的影响。结果表明单元段跨距的增加有利于支撑臂总体性能的提升，而套筒半径和横向框架边数的增加能提高支撑臂刚度但同时增加了系统总质量。斜拉索预紧力应从最小允许预紧力和球铰取得最大刚度值时对应的预紧力中选取较大值。分析结果为支撑臂的工程设计提供了依据。

关键词：球铰接杆式支撑臂 展开机构 构型 有限元法 参数分析 航天器

引 言

构架式空间可展开支撑臂是目前最为先进的支撑臂之一，球铰接杆式支撑臂因高刚度、大尺寸等优点而更能适应航天器大型化发展，是未来空间可展开支撑臂的主要发展方向[1]。目前国内研制出的球铰接杆式支撑臂原理样机成功地实现了支撑臂的展开和收拢功能[2-3]，然而，将其应用于航天任务中还需要考虑质量、环境适应性、收拢包络等诸多约束，这些约束都与支撑臂的构型参数密切相关。因此，深入研究球铰接杆式支撑臂构型参数对性能的影响，对于此类支撑臂在航天器工程中的应用具有重要意义。

国内外对于球铰接杆支撑臂构型参数分析大多基于等效梁理论，文献[4]从刚度和强度方面分析了各构型参数对盘压杆和铰接杆式支撑臂性能的影响，但该文献对铰链因素只是采用经验系数修正，并只讨论了不含套筒的支撑臂。文献[5]同样采用等效梁理论，推导了支撑臂的弯曲刚度、强度与支撑臂套筒半径和纵梁截面面积之间的关系，但文献中未考虑跨距、铰链和斜拉索组件等因素。本文采用有限元分析软件（ANSYS）对球铰接杆进行有限元建模，并引入了球铰接副刚度、由套筒附加的质量和结构尺寸以及横向框架边数等因素，并在此基础上进行各构型参数的影响分析。

1 球铰接杆式支撑臂组成及构型参数

以 ADAM（Able Deployable Articulated Mast）为代表的球铰接杆式支撑臂的组成

---

* 《中国空间科学技术》2012，Vol. 32，No. 2，pp29 - 34. EI：20122515138409

如图 1 所示，两相邻横向框架之间的构件组成一个单元段，纵梁通过两端的球铰与上下横向框架相连，在横向框架每个角点处设有导向轮，以保证支撑臂能够在套筒的导轨中（图 1 中未反映）顺利展开，机构完全展开后每个侧面都有斜拉索组件，斜拉索组件主要包括锁定装置和斜拉索，用于保持展开后的结构稳定和刚度。

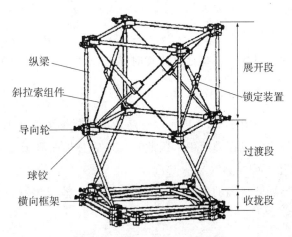

图 1　球铰接杆式支撑臂的组成

球铰接杆式支撑臂单元段收拢状态如图 2 所示，纵梁 AA_1，BB_1，CC_1，DD_1 侧向倒伏，相邻横向框架 $ABCD$ 与 $A_1B_1C_1D_1$ 之间相对转角为 θ。工程实际中支撑臂将收拢在套筒中，图 1 中完全展开的展开段单元由提升螺母驱动沿着直导轨被推出套筒，而过渡段的单元段由完全展开的单元段牵引，沿着曲线导轨螺旋上升，上下横向框架相对转动 $\theta/2$ 角度，实现了半展开，而收拢段的单元段储存在套筒根部。

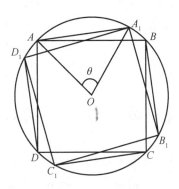

图 2　单元段收拢状态

球铰接杆式支撑臂构型参数包括：支撑臂完全展开后总长度 L_{tot}，单元段的数量 N，单元段跨距即纵梁长度 L_{bay}，横向框架边数 M，横向框架外接圆半径 R（可近似为套筒半径，下文统一称 R 为套筒半径），横向框架杆件边长 l，收拢时两相邻横向框架相对转角

θ，纵梁的内外管径尺寸 r_{li}，r_{lo}，横向框架杆件的内外管径 r_{hi}，r_{ho}，斜拉索的预紧力 T。各参数之间的关系如下

$$L_{tot} = N \cdot L_{bay} \tag{1}$$

$$l = 2R\sin(\pi/M) \tag{2}$$

$$\theta = 2\arcsin(L_{bay}/2R) \tag{3}$$

支撑臂收拢长度为

$$L_{ret} = 2(N+1) \cdot r_{ho} \tag{4}$$

则无套筒的支撑臂的收拢率（支撑臂收拢时纵向长度与完全展开时长度比值）为

$$\varepsilon = L_{ret}/L_{tot} = \frac{2r_{ho}}{L_{bay}}\left(1+\frac{1}{N}\right) \tag{5}$$

由于 N 很大，式（5）中 $1/N$ 一项可以忽略，则收拢率可简化为 $\varepsilon = 2r_{ho}/L_{bay}$。

支撑臂在发射过程中收拢在套筒中，因此其收拢后总长度等于套筒的长度。收拢段有 $N-2$ 个单元段，其长度为 $L_1 = 2(N-1)r_{ho}$

过渡段包含一个半展开状态的单元段，即单元段横向框架相对旋转角度为 $\theta/2$，其长度为

$$L_2 = \sqrt{L_{bay}^2 - (2R\sin\theta/4)^2}$$

展开段为一个单元段长度，则套筒长度即支撑臂收拢总长度为

$$L_{can} = L_1 + L_2 + L_{bay} \tag{6}$$

则航天任务中的支撑臂收拢率为

$$\varepsilon' = L_{can}/L_{tot} \tag{7}$$

选取线密度（单位长度的支撑臂质量）作为衡量支撑臂质量优劣的标准，包含套筒质量的支撑臂总线密度为

$$\lambda_1 = (M_{mast} + M_{can})/L_{can}$$

式中　M_{mast}——支撑臂机构的总质量；

　　　M_{can}——套筒的质量。

而不包含套筒质量的支撑臂线密度则为 $\lambda_2 = M_{mast}/L_{can}$。

2　球铰接杆式支撑臂有限元建模与验证

利用 ANSYS 对球铰接杆进行有限元建模。对于纵梁的单元选择，文献 [6] 对比了采用杆单元和梁单元分析结果，指出两者所得的频率基本相同。因此，为简化问题，本文采用杆单元（LINK8）模拟纵梁；采用管单元（PIPE16）模拟横向框架；采用点质量单元（MASS21）模拟纵梁与横向框架连接处的导向轮和球铰组件；对于电缆等附件质量和顶端负载质量，也采用均匀分布在角节点处的点单元模拟；采用索单元（LINK10）模拟斜拉索，该单元能够模拟斜拉索不同预紧力对结构性能的影响；采用 COMBIN7 单元模拟球铰，该单元刚度参数与斜拉索预紧力相关。

为验证模型的合理性，设计并制造了几何参数与 ADAM 杆一致的六单元段球铰接杆式支撑臂试验件，并对试验件进行了模态试验，对比 ANSYS 有限元模型分析值和模态试验值，如表 1 所示，分析值与试验值的误差在 3% 以内，属于可接受范围内，表明有限元模型合理。

表 1　试验件模态试验结果与有限元分析结果对比

对比项	试验值	分析值	误差
一阶 X 向弯曲频率/Hz	10.1	10.057	0.4%
一阶 Y 向弯曲频率/Hz	10.3	10.057	2.3%

3　ADAM 杆构型参数对支撑臂性能影响

采用相同的方法，对 ADAM 杆进行了有限元建模，ADAM 杆末端支撑载荷为 360 kg，电缆等附件质量为 200 kg[7]。ADAM 杆由 87 个单元段构成，套筒半径为 0.56 m，纵梁长度为 0.7 m。

本文主要关注支撑臂的总体构型，分析单元段跨距 L_{bay}、套筒半径 R、横向框架边数 M 和斜拉索预紧力 T 等参数对支撑臂线密度 λ_1 和 λ_2、一阶弯曲固有频率 f_1 和收拢率 ε' 的影响，本文未对纵梁和横向框架的管径进行分析，对管径的研究可参考文献 [8]。

3.1　单元段跨距 L_{bay}

为保证套筒中过渡段导轨不相互干涉，跨距必须满足

$$L_{bay} < l \tag{8}$$

单元段跨距对支撑臂结构性能的影响如图 3 所示，由图 3 (a) 可知单元段跨距为 0.1~0.6 m 时，线密度 λ_1 从 48 kg/m 急剧降至 16.1 kg/m，而单元段跨距大于 0.6 m 之后，随着单元段跨距的增加，λ_1 的下降不显著，到跨距最大允许尺寸时 λ_1 为 15.8 kg/m。而 λ_2 在跨距增加到 0.6 m 时，线密度从 19.6 kg/m 迅速降至 7.6 kg/m，随后稳定在 7.4 kg/m 左右。其原因是当跨距很小时，单元段的数目太多，由此附加的导向轮、球铰组件、横向框架和锁定装置的数量也很多，这极大地增加了整个系统的质量，而当跨距大于 0.6 m 后，单元段的数目变化不大，支撑臂的质量变化幅度很小。

由图 3 (b) 可知，跨距大于 0.6 m 之后，支撑臂的一阶弯曲固有频率 f_1 从 0.085 Hz 增加到了 0.09 Hz。这是因为单元段的减少相应地减少了球铰副数量，降低了铰链对支撑臂刚度的削弱作用，另外质量的下降也使支撑臂刚度有一定程度的提高。

从图 3 (b) 支撑臂收拢率 ε' 变化曲线得出，增加跨距能够减小收拢后的长度，最小收拢率约为 4%，并由式 (4)，(6)，(7) 可知收拢率与跨距之间近似于反比例函数，这与仿真结果相符。

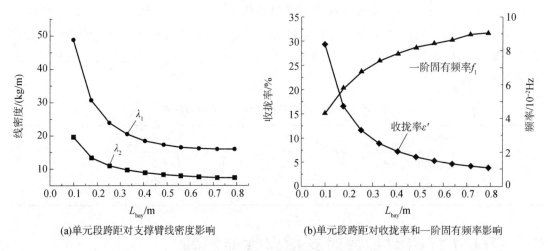

(a)单元段跨距对支撑臂线密度影响　　　(b)单元段跨距对收拢率和一阶固有频率影响

图3　单元段跨距对支撑臂性能影响

3.2　套筒半径 R

由式（7）可知，套筒半径的变化不会改变支撑臂的收拢率。由图4可知，随着套筒半径增加，λ_2 变化不大，仅从 7.4 kg/m 增加到 8.0 kg/m；而 λ_1 从 14.9 kg/m 增加到 23.0 kg/m。可见随套筒半径增加，支撑臂的总质量增加主要来自于套筒部件，这是因为支撑臂杆件由轻质复合材料制成，而套筒材料为铝合金。

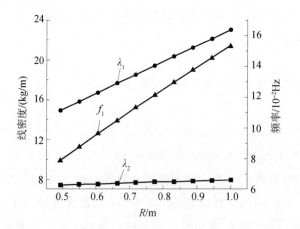

图4　套筒半径对支撑臂结构性能的影响

由图4可知，支撑臂的一阶弯曲固有频率与套筒半径之间的关系近似为线性，这与采用简单梁理论推导的弯曲刚度[4]式（9）和悬臂梁的弯曲刚度式（10）[3]相吻合。

$$EI = CE \times 2A_1R^2 \tag{9}$$

$$EI = (2\pi f_1/3.516)^2 \cdot mh^4 \tag{10}$$

式中　　E——材料的弹性模量；

　　　　I——惯性矩；

　　　　EI——梁的弯曲刚度；

C——铰链副对刚度削弱系数；

A_l——单根纵梁横截面面积；

m——悬臂梁质量；

h——悬臂梁的长度。

3.3 横向框架边数 M

从图 5 可知，横向框架的边数增加会造成支撑臂的线密度 λ_1，λ_2 的增加，同时使支撑臂的刚度增大，这与式（9）相吻合。而从可靠性的角度考虑，边数增加势必会增加球铰、导向轮和锁定装置等附件的数目，这将降低支撑臂的可靠性。并且，由式（2）和式（8）可知，增加边数会减小纵梁的最大允许长度，这会对支撑臂的总质量和刚度等方面造成不利影响。

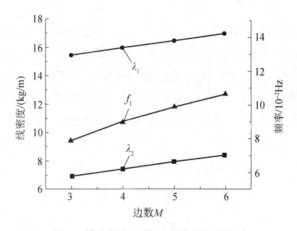

图 5 横向框架边数对支撑臂性能影响

3.4 斜拉索预紧力 T

斜拉索的预紧力能够减小球铰接副的间隙，使球铰中面面贴合更紧密，提高铰链的刚度。因此，为了保证工作过程中支撑臂的根部球铰中面面始终贴合（如图 6 所示，图中符号 A，B，C，D 和 A_1，B_1，C_1，D_1 与图 2 中对应的字母含义一致），须满足

$$\sum M_\mathrm{B} = l \cdot P - J\xi - L_\mathrm{tot}^2 \cdot m_\mathrm{tip}\xi = 0 \tag{11}$$

式中 P——根部球铰副拉力；

J——支撑臂绕 B 点的转动惯量；

ξ——最大角加速度；

m_tip——末端负载的质量。

由于支撑臂的对称性，仅分析根部铰链 A 处，从图 6 可知

$$\sum F_\mathrm{AA_1} = 2T \cdot \sin\alpha - P/2 = 0 \tag{12}$$

由式（11）和式（12）可推出为保证 ADAM 杆根部球铰中面面始终贴合的斜拉索最

小允许预紧力为

$$T_{\min} = (J + m_{\text{tip}}L_{\text{tot}}^2)\xi/4l\sin\alpha \tag{13}$$

由式（13）可以看出，斜拉索最小允许预紧力 $T_{\min}$ 与 $\sin\alpha$ 成反比，根据图 6 对角度 α 的定义可知，当横向框架杆件长度一定时，增加纵梁长度能够减小斜拉索的最小预紧力。

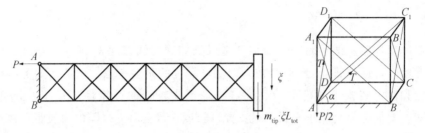

图 6　斜拉索最小允许预紧力分析

由于球铰副接触部分的复杂非线性，目前还没有合适的解析模型。为研究斜拉索预紧力对支撑臂刚度的影响，进行了两个分析：第一种，假定球铰接副的刚度恒定，不随斜拉索预紧力变化；第二种，假定球铰接副的刚度与斜拉索预紧力相关，当预紧力数值较小时，刚度随预紧力增加而变大，而当刚度增加到某一阈值时将不再增加。

假定球铰接副刚度恒定时，如图 7 (a) 所示，支撑臂的一阶弯曲频率 f_1 和一阶扭转频率 f_3 都略有下降，原因是预紧力的存在相当于对支撑臂施加了一个压缩力，削弱了系统的刚度，而预紧力愈大对支撑臂刚度的削弱效果越显著。

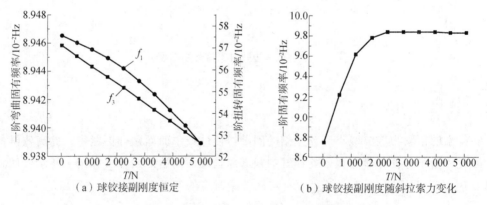

图 7　斜拉索预紧力对支撑臂刚度影响

在第二种假定条件下，当斜拉索预紧力从 300 N 增加到 2 000 N 时，球铰接副刚度与预紧力呈线性关系，由 1×10^8 N/m 增加到 1×10^{10} N/m；而斜拉索预紧力从 2 000 N 增加到 5 000 N 时，球铰接副刚度由 1×10^{10} N/m 线性增加到 2×10^{10} N/m。则支撑臂的一阶弯曲固有频率 f_1 变化曲线如图 7 (b) 所示，开始时随着预紧力的增加，f_1 也随之增加，这是因为在此阶段增大预紧力能提高球铰接副的刚度，也就提高了支撑臂整体的刚度；而当铰接副的刚度达到最大值后，预紧力继续增加会使 f_1 降低，但下降幅度不大，其原因是当预紧力超过某一阈值后，预紧力对支撑臂的压缩效应将大于其消除间隙的效应，导致了支撑臂刚度的降低。由此可知，斜拉索预紧力取值应从最小预紧力 T_{min} 和球铰副取得最大刚度值时对应的预紧力中选取较大值。

4 结束语

1）球铰接杆式支撑臂单元段跨距应小于横向框架杆件长度，ADAM 杆跨距的优选范围在 0.6～0.8 m，增大单元段跨距能够降低系统总质量、提高展开后支撑臂的一阶弯曲固有频率、减小收拢长度和降低斜拉索最小预紧力要求。

2）支撑臂的总质量、一阶弯曲固有频率与套筒半径近似线性关系，都随套筒半径的增加而变大。而套筒半径增加时，支撑臂总质量的增加主要来源于套筒部件。

3）增加横向框架边数能提高支撑臂刚度，但同时会减小纵梁长度的最大允许值，因此，横向框架边数的选取需要进一步研究。

4）工程应用中，斜拉索预紧力取值应从最小预紧力和球铰副取得最大刚度值时对应的预紧力两者中选取较大值。

参 考 文 献

[1] 刘志全，黎彪，程刚. 构架式空间可展开支撑臂. 中国空间科学技术，2011，31（2）：32-38.

[2] 刘荣强，郭宏伟，邓宗全. 空间索杆铰接式伸展臂设计与试验研究. 宇航学报，2009，30（1）：315-320.

[3] 苏斌，关富玲，石卫华，等. 索杆式伸展臂的结构设计与分析. 工程设计学报，2003，10（5）：287-294.

[4] Crawford R F. Strength and Efficiency of Deployable Booms for Space Applications. California：AAS/AIAA Variable Geometry and Expandable Structures Conference，1971.

[5] 郭宏伟，刘荣强，邓宗全. 空间索杆铰接式伸展臂性能参数分析与设计. 北京航空航天大学学报，2008，34（10）：1186-1190.

[6] 司洪伟. 大挠性航天桁架结构动力学建模及其主动模糊控制研究. 长沙：国防科学技术大学，2006.

[7] SRTM Hardware——the Mast：Payload Bay. Shuttle Press Kit，2000-01-18. http：//www. shuttle-presskit. com/sts-99/payload57. htm.

[8] Horta L G，Walsh J L，Horner G C. Analysis and Simulation of The Mast. Virginia：NASA-N87-16046，1987.

球铰接杆式支撑臂展开过程中横向振动分析*

刘志全 黎 彪 丁 锋

摘 要：针对展开过程中球铰接杆式支撑臂时变构型的横向振动问题，推导了支撑臂等效连续体模型的各向等效刚度，基于 Hamilton 原理推导了支撑臂展开过程的控制方程，采用加权余量法将偏微分控制方程转化为常微分方程，利用 Runge-Kutta 法对方程进行了数值求解。计算结果表明：在收拢过程中，支撑臂末端的横向振幅越来越小，收拢过程是安全可靠的；而在展开过程中，末端的横向振幅随展开进程而增加，且振幅随末端负载质量增加而增加；若不考虑锁定冲击，展开速度对支撑臂横向振动的振幅影响可忽略，若考虑锁定带来的周期性冲击时，支撑臂的横向振幅将显著增大。为减小支撑臂的横向振动，必须对支撑臂展开速度加以限制。研究结果为航天器支撑臂在轨展开的控制提供了参考。

关键词：球铰接杆式支撑臂 等效连续体模型 展开 时变系统 动力学

引 言

球铰接杆式支撑臂在航天器大型化发展进程中具有重要的作用。球铰接杆式支撑臂的顺利展开是实现支撑臂功能的前提。然而，伴随着展开过程，支撑臂的柔性也随之增加，支撑臂的轴向展开运动将诱发支撑臂的横向振动，而横向振动引入的剪切力、弯矩等惯性载荷可能使锁定装置解锁，导致已展开的支撑臂坍塌失效，因此，有必要对球铰接杆式支撑臂展开过程的横向振动问题进行研究。

在地面试验中，重力场、重力卸载装置附加的摩擦、阻尼等影响因素使得试验结果难以反映太空中的真实情况。因此，有关学者对支撑臂在轨展开的动力学问题进行了数值计算[1]。在展开过程中，球铰接杆式支撑臂具有非定常构形的特点，支撑臂的质量分布、惯量、构形、几何尺寸、刚度等都是时变的，这就更增加了问题的复杂性，其已成为目前普遍关注的研究热点[2]。文献［3］利用 Lagrange 方程推导了支撑臂展开的动力学方程，并通过有限差分法进行求解。文献［4－5］运用 Hamilton 原理分析了梁、弦在轴向运动时的横向振动。文献［6］基于 Lagrange 方程获得了悬臂伸展梁的控制方程，随后基于 Hamilton 正则方程进行了数值仿真。但文献［3－6］未涉及支撑臂的刚度处理。文献［7］将球铰接杆式支撑臂的纵梁和横杆视为刚体，研究了斜拉索的柔性对支撑臂展开过程的影响，然而若用该方法处理较长的支撑臂时，仍忽略纵梁和横杆的柔性，其分析结果的

* 《宇航学报》2014，Vol.35，No.7，pp753－761. EI：20143118013026

精度有待进一步验证。

　　本文针对展开过程中球铰接杆式支撑臂的时变动力学问题，首先采用等效连续体模型（SCM，Substitute Continuum Model）获取球铰接杆式支撑臂的各向等效刚度，随后利用 Hamilton 原理推导支撑臂展开过程的控制方程，基于控制方程的弱积分等效形式得到展开过程的动力学方程，最后采用 Runge-Kutta 算法对动力学方程进行数值求解，获得展开过程中支撑臂的横向振动规律，并获得不同因素对支撑臂展开过程横向振动的影响分析结论，为支撑臂在轨展开的控制提供参考。

1　球铰接杆式支撑臂的展开过程

　　球铰接杆式支撑臂的展开过程如图 1 所示，两个相邻横向框架之间的构件组成一个单元段。展开前，套筒中包含一个完全展开、一个半展开的单元段，而其余单元段都处于折叠收拢状态。展开时，电机驱动套筒的展开段旋转，在套筒中螺旋导轨的推动下，完全展开的单元段沿着套筒轴向导轨被推出到套筒外。同时，收拢状态的单元段在与之相连的纵梁的带动下，经由过渡段进入展开段，成为新的完全展开的单元段。如此，单元段依次顺序展开，球铰接杆式支撑臂完成展开过程，最终成为一个稳定的结构。

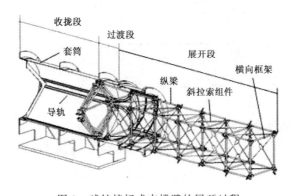

图 1　球铰接杆式支撑臂的展开过程

2　球铰接杆式支撑臂的等效连续体模型

　　球铰接杆式支撑臂是由多个结构相同的单元段叠加构成，SCM 是分析这类梁式大型空间桁架结构动力学的有效方法[8-9]。

2.1　SCM 建模及支撑臂刚度获取的步骤

　　SCM 基于能量等效的原理，即在同样的位移模式下，铰接杆式支撑臂和等效的连续梁具有相同的应变能和动能，从而将离散的构架式支撑臂转化为连续梁模型。采用 SCM 方法建模得到支撑臂各向刚度的步骤如下：

1) 从球铰接杆式支撑臂中分离出最小的重复单元；

2) 根据球铰接杆式支撑臂中球铰特点，引入支撑臂横截面的位移模式；

3) 由假设的位移模式推导支撑臂任意点的位移和应变；

4) 将支撑臂中每个杆件的轴向应变能用杆件中点处的应变表示；

5) 计算支撑臂的应变能，引入约束条件，获得等效连续体模型的刚度。

2.2　基于等效连续体模型求解支撑臂刚度

球铰接杆式支撑臂的最小重复单元为一个单元段，如图 2 所示。在单元段的下横向框架中建立坐标系 $Oxyz$。

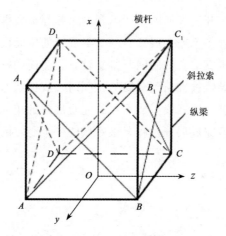

图 2　支撑臂的最小重复单元

单元段中纵梁和横杆之间都是球铰副连接，位移沿纵梁和横杆方向是线性变化的，则平行 yOz 平面的横截面中任意点的 y 向位移 v 和 z 向位移 w 分别为

$$\begin{cases} v(x,\ y,\ z) = b_1 + b_2 y + b_3 z \\ w(x,\ y,\ z) = c_1 + c_2 y + c_3 z \end{cases} \tag{1}$$

式中　b_1、b_2、b_3、c_1、c_2 和 c_3 均为待定系数。

对式（1）求导可得到横截面在 y 和 z 方向的线应变 ε_y^0、ε_z^0 和切应变 γ_{yz}^0 为

$$\begin{cases} \varepsilon_y^0 = \dfrac{\partial v}{\partial y} = b_2 \\[2mm] \varepsilon_z^0 = \dfrac{\partial w}{\partial z} = c_3 \\[2mm] \gamma_{yz}^0 = b_3 + c_2 \end{cases} \tag{2}$$

横截面绕 x 轴的转角为

$$\phi_x = \left(\frac{\partial w}{\partial y} - \frac{\partial v}{\partial z} \right) / 2 \tag{3}$$

由式（1）、式（2）和式（3）得

$$\begin{cases} v(x,\ y,\ z) = v^0 + \varepsilon_y^0 y + \left(\dfrac{1}{2}\gamma_{yz}^0 - \phi_x\right)z \\[4mm] w(x,\ y,\ z) = w^0 + \left(\dfrac{1}{2}\gamma_{yz}^0 + \phi_x\right)y + \varepsilon_z^0 z \end{cases} \tag{4}$$

式中　v^0 和 w^0——分别为横截面中心沿 y 和 z 方向的位移。

横截面上任意点的纵向位移可由几何关系得到

$$u(x,\ y,\ z) = u^0 - \phi_z y + \phi_y z \tag{5}$$

式中　u^0——横截面坐标原点沿 x 方向的位移;

ϕ_y, ϕ_z——分别为横截面绕 y 和 z 轴的转角。

由式（4）和（5）可得到单元段中任意点的位移为

$$\begin{bmatrix} u \\ v \\ w \end{bmatrix} = \begin{bmatrix} u^0 \\ v^0 \\ w^0 \end{bmatrix} + \begin{bmatrix} 0 & z & -y \\ -z & 0 & 0 \\ y & 0 & 0 \end{bmatrix} \begin{bmatrix} \phi_x \\ \phi_y \\ \phi_z \end{bmatrix} + \begin{bmatrix} 0 & 0 & 0 \\ y & 0 & \dfrac{1}{2}z \\ 0 & z & \dfrac{1}{2}y \end{bmatrix} \begin{bmatrix} \varepsilon_y^0 \\ \varepsilon_z^0 \\ \gamma_{yz}^0 \end{bmatrix} \tag{6}$$

式中　u^0、v^0、w^0、ϕ_x、ϕ_y、ϕ_z、ε_y^0、ε_z^0 和 γ_{yz}^0 均为 x 的函数。

对式（6）求导可得到横截面的应变,将其进行 Taylor 展开后,并记 $\partial = \partial / \partial x$,可得到第 k 个杆件的中点位置应变为

$$\begin{cases} \varepsilon_{xx}^{(k)} = \varepsilon_x^0 - y^{(k)}\kappa_y^0 + z^{(k)}\kappa_z^0 + x^{(k)}\left[\partial\varepsilon_x^0 - y^{(k)}\partial\kappa_y^0 + z^{(k)}\partial\kappa_z^0\right] \\[2mm] \varepsilon_{yy}^{(k)} = \varepsilon_y^0 + x^{(k)}\partial\varepsilon_y^0 \\[2mm] \varepsilon_{zz}^{(k)} = \varepsilon_z^0 + x^{(k)}\partial\varepsilon_z^0 \\[2mm] \gamma_{xy}^{(k)} = \gamma_{xy}^0 - z^{(k)}\left(\kappa_x^0 - \dfrac{1}{2}\partial\gamma_{yz}^0\right) + y^{(k)}\partial\varepsilon_y^0 + \\[2mm] \qquad\quad x^{(k)}\left[\partial\gamma_{xy}^0 - z^{(k)}\left(\partial\kappa_x^0 - \dfrac{1}{2}\partial^2\gamma_{yz}^0\right) + y^{(k)}\partial^2\varepsilon_y^0\right] \\[2mm] \gamma_{xz}^{(k)} = \gamma_{xz}^0 + y^{(k)}\left(\kappa_x^0 + \dfrac{1}{2}\partial\gamma_{yz}^0\right) + z^{(k)}\partial\varepsilon_z^0 + \\[2mm] \qquad\quad x^{(k)}\left[\partial\gamma_{xz}^0 + y^{(k)}\left(\partial\kappa_x^0 + \dfrac{1}{2}\partial^2\gamma_{yz}^0\right) + z^{(k)}\partial^2\varepsilon_z^0\right] \\[2mm] \gamma_{yz}^{(k)} = \gamma_{yz}^0 + x^{(k)}\partial\gamma_{yz}^0 \end{cases} \tag{7}$$

其中

$$\kappa_y^0 = \partial\phi_z,\ \kappa_z^0 = \partial\phi_y,\ \kappa_x^0 = \partial\phi_x$$
$$\gamma_{xy}^0 = \partial v^0 - \phi_z,\ \gamma_{xz}^0 = \partial w^0 + \phi_y$$

式中　$x^{(k)}$、$y^{(k)}$ 和 $z^{(k)}$——第 k 个杆件的中点在总体坐标系中的位置坐标;

κ_y^0, κ_z^0——分别为中轴线在 y 和 z 方向的弯曲曲率;

κ_x^0——扭转角的变化率;

γ_{xy}^0, γ_{xz}^0——分别为支撑臂在 xOy 和 xOz 平面内的剪切应变。

杆件的轴向应变 $\varepsilon^{(k)}$ 与杆件中点位置的应变向量 $[\varepsilon]^{(k)}$ 的关系为

$$\varepsilon^{(k)} = \boldsymbol{\Gamma}_1^{(k)} [\boldsymbol{\varepsilon}]^{(k)} \tag{8}$$

其中

$$[\boldsymbol{\varepsilon}]^{(k)} = [\varepsilon_{xx}^{(k)} \quad \varepsilon_{yy}^{(k)} \quad \varepsilon_{zz}^{(k)} \quad \gamma_{xy}^{(k)} \quad \gamma_{xz}^{(k)} \quad \gamma_{yz}^{(k)}]^{\mathrm{T}}$$

$$\boldsymbol{\Gamma}_1^{(k)} = [\vartheta_1^2, \ \vartheta_2^2, \ \vartheta_3^2, \ \vartheta_1\vartheta_2, \ \vartheta_2\vartheta_3, \ \vartheta_1\vartheta_3]$$

式中　ϑ_1、ϑ_2 和 ϑ_3——分别为第 k 个杆件在总体坐标系中的方向余弦。

支撑臂单元的总应变能为

$$U = \sum_{k=1}^{20} \frac{1}{2} E^{(k)} A^{(k)} L^{(k)} (\varepsilon^{(k)})^2 \tag{9}$$

式中　$E^{(k)}$、$A^{(k)}$ 和 $L^{(k)}$——分别为第 k 个杆件的弹性模量、横向截面积和长度。

将式（7）和式（8）代入式（9）中，可得到单元段的应变能。显然，应变能 U 中包含了 ε_x^0、ε_y^0、ε_z^0；κ_x^0、κ_y^0、κ_z^0；γ_{xy}^0、γ_{xz}^0 和 γ_{yz}^0 共 9 个未知量，对于考虑剪切变形的 Timoshenko 梁模型，其力学模型中不含 ε_y^0、ε_z^0 和 γ_{yz}^0 的项，则单元段横截面的面内应力为零，即有约束方程为

$$\frac{\partial U}{\partial \varepsilon_y^0} = \frac{\partial U}{\partial \varepsilon_z^0} = \frac{\partial U}{\partial \gamma_{yz}^0} = 0 \tag{10}$$

利用式（10）可消去 ε_y^0、ε_z^0 和 γ_{yz}^0，得到采用连续梁模型的单元段总应变能为

$$U = \frac{1}{2} h \{ EA_x (\varepsilon_x^0)^2 + EI_{yy} (\kappa_y^0)^2 + EI_{zz} (\kappa_z^0)^2 + GJ (\kappa_x^0)^2 + GA_z (\gamma_{xy}^0)^2 + GA_y (\gamma_{xz}^0)^2 \} \tag{11}$$

式中　h——纵梁长度；

　　　EA_x——轴向拉伸刚度；

　　　EI_{yy}，EI_{zz}——分别为 y 和 z 方向的弯曲刚度；

　　　GJ——扭转刚度；

　　　GA_z，GA_y——分别为 z 和 y 方向的剪切刚度。

式（11）中各刚度为

$$\begin{cases} EA_x = 4E_l A_l + 8E_c A_c \left[\dfrac{\beta^3 E_b A_b}{(\sqrt{\beta^2+1})^3 E_b A_b + 2E_c A_c} \right] \\[4mm] EI_{yy} = EI_{zz} = s^2 \left[E_l A_l + E_c A_c \dfrac{\beta^3 E_b A_b}{(\sqrt{\beta^2+1})^3 E_b A_b + 2E_c A_c} \right] \\[4mm] GA_z = GA_y = 4E_c A_c \dfrac{\beta}{(\sqrt{\beta^2+1})^3} \\[4mm] GJ = 4E_c A_c \dfrac{\beta s^2}{(\sqrt{\beta^2+1})^3} = GA_z s^2 \end{cases} \tag{12}$$

式中　E_l、E_c 和 E_b——分别为纵梁、斜拉索和横杆的弹性模量；

　　　A_l、A_c 和 A_b——分别为纵梁、斜拉索和横杆的截面面积；

　　　β——纵梁和横杆的长度比；

　　　s——横杆长度。

式（12）即为球铰接杆式支撑臂的 SCM 模型的各向刚度，获得支撑臂的 SCM 模型后，可将球铰接杆式支撑臂的展开过程的动力学问题等效成轴向伸展梁的动力学问题。

3 基于 Hamilton 原理的控制方程

3.1 简化与假设

1）由于纵向弹性变形远小于横向弹性变形，本文忽略纵向弹性变形。

2）支撑臂横向框架为正四边形，根据对称性可知 y 方向和 z 方向处于同等地位，可将三维的动力学问题缩聚成二维问题进行分析。

3）支撑臂末端负载按质点处理而不考虑负载的转动动能。

4）不考虑支撑臂的展开与航天器本体的姿态耦合问题。

3.2 不考虑剪切变形的位移

不考虑剪切变形的支撑臂如图 3 所示。$l(t)$ 为 t 时刻支撑臂的总长。展开过程中任意一点 $Q(x，y)$ 的位移矢量 $\boldsymbol{R}$ 可采用一阶混合坐标法描述为

$$\boldsymbol{R} = x(t)\boldsymbol{i} + y\boldsymbol{j} \tag{13}$$

其中横向的弹性变形为

$$y = \omega(x，t)$$

式中　ω——Q 点的横向位移。

轴向的位移等于支撑臂的刚体位移

$$x(t) = \int_0^t c(t)\mathrm{d}t$$

式中　$c(t)$——支撑臂的轴向展开速度。

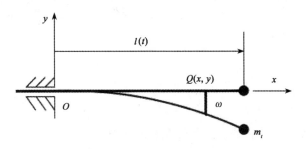

图 3　支撑臂中任意点的位移

由式（13）可得支撑臂上任意一点的速度为

$$\frac{\mathrm{d}\boldsymbol{R}}{\mathrm{d}t} = c\boldsymbol{i} + (\omega'c + \dot{\omega})\boldsymbol{j} \tag{14}$$

式中　ω'——ω 对 x 的偏导数；

$\dot{\omega}$——ω 对时间 t 的偏导数。

3.3　基于 Hamilton 原理的控制方程推导

由式（14）可得到展开过程中任意时刻支撑臂的动能为

$$T = \frac{1}{2}\int_0^{l(t)} \lambda\left[c^2 + (c\omega' + \dot{\omega})^2\right]\mathrm{d}x + \frac{1}{2}m_t\left[c^2 + (c\omega' + \dot{\omega})^2\right]\Big|_{x=l(t)} \tag{15}$$

式中　λ——支撑臂的线密度。

支撑臂的总势能为

$$V = \frac{1}{2}\int_0^{l(t)}\left[P(x,\ t)(\omega')^2 + EI(\omega'')^2\right]\mathrm{d}x \tag{16}$$

其中

$$EI = EI_{yy} = EI_{zz}$$

$$P(x,\ t) = -\lambda\left[l(t) - x\right]\dot{c} \tag{17}$$

式中　$P(x,\ t)$——轴向惯性力。

外力做功为

$$W = \int_0^{l(t)} F(x,\ t)\omega(x,\ t)\mathrm{d}x \tag{18}$$

式中　$F(x,\ t)$——作用在 x 处的外力。

应用 Hamilton 原理

$$\delta\int_{t_0}^{t_1}(T - V)\mathrm{d}t + \delta\int_{t_0}^{t_1} W\mathrm{d}t = 0 \tag{19}$$

各项进行分步积分可得

$$-\int_{t_0}^{t_1}\int_0^{l(t)}\left\{\lambda\frac{\mathrm{D}^2\omega}{\mathrm{D}t^2} - (P\omega')' + EI\omega^{(4)} - F(x,\ t)\right\}\delta\omega\,\mathrm{d}x\,\mathrm{d}t +$$

$$\int_{t_0}^{t_1}\left[c\lambda\left(\frac{\mathrm{D}\omega}{\mathrm{D}t}\right) + P\omega'\right]\delta\omega\,\Big|_{x=0}\mathrm{d}t + \int_{t_0}^{t_1}\left[-m_t\frac{\mathrm{D}^2\omega}{\mathrm{D}t^2} - P\omega' + EI\omega'''\right]\delta\omega\,\Big|_{x=l(t)}\mathrm{d}t -$$

$$\int_{t_0}^{t_1} EI\omega''\delta\omega'\,\big|_{x=0}^{x=l(t)}\,\mathrm{d}t = 0 \tag{20}$$

其中

$$\frac{\mathrm{D}\omega}{\mathrm{D}t} = \frac{\partial\omega}{\partial t} + c\frac{\partial\omega}{\partial x},\ \frac{\mathrm{D}^2\omega}{\mathrm{D}t^2} = \ddot{\omega} + 2c\dot{\omega}' + \dot{c}\omega' + c^2\omega''$$

由式（20）可得到支撑臂展开过程的控制方程为

$$\lambda\frac{\mathrm{D}^2\omega}{\mathrm{D}t^2} - \left[P(x,\ t)\omega'\right]' + EI\omega^{(4)} = F(x,\ t) \tag{21}$$

边界条件为

$$x = 0:\quad c\lambda(\dot{\omega} + c\omega') + P(x,\ t)\omega' = 0 \tag{22}$$

$$x = l(t):\quad -m_t\frac{\mathrm{D}^2\omega}{\mathrm{D}t^2} - P(x,\ t)\omega' + EI\omega''' = 0$$

$$EI\omega'' = 0 \tag{23}$$

3.4 考虑剪切变形的展开过程控制方程

若考虑支撑臂的剪切变形，则任意点 $Q(x, y)$ 的位移和速度可表示为

$$\boldsymbol{R} = [x(t) + y\varphi(x, t)]\boldsymbol{i} + [y + \omega(x, t)]\boldsymbol{j} \tag{24}$$

$$\frac{\mathrm{d}\boldsymbol{R}}{\mathrm{d}t} = [c + y(\dot{\varphi} + c\varphi)]\boldsymbol{i} + (\dot{\omega} + c\omega')\boldsymbol{j} \tag{25}$$

其中

$$\varphi = \omega' - \gamma$$

式中 $\varphi(x, t)$——$Q(x, y)$ 点处的转角；

γ——横截面的剪切变形。

同理，采用 Hamilton 原理可推导出考虑剪切变形的支撑臂展开过程的控制方程为

$$\begin{cases} k_f GA(\omega'' - \varphi') - \lambda \dfrac{\mathrm{D}^2\omega}{\mathrm{D}t^2} + [P(x, t)\omega']' = 0 \\ EI\varphi'' - J_l \dfrac{\mathrm{D}\varphi^2}{\mathrm{D}t^2} + k_f GA(\omega' - \varphi) = 0 \end{cases} \tag{26}$$

其中

$$GA = GA_z = GA_y$$

式中 k_f——校正因子；

J_l——单位长度的支撑臂的转动惯量。

4 控制方程向常微分动力学方程的转化

4.1 控制方程简化

支撑臂展开或收拢过程为匀速的，即 $\dot{c} = 0$。则支撑臂展开过程的控制方程（21）可简化为

$$A(\omega) = \lambda(\ddot{\omega} + 2c\dot{\omega}' + c^2\omega'') + EI\omega^{(4)} - F(x, t) = 0 \tag{27}$$

边界条件式（22）和（23）简化为

$$B(\omega) = \begin{cases} \omega = \omega' = 0, & x = 0 \\ EI\omega'' = 0, & x = l(t) \end{cases} \tag{28}$$

$$C(\omega) = -m_t(\ddot{\omega} + 2c\dot{\omega}' + c^2\omega'') + EI\omega''' = 0 \ (x = l(t)) \tag{29}$$

4.2 横向位移的近似表示

采用 Euler-Bernoulli 梁理论的模态方法，将横向位移 $\omega(x, t)$ 分离成时间函数 $\boldsymbol{q}(t)$ 和空间函数 $\boldsymbol{\psi}(x(t))$ 的乘积

$$\omega(x, t) = \sum_{i=1}^{\infty} q_i(t)\,\psi_i(x(t)) \approx \sum_{i=1}^{n} q_i(t)\,\psi_i(x(t)) \tag{30}$$

式中　$q_i(t)$——时间函数；

　　　　n——截断的模态数；

　　　　ψ_i——空间函数与定长梁不同，与空间和时间均相关。

引入自然坐标 ξ，可将相对于 x 的时变域 $[0, l(t)]$ 转化为相对 ξ 的固定域 $[0, 1]$，ξ 与 x 的关系为

$$\xi = \frac{x}{l(t)} \tag{31}$$

则式（30）中 $\psi_i(x(t))$ 可转化为关于 ξ 的函数

$$\psi_i(x(t)) = f(l(t))\psi_i\left(\frac{x}{l(t)}\right) = f(l(t))\psi_i(\xi) \tag{32}$$

其中

$$\psi_i(\xi) = \cosh\tau_i\xi - \cos\tau_i\xi + \eta_0(\sinh\tau_i\xi - \sinh\tau_i\xi) \tag{33}$$

$$\eta_0 = -\frac{\cosh\tau_i + \cos\tau_i}{\sinh\tau_i + \sinh\tau_i}$$

式中　$f(l(t))$——展开长度 $l(t)$ 的函数。

根据文献 [4−5] 的研究，τ_i 可由式（34）求得

$$1 + \cosh\tau\cos\tau = 0 \tag{34}$$

4.3　基于加权余量法推导常微分动力学方程

通常情况下，近似函数式（30）总能满足边界条件式（28），但不能精确满足偏微分方程式（27）和边界条件式（29）的。可利用方程（27）和（29）的弱等效积分形式，采用加权余量法（WRM，Weighted Residuals Method）求解横向位移 ω，即

$$\int_{\Omega} \mathbf{W}_A^{\mathrm{T}}(\omega)\mathrm{d}\Omega + \oint_{\Gamma} \overline{\mathbf{W}}_C^{\mathrm{T}}(\omega)\mathrm{d}\Gamma = \mathbf{0} \tag{35}$$

其中

$$\mathbf{W} = [W_1, W_2, \cdots, W_j], \quad \overline{\mathbf{W}} = [\overline{W}_1, \overline{W}_2, \cdots, \overline{W}_j]$$

式中　$W, \overline{W}$——分别为积分域内的权函数矢量和积分边界上的权函数矢量；

　　　　Ω——控制方程的积分域；

　　　　Γ——边界条件。

若将权函数取为 $W_j = f(l(t))\psi_j(\xi)$，而在积分边界上 $\overline{W}_j = -W_j$。即采用 Galerkin 法，并将式（32）～（34）代入式（35）中，同时，将积分上下限转化为相对 ξ 的固定域 $[0, 1]$，有

$$\int_0^{l(t)} \mathrm{d}x = \int_0^1 l(t)\mathrm{d}\xi \tag{36}$$

整理后得到常微分动力学方程

$$\mathbf{M}(t)\ddot{\mathbf{q}}(t) + \mathbf{C}(t)\dot{\mathbf{q}}(t) + \mathbf{K}(t)\mathbf{q}(t) = \mathbf{F}(t) \tag{37}$$

式中 $\boldsymbol{M}(t)$、$\boldsymbol{C}(t)$ 和 $\boldsymbol{K}(t)$ —— 分别为 t 时刻支撑臂的质量矩阵、阻尼矩阵和刚度矩阵。

将 $f(l(t))$ 取为

$$f(l(t)) = \frac{1}{\sqrt{l(t)}} \tag{38}$$

并记 $l=l(t)$，$\psi_i = \psi_i(\xi)$，$\psi_i' = \partial \psi_i(\xi)/\partial \xi$，$\psi_i'' = \partial^2 \psi_i(\xi)/\partial \xi^2$，则方程（37）中各矩阵中元素为

$$M_{ij} = \int_0^1 \lambda \psi_i \psi_j \, \mathrm{d}\xi + m_t l^{-1} \psi_i(1) \psi_j(1) \tag{39}$$

$$C_{ij} = \int_0^1 -\lambda c l^{-1} \psi_i \psi_j \, \mathrm{d}\xi + 2\lambda c l^{-1} \int_0^1 (1-\xi) \psi_i \psi_j' \, \mathrm{d}\xi - m_t c l^{-2} \psi_i(1) \psi_j(1) \tag{40}$$

$$K_{ij} = \int_0^1 \frac{3}{4} \lambda c^2 l^{-2} \psi_i \psi_j \, \mathrm{d}\xi - \int_0^1 3\lambda c^2 l^{-2} (1-\xi) \psi_i \psi_j' \, \mathrm{d}\xi + \int_0^1 \lambda c^2 l^{-2} (1-\xi)^2 \psi_i \psi_j'' \, \mathrm{d}\xi +$$
$$\int_0^1 EI l^{-4} \psi_i'' \psi_j'' \, \mathrm{d}\xi + \frac{3}{4} m_t c^2 l^{-3} \psi_i(1) \psi_j(1) \tag{41}$$

$$F_i = \int_0^1 \sqrt{l} \, \varphi_i F(\xi l, \, t) \, \mathrm{d}\xi \tag{42}$$

由式（39）可知支撑臂的质量矩阵 $\boldsymbol{M}(t)$ 为对称矩阵，但质量矩阵中的非对角线元素不为零，即系统为惯性耦合。$\boldsymbol{M}(t)$ 由两部分构成，第一项与支撑臂本身的质量特性相关，第二项与端部负载相关，且末端负载是质量矩阵 $\boldsymbol{M}(t)$ 时变的来源。

由式（40）可知：1）当支撑臂的伸展速度为 0 时，阻尼矩阵 $\boldsymbol{C}(t)$ 中各元素也为零，阻尼矩阵 $\boldsymbol{C}(t)$ 源于支撑臂的纵向展开运动；2）当支撑臂展开长度增加时，阻尼矩阵 $\boldsymbol{C}(t)$ 中各元素的值将减小。

4.4 初值的确定

方程（37）中 $\boldsymbol{q}(t)$ 和 $\dot{\boldsymbol{q}}(t)$ 的初值可按以下方法获得。当 $t=0$ 时刻，支撑臂上任意一点的横向位移为

$$\begin{cases} \omega(x, \, 0) = \omega_0(x) \\ \dot{\omega}(x, \, 0) = \dot{\omega}_0(x) \end{cases} \tag{43}$$

对式（30）进行求导、变换后可得到方程（37）的初值为

$$\begin{cases} q_i(0) = f^{-1} \int_0^1 \omega_0(x) \psi_i(\xi) \, \mathrm{d}\xi \\ \dot{q}_i(0) = f^{-1} \int_0^1 \dot{\omega}_0(x) \psi_i(\xi) \, \mathrm{d}\xi + c l^{-1} f \sum_{j=1}^n q_j \int_0^1 \xi \psi_i(\xi) \psi_j'(\xi) \, \mathrm{d}\xi - c f' q_i(0) \end{cases} \tag{44}$$

5 数值求解与结果讨论

在微分方程的数值求解中，由于四阶 Runge-Kutta 法具有很广的绝对稳定区域，易满足相容性条件，易收敛。本文在 MATLAB 中利用 Runge-Kutta 法对球铰接杆式支撑臂的

展开过程进行数值计算，将 $q=(q_1, q_2, \cdots, q_n)^{\mathrm{T}}$ 中的 n 取值为 4，即用前四阶"模态振型"近似表达支撑臂的位移函数。

本文研究文献 [10] 中的球铰接杆式支撑臂从初始长度 $l_0=10$ m 展开到 60 m 过程中的横向振动。对匀速展开的支撑臂，可将展开时间进行无量纲化，用支撑臂展开进程百分比 t^* 描述展开时间 t，即

$$t^* = \frac{t_d}{t_{\mathrm{span}}} \times 100\% \tag{45}$$

式中　t_d——任意时刻展开长度对应的展开时间；

　　　t_{span}——展开过程的总时间。

5.1　展开和收拢过程中横向振动的变化

令初值条件为 $\omega(l_0, 0)=1\times10^{-3}$ m，$\dot{\omega}(l_0, 0)=0$，末端负载 $m_t=0$，展开速度为 $c=0.005$ m/s。展开过程中支撑臂末端的横向位移和速度如图 4 所示。

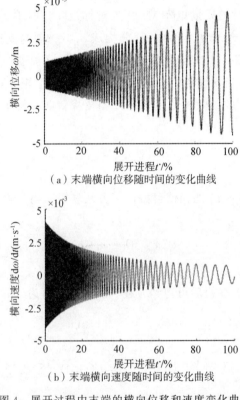

（a）末端横向位移随时间的变化曲线

（b）末端横向速度随时间的变化曲线

图 4　展开过程中末端的横向位移和速度变化曲线

由图 4（a）可知随着展开进程增加，支撑臂末端的横向位移的振幅越来越大。当支撑臂展开进程为 100%，即完全展开时，末端的振幅为 $\omega=4.603$ mm。而从图 4（b）可得到，末端横向振动速度的最大值随展开长度增加而减小。其物理意义为，随着展开进程的

增加，支撑臂系统的弹性势能增加，而横向的动能在减小。本文计算结果与文献［7］结果一致，证明了计算方法的正确性。

在相同初值条件下，支撑臂从 60 m 收拢到 10 m 的过程中，末端的横向位移和速度变化如图 5 所示。

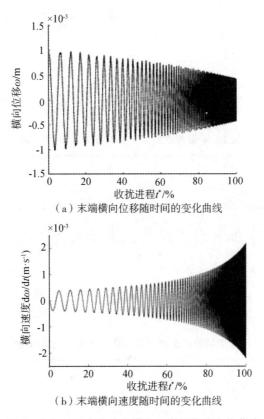

（a）末端横向位移随时间的变化曲线

（b）末端横向速度随时间的变化曲线

图 5　收拢过程中末端的横向速度和位移变化曲线

由图 5 可知，收拢过程中支撑臂末端的横向位移逐渐减小，而横向振动速度幅值逐渐增加。另外，由于横向加速度的变化趋势与横向位移变化趋势一致，即收拢过程中，横向的加速度逐渐减小，可得出收拢过程中支撑臂不会出现坍塌、失效。

5.2　末端负载对横向振动的影响

为分析末端负载对展开过程的振动影响，对末端质量分别为 10 kg，20 kg 和 50 kg 的工况进行仿真分析，各工况下支撑臂的展开速度均为 $c=0.05$ m/s，支撑臂初始的势能均与无负载情况下末端条件为 $\omega(l_0,0)=1\times10^{-3}$ m 和 $\dot{\omega}(l_0,0)=0$ 时一致。

图 6 为负载质量 50 kg 时支撑臂末端的横向位移变化图，由图可知展开中最后一个振动周期的时间最长，且振幅增加至 8.255 mm。

当末端负载取不同质量时，支撑臂末端的横向位移的最终振幅如表 1 所示，由表 1 可知，在末端质量从 10 kg 增加到 50 kg 过程中，横向振动的振幅近似线性增加。

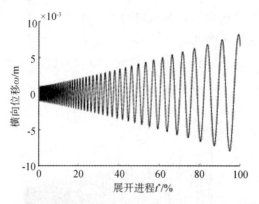

图 6　负载质量 50 kg 时末端横向位移随时间的变化曲线

表 1　不同负载质量下末端横向振动的振幅

质量/kg	0	10	20	50
振幅/mm	4.603	6.057	6.690	8.255

5.3　不考虑锁定冲击时展开速度对横向振动的影响

取末端负载的质量 $m_t = 0$，速度 $c_1 = 0.025$ m/s、$c_2 = 0.05$ m/s、$c_3 = 0.1$ m/s 和 $c_4 = 0.5$ m/s，分析不同展开速度对横向振动的影响。支撑臂末端的横向振幅随展开速度的变化如表 2 所示。

表 2　不考虑锁定冲击时，不同速度下末端横向振动的振幅

速度/（m·s⁻¹）	0.025	0.050	0.100	0.500
振幅/mm	4.688	4.603	4.453	4.350

由表 2 可知，不考虑外激励时，随着展开速度的增加，末端横向位移的最大值下降幅值很小，可近似认为支撑臂展开结束时末端的振幅与展开速度无关。其原因是在无外激励时，支撑臂展开过程类似自由振动，展开结束时支撑臂的能量变化不大。

5.4　考虑锁定冲击时展开速度对横向振动的影响

展开过程中，随着单元段中侧面锁定装置的锁定，支撑臂的单元段由机构状态转化为稳定结构，在此过程中会引入周期性冲击，该冲击的周期性与支撑臂的展开速度相关，本文将此冲击简化为周期的、脉冲的外激励。根据文献 [11] 的研究，将脉冲的能量设置为与展开速度成正比。不同速度时支撑臂末端横向振幅的仿真结果如表 3 所示。

对比表 2 和表 3 可知，引入周期性冲击后，末端的横向振幅显著增大，可知展开过程中单元段锁定引入的冲击是支撑臂振动的一个主要激励源。另外，文献 [7] 指出支撑臂与套筒之间的碰撞也是不可忽略的激励源。因此，为保证支撑臂展开的平稳性，应该尽量减小这两项冲击。

表 3　考虑锁定冲击时，不同速度下末端振幅

速度/ (m·s^{-1})	0.025	0.050	0.100	0.500
振幅/mm	9.532	16.710	20.184	28.946

由表 3 可知，随着展开速度的增加，末端的横向振动幅值也将随之增加，因此，必须对支撑臂展开速度加以限制，以减小横向振动。这与文献 [11] 的试验结果一致，证明了本文模型的正确性。

6　结　论

本文就文献 [10] 中球铰接杆式支撑臂的展开过程进行了动力学数值计算，得到如下结论：

1）SCM 方法能快速有效地计算球铰接杆式支撑臂的各向刚度，适应于考虑柔性的支撑臂展开过程的动力学分析。

2）球铰接杆式支撑臂在展开过程中，横向振动的振幅随展开长度的增加而逐渐增加，振动周期也逐渐变大，可能导致结构的坍塌，而在收拢过程中，支撑臂的振幅随收拢进程而逐渐减小，因此收拢过程是安全可靠的。

3）自由振动下，支撑臂横向振动的振幅随着末端负载质量的增加而增加，应按表 1 对负载质量进行控制。

4）考虑周期性锁定冲击后，支撑臂末端的横向振幅显著增大，展开过程中单元段锁定引入的冲击是支撑臂振动的一个主要激励源。

5）考虑冲击时，随着展开速度的增加，末端的横向振动幅值也将随之增加。因此，为减小支撑臂的横向振动，须按表 3 对支撑臂展开速度加以限制。

参 考 文 献

[1]　Hasselman T K，Anderson M C. Development of a Large Amplitude 3D Microgravity Suspension System. 38thAIAA/ASME/ASCE/AHS/ASC Structures，Structural Dynamics，and Materials Conference and Exhibit，CA，1997.

[2]　Wang L H，Hu Z D，Zhong Z，et al. Dynamic Analysis of an Axially Translating Visco‑Elastic Beam with an Arbitrarity Varying Length. Acta Mech，2010，214：225 - 244.

[3]　Amos A K，Qu B. The Dynamic Equations of Motion for a Deploying Telescopic Beam. 34th AIAA/ASME/ASCE/AHS/ASC Structures，Structural Dynamics，and Materials Conference and AIAA/ASME Adaptive Structures Forum，La Jolla，CA，1993.

[4]　Zhu W D，Ni J，Huang J. Active Control of Translating Media with Arbitrarily Varying Length. Journal of Vibration and Acoustics，2001，123：347 - 356.

[5]　Fung R F，Lu P Y，Tseng C C. Non-Linearly Dynamic Modeling of an Axially Moving Beam with a Tip Mass. Journal of Sound and Vibration，1998，218（4）：559 - 571.

[6]　邓子辰，郑焕军，赵玉立，等 . 基于精细积分法的伸展悬臂结构动态特征的计算 . 宇航学报，

　　　　　2011，32（6）：110－113.

[7]　　马凯，程刚，彭慧莲，等. 刚柔耦合状态下索杆式伸展臂多体动力学研究. 航天器工程，2011，
　　　　　20（3）：70－74.

[8]　　Noor A. Continuum Modeling for Repetitive Lattice Structures. Appl Mech Rev，1988，41（7）：
　　　　　285－296.

[9]　　Burgardt B，Cartraud P. Continuum Modeling of Beamlike Lattice Trusses Using Averaging Meth-
　　　　　ods. Computers and Stuctures，1999，73：267－279.

[10]　　黎彪，刘志全，程刚，等. 球铰接杆式支撑臂构型参数分析. 中国空间科学技术，2012，32（2）：
　　　　　29－34.

[11]　　刘荣强，郭宏伟，邓宗全. 空间索杆铰接式伸展臂设计与试验研究. 宇航学报，2009，30（1）：
　　　　　315－320.

球铰接杆式支撑臂斜拉索组件的参数影响分析*

黎　彪　刘志全　程　刚　丁　锋

摘　要：文章分析了斜拉索倾角对支撑臂剪切刚度和扭转刚度的影响，给出了一定横杆长度下斜拉索倾角的最佳取值范围。以支撑臂杆件不发生屈曲失效和支撑臂在最大负载下不发生坍塌为准则，给出了斜拉索预张力的上下限。基于 Hertz 接触理论，推导了斜拉索预张力与球铰副接触刚度的关系，将关系式引入支撑臂单元段的有限元模型中，进行了模态分析，给出了斜拉索预张力对单元段一阶弯曲频率的影响曲线。分析结果表明，单元段一阶频率先随着斜拉索预张力的增加而增加，但当预张力超过一定值后，预张力的增加反而会使一阶频率降低，得到了斜拉索预张力优选范围。推导了锁定装置解锁力与支撑臂收拢时所需外力矩的关系，利用 ADAMS 软件对展开/收拢过程的扭矩进行了仿真，对支撑臂单元段展开/收拢过程中所需力矩进行了试验测试，试验结果表明，力矩的理论计算及仿真与试验结果基本吻合，误差在 3% 以内，证明了理论计算与仿真的正确性。研究结果为球铰接杆式支撑臂中斜拉索组件设计提供了理论依据。

关键词：球铰接杆式支撑臂　斜拉索　预张力　锁定力　解锁力

引　言

球铰接杆式支撑臂（下文简称"支撑臂"）在大型柔性太阳翼、太阳帆等领域具有广泛的应用前景。斜拉索组件是支撑臂的关键组成部分，为支撑臂提供扭转刚度和剪切刚度[1]。斜拉索组件的结构参数（斜拉索倾角）和力学参数（斜拉索预张力）对支撑臂刚度有较大影响，锁定装置的锁定力、解锁力决定着支撑臂的展开/收拢过程中所需的外力矩。因此，对斜拉索组件结构和力学参数的影响分析将为支撑臂的设计和工程应用提供重要参考。

文献［2］根据工程经验给出了支撑臂剪切刚度、扭转刚度的经验公式，但公式中有关系数与支撑臂的构型和长度等因素相关，对不同的支撑臂均需要进行标定。文献［3］以支撑臂的一个侧面为研究对象，指出斜拉索预张力存在最优值使结构基频最大，文献［4］分析了斜拉索预张力对支撑臂弯曲刚度的影响，但文献［3］、［4］均忽略了预张力对球铰副接触刚度的贡献。文献［5］设计了一种典型的斜拉索组件锁定装置，阐述了锁定装置的工作原理，但未给出锁定装置中锁定力和解锁力的设计依据。文献［6］推导了支撑臂展开过程中所需的外力矩，但未给出外力矩与锁定装置锁定力之间的关系。

　　针对上述问题，本文将基于等效连续体模型分析斜拉索倾角对支撑臂剪切刚度和扭转刚度的影响；基于 Hertz 接触理论和有限元分析获得斜拉索预张力对支撑臂一阶弯曲频率的影响关系；分析锁定装置锁定力与单元段展开时所需外力矩的关系，以期为球铰接杆式支撑臂中斜拉索组件的设计提供理论依据。

1　斜拉索组件的组成及工作原理

　　支撑臂组成如图 1 所示，其中单元段侧面斜拉索组件的组成如图 2（a）所示。单元段中沿展开方向的杆件 AA_1、BB_1 等杆件为纵梁，垂直于展开方向的 AB、BC 等杆件为横杆，横杆与纵梁之间采用球铰副连接。单元段的每个侧面包含了 1 个锁定装置和 4 段拉索。以侧面 ABB_1A_1 为例，拉索 1 和拉索 2 为同一根连续的拉索，可绕锁定装置中的滑轮运动，拉索 3 两端分别固定在锁定装置和横向框架球铰处，拉索 4 采用与拉索 3 相同的连接方式。锁定装置的结构主要包括滑轮、锁定簧片、锁定球和壳体，如图 2（b）所示。

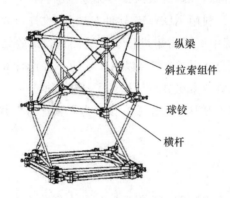

图 1　球铰接杆式支撑臂的组成

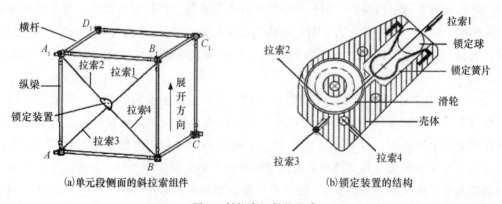

（a）单元段侧面的斜拉索组件　　　　（b）锁定装置的结构

图 2　斜拉索组件的组成

支撑臂展开到位的锁定是通过锁定装置实现的。假定下横向框架 $ABCD$ 固定，外力矩驱动上横向框架 $A_1B_1C_1D_1$ 旋转升高，实现单元段的展开。在展开过程中拉索 2 逐渐变长，拉索 1 逐渐变短，拉索 1 和拉索 2 的拉力始终相等。随后，当固联在拉索 1 上的锁定球接触到锁定簧片时，拉索 2 的拉力必须大于锁定簧片的阻力与拉索 1 拉力之和，从而使锁定球进入锁定簧片组成的凹槽中，实现了单元段的锁定。在整个展开过程中，拉索 3 和拉索 4 始终处于随动状态。反之，在收拢过程中，拉索 1 的拉力需大于锁定簧片的阻力和拉索 2 的拉力之和，将锁定球从凹槽中释放，实现单元段的解锁。

2　斜拉索倾角对支撑臂扭转刚度和剪切刚度的影响

文献 [7] 基于等效连续体模型，推导了支撑臂的剪切刚度 GA 和扭转刚度 GJ 分别为

$$\left.\begin{aligned}GA &= 4E_cA_c\frac{\tan\beta}{\sqrt{\tan^2\beta+1}^3}\\GJ &= 4E_cA_c\frac{\tan\beta \cdot s^2}{\sqrt{\tan^2\beta+1}^3} = GA \cdot s^2\end{aligned}\right\} \tag{1}$$

式中　E_c——斜拉索的弹性模量；

　　　A_c——斜拉索横截面的面积；

　　　β——斜拉索倾角，定义为图 2（a）中拉索 3 与横杆 AB 的夹角；

　　　s——横杆长度。

由式（1）可知，GA 与 E_c 和 A_c 成正比；GJ 与 GA 成正比，其比例系数为 s^2。

当斜拉索的材料与形状一定时，E_cA_c 为一定值（试验件的 $E_cA_c = 10^5$ N），可获得 β 对 GA 和 GJ 的影响曲线，如图 3 所示。

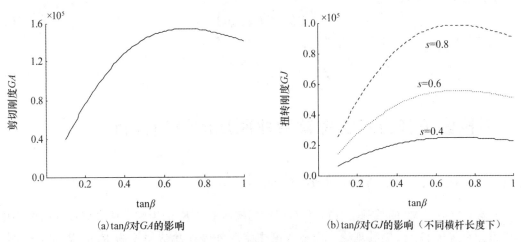

（a）$\tan\beta$ 对 GA 的影响　　　　　　（b）$\tan\beta$ 对 GJ 的影响（不同横杆长度下）

图 3　斜拉索倾角 β 对剪切刚度 GA 和扭转刚度 GJ 的影响

从图 3（a）可知，GA 随 β 增加先增加后减小。$\tan\beta$ 在 $0.57 \sim 0.9$ 时（对应的 β 为 $29.7° \sim 42.0°$），GA 为最大值的 $90\% \sim 100\%$。从图 3（b）可知，GJ 随着 β 的增加先增

加后减小，另外，随着 s 的增加，GJ 峰值对应的 β 也增加。以文献［8］中 $s=0.8$ m 的试验件为例，GJ 为最大值的 $95\%\sim100\%$ 时，对应 $\tan\beta$ 在 $0.5\sim0.85$ 之间（β 为 $26.6°\sim40.4°$）。

综合 β 对 GA 和 GJ 的影响，可得在 $s=0.8$ m 情况下，β 的最佳取值范围为 $29.7°\sim40.4°$。

3　斜拉索预张力上下限的确定

为防止支撑臂发生杆件屈曲失效，防止支撑臂因斜拉索松弛而导致支撑臂结构的坍塌，必须控制斜拉索预张力 T 的取值范围 $T_{min}<T<T_{max}$，文献［8］中推导了 T_{min} 表达式为

$$T_{min}=\frac{(J_e+m_tL^2)\xi}{4l\sin\beta} \tag{2}$$

式中　J_e——支撑臂的等效转动惯量；

　　　m_t——末端负载质量；

　　　L——支撑臂的总长度；

　　　ξ——在轨运行中支撑臂最大角加速度；

　　　l——纵梁的长度。

对于两端为铰支的纵梁，发生屈曲的临界压力 P_{cr} 为

$$P_{cr}=\pi^2E_1I_1/l^2 \tag{3}$$

式中　E_1——纵梁的弹性模量；

　　　I_1——纵梁的截面惯性矩。

T_{max} 与 P_{cr} 的关系为[8]

$$P_{cr}=2T_{max}\sin\beta \tag{4}$$

由式（3）和（4）可得 T_{max} 为

$$T_{max}=\frac{\pi^2E_1I_1}{2l^2\sin\beta} \tag{5}$$

4　斜拉索预张力对支撑臂弯曲刚度的影响分析

4.1　T 对球铰副接触刚度 K 的影响

本文在文献［9］的基础上分析 T 对球铰副接触刚度 K 的影响。假设球铰副的中心球体压力分布服从 Hertz 接触理论，而球铰副中空腔外壳简化成厚度为 R_2 的 Winkler 弹性梁。以球铰副的中心球体为研究对象，其与空腔外壳的接触应力分布如图 4（a）所示，接触应力 $p(x)$ 为

$$p(x)=p_0\sqrt{1-(x/a)^2} \tag{6}$$

式中　p_0——接触中心点的接触应力；

　　　x——接触面上任一点到接触中心的距离；

　　　a——Hertz 接触区的半宽度。

以球铰副的空腔外壳为研究对象，其受力情况如图 4（b）所示，其中 ε 为接触半角，而 Hertz 接触理论中存在以下假设

$$\cos\varepsilon = \frac{\Delta R}{\Delta R + \delta} \tag{7}$$

式中　ΔR——空腔外壳和中心球体的间隙，如图 4（a）所示；

　　　δ——接触时最大压缩量。

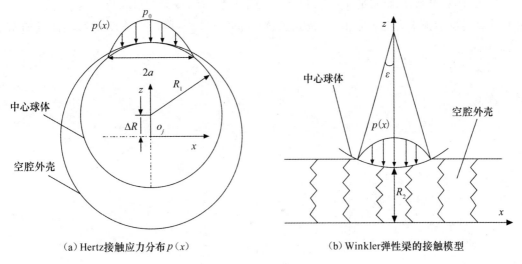

（a）Hertz接触应力分布$p(x)$　　　　　（b）Winkler弹性梁的接触模型

图 4　球铰副接触应力

由于球铰副中空腔外壳和中心球体半径相差很小，则由图 4（b）可以得到 a 和 ε 的关系为

$$a = R_2\sqrt{(1-\cos\varepsilon)^2 + \sin^2\varepsilon} = 2R_2\sin(\varepsilon/2) \tag{8}$$

球铰副的总接触力 P 为

$$P = 2\int_0^a p(x)\,\mathrm{d}x \tag{9}$$

根据 Winkler 弹性梁假设，任意点的接触应力为

$$p(x) = Eu/R_2 \tag{10}$$

式中　E——Winkler 弹性梁的弹性模量；

　　　u——该点沿 z 方向的弹性位移。

由对称性可知，中心点处基础梁的法向位移 $u_0 = \delta/2$，则可得 p_0 和 δ 的关系为

$$p_0 = E\delta/(2R_2) \tag{11}$$

应用式（6）～（11），可得到基于 Winkler 弹性梁模型的球铰副总接触力 P 为

$$P = \frac{1}{2}\pi\delta E \sqrt{\frac{\delta}{2(\Delta R + \delta)}} \tag{12}$$

若球铰副中空腔外壳和中心球体之间施加有外部载荷 F_0，P 将抵消外部载荷，此时球铰副的接触刚度 K 为

$$K = \frac{\partial P}{\partial \delta}\bigg|_{P = F_0} \tag{13}$$

根据式（4）、（12）、（13），可得到 T 对 K 的影响曲线。以文献［8］中试验件作为研究对象（试验件状态为横杆长度 $s = 0.8$ m，锁定装置的锁定力 $F_d = 100$ N，解锁力 $F_u = 150$ N。下文提及的试验件状态均与此一致），支撑臂中球铰副参数为 $R_1 = 6$ mm，$\Delta R = 0.05$ mm。

由式（5）可知 T 需满足 $T < 2\,182$ N（由于在轨时支撑臂的最大角加速度未知，本文没有计算斜拉索预张力的下限值）。按式（12）和式（13）可得 T 对 K 的影响曲线如图 5 所示。

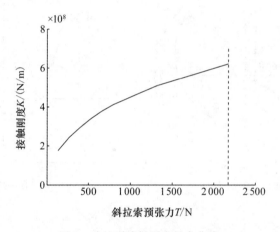

图 5　球铰副接触刚度拟合曲线

从图 5 可知，在斜拉索预张力 T 的上限控制范围内，接触刚度 K 随 T 的增加而增加。

4.2　考虑球铰副接触刚度情况下 T 对支撑臂弯曲刚度的影响

支撑臂由相同的单元段叠加而成。T 对单元段刚度的影响趋势与对支撑臂整体的影响趋势相同。因此，本文仅分析 T 对典型单元段的弯曲刚度影响，而弯曲刚度用一阶弯曲频率 f_1 进行表征。仍以前文提及的试验件为研究对象，利用 ANSYS 软件对单元段进行有限元建模，将式（13）引入模型中，随后进行模态分析，利用 MATLAB 与 ANSYS 联合仿真，获得 T 对 f_1 的影响曲线如图 6 所示。

由图 6 可知，f_1 先随着预张力 T 的增加而增加，当 T 超过 700 N 后，T 继续增加反而会使 f_1 降低。其原因是当 $T > 700$ N 后，预张力对支撑臂杆件的刚度削弱效果起主导作用。另外，从图 6 可得到试验件的 T 的优选值为 $500 \sim 700$ N。

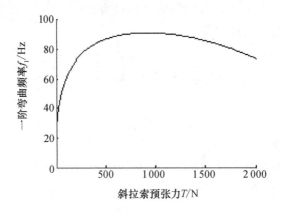

图 6　预张力对一阶弯曲频率的影响

5　锁定装置力学参数与支撑臂展开/收拢时所需外力矩的关系

5.1　理论计算

假定下横向框架 $ABCD$ 固定，上横向框架 $A_1B_1C_1D_1$ 在驱动力矩 M_e 的驱动下展开到位实现锁定。在临近锁定时，上下横向框架的相对转角非常小，可认为 AA_1 杆仍垂直于横向框架的平面。考虑到对称性，仅分析球铰 B_1 的受力情况，如图 7 所示。

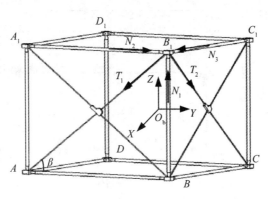

图 7　单元段展开过程的受力分析

作用在球铰 B_1 上的力有拉索拉力 T_1 和 T_2，纵梁 BB_1 的压力 N_1，杆 B_1A_1 的压力 N_2，杆 C_1B_1 的压力 N_3，若以球铰及上横向框架组成的整体为研究对象，则有

$$\left.\begin{array}{l} \sum M_z = M_e + 4M_{T_1} - 4M_{T_2} = 0 \\ M_{T_1} = T_1\cos\beta \cdot s/2 \\ M_{T_2} = T_2\cos\beta \cdot s/2 \end{array}\right\} \quad (14)$$

式中　M_{T_1}，M_{T_2}——分别为 T_1 和 T_2 绕 Z 轴的力矩；

　　　M_e——锁定时所需的外力矩。

由式（14）可得

$$M_e = 2s\cos\beta \cdot (T_1 - T_2) = 2s\cos\beta \cdot F_d \tag{15}$$

其中

$$F_d = T_1 - T_2$$

式中　F_d——锁定装置的锁定力。

同理，可以得到收拢瞬间外力矩 M_u 与解锁力 F_u 的关系为

$$M_u = 2s\cos\beta \cdot (T_2 - T_1) = 2s\cos\beta \cdot F_u \tag{16}$$

其中

$$F_u = T_2 - T_1$$

式中　F_u——锁定装置的解锁力。

式（15）和（16）分别为支撑臂展开/收拢过程中所需外力矩的表达式。

5.2　仿真分析

用 ADAMS 对单元段的展开和收拢过程进行了仿真。考虑到拉索的柔性，本文用 BUSHING 元相连的多段刚体来模拟拉索。在模型中通过传感器（SENSOR）实现了拉索的锁定。对文献［8］中试验件单元段进行了"解锁—收拢—展开—锁定"的动力学仿真，外力矩变化如图 8 所示。

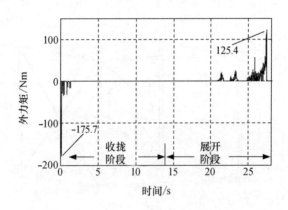

图 8　展开过程外力矩的变化

由图 8 可知解锁瞬间 $M_e = -175.7$ Nm，锁定瞬间 $M_u = 125.4$ Nm，与式（15）和（16）的理论值进行对比，如表 1 所示。由表 1 可知仿真结果与理论结果误差为 2.8%，两者数据吻合。

为验证理论计算与仿真的正确性，对支撑臂单元段展开过程和收拢过程所需的外力矩进行了试验。对试验件进行 3 次收拢和展开试验，测试结果见表 2。

表 1　不同方法获得的外力矩比较

比较项	仿真结果	理论结果
M_e/Nm	−175.0	−180.0
M_u/Nm	125.0	120.0

表 2　最大外力矩的试验结果

参数	第一次	第二次	第三次	平均值
M_e/Nm	−172.2	−176.6	−174.3	−174.4
M_u/Nm	123.6	123.3	127.7	124.9

6　结束语

本文针对文献［8］中的试验件进行了分析，获得如下结论：

1）球铰接杆式支撑臂的剪切刚度由斜拉索的弹性模量、横截面面积和斜拉索倾角决定；扭转刚度与剪切刚度成正比，比例系数为横杆长度 s 的平方。在 $s=0.8$ m 情况下，为获得最佳的剪切刚度与扭转刚度，斜拉索倾角 β 的最佳取值范围为 $29.7°\sim40.4°$。

2）球铰接杆式支撑臂中单元段的一阶弯曲频率先随着斜拉索预张力的增加而增加，当一阶弯曲频率达到最大值后，预张力继续增加，一阶弯曲频率反而降低。试验件的最佳预张力范围为 $500\sim700$ N。

3）球铰接杆支撑臂锁定瞬间所需外力矩由锁定力、横杆长度及斜拉索倾角决定，关系如式（15）所示；解锁瞬间所需外力矩如式（16）所示。

4）支撑臂锁定和解锁瞬间外力矩的仿真结果、理论计算结果与试验结果的误差在 3% 以内，证明了理论推导和仿真的正确性。

参 考 文 献

［1］　SIDWELL，VINCE. Stiffening of the ACES Deployable Space Boom . NASA‐95N26307，1995.

［2］　ADAMS L R. Design，Development and Fabrication of a Deployable Retractable Truss Beam Model for Large Space Structures Application. NASA‐CR‐178287，1987.

［3］　YUKI MICHII，ART PALISOC，BILLY DERBES，et al. Truss Beam with Tendon Diagonals‐Mechanics and Designs. 47th AIAA/ASME/ASCE/AHS/ASC Structures，Structural Dynamics，and Materials Conference，Rhode Island，Newport，2006.

［4］　郭宏伟，刘荣强，邓宗全. 柔性索对空间索杆铰接式伸展臂性能影响分析. 哈尔滨工业大学学报，2010，42（1）：55‐59.

［5］　苏斌，关富玲，石卫华，等. 索杆式伸展臂的结构设计与分析. 工程设计学报，2003，10（5）：287‐294.

［6］　郭宏伟，刘荣强，邓宗全，等. 空间索杆式伸展臂展开过程力学分析与仿真. 机械设计，2008，25（7）：31‐35.

[7] 　刘志全，黎彪，丁锋 . 球铰接杆式支撑臂展开过程中横向振动分析 . 宇航学报，2014，35（7）：753 - 761.

[8] 　黎彪，刘志全，程刚，等 . 球铰接杆式支撑臂构型参数分析 . 中国空间科学技术，2012，32（2）：29 - 34.

[9] 　LIU C S, ZHANG K, YANG R. The FEM Analysis and Approximate Model for Cylindrical Joints With Clearances. Mechanism and Machine Theory，2007，42：183 - 197.

月面钻取式自动采样机构的设计与分析*

庞　彧　刘志全　李新立

摘　要：月面自动采样机构是月球探测的重要工具之一，对实现月壤采样起着关键作用，是中国月球探测任务中急需解决的关键问题。文章提出了一种用于深层月壤样品采集的、具有同轴双管单动钻具和柔性取样袋的钻取式自动采样机构设计方案，详细阐述了采样机构的功能、组成与原理。通过对采样过程的力学特性进行分析，得到钻杆螺旋叶片升角为 14°、轴向进给速度为 5.7 mm/s 和回转角速度为 13.1 rad/s 时钻进效果最优；且为获取 1 m 深度月壤，钻杆直径不能小于 7 mm。利用土力学仿真分析软件 ABAQUS 建立了月壤和钻具的力学模型，对钻具钻入月壤过程进行了动力学仿真，结果为钻进阻力约 300 N、钻进阻力矩为 7.5 N·m。

关键词：钻取　采样机构　月壤　月球探测

引　言

月球探测的目的之一是获取月球地质信息、探明月球资源分布。为达到这一目的，人类采用了多种月面自动采样机构对月球土壤和岩石样品进行采集与分析。

苏联和美国的火星、月球探测项目中均有自动采样机构成功应用的实例。20 世纪 70 年代，美国国家航空航天局在海盗号（Viking）火星探测任务中，应用了铲挖式自动采样机构成功获取到火星表层土壤样品[1]。近年来，香港理工大学研制的可自动开合的钳式机构，在机械臂的配合下能够拾起星表岩石块[2]。英国 Honeybee Robotic 公司研制的研磨式的采样机构，可通过研磨岩石获得粉末状岩石成分[3]。这些采样机构动作灵活，适用于以目标搜寻为目的或结合路径规划的多点采样的巡视探测任务。然而，这些机构只能获得星体表层样品，采样能力有限。而星体表层样品受冷热交变和太阳风粒子作用等环境的影响较大，其携带的科学研究信息难以反映深层样本的信息。为了获取更加丰富有效的星体信息，需要设法采集原始的、没有被破坏的深层样本（如岩石表层下几厘米深的部分或垂直深入星体表面超过 1 m 的土壤样本）[4]，因此必须研制具有深层样品采样能力的自动采样机构。中国在该方面的研究尚处于起步阶段。基于中国深空探测任务的需求，在综合分析和比较国内外多种自动采样机构现状和应用特点的基础上[5]，本文提出一种可获取保持层理特性的深层月壤样品的钻取式自动采样机构方案，为中国月球探测自动采样机构的工

* 《中国空间科学技术》2012，Vol. 32，No. 6，pp16 - 22. EI：20130515953856

程实现提供技术支持。

1　月面钻取式自动采样机构方案

1.1　钻取式自动采样机构的功能与组成

月面钻取式自动采样机构的功能包括钻入月壤、提取月壤和结构支撑。为了实现这些功能，采样机构由钻进机构、钻进加载机构、样品提取机构和支撑构架四部分组成，如图1所示。

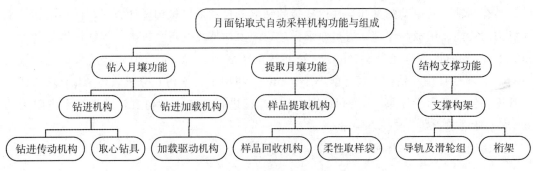

图1　月面钻取式自动采样机构的功能及组成

钻进机构用于驱动钻具（含钻杆和钻头）作回转运动。钻进加载机构为钻具提供轴向钻进力，驱动钻具向月壤内钻进。样品提取机构用于实现将采集到的月壤样品提取出来。支撑构架为各部件的安装提供支撑，同时将钻进过程中产生的反作用力传递到探测器平台。钻取式自动采样机构在月球探测器上的布局如图2所示。

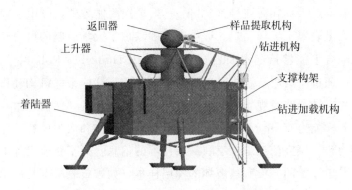

图2　钻取式自动采样机构在月球探测器上的布局

1.2　钻进机构方案

钻进机构主要由驱动电机、齿轮副、钻具、轴承和联轴器等组成，如图3（a）所示。为了减小回转钻进过程中振动、冲击对钻孔底部月壤采样效果的影响，将钻杆设计成由内钻杆和外钻杆组成的双管单动取心钻杆，即在钻进过程中，外钻杆转动而内钻杆相对月壤样品不转动。内钻杆为薄壁空心钻杆，用来保存保持层理特性的月壤样品，见图 3（b）。为了避免钻孔时岩土碎屑堵塞钻孔，将外钻杆设计为强度刚度较高的空心钻杆，且外钻杆的外侧带有螺旋叶片，以便孔底碎屑及热量沿螺旋叶片排出。

空心轴一端与齿轮固联，另一端与外钻杆根部通过联轴器固联。电机通过齿轮副带动空心轴转动，从而带动外钻杆旋转。外钻杆与内钻杆间有推力球轴承，轴承外圈与外钻杆固联，内圈与内钻杆固联。钻头与外钻杆相固联。当电机带动外钻杆和钻头旋转时，内钻杆内充满月壤样品而不发生转动，只承受轴向力。

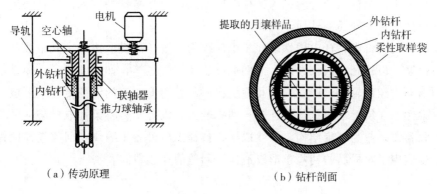

（a）传动原理　　　　　（b）钻杆剖面

图 3　钻进机构

1.3　钻进加载机构方案

月球重力加速度 g_m 约为地球重力加速度的 1/6。不同于地球表面的钻探，月球钻探需要钻进加载机构为钻具提供钻进所需的轴向力。钻进加载机构主要由驱动电机、减速器、卷筒和钢丝绳组成，如图 4 所示。

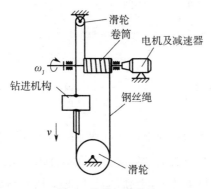

图 4　钻进加载机构

在钻进过程中，驱动组件带动卷筒转动。在卷筒转动的同时，与钻进机构底端 B 处连接的钢丝绳张紧，从而对钻进机构施加了向下的轴向力。该钢丝绳加载机构可大大减小机构系统的质量。

1.4　样品提取机构方案

地质钻探中常用的取心方法主要有单管绳索取心和反循环取心[3]。月球上缺少水和空气等循环介质，反循环取心方式不适于月面钻探取样。单管绳索取心是采用专门工具和钢丝绳把钻杆及其管内的样品提取出来的方法。受返回舱空间的限制，钻杆及其管内样品不可能置于返回舱内，所以单管绳索取心方式也不适用于月面钻探取样。

本文在绳索取心方法的基础上，提出用柔性取样袋保存和提取样品的方法。这种柔性取样袋可缠绕在回收卷筒上，使得获取的样品既能保持其层理特性，又能适应返回舱存放空间的要求。柔性取样袋预先附在内钻杆的内壁上，当月壤样品进入内钻杆空腔时，柔性取样袋就自然包覆在样品的外面，如图 3（b）所示。

样品提取机构将内钻杆内柔性取样袋中保存的月壤样品提取出来，其组成部分为驱动电机、减速器、齿轮副、回收卷筒、柔性取样袋及钢丝绳等，如图 5 所示。驱动电机与减速器的输出动力经齿轮副、回收卷筒和缠绕在回收卷筒上的钢丝绳的传递，形成了对柔性取样袋（柔性取样袋上端与钢丝绳连接）的提升力，该提升力将柔性取样袋从钻杆内提取出来。回收卷筒外壁为螺旋结构，柔性取样袋被提出后可逐步缠绕在回收卷筒的螺旋结构上，此过程实现了对样品的初步整形以适应返回舱的存放空间。

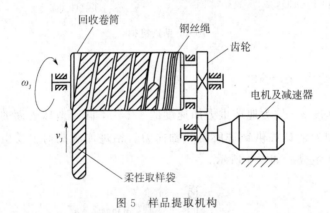

图 5　样品提取机构

2　钻具结构参数设计

在钻取式自动采样机构工作过程中，月壤样品随钻进的深入而逐步进入空心钻杆内腔被收集。月壤样品在钻杆空腔内的上升运动会受到钻杆内壁的摩擦阻力，同时钻头端面处月壤对钻杆内的柱段月壤提供支持力，当底部月壤的支持力不足以克服摩擦阻力和自身柱状月壤的重力时，可采集的月壤量即达到极限。此后，即使钻进深度增加，进入钻杆内腔的月壤也不再增多。

钻头端面处月壤的支持力可以利用太沙基极限承载力半经验公式计算

$$p_{u}=0.6\gamma bN_{\gamma}+qN_{q}+1.2cN_{c} \tag{1}$$

式中　p_u——太沙基圆柱基础极限承载力；

　　　　γ——土的重度；

　　　　b——圆形基础半径；

　　　　q——超载；

　　　　c——内聚力；

　　　　N_γ，N_q，N_c——太沙基极限荷载承载力系数，由土的内摩擦角 φ 决定。

对于松软土质，地基破坏是局部剪切破坏，沉降较大，极限荷载较小。在这种情况下需对公式加以修正，即令 $\bar{c}=(2/3)c$，$\tan\bar{\varphi}=(2/3)\tan\varphi$。根据不同深度月壤的内摩擦角和内聚力最佳估计值[6]，取 1 m 深处月壤重度 $\gamma=2.92$ kN/cm³，月壤内摩擦角 $\varphi=49°$，则 $\bar{\varphi}=38°$；$\bar{c}=2$ kPa。用 $\bar{\varphi}$ 和 $\bar{c}$ 分别代替 φ 和 c。

柱段月壤进入内钻杆后，其对钻杆内壁的总静止土压力为

$$E_0 = \int_0^H 2\pi R_0 K_0 \gamma z \, \mathrm{d}z = \pi R_0 K_0 \gamma H^2 \tag{2}$$

式中　K_0——静止土压力系数，根据工程经验：$K_0=0.34\sim0.45$（砂土）；

　　　　R_0——圆柱段月壤的半径；

　　　　H——柱段月壤的高。

可得到柱段月壤侧壁所受摩擦力 f_h 为

$$f_h = \mu E_0 = \pi \mu R_0 K_0 \gamma H^2 \tag{3}$$

钻杆内柱段月壤的重量

$$G = \pi R_0^2 \gamma H$$

为保证钻头端部月壤可承受整个柱段月壤样品质量，则需满足以下条件

$$f_h + G \leqslant \pi R_0^2 p_u \tag{4}$$

计算可得，为获取 $H=1$ m 深度的柱段月壤样品，$R_0 \geqslant 6.2$ mm；内钻杆内腔半径 R_{in} 应满足 $R_{in} > R_0$。考虑到实际应用过程中钻头转动对月壤扰动等因素的影响，内钻杆内腔半径取 $R_{in}=10$ mm。

3　钻进过程的运动参数分析

钻杆钻入月壤过程中，带有螺旋叶片的外钻杆可将孔底钻屑不断输送到月表。但是钻进过程中钻杆的轴向进给速度和转动角速度必须合理设计方能满足钻取式自动采样机构排屑的要求。

当外钻杆以角速度 ω 回转时，土块受螺旋叶片作用而随之进行螺旋升角为 β 的螺旋运动，即向上运动与圆周运动的复合运动。选取外钻杆螺旋叶片上质量为 m_0 的土块作为分析对象（见图 6）。图 6 中，P 为土块的离心力；N 为土块受螺旋叶片的支持力；P_N 为孔壁的支持力；G_0 为土块重力，$G_0=m_0 g_m$；F 为土块受孔壁的总摩擦力，包括阻碍土块圆周运动的切向摩擦力和阻碍土块向上的轴向摩擦力；f 为土块受螺旋叶片的摩擦力；α 为

螺旋叶片的螺旋升角；R 为螺旋外钻杆的外半径。

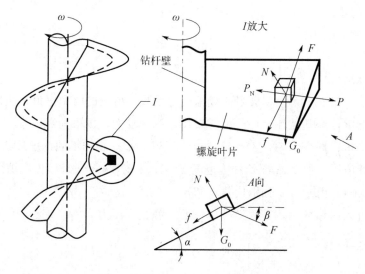

图 6　螺旋叶片上土块的受力分析

此时，对土块进行受力分析

$$\left.\begin{aligned}
F\cos(\alpha+\beta) &= G_0\sin\alpha + f \\
N &= G_0\cos\alpha + F\sin(\alpha+\beta) \\
F &= \mu_1 P_N = \mu_1 m_0 \omega_s^2 R \\
f &= \mu_2 N
\end{aligned}\right\} \tag{5}$$

式中　μ_1——岩土与孔壁间摩擦系数，取 $\mu_1 = \tan 54° = 1.3^{[6]}$；

　　　μ_2——岩土与螺旋叶片间摩擦系数，取 $\mu_2 = 0.75^{[7]}$。

土块从钻孔底部排出时角速度 ω_s 为

$$\omega_s = \sqrt{\frac{g_m(\sin\alpha + \mu_2\cos\alpha)}{\mu_1 R[\cos(\alpha+\beta) - \mu_2\sin(\alpha+\beta)]}} \tag{6}$$

由式（6）可知，当土块以螺旋升角 β 螺旋上升时，土块相对螺旋叶片滑动，ω_s 是土块运动的绝对角速度，不代表钻具的转动角速度 ω。为求得工作过程中所需外钻杆的转动角速度 ω，需要对土块进行运动分析（见图 7）。图 7 中，V_s 为土块运动的绝对速度；V_r 为土块相对螺旋叶片的相对速度；V_0 为钻杆转动在土块处的速度（牵连速度）；V_{up} 为土块沿轴向向上运动的速度。

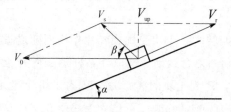

图 7　土块运动分析

$$\left.\begin{array}{l} V_0 = V_s\cos\beta + V_r\cos\alpha \\ V_0 = \omega R \\ V_s = \omega_s R \end{array}\right\} \tag{7}$$

$$V_{up} = V_s\sin\beta \tag{8}$$

则为保证土块顺利排出所需钻杆的最小转动角速度为

$$\omega = \left(\cos\beta + \frac{\sin\beta}{\tan\alpha}\right)\sqrt{\frac{g_m(\sin\alpha + \mu_2\cos\alpha)}{\mu_1 R[\cos(\alpha+\beta) - \mu_2\sin(\alpha+\beta)]}} = \left(\cos\beta + \frac{\sin\beta}{\tan\alpha}\right)\omega_s \tag{9}$$

由式（9）可知，适当增加螺旋外钻杆的外半径 R 可以降低排屑对钻杆转动角速度 ω 的要求。钻杆轴向进给速度 V 应与钻杆的输土能力相匹配，即 $V \leqslant V_{up}$。考虑到钻屑的填充效果，钻杆轴向进给速度 V 为

$$V = \Psi V_{up} \tag{10}$$

式中　Ψ——土壤的装填系数，取 $\Psi = 0.2^{[8]}$。

图 8 给出了当 $R = 18$ mm 时，ω 与 α 和 β 的关系曲线。

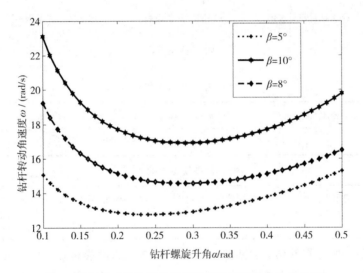

图 8　钻杆转动角速度与钻杆螺旋叶片螺旋升角的关系

当 β 一定时，随着 α 的增加，ω 出现极小值。即 $\alpha = 0.2 \sim 0.3$ rad 时，钻杆以较小的回转角速度即可实现孔底钻屑的排出，因此 α 应在 $11° \sim 17°$ 区间内选择最有利。在相同 α 下，随着 β 的增大，ω 也在增大，孔底岩土碎屑排出的速度增大。而 β 过大会降低系统稳定性；β 过小则输土速度慢，易发生堵钻。综合诸因素，优选 $\alpha = 14°$，$\beta = 5°$。计算求得 $\omega = 13.1$ rad/s，$V = 0.005\ 7$ m/s。

4　钻进数值模拟与仿真分析

在钻进过程中，钻头不断切削月壤并与新形成的月壤表面接触；钻杆壁与月壤间的接

触面积随钻进深度的增加而增加。本文用 ABAQUS 软件对钻进过程非线性动态接触问题进行仿真分析，以求得钻进过程的力学特性参数。螺旋钻杆及月壤三维模型见图9，钛合金螺旋钻具在整个加载过程中处于弹性变形范围内，其力学性能参数见表1。月壤由粒径小于 1 mm 的黏聚性细颗粒组成，颗粒间的连接强度远小于颗粒本身的强度，在外力作用下颗粒间相互错动。故视月壤为具有摩擦特性和内聚力的土壤，使用修正的 Drucker - Prager 模型建立月壤模型。月壤在弹性阶段遵循胡克定律。为减小计算量，取 0.6～1.0 m深度的月壤材料性能参数，见表2。

（a）钻杆与月壤组合　　（b）螺旋钻局部网格　　（c）月壤局部网格

图 9　钻探模型

表 1　钻具力学性能参数

材料	密度/（g/cm³）	弹性模量/GPa	泊松比	许用应力/GPa
钛合金	4.5	108.500	0.41	0.950

表 2　月壤模型参数[6,9]

密度/（g/cm³）	内聚力/kPa	内摩擦角/（°）	弹性模量/MPa	泊松比	膨胀角/（°）
1.9	3	54	10	0.42	5.7

螺旋钻切削月壤过程的仿真分析难点在于接触准则的设置和月壤失效的定义。本文定义通用全部自接触，接触的区域包括了整个模型，ABAQUS/Explicit 应用罚函数接触方法强化接触约束。对于月壤被切削后形成新的接触表面问题，这里通过 Surface 关键词设置将月壤的所有网格单元表面都定义为外表面，在接触属性中通过 Contact inclusion 关键词将所有单元表面定义为接触面，这样就方便有效地解决了不断更新的接触面的设置问题。对月壤模型四周及底部定义固支边界条件，限制其四周和底面 X，Y，Z 三个方向的运动。对螺旋钻具定义持续向下的轴向进给速度 $V = 0.005\ 7$ m/s 和转动角速度 $\omega = 13.1$ rad/s。

在螺旋钻具钻进过程中，螺旋钻具不断压入并切割月壤，这种切割是破坏月壤颗粒间（模型中月壤单元间）的内摩擦力和内聚力的过程。因此，钻具所受阻力和阻力矩就呈现如图10～图11所示的波动。由图10～图11可知，月壤对螺旋钻具的平均轴向阻力为300 N，螺旋钻具所受月壤的平均回转阻力矩为5～7.5 N·m。

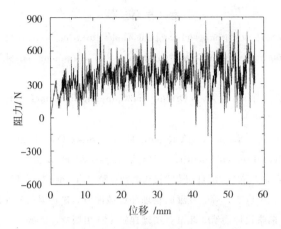

图 10 钻进过程钻具阻力—位移变化曲线

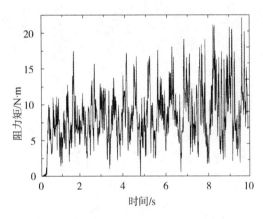

图 11 钻进过程钻具阻力矩—时间变化曲线

5 结论

1）本文提出的由支撑桁架和独立驱动的钻进机构、钻进加载机构、样品提取机构四部分组成的钻取式月面自动采样机构的设计方案可实现月表下深度 1 m，直径 20 mm 的月壤样品的钻取取样。

2）用本文的钻取式月面自动采样机构去获得深度 1 m 的柱段月壤样品，样品半径不能小于 6.2 mm，内钻杆的内腔半径 R_{in} 需控制在 7～10 mm。

3）当钻杆螺旋叶片的螺旋升角 α 为 11°～17°，土块螺旋升角 β 为 5°时，钻杆提供较小的回转角速度即可实现孔底钻屑的排出，此时系统稳定性好。

4）通过本文的计算分析，得到了钻取机构的关键设计参数，可为后续设计提供参考。

参 考 文 献

［1］　Moore H J，Liebes S. Rock Pushing and Sampling Under Rocks on Mars. NASA‐TM‐80489，1978.

［2］　Coste P. Drilling and Sampling in ESA Programmers：Development and Mission Applications. ESA‐TTP，2003.

［3］　Matti A. Concept Eveluation of Mars Drilling and Sampling Instrument. Helsinki University of Technology，2005.4.

［4］　Ylikorpi T，Visentin G，Suomela J. A Robotic Rover‐based Deep Driller for Mars Exploration. Ames Research Center：Proceedings of the 35th Aerospace Mechanisms Symposium，2001.

［5］　刘志全，庞彧，李新立 . 深空探测自动采样机构的特点及应用 . 航天器工程，2011，20（3）：120‐125.

［6］　郑永春，欧阳自远，王世杰，等 . 月壤的物理和机械性质 . 矿物岩石，2004，24（4）：14‐19.

［7］　林宗元 . 简明岩土勘察设计手册 . 北京：中国建筑工业出版社，2003.

［8］　杨晓刚 . 螺旋钻进钻屑运移规律及临界转速的研究 . 中国矿业大学学报，1994，23（4）：106‐108.

［9］　尹忠旺，丁希仑，郑岳山 . 基于 ABAQUS 的月壤有限元建模及仿真分析 . 军民两用技术与产品，2008（11），46‐48.

钻取式自动采样机构螺旋钻杆
结构参数的多目标优化*

王丽丽　刘志全　吴伟仁　张之敬

摘　要：分析了螺旋钻杆的输出月壤原理和输出月壤阻力（阻力矩）以及综合考虑了螺旋槽内月壤对钻杆驱动力矩的影响、螺旋升角的取值范围和钻杆的轴向钻进功率后建立了钻杆驱动力矩、轴向加载力及功耗的模型。利用该模型分析了钻杆外径、螺旋槽深、槽宽比及螺旋升角等结构参数对钻杆驱动力矩和轴向加载力的影响，获得了钻杆结构参数对钻杆驱动力矩和轴向加载力的影响规律。以钻杆质量和功耗最小为双优化目标，以钻杆外径、螺旋槽深、槽宽比及螺旋升角等结构参数为设计变量，基于遗传算法对钻杆结构参数进行了优化，优化后的功耗较优化前降低了 31.8%，钻杆质量减小了 23.3%。总体减少了钻探风险，可为钻取式自动采样机构的设计提供理论依据。

关键词：螺旋钻杆　遗传算法　多目标优化　Matlab　月壤

引　言

为获取丰富有效的月壤信息，美国、苏联和欧洲空间局等在用钻取式自动采样机构进行月壤采样时，都要求以较小的功耗获得保持完整的月壤层理信息[1]，螺旋钻杆在月壤钻取过程中承担着传递扭矩和输出功率的关键任务，其结构参数直接影响着钻取机构的功耗和月球探测器的整体质量，因此螺旋钻杆结构参数的多目标优化对实现轻质低耗的钻取采样具有重要意义。

由于国外技术保密，外星球深层采样的螺旋钻杆参数迄今为止未见公开报道。2011年，刘飞等基于"光杆模型"建立了空心外螺旋钻杆与月壤相互作用的力学模型[2]，开展了钻杆参数对钻杆阻力矩、轴向加载力（辅助钻压力）、功率和轴向钻进速度（进尺速度）的影响分析，然而该"光杆模型"的建立，未考虑月壤及钻杆自重对钻杆轴向加载力的贡献，文献[2]也未涉及对模型的验证及对钻杆结构参数的优化。2012年，田野等以钻杆输出月壤所消耗的功率最小为目标[3]，对钻杆结构参数进行了优化设计，但所建立的阻力矩模型仅适用于钻杆螺旋升角小于 5° 的情况，而不适用于钻杆螺旋升角较大（10°～20°）的情况，文献[3]尚未涉及钻杆的轴向钻进功率和螺旋槽深对钻杆阻力矩的影响。

针对上述问题，本文开展螺旋钻杆结构参数的双目标优化。建立钻杆驱动力矩 M_d 和

* 《宇航学报》2015，Vol. 36，No. 6，pp723 - 730. EI: 20153401204401

轴向加载力 F_z 模型，在建模中，既考虑螺旋槽内月壤对钻杆驱动矩的影响和螺旋升角 α 的取值范围，又考虑月壤和钻杆自重引起的轴向加载力，借助该模型开展钻杆外径 D、螺旋升角 α、槽宽比 u_0 和螺旋槽深 h 等结构参数对钻杆阻力矩和轴向加载力的影响分析。以钻杆质量和功耗最小为目标，以钻杆结构参数为变量，建立螺旋钻杆结构参数的优化模型，利用遗传算法进行优化求解，旨在获得更加符合实际的螺旋钻杆结构参数的最优解，降低采样过程中的堵钻概率和钻取采样的风险。

1　钻取式自动采样机构的钻进取样工作原理

　　钻杆在回转驱动力矩（电机提供）和轴向加载力（传送机构提供）的共同作用下钻入月壤[4]。钻进采样过程如图 1 所示，螺旋钻杆内外管之间由轴承连接，钻杆内管的外壁套着柔性取样袋，柔性取样袋的下部经钻杆内管下端内翻至钻杆内管的内壁，位于内管内壁的取样袋末端与上端盖相连［见图 1（e）］。上端盖与钢丝绳相连，钢丝绳缠绕在回收卷筒上。当钻取机构开始工作时，钻杆外管作螺旋钻进运动，外管和内管通过传送机构轴向加载实现轴向进给运动，并保持内管不转动。图 1（a）展示了钻头与月壤刚接触时的状态。随着钻进深度的增加，电机驱动回收卷筒使钢丝绳向下运动直至上端盖与月壤表面接触为止，此时内外钻杆钻进月壤的深度与上端盖下降的深度一致，如图 1（b）所示。在保持上端盖不动的情况下钻杆持续钻进，随着钻进深度增大，月壤逐渐进入钻杆内管柔性取样袋中，直至达到预定深度为止，如图 1（c）所示。当钻杆钻入预定深度后，通过特殊封装机构将柔性取样袋封装，回收卷筒通过钢丝绳将内含月壤的柔性取样袋从钻杆内管中拉出，并缠绕在回收卷筒上，如图 1（d）所示。回收机构中装有释放分离装置，该装置将缠绕了柔性取样袋的卷筒弹入返回器内。

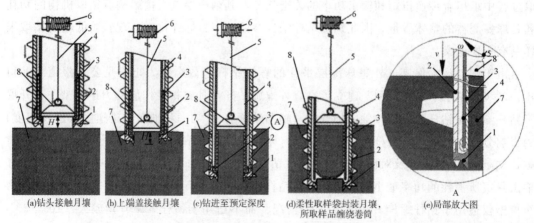

(a)钻头接触月壤　　(b)上端盖接触月壤　　(c)钻进至预定深度　　(d)柔性取样袋封装月壤，所取样品缠绕卷筒　　(e)局部放大图

1—钻头；2—钻杆外管；3—柔性取样袋；4—钻杆内管；5—钢丝绳；6—回收卷筒；7—月壤；8—上端盖

图 1　钻取式自动采样机构的采样过程

2 力学模型的建立

根据散体力学中连续介质假定原理[5]，将月壤假定为连续介质，假设钻入月壤的钻杆体积等于排出月表的钻屑体积。取任意深度下的月壤微元，研究其在螺旋槽中与钻杆的作用关系，如图 2 所示。

在图 2（a）中，螺旋钻杆外径为 D，内径为 d，螺旋槽深为 h，$D=d+2h$，螺旋钻杆中径为 d_1，$r_1=0.5d_1=0.25(d+D)$，取芯直径为 d_0，螺距为 p，螺旋槽宽为 l，槽宽比为 u_0，$l=u_0p$，导程 $s=2p$。

在图 2（b）中，$OXYZ$ 为三维直角坐标系，X 表示径向，Y 表示周向，Z 表示轴向；钻杆受月壤侧压力 $\sigma_压$ 作用，螺旋叶片顶面摩擦力 dF_w 的方向与螺旋微元块速度相反，与水平方向成 α 角；月壤微元块受螺旋叶片的支持力和摩擦力分别为 dN_1 和 df_1，dN_1 的反作用力为 dN_1'；月壤微元块的离心力为 dF_x，螺旋槽外月壤对槽内月壤的侧压力为 dP_1，月壤受螺旋柱面（直径 d 对应的柱面）的压力为 dP_2，摩擦力为 df_2，月壤微元块和钻杆微元的自重分别为 dG 和 dG_g。

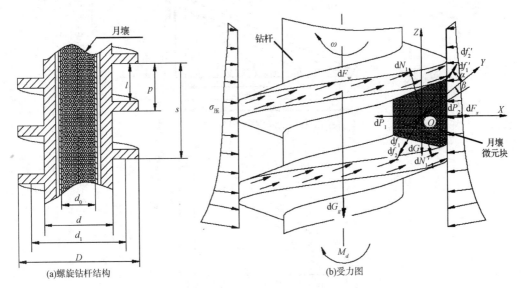

(a)螺旋钻杆结构　　(b)受力图

图 2　螺旋钻杆及其与月壤互相作用的力学模型

钻杆的阻力矩由 M_1、M_2 和 M_3 组成，分别是由 df_1 反作用力 df_1'，df_2 反作用力 df_2' 和 dF_w 沿周向的积累效应所产生的阻力矩。钻杆的周向驱动力矩为 M_d，轴向加载力为 F_z，则

$$F_z=F_1+F_2+F_3-G-G_g \tag{1}$$

$$M_d=M_1+M_2+M_3 \tag{2}$$

式中　F_1、F_2 和 F_3——分别为由 df_1、df_2 和 dF_w 引起的轴向力。

如图 3 所示，$\tan\alpha = s(\pi d_1)^{-1} = 2p(\pi d_1)^{-1} = 2l(\pi d_1 u_0)^{-1}$，所以有 $l = 0.5\pi d_1 u_0 \tan\alpha$，螺旋叶片中径处月壤微元块的长度 $\mathrm{d}t = \csc\alpha\,\mathrm{d}z$，则

$$G = a_G \psi h l(\csc\alpha)\int_0^z \rho(i)\mathrm{d}i \tag{3}$$

式中　z，i——均表示钻进月壤的深度 $0 \leqslant i \leqslant z$；

　　　a_G——月球重力加速度，$a_G = g/6$；

　　　g——地球重力加速度；

　　　ψ——月壤在螺旋槽内的填充率；

　　　$\rho(i)$——月壤自然堆积密度[6]。

$$\rho(i) = \frac{1.92(i + 12.2)}{i + 18}(\mathrm{g/cm^3}) \tag{4}$$

$$G_g = a_G \rho_T L\left[\frac{\pi(d^2 - d_0^2)}{4} + \frac{(D - d)}{2}(1 - u_0)p(\csc\alpha)\right] \tag{5}$$

式中　L——钻杆的长度；

　　　ρ_T——钻杆的密度。

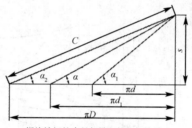

(a)螺旋钻杆的直径与导程的几何关系

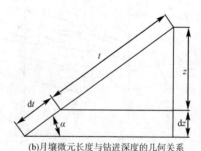

(b)月壤微元长度与钻进深度的几何关系

图 3　螺旋钻杆的直径与导程、月壤微元长度与钻进深度的几何关系

在图 3 中，α_1、α 和 α_2 分别为螺旋钻杆内径处、中径处和外径处的螺旋升角，$\tan\alpha_1 = s(\pi d)^{-1}$，$\tan\alpha = s(\pi d_1)^{-1}$，$\tan\alpha_2 = s(\pi D)^{-1}$。

$\mathrm{d}f_1' = \mathrm{d}f_1 = \mu_1 \mathrm{d}N_1'$，$\mu_1$ 为月壤与钻杆间的摩擦系数。即

$$M_1 = \left(\frac{D + d}{4}\right)f_1'\cos\alpha = \left(\frac{D + d}{4}\right)\psi\mu_1 a_G h l\cos\alpha\cot\alpha\int_0^z \rho(i)\mathrm{d}i \tag{7}$$

$$F_1 = f_1'\sin\alpha = \mu_1\psi a_G h l\cos\alpha\int_0^z \rho(i)\mathrm{d}i \tag{8}$$

$\mathrm{d}f'_2 = \mathrm{d}f_2 = \mu_1 \mathrm{d}P_2$，根据月壤微元块受力平衡知

$$\mathrm{d}P_2 = \mathrm{d}P_1 - \mathrm{d}F_x \tag{9}$$

假设钻杆在钻取月壤过程中没有径向位移，且钻杆外侧月壤受到的干扰忽略不计，则侧压力 $\sigma_压$ 属于土力学中的静压，则有

$$\mathrm{d}P_1 = K_0 \sigma_压 \mathrm{d}S_1 \tag{10}$$

其中

$$K_0 = 1 - \sin\varphi$$

式中　$\mathrm{d}S_1$——月壤微元块槽外侧螺旋面积；

　　　K_0——月壤的侧压力系数；

　　　φ——月壤间摩擦角。

$$\sigma_压 = \frac{G_y}{A} = a_G \int_0^z \rho(i)\,\mathrm{d}i \tag{11}$$

式中　G_y，A——分别表示月壤微元柱的重力和面积。

$$\mathrm{d}S_1 = l \csc\alpha\, \mathrm{d}z \tag{12}$$

在文献［6］的基础上，本文推导出月壤间摩擦系数 $\tan\varphi$ 最佳拟合公式为

$$\tan\varphi = \frac{2.645\,6z + 32.275\,9}{1.18z + 32.376} - 0.392\,5$$

由式（10）～式（12）可得

$$P_1 = a_G l \csc\alpha \int_0^z K_0 \left(\int_0^{z_f} \rho(i)\,\mathrm{d}i \right) \mathrm{d}z_f \tag{13}$$

式中　z_f——钻进月壤的深度，$0 \leqslant i \leqslant z_f \leqslant z$。月壤离心力

$$F_x = \int_0^z \mathrm{d}F_x = \left(\frac{D^2 - d^2}{8} \right) \omega^2 l\psi \int_0^z \csc\alpha \rho(i)\,\mathrm{d}i \tag{14}$$

由式（9）、式（13）和式（14）可得

$$f'_2 = \mu_1 \int_0^z \mathrm{d}P_2 = \int_0^z (\mathrm{d}P_1 - \mathrm{d}F_x) \doteq$$

$$\mu_1 l \csc\alpha \left[a_G \int_0^z K_0 \left(\int_0^{z_f} \rho(i)\,\mathrm{d}i \right) \mathrm{d}z_f - \left(\frac{D^2 - d^2}{8} \right) \psi\omega^2 \int_0^z \rho(i)\,\mathrm{d}i \right] \tag{15}$$

$$M_2 = f'_2 \cos\alpha_1 \frac{d}{2} = \frac{d}{2}\mu_1 l \cos\alpha_1 \csc\alpha \left[a_G \int_0^z K_0 \left(\int_0^{z_f} \rho(i)\,\mathrm{d}i \right) \mathrm{d}z_f - \left(\frac{D^2 - d^2}{8} \right) \psi\omega^2 \int_0^z \rho(i)\,\mathrm{d}i \right] \tag{16}$$

$$F_2 = f'_2 \sin\alpha_1 = \sin\alpha_1 \mu_1 l \csc\alpha \left[a_G \int_0^z K_0 \left(\int_0^{z_f} \rho(i)\,\mathrm{d}i \right) \mathrm{d}z_f - \left(\frac{D^2 - d^2}{8} \right) \psi\omega^2 \int_0^z \rho(i)\,\mathrm{d}i \right] \tag{17}$$

由于 $\mathrm{d}F_w = \mu_1 K_0 \sigma_压 \mathrm{d}S_2$，其中 $\mathrm{d}S_2$ 为钻杆螺旋叶片顶面的面积，$\mathrm{d}S_2 = (1 - u_0) p \csc\alpha_2 \mathrm{d}z$。即

$$F_w = \mu_1 \int_0^z K_0 \sigma_压 \mathrm{d}S_2 \mathrm{d}z = a_G \mu_1 (1 - u_0) p \csc\alpha_2 \int_0^z K_0 \left(\int_0^{z_f} \rho(i)\,\mathrm{d}i \right) \mathrm{d}z_f \tag{18}$$

$$M_3 = F_w \frac{D}{2}\cos\beta = \frac{D}{2}\mu_1 a_G(1-u_0)p\cos\beta\csc\alpha_2\int_0^z K_0\left(\int_0^{z_f}\rho(i)\,\mathrm{d}i\right)\mathrm{d}z_f \qquad (19)$$

式中　β——螺旋槽内月壤微元的螺旋升角。

$$F_3 = F_w\sin\beta = a_G(1-u_0)p\sin\beta\csc\alpha_2\int_0^z K_0\left(\int_0^{z_f}\rho(i)\,\mathrm{d}i\right)\mathrm{d}z_f \qquad (20)$$

设钻杆周向功率为 P_n，轴向钻进功率为 P_z，则

$$P_n = \frac{M_d}{9.55}n_z \qquad (21)$$

$$P_z = F_z v \qquad (22)$$

式中　n_z——钻杆转速；

　　　v——钻杆轴向钻进速度。

钻杆的功耗 P 为

$$P = P_n + P_z \qquad (23)$$

3　力学模型的验证

参考文献［3］的试验方法，开展了对模拟月壤[7]的输土试验，将无钻头的钻杆分别设置在不同的深度下，采用恒转速原地回转，再通过对扭矩传感器所采数据进行滤波处理，得到不同深度下的 M_d，再由式（21）得到 P_n，将试验参数（$D = 31$ mm，$\alpha = 19.3°$，$u_0 = 0.9$ 及 $n_z = 150$ r/min）代入式（21）中得到 P_n 与 z 的关系曲线，如图 4 所示。

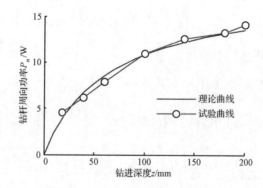

图 4　不同深度下钻杆周向功率试验值及理论值对比

由图 4 可见，理论值与试验值基本吻合，最大误差为 7.27%，验证了前文所建力学模型的正确性。

4　结构参数对驱动力矩和轴向加载力的影响分析

为使钻进取样过程中钻屑顺利排出，依据钻杆驱动力矩和轴向加载力的力学模型，并

参考 Apollo15～17 及苏联 Luna16～24[8-10] 月球探测器的相关文献，分析钻杆结构参数（D、α、u_0 和 h）对驱动力矩和轴向加载力的影响。

α 对 M_d 和 F_z 的影响如图 5 所示。

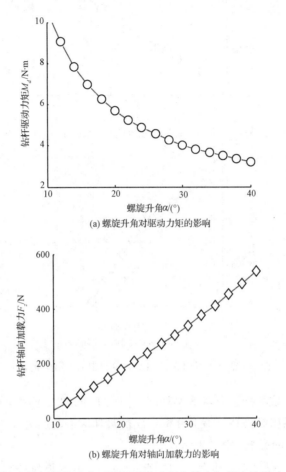

(a) 螺旋升角对驱动力矩的影响

(b) 螺旋升角对轴向加载力的影响

图 5　钻杆螺旋升角对钻杆驱动力矩和轴向加载力的影响

由图 5（a）可见，$\alpha=10°\sim20°$ 时，M_d 随着 α 的增大而明显减小，$\alpha=20°\sim40°$ 时 M_d 的减小程度趋于平缓；在图 5（b）中，F_z 随着 α 的增大而增大。适当增加 α 可提高月壤排屑的效率，又因为只有当 α 小于 $\arctan\mu_1$ 时，月壤微元块间的相互作用力与钻杆螺旋排出的月壤钻屑运动方向相同，月壤微元块间相互作用力才成为驱动力，使月壤钻屑匀速或加速运动[11]，因此 $\alpha\leqslant\arctan\mu_1=19.29°$。综上分析并参考文献［11］的经验，$\alpha$ 在 $10°\sim19°$ 区间选择最有利。

D 对 M_d 和 F_z 的影响如图 6 所示。

由图 6（a）可见，M_d 随着 D 的增大而增大，适当增加 D 可降低排屑时对 n_z 的要求，从而减少系统能耗，但当 D 继续增大时，钻杆与月壤摩擦面积增大，则钻杆的输出月壤功率呈增大趋势；由图 6（b）可知 F_z 随着 D 的增大而减小，D 越小提供的 F_z 越

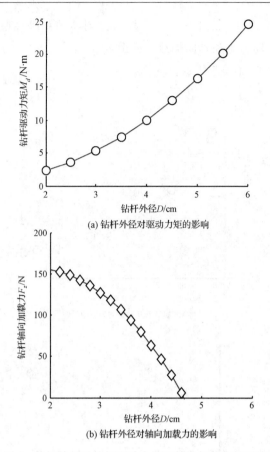

(a) 钻杆外径对驱动力矩的影响

(b) 钻杆外径对轴向加载力的影响

图 6　钻杆外径对钻杆驱动力矩和轴向加载力的影响

大，则 v 就越大，钻取采样输月壤效率越高。因此 D 的增大不利于轴向钻进和提高 v，且月球探测器运输功耗相对提高。综上分析，D 的最佳取值范围为 $3\sim4$ cm。

u_0 对 M_d 和 F_z 的影响如图 7 所示。

由图 7 可见，u_0 均与 M_d 和 F_z 呈反比关系，u_0 增大螺旋槽内月壤容纳的月壤量增加，有利于增大输出月壤量，提高输月壤效率，降低输出月壤功耗。u_0 过大，填充率下降，而 u_0 过小，F_z 就会增大，也相应地增加了钻杆扭矩，容易造成月壤排屑不畅、堵

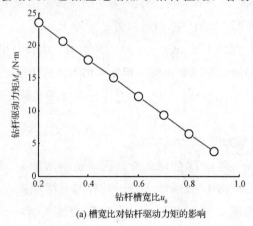

(a) 槽宽比对钻杆驱动力矩的影响

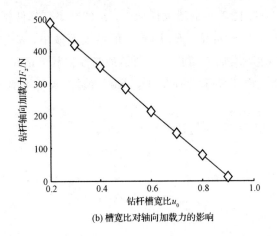

(b) 槽宽比对轴向加载力的影响

图7　钻杆槽宽比对钻杆驱动力矩和轴向加载力的影响

钻，同时对 n_z 的要求也相应提高。因此在功率允许的条件下，适当增加 u_0，可提高月壤排屑的流畅性。建议 $u_0 = 0.7 \sim 0.9$。

h 对 M_d 和 F_z 的影响如图8所示。

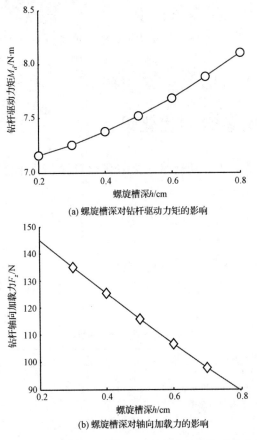

(a) 螺旋槽深对钻杆驱动力矩的影响

(b) 螺旋槽深对轴向加载力的影响

图8　钻杆的螺旋槽深对钻杆驱动力矩和轴向加载力的影响

由图 8（a）可见，M_d 随着 h 的增大而增大，h 的减小可降低排屑时对 n_z 的要求，从而减少系统能耗；由图 8（b）可见，F_z 随着 h 的增大而减小，h 越大 d 越小。在刚度和强度要求得到满足时，适当增加 h 可提高排屑的通畅性。基于钻孔空间、系统能耗、钻杆内径强度和刚度的限制，由于钻采孔径较小，根据经验[11]，h 的取值范围为 $h=(0.1 \sim 0.15)D$。

此外，螺旋钻杆最大挠度不应超过许用值，即

$$f_{\max} \leqslant [f] \tag{24}$$

根据螺旋钻杆的力学模型[12]，有

$$f_{\max} = \lambda q L^4 (32EI)^{-1} \tag{25}$$

其中

$$q = 1.63 G_g L^{-1}, \quad [f] = 0.000\,1L$$

$$I = \pi(D^4 - d^4)/64$$

式中　q——载荷；

　　　λ——系数；

　　　E——弹性模量；

　　　I——惯性矩。

将式（25）代入式（24）可得钻杆重力 G_g 的取值范围

$$G_g \leqslant \frac{\pi E(D^4 - d^4)[f]}{3.26\lambda L^3} \tag{26}$$

5　螺旋钻杆结构参数的优化设计

本文以螺旋钻杆质量最小和功耗最小为双优化目标，设计变量为 $X = [D, u_0, \alpha, h]$，功耗和质量的目标函数为

$$\begin{cases} V_{-\min} & g(x) = g_1(x) + g_2(x) \\ \text{s.t.} & x \in X \subset R^2 \end{cases}$$

$g_1(x)$ 是钻杆的质量随结构参数变化的函数，由式（5）可得 $g_1(x) = G_g a_G^{-1}$，$g_2(x)$ 是钻进功耗随结构参数变化的函数，$g_2(x) = P$，见式（23）。优化过程所用原始数据如表 1 所示。

表 1　优化所用的原始数据

参数名称	原始数据
月球重力加速度 a_G/（m·s^{-2}）	1.63
钻杆与月壤摩擦系数 μ_1	0.35
月壤在螺旋槽内的填充率 ψ	0.2
钻杆转速 n_z/（r·min^{-1}）	120
钻杆轴向钻进速度 v/（m·s^{-1}）	0.005
系数 λ	0.052
弹性模量 E/（N·m^{-1}）	1.085×10^{11}

在优化过程中，把质量最小放在约束条件下体现多目标优化，在如下约束条件下进行优化设计。螺旋钻杆结构参数需满足的约束条件为：$10° \leqslant \alpha \leqslant 19°$；$0.03 \text{ m} \leqslant D \leqslant 0.04 \text{ m}$；$0.7 \leqslant u_0 \leqslant 0.9$；$0.1D \leqslant h \leqslant 0.15D$；$0.9419 \text{ kg} \leqslant G_g a_G^{-1} \leqslant 2.0569 \text{ kg}$。

在优化编程中，遗传算法操作过程如下：

1）选择。采用联赛选择算子[13-14]，以避免标准赌轮盘算法在个体适应度差异很大时，容易引起早熟收敛以及适应度很接近时盲目搜索的不足。

2）交叉。算术交叉算子，以克服实数编码简单交叉只是交换两个数值矢量的分量，而无法生成新的数值分量缺点。如设 X_1、X_2 为父代个体，则 $X' = uX_1 + (1-u)X_2$，式中 X' 为新代子个体，随机变量 u 的取值区间为 $0 \sim 1$。

3）变异操作。采用均匀变异，它可以使搜索点在整个空间自由移动，从而增加群体的多样性。如设染色体 V_j 被选中，则新一代 $V_j' = V_j + fTm$，式中 f 为空间的随机数，取值范围为 $0 \sim 1$；T 为给定足够大的方向系数；m 为随机产生的 m 维数方向向量。

利用螺旋钻杆结构参数优化数学模型，编写 Matlab 程序，通过遗传算法得到最优解，如图 9 所示，最终钻杆的结构参数优化结果如表 2 所示。

表 2　钻杆结构参数优化前后对比

项目参数	优化前	优化后
钻杆外径/m	0.034	0.030
螺旋槽深/m	0.004	0.003 8
槽宽比	0.88	0.9
螺旋升角/（°）	16	18.13
钻杆功耗/W	115.30	78.89
质量/kg	1.8	1.38

注．优化前的数据来源于某钻取式自动采样机构的结构参数

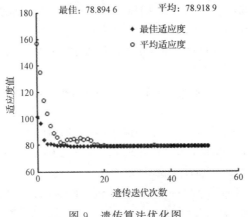

图 9　遗传算法优化图

由图 9 可见，在迭代次数为 20 后收敛，钻杆功耗最佳值为 78.89 W。由表 2 可见，优化后钻杆功耗降低了 31.8%，质量减小了 23.3%。

6 结 论

1) 在综合考虑了螺旋槽内月壤对钻杆驱动力矩的影响、螺旋升角的取值范围及月壤和钻杆自重引起的轴向加载力的情况下，建立的钻杆驱动力矩和轴向加载力模型，更加接近实际工况，钻杆周向功率理论值与试验值之间的最大误差为 7.27%，验证了所建模型的正确性。

2) 钻杆驱动力矩 M_d 随着螺旋升角 α 的增大而减小，轴向加载力 F_z 随着 α 的增大而增大，在月壤钻屑匀速排出的前提下，适当增大 α 可提高月壤排屑的效率，α 的最佳取值范围为 $\alpha = 10° \sim 19°$。

3) M_d 随着钻杆外径 D 的增大而增大，F_z 随着 D 的增大而减小，适当增加 D 可降低排屑对 n_z 的要求，从而减少系统能耗，而 D 的增大不利于提高钻进速度，D 的最佳取值范围为 $D = 3 \sim 4$ cm。

4) 槽宽比 u_0 均与 M_d 和 F_z 呈反比，在功率允许的条件下，适当增加 u_0，可提高月壤排屑的流畅性，u_0 的最佳取值范围为 $u_0 = 0.7 \sim 0.9$。

5) M_d 随着螺旋槽深 h 的增大而增大，F_z 随着 h 的增大而减小，h 的减小可减少系统能耗，而适当增加 h 可提高排屑的通畅性。h 的取值范围为 $h = (0.1 \sim 0.15) D$。

6) 基于遗传算法，得到了螺旋钻杆的结构参数最优解（见表 2），钻杆功耗比优化前降低了 31.8%，钻杆质量比优化前减小了 23.3%。

参 考 文 献

[1] 吴伟仁，周建亮，高薇，等. 绕月探测卫星飞行控制. 北京：中国宇航出版社，2012.

[2] 刘飞，侯绪研，全齐全，等. 空心外螺旋钻杆与月壤相互作用力学模型研究. 机械制造，2011，49（567）：29‐31.

[3] 田野，邓宗全，唐德威，等. 月壤钻探采样装置中的钻杆结构参数优化设计及模拟试验. 机械工程学报，2012，48（23）：10‐14.

[4] 刘志全，庞彧，李新立. 深空探测自动采样机构的特点及应用. 航天器工程，2011，20（3）：120‐125.

[5] 皱猛，李建桥，贾阳，等. 月壤静力学特性的离散元模拟. 吉林大学学报（工学版），2008，38（2）：383‐387.

[6] 褚桂柏，张熇. 月球探测器技术. 北京：中国科学技术出版社，2007：59‐60.

[7] Heiken G, Vaniman D, French B, Lunar Sourcebook—a User′s Guide to the Moon. New York：Cambridge University Press，1991：522‐530.

[8] Blacic J, Dreesen D, Mockler T. The 3rd Dimension of Planetary Exploration Deep Subsurface Drilling. AIAA Space，2000（10）：19‐21.

[9] 鄢泰宁，冉恒谦，段新胜. 宇宙探索与钻探技术. 探矿工程，2010，37（1）：3‐7.

[10] 庞彧，刘志全，李新立. 月面钻取式自动采样机构的设计与分析. 中国空间科学技术，2012，32（6）：16‐23.

[11] 赵万里，李莞歆，路金萍．松软煤层瓦斯抽采高强螺旋钻杆的研制与应用．煤炭工程，2013，(1)：113 - 116.

[12] 舒服华，乔天琴．遗传算在螺旋输送机优化设计中的应用．陶瓷，2008，10 (10)：47 - 48.

[13] 魏发远，李世其．基于混合遗传算法的多目标动态优化设计．宇航学报，2004，25 (6)：609 -614.

[14] 唐乾刚，张青斌，丰志伟，等．基于多柔体动力学的飞行器多目标优化设计．宇航学报，2010，31 (1)：65 - 69.

月球钻取采样钻头结构参数
对力学性能的影响[*]

刘志全　　王丽丽　　吴伟仁　　张之敬

摘　要：基于对螺旋钻头的输出月壤阻力、驱动力矩及月壤失效区的分析，建立了钻头的力学模型，该模型综合考虑切削具内外侧面与月壤之间的压力及摩擦力，考虑月壤侧向失效面的面载荷对钻头切削具周向力矩、总功耗及月壤失效距离的影响，数值仿真与试验结果校验了模型的正确性。在数值仿真过程中采用深层月壤本构关系的 Mohr - Coulomb 模型，使仿真更加符合月壤内摩擦角大于 22° 的真实情况。利用该模型分析并获得了钻头结构参数对切削具功耗和失效距离的影响规律，以钻头功耗最小为优化目标，用遗传算法对钻头结构参数进行了优化，优化结果降低了钻探过程中的烧钻风险。可为钻取式自动采样机构的钻头设计提供理论依据。

关键词：月球　采样　螺旋钻头　切削具　结构

引　言

　　月球无水、低重力及真空的特点决定了月球钻取采样存在散热难、需轴向加载等技术难题。作为月球钻取式自动采样机构的关键组成部分，取芯钻头（下文简称钻头）的结构参数直接影响着钻头力学性能。研究钻头结构参数对钻头力学性能的影响对于钻头优化设计具有重要意义。

　　关于外星球深层采样钻头参数的研究，迄今未见国外公开文献。国内文献 [1] 所建钻头与月壤的力学模型未考虑侧向失效面的面载荷。文献 [2] 中的钻头切削力模型和中心失效区力学模型未涉及切削具正面与月壤间的摩擦。文献 [3] 利用太沙基极限承载力半经验公式得到了钻头端部土壤极限承载力，但基于 Druker - Prager 模型的本构关系不适用于月壤内摩擦角大于 22° 的情况。文献 [1 - 3] 均未验证所建模型。文献 [4] 提出了具有阻隔环的新型钻头结构，但文献 [2，4] 所建 4 个模型均未涉及切削具内外侧面与月壤间的摩擦。文献 [5] 建立的月壤新月中心失效模型未考虑月壤破坏面月壤间的摩擦力。文献 [6 - 7] 对钻头钻进过程进行了仿真与试验，但均未建立钻头力学模型，直接给出了钻头结构参数。文献 [8 - 9] 对钻杆结构和运动参数进行了分析和优化，但未涉及钻头切削性能及钻头结构参数。

　　* 《宇航学报》2015，Vol. 36，No. 12. （EI 检索号待查）

针对上述问题，本文综合考虑切削具内外侧面与月壤间的压力及摩擦力、月壤破坏面月壤间的摩擦力和月壤侧向失效面面载荷对钻头切削具周向力矩、总功耗及月壤失效距离的影响，建立钻头力学模型，并通过仿真与试验进行校验。分别开展钻头结构参数影响分析及优化，以期为钻头设计提供更为精准的力学模型和结构参数最优值。

1 钻头结构及其参数

本文设计出一种适用于月球环境的硬质合金采样钻头，其结构及主要参数如图 1 和表 1 所示。

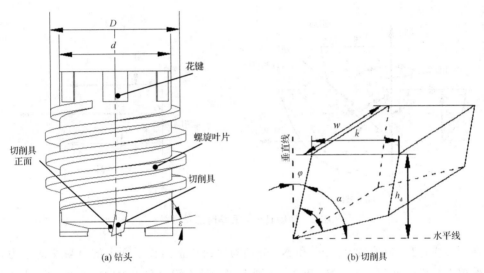

图 1 钻头结构及其参数

表 1 钻头结构参数

名称	符号	名称	符号
钻头半锥角的余角	ε	切削具厚度	k
螺旋叶片外径	D	切削具高度	h_d
螺旋叶片内径	d	切削具刃尖角	γ
钻头取芯直径	d_0	切削具切削角	α
切削具宽度	w	切削具前角	φ

钻头花键和螺旋叶片是由同一实体加工而成。花键起连接钻杆的作用；双螺旋槽用于排屑，减小热量积累；钻头下部为锥面，以保证钻进稳定性。结构相同的 4 个硬质合金切削具沿圆周均布并焊镶（正斜镶）到钻头上。

2 钻头力学模型的建立

为保证所采月壤的层理特性，钻取式自动采样机构以恒转速方式钻进。切削功耗主要由 4 个切削具的阻力产生。每个切削具具有相同的切削状态。钻头的力学模型由下文的式（10）、式（20）、式（22）和式（23）组成。其中，式（10）为基于许用磨损量的刃尖角关系式，式（20）为钻头切削力公式，式（22）和式（23）分别为切削具周向扭矩和钻头功耗的公式。

2.1　基于许用磨损量的刃尖角关系式

在一定轴向力作用下，若 γ 过小，则切削具磨损变快，寿命缩短。若 γ 过大，则不利于钻头顺利切入月壤。需根据钻头使用寿命和轴向力对 γ 进行设计，既保证钻头顺利切入月壤，又减小磨损。月壤发生压入式破坏情况下满足 Mohr‐Coulomb 破坏准则[2,10]。切削具压入月壤时的受力情况如图 2 所示。

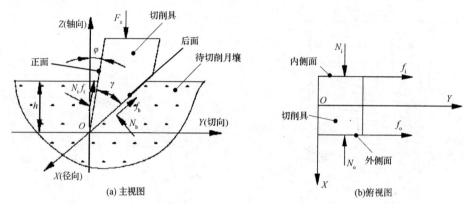

图 2　切削具压入月壤时的受力图

在图 2 中，F_z 为轴向力；N_t 和 N_h 分别为切削具正面和后面上的月壤法向压力，对应的摩擦力分别为 f_t 和 f_h；N_o 和 N_i 分别为切削具外侧面和内侧面上所受月壤的法向压力，对应的摩擦力分别为 f_o 和 f_i。h 为切削具的切入深度，$f_t=\mu N_t$，$f_h=\mu N_h$，$f_o=\mu N_o$，$f_i=\mu N_i$，μ 和 δ 分别为切削具与月壤间的摩擦系数和摩擦角，$\mu=\tan\delta$。力平衡方程为

$$\begin{cases} \sum F_X=0, & N_i-N_o=0 \\ \sum F_Y=0, & N_t\cos\varphi+f_t\sin\varphi+f_h\sin(\gamma+\varphi)-N_h\cos(\gamma+\varphi)+f_i+f_o=0 \quad (1) \\ \sum F_Z=0, & -F_z+f_t\cos\varphi+f_h\cos(\gamma+\varphi)+N_h\sin(\gamma+\varphi)-N_t\sin\varphi=0 \end{cases}$$

其中

$$N_i=0.5K_0\sigma h^2[\tan(\varphi+\gamma)-\tan\varphi]$$
$$K_0=1-\sin\varphi$$

式中　K_0——月壤的测压力系数；

　　　φ——月壤的内摩擦角；

　　　σ——月壤内压力。

切削具后面上的单位压力为 $\sigma_n=\sigma\sin(\varphi+\gamma)$，而 $w=0.5(D-d)$，　则

$$N_h = \frac{\sigma \sin(\varphi + \gamma) wh}{\cos(\varphi + \gamma)} = \frac{1}{2} h\sigma(D-d)\tan(\varphi + \gamma) \tag{2}$$

由式（1）和式（2），得

$$h = \frac{F_z}{w\sigma\tan(\varphi + \gamma)} \cdot \frac{\cos\delta\cos(\varphi + \delta + \gamma)}{\tan(\varphi + \delta + \gamma) + \tan(\delta - \varphi)\left[1 - 2\dfrac{N_i\sin\delta}{\cos(\varphi + \delta + \gamma)}\right]} \tag{3}$$

令

$$\eta = \frac{\cos\delta\cos(\varphi + \delta + \gamma)}{\tan(\varphi + \delta + \gamma) + \tan(\delta - \varphi)\left[1 - \dfrac{2N_i\tan\delta}{\cos(\varphi + \delta + \gamma)}\right]}$$

则

$$h = \frac{F_z\eta}{w\sigma\tan(\varphi + \gamma)} \tag{4}$$

切削具实际切入深度 $h_s = h - h_p$，h_p 为切削具磨损高度，当 $h_s = 0$ 时，切削具无法切削月壤，见图 3。

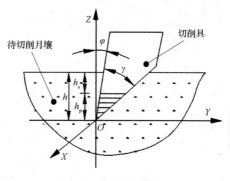

图 3　切削具磨损

切削具磨损体积 V（图 3 中切削具上的阴影部位）为

$$V = \frac{h_p^2[\tan(\gamma + \varphi) - \tan\varphi](D-d)}{4} \tag{5}$$

据岩土研磨性理论[2]，切削具的磨损体积为

$$V = \lambda W = 0.5\lambda F_z\mu\pi(D+d)nt \tag{6}$$

式中　W——切削具摩擦力的总功；

　　　λ——单位摩擦力的功对应的切削具的磨损体积；

　　　n——钻头转速；

　　　t——切削具工作时间（分钟）。

由式（5）和式（6）得

$$h_p = \sqrt{\frac{2\lambda F_z\mu\pi(D+d)nt}{[\tan(\gamma + \varphi) - \tan\varphi](D-d)}} \tag{7}$$

由式（4）和式（7）可以求得 h_s

$$h_s = h - h_p \tag{8}$$

将 $h_s = 0$ 代入式（8）可得 t 的最大值 $t_{\max}$

$$t_{\max} = \frac{2F_z[\tan(\gamma + \varphi) - \tan\varphi]\eta^2}{\lambda\mu\pi n\sigma^2(D^2 - d^2)\tan^2(\varphi + \gamma)} \tag{9}$$

若要求钻头使用寿命不小于 t_0，则 $t_{\max} \geqslant t_0$，即

$$\frac{\tan^2(\varphi + \gamma)}{[\tan(\varphi + \gamma) - \tan\varphi]\eta^2} \leqslant \frac{2F_z}{\lambda t_0\mu\pi n\sigma^2(D^2 - d^2)} \tag{10}$$

2.2 钻头切削力公式

月壤失效模式因切削具宽度与切削深度（切削具刃尖到待切削月壤表面的垂直距离）之比（即宽深比）不同而不同[11-13]。当宽深比较大时，一般仅发生新月失效[2]；当宽深比较小时，新月失效和横向失效同时发生。钻头采用大宽深比切削具，月壤只发生新月失效。中心失效区和外侧失效区（近似为扇形区，其半径为失效距离 d_f，圆心角为 θ）见图4。

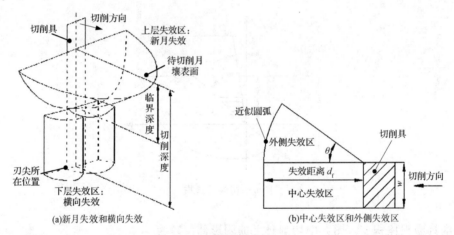

(a)新月失效和横向失效　　(b)中心失效区和外侧失效区

图4　月壤的新月失效

中心失效区月壤受力及几何关系如图5所示。中心失效区三棱柱微元体宽度为 $\mathrm{d}x$，q_z 为月壤面载荷，$\mathrm{d}G_z$ 为月壤微元重力，$\mathrm{d}F_1$ 为月壤微元所受切削具压力和摩擦力的合力，c 为月壤内聚力（kPa），$\mathrm{d}R_1$ 为月壤破坏面所受压力和摩擦力的合力。d_z 为切削深度；β 为月壤失效角。由图5得

$$\begin{cases} \sum F_Y = 0, \quad \mathrm{d}F_1\sin\delta\cos\alpha + \mathrm{d}F_1\cos\delta\sin\alpha - \mathrm{d}R_1\sin\varphi\cos\beta - \\ \qquad \mathrm{d}R_1\cos\varphi\sin\beta - c\left(\dfrac{d_z\mathrm{d}x}{\sin\beta}\right)\cos\beta = 0 \\ \sum F_z = 0, \quad \mathrm{d}F_1\cos\delta\cos\alpha - \mathrm{d}F_1\sin\delta\sin\alpha + \mathrm{d}R_1\cos\varphi\cos\beta - \mathrm{d}R_1\sin\varphi\sin\beta - \\ \qquad \mathrm{d}G_z - c\left(\dfrac{d_z\mathrm{d}x}{\sin\beta}\right)\sin\beta - q_z d_f\mathrm{d}x = 0 \end{cases} \tag{11}$$

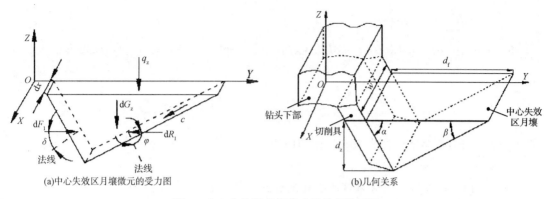

(a)中心失效区月壤微元的受力图　　　(b)几何关系

图5　中心失效区月壤受力及几何关系图

其中

$$dG_z = 0.5d_z d_f dx\rho(z)a_G$$

$$d_f = d_z(\cot\alpha + \cot\beta)$$

式中　$\rho(z)$——月壤密度；

　　　a_G——月球重力加速度。

由式（11）得中心失效区月壤所受切削具的切削力 F_1

$$F_1 = \int_{-\frac{w}{2}}^{\frac{w}{2}} \frac{c\frac{\cos\varphi}{\sin\beta} + (\cot\alpha + \cot\beta)\sin(\beta+\varphi)\left[\frac{d_z\rho(z)a_G}{2} + q_z\right]}{\sin(\alpha + \delta + \beta + \varphi)} d_z dx \quad (12)$$

中心失效区切削具对月壤的水平切削力 H_1 为

$$H_1 = F_1\sin(\alpha + \delta) \quad (13)$$

外侧失效区月壤的受力及几何关系见图6。在外侧失效区所取微元体的圆心角为 $d\psi$，侧面是圆心角为 α 的不等径扇形弧。dG_z' 为月壤微元重力，dF_2 为月壤微元所受切削具的切削力总和，dR_2 为月壤微元外侧失效面所受压力和摩擦力的合力。

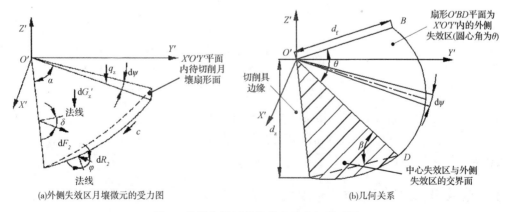

(a)外侧失效区月壤微元的受力图　　　(b)几何关系

图6　外侧失效区月壤受力及几何关系图

$$\begin{cases} \sum F_{Y'}=0, & \mathrm{d}F_2\sin\delta\cos\alpha+\mathrm{d}F_2\cos\delta\sin\alpha-\mathrm{d}R_2\sin\varphi\cos\beta-\mathrm{d}R_2\cos\varphi\sin\beta- \\ & c\,\mathrm{d}S\cos\beta=0 \\ \sum F_{Z'}=0, & \mathrm{d}F_2\cos(\alpha+\delta)+\mathrm{d}R_2\cos(\beta+\varphi)-\mathrm{d}G'_z-c\,\mathrm{d}S\sin\beta-\dfrac{1}{2}q_z d_{\mathrm{f}}^2\mathrm{d}\psi=0 \end{cases} \tag{14}$$

其中

$$\mathrm{d}S=\frac{d_{\mathrm{f}}^2 d_z\mathrm{d}\psi}{2\sin\beta}; \quad \mathrm{d}G'_z=\mathrm{d}V_{G'}\rho(z)a_G=\frac{d_z d_{\mathrm{f}}^2\mathrm{d}\psi\rho(z)a_G}{3}$$

式中　　$\mathrm{d}S$——月壤微元外侧失效破坏面的面积；

　　　　$\mathrm{d}V_{G'}$——月壤微元体积。

由式（14）得外侧失效区月壤所受切削具的切削力 F_2

$$F_2=\int_0^\theta\frac{(\rho(z)a_G d_z+3q_z)d_{\mathrm{f}}^2\sin\beta\sin(\beta+\varphi)\mathrm{d}\psi}{6\sin\beta\sin(\alpha+\delta+\beta+\varphi)}+$$

$$\int_0^\theta\frac{3cd_{\mathrm{f}}d_z\cos\varphi\mathrm{d}\psi}{6\sin\beta\sin(\alpha+\delta+\beta+\varphi)} \tag{15}$$

中心失效区切削具对月壤的水平切削力 H_2 为

$$H_2=F_2\sin(\alpha+\delta)\sin\theta \tag{16}$$

根据图 6 的几何关系得

$$\sin\theta=\sqrt{\tan^2\alpha+2\tan\alpha\tan\beta}\cdot(\tan\alpha+\tan\beta)^{-1} \tag{17}$$

切削具对月壤的水平切削力 H 为

$$H=H_1+H_2 \tag{18}$$

依图 5 和图 6，切削具对月壤的垂直切削力 V 为

$$V=H\cdot\tan(\alpha+\delta) \tag{19}$$

切削具的总切削力 F 为

$$F=F_1+F_2=\sqrt{H^2+V^2} \tag{20}$$

切削力 F 与 φ、c、$\rho(z)$、q_z、β、α、w 和 d_z 等密切相关。由式（20）求 $\dfrac{\mathrm{d}F}{\mathrm{d}\beta}$，并令 $\dfrac{\mathrm{d}F}{\mathrm{d}\beta}=0$，　即

$$6\sin\beta w\left\{d_{\mathrm{f}}\sin(\alpha+\delta)\left[q_z+\frac{d_z\rho(z)a_G}{2}\right]-\frac{cd_z\cos(\varphi-\beta)}{\sin^2\beta}\right\}+$$

$$\theta d_z d_{\mathrm{f}}\left[\begin{array}{l}[d_{\mathrm{f}}\rho(z)a_G+3q_z](\sin\beta\sin(\alpha+\delta)+ \\ \sin\varphi\sin(\alpha+\delta+\beta+\varphi)]- \\ 3c\cos(\alpha+\delta+2\beta+\varphi)\cos\varphi\end{array}\right]=0 \tag{21}$$

可求得 β。

2.3　钻头周向扭矩、功耗公式

切削具周向扭矩用以克服中心失效区和外侧失效区月壤对切削具的阻力矩，则有

$$\begin{cases} M_d = 0.5(w + d_0)H \\ P_d = \dfrac{M_d n}{9.55} + \nu V \\ P_k = 4P_d \end{cases} \tag{22}$$

式中　M_d——单个切削具的周向扭矩；

　　　P_d——单个切削具的功耗；

　　　P_k——4 个切削具的切削总功耗；

　　　ν——钻头钻进速度。

文献［8］给出了螺旋叶片总功耗 P_c 的计算公式，则钻头的总功耗 P 为

$$P = P_k + P_c \tag{23}$$

钻头周向功率 P_m 与螺旋叶片周向功耗 P_b[8] 之间的关系为

$$P_m = P_b + 4\frac{M_d n}{9.55} \tag{24}$$

3　钻头钻进过程的仿真分析及试验校验

3.1　仿真分析

本文利用 Abaqus 软件进行钻头钻取月壤过程的仿真分析，提出了岩土机械特性和物理特性随深度变化的分层建模方法，即根据所选岩土本构关系，选择合适的深度，将建立好的 part 模型分层，将建好的本构关系分别赋予所划分的更小的 part 界面属性。仿真采用了 Mohr－Coulomb 模型。将 200 mm 的月壤分割成 8 份，用表 2 中月壤和钻头的有关参数对月壤和钻头模型赋值，运用 Abaqus/Explicit 模块进行钻头钻进模拟计算，建模和仿真过程如图 7 所示。通过后处理模块得到在一定转速及钻进速度下钻头的轴向加载力及扭矩。

图 7　钻头切削过程的仿真分析

3.2　试验校验

本文用某钻取式自动采样机构的试验数据与理论及仿真数据进行比对校验。在该试验中，钻取采样机构的结构及原理与文献［8］的相似。5 组试验工况：z 分别为 40 mm、80 mm、120 mm、160 mm 和 200 mm，其他参数为 $\alpha = 60°$，$w = 8$ mm，$h_d = 5$ mm，$\gamma = 45°$，$n = 120$ r/min 和 $\nu = 5$ mm/s。用文献［9］中的试验方案对模拟月壤[14-15]进行钻进，

分别获得该机构（含钻杆与钻头）和钻杆的周向功耗 P_z 和 P_n，则钻头功耗 $P_m = P_z - P_n$。P_m 的试验曲线见图 8。

表 2　月壤和切削具的有关参数

参数	取值	参数	取值
月壤内聚力 c/kPa	$60959e^{-(26.6114z+730.144)(3.1z+55.8)^{-1}}$	切削具弹性模量/GPa	650
月壤密度 $\rho(z)$/ (g·cm^{-3})	$1.92(z+12.2)(z+18)^{-1}$	切削具密度/ (g·cm^{-3})	9.8
月壤内压力 σ	$a_G \int_0^z \rho(l)\mathrm{d}l$	切削具泊松比	0.25
月壤内摩擦角 φ/ (°)	$\arctan[(2.65z+32.28)(1.18z+32.38)^{-1}-0.39]$	钻头本体结构弹性模量/GPa	215
月壤失效区的面载荷 q_z/kPa	$a_G \int_0^{z-dz} \rho(l)\mathrm{d}l$	钻头本体结构密度/g·cm^{-3}	7.9
月球上的重力加速度 a_G/(m·s^{-2})	1.63	钻头本体结构与月壤间的摩擦角/ (°)	10.6
钻进深度 l、z/mm	$d_z \leqslant l \leqslant z \leqslant 200$	钻头本体结构泊松比	0.3
切削具与月壤间的摩擦角 δ/ (°)	15.7	月壤弹性模量/MPa	10
切削深度 d_z/mm	3	月壤泊松比	0.42
切削具宽度 w/mm	10	月壤膨胀角/ (°)	5.7
取芯直径 d_0/mm	18		

将试验参数、钻头本体结构（45 号炭钢）与月壤间的摩擦角 10.6°及 $\delta = 15.7$°代入式（24）中，得到图 8 中 P_m 的理论曲线。图 8 中的仿真曲线是基于分层建模方法仿真得到的。

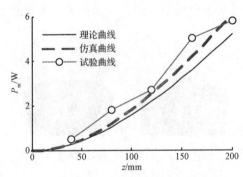

图 8　试验数据、仿真数据与理论数据对比

由图 8 可见，理论曲线、仿真曲线及试验曲线基本吻合，仿真曲线与试验曲线的最大误差为 5.23%，校验了所建模型的正确性。上述误差主要源于所用模拟月壤特性的差异。

4　钻头结构参数对切削具力学性能的影响分析

将表 2 中的部分数据分别代入式（21）和式（22）中，得到图 9～图 11 的影响曲线。其中，图 9 所用数据：φ、c、$\rho(z)$、q_z、w、δ、a_G、d_0 和 d_z；图 10 所用数据：φ、α、c、δ、$\rho(z)$、q_z、w、a_G、d_0 和 $d_z = h_d$；图 11 所用数据：φ、α、c、δ、$\rho(z)$、q_z、d_z、a_G 和 d_0。

（1）α 对 M_d、P_d 和 d_f 的影响分析

α 对 M_d、P_d 和 d_f 的影响如图 9 所示。

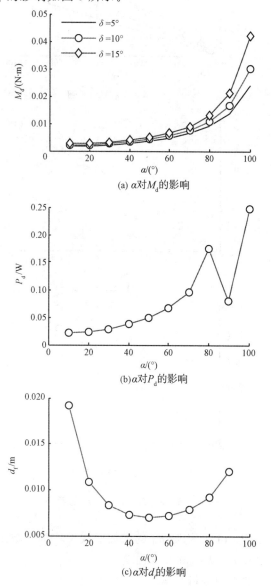

(a) α对M_d的影响

(b)α对P_d的影响

(c)α对d_f的影响

图 9　α 对 M_d、P_d 和 d_f 的影响

由图 9 可知，M_d 随 α 的增大而非线性增大，且 δ 越大 M_d 的非线性程度越大。当 $\alpha \leqslant$ 60°时，P_d 随 α 的增大而缓慢增大。为减小 M_d 和 P_d，α 越小越好；但当 $\alpha = 10° \sim 50°$ 时，α 与 d_f 呈负相关，为排屑顺畅，d_f 越小越好；综合考虑，$40° \leqslant \alpha \leqslant 60°$ 为宜。

（2）h_d 对 M_d、P_d 和 d_f 的影响分析

在 w 一定时，h_d 对 M_d、P_d 和 d_f 的影响如图 10 所示。

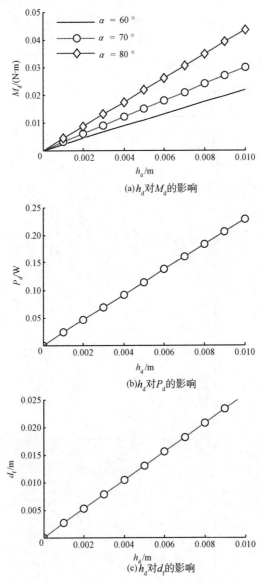

图 10　h_d 对 M_d、P_d 和 d_f 的影响

由图 10 可知，M_d、P_d 和 d_f 均随 h_d 的增加而线性增加。减小 h_d 可降低 M_d 和 P_d，但不利于顺畅排屑，$0.001\ \mathrm{m} \leqslant h_d \leqslant 0.005\ \mathrm{m}$ 为宜。

（3）w 对 M_d 和 P_d 的影响分析

在 h_d 一定时，w 对 M_d 和 P_d 的影响如图 11 所示。由图 11 可知，M_d 和 P_d 均随 w 的增加而

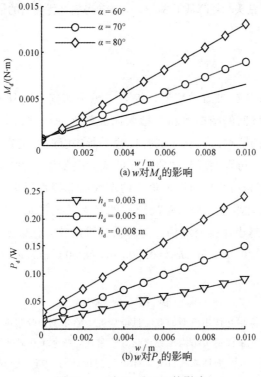

图 11　w 对 M_d 和 P_d 的影响

线性增加，但 w 对 M_d 和 P_d 的影响均较弱。为保证排屑顺畅，0.003 m$\leqslant w \leqslant$0.01 m 为宜。

5　切削具结构参数的优化设计

以钻头功耗最小为优化目标，设计变量为 $X = \{\alpha,\ w,\ h_d\}$，功耗的目标函数为

$$\begin{cases} V_{-\min} & F(x) = t_1(x) \\ \text{s. t.} & x \in X \\ & X \subset \mathbf{R}^2 \end{cases} \tag{25}$$

式中　$t_1(x)$——钻头功耗随结构参数变化的函数，$t_1(x) = P$ 见式（23）。

切削具结构参数需满足的约束条件为：$40° \leqslant \alpha \leqslant 60°$，0.001 m$\leqslant h_d \leqslant$0.005 m，0.003 m$\leqslant w \leqslant$0.01 m，利用优化模型式（25），编写 Matlab 程序，用遗传算法得最优解约为 13.23 W。钻头结构参数优化前后的对比见表 3。

表 3　钻头结构参数优化前后对比

项目参数	优化前①	优化后
h_d/m	0.005	0.003
w/m	0.007	0.006
α/（°）	60	50
P/W	20.30	13.23

① 优化前的数据来源于某钻取采样机构的参数。

由表 3 可见，优化后钻头功耗降低了 34.8%。可参考表 3 优化后的结果选取钻头结构参数。

6 结 论

1）建立的更加精细的钻头力学模型，综合考虑了切削具内外侧面与月壤间的压力及摩擦力、月壤破坏面月壤间的摩擦力和月壤侧向失效面的面载荷对钻头切削具周向力矩、总功耗及月壤失效距离的影响。仿真与试验校验了所建模型的正确性。理论曲线、仿真曲线及试验曲线基本吻合，仿真曲线与试验曲线的最大误差为 5.23%。

2）切削具周向力矩和功耗均随切削角 α 的增大而非线性增大，随切削具宽度 w 和切削具高度 h_d 的增大而线性增大。失效距离随 α 的增大呈现先减后增的变化规律，随 w 和 h_d 线性增加。失效距离越小，排屑顺畅。为降低钻进功耗并保证排屑顺畅，本文钻头结构最佳取值：$40° \leqslant \alpha \leqslant 60°$，$0.001 \text{ m} \leqslant h_d \leqslant 0.005 \text{ m}$，$0.003 \text{ m} \leqslant w \leqslant 0.01 \text{ m}$。

参 考 文 献

[1]　刘飞. 基于钻具—月壤相互作用模型的取心性能研究. 哈尔滨：哈尔滨工业大学，2011.

[2]　唐庭武. 月壤深层钻取采样钻头结构参数优化. 哈尔滨：哈尔滨工业大学，2012.

[3]　庞彧，刘志全，李新立. 月面钻取式自动采样机构的设计与分析. 中国空间科学技术，2012，32 (6)：16 - 23.

[4]　邓宗全，田野，唐德威，等，用于地外星体探测的一种新结构取心钻头研究. 机械工程学报，2013，49 (19)：104 - 110.

[5]　肖洪. 深层月壤取心钻头构型设计及其力载特性研究. 哈尔滨：哈尔滨工业大学，2013.

[6]　李大佛，雷艳，许少宁. 月球钻探取心特种钻头研制与试验. 钻探工程（钻掘工程），2013，40 (2)：1 - 6.

[7]　李金辉. 月壤采样器钻头与月壤接触仿真与试验研究. 河北：北华航天工业学院，2014.

[8]　王丽丽，刘志全，吴伟仁，等. 钻取式自动采样机构螺旋钻杆结构参数的多目标优化. 宇航学报，2015，36 (6)：723 - 730.

[9]　王丽丽，刘志全，吴伟仁，等. 月球钻取式自动采样机构结构与运动参数分析. 航空学报，DOI：10.7527/S1000 - 6893.2015.0075.

[10]　陈斌. 基于模拟月壤的轮壤关系研究. 吉林：吉林大学，2010.

[11]　马文哲. 月壤车轮土槽试验系统精度的研究. 吉林：吉林大学，2008.

[12]　王扶志. 地质工程钻探工艺与技术. 湖南：中南大学出版社，2008.

[13]　Morris R V, Roberta S, Claire D. et al. Handbook of Lunar Soils. Planetary Branch Publication 67 (JSC 19069)，Houston，1983.

[14]　Carrier W D, O lhocft G R, Mcndcll W. Physical Propertics of the Lunar Surface. In：Grant H. Heiken，David T. Vaniman，Bevan M. French. Lunar Sourcebook. Cambridge Univ Press，New York，1991：200 - 653.

[15]　Heiken G H, Vaniman D T, French B M. Lunar Sourcebook—A User′s Guide to the Moon. New York：Cambridge University Press，1991：522530.

空间聚光电池阵用拱形
菲涅耳透镜的设计与分析*

杨淑利　　刘志全　　濮海玲

摘　要：基于拱形菲涅耳透镜的光学原理，建立了拱形菲涅耳透镜的透镜元棱角、棱高等结构参数的计算模型以及透光率、聚光能流密度和聚焦宽度等聚光性能参数的计算模型；基于空间用拱形菲涅耳透镜算例的计算结果分别进行了平面和拱形菲涅耳透镜的结构参数变化分析及聚光性能参数影响分析。分析了太阳光线横向偏角（0°～2°）和适度失焦等因素对拱形菲涅耳透镜特性的影响。结果表明，拱形菲涅耳透镜能够有效减少透镜的聚焦宽度，提高聚光比，并显著改善横向偏角对透光率的影响；其弯曲曲率对透光率的影响不大，透光率能够保持在85.89％～87.91％。与平面菲涅耳透镜相比，当存在透镜失焦和横向偏角时，如焦距与透镜孔径宽度的比值为0.8～1.0且透镜半径与焦距之比不大于1.0，则拱形菲涅耳透镜能够保持良好的光学性能。研究结果为空间聚光太阳电池阵上应用拱形菲涅耳透镜的工程设计提供了指导。

关键词：拱形菲涅耳透镜　棱角度　透光率　聚光能流密度分布　聚焦宽度

引　言

大功率低成本轻质聚光型柔性太阳电池阵是空间电源的重要发展方向。该类太阳电池阵通过聚光器将大面积太阳光聚焦到电池片上，以提高电池阵光电转换效率并降低成本。美国1998年发射的深空一号（Deep Space One）探测器成功进行了聚光型太阳电池阵的飞行应用[1]。

聚光器是聚光型太阳电池阵的核心，而折射式线聚焦菲涅耳透镜聚光器以其质量比功率大、面形精度要求低、散热速度快、输出功率衰减慢和光学效率高等优点而备受青睐[2]。近年来，美、俄等国把菲涅耳透镜的材料光学性能、镜面棱型结构、焦斑位置与尺寸、焦斑能量分布等内容作为研究重点[3-4]。中国一些研究机构也重点关注了柱面线聚焦菲涅耳聚光透镜的聚光原理分析和光学效率计算[5]以及平板和柱面两种菲涅耳透镜的性能对比分析[6]，但是研究内容尚未涉及不同F数（焦距与透镜孔径宽度的比值）和不同弯曲曲率等因素对菲涅耳透镜聚光性能的综合影响分析。

针对上述问题，本文开展空间用拱形菲涅耳透镜设计，确定拱形菲涅耳透镜的主要结

* 《宇航学报》2014，Vol.35，No.1，pp106－114. EI：20141017420210

构参数，分析不同波长、太阳视直径、横向偏角（或对日跟踪横向误差）、失焦距离（实际聚焦平面与理论聚焦平面的距离）、不同 F 数和不同弯曲曲率等因素对菲涅耳透镜聚光性能的影响，为中国未来空间聚光电池阵的工程研制提供一定的技术基础。

1　拱形菲涅耳透镜的光学原理

聚光器将较大面积的太阳光汇聚在一个较小的范围内，形成光增强的"焦带"，从而获得更多的电能输出，如图 1 所示。

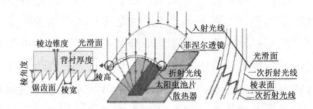

图 1　菲涅耳透镜光学原理

拱形菲涅耳透镜由众多连续透镜元组成，上表面光滑，下表面呈锯齿状。其重要参数是几何聚光比（透镜有效宽度与太阳电池片宽度的比值）。随着聚光比的提高，入射光强增加，入射到太阳电池表面的光子数增加，太阳电池开路电压呈对数上升，短路电流线性增长，从而提高输出功率。菲涅耳透镜结构设计参数决定了透镜的几何形状和光学性能。

拱形菲涅耳透镜相对于同尺寸的平面菲涅耳透镜，具有边缘光学损失小，对横向偏角不敏感的优点[7]。同时，拱形菲涅耳透镜具有更强的抗扰动能力和更宽泛的 F 数适用范围。它对 SADA（太阳翼驱动组件）的精度要求较低，这些特征使得拱形菲涅耳透镜更适用于空间聚光太阳电池阵。

2　线聚焦菲涅尔透镜主要结构参数计算模型

本文的拱形菲涅耳透镜是指圆柱形菲涅耳透镜，其光滑表面由对称的圆弧面组成。图 2 是圆柱拱形菲涅耳透镜的横截面。菲涅耳透镜的主要结构参数（见图 2）包括：焦距 f（拱顶 A 距焦点 S' 间的距离）、孔径宽度 D'（拱形外表面弧长所对应的弦长 BC）、透镜长度 H（拱顶 A 到弦 BC 的垂直距离）、第 i 个透镜元棱角度 θ_i（透镜上表面与棱表面之间的夹角）、透镜元棱高 k_i（透镜元上表面中点 P 与经该点光线在棱表面的折射点间连线在光轴 SS' 方向上的投影）、棱边锥度（锯齿面中不参与折射的棱边与上表面法线方向的夹角，假设为 $0°$）及透镜元棱宽 L_i（第 i 个透镜元的弧长），其中 $i=1, 2, \cdots, n, n$ 表示 n 个透镜元。θ_i 和 k_i 决定了菲涅尔透镜对光线的偏折能力，进而影响透镜的聚光比、焦距 f 等。

由图 2（a）可见，假设光源在 S 点，光束从 S 处经过折射聚焦于透镜的另一侧 S'。

其中一光束通过透镜的第 i 棱折射，经过 P 点折射至 P' 点，然后折射于焦点 S'。设 O 为圆拱形的圆心，O' 为 BC 与光轴 SS' 的交点。G_i 和 G_i' 分别为 S 和 S' 到 O' 点的距离；R 为菲涅尔透镜的圆弧曲率半径，r 为孔径宽度 D 的一半。R_i 为 SP 在 SS' 上的投影，R_i' 为 P' O 在 SS' 上的投影；r_i 和 r_i' 分别为 P 点和 P' 点到光轴 SS' 的垂直距离。u_i 为入射光线与 SS' 的夹角，u_i' 为折射线与 SS' 的夹角；W_i' 为第 i 棱 PO 线与 SS' 的夹角。

图 2（b）为透镜第 i 棱的放大图，其中 α_i 和 α_i' 分别为透镜上表面的入射角和折射角；β_i 和 β_i' 分别为透镜棱表面的入射角和折射角；θ_γ 和 θ_ν 分别为透镜上表面及棱表面与光轴垂线方向间的夹角。$EE' \perp SS'$，PE' 垂直于 EE' 垂足为 E'；h 为点到点的距离；y_1 和 y_2 分别为 P 点和 P' 点到线 EE' 的垂直距离；t 为 PP' 在 SS' 垂线方向上的投影。

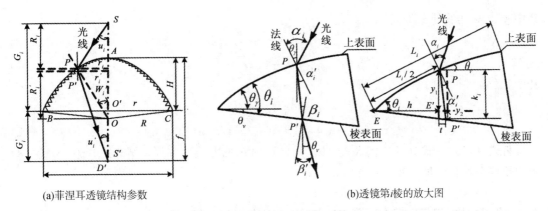

(a)菲涅耳透镜结构参数　　　　　(b)透镜第 i 棱的放大图

图 2　菲涅耳透镜结构参数及第 i 棱局部放大图

2.1　θ_i 的计算模型

由图 2（b）可知

$$\theta_i = \theta_\gamma + \theta_\nu = \alpha_i' + \beta_i \quad (i = 1, 2, \cdots, n) \tag{1}$$

其中 θ_γ、θ_ν、α_i'、β_i 的计算可由如下公式获得。

由斯涅耳定律可得

$$\frac{\sin\alpha_i}{\sin\alpha_i'} = \frac{\sin\beta_i}{\sin\beta_i'} = N \tag{2}$$

式中　N——透镜材料的折射率。

根据图 2 有

$$\alpha_i = u_i + \theta_\gamma \tag{3}$$

$$\beta_i = \theta_\nu + W_i' - \alpha_i' \tag{4}$$

$$\beta_i' = \theta_\nu + u_i' \tag{5}$$

其中 $\theta_\gamma = W'$，而 W_i'、u_i、u_i' 分别表达如下

$$W_i' = \arcsin(r_i/R), \quad u_i' = \arctan(r_i/R_i) \tag{6}$$

$$u_i = \arctan\left[r_i/(G_i + \sqrt{R^2 - r^2} - \sqrt{R^2 - r_i^2})\right] \tag{7}$$

$$u_i' = \arctan\left(\frac{r_i - t}{G_i' - k + \sqrt{R^2 - r_i^2} - \sqrt{R^2 - r^2}}\right) \tag{8}$$

其中

$$R_i = G_i + \sqrt{R^2 - r^2} - \sqrt{R^2 - r_i^2}$$

由式（2）～式（5）可得到光轴上任意点光源聚光到特定聚焦面的第 i 棱透镜元的棱角度 θ_i。

2.2　k_i 的计算模型

由图 2（b）可知

$$k_i = y_1 + y_2 \tag{9}$$

其中 y_1，y_2 可由下式获得

$$y_1 = 0.5 L_i \sin\theta_\gamma \tag{10}$$

$$y_2 = (h + t)\tan\theta_\nu \tag{11}$$

其中

$$h = 0.5 L_i \cos\theta_\gamma$$

$$t = k_i \tan(\theta_\gamma - \alpha_i') = k_i \tan[\theta_\gamma - \arcsin(\sin\alpha_i'/N)] \tag{12}$$

将式（10）～式（12）代入式（9）则可得到 k_i 的非线性方程，结合式（6）～式（8）利用埃特金迭代法即可得到 k_i 和 θ_i。

3　拱形菲涅耳透镜聚光性能参数的计算模型

3.1　透光率的计算模型

透光率是经透镜的光通量与入射光通量的百分率。透光率损失主要是由菲涅尔透镜上下表面光反射和透镜材料的光吸收引起的；菲涅耳透镜的横向偏角也对透光率有影响。空间应用的聚光透镜能够吸收的光谱波段主要集中在太阳光线的红外线与紫外线区间。下文的计算是在此波段区间内进行。

菲涅尔透镜的总透光率为

$$T = \sum_{i=1}^{n} \sum_{j=1}^{m} \frac{E_{ij}^{\text{in}}}{rq\cos\delta} T_{ij} \tag{13}$$

式中　E_{ij}^{in}——第 i 个透镜元（$\Delta\lambda$）第 j（$j = 1, 2, \cdots, m$；m 为所分的光谱区间总数）光谱段内的入射能量，其算式见下文式（22）；

　　　δ——太阳光线的横向偏角；

　　　q——总太阳光照强度；

　　　T_{ij}——第 i 个透镜元（$\Delta\lambda$）第 j 光谱段内的透光率。

菲涅耳透镜的第 i 透镜元的透光率为 $T_i = \sum_{j=1}^{m} \omega_j T_{ij}$，其中 ω_j 为第 j 光谱段的权重

因子。

T_{ij} 与透镜上表面的透光率 T_{up}（可利用式（15）求得）、下表面透光率 T_{down}（可利用式（15）求得）和透镜材料透光率 $T_{material}$ 之间的关系式为

$$T_{ij} = T_{up} T_{material} T_{down} \tag{14}$$

针对每一边界，透光率的计算通式为

$$T_x = \frac{\sin(2\varphi_{inc})\sin(2\varphi_{ref})}{2\sin^2(\varphi_{inc} + \varphi_{ref})}[1 + \sec^2(\varphi_{inc} + \varphi_{ref})] \tag{15}$$

式中　φ_{inc} 和 φ_{ref}——分别为各边界的入射角与折射角。

以光轴 SS' 为分界线，菲涅尔透镜分为左半透镜和右半透镜。对于右半透镜，用式（15）计算 T_{up} 时

$$\varphi_{inc} = \alpha_i - \delta \tag{16}$$

$$\varphi_{ref} = \alpha_i' = \arcsin[\sin(\alpha_i - \delta)/n_j] \tag{17}$$

其中，n_j 为透镜在第 j 光谱段内的折射率。对于棱表面，用式（15）计算 T_{down} 时

$$\varphi_{inc} = \beta_i = \theta_\nu + W_i' - \alpha_i' \tag{18}$$

$$\varphi_{ref} = \beta_i' = \arcsin(n_j \sin\beta_i) \tag{19}$$

对于左半透镜，T_{up} 和 T_{down} 的算式几乎与右半透镜上的对应算式相同，只需将式（16）和（17）中的 $\alpha_i - \delta$ 替换为 $\alpha_i + \delta$。$T_{material}$ 的值见文献 [8]。

3.2　聚光能流密度分布的计算模型

聚光能流密度也称聚光能流聚光比（下文简称聚光比），是入射到菲涅耳透镜净采光面积与太阳光经透镜折射后聚集的聚焦平面面积之比，即太阳光经透镜后的入射能量与聚焦宽度上的入射能量的比值。

菲涅耳透镜的总聚光能流密度 c_{ratio} 为

$$c_{ratio} = \sum_{i=1}^{n}\sum_{j=1}^{m}\frac{I_{ij}}{q} = \sum_{i=1}^{n}\sum_{j=1}^{m}\left[2R\omega_j T_{ij}\sin\left(\frac{L_i}{2R}\right)\cos\gamma_i\right]/D_{ij} \tag{20}$$

式中　I_{ij}——菲涅耳透镜在 $(\Delta\lambda)_j$ 波长 [8] 间隔内和第 i 个透镜元上的聚光能流密度；

　　　γ_i——考虑太阳光线横向偏角时的第 i 个透镜元的光线入射角；

　　　D_{ij}——光线在 $(\Delta\lambda)_j$ 光谱段内第 i 个透镜元上的聚焦宽度。

$$I_{ij} = \widehat{E}_{ij}^{in}/D_{ij} \tag{21}$$

式中　$\widehat{E}_{ij}^{in}$——第 i 个透镜元在 $(\Delta\lambda)_j$ 光谱段内折射后的透过能量（$i = 1, 2, \cdots, n$；$j = 1, 2, \cdots, m$），其算式见下文式（23）。

3.2.1　太阳光经透镜元后的入射能量的计算模型

菲涅尔透镜表面的入射光能量是由各个透镜元所在的位置及所在处的拱形曲率决定的。则第 i 个透镜元 $(\Delta\lambda)_j$ 光谱段内的入射能量 E_{ij}^{in} 为

$$E_{ij}^{in} = 2q_j R\sin(L_i/2R)\cos\gamma_i \tag{22}$$

式中　　q_j——第 j 个光谱间隔的光照强度，$q_j = \omega_j q$。

对于右半透镜，$\gamma_i = \alpha_i - \delta$；对于左半透镜，$\gamma_i = \alpha_i + \delta$。

E_{ij}^{in} 入射能量经透镜第 i 个透镜元后，折射后的能量在 $(\Delta\lambda)_j$ 光谱段内变为 $\hat{E}_{ij}^{in}$

$$\hat{E}_{ij}^{in} = 2q_j R \sin(L_i/2R)\cos\gamma_i T_{ij} \tag{23}$$

3.2.2　太阳光经透镜元后的聚焦宽度的计算模型

参见图 3，太阳光经右半透镜后透镜元聚焦宽度为 D_{right}，$D_{right} = X_1 - X_2$，X_1 为太阳光线经透镜元起始点折射后与聚焦平面的交点距光轴的距离，X_2 为光线经透镜元末端折射后与聚焦平面的交点距光轴的距离；$X_1 = x_{si} - y_{si}\tan u_{si}'$，$(x_{si}, y_{si})$ 为透镜元起始点坐标，下标 si 代表第 i 个透镜元起始点，其中

$$x_{si} = R\sin W_{si}'，W_{si}' = (s + 0.5L_i)/R \tag{24}$$

$$y_{si} = G_i' - \sqrt{R^2 - r^2} + d + \sqrt{R^2 - x_{si}^2} \tag{25}$$

$$u_{si}' = \arcsin[n\sin(\theta_{vi} + W_{si}' - \alpha_{si}')] - \theta_{vi} \tag{26}$$

$$\alpha_{si}' = \arcsin[\sin(\alpha_{si} - \delta + \beta)/n] \tag{27}$$

式中　　d——透镜失焦距离；

　　　　s——透镜元中点距离光轴的弧长；

　　　　2β——太阳视直径，且 $\varepsilon_{ei}' \approx (\pi/2) - \alpha_{ei}'$（参见图 3）。

而 $X_2 = x_{ei} - y_{ei}\tan u_{ei}'$，$(x_{ei}, y_{ei})$ 为透镜元末端的坐标，(x_{ei}', y_{ei}') 为光线在透镜元上表面 (x_{ei}, y_{ei}) 点折射到棱表面上的坐标，下标 ei 代表第 i 透镜元的末端点，其中

$$x_{ei}' = x_{ei} - \frac{L_i\sin\theta_i\sin(W_{ei}' - \alpha i_{ei}')}{\cos(\alpha_{ei}' - \theta_i)} \tag{28}$$

$$y_{ei}' = y_{ei} - \frac{L_i\sin\theta_i\sin(W_{ei}' - \alpha_{ei}')}{\cos(\alpha_{ei}' - \theta_i)} \tag{29}$$

$$x_{ei} = R\sin W_{ei}'，W_{ei}' = (s + 0.5L_i)/R \tag{30}$$

$$y_{ei} = G_i' - \sqrt{R^2 - r^2} + d + \sqrt{R^2 - x_{ei}^2} \tag{31}$$

$$\alpha_{ei}' = \arcsin[\sin(\alpha_{ei} - \delta - \beta)/n] \tag{32}$$

$$u_{ei}' = \arcsin[n\sin(\theta_{vi} + W_{ei}' - \alpha_{ei}')] - \theta_{vi} \tag{33}$$

菲涅尔透镜左半透镜的透镜元聚焦宽度为 D_{left}，$D_{left} = X_3 - X_4$ 的计算与式（24）～式（33）类似，其中 X_3 为光线经透镜元末端折射后与聚焦平面的交点距光轴的距离，X_4 为光线经透镜元起始点折射后与聚焦平面的交点距光轴的距离。需要注意的是，左半透镜的透镜元起始位置与右半透镜相反，横向偏角与太阳视直径在左半透镜上的取值符号是不同的。

4　拱形菲涅耳透镜的设计结果及其分析

根据前文所建立的菲涅耳透镜结构参数和聚光性能参数的计算模型，编程计算了菲涅

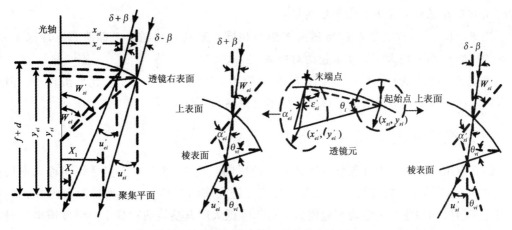

图 3 透镜右表面第 i 个棱的光路图

耳透镜结构参数、透光率及聚光能流密度分布。对于空间应用的线聚焦拱形菲涅耳透镜[10]，参照图 2，$R_i = \infty$，$u_i = 0$。输入参数如表 1 所示。

表 1 线聚焦拱形菲涅耳透镜的输入参数

参数名称	透镜材料	孔径宽度 D'	折射率 N	背衬厚度	透镜元棱宽 L_i
数值	丙烯酸	9.578 cm	1.49	180 μm	200 μm

4.1 结构参数的计算结果及分析

假定 D' 不变，则 F 数与 f 成正比关系。平面和拱形菲涅耳透镜右半部分的棱角度和棱高分别随棱位置横坐标（垂直于透镜光轴）的变化曲线如图 4 所示。

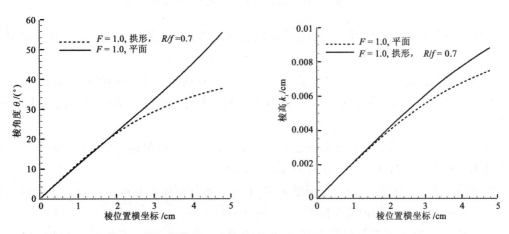

图 4 菲涅耳透镜棱角度和棱高随棱位置横坐标的变化曲线

由图 4 可见，菲涅耳透镜的 θ_i 和 k_i 随透镜元所在横坐标的增大而增大，拱形菲涅耳透镜的 θ_i 和 k_i 在透镜外缘处增大得更明显。

当 $F=1.0$，平面透镜和拱形透镜的焦距相同，则具有相同横坐标的菲涅耳透镜元，拱形透镜的 θ_i 和 k_i 均大于平面透镜的对应项。

透镜元棱高的最大值与孔径宽度 D' 的比值为 $0.01/9.578 \approx 10^{-3}$。此值虽较小，但进行空间柔性菲涅耳透镜的透镜元设计时却不可忽略。

4.2　透光率的计算结果及分析

图 5 给出了 δ 对拱形菲涅耳透镜透光率的影响。当 $\delta=2°$ 时，左半透镜的透光率相比 $\delta=0°$ 时对应的透光率略有增大，而右半透镜的透光率略有减小，表明拱形菲涅耳透镜对太阳光线的横向偏角有一定的容差能力，进而降低太阳翼整体的对日定向精度需求，对空间飞行器光伏系统设计具有积极意义。

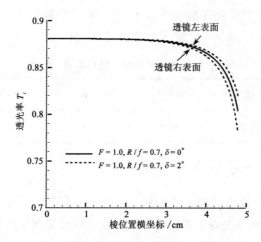

图 5　拱形菲涅耳透镜透光率随棱横坐标的变化曲线

由图 5 可知，拱形菲涅耳透镜的透光率随透镜元横向位置的增大而变小，且在透镜边缘处急剧变小，变化的范围为 88%（中心处）$\sim 80\%$（边缘处）。

在太阳光线理想照射情况下，计算得到拱形菲涅耳透镜的透光率随 F 数和 R/f 比值的变化情况以及平面菲涅耳透镜（即透镜半径为无穷大时）的透光率随 F 数的变化情况，如表 2 所示。

由表 2 可知，平面菲涅耳透镜的透光率在 $F=0.7$ 时为最低值 83.16%。拱形菲涅耳透镜透光率在 $F=1.0$，$R/f=1.0$ 时为最高值 87.91%。

对于同一 R/f，拱形菲涅耳透镜透光率随 F 数的减小而略有减小；如表 2 所示，当 $R/f=1.0$ 时，$F=1.0$ 的透光率比 $F=0.7$ 高 1.0%。

对于同一 F 数，拱形菲涅耳透镜透光率随 R/f 的减小而略有减小，这种变化也不甚明显；如表 2 所示，当 $F=0.7$ 时，$R/f=1.0$ 的透光率比 $R/f=0.6$ 的透光率高 1.7%。

表 2　拱形和平面菲涅耳透镜透光率随 F 和 R/f 的变化情况表

类型	透光率（%）／F／R/f	1.0	0.9	0.8	0.7
拱形	1.0	87.91	87.82	87.60	86.92
	0.9	87.91	87.79	87.50	86.74
	0.8	87.88	87.73	87.26	86.38
	0.7	87.82	87.58	86.74	85.89
平面	/	86.72	86.08	85.02	83.16

　　平面菲涅耳透镜透光率随 F 数的减小而减小，其减小幅度比拱形菲涅耳透镜略大。

　　当 $\delta=2°$ 时，拱形菲涅耳透镜总透光率 T 与理想照射时拱形菲涅耳透镜的总透光率相比，几乎无变化（见图 5），进一步说明了拱形菲涅耳透镜的容差能力好，更适用于空间太阳电池阵。

4.3　聚光能流密度（聚光比）的计算结果及分析

　　图 6（a）为平面菲涅耳透镜在不同横向偏角和 $F=1.0$ 下，透镜聚光能流密度在聚焦平面上的分布曲线；图 6（b）为拱形菲涅耳透镜在不同横向偏角、$F=1.0$ 和 $R/f=0.8$ 下，透镜的聚光能流密度分布曲线。由图 6 可知，随着横向偏角的增大，能流分布曲线偏离聚焦平面的中心位置，向透镜的左表面方向偏移。但拱形菲涅耳透镜的最高聚光比要大于平面菲涅耳透镜的最高聚光比。

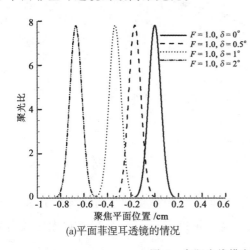
(a)平面菲涅耳透镜的情况

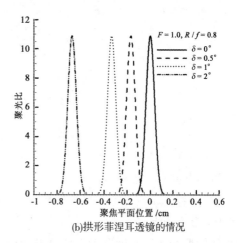
(b)拱形菲涅耳透镜的情况

图 6　太阳光线横向偏角对聚光性能的影响

　　图 7 为在横向偏角 $\delta=0°$，$F=1.0$ 的情况下，平面和拱形菲涅耳透镜的聚焦能流密度的对比图；由图 7 可知，拱形菲涅耳透镜可以有效增加透镜的最高聚光比；且拱形菲涅耳透镜的曲率越大，即透镜的半径越小时，其最高聚光比的增大幅值越高。

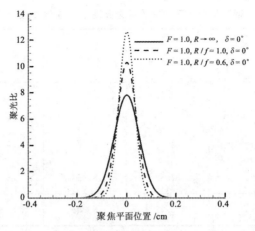

图 7　平面与拱形菲涅耳透镜聚光性能对比

4.4　聚焦宽度计算结果及分析

图 8 为拱形菲涅耳透镜聚焦宽度随 R/f 和 F 数的变化曲线，表 3 为平面菲涅耳透镜聚焦宽度随 F 数的变化表。

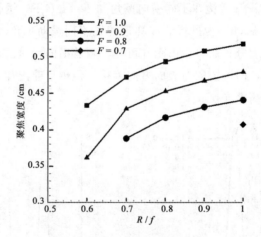

图 8　透镜曲率和 F 数对聚焦宽度的影响 （$\delta = 0°$）

由图 8 和表 3 可以得出：

1）拱形菲涅耳透镜相比平面菲涅耳透镜可以显著减小聚焦宽度。当 $F = 1.0$，$R/f = 0.6$ 时，拱形相比 $F = 1.0$ 平面菲涅耳透镜的聚焦宽度可以减小 35%。聚焦宽度的减小可使得透镜聚光能流密度增大，即可以增大聚光比。

2）对于拱形菲涅耳透镜，F 数和 R/f 越小，透镜的聚焦宽度越小。虽然透镜曲率增大即 R/f 减小会降低透镜透光率，但影响甚小，曲率半径越小，聚焦宽度越小，透镜聚光比越大。因此，对于最大聚光比的理想拱形菲涅耳透镜，最佳的曲率半径应趋近于该透镜的最小半径（透镜孔径宽度的一半）。

表 3　平面菲涅耳透镜在不同 F 数下的聚焦宽度表

F 数	1.0	0.9	0.8	0.7
聚焦宽度/cm	0.663 33	0.636 99	0.615 44	0.601 07

图 9 给出了拱形菲涅耳透镜横向偏角在不同 R/f 比值下对透镜聚焦宽度的影响。图 9 中 δ 分别为 0°、0.25°、0.5°、1°、2°时，在同一 F 数和 R/f 下，聚焦宽度随横向偏角的增大而增大，但增大幅度较小。也就是说，对日跟踪横向误差增大将在一定程度上减小拱形菲涅耳透镜的聚光比，因此保证必要的太阳电池翼对日定向精度还是必需的。

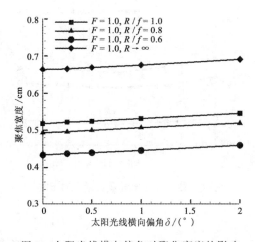

图 9　太阳光线横向偏角对聚焦宽度的影响

4.5　不同波长对聚焦位置的影响分析

取紫外线、可见光、红外线等三种典型波长，菲涅耳透镜各透镜元在不同波长下且 $\delta=0$°时的聚焦位置计算结果如图 10 所示。

由图 10 可见，当太阳光线横向偏角 $\delta=0$°时，左、右半透镜的聚焦位置在聚焦平面上沿光轴对称分布。波长越长，离透镜越远的各透镜元的聚焦位置离聚焦平面中心越远。

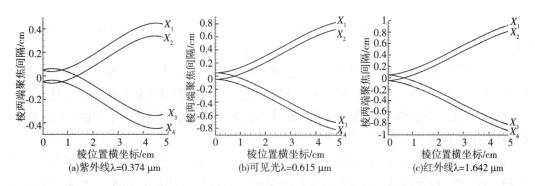

(a)紫外线λ=0.374 μm　　(b)可见光λ=0.615 μm　　(c)红外线λ=1.642 μm

图 10　每透镜元两端在聚焦平面的聚焦坐标随棱位置横坐标的变化

4.6　失焦距离对聚焦宽度的影响分析

失焦距离表征了光接收器（对于空间太阳电池阵，光接收器为太阳电池片）在透镜光轴上焦距位置放置的偏差程度对聚光性能的影响。接收器在−2%～2%失焦百分比（失焦距离与焦距的比值）范围内对聚焦宽度的影响分析见图11。其中正负号分别代表在聚焦平面之下和之上的位置。

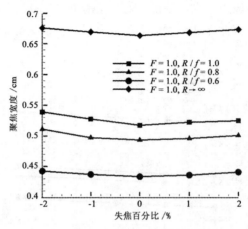

图 11　失焦百分比对聚焦宽度的影响

由图11可知：

1）无论是平面还是拱形菲涅耳透镜，接收器的失焦都会增大聚焦宽度，从而减小透镜的聚光比；当实际聚焦位置位于聚焦平面之上时，透镜的聚光宽度增大幅度要大于位于聚焦平面之下失焦距离对聚焦宽度的影响。

2）与平面菲涅耳透镜相比，失焦百分比绝对值的增大对拱形菲涅耳透镜的影响比较大，其聚焦宽度的增大幅度较大，因此拱形菲涅耳透镜对接收器的放置位置要求更为严格。

5　结　论

基于空间用菲涅耳透镜算例，通过对拱形菲涅尔透镜设计参数和影响因素对透镜性能的综合影响分析，对比平面和拱形菲涅尔透镜的光学特性，得出结论如下：

1）菲涅耳透镜的棱角度和棱高均随透镜棱与光轴距离的增大而增大；相同横坐标位置的透镜元，拱形菲涅耳透镜元的棱角度和棱高大于平面菲涅耳透镜的棱角度和棱高。

2）拱形菲涅耳透镜弯曲曲率越大，R/f 和透镜的聚焦宽度越小，透镜聚光比越大；最佳曲率半径趋向于透镜孔径宽度的一半。

3）拱形菲涅耳透镜的透光率在本文的算例中为 85.89%～87.91%，高于平面菲涅耳透镜的透光率。拱形菲涅耳透镜透光率在相同孔径宽度下随着 F 数和 R/f 的减小而略有减小。

4）相比于平面菲涅尔透镜，拱形菲涅耳透镜可以显著减小横向偏角对透光率的影响，对太阳光线的横向偏角有一定的容差能力。

5）适度失焦（±2%）对拱形菲涅耳透镜性能影响略大于平面菲涅耳透镜，须严格控制拱形菲涅耳透镜的接收器位置。与平面菲涅耳透镜相比，当存在失焦和横向偏角时，若 F 数为 0.8～1.0 且 $R/f \leqslant 1.0$，则拱形菲涅耳透镜能够保持良好的光学性能。

参 考 文 献

[1] 刘志全，杨淑利，濮海玲. 空间太阳电池阵的发展现状及趋势. 航天器工程，2012，21（6）：112 -118.

[2] Leutz R，Suzuki A，Akisawa A，et al. Nonideal Concentration of Nonimaging Linear Fresnel Lenses. The SPIE International Symposium on Optical Science and Technology，San Diego，California，July 29 - August 3，2001.

[3]   Markvart T，Castafier L. Practical Handbook of Photovoltaics：Fundamentals and Applications. NewYork：Elsevier Science Inc，2003.

[4] 吴贺利. 菲涅尔太阳能聚光器研究. 武汉：武汉理工大学，2010.

[5] 张明，黄良甫，罗崇泰，等. 空间用平板形菲涅耳透镜的设计和光学效率研究. 光电工程，2001，28（5）：18 - 25.

[6] 贾付云，马勉军，孙燕杰，等. 柱面菲涅耳太阳聚光透镜的光学设计和光学效率. 中国空间科学技术，2002，22（6）：1 - 5.

[7] Woods-Vedeler J A，Pappa R S，Jones T W，et al. Concept Definition Study for In - Space Structural Characterization of a Lightweight Solar Array. American Institute of Aeronautics and Astronautics，2002.

[8] Hastings L J，Allums S L，Cosby R. An Analytical and Experimental Evaluation of a Fresnel Lens' Solar Concentrator. NASA TM X-73333，August，1976.

基于线聚焦菲涅耳透镜的空间
聚光光伏系统特性的实验研究*

杨淑利　　刘志全　　濮海玲

摘　要： 对线聚焦菲涅耳透镜的空间聚光光伏系统的特性开展了实验研究，以期解决工程设计时多参数合理匹配和选择的问题。通过研制由菲涅耳透镜—单晶硅太阳电池光伏组件、太阳模拟器和测试设备组成的实验装置，开展了菲涅耳透镜失焦距离、聚光比和太阳电池短路电流、开路电压、最佳功率、填充因子、效率、温度等之间的关系以及不同失焦距离和不同太阳光线横向偏角对聚焦宽度的影响的实验测试和实验分析工作。研究结果表明：聚光太阳电池性能随短路电流和最佳功率的提高而提高，短路电流和最佳功率分别随聚光比的增加而近似呈线性增大，开路电压基本不随聚光比变化；失焦距离变化引起透镜聚焦宽度变化，进而影响电池表面辐射强度和有效聚光比，应控制失焦距离在可允许范围内；太阳电池串联电阻对聚光太阳电池工作性能存在不利影响，需尽可能选择低串联内阻、高填充因子的太阳电池；应保证聚光太阳电池具有良好的散热条件；太阳光线横向偏角会导致聚焦宽度变大、聚光比减小，并使聚焦光线偏离太阳电池，应控制横向偏角在规定范围内。研究结果为线聚焦菲涅耳透镜空间聚光光伏系统工程设计提供了技术支持。

关键词： 聚光光伏系统　线聚焦菲涅耳透镜　聚光比　失焦距离　聚焦宽度

引　言

为航天器供电的空间聚光太阳电池阵通过聚光透镜将大面积太阳光聚集到电池片上，既可提高电池阵光电转换效率，又可较好解决空间太阳电池阵大功率需求与低成本、轻质量之间的矛盾[1]，是未来大功率航天器能源的发展方向。空间聚光光伏系统主要由聚光透镜、支撑组件、聚光太阳电池片、散热基板等组成。线聚焦菲涅耳聚光透镜具有面形精度要求低、散热速度快和光学效率高等优点，只需在一维方向跟踪太阳，更适合于空间太阳电池阵应用[2]。

线聚焦菲涅耳透镜的聚光特性和聚光条件下太阳电池组的电性能输出特性是空间聚光光伏系统的主要特性。线聚焦菲涅耳透镜的聚光特性可通过理论分析进行研究[3]，但需借助于实验对其分析结果进行验证；在聚光条件下太阳电池组的电性能输出特性（短路电流、开路电压、转换效率、填充因子等）以及不同失焦距离对电池片性能的影响很难通过

* 《宇航学报》2014，Vol. 35，No. 8，pp969 - 976.EI：20143700064253

理论分析来获得，需要通过实验进行研究。因此，有必要开展基于线聚焦菲涅耳透镜的空间聚光光伏系统特性实验研究。

2004 年，NASA 的 Michael F. Piszczor 等进行了 8.5 倍固定聚光比的菲涅耳透镜光伏系统的户外光照试验，测试了太阳电池的 I-V 特性曲线[4]，但没有实现可变聚光比情况下的太阳电池的 I-V 曲线。2010 年，上海交通大学的 H. Zhai 等开展了线聚焦菲涅耳透镜的太阳跟踪系统试验，验证了在聚光条件下电池的温度变化对太阳电池热效率的影响[5]，但该项研究结果主要应用于地面聚光光伏系统，文献［5］尚未提及该系统的空间应用。2012 年，南京航空航天大学的肖文波等进行了透镜与电池间距对太阳电池电性能影响的实验研究[6]，但尚未涉及太阳光线横向偏角对聚光特性的影响分析。聚光光伏系统的上述实验研究往往集中在对系统某个影响因素进行分析，缺乏聚焦宽度、聚光比及不同太阳光线横向偏角等因素对太阳电池输出特性、工作温度等综合影响的研究，而这些影响是评价聚光光伏系统优劣的关键因素，是设计性能最优的空间聚光光伏系统的重要基础。

针对上述问题，本文开展了基于线聚焦菲涅耳透镜的空间聚光光伏系统特性的实验研究，研制可调节失焦距离、聚光比和太阳光线横向偏角的线聚焦菲涅耳透镜聚光光伏系统实验装置，利用该实验装置全面测量和分析失焦距离、聚光比对太阳电池开路电压、短路电流、效率、填充因子、最佳功率、温度等工作特性的影响及失焦距离和太阳光线横向偏角对线聚焦菲涅耳透镜聚光性能的影响规律，以期解决空间聚光光伏系统在工程设计时多参数合理匹配和选择的问题，为设计出可应用于空间聚光太阳电池阵的性能最优的聚光光伏系统提供基础。

1 聚光光伏系统的实验过程

1.1 线聚焦菲涅耳透镜实验件的几何及性能参数

空间应用的线聚焦聚光透镜以厚度小、质量轻的菲涅耳透镜最为广泛。菲涅耳透镜由众多连续透镜元组成，通过二次折射把入射光聚焦到太阳电池带上。本文用外表面呈锯齿状、内表面为光滑面的平面菲涅耳透镜作为实验件，如图 1 所示。

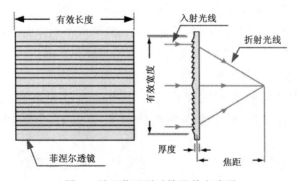

图 1 平面菲涅耳透镜及其光路图

菲涅耳透镜的常用材料为丙烯酸树脂、聚碳酸酯和聚乙烯等。本文的透镜材料选用丙烯酸树脂，接收波长范围从紫外线到红外线，透光率为92%。该线聚焦菲涅耳透镜有效通光面积为101.6 mm×76.2 mm，焦距为84 mm，聚焦宽度（也称光斑宽度）为6 mm（此处的聚焦宽度指在理论焦距下的初始聚焦宽度），其他参数见表1。

表 1　线聚焦菲涅耳透镜几何和性能参数

类型	折射率	背衬厚度	透镜元棱宽	最高工作温度	焦距容差
数值	1.49	1.524 mm	320 μm	80 ℃	±5%

1.2　测试系统和测试方法

按照空间用聚光太阳电池阵基本原理，构建聚光光伏特性实验系统，该系统由聚光透镜—太阳电池片实验组件、太阳模拟器、专用太阳电池I-V测试仪、温度测试仪等组成，如图2所示。其中：太阳模拟器的辐射强度为1 000 W/m²（AM 1.5），有效光照面积为0.126 m²。

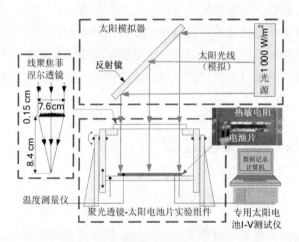

图 2　聚光光伏特性实验系统组成

聚光透镜—太阳电池组件是实验系统的核心，包括线聚焦菲涅耳透镜、单晶硅太阳电池片、热敏电阻及支撑—调节部件等，如图3所示。

为避免聚光条件下非均匀照射对太阳电池总体效率的不利影响[7]，将特别定制的太阳电池片安置在透镜下方84 mm处，并要求太阳电池宽度为6 mm，有效长度为60 mm，以实现太阳电池全部面积接受均匀光照。

为便于安装和散热，覆盖玻璃盖片的太阳电池通过导热硅脂粘贴在100 mm×50 mm×1.5 mm铺有聚酰亚胺绝缘膜的铝材料基板上，该基板具有良好的散热功能。

设单晶硅太阳电池的短路电流 I_{sc}、开路电压 V_{oc}、填充因子 C_{ff}、效率 η_{sc}，最佳功率 $P_{max} = V_{oc} I_{sc} C_{ff}$，则

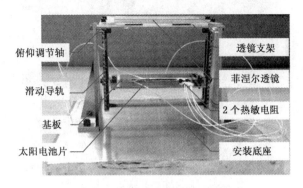

图 3　聚光透镜—太阳电池实验组件

$$\eta_{sc} = \frac{V_{oc} I_{sc} C_{ff}}{EA} = \frac{P_{max}}{EA} \tag{1}$$

式中　E——太阳光光强；

　　　A——太阳电池片总面积。

η_{sc} 受太阳电池结构相关损失和电学损失两大因素影响。太阳电池结构相关损失取决于太阳电池片材料类型，如砷化镓电池结构相关损失往往小于单晶硅电池的结构相关损失，设损失的功率为 P_L。电学损失主要是由太阳电池串联电阻 R_S 引起的，损失的功率为 P_S。因此，式（1）可表达为

$$\eta_{sc} = \frac{P_{max}}{P_{max} + P_S + P_L} \tag{2}$$

C_{ff} 也与 R_S 有关[4]；R_S 主要来源于太阳电池电极接触电阻、发射区薄层电阻、体电阻。在有负载情况下，可用在不同光强下负载曲线比较法确定 R_S[8]

$$R_S = \frac{V_{mx} - V_{m0}}{I_{mx} - I_{m0}} \tag{3}$$

式中　V_{mx}，I_{mx}——分别指在 x 倍光强下太阳电池最佳工作点处的电压和电流；

　　　V_{m0}，I_{m0}——分别为 1 倍光强下太阳电池最佳工作点处的电压和电流。

为了能够测试不同太阳光线横向偏角 δ 和失焦距离 d（实际聚焦平面与理论聚焦平面间的距离）对聚光光伏系统性能的影响，太阳电池片可随基板沿两侧导轨上下移动，以调节透镜与太阳电池间的距离和聚焦宽度，进而调节太阳电池表面光线辐射强度。太阳光线透过透镜到达太阳电池片所构成的光路系统可以通过俯仰调节轴进行调节，以获得不同太阳光线横向偏角下的透镜聚光特性。

通过专用太阳电池 I-V 测试仪实时测量太阳电池开路电压 V_{oc}、短路电流 I_{sc} 等并由计算机记录。通过粘贴在太阳电池表面及太阳电池基板（聚酰亚胺薄膜＋铝板）上的 2 个热电偶分别测量太阳电池片和基板的温度。实验现场如图 4 所示。

基于线聚焦菲涅耳透镜的聚光光伏系统，其特性实验研究流程如图 5 所示，图 5 中标注的序号表示实验项目的先后顺序。

图 4　聚光光伏特性实验现场

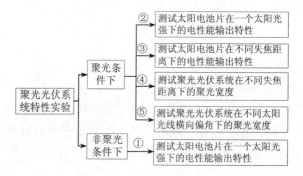

图 5　聚光光伏特性实验流程

2　实验结果及分析

2.1　太阳电池在聚光和非聚光状态下的 I-V 曲线对比分析

测试获得的单晶硅太阳电池在非聚光状态和聚光状态下的 I-V 特性曲线如图 6 所示。

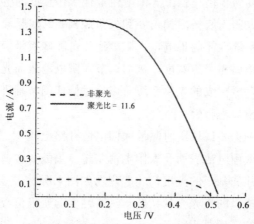

图 6　聚光/非聚光状态单晶硅太阳电池 I-V 特性曲线

图 6 中，1 000 W/m² （非聚光）辐射强度下的单晶硅太阳电池短路电流 I_{sc_ST} ＝0.136 4 A，开路电压 V_{oc_ST} ＝0.5 V。该组数据作为受试太阳电池标准测试状态。

在几何聚光比为 12.7 的状态下，① 太阳电池短路电流为 1.5 A，是非聚光条件下 I_{sc_ST} 的 11 倍；② 开路电压为 0.52 V，相比非聚光条件仅增加 4%；③ 填充因子为 0.48，相比非聚光条件减少 34%；最佳功率为 0.374 4 W，是非聚光条件下的7.5倍。可见，相同输出功率下，运用聚光技术可以减少约 86% 的太阳电池数量，从而显著降低电池阵的成本，使得聚光电池系统在未来的空间应用中具有明显优势。

2.2　失焦距离对太阳电池 I-V 曲线的影响分析

通过调节太阳电池基板高度获得不同失焦距离下的太阳电池 I-V 特性曲线如图 7、图 8 所示。

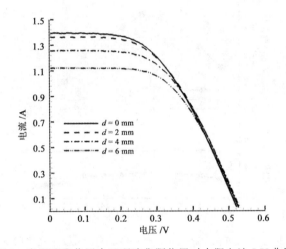

图 7　实际聚焦位置大于理论焦距位置时太阳电池 I-V 曲线

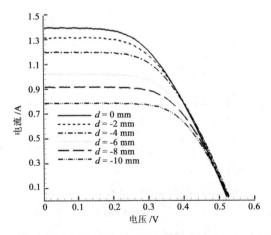

图 8　实际聚焦位置小于理论焦距位置时太阳电池 I-V 曲线

图例中 d 的正、负号分别代表在聚焦平面之下和之上的位置。由图 7、图 8 可知：

1）无论太阳电池实际聚焦位置在聚焦平面之上或之下，太阳电池 I-V 曲线整体低于聚焦平面处（$d=0$）的太阳电池 I-V 曲线；光强最大处的短路电流最大，因此可通过测试聚光条件下电池的 I-V 曲线，来获得太阳电池距透镜的最佳距离。

2）在相同的失焦距离下，位于聚焦平面之下的太阳电池短路电流和最佳功率明显大于聚焦平面之上时的太阳电池短路电流和最佳功率。

2.3　失焦距离对电池组性能影响分析

根据实验结果获得太阳电池短路电流 I_{sc}、开路电压 V_{oc}、最佳功率 P_{max}、填充因子 C_{ff} 和效率 η_{sc} 在不同失焦距离下的变化特征，如图 9、图 10 所示。

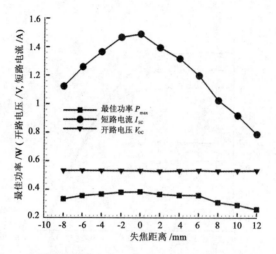

图 9　太阳电池短路电流、开路电压和最佳功率变化曲线

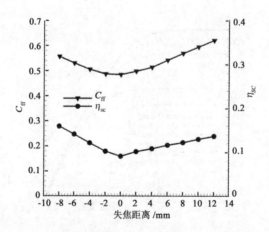

图 10　太阳电池效率 η、填充因子 C_{ff} 变化曲线

由图 9 可知，短路电流 I_{sc}随着失焦距离的增大呈先增加后减小的趋势，在失焦距离 $d=0$ 的位置 I_{sc}达到峰值 1.5 A；开路电压 V_{oc}在 0.52 V 附近波动；最佳功率 P_{max}变化趋势也呈先增加后减小的趋势，峰值出现在 $d=0$ 的位置。在 $d=0$ 时，透镜几何聚光比为 12.7，考虑透镜效率为 92%，太阳电池表面辐射强度 $E_{inc}=11\ 600\ W/m^2$，透镜有效聚光比 $c=12.7\times92\%=11.6$，符合 $I_{sc}=I_{sc_ST}\cdot c$ 的规律，对证明空间聚光太阳电池阵的技术优势具有重要意义。

由图 10 可见，η_{sc}、C_{ff}随失焦距离的变化呈先减小后增加趋势，在失焦距离为 0 的位置 η_{sc}和 C_{ff}均达到最低值。

将图 9 数据代入式（3）计算得到实验太阳电池的 R_S。在 1～11.6 倍光强下的 R_S 在 0.08 ～0.09 Ω 范围内，可认为 R_S 基本恒定，与聚光比无关。

由图 11 所示的太阳电池等效电路可知，在最佳功率点处，串联电阻造成的功率损失 P_S 与电流 I 的二次方成正比。在 1～11.6 倍光强下，串联电阻导致的功率损失为 0.001 3～0.110 6 W，占总电功率（$P_{max}+P_S$）的 2.3%～23.2%。聚光倍数越大，I 越大，则消耗在串联电阻上的功率损失 P_S 越多，故根据式（2）效率 η_{sc}均随着聚光比的增大而减少。

当 $d=0$ 时，聚光比最大；由图 9 可见，在 $-10\ mm\leqslant d\leqslant0$ 时，P_{max}的增加没有 I_{sc}增加显著，在 $0\leqslant d\leqslant12$ mm 时，P_{max}的减小没有 I_{sc}减小显著，即随着聚光比的增加，P_{max}的增加没有 I_{sc}增加显著，因此根据式（1）可得填充因子 C_{ff}随着聚光比的增大而减少。

综上所述，选择低串联电阻的太阳电池有利于减少无用功损失，以尽可能发挥聚光太阳电池的优势。

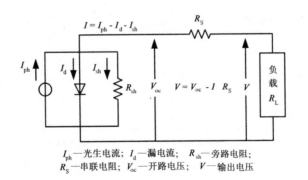

I = Iph - Id - Ish
RS
Iph
Id
Ish
Rsh
Voc
V = Voc - I RS
V
负载
RL
Iph—光生电流；Id—漏电流；Rsh—旁路电阻；
RS—串联电阻；Voc—开路电压；V—输出电压

图 11 太阳电池等效电路

2.4 失焦距离对聚焦宽度的影响分析

图 12 分别给出了理论分析计算和实验情况下的聚光宽度随失焦距离的变化曲线；对图 9 和图 12 数据进行分析，得到表 2 所示的对照表。失焦距离 12 mm 相比失焦距离 0 mm，聚焦宽度增加 1 倍，辐射强度减少 50%，短路电流减少 47.3%。可见：失焦距离影

响电池安装位置处的聚焦宽度，进而影响有效聚光比和电池表面辐射强度，最终影响太阳电池短路电流 I_{sc}。

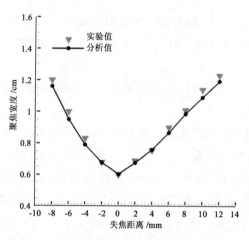

图 12　聚焦宽度变化曲线

表 2　随失焦距离变化的聚光光伏系统特性参数

失焦距离/mm	聚焦宽度/mm	辐射强度/（W·m²）	有效聚光比	短路电流/A
−8	12	5 820	5.8	1.03
−6	10	6 990	7.0	1.14
−4	8.3	8 420	8.4	1.21
−2	6.8	10 282	10.3	1.47
0	6	11 600	11.6	1.5
2	7	9 980	10.0	1.39
4	7.6	9 200	9.2	1.32
6	9.2	7 600	7.6	1.2
8	10	6 990	7.0	1.02
10	11.3	6 190	6.2	0.92
12	12.2	5 730	5.7	0.79

由表 2 可知：I_{sc} 与聚光系统有效聚光比 c 成正比；当采用低聚光比时，对太阳电池开路电压的影响不大（由图 9 可知）。在聚光条件下，太阳电池性能随着 I_{sc} 的提高而提高。

2.5　失焦距离对太阳电池温度和基板温度的影响分析

太阳模拟器的辐射强度为 1 000 W/m² 的非聚光条件下，太阳电池和基板温度为 46 ℃。本次实验中考虑了高温的不利影响，采用了较大面积的散热铝板作为太阳电池基板，散热铝板与太阳电池面积比为 14∶1。在实验室环境温度为 27 ℃时，实测聚光条件下不同失焦距离时太阳电池温度和铝基板表面温度（当温度测试仪的温度不再跳跃变化时，记录当时的温度状态）如图 13 所示。

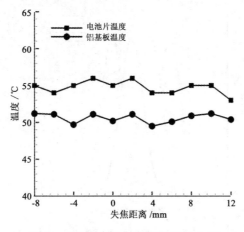

图 13　太阳电池和基板温度变化曲线

由图 13 可知：

1) 太阳电池的温度和基板的温度基本不随失焦距离的变化而变化；太阳电池温度最高为 56 ℃，与散热铝板的温度差一般在 3～7 ℃ 之间。失焦距离在 ［−8 mm，12 mm］内变化时，太阳电池温度相比非聚光条件下的太阳电池温度（46 ℃）升高21%。

2) 聚光效应导致太阳电池工作温度 T 上升，是影响聚光太阳电池工作的不利因素[8]；但本实验中太阳电池的温度升高在可允许范围内，且太阳电池工作温度没有较大波动，说明铝基板散热良好。因此，良好的散热条件是聚光太阳电池正常工作的基本保障条件。

2.6　太阳光线横向偏角对聚焦宽度的影响分析

线聚焦菲涅耳透镜对日定向横向精度要求值一般为 ±2°。本文根据实验值和文献[9]，比对分析了在不同太阳光横向偏角下，即 $\delta = 0°$、$1°$、$2°$、$-1°$、$-2°$ 时，菲涅耳透镜的聚光宽度、理论聚光宽度的中心与实际聚光宽度中心在聚焦平面上的偏移量（简称偏移量）见表 3，其中顺时针方向对应的 δ 为负值，逆时针方向对应的 δ 为正值。

表 3　聚焦宽度及偏移量在不同横向偏角下的实验值与分析值

横向偏角	实验值		分析值	
	聚焦宽度	偏移量	聚焦宽度	偏移量
−2°	0.620 cm	0.20 cm	0.624 cm	0.16 cm
−1°	0.610 cm	0.09 cm	0.612 cm	0.08 cm
0°	0.600 cm	0.00 cm	0.603 cm	0.00 cm
1°	0.610 cm	−0.10 cm	0.615 cm	−0.08 cm
2°	0.630 cm	−0.18 cm	0.627 cm	−0.16 cm

计算得到文中所用透镜在不同横向偏角和 F（焦距/透镜有效宽度）为 1.1 下的聚光能流密度在聚焦平面上的分布曲线如图 14 所示。

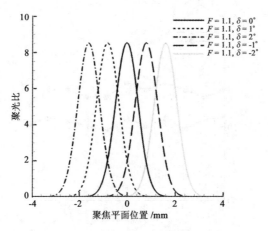

图 14　太阳光线横向偏角对聚光性能的影响

由表 3 和图 14 可知：

1）在不同横向偏角下，聚焦宽度及偏移量的实验值与分析值基本相同，验证了文献[9] 计算方法的正确性。

2）随着横向偏角的增大，能流密度分布曲线逐渐偏离聚焦平面的中心位置。在空间应用的一般对日定向精度 ±2° 范围内，聚焦宽度比 $\delta=0°$ 时最大增加 5%，有效聚光比、辐射强度均减小 5%，太阳光线横向偏角对聚光比的削弱作用影响可忽略。

3）正的横向偏角使得能流分布曲线向左半透镜偏移，负的横向偏角使得能流分布曲线向右半透镜偏移。

3　结　论

本文通过基于线聚焦菲涅耳透镜的空间聚光光伏系统特性的实验研究，给出了不同失焦距离、聚光比对太阳电池电性能的影响结果，以及不同失焦距离和不同太阳光线横向偏角对菲涅耳透镜聚光特性的影响结果，主要结论如下：

1）12.7 倍聚光比时，太阳电池短路电流为非聚光条件下短路电流的 11 倍，与聚光比近似成正比关系；开路电压随聚光比的增加基本不变（仅增 4%）；最佳功率为非聚光条件下最佳功率的 7.5 倍，近似与聚光比成正比关系。太阳电池性能随短路电流和最佳功率的提高而提高，相同输出功率下，采用 12.7 倍聚光比可节约 86% 太阳电池片数量。

2）在 1～11.6 倍太阳光强变化范围内，串联电阻基本维持不变，电学功率损失随光强的增加而增大，约为 0.001 3～0.110 6 W，占电功率（$P_{max}+P_S$）的 2.3%～23.2%。

3）太阳电池效率和填充因子随聚光比的增加而减小，其本质是串联电阻对聚光太阳电池效率和填充因子存在明显的不利影响，需尽可能地选择低串联内阻的太阳电池，有利于发挥聚光太阳电池的优势，提高效率。

4）聚焦宽度随失焦距离的增大而增大，例如失焦距离为 12 mm 时，相比失焦距离 0 mm，聚焦宽度增加 1 倍，导致辐射强度减少 50%，短路电流减少 47.3%。因此，聚光透镜与太阳电池片之间的距离应严格控制在±2%偏差范围内。

5）当聚光比为12.7时，铝基板温度和太阳电池温度要高于非聚光条件下铝基板温度和太阳电池的温度，约升高21%（散热铝板与太阳电池面积比为14：1），不影响电池工作；聚光条件下铝基板温度和太阳电池温度基本不随失焦距离的变化而变化，证明本实验利用铝板散热保证了聚光太阳电池具有良好的散热条件，可作为有效的散热手段。

6）聚焦宽度随太阳光线横向偏角的增加而略有增大；横向偏角在±2°范围内，聚焦宽度比δ＝0°时最大增加5%，有效聚光比、辐射强度均减小5%，太阳光线横向偏角对聚光比的削弱作用影响可忽略。

7）根据失焦距离对聚光光伏系统特性参数的影响分析，建议采用有效聚光比为8～11，失焦距离为−4～4 mm，横向偏角为−2°～2°的设计参数，可有效平衡效率、散热和对日定向精度设计矛盾，有效地解决了空间聚光光伏系统在工程设计时多参数合理匹配和选择的问题。

应当指出，考虑到本文实验中应用的菲涅耳透镜材料密度大、体积大、透光率衰减较快等局限，因此建议在工艺和材料条件完备的情况下，应寻找更适合于空间环境的、透光率衰减慢的柔性菲涅耳透镜材料，但本文的实验结果和分析对空间聚光光伏系统的工程设计具有重要指导意义。

参 考 文 献

[1] Luque A，Hegedus S. 光伏技术与工程手册．王文静，李海玲，周春兰等译．北京：机械工业出版社，2011.

[2] 刘志全，杨淑利，濮海玲．空间太阳电池阵的发展现状及趋势．航天器工程，2012，21（6）：112-118.

[3] Ryu K，Rhee J G，Park K M，et al. Concept and Design of Modular Fresnel Lenses for Concentration Solar PV System. Solar Energy，2006，80（12）：1580-1587.

[4] Piszczor M F，O'Neill M J，Eskenazi M，et al. Stretched-lens Photovoltaic Concentrator Arrays for NASA's Moon/Mars Exploration Missions. The 2nd International Energy Conversion Engineering Conference，Providence，USA，Aug 16-19，2004.

[5] Zhai H，Dai Y J，Wu J Y，et al. Experimental Investigation and Analysis on a Concentrating Solar Collector Using Linear Fresnel Lens. Energy Conversion and Management，2010，51（1）：48-55.

[6] 肖文波，何兴道，王庆，等．透镜与电池间距对聚光光伏系统特性影响的实验研究．光电子·激光，2012，23（6）：1039-1042.

[7] 梁齐兵，舒碧芬，陈美园，等．聚光条件下非均匀照射对太阳电池性能影响的研究现状．第十一届中国光伏大会，南京，2010年11月1日.

[8] 李国新．航天器电源系统技术概论．北京：中国宇航出版社，2008.

[9] 杨淑利，刘志全，濮海玲．空间聚光电池阵用拱形菲涅耳透镜设计与分析．宇航学报，2014，35（1）：106-114.

空间聚光太阳电池阵柔性
透镜薄膜结构的力学分析*

刘志全　杨淑利　濮海玲　吴跃民

摘　要：运用线性 Kirchhoff 平板理论建立了柔性菲涅耳透镜薄膜结构的静力学模型，给出了柔性透镜的静力学求解方法，得到了柔性透镜变形的解析解，分析了透镜纵向应变、背衬厚度、透镜纵向长度对柔性透镜特性的影响，获得了上述参数对透镜变形和几何光学性能的影响规律。基于圆柱薄壳振动理论，建立了柔性透镜动力学模型，借助于 Reissner 理论有限长开口圆柱壳振动方程的一般解，给出了柔性透镜动力学模型的求解方法，计算得到了柔性透镜的振型和固有频率，获得了透镜纵向应变、背衬厚度和轴向波数对柔性透镜固有频率的影响曲线。结果表明：在设计柔性透镜结构时，适当增加透镜的纵向应变、减小透镜的背衬厚度有利于减小透镜的变形。柔性透镜的固有频率与纵向应变和透镜背衬厚度密切相关，需选择合适的纵向应变与背衬厚度。柔性透镜的变形随着透镜纵向长度的增加而增大，但纵向长度太小会增加相同太阳电池阵面积上聚光组件的安装数量，因此纵向长度的选择需综合权衡。

关键词：聚光太阳电池阵　柔性薄膜结构　平板理论　圆柱薄壳振动理论

引　言

　　空间柔性聚光太阳电池阵是适应大功率、低成本轻质太阳电池阵需求的新一代空间太阳电池阵。柔性菲涅耳薄膜透镜[1]（以下简称柔性透镜）是聚光光伏系统的柔性结构，该柔性薄膜结构在太空温度交变、太阳光压或航天器扰动的综合作用下，会产生不同程度的变形而偏离预先设计的形状，当这种变形达到一定程度时，就会影响透镜的聚光比和对焦精度，降低太阳电池输出功率[2]。透镜的扭转变形会造成聚焦点偏移，透镜的拉伸变形会造成聚焦散开并引起光学损失[3]。因此，研究柔性菲涅耳透镜结构的力学特征，分析柔性透镜在外载作用下的变形特性，具有重要的工程实用价值。另一方面，根据电池阵展开、航天器变轨及姿态机动过程中柔性透镜的动力学响应规律来合理设计透镜几何参数和透镜的支撑张紧力，对于降低动力学环境对透镜光学性能的影响、避免结构共振等具有重要意义[4]。

　　2013 年，Huang 等[5]针对不同类型折射透镜的面形误差对入射光线的影响进行了理

＊《宇航学报》2015，Vol. 36，No. 11，pp1226 - 1234.（EI 检索号待查）

论推导和分析；2006 年，高原等[6]就菲涅耳硅橡胶透镜如何制备才能更适用于空间环境进行了相应的研究。上述研究都表明透镜的面形误差和安装条件会对透镜的聚光性能造成影响，但并未阐明不同边界条件和不同透镜背衬厚度对透镜面形的影响规律，而这些规律是寻找降低透镜变形来源的关键所在，是优化空间聚光光伏系统聚光性能的重要基础。

为解决以上问题，本文根据柔性菲涅耳透镜结构特点，利用弹性力学平板理论[7]和圆柱薄壳振动理论[8]，引入透镜与边框连接处的位移、力等边界条件，分别建立柔性透镜结构静力学和动力学模型并得到微分方程组解析解，根据不同的透镜参数、边界条件进行柔性透镜力学分析，获得柔性菲涅耳透镜不同纵向应变、不同背衬厚度、纵向长度和不同轴向波数对透镜变形及透镜固有频率的影响规律。

1　基于平板理论的柔性透镜静力学模型

聚光光伏组件是空间聚光太阳电池阵的关键结构之一，由柔性透镜、透镜支架、太阳电池、安装基板等组成，柔性透镜的形状依靠透镜支架及其提供的张紧力来保证，如图 1 所示。

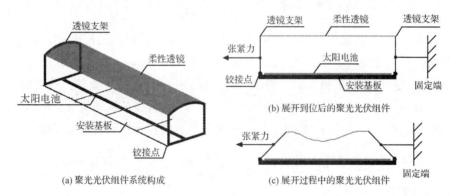

图 1　聚光光伏组件系统构成及工作原理

柔性透镜在纵向处于张紧状态，在横向有一定的薄膜张力，运用平板理论对柔性透镜进行静力分析。基于线性 Kirchhoff 平板理论建立柔性透镜的连续模型，将柔性透镜等效为平板结构，透镜支架的支撑和约束作用等效为柔性透镜的边界约束。

柔性透镜的力学模型如图 2 所示。柔性透镜的两个弧形边作为支撑边与透镜支架固连，支撑边承受纵向均布张力；两个直边为自由边。

在图 2 中，柔性透镜的长度和宽度方向分别为 x 轴和 y 轴方向，柔性透镜面 O 点处切平面 xoy 的法线方向为 z 轴方向；yoz 平面截透镜所形成的横截面定义为半翼展处横截面。用 w 代表透镜的 z 向挠度。基于平板理论，柔性透镜的静力学模型如式（1）～式（5）所示

$$D\left(\frac{\partial^4 w}{\partial x^4} + 2\frac{\partial^4 w}{\partial x^2 \partial y^2} + \frac{\partial^4 w}{\partial y^4}\right) - N_x\frac{\partial^2 w}{\partial x^2} = 0 \tag{1}$$

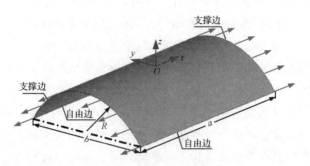

图 2　柔性透镜的边界约束

$$w\left(\pm\frac{a}{2},\ y\right)=\frac{y^2}{2R} \tag{2}$$

$$\frac{\partial^2 w}{\partial x^2}\left(\pm\frac{a}{2},\ y\right)+\mu\frac{\partial^2 w}{\partial y^2}\left(\pm\frac{a}{2},\ y\right)=0 \tag{3}$$

$$\frac{\partial^2 w}{\partial y^2}\left(x,\ \pm\frac{b}{2}\right)+\mu\frac{\partial^2 w}{\partial x^2}\left(x,\ \pm\frac{b}{2}\right)=0 \tag{4}$$

$$\frac{\partial^3 w}{\partial y^3}\left(x,\ \pm\frac{b}{2}\right)+(2-\mu)\frac{\partial^3 w}{\partial x^2\partial y}\left(x,\ \pm\frac{b}{2}\right)=0 \tag{5}$$

其中，式（2）为透镜拱形形状的近似函数，μ 为柔性透镜的泊松比，a 和 b 分别为透镜的长和宽，R 为透镜的半径。式（2）和式（3）代表了透镜在 $x=\pm a/2$ 处的边界条件。式（4）和式（5）代表了透镜在纵向边缘 $y=\pm b/2$ 处的自由边界条件。透镜的单位长度纵向张紧力为 $N_x=E\varepsilon_x h_a$，E 为透镜的弹性模量，ε_x 为透镜的纵向应变，h_a 为透镜横截面的平均厚度。式（1）中，D 为透镜的弯曲刚度，透镜截面的惯性矩决定透镜的有效弯曲刚度，$D=\dfrac{Eh_b^3}{12(1-\mu^2)}$；$h_b$ 为透镜的有效弯曲厚度，与菲涅耳透镜的锯齿横截面形状[1]有关，h_b 的计算如下所示

$$I=\frac{bh_b^3}{12}=\int_{z_1}^{z_2}b\left(z-\frac{1}{A}\int z\,\mathrm{d}A\right)^2\mathrm{d}z \tag{6}$$

式中　　z_1，z_2——分别为透镜锯齿横截面上最低点和最高点的 z 坐标值；

　　　　A——柔性透镜横截面面积；

　　　　I——该横截面的惯性矩。

2　基于圆柱薄壳振动理论的柔性透镜动力学模型

　　柔性透镜支架作为刚性边框，对柔性透镜起到支撑定位作用，也是外载荷的输入路径[9]。为研究刚性边框约束对柔性透镜的动力学影响和作用，获得透镜在外载荷作用下的变形性能，本文应用弹性力学圆柱薄壳振动理论建立柔性透镜动力学模型。

薄膜弹性体受纵向张紧力作用后的变形情况如图 3 所示。薄膜自由边界上没有施加力矩，薄膜在 x 方向可自由收缩。根据圆柱薄壳振动理论，薄膜弹性体透镜在两端张紧力的作用下，自由边处于自由状态，存在 $y-z$ 平面内 y 向和 z 向的耦合变形，支撑边处于束缚状态，y 向、z 向位移为零。

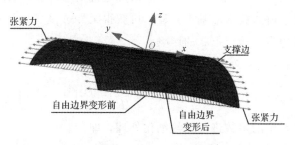

图 3 柔性透镜受力后的变形图

根据上述边界条件，设 x、y、z 方向的位移分别为 u、v、w，则

$$
\begin{cases}
u(x,\ y,\ t) = U(y)\cos\left(n\pi\left(\dfrac{x}{L}+\dfrac{1}{2}\right)\right)\exp(\mathrm{i}\omega t) \\[2mm]
v(x,\ y,\ t) = V(y)\sin\left(n\pi\left(\dfrac{x}{L}+\dfrac{1}{2}\right)\right)\exp(\mathrm{i}\omega t) \\[2mm]
w(x,\ y,\ t) = W(y)\sin\left(n\pi\left(\dfrac{x}{L}+\dfrac{1}{2}\right)\right)\exp(\mathrm{i}\omega t)
\end{cases}
\tag{7}
$$

式中 n——x 方向的波数（$n=1$ 对应薄壳的基频，相应薄壳的振型在 x 方向形成一个波；$n=2$ 对应非基频情形，代表薄壳振型在 x 方向有两个波）；

  ω——透镜的固有频率；

  t——时间变量；

  $U(y)$、$V(y)$、$W(y)$——分别为 x、y、z 方向的振幅；

  L——一个周期的波长。

则基于圆柱薄壳振动理论所建立的柔性透镜的动力学模型如下所示

$$
\frac{1-\mu}{2}\frac{\partial^2 v}{\partial y^2}+\frac{\mu}{R}\frac{\partial w}{\partial x}+\frac{1+\mu}{2}\frac{\partial^2 v}{\partial x \partial y}+\left(1+\frac{N_x}{K}\right)\frac{\partial^2 u}{\partial x^2}=\frac{\rho}{K}\frac{\partial^2 u}{\partial t^2}
\tag{8}
$$

$$
\frac{\partial^2 v}{\partial y^2}+\frac{1}{R}\frac{\partial w}{\partial x}+\frac{1+\mu}{2}\frac{\partial^2 u}{\partial x \partial y}u_{xy}+\left(\frac{1-\mu}{2}+\frac{N_x}{K}\right)\frac{\partial^2 v}{\partial x^2}=\frac{\rho}{K}\frac{\partial^2 v}{\partial t^2}
\tag{9}
$$

$$
-\frac{D}{K}\left(\frac{\partial^4 w}{\partial x^4}+2\frac{\partial^4 w}{\partial x^2 \partial y^2}+\frac{\partial^4 w}{\partial y^4}\right)-\frac{1}{R}\left(\frac{\partial v}{\partial y}+\mu\frac{\partial u}{\partial x}\right)+\frac{N_x}{K}\frac{\partial^2 w}{\partial x^2}-\frac{w}{R^2}=\frac{\rho}{K}\frac{\partial^2 w}{\partial t^2}
$$

$$
\tag{10}
$$

其中

$$
K=\frac{Eh_a}{1-\mu^2}
$$

式中 ρ——柔性透镜材料的密度。

3　柔性透镜静力学求解方法

为了便于求解，需将描述柔性透镜变形的偏微分方程转化为常微分方程。常微分方程再经消元、积分等处理后，形成用位移法求解柔性透镜变形的基本方程。在确定的边框约束边界条件下，通过求解透镜变形基本方程，可获得柔性透镜变形的解析解，以研究不同透镜参数和不同支撑边界对透镜形状的影响。

为求解式（1）的解，定义

$$\bar{w}(x,\ y) = w(x,\ y) + \frac{y^2}{2R} - \frac{\mu}{2R}\left(x^2 - \frac{a^2}{4}\right) \tag{11}$$

并对式（1）～式（5）中的参数进行无量纲化处理，即

$$\hat{N}_x = N_x \frac{a^2}{D}$$

$$(\hat{\bar{w}},\ \hat{w},\ \hat{x},\ \hat{y},\ \hat{R},\ \hat{a},\ \hat{b}) = (\bar{w},\ w,\ x,\ y,\ R,\ a,\ b)/a \tag{12}$$

式中：$\hat{N}_x$、$\hat{\bar{w}}$、$\hat{w}$、$\hat{x}$、$\hat{y}$、$\hat{R}$、$\hat{a}$、$\hat{b}$——分别为 N_x、$\bar{w}$、w、x、y、R、a、b 无量纲化后的参数。

通过对式（1）～式（5）的无量纲化处理，在满足边界条件的情况下，Levy 给出了解的级数表达形式[7]，即

$$\hat{\bar{w}}(\hat{x},\ \hat{y}) = \sum_{m=1}^{\infty} T_m(\hat{y}) \sin\left(m\pi\left(\hat{x} + \frac{1}{2}\right)\right) \qquad m = 1,\ 2,\ 3 \cdots \tag{13}$$

其中 $T_m(\hat{y})$ 只是 $\hat{y}$ 的函数，将式（13）代入式（1）～式（5），形成关于 $\hat{y}$ 的微分方程

$$\frac{d^4 T_m}{d\hat{y}^4} - 2m^2\pi^2 \frac{d^4 T_m}{d\hat{y}^2} + (m^4\pi^4 - m^2\pi^2 \hat{N}_x) T_m = C_m \tag{14}$$

$$\frac{d^4 T_m}{d\hat{y}^4}\left(\pm\frac{\hat{b}}{2}\right) - \mu m^2\pi^2 T_m\left(\pm\frac{\hat{b}}{2}\right) = D_m \tag{15}$$

$$\frac{d^3 T_m}{d\hat{y}^3}\left(\pm\frac{\hat{b}}{2}\right) - (2-\mu)m^2\pi^2 \frac{dT_m}{d\hat{y}}\left(\pm\frac{\hat{b}}{2}\right) = 0 \tag{16}$$

求解式（14）～式（16），可得

$$T_m = \frac{C_m}{m^4\pi^4 - m^2\pi^2 \hat{N}_x} + A_m \cosh(\lambda_1 \hat{y}) + B_m \cosh(\lambda_2 \hat{y})$$

其中

$$\lambda_1^2 = m\pi\left(m\pi - i\sqrt{\hat{N}_x}\right),\ \lambda_2^2 = m\pi\left(m\pi + i\sqrt{\hat{N}_x}\right)$$

$$A_m = \frac{\lambda_2(\lambda_2^2 + (2-\mu)m^2\pi^2)(G_m\mu + H_m(m^2\pi^2 + \hat{N}_x))\sinh\left(\frac{\hat{b}\lambda_2}{2}\right)}{S_m}$$

$$B_m = \frac{-\lambda_1(\lambda_1^2 + (2-\mu)m^2\pi^2)(G_m\mu + H_m(m^2\pi^2 + \hat{N}_x))\sinh\left(\frac{\hat{b}\lambda_1}{2}\right)}{S_m}$$

$$S_m = (m^2\pi^2 + \hat{N}_x)\lambda_1(\lambda_1^2 + (2-\mu)m^2\pi^2)(m^2\pi^2\mu - \lambda_2^2)\cosh\left(\frac{\hat{b}\lambda_2}{2}\right)\sinh\left(\frac{\hat{b}\lambda_1}{2}\right) -$$

$$\lambda_2(\lambda_2^2 + (2-\mu)m^2\pi^2)(m^2\pi^2\mu - \lambda_1^2)\cosh\left(\frac{\hat{b}\lambda_1}{2}\right)\sinh\left(\frac{\hat{b}\lambda_2}{2}\right)$$

$$C_m = \frac{2\hat{N}_x\mu(1-(-1)^m)}{m\pi\hat{R}} \qquad D_m = \frac{2(1-\mu^2)(1-(-1)^m)}{m\pi\hat{R}}$$

综上所述，则有

$$\hat{w}(\hat{x}, \hat{y}) = \sum_{m=1}^{\infty} T_m\sin\left(m\pi\left(\hat{x} + \frac{1}{2}\right)\right) - \frac{\hat{y}^2}{2\hat{R}} + \frac{\mu}{2\hat{R}}\left(\hat{x}^2 - \frac{1}{4}\right), \quad m = 1, 2, 3\cdots\cdots \quad (17)$$

式（17）给出了柔性透镜变形的解析解。

4　柔性透镜动力学求解方法

圆柱薄壳振动微分方程，一般都采用 Rayleigh‐Ritz 法、梁函数法等数值计算方法或半解析方法进行求解，还没有解析求解方法。本文将基于 Reissner 理论的有限长开口圆柱壳振动的一般解，引入柔性透镜的边界条件，得到薄壳结构的固有频率和对应振型。

将式（7）代入式（8）～式（10），则对应的振型方程组如式（18）、式（19）和式（20）所示

$$\frac{1-\mu}{2}\frac{\partial^2 U}{\partial y^2} + \left[\frac{\rho}{K}\omega^2 - \left(1 + \frac{N_x}{K}\right)F_n^2\right]U + \frac{\mu F_n}{R}W + \frac{1+\mu}{2}F_n\frac{\partial V}{\partial y} = 0 \qquad (18)$$

$$\frac{\partial^2 V}{\partial y^2} + \left[\frac{\rho}{K}\omega^2 - \left(\frac{1-\mu}{2} + \frac{N_x}{K}\right)F_n^2\right]V - \frac{1+\mu}{2}F_n\frac{\partial U}{\partial y} + \frac{1}{R}\frac{\partial W}{\partial y} = 0 \qquad (19)$$

$$-\frac{D}{K}\left(\frac{\partial^4 W}{\partial y^4} - 2F_n^2\frac{\partial^2 W}{\partial y^2} + F_n^4 W\right) + \left[\frac{\rho}{K}\omega^2 - \frac{N_x}{K}F_n^2 - \frac{1}{R^2}\right]W - \frac{1}{R}\frac{\partial V}{\partial y} + \frac{\mu F_n}{R}V = 0$$

$$(20)$$

其中 $F_n = \dfrac{n\pi}{L}$，设上述常微分方程组解的形式为 $U(y) = A\mathrm{e}^{\frac{m\pi}{y_0}y}$，$V(y) = B\mathrm{e}^{\frac{m\pi}{y_0}y}$，$W(y) = C\mathrm{e}^{\frac{m\pi}{y_0}y}$，并将其代入式（18）～式（20）（其中 y_0 为 y 方向的初始位移），可以得到关于 A，B，C 的线性代数方程组

$$\left(\frac{1-\mu}{2}\left(\frac{m\pi}{y_0}\right)^2 + \left[\frac{\rho}{K}\omega^2 - \left(1 + \frac{N_x}{K}\right)F_n^2\right]\right)A + \frac{1+\mu}{2}F_n\left(\frac{m\pi}{y_0}\right)B + \frac{\mu F_n}{R}C = 0 \quad (21)$$

$$-\frac{1+\mu}{2}F_n\left(\frac{m\pi}{y_0}\right)A + \left(\left(\frac{m\pi}{y_0}\right)^2 + \left[\frac{\rho}{K}\omega^2 - \left(\frac{1-\mu}{2} + \frac{N_x}{K}\right)F_n^2\right]\right)B + \frac{1}{R}\frac{m\pi}{y_0}C = 0 \quad (22)$$

$$\frac{\mu F_n}{R}A - \frac{1}{R}\frac{m\pi}{y_0}B + \left(-\frac{D}{K}\left[\left(\frac{m\pi}{y_0}\right)^4 - 2F_n^2\left(\frac{m\pi}{y_0}\right)^2 + F_n^2\right] + \left[\frac{\rho}{K}\omega^2 - \frac{N_x}{K}F_n^2 - \frac{1}{R^2}\right]\right)C = 0$$

$$(23)$$

若使方程组（21）～（23）有非零解，则其系数行列式应该为 0，因此可以得到关于 m 的 8 次代数方程如下

$$\left\{\frac{1-\mu}{2}\left(\frac{m\pi}{y_0}\right)^2 + \left[\frac{\rho}{K}\omega^2 - \left(1+\frac{N_x}{K}\right)F_n^2\right]\right\}.$$

$$\left\{\left(\frac{m\pi}{y_0}\right)^2 + \left[\frac{\rho}{K}\omega^2 - \left(\frac{1-\mu}{2}+\frac{N_x}{K}\right)F_n^2\right]\right\}.$$

$$\left\{-\frac{D}{K}\left[\left(\frac{m\pi}{y_0}\right)^4 - 2F_n^2\left(\frac{m\pi}{y_0}\right)^2 + F_n^2\right] + \left[\frac{\rho}{K}\omega^2 - \frac{N_x}{K}F_n^2 - \frac{1}{R^2}\right]\right\} + (1+\mu)F_n\left(\frac{m\pi}{y_0}\right).$$

$$\frac{1}{R}\frac{m\pi}{y_0}\frac{\mu F_n}{R} - \left(\frac{\mu F_n}{R}\right)^2\left\{\left(\frac{m\pi}{y_0}\right)^2 + \left[\frac{\rho}{K}\omega^2 - \left(\frac{1-\mu}{2}+\frac{N_x}{K}\right)F_n^2\right]\right\} + \left[\frac{1+\mu}{2}F_n\left(\frac{m\pi}{y_0}\right)\right]^2.$$

$$\left\{-\frac{D}{K}\left[\left(\frac{m\pi}{y_0}\right)^4 - 2F_n^2\left(\frac{m\pi}{y_0}\right)^2 + F_n^2\right] + \left[\frac{\rho}{K}\omega^2 - \frac{N_x}{K}F_n^2 - \frac{1}{R^2}\right]\right\} + \left(\frac{1}{R}\frac{m\pi}{y_0}\right)^2.$$

$$\left\{\frac{1-\mu}{2}\left(\frac{m\pi}{y_0}\right)^2 + \left[\frac{\rho}{K}\omega^2 - \left(1+\frac{N_x}{K}\right)F_n^2\right]\right\} = 0$$

$$(24)$$

将式（24）简化后可得

$$m^8 + a_6 m^6 + a_4 m^4 + a_2 m^2 + a_0 = 0$$

$$(25)$$

其中，$a_j = f_j(n, \omega, y_0, h_a)$，$j = 0, 2, 4, 6$；则方程（25）的根为

$$m = \pm m_1, \quad \pm i m_2, \quad \pm(m_3 \pm i m_4)$$

$$(26)$$

将式（26）代入到式（18）～式（20）中，可得

$$\begin{cases} U(y) = \sum_{j=1}^{8} A e^{\frac{m_j\pi}{y_0}y} \\ V(y) = \sum_{j=1}^{8} B e^{\frac{m_j\pi}{y_0}y} = \sum_{j=1}^{8} A\eta_j e^{\frac{m_j\pi}{y_0}y} \\ W(y) = \sum_{j=1}^{8} C e^{\frac{m_j\pi}{y_0}y} = \sum_{j=1}^{8} A\xi_j e^{\frac{m_j\pi}{y_0}y} \end{cases}$$

$$(27)$$

其中

$$\eta_j = \varphi_j(n, \omega, y_0, h_a), \quad \xi_j = \chi_j(n, \omega, y_0, h_a), \quad j = 1, 2, \cdots, 8$$

将式（27）代入式（7），为

$$\begin{cases} u(x, y, t) = \sum_{j=1}^{8} A e^{\frac{m_j\pi}{y_0}y}\cos\left(n\pi\left(\frac{x}{L}+\frac{1}{2}\right)\right)\exp(i\omega t) \\ v(x, y, t) = \sum_{j=1}^{8} A\eta_j e^{\frac{m_j\pi}{y_0}y}\sin\left(n\pi\left(\frac{x}{L}+\frac{1}{2}\right)\right)\exp(i\omega t) \\ w(x, y, t) = \sum_{j=1}^{8} A\xi_j e^{\frac{m_j\pi}{y_0}y}\sin\left(n\pi\left(\frac{x}{L}+\frac{1}{2}\right)\right)\exp(i\omega t) \end{cases}$$

$$(28)$$

因为薄壳在 $y = -\dfrac{b}{2}$ 及 $y = \dfrac{b}{2}$ 处分别有四个边界条件，将式（28）代入边界条件能得到线性方程组，可用 QR 数值方法计算出固有频率 ω。

5　计算结果及分析

本文计算的柔性菲涅耳透镜几何形状如图 4 所示，图中的虚线为横截面的中性轴。柔性透镜材料为空间常用的 DC93—500 硅树脂材料，透镜材料物理属性和几何参数如表 1。

图 4　柔性菲涅耳透镜的形状及局部放大图

表 1　柔性透镜的物理属性和几何参数

参数名称	参数	数值
透镜纵向长度	a	10 cm
透镜横向宽度	b	9.578 cm
透镜平均厚度	h_a	229 μm
透镜弯曲厚度	h_b	236 μm
透镜拱形半径	R	5.7 cm
材料密度	ρ	1080 kg/m^3
弹性模量	E	1.758 MPa
泊松比	μ	0.45
棱镜剖面厚度	/	100 μm
棱镜剖面宽度	/	200 μm
透镜横截面总厚度	/	280 μm

5.1　不同纵向应变对透镜变形的影响分析

透镜变形计算是在纵向应变 $\varepsilon_x = 2\% \sim 10\%$、背衬厚度为 $h_{bt} = 180~\mu$m 的情况下开展的。图 5 为不同纵向应变下半翼展处各点变形量随横向半宽的变化曲线。表 2 为半翼展处透镜自由边界点变形量减小的百分比随透镜纵向应变增加量的变化关系。

在图 5 中，半翼展处透镜的初始形状为中心位置，中心位置以下的变形量为负值；中心位置以上的变形量为正值。由图 5 和表 2 可知：

1）在透镜支架张紧力的作用下，半翼展处透镜的 z 向变形量随横向半宽的增大由负值变为正值，自由边界上点的上翘变形量最大，说明拱顶区域柔性透镜下凹，靠近边缘区域上凸。

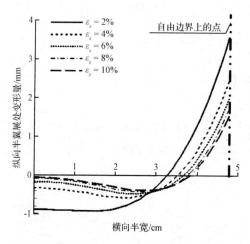

图 5　不同纵向应变下半翼展处变形量随横向半宽的变化曲线

表 2　半翼展处透镜自由边界点变形量减小百分比随透镜纵向应变增加量的变化

透镜纵向应变 ε_x	应变增加量	半翼展处透镜自由边界点变形量	变形量减小百分比
2%	/	3.58 mm	/
4%	2%	2.46 mm	31%
6%	2%	2.0 mm	18.7%
8%	2%	1.72 mm	14%
10%	2%	1.54 mm	10.5%

2）在自由边界上的半翼展处透镜变形量随着纵向应变的增加而减小；当纵向应变由 2% 增大至 10%，透镜变形量最大值减小 55%。

3）随着透镜纵向应变的增加且在相同的纵向应变增加量下，半翼展处透镜自由边界点变形量减小百分比逐渐变小；如透镜纵向应变从 2% 增加到 4%，变形量减小 31%；透镜纵向应变从 8% 增加到 10%，变形量减小 10.5%。

4）增加纵向应变可以减小柔性透镜变形量的绝对值，由此可推断，适当增加纵向应变可以减小柔性透镜由拱形变成平面的趋势；而应变受张紧力、透镜纵向长度和弹性模量的综合影响，当纵向长度不变时，较大的张紧力和较小的弹性模量可提供更大的应变，有利于维持透镜的几何形状。

5.2　不同背衬厚度对透镜变形的影响分析

图 4 中透镜的锯齿状部分是根据光路设计预先设定的，它的厚度不能改变，而背衬厚度是可变的结构设计参数。图 6 为纵向应变为 4% 时，不同透镜背衬厚度下柔性透镜半翼展处变形量随横向半宽的变化曲线；表 3 为半翼展处透镜自由边界点变形量增加百分比随透镜背衬厚度增加量的变化关系。

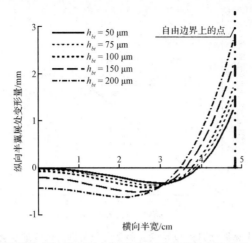

图 6　不同透镜背衬厚度下半翼展处变形量随横向半宽的变化曲线

表 3　半翼展处透镜自由边界点变形量增加百分比随透镜背衬厚度增加量的变化表

透镜背衬厚度 h_{bt}	背衬厚度增加量	半翼展处透镜自由边界点变形量	变形量增加百分比
50 μm	/	1.23 mm	/
75 μm	25 μm	1.46 mm	18.7%
100 μm	25 μm	1.70 mm	16.4%
125 μm	25 μm	1.93 mm	13.5%
150 μm	25 μm	2.18 mm	12.9%
175 μm	25 μm	2.44 mm	11.9%
200 μm	25 μm	2.71 mm	11.0%

由图 6 和表 3 可以看出：

1）自由边界上半翼展处透镜变形量随着背衬厚度的增大而增大；当背衬厚度由 50 μm 增大至 200 μm 时，自由边界点变形量增大了约 1.2 倍。

2）随着透镜背衬厚度的增加且在相同的背衬厚度增加量下，半翼展处透镜自由边界点变形量增加的百分比逐渐减小；如背衬厚度从 50 μm 增加到 75 μm，自由边界点变形量增加 18.7%；背衬厚度从 175 μm 增加到 200 μm，自由边界点变形量增加 11.0%。

3）如果背衬厚度减小，即柔性透镜变薄，则透镜的变形也随之减小。因此，减小柔性透镜背衬厚度可以减小柔性透镜由拱形变成平面的趋势，以维持光路的稳定性。

5.3　透镜纵向长度对透镜变形的影响分析

图 7 为纵向应变为 4%、背衬厚度为 180 μm 情况下柔性透镜半翼展处自由边界点的变形量随透镜纵向长度的变化曲线。

由图 7 可知：

1）透镜半翼展处自由边界点的变形量随透镜纵向长度的增大呈线性增大，因此需要控制透镜的纵向长度。

2）为了减小在一定透镜长度下透镜各点变形，可沿透镜长度方向适当间隔布置锥形

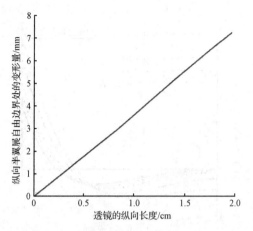

图 7　半翼展处自由边界点变形量随透镜纵向长度的变化曲线

支架支撑，使得透镜更好地保持拱形状态。

5.4　柔性透镜的模态分析

在纵向应变为 4% 的情况下，利用表 1 给出参数及式（27），计算 $n=1$ 时柔性透镜的前 6 阶模态对应的固有频率，并给出柔性透镜在半翼展处随横向半宽的变形形状，见图 8。

图 8 中的虚线是指透镜保持拱形形状时透镜半翼展处各点的初始位置。实线和点划线分别代表峰峰值状态对应的柔性透镜半翼展处各点随横向半宽的变形曲线。

一阶模态对应为扭转变形，如图 8（a）；二阶模态对应典型的弯曲变形，如图 8（b）；其他模态呈现不规则形状，如图 8（c）～图 8（f）。

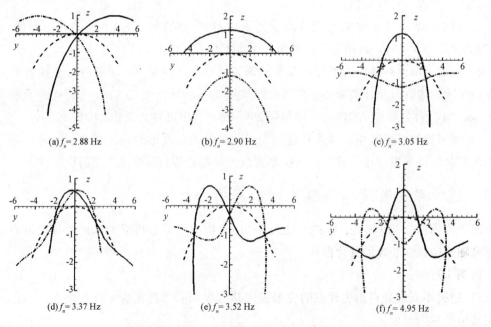

图 8　前 6 阶模态及其对应的固有频率

5.5 不同纵向应变对透镜频率的影响分析

图 9 分别给出了轴向波数 $n=1$（实线部分）和 $n=2$（虚线部分）柔性透镜频率随纵向应变的变化曲线。$n=1$ 取前 5 阶频率；$n=2$ 取前 4 阶频率。

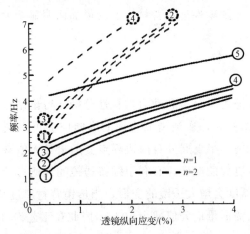

图 9　不同轴向波数下透镜频率随纵向应变的变化曲线

由图 9 可知：

1）在一定的轴向波数下，柔性透镜的频率随透镜纵向应变的增加而增加；

2）当轴向波数 $n=1$ 时，柔性透镜的固有频率随纵向应变的增加而平缓增加；当轴向波数 $n=2$ 时，柔性透镜频率随纵向应变的增加而显著增加；

3）柔性透镜的固有频率随轴向波数的增大而增大。如当应变为 2%，$n=1$ 时透镜的一阶固有频率为 2.9 Hz，而 $n=2$ 时透镜的一阶固有频率增加为 5.2 Hz。

5.6 不同背衬厚度对透镜频率的影响分析

图 10 为纵向应变为 4%、不同轴向波数下柔性透镜前 7 阶频率随透镜背衬厚度的变化曲线。

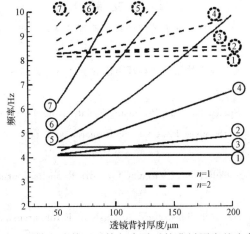

图 10　不同轴向波数下透镜频率随透镜背衬厚度的变化曲线

由图 10 可知：

1）随着背衬厚度的增加，透镜固有频率增大；并且不同轴向波数对应的柔性透镜固有频率随透镜背衬厚度的变化趋势几乎相同；

2）在相同轴向波数下，前 3 阶固有频率随柔性透镜背衬厚度的增加（50～200 μm）无明显变化；高阶固有频率随柔性透镜背衬厚度的增加而明显增大。

6　结　论

通过对柔性透镜进行静力学分析和动力学特性分析，得出结论如下：

1）在设计柔性透镜结构时，适当增加透镜的纵向应变可以减小透镜的变形；当透镜的纵向应变从 2% 增至 10%，半翼展处自由边界点变形量最大值减小 55%。较大的张紧力和较小的弹性模量可提供更大的应变，有利于维持透镜的几何形状。

2）增加透镜的背衬厚度会增大透镜的变形，当透镜背衬厚度从 200 μm 减小到 50 μm 时，半翼展处自由边界点变形量最大值减小 50%。因此在工艺许可的情况下，需合理减小透镜的背衬厚度。

3）透镜半翼展处自由边界点变形量与透镜纵向长度呈正比，但纵向长度太小会增加相同太阳电池阵面积上透镜支架安装数量，因此纵向长度需权衡考虑。

4）柔性透镜结构的一阶模态对应扭转振型；二阶模态对应弯曲振型，其他模态呈现不规则形状；针对本文算例所给柔性透镜结构，其前 6 阶固有频率范围在 2.88～4.95 Hz 之间。

5）柔性透镜的固有频率随纵向应变的增加而增加；频率增加幅度随轴向波数的增大而增大；增加纵向应变可减小外界扰动产生的透镜变形。

6）对于同一轴向波数，柔性透镜低阶（前 3 阶）固有频率几乎不随背衬厚度的变化而变化，高阶固有频率则随着透镜背衬厚度的增加而明显增大。

参 考 文 献

[1]　杨淑利，刘志全，濮海玲. 空间聚光电池阵用拱形菲涅耳透镜设计与分析. 宇航学报，2014，35（1）：106-114.

[2]　杨淑利，刘志全，濮海玲. 基于线聚焦菲涅耳透镜的空间聚光光伏系统特性的实验研究. 宇航学报，2014，35（8）：969-976.

[3]　Eskenazi M，White S，Spence B，et al. Promising Results from Three SBIR Solar Array Technology Development Programs. 18th Space Photovoltaic Research and Technology Conference，Cleveland，USA，2003.

[4]　Chung H. Free Vibration Analysis of Circular Cylindrical Shells. Journal of Sound and Vibration，1981，74（3）：331-350.

[5]　Huang W D，Li Y P，Han Z F. Theoretical Analysis of Error Transfer from Surface Slope to Refractive Ray and Their Application to the Solar Concentrated Collector. Renewable Energy，2013，

57：562 - 569.

[6]　高原，马勉军，魏杰，等 . 菲涅耳硅橡胶透镜表面防护薄膜的制备与表征 . 真空科学与技术学报，2006，26（z1）：110 - 114.

[7]　Timoshenko S，Woinowsky - Krieger S. Theory of Plates and Shells. New York：McGraw - Hill，1987.

[8]　Soedel W. Vibrations of Shells and Plates . New York：Marcel Dekker Inc，2004.

[9]　李国臣，李永强 . 薄壁圆柱壳固有频率的计算 . 机械科学与技术，2010，29（9）：1226 - 1229.

空间机械臂关节精细动力学
模型的建立及关节力矩控制[*]

刘志全　危清清　王耀兵

摘　要： 针对空间机械臂辅助对接任务中的复杂关节力矩控制问题，建立了含间隙、非线性刚度及啮合阻尼的多级行星齿轮传动复杂关节精细动力学模型，该模型不仅考虑了齿轮啮合刚度，而且考虑了齿轮轴的扭转刚度。提出了一种基于关节动态扭转变形的关节力矩测量方法，并以此建立关节力矩控制系统，利用 Runge-Kutta 算法对关节精细动力学模型进行了数值计算。计算结果表明，此关节力矩控制方法约有 1.7% 的稳态误差，能满足关节力矩控制的需要；基于关节动态扭转变形的关节力矩测量方法有效地解决了提高关节力矩测量精度与保持传感器刚度之间的矛盾。

关键词： 空间机械臂　关节　辅助对接　关节动力学　力矩控制

引　言

空间机械臂关节是提供动力、感知位置和实现臂杆间机械连接的重要部件，是保证机械臂运动范围、运动精度和运动平稳性的关键。空间机械臂关节由动力源、传动系统、传感器和控制器等组成。关节传动系统一般采用大传动比多级行星齿轮传动系统[1]。

关节力矩控制是空间机械臂力控制任务得以完成的关键。为了顺利完成机械臂辅助对接（依靠空间机械臂抓取航天器，牵引航天器运动，提供对接所需的力与力矩来完成航天器对接任务的行为）等力控制任务，机械臂与关节必须提供对接所需的力与力矩输出[2-3]。为此，需建立空间机械臂关节的精细动力学模型来准确反映关节的动力学特性，还需建立关节力矩控制系统以保证关节力矩输出。

1994 年，加拿大 SPAR 公司研制的灵巧臂 SPDM（Special Purpose Dexterous Manipulator）[4] 为了完成在轨单元更换任务，在腕关节处串联了一个 6 维力传感器（six-axis force sensor），通过测量机械臂末端力来计算各关节力矩，从而给出关节力矩反馈，此方法无法消除惯性力对测量末端力的影响[5-6]，仅适用于末端负载较小的情况，难以适应机械臂辅助对接等大负载的任务需求。这种测量方法存在提高 6 维力传感器测量精度与维持传感器刚度之间的矛盾，若为了提高测量精度而降低 6 维力传感器的刚度，则导致空间柔性机械臂刚度的进一步下降，导致机械臂性能下降。

———————————
* 《宇航学报》2014，Vol. 35，No. 6，pp663 - 668. EI：20142917960706

传统的关节力矩测量方法是在关节输出轴处安装一个力矩传感器，通过测量力矩传感器的变形来计算关节输出力矩[7]。此方法能直接测量关节力矩，但是为了提高测量精度，也需降低力矩传感器的刚度，也会降低关节的刚度，同样存在上述导致机械臂性能下降的问题。对于此矛盾，国外亦没有给出解决方法。

文献 [8] 详细论证了建立空间柔性机械臂复杂关节精细动力学模型的必要性。所谓精细动力学模型是指经过深入分析关节传动系统各个运动部件间的受力、运动关系，考虑了部件与部件之间的影响因素后，建立的关节输出力矩与关节输出运动参数的关系[8]。影响关节输出的因素主要包括时变啮合刚度、啮合阻尼和齿侧间隙等。文献 [9] 针对某复杂关节采用集中参数法建立了考虑时变啮合刚度、啮合阻尼和齿侧间隙等因素的精细动力学模型来分析关节的动态特性，该模型仅考虑轮齿啮合刚度，而没有考虑轴的扭转刚度，文中也未提及模型正确性的验证情况。文献 [10] 考虑了关节传动系统各个齿轮副啮合刚度及齿轮轴的扭转刚度来求解关节传动系统总刚度，分析结果表明，各个齿轮轴的扭转刚度与齿轮等效扭转刚度属同一个量级，因此计算关节刚度时需同时考虑轴和齿轮的影响。经验证，此方法计算得到的关节扭转刚度与实验值之间的误差为 5.76%，证明了上述结论的正确性。

本文将在文献 [10] 的基础上，同时考虑轮齿啮合刚度及齿轮轴扭转刚度来建立复杂关节的精细动力学模型，并提出一种关节输出力矩测量方法和关节输出力矩控制策略以解决上文提及的提高测量精度与保持传感器刚度之间的矛盾，实现关节力矩的精确跟踪，来适应大负载情况下的机械臂辅助对接任务的需求。

1 复杂关节的精细动力学模型

某空间机械臂关节传动系统如图 1 所示。电机提供的动力由输入轴 l_1 经行星轮系 $A-B-C-h_1$，传递到定轴轮系 $H-I$，然后通过定轴轮系 $S-K-L$ 及差动轮系 $M-N$ $(O_l，O_r)-Q-h_2$，由齿轮 Q 带动输出轴输出。其中 $L-M$ 为含内齿圈 L 和外齿圈 M 的大齿轮，O_l 与 O_r 为齿数、模数均相同的两个同轴齿轮，P_l 与 P_r 为齿数、模数均相同的两个与齿轮 O_l 与 O_r 相啮合的内齿圈，为了后续建模简便，将这两组齿轮各当作一个齿轮，分别为齿轮 P 与齿轮 O，内齿圈 C 与齿轮 P 相对于关节壳体固定，图 1 中每套周转轮系行星轮的个数都为 n。

图 1 所示复杂关节传动系统中含 9 个转动副，将各个转动副的角位移 θ_A，θ_B，θ_H，θ_I，θ_K，θ_L，θ_O，θ_N 和 θ_Q 定义为 9 个广义坐标。约定下标 A、B、H、I、K、L、O、N、Q 分别与图 1 中各个齿轮相对应；约定下标 AB、BC、HI、SK、KL、MN、OP、NQ 分别与图 1 中的齿轮副相对应；l_1，l_2，l_3，l_4，l_5 和 l_6 分别表示图 1 所示的转轴。

图 2 给出了反映齿轮啮合特性的精细动力学模型。

为了方便建模，作如下假设：

1) 各个齿轮当作直齿圆柱齿轮处理，只考虑各齿轮扭转变形；

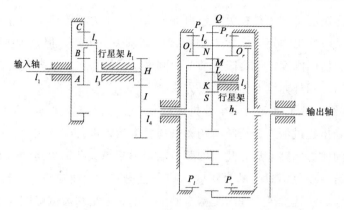

图 1　某关节齿轮传动系统

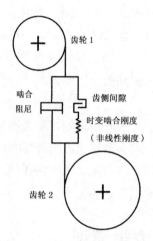

图 2　齿轮啮合精细动力学模型

2）忽略各轴弯曲变形，只考虑轴的扭转变形，忽略关节壳体的柔性；

3）空间机械臂关节传动系统的运动副一般采用固体润滑，故忽略齿轮副与电机的摩擦力与摩擦力矩的影响。由于篇幅限制，关于齿轮传动系统中的摩擦力矩对关节动力学与关节力矩测量的影响拟另文刊登。

本文采用集中参数法建立关节的精细动力学模型，齿与齿之间的啮合特性由弹簧—阻尼器—间隙模型来表征（如图 2 所示）。关节精细动力学模型如图 3 和式（1）所示。

$$
\begin{cases}
(J_A + J_{l1})\ddot{\theta}_A + n(D_{AB} + \overline{P}_{AB})r_{bA} = T_{\text{in}} \\
(J_B + J_{l2})\ddot{\theta}_B + (D_{AB} + \overline{P}_{AB} + D_{BC} + \overline{P}_{BC})r_{bB} = 0 \\
(J_H + J_{h1} + J_{l3} + nm_B r_{h1}^2)\ddot{\theta}_H - n(D_{AB} + \overline{P}_{AB} - \\
\qquad D_{BC} - \overline{P}_{BC})r_{h1}\cos\alpha + (D_{HI} + \overline{P}_{HI})r_{bH} = 0 \\
(J_I + J_{l4} + J_S)\ddot{\theta}_I + (D_{HI} + \overline{P}_{HI})r_{bI} + n(D_{SK} + \overline{P}_{SK})r_{bJ} = 0 \\
(J_K + J_{l5})\ddot{\theta}_K + (D_{SK} + \overline{P}_{SK} + D_{KL} + \overline{P}_{KL})r_{bK} = 0 \\
J_L\ddot{\theta}_L - n(D_{KL} + \overline{P}_{KL})r_{bL} + n(D_{MN} + \overline{P}_{MN})r_{bM} = 0
\end{cases}
$$

$$\begin{cases} (J_N + J_{l6} + J_O)\ddot{\theta}_N + (D_{MN} + \overline{P}_{MN} + D_{NQ} + \overline{P}_{NQ})r_{bN} + (D_{OP} + \overline{P}_{OP})r_{bO} = 0 \\ (J_{h2} + n(m_N + m_O)r_{h2}^2)\ddot{\theta}_{h2} - n(D_{MN} + \overline{P}_{MN} - D_{PO} - \overline{P}_{PO} - D_{NQ} - \overline{P}_{NQ})r_{h2}\cos\alpha = 0 \\ J_Q\ddot{\theta}_Q - n(D_{NQ} + \overline{P}_{NQ})r_{bQ} = -T_{out} \end{cases}$$

$$(1)$$

其中

$$r_{h1} = r_{jA} + r_{jB}, \ r_{h2} = r_{jM} + r_{jN}$$

式中　J——各齿轮、行星架及轴的转动惯量；

　　　T_{in}，T_{out}——分别为关节输入力矩和输出力矩；

　　　r_b——齿轮的基圆半径；

　　　r_{h1}，r_{h2}——分别为行星架 h_1 和 h_2 的半径；

　　　r_{jA}、r_{jB}、r_{jM} 和 r_{jN}——分别为齿轮 A、齿轮 B、齿轮 M 和齿轮 N 的节圆半径；

　　　α——齿轮副啮合角；

　　　$\overline{P}$——齿轮副的弹性啮合力[11]；

　　　D——齿轮副的粘性啮合力[11]；

　　　$\ddot{\theta}$——角加速度；

　　　m——齿轮质量。

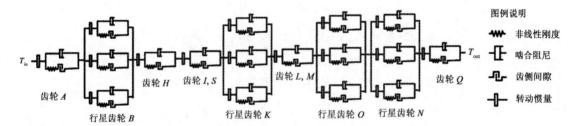

图 3　关节精细动力学模型

J、r_b、$\ddot{\theta}$、m、$\overline{P}$ 和 D 的下标含义均在本节前文作过定义。$\overline{P}$ 的表达式为

$$\begin{cases} \overline{P}_{AB} = k_{AB}f(\theta_A r_{bA} + \theta_B r_{bB} - \theta_H r_{h1}\cos\alpha, \ b_{AB}) \\ \overline{P}_{BC} = k_{BC}f(\theta_B r_{bB} + \theta_H r_{h1}\cos\alpha, \ b_{BC}) \\ \overline{P}_{HI} = k_{HI}f(\theta_H r_{bH} + \theta_I r_{bI}, \ b_{HI}) \\ \overline{P}_{SK} = k_{SK}f(\theta_S r_{bS} + \theta_K r_{bK}, \ b_{JK}) \\ \overline{P}_{KL} = k_{KL}f(\theta_K r_{bK} - \theta_L r_{bL}, \ b_{KL}) \\ \overline{P}_{MN} = k_{MN}f(\theta_M r_{bM} + \theta_N r_{bN} - \theta_{h2} r_{h2}\cos\alpha, \ b_{MN}) \\ \overline{P}_{OP} = k_{OP}f(\theta_O r_{bO} + \theta_{h2} r_{h2}\cos\alpha, \ b_{OP}) \\ \overline{P}_{NQ} = k_{NQ}f(\theta_N r_{bN} - \theta_Q r_{bQ} + \theta_{h2} r_{h2}\cos\alpha, \ b_{NQ}) \end{cases}$$

$$(2)$$

其中

$$f(x,\ b)=\begin{cases} x-b, & x>b \\ 0, & -b\leqslant x\leqslant b \\ x+b, & x<-b \end{cases} \quad(3)$$

式中　k——综合考虑齿轮轴扭转刚度的各齿轮副的时变啮合刚度[12-13]；

　　　　$f(x,\ b)$——间隙非线性函数[13]；

　　　　b——齿轮副齿侧间隙的一半。

文献［10］给出了综合考虑轴扭转刚度与齿轮啮合刚度的时变啮合刚度计算方法，本文不再赘述。

D 的表达式为

$$\begin{cases} D_{AB}=C_{AB}(\dot{\theta}_A r_{bA}+\dot{\theta}_B r_{bB}-\dot{\theta}_H r_{h1}\cos\alpha) \\ D_{BC}=C_{BC}(\dot{\theta}_B r_{bB}+\dot{\theta}_H r_{h1}\cos\alpha) \\ D_{HI}=C_{HI}(\dot{\theta}_H r_{bH}+\dot{\theta}_I r_{bI}) \\ D_{SK}=C_{SK}(\dot{\theta}_S r_{bS}+\dot{\theta}_K r_{bK}) \\ D_{KL}=C_{KL}(\dot{\theta}_K r_{bK}-\dot{\theta}_L r_{bL}) \\ D_{MN}=C_{MN}(\dot{\theta}_M r_{bM}+\dot{\theta}_N r_{bN}-\dot{\theta}_{h2} r_{h2}\cos\alpha) \\ D_{OP}=C_{OP}(\dot{\theta}_O r_{bO}+\dot{\theta}_{h2} r_{h2}\cos\alpha) \\ D_{NQ}=C_{NQ}(\dot{\theta}_N r_{bN}-\dot{\theta}_Q r_{bQ}+\dot{\theta}_{h2} r_{h2}\cos\alpha) \end{cases} \quad(4)$$

式中　$\dot{\theta}$——角速度；

　　　　C——齿轮副啮合阻尼系数[13]，下标含义同前文。

$$C_{12}=2\xi\sqrt{\frac{\overline{k_{12}}J_1 J_2}{J_1 r_{b2}^2+J_2 r_{b1}^2}} \quad(5)$$

其中

$$\overline{k_{12}}=\frac{1}{T}\int_0^T k_{12}(t)\mathrm{d}t \quad(6)$$

式中　ξ——齿轮副啮合阻尼比；

　　　　下标 1，2——分别代表主动轮和从动轮；

　　　　$\overline{k_{12}}$——齿轮副平均啮合刚度；

　　　　T——齿轮副啮合周期。

2　基于关节精细动力学模型的输出力矩控制

2.1　关节力矩控制方案

基于以上关节精细动力学模型提出的关节力矩控制方案如图 4 所示，其中 T_D 是期望力矩，T_f 是关节反馈力矩，$\theta_A^{'}$ 和 $\theta_Q^{'}$ 分别为关节传动系统输入轴和输出轴转角的实测值，$\Delta\theta$ 为关节等效动态扭转变形。

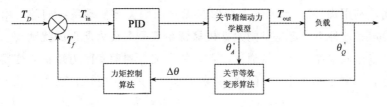

图 4　关节力矩控制方案

2.2　基于关节等效动态扭转变形的力矩测量

对于加拿大 1 臂[1]与日本臂[14]，关节均被简化为扭簧。本文根据扭簧变形与受力关系，提出一种基于关节等效动态扭转变形的力矩测量方法。关节等效动态扭转变形 $\Delta\theta$ 为

$$\Delta\theta = (\theta_A^{'}/i) - \theta_Q^{'} \tag{7}$$

式中　i——关节传动比。

于是，有

$$T_f = k_{sj}\left[(\theta_A^{'}/i) - \theta_Q^{'}\right] \tag{8}$$

式中　k_{sj}——同时考虑齿轮副啮合刚度与齿轮轴扭转刚度的关节传动系统相对于输出轴的
　　　　　等效扭转刚度和[10]。

工程上一般采用光电码盘来测量关节转角，一般以测量位数 j 来表征光电码盘的角度测量精度。则转角实测值 $\theta^{'}$、理论值 θ 与测量位数的关系为

$$\theta^{'} = \frac{2\pi}{2^j}\mathrm{int}\left(\frac{\theta\times 2^j}{2\pi}\right) \tag{9}$$

由式（9）可知光电码盘测得关节转角的最大测量误差为

$$\theta_e = \frac{\pi}{2^{j-1}} \tag{10}$$

则关节最大力矩测量误差为

$$\Delta T = k_{sj}\theta_e = \frac{\pi k_{sj}}{2^{j-1}} \tag{11}$$

3　数值计算结果分析

以图 1 所示关节的参数作为数值计算输入，行星齿轮个数 $n = 3$；齿轮材料为不锈钢、轴系材料为钛合金；齿轮副啮合阻尼比 $\xi = 0.02$；取各齿轮齿侧间隙均为 100 μm；啮合刚度取平均刚度。采用定步长四阶 Runge-Kutta 法求解式（1）所示的关节精细动力学模型，步长为 1 ms。计算结果及分析见下文。

3.1　间隙对关节力矩跟踪的影响分析

机械臂辅助对接时，折算到关节的最大输出力矩约 1 000 Nm，故本文以 $T_D = $

1 000 Nm的阶跃输出为关节的期望力矩。不考虑关节角度测量误差时，关节力矩跟踪情况如图5所示，稳态误差约为0.3％，且约有82.32％的超调量，此超调产生的原因在于：关节转动初期，利用式（7）计算动态变形时无法识别关节传动系统间隙，由此造成关节输出力矩不稳定。这种不稳定是空间柔性机械臂系统一个较为严重的扰动源，必须予以消除。本文在关节输入端加入一个低通滤波器，使得关节初期实际力矩输入变得平滑，此时扰动大大降低，同时也给关节力矩跟踪带来了 0.4 s 的延时和 1.7％ 的稳态误差（如图6所示）。

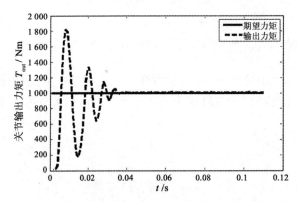

图5　有间隙时关节输出力矩随时间变化曲线

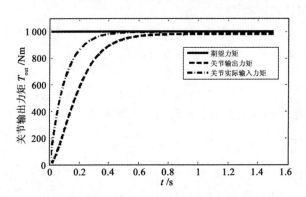

图6　滤波后关节输出力矩随时间变化曲线

3.2　角度测量精度对关节力矩跟踪的影响分析

空间机械臂关节减速比一般高达 1 000 以上，由式（8）可知，关节输入端 θ_A 的测量误差（$\theta_A' - \theta_A$）除以传动系统传动比 i 后对力矩的测量影响较小，关节力矩测量精度受关节输出端 θ_Q 的测量误差（$\theta_Q' - \theta_Q$）影响更大。当输出端光电码盘精度为 17 位、$k_{sj} = 1 \times 10^6$ Nm/rad时，关节输出力矩会有 ±23 Nm 的振荡带（如图7所示）。而不同测量精度下关节最大力矩测量误差如图8所示，显然，随着测量精度的提高，关节最大力矩测量误差逐渐降低，当测量精度为 16 位时，关节最大力矩测量误差为 48 Nm，这必然会影响机械臂末端力的平稳输出，不利于整臂的力控制。

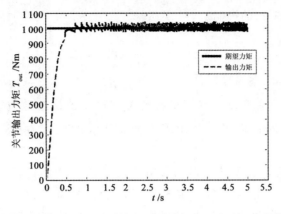

图 7　末端测量为 17 位精度的关节输出力矩随时间变化曲线

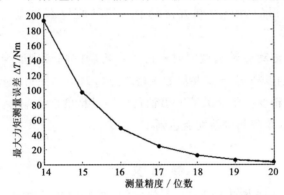

图 8　关节最大力矩测量误差随关节输出轴测量精度的变化

3.3　k_{sj} 对关节最大力矩测量误差的影响分析

图 9 给出了末端测量精度分别为 15、16、17、18、19 及 20 位时，最大力矩测量误差随关节扭转刚度的变化情况，显然末端测量精度低于 17 位时，最大力矩测量误差很容易就超过 23 Nm，为了满足机械臂力控制的需要，关节输出轴角度测量精度需达到 17 位以上。目前机械臂关节采用的光电码盘可以达到 17 位精度。同时，为了控制最大力矩测量

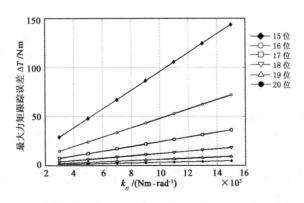

图 9　不同测量精度下，最大力矩测量误差随 k_{sj} 的变化情况

误差，也需要综合考虑 k_{sj} 的影响。

4　结　论

本文针对图 1 所示大型复杂空间机械臂关节建立了精细动力学模型，并在此基础上给出了力矩控制策略，提出了基于关节动态扭转变形的力矩测量方法，得到如下结论：

1）基于关节等效动态扭转变形的关节力矩控制方法不需额外添加关节力矩测量设备，仅仅依靠关节所必须的角度传感器实现了关节力矩的准确跟踪，不会导致关节刚度的降低，解决了提高关节力矩测量精度与保持传感器刚度之间的矛盾。基于关节等效动态扭转变形的力矩控制方法约有 1.7% 的稳态误差，能满足关节力矩控制的需要。

2）建立的关节精细动力学模型同时考虑了齿轮副的啮合刚度与齿轮轴的扭转刚度，得到的关节等效扭转刚度和 k_{sj} 与实验值的误差约为 5.76%，更符合实际。

3）关节力矩控制精度主要受关节输出轴角度测量精度的影响，为了满足机械臂力控制的需要，关节输出轴角度测量精度需达到 17 位以上。

参 考 文 献

［1］　Nguyen P K，Ravindran R，Carr R，et al. Structural Flexibility of the Shuttle Remote Manipulator System Mechanical Arm. Guidance，Navigation and Control Conference，Portland，Ohio，USA，August 9 - 11，1982.

［2］　Quiocho L J，Briscoe T J，Schliesing J A. SRMS Assisted Docking and Undocking for the Orbiter Repair Maneuver. Washington D C，USA：Johnson Space Center，August 15，2005.

［3］　Schliesing J A，Shieh L S. Controls Structures Interaction Dynamics During RCS Control of the Orbiter/SRMS/SSF Configuration. Washington D C，USA：Johnson Space Center，February 1，1993.

［4］　Wu E，Hwang J，Hankins S. Design of the Control System for a Robotic Manipulator for Space-Station on-Orbit Replaceable Unit Ground Testing. IEEE International Conference，Houston，Texas，USA，May 8 - 13，1994.

［5］　Schaefer B E，Krenn R. Force/Torque Sensor Feedback Measuring Contact Dynamics in Space Manipulator Hybrid Simulation. Guidance，Navigation and Control Conference，Portland，Ohio，USA，August 9 - 11，1999.

［6］　Garrahan S L，Tolson R H，Williams R L. Simulating the Dynamic Interaction of a Robotic Arm and the Space Shuttle Remote Manipulator System. Washington D C，USA：NASA Report，April，1995.

［7］　郭闯强，倪风雷，孙敬颋，等 . 具有力矩传感器的柔性关节的振动抑制 . 机器人，2011，33（4）：449 - 454.

［8］　刘志全，危清清，王耀兵 . 载人航天器柔性机械臂动力学建模方法 . 航天器工程，2013，22（5）：

34 - 41.

[9] 潘博，于登云，孙京．大型空间机械臂关节动力学建模与分析研究．宇航学报，2010，31（11）：2448 - 2455.

[10] 危清清，王耀兵，刘志全．空间机械臂关节零部件对关节总刚度的影响分析．中国空间科学技术，2013，33（6）：76 - 81.

[11] 孙智民，季林红，沈允文．2K-H 行星齿轮传动非线性动力学．清华大学学报（自然科学版），2003，43（5）：636 - 639.

[12] 张策．机械动力学．北京：高等教育出版社，2007：205 - 206.

[13] 国家技术监督局．GB/T3480 - 1997 渐开线圆柱齿轮承载能力计算方法．北京：中国标准出版社，1997.

[14] Matsueda T，Kuwao F，Motohasi S. Development of Japanese Experiment Module Remote Manipulator System. Washington D C，USA：NASA Report，October，1994.

柔性机械臂辅助空间站舱段对接阻抗控制*

危清清　刘志全　王耀兵　邵立民

摘　要：空间机械臂辅助舱段对接过程中存在测量与控制误差，易导致对接机构间存在较大接触力，传统 FMA（Force Moment Accommodation）控制方法在测量接触力时无法消除大负载惯性力对测量的影响，且测量仪器的引入会进一步降低空间柔性机械臂的刚度。为此，文章提出了柔性机械臂辅助大负载空间舱段对接的阻抗控制方法，采用拉格朗日法推导了空间机械臂的关节输入力矩方程作为前馈输入，建立了含动力学前馈的空间机械臂阻抗控制程序，并以在商业软件 ADAMS 中建立的空间柔性机械臂与对接舱段组成的系统的动力学模型作为控制对象，对系统进行 ADAMS‑Matlab 联合仿真。仿真结果表明，按照此控制方法，系统可克服外力干扰使目标解析点按照期望的方式运动；同时，通过测量机械臂关节运动参数即可实现对外力的准确感知，而不需额外添加力传感器，既消除了大负载惯性力对测量的影响，也不会导致柔性机械臂刚度的降低。

关键词：空间机械臂　动力学　辅助舱段对接　阻抗控制　联合仿真　空间站

引　言

在空间站的建设中，舱段转移与对接任务是必不可少的[1-2]。空间机械臂辅助舱段对接是指安装在被动舱上的空间机械臂抓着主动舱运动，使主动舱对接机构向被动舱对接机构的对接口接近，并提供动力来克服对接机构捕获过程中的阻力，依靠安装在主、被动舱上的对接机构实现两舱对接。就异体同构周边式对接机构而言，对接过程为：主动对接机构"捕获环＋导向瓣"的伸出→主、被动对接机构的捕获→校正→拉紧→主、被动对接机构对接框刚性密封锁紧。大型空间机械臂的轻质、负载质量大、活动范围大的设计要求决定了机械臂一般设计为细长结构[3]，而细长结构和大质量的末端负载使得机械臂系统频率一般在零点几赫兹，柔性特征明显[4]。空间柔性机械臂多采用位置控制与力控制的方法对机械臂予以控制。

测量、控制等误差使得空间机械臂不能完全按照规划轨迹运动。由于两对接机构对接前存在初始误差，且捕获过程存在运动阻力，所以仅仅依靠位置控制无法完成舱段对接任务。

传统的 FMA（Force Moment Accommodation）控制依靠腕关节处串联的六维力传感

* 《中国空间科学技术》2014，Vol. 34，No. 6，pp57－64

器来测量机械臂系统末端的受力情况，根据受力情况控制机械臂的运动来实现相关的力控制[5]。然而，对于空间机械臂辅助舱段对接这类大负载的力控制，无法消除末端负载惯性力对测量的影响；同时，为了提高六维力传感器的测量精度，需要降低六维力传感器的刚度[6]，这会进一步降低空间柔性机械臂系统的刚度，影响空间机械臂的性能，从而制约了FMA控制在机械臂辅助舱段对接中的应用。

相比于FMA控制及位置控制，阻抗控制可用一个策略同时实现力控制与位置控制，使空间机械臂更具有主动柔顺性。1994年，美国喷气推进实验室（JPL）采用阻抗控制方法通过灵巧臂完成了开门的力控制地面试验[7]。然而，该试验负载较小，借助了六维力传感器来测量机械臂末端的受力情况，该试验对位置控制精度要求不高，故JPL的控制方法不能直接推广到空间机械臂辅助舱段对接中来。

针对上述问题，本文提出空间柔性机械臂辅助大负载空间站舱段对接的阻抗控制方法，以期控制机械臂在较大干扰情况下仍能实现期望运动，拟通过测量机械臂关节运动参数（关节角度与角速度）来感知机械臂系统的接触力，解决FMA等控制方法所带来的机械臂刚度降低的问题。

1 系统建模

由七自由度空间机械臂、主动舱及对接机构（含对接框）组成的一个系统如图1所示。定义对接框圆心 F_e 为目标解析点（Point of Resolution，POR），坐标系 $F_e x_e y_e z_e$ 固连在对接框上，x_e 轴沿主动舱及对接框的轴线向外，y_e 轴与 z_e 轴均垂直于 x_e 轴，且符合右手法则；基座坐标系 $F_0 x_0 y_0 z_0$ 固连在被动舱上。

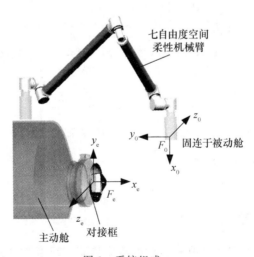

图 1　系统组成

根据图1的机械臂系统，定义机械臂系统的初始构型如图2所示。为了方便计算，将每个关节的旋转轴都定义为 z 轴，并给每个关节依次编号，各关节简化为一段长度为

$a_i(i=1,2,\cdots,7)$ 的杆；臂杆长度分别为 l_1、l_2；关节 i 对应的坐标系 $F_i x_i y_i z_i(i=1,$ $2,\cdots,7)$ 固连于关节 i 上；关节 i 转角定义为 θ_i。

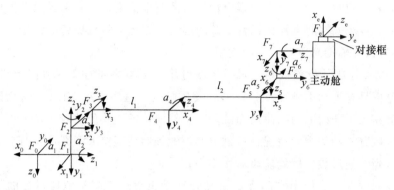

图 2　系统初始构型

1.1　系统的运动学建模

　　为了方便推导，本文采用齐次坐标描述各坐标系之间的变换关系，详细原理可参见文献 [8]。坐标系 F_i 与相邻坐标系 F_{i+1} 之间的齐次变换矩阵为 $\boldsymbol{A}_{i,i+1}(\boldsymbol{\theta})(i=1,2,\cdots,$ $6)$，坐标系 F_7 与相邻坐标系 F_e 之间的齐次变换矩阵为 $\boldsymbol{A}_{7,e}(\boldsymbol{\theta})$。定义机械臂角度矢量为 $\boldsymbol{\theta}=[\theta_1,\theta_2,\cdots,\theta_7]^T$。则坐标系 $F_i(i=1,2,\cdots,7)$ 与坐标系 $F_j(j=i,i+1,\cdots,$ $7,e)$ 之间的传递矩阵为

$$^i\boldsymbol{A}_j(\boldsymbol{\theta})=\boldsymbol{A}_{i,i+1}(\boldsymbol{\theta})\cdots\boldsymbol{A}_{j-1,j}(\boldsymbol{\theta})$$

　　关节 i 转动轴矢量为

$$\boldsymbol{P}_i=[0,0,0,0,0,1]^T$$

则空间机械臂的雅克比矩阵为

$$\boldsymbol{J}_{1e}(\boldsymbol{\theta})=[^1\boldsymbol{A}_e(\boldsymbol{\theta})\cdot\boldsymbol{P}_1,{}^2\boldsymbol{A}_e(\boldsymbol{\theta})\cdot\boldsymbol{P}_2,\cdots,{}^7\boldsymbol{A}_e(\boldsymbol{\theta})\cdot\boldsymbol{P}_7]$$

则目标解析点速度矢量 $\dot{\boldsymbol{x}}_e$ 为

$$\dot{\boldsymbol{x}}_e=\boldsymbol{J}_{1e}(\boldsymbol{\theta})\dot{\boldsymbol{\theta}} \tag{1}$$

且 $\dot{\boldsymbol{x}}_e=[\dot{x}_e,\dot{y}_e,\dot{z}_e,\dot{\theta}_{ex},\dot{\theta}_{ey},\dot{\theta}_{ez}]^T$，关节角速度矢量 $\dot{\boldsymbol{\theta}}=[\dot{\theta}_1,\dot{\theta}_2,\cdots,\dot{\theta}_7]^T$。$\dot{x}_e$、$\dot{y}_e$ 和 $\dot{z}_e$ 分别为目标解析点 x_e、y_e 和 z_e 向的速度；$\dot{\theta}_{ex}$、$\dot{\theta}_{ey}$ 和 $\dot{\theta}_{ez}$ 分别为目标解析点 x_e、y_e 和 z_e 向的角速度；$\dot{\theta}_i(i=1,2,\cdots,7)$ 为关节 i 的角速度。

1.2　系统动力学建模

　　空间微重力环境下，可以忽略机械臂的重力势能。利用第二类拉格朗日方程建立空间机械臂动力模型为

$$\boldsymbol{\tau}_{CMD}+\boldsymbol{\tau}_{ext}=\boldsymbol{M}(\boldsymbol{\theta})\ddot{\boldsymbol{\theta}}+\boldsymbol{C}(\boldsymbol{\theta},\dot{\boldsymbol{\theta}})\dot{\boldsymbol{\theta}} \tag{2}$$

其中

$$\boldsymbol{\tau}_{\text{ext}} = \boldsymbol{J}_{1e}^{\text{T}}(\boldsymbol{\theta})\boldsymbol{F}_{\text{ext}} \tag{3}$$

式中 $\boldsymbol{M}(\boldsymbol{\theta})$——系统惯量阵；

$\boldsymbol{\tau}_{\text{CMD}}$——关节控制力矩，用来作为空间机械臂前馈输入；

$\boldsymbol{\tau}_{\text{ext}}$——外力引起的关节力矩。

$\boldsymbol{C}(\boldsymbol{\theta}, \dot{\boldsymbol{\theta}})\dot{\boldsymbol{\theta}}$ 矢量的元素既含有离心力分量，又含有科氏力分量；目标解析点受到的外力为 $\boldsymbol{F}_{\text{ext}} = [F_x, F_y, F_z, T_x, T_y, T_z]^{\text{T}}$。

2 阻抗控制方程的推导

将空间机械臂等效为一个 6 维弹簧系统[9-10]，则空间机械臂在受到外力时满足

$$\boldsymbol{K}_{\text{d}}\Delta\boldsymbol{x} + \boldsymbol{B}_{\text{d}}\Delta\dot{\boldsymbol{x}} + \boldsymbol{H}_{\text{d}}\Delta\ddot{\boldsymbol{x}} = \boldsymbol{F}_{\text{ext}}$$

其中

$$\Delta\boldsymbol{x} = \boldsymbol{x}_{\text{e}} - \boldsymbol{x}_{\text{de}}; \quad \Delta\dot{\boldsymbol{x}} = \dot{\boldsymbol{x}}_{\text{e}} - \dot{\boldsymbol{x}}_{\text{de}}; \quad \Delta\ddot{\boldsymbol{x}} = \ddot{\boldsymbol{x}}_{\text{e}} - \ddot{\boldsymbol{x}}_{\text{de}}$$

$$\boldsymbol{x}_{\text{e}} = [x_{\text{e}}, y_{\text{e}}, z_{\text{e}}, \theta_{\text{ex}}, \theta_{\text{ey}}, \theta_{\text{ez}}]^{\text{T}}$$

$$\boldsymbol{x}_{\text{de}} = [x_{\text{de}}, y_{\text{de}}, z_{\text{de}}, \theta_{\text{dex}}, \theta_{\text{dey}}, \theta_{\text{dez}}]^{\text{T}}$$

$$\dot{\boldsymbol{x}}_{\text{de}} = [\dot{x}_{\text{de}}, \dot{y}_{\text{de}}, \dot{z}_{\text{de}}, \dot{\theta}_{\text{dex}}, \dot{\theta}_{\text{dey}}, \dot{\theta}_{\text{dez}}]^{\text{T}}$$

$$\ddot{\boldsymbol{x}}_{\text{e}} = [\ddot{x}_{\text{e}}, \ddot{y}_{\text{e}}, \ddot{z}_{\text{e}}, \ddot{\theta}_{\text{ex}}, \ddot{\theta}_{\text{ey}}, \ddot{\theta}_{\text{ez}}]^{\text{T}}$$

$$\ddot{\boldsymbol{x}}_{\text{de}} = [\ddot{x}_{\text{de}}, \ddot{y}_{\text{de}}, \ddot{z}_{\text{de}}, \ddot{\theta}_{\text{dex}}, \ddot{\theta}_{\text{dey}}, \ddot{\theta}_{\text{dez}}]^{\text{T}}$$

式中 $\boldsymbol{K}_{\text{d}}$——6×6 的期望刚度阵；

$\boldsymbol{B}_{\text{d}}$——6×6 的期望阻尼阵；

$\boldsymbol{H}_{\text{d}}$——6×6 的期望质量阵；

$\boldsymbol{x}_{\text{e}}$——目标解析点实际位置矢量；

$\boldsymbol{x}_{\text{de}}$——目标解析点期望位置矢量；

$\dot{\boldsymbol{x}}_{\text{de}}$——目标解析点期望速度矢量；

$\ddot{\boldsymbol{x}}_{\text{e}}$——目标解析点实际加速度矢量；

$\ddot{\boldsymbol{x}}_{\text{de}}$——目标解析点期望加速度矢量。

通过设计 $\boldsymbol{K}_{\text{d}}$、$\boldsymbol{B}_{\text{d}}$ 与 $\boldsymbol{H}_{\text{d}}$ 可以让空间机械臂表现出期望的柔顺效果，这里将它们设为对角阵，即

$$\boldsymbol{K}_{\text{d}} = [k_{\text{d}ij}]_{6\times6}, \qquad \boldsymbol{B}_{\text{d}} = [b_{\text{d}ij}]_{6\times6}, \qquad \boldsymbol{H}_{\text{d}} = [h_{\text{d}ij}]_{6\times6}, \qquad i = j = 1, 2, \cdots, 6$$

通过设定 $k_{\text{d}ii}$，$b_{\text{d}ii}$ 和 $h_{\text{d}ii}(i = 1, 2, \cdots, 6)$ 的值来让空间机械臂表现出期望的柔顺效果。

由式（1）～式（3）可得

$$\boldsymbol{\tau}_{\text{CMD}} = \boldsymbol{M}(\boldsymbol{\theta})\ddot{\boldsymbol{\theta}} + \boldsymbol{C}(\boldsymbol{\theta}, \dot{\boldsymbol{\theta}})\dot{\boldsymbol{\theta}} - \boldsymbol{J}_{1e}^{\text{T}}(\boldsymbol{\theta})(\boldsymbol{K}_{\text{d}}\Delta\boldsymbol{x} + \boldsymbol{B}_{\text{d}}\Delta\dot{\boldsymbol{x}} + \boldsymbol{H}_{\text{d}}\Delta\ddot{\boldsymbol{x}}) \tag{4}$$

而对式（1）变换可得

$$\ddot{\boldsymbol{\theta}} = \boldsymbol{J}_{1e}^{-1}(\boldsymbol{\theta})[\ddot{\boldsymbol{x}} - \dot{\boldsymbol{J}}_{1e}(\boldsymbol{\theta})\dot{\boldsymbol{\theta}}] \tag{5}$$

将式（5）代入式（4）即可得到关节阻抗控制力矩为

$$\boldsymbol{\tau}_{\mathrm{CMD}} = \boldsymbol{M}(\boldsymbol{\theta})\boldsymbol{J}_{\mathrm{1e}}^{-1}(\boldsymbol{\theta})[\ddot{\boldsymbol{x}} - \dot{\boldsymbol{J}}_{\mathrm{1e}}(\boldsymbol{\theta})\dot{\boldsymbol{\theta}}] + \boldsymbol{C}(\boldsymbol{\theta}, \dot{\boldsymbol{\theta}})\dot{\boldsymbol{\theta}} - \boldsymbol{J}_{\mathrm{1e}}^{\mathrm{T}}(\boldsymbol{\theta})(\boldsymbol{K}_{\mathrm{d}}\Delta\boldsymbol{x} + \boldsymbol{B}_{\mathrm{d}}\Delta\dot{\boldsymbol{x}} + \boldsymbol{H}_{\mathrm{d}}\Delta\ddot{\boldsymbol{x}}) \quad (6)$$

同时，目标解析点的阻抗控制力为

$$\boldsymbol{F}_{\mathrm{CMD}} = [\boldsymbol{J}_{\mathrm{1e}}^{\mathrm{T}}(\boldsymbol{\theta})]^{-1}\boldsymbol{M}(\boldsymbol{\theta})\boldsymbol{J}_{\mathrm{1e}}^{-1}(\boldsymbol{\theta})[\ddot{\boldsymbol{x}} - \dot{\boldsymbol{J}}_{\mathrm{1e}}(\boldsymbol{\theta})\dot{\boldsymbol{\theta}}] + [\boldsymbol{J}_{\mathrm{1e}}^{\mathrm{T}}(\boldsymbol{\theta})]^{-1}$$

$$\boldsymbol{C}(\boldsymbol{\theta}, \dot{\boldsymbol{\theta}})\dot{\boldsymbol{\theta}} - (\boldsymbol{K}_{\mathrm{d}}\Delta\boldsymbol{x} + \boldsymbol{B}_{\mathrm{d}}\Delta\dot{\boldsymbol{x}} + \boldsymbol{H}_{\mathrm{d}}\Delta\ddot{\boldsymbol{x}}) \quad (7)$$

根据式（6）与式（7）可设计阻抗控制流程如图 3 所示。

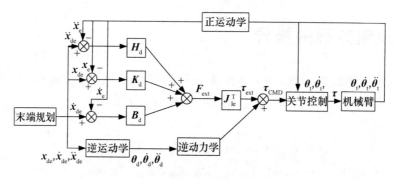

图 3　阻抗控制流程

图 3 中 $\boldsymbol{\theta}_{\mathrm{t}}$、$\dot{\boldsymbol{\theta}}_{\mathrm{t}}$ 与 $\ddot{\boldsymbol{\theta}}_{\mathrm{t}}$ 分别为空间机械臂的实时关节角度矢量、角速度矢量及角加速度矢量。$\boldsymbol{\theta}_{\mathrm{d}}$、$\dot{\boldsymbol{\theta}}_{\mathrm{d}}$ 与 $\ddot{\boldsymbol{\theta}}_{\mathrm{d}}$ 分别为空间机械臂关节的期望角度、角速度和角加速度。

对于空间机械臂辅助舱段对接，可通过合理设计目标解析点的运动参数 $\boldsymbol{x}_{\mathrm{d}}$，$\dot{\boldsymbol{x}}_{\mathrm{d}}$，$\ddot{\boldsymbol{x}}_{\mathrm{d}}$，以保证机械臂在轨迹运行正确的同时，还能克服捕获过程中的阻力。通过测量关节实施角度矢量、角速度矢量和角加速度矢量可以对目标解析点的运动予以控制，同时让目标解析点对外力给出期望表现。

3　系统阻抗控制仿真

利用商业软件 ADAMS 建立阻抗控制对象（见图 1），其中，被动舱质量为 2×10^4 kg，主动舱质量为 2.5×10^4 kg；柔性臂杆被当作 Euler - Bernoulli 梁处理并只考虑了臂杆的前两阶弯曲模态；忽略重力影响。关节控制器在文献［6］中已有详细说明，这里不再赘述。

目标解析点的期望轨迹为该点沿图 1 中 x_{e} 向以 0.05 m/s 的速度直线前进 0.5 m。为了模拟空间机械臂辅助舱段对接的工况，在主动舱目标解析点 x_{e} 向加有 100 N 的恒力用以模拟捕获过程中的阻力，y_{e} 向加有 5 N 的恒力用来模拟非对接方向的接触力。

图 3 所示阻抗控制程序在 MATLAB/Simulink 中编写，采用定步长四阶 Runge - Kutta 算法，计算步长为 1 ms。

3.1　直线运动仿真

选定 $k_{\mathrm{d11}} = 20\,000$，其他方向刚度系数值选定为 2 000；选定 $b_{\mathrm{d11}} = 5\,000$，其他方向阻

尼系数值选定为 400；选定 $h_{dii}=10(i=1，2，\cdots，6)$。仿真表明目标解析点 x_e 向的速度缓慢增加并稳定在 0.05 m/s（如图 4 所示），其他两个方向速度较小，y_e 向在外力作用下有一定的速度偏差，稳定速度约为 0.000 7 m/s，由于仿真时间较短，由此带来的运动误差可以忽略。

目标解析点沿 x_e 向直线运行 500 mm（见图 5），运动初期有些滞后，最后位置误差稳定为 5 mm（见图 5、6），y_e 向与 z_e 向的最大位置误差为 4 mm，显然，空间机械臂基本按照期望轨迹运行，运动误差较小，可以忽略。

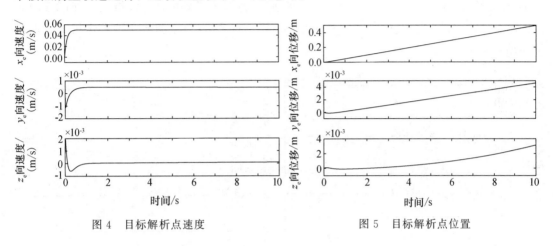

图 4　目标解析点速度　　　　　　　　　　图 5　目标解析点位置

x_e 向，y_e 向和 z_e 向角度误差如图 7 所示，空间机械臂目标解析点最大角度误差约 1.4×10^{-3} rad，可以忽略。综上所述，按图 3 所示的控制策略目标解析点能按照规定轨迹运行，且位置、角度误差均较小。

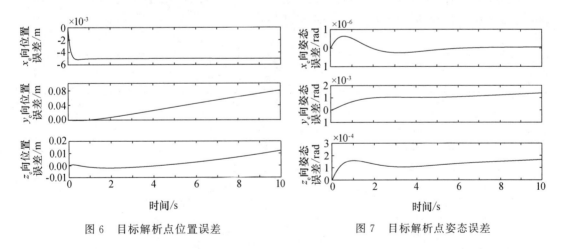

图 6　目标解析点位置误差　　　　　　　图 7　目标解析点姿态误差

3.2　随动运动仿真

由于测量、控制等误差存在，空间机械臂辅助舱段对接的规划轨迹不可避免地存在初始误差，如果仍然按照此规划路径前进，会造成对接机构对接环卡死等现象出现，甚至会给系统带来致命危险。此时不妨让空间机械臂的其他方向（x_e 向转动、y_e 向平动和转动、z_e 向平动和转动）表现得更加柔顺，具备随着外力而动的特性，只保证 x_e 向的平动可以按规定轨迹运行。

　　设定 $k_{d11} = 20\,000$，其他方向的刚度系数值都设为 0；$b_{d11} = 5\,000$，其他方向阻尼系数值都设为 0；设定 $h_{d11} = 10$，其他方向的质量系数值都设为 0。目标解析点 x_e 向的速度缓慢增加并稳定在 0.05 m/s（见图 8），y_e 向的随动速度稳定在 0.01 m/s，z_e 向的随动速度则可忽略。x_e 向的位移也只是在运动初期有些滞后，后面运动均比较平稳，仿真结束时，x_e 向的位置误差约 5 mm（如图 9 和图 10 所示），这是为了抵抗目标解析点 x_e 向受到 100 N 的阻力而产生的变形；y_e 向的位置误差约 84 mm，这表明主动舱在外力作用下表现出了随动效果。

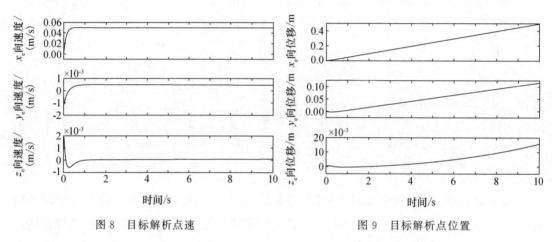

图 8　目标解析点速　　　　　　　　　　图 9　目标解析点位置

　　相应地，随着空间机械臂的运行，目标解析点 3 个方向的角度误差分别为 1.8×10^{-5} rad，1.7×10^{-2} rad，1.8×10^{-3} rad（如图 11 所示）。

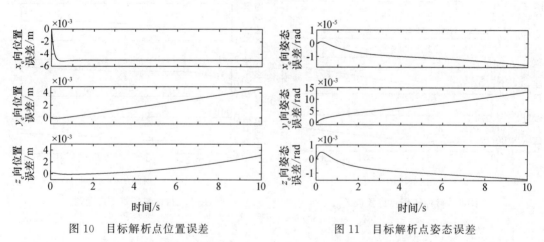

图 10　目标解析点位置误差　　　　　　图 11　目标解析点姿态误差

3.3　阻抗控制参数调整分析

　　目前还没有一个准确定量的原则来确定空间机械臂阻抗控制参数，以下是根据仿真过程总结的一些调整原则：

1）刚度阵的值设计得越大，机械臂对期望轨迹的反应越迅速，因此而带来的系统运动产生的振动也越大，阻尼阵的值设计得越大，机械臂运动速度的滞后越明显，但是有助于系统较快稳定。一般来说，将阻抗参数设计为过阻尼的状态较为理想，即 $b_{dii} > 2\sqrt{h_{dii}k_{dii}}$ $(i = 1, 2, \cdots, 6)$。

2）k_{d11}、b_{d11} 和 h_{d11} 分别表征空间机械臂保持目标解析点 x_e 向位置、速度和加速度的能力。同样，k_{d22}、b_{d22} 和 h_{d22} 分别表征空间机械臂保持目标解析点 y_e 向位置、速度和加速度的能力；k_{d33}、b_{d33} 和 h_{d33} 分别表征空间机械臂保持目标解析点 z_e 向位置、速度和加速度的能力；k_{d44}、b_{d44} 和 h_{d44} 分别表征空间机械臂保持目标解析点 x_e 向角度、角速度和角加速度的能力；k_{d55}、b_{d55} 和 h_{d55} 分别表征空间机械臂保持目标解析点 y_e 向角度、角速度和角加速度的能力；k_{d66}、b_{d66} 和 h_{d66} 分别表征空间机械臂保持目标解析点 z_e 向角度、角速度和角加速度的能力。根据目标解析点的轨迹及受力情况来设计 k_{dii}、b_{dii} 和 h_{dii} 值即可让目标解析点表现出期望的特性（走直线或者随动）。

4　结束语

1）阻抗控制方法通过测量机械臂关节运动参数（关节角度和关节角速度）来实现对外力的响应，不需额外添加六维力传感器等测力设备，消除了末端大负载惯性力对测量的影响，也不会导致机械臂刚度降低的问题；

2）空间机械臂辅助舱段对接阻抗控制方法既可以克服外力干扰使目标解析点按照期望轨迹运行，又可以让目标解析点在外力作用下保持特定方向的运动精度，其他方向表现出随动效果；

3）设定空间机械臂对接方向刚度系数 $k_{d11} = 20\,000$、阻尼系数 $b_{d11} = 5\,000$、质量系数 $h_{d11} = 10$，其他方向刚度、阻尼与质量系数均设为 0，此时目标解析点在对接方向（x_e 向）能克服阻力，按照期望轨迹前进，其他方向在外力作用下随动，能满足空间机械臂辅助舱段对接任务要求；

4）根据对接框的轨迹及受力情况设计阻抗控制程序的刚度系数、阻尼系数和质量系数即可让空间机械臂表现出期望的特性，阻抗控制参数宜设计为过阻尼的状态。

参 考 文 献

[1]　Quiocho L J, Briscoe T J, Schliesing J A, et al. SRMS Assisted Docking and Undocking for the Orbiter Repair Maneuver. AIAA Guidance, Navigation, and Control Conference and Exhibit, San Diego, August 15 - 18, 2007.

[2]　Quiocho L J, Crues E Z, Huynh A, et al. Integrated Simulation Design Challenges to Support TPS Repair Operations, NASA - 20070025130. Washington: NASA, 2005.

[3]　Nguyen P K, Ravindran R, Carr R. Structural Flexibility of the Shuttle Remote Manipulator System Mechanical Arm. Guidance and Control Conference, San Diego, August 9 - 11, 1982.

［4］　刘志全，危清清，王耀兵. 载人航天器柔性机械臂动力学建模方法. 航天器工程，2013，22（5）：34－41.

［5］　Wu E H，Hankins S. Design of the Control System for a Robotic Manipulator for Space－Station on－Orbit Replaceable Unit Ground Testing. Robotics and Automation IEEE International Conference，Washington，May 8－13，1994.

［6］　刘志全，危清清，王耀兵. 空间机械臂关节精细动力学模型的建立及关节力矩控制. 宇航学报，2014，35（6）：663－668.

［7］　Long M，Backes P. Extended Impedance Control Using Real and Virtual Sensors for Redundant Manipulators，NASA－20060042346. Washington：NASA，1994.

［8］　蔡自兴. 机器人学. 北京：清华大学出版社，2000.

［9］　Seul J，Hsia T C，Bonitz R G. Force Tracking Impedance Control for Robot Manipulators with an Unknown Environment：Theory，Simulation，and Experiment. International Journal of Robotic Research，2001，20（9）：765－774.

［10］　杨振. 基于阻抗控制的机器人柔顺性控制方法研究. 南京：东南大学，2005：5－7.

第 4 篇

航天器机构可靠性设计、试验及评估

航天器机构可靠性设计的若干要素

刘志全

摘 要：本文按可靠性特征量对若干航天器机构进行了分类论述，给出了机构的几种可靠性表征方法，论述了航天器机构可靠性设计的若干要素。

关键词：航天器 机构 可靠性

引 言

机构是由若干个构件通过运动副连接起来并彼此具有确定相对运动的实物组合体，用以实现预定运动或传递动力。机构是卫星、飞船、空间站等各类航天器上的重要组成部分。

航天器与运载火箭之间的连接与解锁机构、航天器舱段间的连接与解锁机构、太阳翼（或天线）的压紧释放机构等多为一次性动作的成败型火工机构。这类机构在解锁或释放前，通过"包带＋夹块"或爆炸螺栓或火工锁或绳索等形式实现被连接部分之间的连接；当解锁或释放指令下达后，通过爆炸螺栓起爆、火工锁解锁、火工切割器切断压紧杆、火工切割器切断压紧带、火工拔销器拔销或热刀熔断连接绳等方式，快速解除被连接部分之间的连接关系，实现解锁或释放功能。这类机构的可靠性特征主要取决于机构的成败结果。这类一次性动作的机构，其动力多数源于火工品点火后产生的燃气压力。

航天器上的展开机构一般是指实现航天器上某些部件由发射段的收拢状态转化为在轨运行段展开状态的执行机构。多数展开机构是在压紧释放机构实现释放功能后开始实现其展开功能的。太阳翼展开机构、天线展开机构、"花瓣式"空间光学遥感器主境展开机构等都属于这类展开机构。展开机构的动力源多为弹簧的弹性力、弹性力矩或电机的驱动力矩，也有形状记忆合金的热驱动源等。

太阳翼驱动机构（也称 SADA）、动量轮、控制力矩陀螺、点波速天线驱动机构、空间站上的舱外机械臂、卫星数传天线摆动机构、卫星相机热门机构等则需要长期在轨进行连续或间歇运动。这类长期在轨作连续或间歇运动的机构，其动力源多为电机；这类机构的可靠性特征量一般为寿命。

载人航天器（飞船或空间站）上的舱门机构、平衡阀、返回舱呼吸阀等机构，其动力源多为航天员的手动操作力。

诸如弹簧分离机构、火工分离机构、缓冲机构、空间对接机构、舱门机构等航天器机构，除了要求能够实现规定的动作之外，还要求机构的输出性能参数满足规定的要求。如航天器舱段间的火工分离推杆，不仅要求它能够为两舱段分离提供推力或分离速度，而且要求所提供的推力或分离速度既不能过大也不能过小，必须满足规定的要求。这类机构的可靠性特征量一般为性能参数。

航天器机构可靠性设计，就是要充分考虑机构的工作环境对机构的影响，实现机构的功能和性能，满足可靠性特征量的要求。本文将对航天器机构可靠性设计与分析的几个方面作一论述。

1　机构可靠性的表征

机构最主要的特征就是运动。不具备运动特征（自由度为零或自由度数小于原动件个数）的实物组合体只能算作结构而不能称之为机构。根据不同机构的特点，可以对机构的可靠性采用不同的表征方法。

机构的可靠性 R 可以用"在规定条件下，在规定时间内，驱动力 $F_{动}$ 大于阻力 $F_{阻}$ 的概率或驱动力矩 $M_{动}$ 大于阻力矩 $M_{阻}$ 的概率"来表征，即

$$R = P(F_{动} - F_{阻} > 0) \text{ 或 } R = P(M_{动} - M_{阻} > 0) \tag{1}$$

对于输出参数（如：线位移、角位移、速度、加速度、运动时间等）有要求的机构，其可靠性可以用"在规定条件下，机构输出参数 ξ 落在规定范围内的概率"来表征，即

$$R = P(\xi > \xi_L) \text{ 或 } R = P(\xi_L \leqslant \xi \leqslant \xi_U) \text{ 或 } R = P(\xi < \xi_U) \tag{2}$$

式中　ξ_L，ξ_U——分别表示输出参数 ξ 的指标下限和上限。

对于寿命型机构，其可靠性可以用"在规定条件下，机构寿命 T 大于规定的任务时间 t 的概率"来表征，即

$$R = P(T > t) \tag{3}$$

2　航天器机构可靠性设计与分析方法概述

2.1　FMEA

FMEA 是一种单因素的表格化可靠性定性分析方法，旨在通过对故障的回想和预想，分析可能故障模式的原因和影响，找出薄弱环节，并采取有针对性的防止措施，避免故障的发生，从而保证和提高产品的可靠性。FMEA 是一种适用于各类产品的通用可靠性分析方法，航天器机构也不例外。

2.2　FTA

FTA 是一种图形演绎方法，也是一种适用于各类产品的通用可靠性分析方法。它以特定的故障状态为目标，作层层深入的逻辑分析，形象直观地描述系统内部各种事件的因果关系，从而找出引起系统失效的各种故障事件的组合，并采取相应的防止措施。进行

FTA，找出一阶、二阶最小割集清单，就抓住了导致系统失效最要害的薄弱环节。

2.3 简化设计

产品越复杂，出现故障的可能性就越大，产品的基本可靠性就越低。所以，在保证产品功能实现的前提下尽可能减少产品的组成部分，尽量简化设计，采用标准化、通用化、模块化设计。这是一个基础性的可靠性设计原则。例如，要实现一个直线运动，可采用弹簧推杆或火工推杆机构方案，也可采用齿轮齿条机构、凸轮顶杆机构、曲柄滑块机构等设计方案。从可靠性设计的角度看，应当选择组成相对简单的设计方案。

2.4 原材料和工艺的合理选用

原材料和工艺是影响航天器机构可靠性的重要因素。为了避免选用不合适的原材料，必须按航天器原材料优选目录选择相应的原材料。若选用目录外原材料须按程序经过相关部门的严格审批。工艺方法的选取也需避开航天禁用工艺或航天限用工艺目录内的工艺。

对于航天器机构，因材料选择不当或因选用不恰当甚至是禁用工艺而导致的故障占有一定的比例。例如，某火工锁爆炸螺栓曾在参加航天器整器振动试验时发生提前解锁故障。原因是材料为 30CrMnSiA 的爆炸螺栓热处理后的硬度大于 HRC51，使脆性增大，又错误地选用了镀镉的表面处理禁用工艺，导致爆炸螺栓发生镉脆断裂；某火工锁 M6 螺钉曾发生氢脆断裂故障。原因是高强钢 30CrMnSiNi2A 螺钉热处理后的强度为 1 570MPa，设计师没有很好掌握 QJ450 B《金属镀覆层厚度系列与选择原则》标准，误选了表面镀锌处理的限用工艺方法，当材料氢含量大、材料内部有缺陷或结构有敏感组织、结构承受拉应力 3 个因素同时具备时则导致氢脆断裂。

机构连接件设计需要特别警惕高强度钢连接件的脆性断裂问题，不能过分强调提高热处理后的硬度 HRC 或 HB 来提高强度 σ_b，而应根据材料的综合机械性能（如延伸率等）来提出合理的热处理后的硬度（或强度）；不能盲目选择表面处理工艺，特别是航天禁用或限用工艺，需要查阅标准正确选择表面处理工艺方法，从设计源头就要控制脆性断裂故障的发生。

某火工机构曾发生点火后燃气泄漏量超标的故障，原因之一是对于火药燃烧腔端面铝质密封垫圈错误地选用了表面阳极化处理工艺，阳极化处理后的铝表面密封功能下降，从而导致故障的发生。某阀门机构的内部结构零件，因有关人员错误地对同名称而不同性能的聚四氟乙烯进行代料，未考虑材料的蠕变特性，导致了阀门失效。

航天器机构材料及工艺的合理选用，需要设计师充分了解所设计机构的功能和性能要求及所处的工作环境，充分了解环境（如辐射环境）对材料及工艺影响，在规定的航天器材料及工艺选用目录内，依据材料及工艺选用原则，对材料和工艺做出正确合理的选择。

2.5 抗力学环境设计

航天器在发射过程中，不可避免地要经历振动、噪声、冲击、加速度等力学环境。这些力学环境对航天器机构的工作性能和可靠性具有很大影响。例如，振动会使构件产生机械应力、附加应变和疲劳损坏，振动也会促使连接件松动。因此，航天器机构需要进行抗力学环境设计，确保产品在经历上述力学环境后能够可靠工作。

抗力学环境设计是指在对作用于产品上的静载荷、动载荷及其他载荷充分分析的基础上，通过有针对性地强度设计和刚度设计来提高结构强度和刚度，即提高结构抵抗破坏和变形的能力，提高结构自身固有频率以避免与外界振动频率耦合。

此外，针对航天器发射过程中振动环境可能诱发航天器机构连接件松动的故障机理，采用连接件涂防松胶等必要的防松设计措施，也是抗力学环境设计的内容之一。

2.6　热设计

航天器的外界热环境主要包括发射段的气动加热环境、在轨运行段的热环境和返回时（对于返回式航天器而言）的气动加热环境。航天器内部热环境主要是航天器工作产生的自身热耗。航天器在轨运行段的热环境主要来自空间轨道上太阳热辐射、地球热辐射、地球反照和宇宙背景空间 4K 绝对黑体辐射。某些热环境若不加以控制，将对航天器机构乃至整个航天器具有毁灭性的破坏。

热设计就是在考虑产品全寿命周期内所经历的热环境基础上，在给定的约束条件下，合理采用各种可能的方法，控制产品的内、外热交换，使产品的热参数及其他相关性能满足设计指标要求，为产品可靠工作创造条件。

航天器机构运动副材料热胀冷缩的匹配性及由此导致的运动副间隙的变化必须考虑，否则会发生机构卡死故障。航天器机构的热设计应从两个方面考虑，一是对机构某些部件采取主动热控或被动热控措施，为机构正常工作创造良好的热环境；二是对机构在极端温度工况下的重要部件（特别是运动副）的热应力热变形进行分析，控制材料的匹配及运动间隙，确保机构正常工作。

2.7　润滑设计

航天器在轨运行期间处于真空、辐射环境。在该环境下，金属表面原本在地面大气环境下吸附的一层薄膜将会在真空环境下失去。航天器机构金属运动副表面之间由此可能发生黏着现象（真空低温环境可能发生冷焊现象），导致机构运动副的摩擦阻力增加、磨损加剧、运动不稳定，甚至导致机构运动功能丧失。为了降低机构运动故障的发生概率，航天器机构运动副表面的润滑是必不可少的。从某种意义上讲，航天器机构能否在预期的服役期限内正常工作很大程度取决于机构运动副零部件的润滑状态。

然而，即使机构运动副表面采取了润滑措施，空间环境也会使润滑效果下降。例如，真空会加速润滑油或润滑脂的挥发，使润滑效果恶化；高低温的变化会使润滑油或润滑脂的性能发生很大变化；空间辐射也会使润滑剂性能发生变化。

除了空间环境影响润滑效果外，地面环境也会影响润滑膜的润滑效果，例如，水蒸气会使 MoS_2 固体润滑膜的润滑效果明显下降。

航天器机构的润滑设计就是在充分考虑机构所经历的各种环境条件、机构的工作转速和工作载荷大小、机构的寿命要求、机构零部件材料与润滑剂的相容性、机构的密封及防污染等要求的前提下，选择合理的润滑方式、选择合适的润滑材料、设计适量的润滑剂，确保机构在规定的寿命期内具有良好的润滑状态，可靠地实现规定的功能。

2.8 裕度设计

在航天器机构设计中，许多参数很难做到精确计算，存在着不确定性，实际上是随机变量。例如，相同牌号不同批次材料的抗拉强度等机械性能有一定的散差；同种类不同批次火药的发火性能不完全一致；同一张零件设计图样所对应的零件实际加工尺寸也在公差范围内波动；等等。由于存在着不确定性，就给设计带来了一定的风险。为了消除或降低这种风险，需要对某些设计参数留有合理的设计余量，需要进行裕度设计。

所谓裕度，即安全裕度（Margin of Safety）的简称。如果裕度过小，则容易导致产品可靠性下降甚至失效，如果裕度过大则造成体积、质量和成本的浪费。裕度设计是航天器机械产品广泛应用的可靠性设计方法，就是在诸如质量、体积、费用等条件限制下确定合理的裕度，按照裕度大小来确定设计参数的大小。

2.9 静电防护设计

对于航天器火工机构（以火工品发火后产生的燃气压力作为驱动力的机构），必须进行静电防护设计。一般需要选用钝感型起爆器，以避免杂散电流引发火工机构误起爆和误动作。这是火工机构可靠性、安全性设计中的重要内容之一。

2.10 冗余设计

冗余设计就是通过采用重复配置资源的手段来换取系统高可靠的设计方法，冗余设计是消除错误后果的设计，是一个适用于各类产品、通用的可靠性设计方法。航天器机构也不例外，某些重要环节也需要进行冗余设计。例如，火工机构通常采用双点火器、双药盒的冗余设计来防止单点失效。

但是，需要强调的是，冗余设计是以降低基本可靠性、增加系统质量、体积、功耗为代价来提高任务可靠性的方法。所以在考虑采用冗余设计时，需权衡利弊，慎重考虑是否值得采用冗余设计。此外，进行冗余设计时应尽可能采取单元冗余方式而不是系统冗余方式，因为前者的可靠性比后者高。

2.11 密封设计

高速轴承的液体润滑剂密封、气体或液体阀门机构的密封等都是航天器不可缺少的重要密封环节。特别对于载人航天器，密封更是影响航天员生命安全和飞行任务完成的关键因素之一，一旦发生泄漏，后果非常严重。然而，空间的真空环境和辐射环境都是促使密封材料老化、密封性能下降的不利因素。"如何在不利的工作环境下高可靠地实现密封"

就成为航天器机构可靠性设计的重要问题。

密封设计就是在充分考虑密封环节所处的各种环境条件、被密封的流体介质特性和密封要求的基础上，选定密封方法、密封材料、密封件数量和密封形式，通过分析计算，使得密封环节的密封性能满足设计指标要求且留有一定的余量。

3　结束语

本文基于航天器机构的特点及环境影响的考虑，论述了航天器机构可靠性设计的若干要素，做好这些要素的相关设计工作，实质上就抓住了航天器机构可靠性设计的关键。

参 考 文 献

[1]　中国航天科技集团公司五院科研质量部 . 航天器机械产品可靠性设计，2008.

航天产品 FMEA 工作有效性的思考[*]

刘志全　宫　颖

摘　要： 从航天产品故障模式与影响分析（FMEA）工作的目的出发，提出了需要从开展 FMEA 工作的及时性和规范性、识别故障模式及其原因的全面性、表述故障模式及其原因和影响的正确性、采取措施的针对性和可操作性等方面来保证 FMEA 工作的有效性。论述了当前 FMEA 工作中存在的若干问题，分析了产生问题的原因，并针对问题的原因提出了提高航天产品 FMEA 工作有效性的途径，旨在纠正 FMEA 工作中的偏差，提高 FMEA 工作的有效性。

关键词： 航天产品　故障模式与影响分析　有效性

引　言

故障模式与影响分析（FMEA，Failure Mode and Effect Analysis），是一种可靠性分析方法，被广泛应用于国内外航天产品的研制过程中。分析的目的在于找出产品的薄弱环节，并针对薄弱环节采取相关的预防、改进或补偿措施，以提高产品的可靠性。目前，国内很多航天产品开展了 FMEA 工作，但有些航天产品 FMEA 工作的有效性不容乐观。本文针对开展 FMEA 工作有效性进行探讨，分析当前航天产品 FMEA 工作中存在的问题并提出相应的解决途径，旨在纠正 FMEA 工作中的偏差，提高 FMEA 工作的有效性。

1　航天产品 FMEA 工作的有效性

FMEA 最主要的要求是将产品的故障模式、故障原因、故障影响程度、预防或控制措施、补救或补偿措施全面而清楚地分析出来，从中检索出产品的薄弱环节及其对应的措施。评价 FMEA 工作的有效性，最主要就是看 FMEA 工作是否达到全面正确识别产品薄弱环节、对薄弱环节采取有效措施这样的目的。如果满足了上述要求并达到了上述目的，那么所开展的 FMEA 工作就有效，反之亦然。

为了保证 FMEA 工作的有效性，就需要把握 FMEA 工作开展的及时性和规范性、识别故障模式及其原因的全面性、表述故障模式及其原因和影响的正确性、采取措施的针对性和可操作性等。

* 《航天器工程》2011，Vol. 20，No. 1，pp142 - 146

　　1）FMEA 工作开展的及时性和规范性分别指 FMEA 工作与设计的同步性及与标准规范要求的符合性。应当在进行产品设计的同时，按标准规范要求进行 FMEA，以便及时发现设计薄弱环节并采取措施，进而落实在设计中。开展 FMEA 工作是一个持续改进、反复迭代的过程。就规范性而言，国家军用标准 GJB/Z 1391-2006 明确指出[1]，FMEA 的约定层次划分为"初始约定层次"、"约定层次"和"最低约定层次"。"初始约定层次"是最高层次，它是 FMEA 中最终影响的对象；"最低约定层次"是约定层次中最底层产品所在的层次，它决定了 FMEA 工作的深入、细致程度。开展 FMEA，首先应当按照标准规范的要求，对约定层次划分进行明确定义。此外，标准 GJB/Z 1391-2006 和 QJ 3050-98 中对"严酷度等级"都作了定义[1-2]，"严酷度等级"是根据"最终影响"的内容而确定的。"最终影响"的内容应当与"严酷度等级"相对应。开展 FMEA 工作不仅仅是填写 FMEA 工作表，最后还应当检索出产品 I、II 类故障模式清单。总而言之，需要遵照标准规范的要求规范地开展 FMEA。

　　2）识别故障模式及其原因的全面性，就是指在识别产品可能的故障模式及其原因时的全面程度（或不发生遗漏项目的程度）。事实上，全面识别产品故障模式及其原因，与产品设计者对产品技术的掌握程度（知识和经验）有关。对产品技术掌握较好的产品设计者，容易做到全面识别产品故障模式及其原因，而对产品技术掌握较差的产品设计者就有可能疏漏一些内容。

　　3）表述故障模式及其原因和影响的正确性，是指在填写 FMEA 工作表时，对故障模式及其原因和影响表达的清楚和具体的程度。正确表述故障模式及其原因和影响是保证和提高 FMEA 工作有效性的基础。产品设计者应当清楚、具体、正确地表述故障模式、故障原因和故障影响，尽可能避免采用类似"……故障"、"……失效"这样笼统的描述方式，来描述故障模式和故障原因，也不能采用"故障原因＋故障模式"的复合式方式来描述故障模式，更不能采用"故障模式 1 或故障模式 2"的并列方式来描述一个故障模式。应杜绝用符号"√"或空白的方式来表达故障影响。

　　4）采取措施的针对性和可操作性是指在填写 FMEA 工作表时，所填写的预防措施相对于故障原因的针对性和可操作性、所填写补偿措施相对于故障影响的针对性和可操作性。采取有针对性的、可操作的措施是体现 FMEA 工作有效性的重要方面。应尽可能避免采用无针对性的、口号化的措施。

2　当前航天产品 FMEA 工作中存在的问题及原因分析

2.1　存在的问题

　　目前，国内很多航天产品开展了 FMEA 工作，并取得了一定的成效。但有些航天产品 FMEA 工作的有效性没有充分实现。问题突出地表现在如下五个方面。

2.1.1　开展 FMEA 工作的及时性和规范性方面的问题

　　有的 FMEA 工作在设计阶段并没有开展，而到了设计完成之后再补做 FMEA，没有

落实 "FMEA 与设计同步开展" 的原则。从某种意义上讲，就是错过了在设计阶段及时发现设计薄弱环节并改进设计的机会。设计工作与 FMEA 的脱节削弱了 FMEA 的有效性。

也有委托其他可靠性专业人员来代替产品设计者进行 FMEA 的现象。应当指出，其他可靠性专业人员可以协助产品设计者开展 FMEA，但是绝不能代替。FMEA 工作的主体应当是产品设计者。非产品设计者不可能全面了解产品，当然也就谈不上全面识别出产品的薄弱环节。所以，代替产品设计者进行 FMEA，不符合 "谁设计谁负责 FMEA" 的原则，严重降低了 FMEA 工作的有效性。

开展 FMEA 工作规范性问题的表现之一是，进行 FMEA 时，没有定义约定层次或约定层次定义不明确。若对产品约定层次不作定义或定义不清，势必导致初始约定层次、约定层次、最低约定层次不清，在同一份 FMEA 工作表内，层次级别混乱。例如，在某个天线产品 FMEA 的报告中，产品设计者把 "XX 天线" 填入了 "产品或功能标志" 栏目中（正确的做法应当是将 XX 天线的下一层次的内容列入 "产品或功能标志" 栏中）。

开展 FMEA 工作规范性问题的另一表现是，FMEA 报告的 "最终影响" 栏目里所填写的内容与 "严酷度等级" 不对应。有些最终影响若按标准中严酷度等级定义去判断，连 II 类都达不到，而事实上在 FMEA 报告中却被错误地填写成 I 类。当然，还有相反的情况，故障最终影响本身很严重，而严酷度等级却被定得很低。如此识别出来的薄弱环节（如 I、II 类故障模式清单）不能够真实反映产品的实际状态。

填写完 FMEA 工作表后没有给出薄弱环节及其控制措施的清单，也是开展 FMEA 工作规范性问题的表现之一。在一些 FMEA 报告中，经常会看到仅有一张 FMEA 工作表而没有分析输出结果的现象。没有分析结果的分析，其效果将大打折扣。

2.1.2 识别故障模式及其原因的全面性方面的问题

有些产品设计者在开展 FMEA 时，没有按照产品的功能及系统组成，来识别产品的薄弱环节，而是按照行政单位界限来识别产品的薄弱环节，结果丢掉若干个产品系统组成中本应识别到的故障模式和故障原因。例如，某电机驱动展开机构，它由控制器、驱动电机、机械部件等部分组成。其中，控制器由外协单位负责研制。该展开机构设计者进行 FMEA 时，没有涉及控制器的任何故障模式和故障原因，这样就不能全面识别展开机构的故障模式和故障原因，在一定程度上存在着 "技术死角"。

对于有冗余设计的产品，一些产品设计者只分析了单一故障的情况，而忽略了整个冗余系统都出现故障（如共因共模故障）的情况，这样就会在 FMEA 中遗漏一定的、甚至是重要的故障模式，也就会因为对产品故障模式不能全面识别和控制而给系统带来较大的风险。

此外，一个故障模式可能对应若干个故障原因，但有些 FMEA 没有全面列出故障原因，因而也就自然缺失了一些与故障原因相对应的预防措施。例如，某 FMEA 对微放电故障的原因关注了导线搭接或金属碎屑，而遗漏了 "间隙过小" 这一微放电故障的可能原因。

2.1.3　分系统和系统 FMEA 效果方面的问题

一般情况下，系统由若干个分系统组成，分系统由若干个设备组成。目前，存在分系统和系统级 FMEA 简单汇总下级产品 FMEA 结果的现象。有的分系统 FMEA，仅仅把分系统所属的各设备的 FMEA 进行简单汇总；有的系统 FMEA，仅仅把系统所属的各分系统的 FMEA 进行简单汇总。这样就不能很好地去识别分系统层面上或系统层面上的薄弱环节，特别是因设备间的接口（对于分系统 FMEA）或分系统间的接口（对于系统 FMEA）而产生的薄弱环节，从而使分系统或系统级 FMEA 的有效性大打折扣。

2.1.4　表述故障模式及其原因和影响的正确性方面的问题

在一些 FMEA 报告中经常出现故障模式及其原因表达不清楚、不具体的现象。例如，"微动开关失效"到底是什么形式的失效并不清楚；也有采用"故障原因＋故障模式"的复合方式来错误描述故障模式（如因多余物而导致轴承卡死）；还有采用"故障模式 1 或故障模式 2"的并列方式来错误描述一个故障模式（例如主轴断裂或主轴塑性变形），其实，主轴断裂和主轴塑性变形是两个不同的故障模式，而不应当写在同一个"故障模式"栏目中。再比如，在"机构卡死"这一故障模式的"故障原因"栏目中填写"减速器失效"，并不能将机构卡死的真正原因表达清楚。将"器件损坏"表述为"显示器不工作"这一故障模式的故障原因是难以将"显示器不工作"的真正原因表达清楚的（因为一个显示器有多个器件，简单地填写"器件损坏"而没有说明"哪个器件损坏"是表达不清的），即使发现了"显示器不工作"这一薄弱环节，也无法针对故障原因采取相应的预防措施。

有些 FMEA 报告的"故障影响"栏目出现符号"√"或空白，报告作者以此来表达有无影响，而没有表述故障影响的具体内容，还有的 FMEA"故障影响"栏目中出现"无影响"。而事实上，出现的故障必定会使产品的可靠性降低，不会无影响。

2.1.5　采取措施的针对性和可操作性方面的问题

有些 FMEA 的"防止措施"或"预防措施"与"故障原因"不对应，没有针对性。"补救措施"或"补偿措施"与"故障影响"不对应，也没有针对性。在一些 FMEA 报告中，经常会看到诸如"加强计算分析"、"严格生产过程控制"、"严格产品验收把关"这类具有口号性质的措施。这种口号化而没有操作性的控制措施，很难反映在具体的设计或工艺文件中，对于完善设计或工艺（即在设计图样或技术要求或工艺文件中落实有关控制措施）毫无意义。还有一些 FMEA 报告，在"防止措施"或"预防措施"栏目填写"无"或者空白。既然找到了故障发生的可能原因，而又不采取相应的措施加以预防，那么所进行的 FMEA 就是无效的工作。

2.2　原因分析

出现上述问题的原因主要有如下三个方面。

2.2.1　FMEA 的标准体系不完善

关于 FMEA 的现行有效标准有多个，有的标准自身有不完善之处，某些要求不够明确、可操作性差，亟待修订完善；标准与标准之间的术语、工作表格形式等要求也不尽相同，这是导致开展 FMEA 工作规范性差的原因之一。例如，同为航天行业标准的 QJ 3050 - 98 与 QJ 2437 - 93[3] 所提的要求有差别，这样就不同程度地给标准的执行者带来理解上的偏差与混乱。在标准的执行层面，某个单位可能承接多个用户单位关于某产品的研制任务，每个用户单位对该承制单位提出的 FMEA 要求可能不尽相同（执行标准不同），这就导致产品设计者在进行同一产品的 FMEA 时需要满足不同用户的要求。

2.2.2 对产品设计者进行 FMEA 培训不到位

对产品设计者进行 FMEA 培训不到位，表现在某些产品设计者，对 FMEA 工作的重要性认识不足和对 FMEA 方法没有掌握这两个方面。

某些产品设计者没有理解 FMEA 是一个完善产品、提高产品可靠性的有效方法，在思想上没有解决"为什么要开展 FMEA"的问题，当然就不去想如何做好它，只简单地认为 FMEA 是一项任务。对 FMEA 工作的重要性认识不足，必然导致 FMEA 工作的效果不好——难以达到发现薄弱环节、改进设计或工艺的目的。

上文提及的开展 FMEA 工作的规范性差、识别故障模式及其原因的全面性差、分系统和系统 FMEA 效果差、表述故障模式及其原因和影响的正确性差、采取措施的针对性和可操作性差等问题，都与产品设计者没有很好掌握 FMEA 方法有关。产品设计者不掌握 FMEA 方法，再加上对产品技术内容没有吃透，技术能力不足，导致上述问题发生是必然的。

2.2.3 对 FMEA 工作的时机和进度安排不合理

开展 FMEA 工作及时性差的问题，与产品研制技术流程及可靠性工作计划中对 FMEA 工作的时机安排不合理或计划执行力不强有关。如果在产品研制技术流程及可靠性工作计划中，没有对 FMEA 工作给予合理的时机安排，则"FMEA 与设计同步开展"难以落实。

另一方面，上文提及的开展 FMEA 工作的规范性差、识别故障模式及其原因的全面性差、分系统和系统 FMEA 效果差、表述故障模式及其原因和影响的正确性差、采取措施的针对性和可操作性差等问题，也与产品设计者开展 FMEA 缺乏必要的时间保障有关。产品设计者开展 FMEA 是需要一定时间进行思考和分析的，若管理部门对 FMEA 工作的时间进度安排不合理（留给产品设计者进行 FMEA 工作的时间不足），那么产品设计者迫于不合理的进度安排，为了在短时间内完成任务，常常不求甚解，降低分析的工作质量，追求形式上的任务完成，如此势必失去了 FMEA 工作的意义。

3 提高航天产品 FMEA 工作有效性的途径

基于对当前一些航天产品 FMEA 工作存在问题及原因的分析，提出提高航天产品 FMEA 工作有效性的建议如下。

1）清理现行标准，航天系统内自上而下统一认识，修订完善 FMEA 标准。修订版

QJ 3050 在 QJ 3050-98 的基础上，将增补工艺 FMEA 和软件 FMEA，对 QJ 3050-98 中某些要求不够明确、操作性差的不完善之处还要进行修订。FMEA 标准之间的不统一、不协调问题也应当通过梳理标准，修订或废止某些不适用的标准来解决。

2）航天产品承制单位应加大对产品设计者进行 FMEA 培训的力度，通过培训，提高产品设计者对 FMEA 工作重要性的认识，让产品设计者树立"FMEA 工作的主体是产品设计者"、"FMEA 与设计同步开展"的正确理念，自觉地将 FMEA 应用在航天产品的研制中；提高产品设计者对 FMEA 方法的理解和应用水平，提高产品 FMEA 的分析质量；提高产品设计者的相关技术水平，让产品设计者掌握产品技术细节、成功设计经验和失败案例。

3）航天产品研制管理部门应科学安排 FMEA 工作的时机和进度，在产品研制流程和可靠性工作计划中落实"FMEA 与设计同步开展"、"谁设计谁负责"的原则，防止设计与 FMEA 工作脱节，同时给产品设计者开展 FMEA 工作提供必要的时间保障，以确保 FMEA 工作的有效性。

参 考 文 献

［1］　中国人民解放军总装备部 . GJB/Z 1391-2006 故障模式、影响及危害性分析指南 . 北京：国防科工委军标出版发行部，2006.

［2］　中国航天工业总公司 . QJ 3050-98 航天产品故障模式、影响及危害性分析指南 . 北京：中国航天标准化研究所，1998.

［3］　中华人民共和国航空航天工业部 . QJ 2437-93 卫星故障模式影响和危害度分析 . 北京：中国航天标准化研究所，1993.

［4］　Stamatis D H. 故障模式影响分析 FMEA 从理论到实践 . 陈晓彤，姚绍华，译 . 北京：国防工业出版社，2005.

［5］　ESA. Failure Modes，Effects and Criticality Analysis（FMECA）. ECSS-Q-30-02A，2001.

［6］　Department of the NAVY Commanding Officer. MIL-STD-1629A Failure Mode Effect Analysis. Department of Defense，Washington D. C. ，1980.

航天器机械可靠性特征量裕度的
概率设计方法[*]

刘志全

摘　要： 提出了可靠性特征量裕度的概率设计方法，建立了可靠性指标、裕度系数和特征量设计值之间的定量关系，分别论述了航天器的机构传动裕度、密封件密封裕度、防热结构防热裕度、火工连接解锁装置装药裕度的概率设计方法，为航天器机械产品可靠性量化设计提供了技术途径。

关键词： 可靠性　裕度　机械产品　概率　航天器

引　言

　　航天器的各类结构和机构均属于航天器机械产品，它们往往影响或决定着航天器飞行的成败及航天员的安全。为了保证航天器机械产品的可靠性，一般都采用裕度设计。然而传统的安全系数设计法强调许用应力大于工作应力，许用应力一般由材料的屈服极限与许用安全系数的比值决定，而许用安全系数是根据零件的重要性、材料性能数据的准确性及计算的精确性来选取的，选取结果因人而异；传统的安全系数设计法没有考虑零件强度和应力的离散性，把安全系数、强度、应力等参数都简单地视为常量，这与客观情况不符；在传统的安全系数设计中，为了追求安全可靠而设法选用优质材料并加大零件截面尺寸，存在一定的盲目性，造成不必要的浪费。此外，国内外有关标准虽然也对某些特征量（如：力、力矩、装药量等）的裕度[1-4]作了规定，但并没有将裕度与可靠性指标联系起来。这样的经验裕度设计不能对可靠性进行量化。

　　针对上述问题，本文提出航天器机械可靠性特征量裕度的概率设计方法。依据这种方法，就可以建立可靠性指标、裕度系数和特征量设计值三者之间的定量关系。根据可靠性指标和试验样本量来确定裕度系数，再根据裕度系数和特征量（随机变量）的分布参数确定特征量的设计值，从而实现航天器机械可靠性的量化设计。

1　可靠性特征量裕度的概率设计方法

　　裕度设计的任务就是在诸如质量、体积、费用等条件限制下确定合理的裕度。对于典

＊《中国空间科学技术》2007，Vol. 27，No. 4，pp34－43

型的应力—强度型产品，裕度就是指强度裕度。根据应力—强度干涉理论，可以导出应力与强度的联结方程，由此可以求算产品结构可靠性或进行满足给定可靠性要求的强度裕度设计。为了将这种设计方法推广到其他产品上去，需将传统的应力与强度概念分别拓展为广义应力和广义强度。凡是引起产品失效的因素都可视为广义应力，如温度应力、变形量等各种引起失效的特征量；凡是阻止产品失效的因素都可视为广义强度，如耐热强度、刚度等各种阻止失效的特征量。根据拓展后的新概念，对于航天器机构、密封装置、防热结构、火工装置等，裕度可以分别指传动裕度、密封裕度、防热裕度、装药裕度等。可靠性特征量裕度的概率设计方法（流程）如图 1 所示。

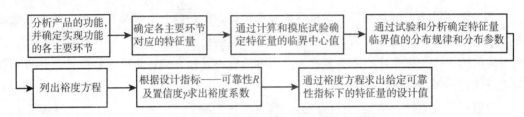

图 1　可靠性特征量裕度的概率设计方法（流程）

首先需要分析产品实现其功能的主要环节。一个复杂机械产品，通常由若干个主要环节组成，可将其视为由若干个主要环节串联而成的系统。将机械产品的可靠性指标按照一定的分配方法（参见有关文献，本文不再赘述）分配到各主要环节上。然后找出与各主要环节对应的、决定着对应环节功能实现的特征量。一个复杂机械产品一般有多个特征量。对于每个特征量，都需要确定其临界中心值，特征量临界中心值的确定有多种方法，其中的黄金分割法基本流程见图 2。

图 2 中的区间 $[a，b]$ 是特征量的取值范围。成败型试验次数 N 由设计人员根据具体情况确定。

由于制造误差以及不同生产批次之间的散差是客观存在的，所以不同生产批次产品的特征量的临界中心值有所不同，遵循着一定的分布规律。为了获得该分布规律，还需进行特征量临界值分布规律的摸底试验。摸底试验中产生的某些试验数据若不能反映临界状态应予以剔除。剔除奇异数据后剩下的 n 组有效试验数据是 x_i（$i=1，2，\cdots，n$），即有效观测值样本量为 n，对应的有效观测值为 x_i。按照国家标准 GB 4882[5] 的方法对 x_i 进行正态检验。若 x_i 经检验不拒绝正态性假设，则可按式（1）和式（2）计算出临界值样本均值 $\bar{x}$ 和样本标准差 S。一旦获得了上述数据，则依据图 1 的最后三步就可求出给定可靠性指标下特征量的设计值。这里需要强调的是：裕度是指特征量设计值相对于特征量临界值的裕度。

$$\bar{x} = \frac{1}{n}\sum_{i=1}^{n} x_i \tag{1}$$

$$S = \sqrt{\frac{\sum_{i=1}^{n}(x_i - \bar{x})^2}{n-1}} \tag{2}$$

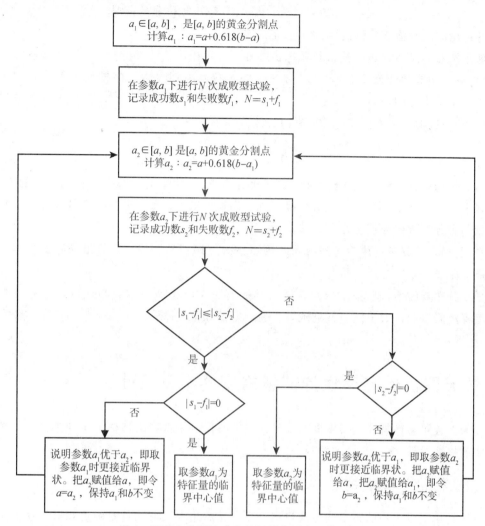

图 2 用黄金分割法确定特征量临界中心值的流程

特征量的设计值 X_0 可以用临界值总体均值 μ 和临界值总体标准差 σ 及相应于可靠性 R 的正态分布分位数 K_R 来表示，即

$$X_0 = \mu + K_R\sigma \qquad (\text{适用于 } X_0 \text{ 越大越可靠的情况}) \tag{3}$$

$$X_0 = \mu - K_R\sigma \qquad (\text{适用于 } X_0 \text{ 越小越可靠的情况}) \tag{4}$$

在式（3）和式（4）中，μ 和 σ 是未知的，若用 $\bar{x}$ 和 S 分别代替 μ 和 σ 必然带来一定的误差。所以，需找到一个裕度系数 K，使得式（5）或式（6）成立。

$$P\left[(\bar{x}+KS) \geqslant (\mu+K_R\sigma)\right] = \gamma \qquad (\text{适用于 } X_0 \text{ 越大越可靠的情况}) \tag{5}$$

$$P\left[(\bar{x}-KS) \leqslant (\mu-K_R\sigma)\right] = \gamma \qquad (\text{适用于 } X_0 \text{ 越小越可靠的情况}) \tag{6}$$

K 可根据给定的可靠性 R、置信度 γ、有效观测值样本量 n 查 GB 4885－85[6] 获得。则有裕度方程

$$X_0 = \bar{x} + KS \qquad (\text{适用于 } X_0 \text{ 越大越可靠的情况}) \tag{7}$$

$$X_0 = \bar{x} - KS \qquad (\text{适用于 } X_0 \text{ 越小越可靠的情况}) \tag{8}$$

特征量的设计值 X_0 就可根据裕度方程求得。

除了按照 GB 4882 的方法进行正态检验外，也可用图估法进行检验，具体步骤如下。

1) 将 n 组有效观测值 $x_i (i = 1, 2, \cdots, n)$ 按从小到大的顺序排列起来，并与序号 $i (i = 1, 2, \cdots, n)$ 相对应。

2) 按照近似中位秩公式[7]计算累积失效概率 F_i，即

$$F_i = \frac{i - 0.3}{n + 0.4} \tag{9}$$

3) 在正态概率纸上，横坐标为 x_i，纵坐标为 F_i（以百分数表示），根据不同的 $i (i = 1, 2, \cdots, n)$，将 F_i 与 x_i 对应关系描点到正态概率纸上。如果所描各点基本在一条直线上，则判定分布规律为正态分布。

4) 若确定了分布规律为正态分布，则可按式（1）和式（2）计算出临界值样本均值 $\bar{x}$ 和样本标准差 S。

如果分布规律不符合正态分布，则可参照有关文献按威布尔分布或其他分布进行检验。工程经验表明，对于耗损型机械类产品，参数分布规律属于正态分布和威布尔分布的居多。

2　航天器机械可靠性特征量裕度的概率设计

作为上述可靠性特征量裕度概率设计方法的具体应用，这里列举了 4 种机械产品特征量的裕度概率设计。

2.1　机构传动裕度的概率设计

机构是由组成机构的各个构件通过运动副连接起来并且彼此具有确定相对运动的实物组合体，用以实现预定运动或传递动力。

机构最主要的特征就是运动。机构的可靠性 R 可用"在规定时间内，在规定条件下，驱动力 $F_{动}$ 大于阻力 $F_{阻}$ 的概率或驱动力矩 $M_{动}$ 大于阻力矩 $M_{阻}$ 的概率"来表征，即

$$R = P(F_{动} - F_{阻} > 0) \quad \text{或} \quad R = P(M_{动} - M_{阻} > 0) \tag{10}$$

对于输出参数有要求的机构，可用"在规定时间内，在规定条件下，机构输出参数 ξ 落在规定范围内的概率"来表征可靠性，即

$$R = P(\xi > \xi_{\min}) \quad \text{或} \quad R = P(\xi_{\min} \leqslant \xi \leqslant \xi_{\max}) \quad \text{或} \quad R = P(\xi < \xi_{\max}) \tag{11}$$

对于寿命型机构，可用"在规定条件下，机构寿命 T 大于规定任务时间 t 的概率"来表征可靠性

$$R = P(T > t) \tag{12}$$

表 1 给出的裕度设计方法与本文的裕度概率设计不同。表 1 没有考虑机构参数（随机变量）的散布，没有建立裕度与可靠性之间的定量关系，系经验裕度设计方法，难以量化

可靠性。

表 1　目前国内外标准中提到的裕度设计

项目	美国军用标准[1] MIL - HDBK - 83577	欧洲空间组织标准[2] ECSS - E - 30	中国国家军用标准[3] GJB 4038 - 2000
静力裕度 MOS_{sf}	$MOS_{sf}=100\times\left(\dfrac{F_d-F_{nd}}{F_r}-1\right)\geqslant\beta$ $\beta=\begin{cases}1.75 & \text{方案设计阶段}\\1.50 & \text{初步设计阶段}\\1.25 & \text{初样设计阶段}\\1.00 & \text{正样设计阶段}\end{cases}$	准静力比: $\dfrac{F_d}{F_r}\geqslant2$	
静力矩裕度 MOS_{sm}	$MOS_{sm}=100\times\left(\dfrac{M_d-M_{nd}}{M_r}-1\right)\geqslant\beta$ $\beta=\begin{cases}1.75 & \text{方案设计阶段}\\1.50 & \text{初步设计阶段}\\1.25 & \text{初样设计阶段}\\1.00 & \text{正样设计阶段}\end{cases}$	准静力矩比: $\dfrac{M_d}{M_r}\geqslant2$	太阳翼展开机构静力矩裕度: $MOS_{sm}=\dfrac{M_d}{M_r}-1\geqslant1$ (注: 低温工作环境下, 阻力矩需乘以系数 1.5)
动力裕度 MOS_{df}	$MOS_{df}=100\times\left(\dfrac{F_d-F_r}{F_{nd}}-1\right)\geqslant0.25$	动力比: $\dfrac{F_d-2F_r}{F_i}\geqslant1.25$	
动力矩裕度 MOS_{dm}	$MOS_{dm}=100\times\left(\dfrac{M_d-M_r}{M_{nd}}-1\right)\geqslant0.25$	动力矩比: $\dfrac{M_d-2M_r}{M_i}\geqslant1.25$	

注: F_d, M_d——分别表示驱动力和驱动力矩;

　　F_r, M_r——分别表示阻力和阻力矩;

　　F_{nd}, M_{nd}——分别表示产生规定加速度所需的驱动力和产生规定加速度所需的驱动力矩;

　　F_i, M_i——分别表示所需加速度引起的惯性力和所需加速度引起的惯性力矩;

　　MOS——英文 Margin of Safety 的缩写。

　　然而, 航天器机构种类繁多、功能各异、影响因素较多, 空间环境下机构的基础性研究成果目前在实际应用方面有一定局限, 所以目前并非所有航天器机构都能方便地进行可靠性特征量裕度的概率设计。对于那些可靠性特征量及其临界中心值难以确定的复杂机构, 仍可参照表 1 进行可靠性定性设计。

　　作为可靠性量化设计示例, 某航天器机构传动裕度概率设计的方法如下。

　　1) 某航天器机构由"电机与减速器集成为一体"的驱动部件和曲柄滑块机构组成, 该机构长期处于真空和温度交变的工作环境, 为了防止发生冷焊, 运动副表面采用了相应的防冷焊措施。该套机构包括 2 个主要环节, 一个是驱动环节, 提供机构的驱动力; 另一个是传动环节, 将动力源提供的动力以一定的效率传递到末端执行部件上。

　　2) 驱动部件一般从有关厂家订购, 机构设计人员仅提出研制与验收技术要求, 不再专门进行驱动部件的设计, 此处对驱动环节不作讨论。传动环节是机构设计人员的设计重点。如前文所述, 机构最主要的特征就是运动, 运动副的间隙是实现运动的前提。若间隙过大，则运动副冲击加大，运动平稳性难以保证。若间隙过小，则在某些随机因素（如空间环境温度随机变化）的影响下，可能引起机构卡死或阻力过大。因此，运动副间隙 Δ 可以作为传动环节的特征量。

3）机构工作在温度交变的环境中，机构的工作温度范围 $[T_{min}，T_{max}]$ 一般可通过热分析事先确定，若轴和孔的材料及名义尺寸已经分别确定，则可根据材料的热膨胀系数分别计算出轴和孔在极端温度环境（与 T_{min} 和 T_{max} 相对应）的热变形量，从而计算出最恶劣温度环境下轴和孔之间的最小间隙 Δ_{min}。如果这个间隙出现负值，说明目前所选轴孔材料不能适应最恶劣温度环境。需要重新考虑轴和孔的材料匹配。如果计算出的最恶劣温度环境下轴和孔之间的最小间隙为正值，则该间隙 Δ_{min} 即可近似视为运动副临界间隙的中心值 Δ_{cr}。

4）为寻求临界间隙的分布规律，可在 Δ_{cr} 附近规定一个适当范围：$[\Delta_{cr}-\delta，\Delta_{cr}+\delta]$，并将该范围分成若干组，每组对应的轴孔名义尺寸相同，材料匹配相同，但轴孔配合不同，从而决定了每组的最小间隙不同（例如，公称直径为 32 mm 的轴和孔，若分别选择 H8/f7 间隙配合和 H8/e7 间隙配合，则对应的最小间隙分别为 0.025 mm 和 0.050 mm）。

针对这些具有不同最小间隙的组别，每组投入 4 个机构试验件（4 个机构试验件具有相同的间隙配合），在最恶劣的温度条件下尽可能模拟真实载荷条件进行运动试验。如果对应某一组，4 个试验件全部正常工作，或对应某一组间隙，4 个试验件全部出现故障（机构卡死或阻力过大），则对应出现这两种情况的组别的试验数据因不能反映临界状态而应视为无效数据，予以剔除。将剩下的 n 组临界间隙 $x_i(i=1，2，\cdots，n)$ 作为有效数据，对这些数据按 GB 4882 的方法进行正态检验，或借助于正态概率纸和公式（9）用图估法进行正态检验。

5）如果临界间隙经检验符合正态分布，则可根据式（1）～式（7）的方法计算出满足机构运动可靠性 R（置信度为 γ）要求的机构间隙设计值 X_0。

2.2　密封件密封裕度的概率设计

密封的种类很多，但无论哪一种密封，其工作原理都是通过压缩密封圈使其变形，堵塞接触面之间潜在的泄漏通道，实现密封功能。尽管国内标准规定了密封圈在静密封、动密封以及在舱内、舱外条件下的最小允许压缩率[8]，但没有把密封可靠性、裕度和密封结构参数建立定量的数学关系。本文提出的密封件密封裕度概率设计按照图 1 的流程叙述如下。

1）密封可靠性特征量是密封圈的压缩率（密封圈压缩量与密封圈横截面原始特征高度之比）。在其他条件相同的情况下，在空间允许及不发生破损的条件下，密封圈压缩率越大，密封可靠性越高。

2）当达到临界压缩率中心值时，约 50% 的检漏试验结果满足漏率指标要求。图 3 是一种端面密封圈临界压缩率中心值摸底试验的原理图，h 为密封圈的压缩量。密封圈横截面压缩变形前的原始状态是直径为 d 的圆截面。$(h/d)\times100\%$ 为该密封圈的压缩率。

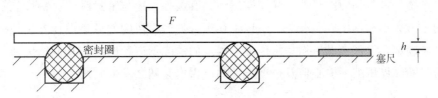

图 3　密封圈临界压缩率中心值摸底试验原理图

按图示 F 的施力方向压缩密封圈，密封圈压缩量 h 用刚性塞尺厚度来控制。更换不同厚度的塞尺，就可得到不同的密封圈压缩量。压缩量 h 按照从小到大的次序逐步递增，对应每一组压缩率，进行 4 次检漏，判断漏率是否满足指标要求。当压缩率较小时，多数检漏结果不满足要求。随着压缩率逐步增大，检漏结果会出现有满足指标要求的情况，也有不满足指标要求的情况。如果出现了约 50% 的检漏试验结果满足漏率指标要求的情况，则此工况下对应的压缩率就是临界压缩率的中心值。

密封圈在低温环境下的密封性能一般低于其在高温或常温环境下的密封性能，所以上述临界压缩率中心值的摸底试验，最好在低温环境下进行。

3）上述摸底试验仅针对一个密封圈进行的。相同规格不同批次的密封圈及对应的密封槽均有一定的散差，因而临界压缩率也有所不同。为了寻找密封圈临界压缩率这一随机变量的分布规律及分布参数，还需针对相同尺寸不同批次的密封圈在低温环境下进行临界压缩率分布规律的摸底试验。在临界压缩率中心值附近适当规定一个范围，按此范围分成若干组，每组进行 4 次检漏，根据试验结果剔除那些不能反映临界状态特征的无效数据。将剩余的 n 组有效压缩率数据 $x_i(i=1, 2, \cdots, n)$ 按照前文所述的方法进行正态检验。

4）如果临界压缩率符合正态分布，则可用式（1）～式（7）计算出满足密封可靠性 R（置信度为 γ）要求的密封圈压缩率设计值 X_0。

实例。某航天器密封舱舱盖上布置一橡胶密封圈，舱内气压为常压，舱外为真空。依靠该密封圈的端面密封实现航天器密封舱的密封功能。要求该密封的可靠性为 $R=0.999\,95$（$\gamma=0.7$）。该密封裕度的概率设计过程如下。

按照图 3 所示的原理进行摸底试验，获得密封圈临界压缩率中心值为 4%。然后，在该 4% 附近规定一个范围：1%～7%；并将其分为 7 个组——1%，2%，3%，4%，5%，6%，7%。分别针对每一组进行 4 次检漏试验。发现当压缩率为 6% 和 7% 时所有的检漏结果均满足指标要求；而当压缩率为 1% 时所有的检漏结果均不满足指标要求（泄漏严重）。将这 3 组试验结果予以剔除。有效观测值样本量 $n=4$，对应的观测值为：$x_1=2\%$，$x_2=3\%$，$x_3=4\%$，$x_4=5\%$。按 GB 4882 对观测值进行正态检验，结果符合正态分布。利用式（1），（2）算出临界压缩率的样本均值 $\bar{x}=3.5\%$；样本标准差 $S=1.29\%$。

根据 $R=0.999\,95$，$\gamma=0.7$ 和 $n=4$，查 GB 4885 得到裕度系数 $K=5.674\,85$。利用式（7）计算出密封圈压缩率的设计值 $X_0=(3.5+5.674\,85\times1.29)/100=10.82\%$，取为 $X_0=11\%$。即：把该密封圈压缩率设计为 11%，就能保证该密封件的密封可靠性达到 $0.999\,95$（$\gamma=0.7$）。

应当指出，密封件的密封性能除了与压缩率有关外，还与密封圈的材料性能及所密封的介质的压力大小和作用方向有关。所以上述密封件密封裕度的概率设计方法是在其他相关因素已经确定，仅需考虑压缩率裕度单一因素的情况下进行的。若其他相关因素发生变化，则密封圈临界压缩率中心值及裕度设计的结果也会随之发生变化。

2.3　防热结构防热裕度的概率设计

防热结构根据其防热机理的不同可分为吸热防热结构、辐射防热结构和烧蚀防热结构，三种防热结构的主要差别就是防热层不同[9]。

防热结构的可靠性是指在返回舱再入大气层向地面着陆的过程中，保证返回舱本体结构内壁温度不超过允许的最高温度的能力。防热结构的可靠性涉及许多方面，例如，若防热层与返回舱本体结构的粘结质量不好，将会出现防热层脱落现象，则防热功能失效。本文仅论述防热裕度的概率设计方法，不涉及工艺保证或制造质量控制方面的内容。

防热层结构参数确定受到防热结构质量指标、可靠性指标和本体结构内壁允许的最高温度等因素的限制。被防热层防护的本体结构允许的最高温度主要取决于本体结构的材料。

首先需要满足的是"本体结构内壁允许的最高温度"的要求，这是防热结构基本的功能要求。在满足该要求的前提下，为减少质量，希望尽可能不增加或少增加防热层厚度；而为提高防热可靠性，希望尽可能增大防热层厚度，提高防热裕度。所以，在对防热结构设计提出质量指标和可靠性指标时，不能一味追求高可靠而使得防热结构质量过大，也不能一味强调结构轻量化而使得防热结构可靠性得不到保证。

在选定了防热结构类型和防热材料以后，如何设计防热层厚度就是一个关键问题。传统的做法是先选取安全系数，再将轨道热流条件乘以这个安全系数，然后依据此条件和"本体结构内壁允许的最高温度"计算出防热层厚度作为设计厚度。最后进行各种载荷条件下的强度校核。这种方法只能定性说明在防热结构设计中采取了可靠性设计措施，却不能把所选取的这个安全系数和可靠性之间建立定量关系。本文提出的防热结构防热裕度概率设计方法如下所示。

1）防热结构类型和防热材料选定以后，将防热层厚度作为防热结构的特征量。

2）依据理论计算，求出满足"本体结构内壁允许最高温度"要求所需的防热层厚度（计算过程无需考虑安全系数），以此作为特征量临界中心值 H_{cr}。

3）对于相同材料不同批次的防热结构，防热层厚度临界值也有所不同，它是一个随机变量。需针对相同材料、相同尺寸不同批次的防热结构进行防热层厚度临界值分布规律的摸底试验。在 H_{cr} 附近规定一个适当的范围 $H_{cr} \pm \Delta H$，按此范围分成若干组，每组进行 4 次防热效果试验。如果出现一组中的 4 次试验结果全不满足"本体结构内壁允许最高温度"要求，或者一组中的 4 次试验结果全满足该要求，则这样组别的试验数据为无效数据予以剔除。对剩余的 n 组有效防热层厚度临界值按前文提及的方法进行正态检验。

4）如果满足正态分布规律，则可利用式（1）～式（7）计算出防热层厚度的设计

值 X_0。

实例：某返回航天器防热结构的防热可靠性要求为 $R=0.999\,9$（$\gamma=0.7$），其防热裕度概率设计如下。

根据理论计算求得防热层厚度的临界中心值 $H_{cr}=18$ mm。在此临界中心值附近规定一个适当的范围（18 ± 5）mm，并将其分成 11 个组，即 13 mm，14 mm，15 mm，16 mm，17 mm，18 mm，19 mm，20 mm，21 mm，22 mm，23 mm。对于每一组进行 4 次防热效果试验，发现防热层厚度为 13 mm 和 14 mm 这两组分别对应的 4 次试验结果都不满足"本体结构内壁允许最高温度"要求；而防热层厚度为 22 mm 和 23 mm 这两组分别对应的 4 次试验结果都满足"本体结构内壁允许最高温度"要求。这 4 组所对应的试验数据予以剔除。则有效观测值样本量 $n=7$，对应的观测值为：$x_1=15$，$x_2=16$，$x_3=17$，$x_4=18$，$x_5=19$，$x_6=20$，$x_7=21$，经检验符合正态分布。利用式（1），式（2）计算出防热层厚度临界值的样本均值 $\bar{x}=18$ mm 和样本标准差 $S=2.16$ mm。

根据指标 $R=0.999\,9$，$\gamma=0.7$ 和 $n=7$，查 GB 4885 得到裕度系数 $K=4.684\,3$。利用式（7）计算出防热层厚度的设计值 $X_0=18+4.684\,3\times2.16\approx28.12$ mm，取为 $X_0=29$ mm。即：把防热层厚度设计为 29 mm，排除其他因素（如工艺质量）的影响，就能保证该防热结构防热可靠性 $R=0.999\,9$（$\gamma=0.7$）。

应当指出，航天器防热结构都是成本昂贵的大型结构，不可能制造若干个大型防热结构（连带本体结构）进行若干组摸底试验，需对摸底试验进行必要的简化处理（如采用局部试片进行试验）。此外，如果按上述可靠性要求定量设计出的防热层厚度与按质量指标设计出的防热层厚度有矛盾，则或者适当降低可靠性要求，或者适当放宽对防热结构质量的限制，或者从低密度防热材料上寻找出路。

2.4　火工连接解锁装置裕度设计

火工连接解锁装置是广泛应用于航天器上实现一次性动作的成败型火工装置。我国航天器火工装置可靠性设计的主要依据标准[4,10]尽管都规定了可靠性要求和裕度，但二者无量化关系。

以某型号分离螺母为例，参照图 1 和图 2 说明火工连接解锁装置的裕度概率设计方法。

1）分离螺母的火工品发火之前，分离螺母呈连接状态。当发火管发火并激发火雷管后，传爆药将主装药引爆实现切断解锁，从而实现分离功能。由此可见，影响分离螺母可靠性的主要环节是发火环节、传爆环节和切断环节，其可靠性框图如图 4 所示。发火环节的可靠性主要取决于外购发火元件的可靠性，而传爆环节和切断环节是设计人员考虑的重点。

图 4　分离螺母的可靠性框图

2）传爆环节的可靠性特征量是传爆间隙；切断环节的可靠性特征量是主装药的药量。

3）当分离螺母处于连接状态时，为了承受发射段载荷，分离螺母的厚度必须保证其具有足够的连接强度。依据连接强度要求确定分离螺母的厚度以后，可以利用式（13）对切断解锁所需的临界主装药药量进行估算，获得临界主装药药量估算值 ω 后，则区间 $[\omega-\Delta\omega,\ \omega+\Delta\omega]$ 就是临界主装药量中心值的搜索范围（即图 2 中的 $[a,\ b]$）。$\Delta\omega$ 是一个较小的药量，由设计者决定。

$$\omega = \frac{(P_{\mathrm{L}} - P_{\mathrm{I}})V_0}{(1-\varepsilon)RT} \tag{13}$$

式中　P_{L}——解锁（切断）所需要的药室最小燃气压力，$P_{\mathrm{L}} = F/A$，F 为解锁（切断）的总阻力，包括摩擦力，A 为药室燃气所驱动的活塞的横截面面积；

　　　　P_{I}——在不装主装药的情况下，起爆器或点火器点火后在药室 V_0 中产生的燃气压力；

　　　　V_0——主装药药室的容积；

　　　　RT——主装药的火药力，其中 R 为火药气体常数，T 为火药的燃烧温度；

　　　　ε——火药燃烧后产生的固体产物的质量相对于燃烧前质量的百分比。

式（13）是基于定容积情况下气体状态方程推导而来的。设定容积情况下火药燃烧后产生的燃气没有做功，忽略热损失。这时燃气温度即为火药的燃烧温度。则理想气体的状态方程为

$$P_{\mathrm{L}}V_0 = m_{燃气}RT \tag{14}$$

式中　$m_{燃气}$——火药燃气质量

$$m_{燃气} = \Omega(1-\varepsilon) \tag{15}$$

式中　Ω——包括主装药和起爆器（或点火器）中起爆药在内的总药量。

由式（14）和式（15）得

$$\Omega = \frac{P_{\mathrm{L}}V_0}{(1-\varepsilon)RT} \tag{16}$$

当药室不装主装药时，由于仅引爆起爆器（或点火器）在药室 V_0 中也能产生燃气压力为 P_{I}，所以临界主装药药量估算值 ω 由公式（13）求得。即

$$\omega = \Omega - \frac{P_{\mathrm{I}}V_0}{(1-\varepsilon)RT} = \frac{(P_{\mathrm{L}} - P_{\mathrm{I}})V_0}{(1-\varepsilon)RT}$$

若主装药的药量在 15～20 g 范围内可能切断[11]，则可利用图 2 的流程（令 $[a,\ b]$ = [15，20]，每次引爆切断试验次数 $N=4$）求出临界装药量中心值为 17 g。

4）由于不同批次火药的临界装药量不尽相同，所以须寻找临界装药量（随机变量）的分布规律及其分布参数。在临界装药量中心值附近规定一个适当的范围（17±2）g。按此范围分成 9 组——15 g，15.5 g，16 g，16.5 g，17 g，17.5 g，18 g，18.5 g，19 g。每组投入 4 个样件进行引爆切断试验。结果 15 g，15.5 g 的两组样件均未切断；而 18.5 g，19 g 的两组样件均全部切断。这 4 组数据未能反映临界状态，予以剔除。对剩余的 5 组临界装药量进行正态性检验，结果符合正态分布[11]。依据式（1）、式（2）计算出临界装药

量的样本均值 $\bar{x}=17\,\mathrm{g}$ 和样本标准差 $S=0.791\,\mathrm{g}$。

5）根据可靠性指标 $R=0.995\,5$（$\gamma=0.95$）和 $n=5$，查 GB 4885 得 $K=6.396\,5$，则利用式（7）可求出装药量的设计值 $X_0=17+6.396\,5\times0.791\approx22.06\,\mathrm{g}$。按装药量 $X_0=22.06\,\mathrm{g}$ 进行装药，就能保证切断可靠性 $R=0.995\,5$（$\gamma=0.95$）。

6）同理，传爆环节的传爆间隙设计也可按照图 2 的流程确定临界间隙的中心值，按照图 1 的流程求出传爆间隙的设计值，保证所需的传爆可靠性。但是这里需要强调，传爆间隙越大，传爆可靠性越低，所以传爆间隙的裕度方程应采用式（8）。

本文提出的可靠性特征量裕度的概率设计方法，可使设计人员依据可靠性指标求出裕度系数并定量计算出满足可靠性要求的特征量设计值，为航天器机械产品可靠性量化设计提供了技术途径。

致　谢

在本文撰写过程中，作者得到中国航天科技集团公司可靠性专家、中国运载火箭技术研究院研究员周正伐同志的指导和帮助，在此表示衷心感谢！

参 考 文 献

[1] MIL - HDBK - 83577，Moving Mechanical Assemblies for Space and Launch Vehicles. 1997.

[2] Space Engineering，Mechanical - Part 3：Mechanisms. ECSS - E - 30 Part 3A. Noordwijk，The Netherlands：ESA Publications Division，2000.

[3] 中华人民共和国国家军用标准 . GJB 4038 - 2000 太阳电池阵机构通用规范 . 国防科学技术工业委员会，2000.

[4] 中华人民共和国国家军用标准 . GJB 1307A - 2004 航天火工装置通用规范 . 国防科学技术工业委员会，2004.

[5] 国家标准局 . 中华人民共和国国家标准 . GB 4882 - 2001 数据的统计处理和解释正态性检验 . 国家质量技术监督局，2001.

[6] 国家标准局 . 中华人民共和国国家标准 . GB 4885 - 85 正态分布完全样本可靠度单侧置信下限 . 北京：中国标准出版社，1985.

[7] 洪其麟 . 机械结构可靠性 . 北京：航空工业出版社，1993.

[8] 中华人民共和国航空工业标准 . HB/Z4 - 95 O 型密封圈及密封结构的设计要求 . 国防科学技术工业委员会 . 1996.

[9] 吴国庭 . 防热结构 .//袁家军，等 著 . 卫星结构设计与分析，北京：中国宇航出版社，2004.

[10] 中国运载火箭技术研究院院标准 . YW 1312 - 95 火工品及火工装置可靠性设计通用要求 . 中国运载火箭技术研究院，1995.

[11] 周正伐 . 火工品可靠性设计方法 . 第二届国际可靠性、维修性和安全性会议论文集，北京，1993，12.

航天器机构的可靠性试验方法[*]

刘志全

摘　要：对航天器机构可靠性试验进行了分类，提出了基于可靠性特征量计量型可靠性试验的基本思路，针对特征量分别为寿命、性能参数、失败数的航天器机构提出了可靠性试验方法，为航天器机构可靠性验证提供了技术途径。

关键词：失败数　寿命　性能参数　航天器机构　可靠性试验

引　言

机构是由若干个构件组成的实物组合体，各构件通过运动副连接起来并彼此具有确定的相对运动，用以实现预定运动或传递动力。航天器太阳翼的在轨展开，航天器舱段的在轨分离，航天器间的空间对接与分离等动作都需要航天器机构来完成。机构的可靠性对航天器飞行成败或航天员的安全至关重要。因此，航天器机构的可靠性设计和验证一直是航天界备受关注的重要方面。

尽管在航天器机构的设计阶段设计人员就已经考虑了许多影响可靠性的因素并进行必要的分析仿真，但难以准确计算空间环境（如真空、微重力、辐射）对于机构的性能影响，仿真结果与实际情况也程度不同地存在偏差。此外，不同批次材料性能的散差及零部件制造误差也是客观存在的，因此需要进行一定样本量的可靠性试验来验证机构的可靠性。但是，如何在试验经费和试验周期制约的条件下，有效地把可靠性试验及评估理论应用到航天器机构的可靠性试验中去，目前还有许多问题值得研究。航天器机构合理的可靠性试验方法有待于探讨。虽然航天器电子产品已有一些可靠性试验方法，但航天器机构种类繁多，功能各异，失效率并非常值，难以用电子产品的可靠性试验方法指导机构可靠性试验。所以，寻求航天器机构可靠性试验的有效方法是当前亟待解决的问题。基于这样的背景，本文提出航天器机构可靠性试验方法，旨在为航天器机构可靠性试验提供技术途径。

1　试验的基本类型与特点

航天器机构种类很多，很难用一个分类表全面覆盖所有类型的机构。航天器的连接与分离机构、压紧释放机构、展开机构、缓冲机构、火工弹抛机构等多为一次性动作的成败

* 《中国空间科学技术》2007，Vol. 27，No. 3，pp39－45

型机构（特征量多为失败数），其动力多数源于火工品点火后产生的燃气压力或弹簧的弹性力；而太阳翼驱动机构、空间站上的舱外机械臂、卫星数传天线摆动机构等则需要长期在轨进行连续或间歇运动（特征量一般为寿命），其动力源多为电机；载人航天器上舱门机构、平衡阀等机构（特征量多为性能参数）的动力源多为航天员的手动操作力。

对于众多的航天器机构，由于各自的功能、组成、工作环境、失效模式都不同，所以本文不可能逐一论述其可靠性试验方法，但若按照可靠性特征量来划分，航天器机构可以大致分为 3 类：特征量为寿命（威布尔分布）的机构、特征量为性能参数的机构、特征量为失败数的机构。本文将针对这 3 类航天器机构分别论述其可靠性试验方法。

所谓可靠性试验，就是用来提高或验证产品可靠性的试验。可靠性试验一般分为可靠性增长试验和可靠性验证试验 2 类。

可靠性增长试验的目的和过程是：通过试验，暴露产品的薄弱环节（问题）→分析问题→采取改进措施→再通过试验验证改进措施的有效性→达到使产品固有可靠性增长的目的。为了充分暴露产品的问题并采取改进措施，在可靠性增长试验中，产品的技术状态总在变化；而可靠性验证试验的目的是验证产品的可靠性水平是否达到预定的指标。为了使验证试验有效，在可靠性验证试验中，产品的技术状态是"冻结"不变的。

如果可靠性增长试验成功，并未暴露任何问题，则可靠性增长试验演化为可靠性验证试验；如果在可靠性验证试验过程中暴露出重大问题，须采取改进措施使可靠性获得增长，则可靠性验证试验演化为可靠性增长试验。下文提及的可靠性试验如无特别说明均指可靠性验证试验。

2 试验方法

2.1 可靠性试验的一般流程

图 1 给出了从可靠性试验方案制定到可靠性评估全过程的流程。

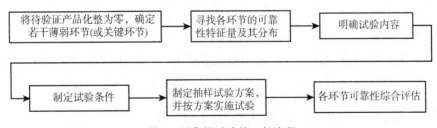

图 1 可靠性试验的一般流程

首先需要分析产品的主要功能、故障模式及其影响，找出对产品功能实现具有致命影响的且发生可能性较大的各种故障模式，依据分析结果确定产品若干个薄弱环节（或关键环节），将产品"化整为零"，视产品为若干薄弱环节（或关键环节）的串联系统。

其次，确定各薄弱环节（或关键环节）对应的可靠性特征量，这些特征量应当是可检测的随机变量而不是常量。特征量的分布规律需通过必要的摸底试验获得（试验数据经相关分布检验确认）。

可靠性试验就是再现产品各环节规定功能实现能力的过程，所以试验内容应与产品各环节实现规定功能相对应（例如，同样是拉压弹簧，当它用于频繁往复运动的场合，它的可靠性试验内容应当是往复运动的疲劳试验；而当它用于长期受压、一次性释放弹性能的场合，它的可靠性试验内容应当是长期静压试验，通过长期静压测试其提供合格弹性力的能力）。在试验方法的选择上，本着既能够验证产品可靠性又尽可能节约试验件数量和试验费用的原则，尽可能采用可靠性特征量的计量型试验方法代替计数型试验方法。

可靠性试验条件应当参照产品使用时的任务剖面中最恶劣的环境条件制定。即：产品若在任务剖面中最恶劣的环境条件下都能可靠工作，则在该任务剖面中的其他环境条件下就能更加可靠地工作。

当完成可靠性试验后，依据各环节可靠性评估结果，就可得到产品的可靠性评估结果，据此可以判断产品可靠性是否满足预定的可靠性指标要求。

2.2　特征量为寿命的机构可靠性试验

特征量为寿命（威布尔分布）的机构一般是那些需要长期在轨运动的机构。在已知机构可靠性指标 R（待验证）的前提下，采用何种方法来验证机构是否满足该指标就是设计可靠性试验方案的任务。在设计这类机构的可靠性试验方案时，首先需要明确试验对象及其技术状态，通过分析产品的主要功能及故障模式，明确受试的环节及特征量（如：寿命要求值）；其次需要确定试验内容（例如：机构寿命要求的考核试验）和试验条件（如：真空低温环境条件）；然后需要明确任务参数 X_0（例如：任务时间）、可靠性特征量 X 及其分布 [例如：寿命 X 服从威布尔分布（形状参数 $1<m\leqslant3$，目前只能由工程判定取值，且取值可保守一点）]；接下来需要明确机构待验证的可靠性指标 R、试验判断风险 β 和投试数量 n。可靠性指标 $R=P(X>X_0)$ 的量值一般由航天器分系统确定；β 由航天器系统统一规定取值，$\beta=1-\gamma$（γ 为置信度）；一般 $n\geqslant2$。于是，根据威布尔分布的规律求得特征量试验值 X_R 为

$$X_R = X_0 \left[\frac{\ln\beta}{n\ln R(X_0)} \right]^{1/m} \tag{1}$$

可靠性试验的判断规则为：当试验中相关故障数 $r=0$，则产品满足可靠性指标；若 $r>0$，则产品不满足可靠性指标，需要改进，使之增长。

2.3　特征量为性能参数的机构可靠性试验

特征量为性能参数的航天器机构较为普遍。例如，航天器上的弹簧分离推杆，要求其输出的推力 X 既不能过大也不能过小，须控制在某个范围内。这类机构的可靠性特征量就是其性能参数 X，它将受到特征量容许下限 X_L 和特征量容许上限 X_U 双侧参数的限制（$X_L\leqslant X\leqslant X_U$），可靠性 $R=P(X_L\leqslant X\leqslant X_U)$；而有些机构的性能参数只受到单侧参数的限制，例如，要求舱门机构的漏率 X（可靠性特征量）不大于特征量容许上限（最大漏

率）X_U，即 $X \leqslant X_U$，对应的可靠性 $R = P (X \leqslant X_U)$。

在设计这类特征量为性能参数的机构可靠性试验方案时，无论是特征量受单侧参数限制的情况，还是特征量受双侧参数限制的情况，都需要说明试验对象、试验内容、试验条件、可靠性特征量 X 及其分布、特征量容许限（下限 X_L 或上限 X_U）、可靠性指标 R、试验判断风险 β、投试数量 n。

R 和 β 分别由航天器的分系统和系统来确定，$\beta = 1 - \gamma$（γ 为置信度）；一般 $n \geqslant 5$。

对于特征量受双侧参数限制（$X_L \leqslant X \leqslant X_U$）的情况，在给出 X_L 和 X_U 的同时，还需给出特征量下限超差概率 p_1 和上限超差概率 p_2。p_1 和 p_2 满足关系式 $R = 1 - (p_1 + p_2)$。X_L，X_U，p_1，p_2 均为设计指标。

对于特征量受单侧参数限制的情况，依据 R，n，γ 可查国家标准 GB 4885[1] 求得 K。

假设 n 次试验获得的样本有效观测值为 $x_i (i = 1, 2, \cdots, n)$，则样本均值 $\bar{x}$ 和样本标准差 S 分别为

$$\bar{x} = \frac{1}{n} \sum_{i=1}^{n} x_i \tag{2}$$

$$S = \sqrt{\frac{\sum_{i=1}^{n} (x_i - \bar{x})^2}{n - 1}} \tag{3}$$

可靠性试验的判断规则是：

1) 对于要求 $X \leqslant X_U$ 的情况，若 $\bar{x} + KS \leqslant X_U$，则机构满足可靠性指标；对于要求 $X \geqslant X_L$ 的情况，若 $\bar{x} - KS \geqslant X_L$，则机构满足可靠性指标。否则，机构不满足可靠性指标，需要改进，使之增长。

2) 对于要求 $X_L \leqslant X \leqslant X_U$ 的情况，若 $(\bar{x} - K_1 S, \bar{x} + K_2 S) \in (X_L, X_U)$，则机构满足可靠性指标。其中，$K_1$ 和 K_2 分别根据 n，γ，p_1 和 n，γ，p_2 查标准 QJ 1384[2] 获得。

2.4 特征量为失败数的机构可靠性试验

特征量为失败数的成败型航天器机构多数为火工机构，一般在轨仅作一次性动作。连接解锁机构、太阳翼压紧释放机构等都属于这类机构。这类机构的试验结果或者为"成功"或者为"失败"。

根据待验证的可靠性指标 R 设计这类机构可靠性试验方案时，同样需要说明试验对象、试验内容、试验条件、可靠性特征量 X 及其分布、可靠性指标 R、试验判断风险 β、投试数量 n。

R 和 β 的确定方法如前文所述。n 需要参考机构产品投产批量 N 的大小来决定。

若 $N \geqslant 10n$，则当失败数 $F = 0$ 时，根据 R 和 β 按式（4）决定 n

$$n = \frac{\ln\beta}{\ln R} \tag{4}$$

若 $N < 10n$，则 n 由式（5）决定或依据 R，N 和 γ 查国家军用标准 GJB 376[3] 获得

$$\sum_{x=0}^{F} \frac{n!\,(N-n)!\,(N-NR)!\,(NR)!}{N!\,x!\,(n-x)!\,(N-NR-x)!\,(NR-n+x)!} = 1-\gamma \qquad (5)$$

可靠性试验判断规则：若 n 次成败型试验中失败数 $F=0$，则机构满足可靠性指标。反之，则不然。

许多航天器成败型火工机构都采取了冗余设计措施。如采用双发火元件、双执行机构的火工连接解锁机构，只要其中一套"发火元件＋执行机构"工作即可实现整个机构的解锁分离功能。如图 2 所示。

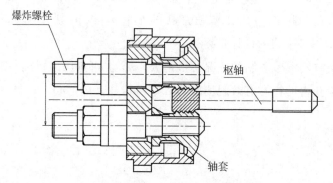

图 2　某火工连接与解锁机构

对这类已采取冗余设计措施的火工机构进行成败型可靠性试验时，为了减少试验数量、节约试验费用，可以采用单边点火的加严考核方式进行。将整个机构视为一个并联系统，若在单边点火情况下得到的可靠性为 R_1，则双边同时点火（正常工作模式）情况下的可靠性 R 为

$$R = 1-(1-R_1)^2 = 2R_1 - R_1^2 \qquad (6)$$

所以在设计这类已采取冗余设计措施的火工机构的可靠性试验方案时，首先根据机构的可靠性指标 R 通过求解方程（6）得到 R_1，然后用 R_1 替换公式（4）或（5）中的 R 求出投试数量 n。若进行 n 次成败型试验，且试验中失败数 $F=0$，则机构满足可靠性指标。

值得一提的是，按照单边点火情况设计的投试数量 n 远远小于按双边同时点火（正常工作模式）情况设计的投试数量，即采用小子样达到机构可靠性验证的目的。

火工机构加严条件下小子样可靠性验证方法，除了上文提及的"把冗余设计的火工机构按并联系统处理"之外，还可以在低于正常装药量的加严条件下进行小子样可靠性试验，然后折合为正常装药量情况下的机构可靠性，具体方法参见文献［4］，此处不再赘述。

2.5　示例

设计通气阀可靠性试验方案首先需要分析通气阀的功能和主要故障模式。

通气阀的功能是当航天器再入大气层返回地球的过程中（或在地球表面着陆后），实现返回舱舱内外通风换气。当航天器返回舱再入大气层的过程中（或在地球表面着陆后），安装在返回舱上的通气阀接到地面发火指令，火工品发火并产生燃气，驱动活塞运动，使阀盖解锁并以规定的速度弹抛出去。实现返回舱舱内外通风换气。通气阀在弹抛阀盖的过程中，要求发火后产生的CO浓度不能超过规定的安全标准。所以，通气阀的主要故障模式是不能提供所需的阀盖弹抛速度和发火后向舱内泄漏CO的浓度超标。

在分析通气阀功能和主要故障模式的基础上，把通气阀"化整为零"，视通气阀由两个薄弱环节（或关键环节）串联组成，其可靠性框图见图3。对应"按规定的速度弹抛阀盖的环节"和"CO泄漏量控制环节"的特征量分别为性能参数"弹抛速度v"和"CO泄漏浓度x"。

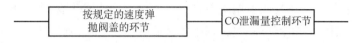

图3 通气阀的可靠性框图

分系统分配到通气阀上的可靠性指标是：可靠性$R=0.99996$（置信度$\gamma=0.7$）。将此指标按$R=R_1\times R_2$进一步分解。

R_1是通气阀按规定速度弹抛阀盖的可靠性，$R_1=0.99997$（置信度$\gamma=0.7$）；R_2是通气阀发火后向舱内泄漏CO浓度不超标的可靠性，$R_2=0.99999$（置信度$\gamma=0.7$）。

1）R_1的验证试验方案设计如下。

试验对象	通气阀
试验内容	通气阀弹抛阀盖点火试验（测阀盖弹抛速度v）
试验条件	常温、常压环境；安装接口与飞行状态下的接口一致
受试产品状态	与安装在航天器上的通气阀具有相同技术状态
可靠性特征量	通气阀阀盖的弹抛速度v
特征量分布规律	正态分布（根据以往试验数据用 Shapiro - Wilk 检验法[5] 检验确认）
特征量容许限	$v_L=15$ m/s
任务时间	通气阀点火后的瞬间
可靠性验证指标	$R_1=P(v\geqslant v_L)=0.99997$
试验判断风险	$\beta=1-\gamma=0.3$
抽样方案	
投试数量：	$n=28$
接收常数：	由 $n=28$，$R_1=0.99997$，$\gamma=0.7$ 查 GB 4885 并通过线性插值获得 $K=4.460705$

试验判断规则：若$\bar{v}-4.460705S_v\geqslant15$ m/s，则通气阀按规定速度弹抛阀盖的可靠性满足指标R_1；否则，需要改进，使可靠性增长。其中，$\bar{v}$ 和 S_v 分别为阀盖弹抛速度实测值 $v_i(i=1,2,\cdots,28)$ 的均值和标准差

$$\bar{v}=\frac{1}{28}\sum_{i=1}^{28}v_i$$

$$S_v = \sqrt{\frac{1}{28-1}\sum_{i=1}^{28}(v_i - \bar{v})^2}$$

2）R_2 的验证试验方案设计如下

试验对象	通气阀
试验内容	通气阀弹抛阀盖点火试验（测点火后舱内一侧 CO 浓度 x）
试验条件	常温、常压环境；安装接口与飞行状态下的接口一致
受试产品状态	与安装在航天器上的通气阀具有相同技术状态
可靠性特征量	通气阀弹抛阀盖点火后舱内一侧的 CO 浓度 x
特征量分布规律	正态分布（根据以往试验数据用 Shapiro‑Wilk 检验法检验确认）
特征量容许限	$x_U = 0.15 \ \text{mg/m}^3$
任务时间	通气阀点火后的瞬间
可靠性验证指标	$R_2 = P(x < x_U) = 0.999\ 99$
试验判断风险	$\beta = 1 - \gamma = 0.3$

抽样方案

　　投试数量：　　　$n = 28$

　　接收常数：　　　由 $n = 28$，$R_2 = 0.999\ 99$，$\gamma = 0.7$，查标准 GB 4885 数表获得，$K = 4.664\ 05$

试验判断规则：若 $\bar{x} + 4.664\ 05 S_x < 0.15 \ \text{mg/m}^3$，则通气阀防止 CO 浓度超标的可靠性满足指标 R_2；否则需要改进，使可靠性增长。其中：$\bar{x}$ 和 S_x 分别为 CO 浓度（折合为返回舱内的浓度）实测值 $x_i (i = 1, 2, \cdots, 28)$ 的均值和标准差

$$\bar{x} = \frac{1}{28}\sum_{i=1}^{28}x_i$$

$$S_x = \sqrt{\frac{1}{28-1}\sum_{i=1}^{28}(x_i - \bar{x})^2}$$

事实上，验证 R_1 和 R_2 的试验是同一个试验，只是在试验中同时测试阀盖弹抛速度 v 和 CO 浓度 x。若试验过程中出现测试值超出容许限的情况，须经工程分析和数学检验确认为异常数据后，方可剔除。

根据试验验证得到的 R_1 和 R_2，可通过可靠性综合评估方法求得通气阀的可靠性 R。

3　结论与展望

1）本文针对特征量分别为寿命、性能参数、失败数的 3 类航天器机构所提出的可靠性试验方法，为航天器机构可靠性验证提供了技术途径。这些方法已在某些航天器机构可靠性试验中得以应用。

2）准确确定机构的特征量及其分布规律是应用上述航天器机构可靠性试验方法的关键。需要针对具体机构的特点经过具体的分析和特征量分布规律摸底试验才能实现。

3）在制定基于威布尔分布的寿命型航天器机构可靠性试验方案时，目前还存在凭经验确定形状参数 m 的现实，为减小人为因素，需要针对典型的寿命型机构产品开展必要的寿命试验，以获取更为合理的威布尔分布形状参数。

4）采取强化应力试验对于充分暴露薄弱环节，缩短试验时间具有积极意义，但是"在不改变产品失效机理的前提下寻找强化应力与额定应力这两者之间的对应关系"有待于进一步研究。

致　谢

在本文撰写过程中，作者得到中国航天科技集团公司可靠性专家、中国运载火箭技术研究院研究员周正伐同志的指导和帮助，在此表示衷心感谢！

参 考 文 献

［1］ 中华人民共和国国家标准 . GB 4885 - 85 正态分布完全样本可靠度单侧置信下限 . 国家标准局，1985.

［2］ 中华人民共和国航天工业部部标准 . QJ 1384 - 88 正态分布双侧容许限系数表 . 中华人民共和国航天工业部，1988.

［3］ 中华人民共和国国家军用标准 . GJB 376 - 987 火工品可靠性评估方法 . 国防科学技术工业委员会，1987.

［4］ 荣吉利，白美，刘志全 . 加严条件下火工机构可靠性评估方法 . 北京理工大学学报，2004，24（2）：117 - 120.

［5］ 中华人民共和国国家标准 . GB 4882 - 2001 数据的统计处理和解释正态性检验 . 国家标准局，2001.

航天器火工机构的可靠性
验证试验及评估方法*

刘志全　　陈新华　　孙国鹏

摘　要： 论述了特征量为失败数的航天器火工机构在 3 种不同情况下的可靠性验证试验及评估方法；论述了特征量为性能参数的航天器火工机构可靠性验证试验及评估方法；为航天器火工机构的可靠性试验及评估提供技术途径。

关键词： 航天器　火工机构　可靠性　试验　评估

引　言

　　火工机构广泛应用于各类航天器上，用于实现航天器舱段或部件之间的压紧释放或连接解锁或分离等功能。火工机构的可靠性对航天器飞行成败或航天员的安全至关重要，因而一直受到航天界的高度重视。在航天器工程中，火工机构一般都有很高的可靠性要求，并且在点火后仅作一次性动作，其结果或者是"成功"或者是"失败"。如果按照成败型二项分布评估办法来制定可靠性验证试验方案，则验证类似 0.999 9 这样的可靠性指标（按置信度 $\gamma = 0.9$ 评估）需要 23 025 个［失效数为 0 的情况下，由式（1）计算而得］火工机构成败型发火试验子样。如此巨大的试验件数量及所需的试验经费难以为工程所接受。"如何在有限的试验经费和试验周期内有效地开展火工机构可靠性验证试验"就成为航天器工程中一个值得研究的问题。因此，研究航天器火工机构可靠性验证试验及评估方法，对于快、好、省地研制航天器火工机构具有重要意义。下文若无特殊说明，所提及的可靠性试验均指可靠性验证试验，试验件均为经过验收合格的产品，与要装在航天器上参加飞行的对应火工机构具有相同的技术状态。

1　特征量为失败数的火工机构可靠性试验及评估方法

　　诸如火工连接与解锁机构或火工压紧释放机构等航天器火工机构，点火后通过爆炸螺栓起爆、火工锁解锁、火工切割器切断压紧杆等方式快速解除被连接部分之间的连接关系。这类机构的可靠性主要用机构点火试验（也称发火试验）的成败结果来度量，其可靠性特征量即点火试验的失败数[1-2]。

＊《航天器工程》2008，Vol. 17，No. 4，pp62－66

1.1　无冗余设计的成败型火工机构可靠性试验

有些火工机构并没有采用冗余设计，且可靠性指标相对而言较低（如可靠性 $R=0.95$，按置信度 $\gamma=0.9$ 评估）。对于这类无冗余设计的成败型火工机构，其可靠性试验一般是对火工机构在规定的环境条件下进行发火试验，记录试验中的失败数，从而验证火工机构的可靠性。

制定这类火工机构可靠性试验方案时，需要说明试验对象、试验内容、试验条件、可靠性特征量及其分布、可靠性指标 R、试验判断风险 β、投试数量（试验件数量）n、合格判定数 c、判断规则、试验结果处理等内容。

β 由航天器系统统一规定取值，$\beta=1-\gamma$（γ 为置信度）。n 需要参考火工机构产品投产批量 N 的大小来决定。

若 $N \geqslant 10n$，则当失败数 $F=0$ 时，按国家军用标准 GJB 376[3] 中关于二项分布情况下可靠性的计算公式，推导得

$$n = \frac{\ln\beta}{\ln R} \tag{1}$$

若 $N<10n$，则 n 由式（2）决定或依据 R，N 和 γ 查标准 GJB 376 中超几何分布表获得

$$\sum_{x=0}^{F} \frac{n!\,(N-n)!\,(N-NR)!\,(NR)!}{N!\,x!\,(n-x)!\,(N-NR-x)!\,(NR-n+x)!} = 1-\gamma \tag{2}$$

可靠性试验判断规则：若 n 次成败型试验中失败数 $F=0$，则火工机构满足可靠性指标。反之亦然。

按照上述方法完成 n 次成败型试验后，根据 n 次试验中的失败数 F，查标准 GJB 376，即可求得火工机构的可靠性评估结果。

应当指出，式（1）和式（2）对于成败型火工机构（无论有无冗余设计）都是适用的。

1.2　采用冗余设计的成败型火工机构可靠性试验

许多航天器成败型火工机构都采取了冗余设计。图1展示了一种采取冗余设计的火工机构，即采用双发火元件、双执行机构的火工机构。只要其中一套"发火元件＋执行机构"工作即可实现整个机构的解锁功能。

对这类采用了冗余设计的成败型火工机构进行点火试验时，为了减少试验数量、节约试验费用，可采用单边点火的加严考核方式。

将整个火工机构视为一个并联系统，若在单边点火情况下得到的可靠性为 R_1，则双边同时点火（正常工作模式）情况下的可靠性 R 为

$$R = 1-(1-R_1)^2 = 2R_1 - R_1^2 \tag{3}$$

在制定这类有冗余设计的成败型火工机构可靠性试验方案时，首先根据机构的可靠性指标 R 通过求解方程（3）得到 R_1，然后用 R_1 替换式（1）或式（2）中的 R 求出投试数量 n。若进行 n 次单边点火试验，且试验中失败数 $F=0$，则火工机构在正常工作模

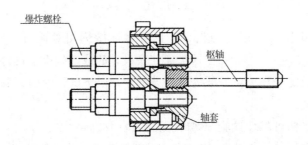

图 1　采用冗余设计的某火工机构

式——双边同时点火情况下的可靠性一般满足可靠性指标的要求。

值得一提的是，按照单边点火情况设计的投试数量（试验件数量）n 远远小于按双边同时点火（正常工作模式）情况设计的投试数量，即用小子样试验既达到火工机构可靠性验证的目的，又节约了试验经费和试验时间。

若按照上述试验方案完成了 n 次单边点火试验，且试验中失败数 $F=0$，则不能简单地套用式（3）进行可靠性评估，需按照如下成败型单元并联系统的可靠性综合评估方法[4]进行可靠性评估。

设并联系统各组成单元试验结果为 $(n_i,\ F_i)$，$i=1,\ \cdots,\ k$，n_i 为第 i 个单元试验数，F_i 为第 i 个单元失败数，k 为并联单元数目。

记

$$\left.\begin{array}{l} b=\displaystyle\prod_{i=1}^{k}\frac{F_i}{n_i} \\[3mm] \dfrac{1}{x^{*}}=\displaystyle\prod_{i=1}^{k}\frac{1}{n_i} \\[3mm] n^{*}=\dfrac{x^{*}}{b},\ b\neq 0 \\[2mm] m_{\mathrm p}=\ln(n^{*}+0.5)-\ln(x^{*}+0.5) \\[1mm] u_{\mathrm p}=(x^{*}+0.5)^{-1}-(n^{*}+0.5)^{-1} \\[1mm] v_{\mathrm p}=2m_{\mathrm p}^{2}/u_{\mathrm p} \end{array}\right\} \tag{4}$$

则给定置信度 γ 的并联系统可靠性置信下限 $R_{\mathrm L}$ 为

$$\left.\begin{array}{c} R_{\mathrm L}=1-\exp\{-m_{\mathrm p}[1-\dfrac{2}{9v_{\mathrm p}}-Z_{\gamma}\left(\dfrac{2}{9v_{\mathrm p}}\right)^{\frac{1}{2}}]^{3}\} \\[3mm] v_{\mathrm p}\geqslant 3 \end{array}\right\} \tag{5}$$

式中　Z_{γ}——标准正态分布的 γ 分位数，可查表获得。

当系统中某一个单元无失效时，需令该单元的失败数为

$$F_i=\frac{4}{kn_i} \tag{6}$$

1.3　其他加严条件下的成败型火工机构可靠性试验

成败型火工机构加严条件下小子样可靠性验证方法，除了上文提及的"把冗余设计的火工机构按并联系统处理"之外，还可以在"低于正常装药量，保持正常装药容腔不变"或"大于正常装药容腔，保持正常装药量不变"或"保持正常装药量和正常装药容腔不变，加大火工切断阻力"等加严条件下进行小子样可靠性试验，根据加严条件下小子样可靠性试验结果，折合为正常工作模式下的机构可靠性[5]。

在相同的待验可靠性指标下，这种试验方法所需的试验子样更小，更能节约试验经费和试验时间，是当前和今后国内需要逐步发展的一种成败型火工机构可靠性试验方法。欧洲、美国和俄罗斯都曾用过这种加严条件下小子样可靠性试验方法。然而，这种方法需要在材料和工艺较为稳定（如不同批次的火药特性的一致性很好）的基础上进行，否则将会影响试验的有效性。这种小子样可靠性试验评估方法详见文献［5］，本文不再赘述。

1.4　示例

对于图 1 所示的火工机构，在制定其可靠性试验方案时，首先需要分析该火工机构的功能和主要故障模式。该火工机构系连接解锁机构，其功能是实现航天器两舱段间的连接与解锁。在爆炸螺栓点火之前，该火工机构类似于普通的连接螺栓，承担航天器两舱段间的连接任务；在爆炸螺栓点火之后，该火工机构实现解锁功能，从而解除两舱段之间的连接关系。由于连接件的强度裕度足够大，又采取了高强度大延伸率的优质钢（防止发生早期脆性断裂），同时对连接螺纹的牙形根部圆角提出了严格要求（防止应力集中导致的断裂），所以，连接可靠性近似为 1。该火工机构的主要故障模式是解锁功能失效。为了提高该火工机构解锁可靠性，采取了双爆炸螺栓、双执行机构的冗余设计。

分系统分配到该火工机构上的可靠性指标是：可靠性 $R = 0.999\ 9$（按置信度 $\gamma = 0.9$ 评估）。由于该火工机构采取了冗余设计，所以将该火工机构视为并联系统，在单边点火情况下的可靠性为 R_1 可根据 $R = 0.999\ 9$ 按式（3）求得：$R_1 = 0.99$。即只要验证单边点火情况下的可靠性满足 $R_1 = 0.99$，则可间接验证该火工机构在双边同时点火（正常工作模式）情况下的可靠性。

基于上述分析，验证 R_1 的试验方案如表 1 所示。

表 1　可靠性验证试验方案

项目名称	项目内容
试验对象	火工机构（如图 1 所示）
可靠性特征量	火工机构单边点火解锁的失败数 F
特征量分布规律	超几何分布（该火工机构属成败型产品，且生产批量 $N = 160$，$N < 10n$，参照标准 GJB 376，分布规律为超几何分布）
可靠性验证指标	$R_1 = 0.99$
受试产品状态	与用于航天器上的火工机构正式产品具有相同的技术状态，是通过验收试验的合格产品

续表

项目名称	项目内容
任务时间	火工机构点火后的瞬间
试验内容	火工机构单边点火解锁试验（仅一个爆炸螺栓供电起爆，另一个爆炸螺栓不供电），记录解锁的成功数和失败数
试验条件	低温常压环境（火工机构在低温环境下的发火性能较差，所以在其经历的环境中，选择最恶劣的低温常压工作环境作为可靠性试验的环境条件）；机械安装接口及承载情况与飞行状态下的机械安装接口及承载情况一致；仅一个爆炸螺栓连接点火电源
试验设备	火工机构加载专用工装、低温设备、火工品点火电源
解锁失败判据	若爆炸螺栓点火后枢轴与轴套没有脱离，则判定为解锁失败
试验判断风险	$\beta=1-\gamma=0.1$（该型号总体规定火工机构的置信度 $\gamma=0.9$）

抽样方案	投试数量	$n=128$（由可靠性指标 R_1、生产批量 N 和 γ 查 GJB 376 获得）
	合格判定数	$c=0$，即不允许失败
	判断规则	若 $F=c$，则接收；若 $F>c$，则拒收

试验结果处理原则	若试验结果判断接收，则表明满足可靠性指标 R_1；否则，需要分析原因，采取有针对性的改进措施，使可靠性得以增长

如果按上述试验方案进行 128 发单边点火试验，没有出现失效，则可利用式（4）～式（6）对该火工机构在双边同时点火（正常工作模式）情况下的可靠性进行评估

由式（6）得

$$F_1=F_2=\frac{4}{2\times128}=\frac{1}{64}$$

由式（4）得

$$b=\left(\frac{1}{64}\times\frac{1}{128}\right)^2=1.490\ 11\times10^{-8}$$

$$x^*=\left(\frac{1}{128}\times\frac{1}{128}\right)^{-1}=16\ 384$$

$$n^*=\frac{16\ 384}{1.490\ 11\times10^{-8}}=1.099\ 52\times10^{12}$$

$$m_p=\ln(1.099\ 52\times10^{12}+0.5)-\ln(16\ 384+0.5)=18.021\ 8$$

$$u_p=(16\ 384+0.5)^{-1}-(1.099\ 52\times10^{12}+0.5)^{-1}=6.103\ 33\times10^{-5}$$

$$v_p=\frac{2\times(18.021\ 8)^2}{6.103\ 33\times10^{-5}}=1.064\ 29\times10^7$$

根据置信度 $\gamma=0.9$ 查标准正态分布数值表得

$$Z_\gamma=Z_{0.9}=1.281\ 55$$

由式（5）得

$$R_L=1-\exp\left\{-18.021\ 8\times\left[1-\frac{2}{9\times1.064\ 29\times10^7}-1.281\ 55\times\right.\right.$$

$$\left. \left(\frac{2}{9 \times 1.064\,29 \times 10^7} \right)^{\frac{1}{2}} \right]^3 \right\} = 0.999\,999\,985$$

2 特征量为性能参数的火工机构可靠性验证试验及评估方法

有些火工机构，不仅要求点火后能够动作，而且要求运动参数（如分离速度等）在规定的范围内。即特征量为性能参数的火工机构，其性能参数 X 将受到特征量容许下限 X_L 和特征量容许上限 X_U 双侧参数的限制，$X_L \leqslant X \leqslant X_U$，可靠性 $R = P(X_L \leqslant X \leqslant X_U)$；或性能参数 X 只受到单侧参数的限制，例如，$X \leqslant X_U$，可靠性 $R = P(X \leqslant X_U)$。

这类火工机构的可靠性试验，一般是在规定的环境条件下进行 n 个火工机构 n 次发火试验，在试验中测量 n 个性能参数（特征量）。

在对 n 个性能参数（特征量）的测试值进行正态性检验后，若服从正态分布，则可参阅文献 [1]，[2] 来评估这类特征量为性能参数的火工机构的可靠性。

3 示例

某航天器上的火工分离推杆，依靠火工品点火后产生的燃气压力推动推杆（活塞）运动，从而实现两舱段的在轨分离。要求该火工分离推杆的分离速度 $v \geqslant 0.8$ m/s，可靠性 $R = 0.999\,9$，按置信度 $\gamma = 0.9$ 进行评估。

R 的验证试验方案如表 2 所示。

表 2 火工分离推杆的可靠性验证试验方案

项目名称	项目内容
试验对象	火工分离推杆
可靠性特征量	火工分离推杆的分离速度 v
特征量容许下限	$v_L = 0.8$ m/s
特征量分布规律	正态分布（根据以往试验数据经正态检验[6]，不拒绝正态性假设）
可靠性验证指标	$R = P(v \geqslant v_L) = 0.999\,9$
试验件状态	与安装在航天器上的火工分离推杆具有相同的技术状态
任务时间	火工分离推杆点火后的瞬间
试验内容	火工分离推杆带负载（被推动的质量）点火试验，试验过程中测分离速度 v
试验条件	常温、常压环境；安装接口与飞行状态下的接口一致
试验设备	火工分离推杆点火试验专用夹具、测速装置、火工品点火电源
火工分离推杆失效判据	火工分离推杆分离速度 $v < 0.8$ m/s
试验判断风险	$\beta = 1 - \gamma = 0.1$（该型号总体规定火工机构的置信度 $\gamma = 0.9$）

续表

项目名称	项目内容
	投试数量　$n=30$
	接收常数　由 $n=30$，$R=0.9999$，$\gamma=0.9$ 查国家标准 GB 4885[7] 得 $K=4.54776$
抽样方案	若 $\bar{v}-4.54776s_v \geqslant 0.8$ m/s，则接收，否则拒收。其中：$\bar{v}$ 和 s_v 分别为火工分离推杆分离
判断规则	速度实测值 $v_i(i=1,2,\cdots,30)$ 的均值和标准差
	$$\bar{v}=\frac{1}{30}\sum_{i=1}^{30}v_i，\quad s_v=\sqrt{\frac{1}{30-1}\sum_{i=1}^{30}(v_i-\bar{v})^2}$$
试验结果处理原则	若试验结果判断接收，则表明火工分离推杆按规定的分离速度分离可靠性满足指标 R，否则，需要分析原因，采取有针对性的改进

　　根据上述试验方案对 30 个火工分离推杆共进行了 30 次火工分离推杆带负载的点火试验，实测了 30 个分离速度。根据 30 个分离速度实测值求得样本均值 $\bar{v}=1.256$ m/s 和样本标准差 $s_v=0.0769$ m/s。

　　计算正态容许限系数 $K=(\bar{v}-v_L)/s_v=5.92978$。根据 $n=30$，$K=5.92978$，$\gamma=0.9$ 查国家标准 GB 4885 并经插值计算得 $R=0.9999992$，即火工分离推杆的可靠性评估结果为 $R=0.9999992$（$\gamma=0.9$），满足可靠性指标要求。

参 考 文 献

[1]　刘志全. 航天器机构的可靠性试验方法. 中国空间科学技术，2007，27（3）：39 - 45.

[2]　刘志全. 航天器机械可靠性特征量裕度的概率设计方法. 中国空间科学技术，2007，27（4）：34 - 43.

[3]　国防科学技术工业委员会. GJB 376 - 87 火工品可靠性评估方法. 国防科工委军标出版社，1987.

[4]　周正伐. 航天可靠性工程. 北京：中国宇航出版社，2006.

[5]　荣吉利，白美，刘志全. 加严条件下火工机构可靠性评估方法. 北京理工大学学报，2004，24（2）：117 - 120.

[6]　国家质量技术监督局. GB/T 4882 - 2001 数据的统计处理和解释——正态性检验. 北京：中国标准出版社，2001.

[7]　国家标准局. GB 4885 - 85 正态分布完全样本可靠度单侧置信下限. 北京：中国标准出版社，1985.

[8]　邵德生. 关于火工装置的可靠性设计与验证问题. 质量与可靠性，2002（增刊2）：34 - 36.

[9]　刘志全，李新立，遇今. 长寿命航天器机构的加速寿命试验方法. 中国空间科学技术，2008，28（4）：65 - 71.

[10]　胡昌寿. 航天可靠性设计手册. 北京：机械工业出版社，1999.

长寿命航天器机构的加速寿命试验方法[*]

长寿命航天器机构的加速寿命试验方法 *

刘志全　李新立　遇　今

摘　要：介绍了加速寿命试验的概念、类型和基本特征；综述了长寿命航天器机构加速寿命试验方法的研究现状；分析了固体润滑和油润滑长寿命航天器机构准加速寿命试验方法的特点；针对目前长寿命航天器机构准加速寿命试验中存在的问题，提出了解决这些问题的思路。

关键词：加速寿命试验　固体润滑　流体润滑　长寿命　航天器机构　试验方法

引　言

随着用户对航天器寿命和可靠性要求的不断提高，有长寿命要求的航天器机构的寿命和可靠性试验验证问题日趋突出。对那些寿命要求长达十几年的航天器机构，若进行1∶1的实时寿命试验验证，不仅费用昂贵难以为工程所接受，而且时间进度也不允许。因此，长寿命航天器机构加速寿命试验方法的研究，对于降低试验费用、缩短试验时间、保证航天器的长寿命高可靠具有重要意义。

寿命试验是为了测定产品在规定条件下的寿命所进行的试验[1]。加速寿命试验是为缩短试验时间，在不改变故障模式和故障机理的条件下，用加大应力的方法进行的寿命试验[1]。根据加速寿命试验数据，运用加速寿命曲线或加速方程，来外推正常使用状态（即正常应力水平）下产品的寿命，可以实现对产品在正常使用状态下寿命的验证。

按照施加应力方式的不同，加速寿命试验可分为恒定应力加速寿命试验、步进应力加速寿命试验和序进应力加速寿命试验3种[2]。恒定应力加速寿命试验，就是将一定数量的试验件分成几组，每组在某一恒定加速应力水平下进行试验，直到各组均有一定数量的试验件发生失效为止(见图1)。步进应力加速寿命试验，就是将全部试验件先放在某一加速应力水平下进行试验，试验持续一段时间后，将失效试件退出试验，再将试验应力提高到更高水平，如此进行下去，直到一定数量的试验件发生失效为止（见图2）。序进应力加速寿命试验与步进应力加速寿命试验相似，只是所施加的加速应力水平随着时间按一定规律连续上升，其中最简单的是沿直线上升（见图3）。

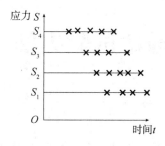

图 1 恒定应力加速寿命试验

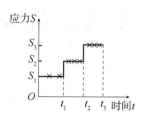

图 2 步进应力加速寿命试验

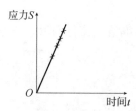

图 3 序进应力加速寿命试验

图 1～3 中，$S_i (i = 1, 2, \cdots)$ 表示加速应力水平，×表示试验件发生失效。上述 3 种加速寿命试验各有优缺点，而恒定应力加速寿命试验在工程上应用相对较多。加速寿命试验通常具有如下几个基本特征。

1）在加速应力水平下，产品的故障（失效）模式和故障（失效）机理应与在正常应力水平作用下的故障（失效）模式和故障（失效）机理一致。否则，加速寿命试验将失去意义；

2）加速寿命试验通常需要选取一定数量的、可供统计分析的试验件而不是 1 个试验件；

3）加速寿命试验中全部或部分试验件发生失效，即试验进行到全部或部分试验件失效为止；

4）利用加速寿命试验所获取的数据，运用加速寿命曲线或加速方程来外推正常应力水平下产品的寿命。

国外文献中的"Accelerated Life Test"，虽然字面上可直接译为加速寿命试验，且有些试验方法也确实具有缩短试验时间的特征，即具有"加速"的特征，但不符合"寿命试验"的概念，并不完全符合上述加速寿命试验的基本特征，故本文暂且称其为"准加速寿命试验"。具体表现如下几点。

1）缺乏能够反映机构寿命特征随应力变化规律的加速寿命曲线或加速寿命方程来外推正常应力水平下机构的寿命。

2）从单一试件或极少试件所获得的十分有限的试验数据难以给出统计规律，只能对机构是否满足"任务时间"要求进行定性评价。

3）试验没有进行到试件发生失效就停止。

1 欧洲固体润滑机构"准加速寿命试验"的特点

20 世纪 70 年代初，欧洲空间研究机构成立了欧洲空间摩擦学实验室（ESTL，European Space Tribology Laboratory）。ESTL 在 20 世纪 70 - 80 年代先后对具有长寿命要求的几种太阳电池翼驱动机构、天线指向机构、摆动机构和天线消旋机构开展了准加速寿命试验[3-9]（见表 1）。这些准加速寿命试验（文献 [3 - 9] 中称其为热真空加速寿命试验）具有如下特点。

1）试验对象都是低速固体润滑（铅润滑膜）的航天器机构，并未涉及高速运转的航天器机构，而且最终将滚动轴承作为决定机构寿命长短的重点考核对象。

2）这些试验通常都是通过有限度地提高机构（或滚动轴承）转速或工作频率来实现"加速"的。都是在"固体润滑磨损寿命主要取决于机构行程而与转速无关（在一定范围内）"的假设前提下，在把机构"在轨任务时间要求"折算成相应的"转数要求或工作次数要求"的基础上进行的。

3）这些试验都选取了 1 个机构试验件在恒定转速下进行，试验进行到机构（或滚动轴承）的转数或工作次数达到或超过在轨工作转数或工作次数要求就停止，而且到试验结束时没有发生失效。试验结果只能对该试验件在试验条件下"任务时间"的满足情况做出定性评价，而难以给出这类机构的寿命预测结果。

4）通过"加速"条件下机构（或滚动轴承）的转数或工作次数来折算在轨工作时间，这与加速寿命试验中"利用加速寿命试验信息，依据加速寿命曲线或加速方程来外推产品正常应力水平下的寿命"的做法并不一致。

5）加速应力水平（机构或滚动轴承的转速）的选取基本上还都是基于工程经验，缺乏具体的选取数表。

表 1 ESTL 固体润滑长寿命航天器机构准加速寿命试验

年代或日期	受试对象	工作转速/试验转速	试验持续时间	试验转数（或折合在轨工作时间）	准加速寿命试验环境	试验中所测参数	试验结果	参见文献
20 世纪 70 年代	英国 HSD 和 MSDS 公司分别生产的 SA-DA	1r/d / 24r/d	6.5 个月	约 10 年	真空度：<10^{-7}Pa；机构转轴温度：高温+60℃，低温+10℃；真空箱温度：+22.5℃	电机输出功率、机构转动误差、温度、导电环电噪声等	试验中机构各性能指标没有明显变化；无失效发生	3，4

续表

年代或日期	受试对象	工作转速/试验转速	试验持续时间	试验转数（或折合在轨工作时间）	准加速寿命试验环境	试验中所测参数	试验结果	参见文献
1978年12月～1979年3月	英国BADG公司生产的BAPTA	1r/d / 240r/d	15天	约10年	真空度：<10^{-9}Pa；机构转轴温度：高温+80℃，低温-45℃；机构轴承温度：高温+40℃，低温-15℃	温度、电机电流、导电环噪声、力矩、转动误差	机构电机、导电环性能满足要求；各活动部件摩擦磨损状况良好；无失效发生	5
1977～1978年	MSDS公司的APM	±2.5°～±3°/d / ±1°/h	6个月	12年	真空度：<10^{-7}Pa；温度：-55℃～+65℃	电机功耗、机构转动精度等	试验中机构性能满足要求；活动部件有轻微磨损，可忽略，无失效	6
1980年	德国DS生产的APM	—	3个月	—	真空度：<10^{-8}Pa；温度：-70℃～+60℃	电机步距角、机构转动精度等		7
1978年4月	德国TELDIX生产的SGMW摆动机构	±4°/d / ±3° / 3.5min	约1.5个月	约摆动3万次	真空度：<10^{-8}Pa；温度：-40℃～+65℃	步进电机平均电流、步距角及回差	机构性能满足要求、各活动部件磨损状况良好，无失效	8
20世纪80年代	GIOTTO卫星天线消旋机构滚动轴承	16（r/min）/ 100（r/min）	约2年	$1×10^{8}$r	真空度：<10^{-8}Pa；温度：+20℃	滚动轴承摩擦力矩及噪声	滚动轴承性能满足要求，无失效	9

注："—"表示原文献中尚未提及的内容。

2　美国油润滑机构"准加速寿命试验"的特点

对于油润滑长寿命航天器机构，美国通常将滚动轴承作为寿命试验考核的重点。20世纪70年代初，美国休斯航空公司对油润滑的航天器天线消旋机构滚动轴承的准加速寿命试验方法进行了研究。依据弹性流体动力润滑理论[10]——润滑油油膜厚度与"轴承转速和润滑油黏度的乘积"成正比，在不改变滚动轴承润滑状态（取决于膜厚）的前提下，提高轴承转速并降低润滑油黏度可实现寿命试验的"加速"，而润滑剂黏度可通过升高温度来调节。20世纪80～90年代，美国有关研究机构对该准加速寿命试验方法进行了一定的应用[11-12]（见表2）。

表 2　美国油润滑长寿命航天器机构准加速寿命试验

年代或日期	受试对象	工作转速/试验转速	工作温度/试验温度	试验持续时间（或轴承转数）	准加速寿命试验环境	试验中所测参数	试验结果	参见文献
1970 年前后	天线消旋机构滚动轴承（碳氢油和硅油润滑的滚动轴承各 18 件）	55r/min / 55，120，180r/min	+21℃ / +54℃	约 7 个月	真空度 <10⁻¹⁰Pa；温度 +54℃	摩擦力矩、轴承外圈温度、轴承外圈与内圈之间的电阻	试验结束时，转速为 55r/min、采用硅油润滑的滚动轴承摩擦力矩过大而不满足使用要求，试验结果表明，碳氢油的润滑性能优于硅油，为轴承润滑剂的选择提供了依据；所提出的加速寿命试验方法的可行性还有待大量寿命验证	10
1981 年	SBB 生产的摆动机构滚动轴承（共 5 个轴承试验件）	0.002r/min / 0.014r/min	+26℃ / +50℃	约 9 个月	真空环境；温度为 +50℃	滚动轴承摩擦力矩	试验结束时，有 2 个轴承出现早期失效，失效原因是工艺过程控制不严所致，因而需对轴承从加工、装配、预紧、清洗等方面进行严格的控制	11
20 世纪 90 年代末	TERRA 卫星的 MODIS 扫描机构滚动轴承（共 3 组，每组 3 对试验件）	20.3r/min / 20.3，50，72r/min	+23℃ / +23，+37，+45℃	各组轴承分别转动 68×10⁶，144×10⁶，209×10⁶r	真空环境；各转速下的温度分别为 +23，+37，+45℃	电机驱动力矩	试验结束时，大部分轴承性能良好，只有第 2 组的两对轴承因试验装置出现问题导致轴承温度过高、润滑剂退化而发生早期失效	12

$\qquad$表 2 所列美国油润滑航天器机构（滚动轴承）的准加速寿命试验具有如下特点。

$\qquad$1）试验目的是为了考核滚动轴承在满足工作性能要求的情况下，其转数或工作次数能否满足任务时间要求。试验都是以"滚动轴承的寿命取决于其润滑状态"作为"加速"的指导思想。

$\qquad$2）基于弹性流体动力润滑理论所建立起来的油润滑航天器机构滚动轴承加速寿命试验方法，其有效性还没有得到工程界的普遍认可，工程上多数还依据 1∶1 的"任务时间考核验证试验"结果来定性评价航天器机构油润滑滚动轴承的寿命。

$\qquad$3）由于高转速下滚动轴承滚动体的运动状态和润滑状态均会发生改变，可能引入新的失效模式，所以试验都是针对低速油润滑滚动轴承开展的。

4）试验结束时虽有滚动轴承试验件出现失效，但失效数据极其有限，难以通过试验数据给出统计规律。有些滚动轴承试验件的失效是因工艺过程控制不严所致，属于早期失效。尽管如此，这些试验为定性评价滚动轴承的性能，为滚动轴承技术改进提供了试验依据。

除了上述航天器机构油润滑滚动轴承的准加速寿命试验外，在 20 世纪 70 年代初，美国 MTI（Mechanical Technology Incorporated）公司基于滚动轴承润滑油耗损失效模式，开展了天线消旋机构滚动轴承的加速寿命试验方法研究，基于滚动轴承润滑油耗损失效模式，引入失效模型[13]

$$t = t_0 \left(\frac{\omega}{\omega_0} \right)^n$$

式中　t——润滑油耗损寿命；

　　　n——润滑油寿命指数，由经验公式获得；

　　　ω——轴承中可用润滑油量；

　　　ω_0——完全覆盖轴承滚道并将其与钢球隔离所需最少润滑油量；

　　　t_0——相应的润滑油耗损寿命。

MTI 选取温度作为加速应力，对不同温度条件下滚动轴承的寿命进行了预测。然而，ω、ω_0 和 n 计算的准确性、油润滑滚动轴承失效模式的复杂性、失效判据的合理性都影响预测结果的可信度。

综合来看，油润滑长寿命航天器机构（滚动轴承）的失效模式较为复杂，开展有效的加速寿命试验比较困难。到目前为止，仍没有被证明是切实可行的、为航天器工程所接受的加速寿命试验方法。

3　国内机构"准加速寿命试验"的特点

国内近几年也开展了一些长寿命航天器机构（或组件）的准加速寿命试验，中国空间技术研究院、洛阳轴承研究所、浙江大学、北京航空航天大学都有相关报道[14-18]（见表3）。

表 3　国内长寿命航天器机构（或组件）准加速寿命试验

年代或日期	受试对象	工作转速/试验转速	试验持续时间	试验环境	试验中所测参数	试验结果	参见文献
1993 年 8 月～11 月	红外地平仪滚动轴承（MoS₂ 润滑），1 个试验件	60～70 r/min / 300～420 r/min	约 3.5 个月	真空度 20～10⁻⁴ Pa；温度（20±5）℃	摩擦力矩、转速、驱动电机电流和电压等	滚动轴承摩擦磨损及固体润滑状况良好，无失效	14
21 世纪初	某卫星 SADA（MoS₂ 润滑），1 个试验件	1～100 r/min / 60～100 r/min	1 个月	真空环境温度为高温：+50 ℃ 低温：−20 ℃	温度、导电环噪声、转数等	机构各项性能参数满足要求，无失效	

续表

年代或日期	受试对象	工作转速/试验转速	试验持续时间	试验环境	试验中所测参数	试验结果	参见文献
21 世纪初	SADA 滚动轴承（MoS_2润滑），2 对试验件	—/100 r/min	180 h（1.8×10^6 r）	真空环境：$1.33 \sim 1.33$ $\times 10^{-1}$ Pa	摩擦力矩、轴承转数	到试验结束时，轴承性能满足使用要求，无失效	15
21 世纪初	扫描机构（MoS_2润滑），1 个试验件	正转：1.5 (°)/min 反转：14 (°)/min /工作转速的 12 倍	5 个月	真空度：10^{-6} Pa	电流、摩擦力矩等	到试验结束时，机构摆动次数相当于在轨工作 5 年的次数，无失效	16
2000 年	航天电机	—	—	—	—	探讨了以温度、电压和负载作为加速应力的加速寿命试验方法，未提及实际工程应用结果	17
2006 年	卫星驱动电机轴承	—	—	—	—	以载荷和温度变化率为加速应力，仅进行了计算机仿真，未提及实际工程应用结果	18

国内长寿命航天器机构加速寿命试验的工程经验和相关试验数据还需进一步充实。

4 存在的问题及解决思路

国外有关长寿命航天器机构加速寿命试验方法的研究成果大多集中在 20 世纪 70～80 年代的文献中，90 年代后，国外很少有这一领域最新研究的公开报道。综合来看，目前长寿命航天器机构加速试验还存在以下几个方面的问题。

1) 国内外都是针对低速运动的航天器机构开展准加速寿命试验，且大都把滚动轴承作为准加速寿命试验的重点考核对象。对于高速运转的航天器机构，由于失效机理非常复杂，实施有效的加速寿命试验较为困难，现阶段难以取得较大进展。

2) 许多已开展的所谓的"加速寿命试验"，事实上不完全符合加速寿命试验的概念，只能算作准加速寿命试验或任务时间的定性考核验证试验。还没有比较成熟的航天器机构失效模型来描述机构寿命与加速应力之间的定量关系，已开展的一些准加速寿命试验，往往没有进行到试验件发生失效即停止，而且仅用一个或很少的航天器机构（或滚动轴承）试验件，难以获得足够的产品寿命信息得出统计规律，难以用加速寿命曲线或加速方程来外推正常应力水平下的机构（或滚动轴承）寿命。

3) 对于如何选取加速寿命试验的加速应力水平，国内外都没有进行深入研究。虽然某些试验对所选取的加速应力水平的可行性进行了简单验证，但总的来说目前还是根据工程经验来选取。

4）尽管国内外针对长寿命航天器机构（或组件）开展了大量的准加速寿命试验，但一直没有一个加速寿命试验规范。欧洲空间局标准 ECSS - E - 30 Part3A 中仅仅作了原则性的说明[19]。

5）国内开展航天器机构寿命试验尚需资源整合，目前难以利用十分有限的试验数据总结出同类机构产品寿命随应力水平的变化规律，不利于机构失效模型的建立。

解决上述问题的思路如下所示。

1）不断积累长寿命航天器机构实际在轨飞行数据和地面试验数据，分析长寿命航天器机构的失效机理，确定关键失效模式及其影响因素，建立失效模型，为进一步开展加速寿命试验方法研究提供理论基础。

2）在试验经费允许的情况下，应按照前文所述的加速寿命试验的概念，选取多组加速应力水平和多个试验件开展加速寿命试验，将试验进行到失效为止。用获得的足够的试验件失效数据来确定长寿命航天器机构加速寿命试验的加速方程，这是实现加速寿命试验结果外推到机构正常工作条件下的寿命的关键。

3）如何选择加速应力水平，今后仍是长寿命航天器机构加速寿命试验研究的难点，但最基本的原则是不改变机构的失效机理，不引进新的失效模式。为解决这个问题，重点应从应力对滚动轴承失效（特别是润滑失效）的作用机理出发，结合工程试验验证来开展研究工作。

4）需要建立专门的长寿命航天器机构寿命试验验证中心。长寿命航天器机构在这样的试验中心进行加速寿命试验，其数据容易集中管理，便于积累和分析，在此基础上逐步形成长寿命航天器机构加速寿命试验的标准或规范。

参 考 文 献

[1]　中华人民共和国国家军用标准，GJB451A - 2005 可靠性维修性保障性术语．总装备部军标出版发行部，2005．

[2]　张志华．加速寿命试验及其统计分析．北京：北京工业大学出版社，2002．

[3]　Gillies J. Thermal Vacuum Accelerated Life Test of NO. 1 Hawker Siddeley Dynamics Low Speed Mechanism. ESRO - CR（P）- 564，1975.

[4]　 Appleton D A. Thermal Vacuum Accelerated Life Test of the Unit Qualification Model MSDS 3 Marconi Low Speed Mechanism. ESA - CR（P）- 799，1976.

[5]　Parker K. Thermal Vacuum Qualification and Accelerated Life Tests on a British Aerospace Dynamics Group Modified OTS Drive（MOD BAPTA）. ESA - CR（P）- 1269，1979.

[6]　Anderson J C. Thermal Vacuum Qualification Tests，Accelerated Life Tests and Strip Down of an MSDS Qualification Model of Antenna Pointing Mechanism. ESA - CR（P）- 1145，1978.

[7]　Anderson J C. Thermal Vacuum Qualification Level and Accelerated Life Tests Of a Dornier Systems Qualification Model Antenna Pointing Mechanisms. ESA - CR（P）- 1525，1981.

［8］　Parker K，Anderson J C. Thermal Vacuum Accelerated Life Test on a Prototype Teldix Single -
　　　Gimbaled Momentum Wheel. ESA - CR（P）- 1268，1979.

［9］　White C C. Accelerated Life Test of Lead Ion — Plated Bearing for the Giotto Despin Mechanism.
　　　NTIS - N86 - 14300，1986.

［10］　Meeks C R. Accelerated Testing of Ball Bearings. Lubrication Engineering，1972，28（10）：
　　　373 -378.

［11］　Phinney D D，Pollard C L. Experience with Duplex Bearings in Narrow Angle Oscillating Applica-
　　　tions. The 22nd Aerospace Mechanisms Symposium，1988，（5）：211 - 226.

［12］　Steven G VanDyk et al. The Role of Bearing and Scan Mechanism Life Testing in Flight Qualification
　　　of the MODIS Instrument. The 35th Aerospace Mechanisms Symposium，2001（5）：1 - 14.

［13］　Smith R L，Mcgrew J M. Failure Modes and Accelerated Life Test Methods for Despun Antenna
　　　Bearings，Lubrication Engineering，1974，30（1）：17 - 26.

［14］　樊幼温 . 红外地平仪固体润滑轴承组件的寿命试验 . 空间科学学报，1996，（6）：71 - 76.

［15］　叶军，赵韩，金银木 . 太阳能电池帆板机构轴承的试验分析 . 合肥工业大学学报（自然科学版），
　　　2002，25（增刊）：946 - 948.

［16］　赵滨海 . 固体润滑技术在滚动轴承中的应用 . 合肥：合肥工业大学，2003.

［17］　黄洪剑 . 航天电机可靠性及加速寿命试验研究 . 杭州：浙江大学，2000.

［18］　罗敏，姜同敏 . 某型卫星扫描驱动系统无刷直流电机加速试验研究 . 2006 年航天可靠性学术交流
　　　会论文集，2006.

［19］　ESA Publications Division. Space Engineering：Mechanical—Part3：Mechanisms. ECSS - E - 30 Part
　　　3A，2000.

航天器机构固体润滑球轴承磨损失效模型[*]

李新立　刘志全　遇　今

摘　要： 根据赫兹接触理论和运动学基本原理，推导了固体润滑球轴承的接触应力和滑动速度公式。基于"航天器机构固体润滑球轴承的失效主要取决于固体润滑膜磨损"的分析结论，建立了固体润滑球轴承的磨损失效模型，并用已有的试验数据进行了初步验证。

关键词： 航天器　机构　固体润滑　球轴承　失效模型

引　言

有长寿命要求的航天器机构（如太阳翼驱动机构、天线指向机构等）球轴承的加速寿命试验方法一直是空间机构领域的重要研究内容之一，而研究长寿命航天器机构固体润滑球轴承加速寿命试验方法的关键是确定影响轴承寿命的加速应力（广义上的应力）和加速方程。为此，首先需要研究清楚轴承的主要失效模式及机理，获得固体润滑球轴承寿命与应力之间的关系模型，即失效模型[1]。本文以固体润滑角接触球轴承作为研究对象，建立其失效模型，为开展加速寿命试验提供理论依据。

1　固体润滑球轴承的磨损失效及机理

航天器机构固体润滑球轴承主要失效模式通常是由润滑不良引起的摩擦阻力矩过大、运转不稳、旋转精度降低等。因此，轴承的寿命在很大程度上取决于固体润滑的寿命。

固体润滑球轴承的寿命通常为轴承滚道上的固体润滑膜（如 MoS_2 膜）和自润滑保持架（如聚四氟乙烯复合材料）所提供的转移膜寿命之和。在轴承寿命初期起主要润滑作用的是轴承套圈滚道上的固体润滑膜，随着膜的不断磨损，轴承逐渐过渡到转移膜润滑，最后转移膜起主要润滑作用[2-3]。球轴承固体润滑失效的机理是钢球循环滚动所造成的固体润滑膜的疲劳磨损，以及伴随钢球滑动所造成的磨粒磨损[4-5]。其中，磨粒磨损自轴承运转开始就导致固体润滑膜不断耗损。而疲劳磨损主要取决润滑膜表面的接触应力大小和循环作用次数，当循环作用次数不超过某一极限时，疲劳磨损并不明显。对于工作在轻载低速工况下的航天器机构固体润滑球轴承，接触应力也不会很大，所以疲劳磨损不会占有主

* 《航天器工程》2008，Vol.17，No.4，pp109－113

导地位。此外，只有在固体润滑膜寿命末期，当固体润滑膜减薄（磨粒磨损）到一定程度时，润滑膜才将出现明显的疲劳磨损（疲劳裂纹和点蚀），轴承摩擦力矩迅速增大。当自润滑保持架无法提供稳定的转移膜润滑时，轴承将很快发生失效。而保持架转移膜的寿命一般难以定量预测[2-3]，所以本文仅对滚道固体润滑膜寿命进行分析，建立球轴承的磨损失效模型。

2 固体润滑球轴承的磨损失效模型

如前所述，固体润滑球轴承磨损失效机理主要是固体润滑膜的磨粒磨损。基于固体润滑膜的磨粒磨损失效机理，下文将对固体润滑球轴承的磨损失效模型进行推导。

2.1 磨损方程

磨粒磨损的机理是磨粒的犁沟作用，而影响磨粒磨损的主要因素是摩擦表面的接触应力和相对滑动速度。令 W 表示固体润滑材料的体积磨损量，则滑动摩擦中，W 与摩擦表面的接触应力 P 和滑动速度 V 以及摩擦时间 t 满足下面的关系，即磨损方程[6-7]

$$W = K_0 P^c V^d t^e \tag{1}$$

式中　K_0，c，d，e——经验常数，与润滑材料材质、摩擦表面摩擦磨损性能、工况条件　　　　　　　　　　　　等有关，一般由试验来确定。

在寿命初期，固体润滑球轴承的摩擦力矩较大，这时固体润滑膜磨损较大。随着轴承的不断运转，摩擦力矩逐渐降低并在某一水平上保持平稳，即轴承固体润滑进入稳定磨损阶段，这是固体润滑膜起润滑作用的主要阶段，固体润滑膜的寿命通常指这一阶段的持续时间。在固体润滑膜寿命末期，轴承摩擦力矩逐渐增大，并随着润滑膜的耗尽而急剧上升。因此，对于固体润滑球轴承，在应用之前通常需要进行预跑合，使轴承固体润滑膜从工作一开始就进入稳定磨损阶段。

在稳定磨损阶段可认为固体润滑膜的体积磨损率 w 随时间保持不变[8]

$$w = \frac{\mathrm{d}W}{\mathrm{d}t} = K_0 P^c V^d \tag{2}$$

此时，式（1）中的参数 $e=1$。

若以磨损厚度 h 表示磨损量，摩擦面面积为 A，线磨损率 γ 为

$$\gamma = \frac{\mathrm{d}h}{\mathrm{d}t} = \frac{1}{A} \frac{\mathrm{d}W}{\mathrm{d}t} = K_1 P^c V^d = 常数 \tag{3}$$

式中　$K_1 = K_0/A$。

上述式（1）～式（3）仅给出的是磨粒磨损的一般经验公式，通常无法直接用来定量描述固体润滑球轴承固体润滑膜的磨损及寿命。只有对球轴承钢球与滚道之间摩擦表面的接触应力和滑动速度进行具体分析，才能建立适合球轴承的磨损方程和失效模型。

2.2 球轴承摩擦表面的接触应力和滑动速度

航天器机构固体润滑球轴承一般工作在轻载低速工况下。而对于角接触球轴承，常施

加一定的轴向预紧载荷以提高轴承的刚度和旋转精度。

为了简化分析计算，本文做以下两点假设：

1）在低速工况下，球运动所产生的惯性载荷忽略不计。

2）在空间微重力环境下，球轴承仅承受预紧载荷。

当轴承承受中心轴向预紧载荷 F_a 时，各球的接触载荷 Q 相同，即

$$Q = \frac{F_a}{Z\sin\alpha} \tag{4}$$

式中　Z——球的个数；

　　　α——轴承实际接触角。

依据点接触赫兹理论，球和套圈滚道的接触区为椭圆。建立坐标系 $s = \{o, x, y, z\}$，坐标系 s 的原点 o 设在椭圆中心，x 轴沿椭圆长轴方向，y 轴沿椭圆短轴指向球的滚动方向，z 轴沿接触面法线方向，如图 1 所示。

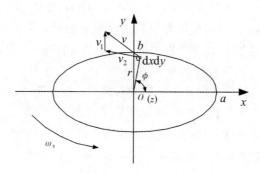

图 1　球与滚道的椭圆接触区域

椭圆接触区任一点（x，y）处的接触应力为[9]

$$p(x, y) = p_0 \sqrt{1 - \left(\frac{x}{a}\right)^2 - \left(\frac{y}{b}\right)^2} \tag{5}$$

式中　p_0——椭圆接触区的最大接触应力；

　　　a，b——分别为椭圆的长、短半轴。

对球轴承的运动分析引入以下几点假设：

1）轴承外圈固定、内圈旋转；

2）在低速工况下，轴承内外套圈的接触角相同，且不考虑球的陀螺运动；

3）球在轴承外圈滚道仅发生滚动，而在内圈滚道既有滚动又有自旋。

椭圆接触区点（x，y）处球与内圈滚道的相对滑动速度 $v(x, y)$ 为该点处沿椭圆短轴方向的差动滑动速度 $v_1(x, y)$ 和自旋滑动速度 $v_2(x, y)$ 的矢量和[10]，见图 1。

点（x，y）处滑动速度 $v(x, y)$ 为

$$\begin{aligned} v(x, y) &= \sqrt{v_1^2 + v_2^2 - 2v_1v_2\cos(\pi - \phi)} \\ &= g(x, y)\omega \end{aligned} \tag{6}$$

式中　ω——轴承内圈转动的绝对角速度；

$g(x, y)$——椭圆接触区 x，y 的函数，与轴承几何特性、工况（载荷）等有关。

2.3 固体润滑球轴承磨损失效模型的推导

由式（3）可知，球与滚道椭圆接触区内任一点 (x, y) 处固体润滑膜的线磨损率为

$$\gamma(x, y) = K_1 \big[p(x, y) \big]^c \big[v(x, y) \big]^d \tag{7}$$

如图 1 所示，在点 (x, y) 处取微小面积单元 $\mathrm{d}x\,\mathrm{d}y$。由式（4）可知，各球与滚道具有相同的接触，将 $\gamma(x, y)$ 在椭圆接触区进行积分，可得轴承内圈滚道固体润滑膜体积磨损率 w 为

$$w = Z \iint\limits_{\Omega} \gamma(x, y)\,\mathrm{d}x\,\mathrm{d}y = ZK_1 \iint\limits_{\Omega} p^c v^d\,\mathrm{d}x\,\mathrm{d}y \tag{8}$$

式中　Ω——球与轴承内圈滚道的椭圆接触区。

将式（5）和式（6）代入式（8）得

$$w = ZK_1 \iint\limits_{\Omega} p^c v^d\,\mathrm{d}x\,\mathrm{d}y$$

$$= ZK_1 p_0^c \omega^d \iint\limits_{\Omega} \left(\sqrt{1 - \left(\frac{x}{a_i} \right)^2 - \left(\frac{y}{b_i} \right)^2} \right)^c g^d\,\mathrm{d}x\,\mathrm{d}y \tag{9}$$

式中　a_i，b_i——分别为球与轴承内圈滚道椭圆接触区的半长轴和半短轴；

下标 i——表示内圈。

令

$$K_2 = Z \iint\limits_{\Omega} \left(\sqrt{1 - \left(\frac{x}{a_i} \right)^2 - \left(\frac{y}{b_i} \right)^2} \right)^c g^d\,\mathrm{d}x\,\mathrm{d}y \tag{10}$$

参数 K_2 与椭圆接触区形状、轴承工况和轴承几何特性等有关。

此时，式（9）可表示为

$$w = K_1 K_2 p_0^c \omega^d \tag{11}$$

若轴承内圈滚道固体润滑膜最大允许体积磨损量为 W_{rmax}，T 为固体润滑膜的磨损寿命，则轴承固体润滑膜磨损失效模型为

$$T = \frac{W_{\mathrm{rmax}}}{K_3 p_0^c \omega^d} \tag{12}$$

式中，参数 $K_3 = K_1 K_2$，与润滑膜材质、工况条件、轴承几何特性等有关，由试验来确定。由此可见，固体润滑球轴承的寿命与润滑材料的摩擦磨损特性、最大磨损量、工况条件（载荷和转速）等有关。

3　固体润滑球轴承磨损失效模型的初步验证

对于某一具体的固体润滑球轴承，固体润滑膜最大允许体积磨损量 W_{rmax} 为一定值。忽略轴承载荷对式（12）中参数 K_3 的影响，将式（12）进行变换得

$$T = K p_0^{-c} \omega^{-d} \tag{13}$$

式中　　$K = W_{rmax}/K_3$。

为了对式（13）进行验证，本文采用了文献［2］提供的不同载荷和转速下固体润滑角接触球轴承 B7007 的寿命试验数据，见表 1。

表 1　球轴承寿命试验数据

轴承试验件序号 j	工况参数				
	轴向载荷/N	内圈、钢球最大接触应力 $p_0^{(j)}$/MPa	轴承转速 n_j/（r/min）	轴承寿命 T_j/h	总转数/r
1	25	650.3	120	1 483	1.07×10^7
2	50	816.3	240	581	0.84×10^7
3	150	1 167	380	294	0.67×10^7
4	200	1 279	80	2 514	1.21×10^7

应当指出，航天器机构固体润滑膜（如以 MoS_2 为基础的复合膜）在真空环境下的润滑性能一般优于在大气环境下的润滑性能。为了保证试验条件和应用条件的一致性，固体润滑球轴承的寿命试验一般要求在真空条件下进行，以保证试验结果的有效性。

表 1 中的固体润滑球轴承寿命试验数据是在大气环境下获得的。单就润滑性能而言，该试验条件比真空环境更为恶劣，但是由于试验件在大气条件和真空条件下的热特性有很大差异，对于摩擦特性可能有更大的影响，因此正式的寿命试验都应该在真空条件下进行。表 1 中的这些试验数据可用来对本文所建立的固体润滑球轴承磨损失效模型进行大气环境条件下的验证。

验证真空环境下固体润滑球轴承磨损失效模型，需要真空环境下获得寿命试验数据，并依据真空环境下的寿命试验数据获得相应的参数 K，c，d 的数值大小，考察轴承寿命与影响因素（接触应力和转速）是否仍然符合式（13）的关系，从而取得真空环境下固体润滑球轴承磨损失效模型与大气环境下的失效模型的异同。

另外，由于目前所获得的上述 4 组寿命试验数据十分有限，所以通过表 1 这些很有限的试验数据对失效模型进行的验证，只能是一个粗略的验证。

为了便于分析计算，将式（13）两边取对数得

$$\ln T = M - c\ln p_0 - d\ln\omega \tag{14}$$

式中　　$M = \ln K$。

采用表 1 中的 4 组试验数据中的 3 组可对式（14）的参数 M，c，d 进行估计，然后根据估计结果来预测另外一个轴承的寿命，将预测结果与试验结果比较，从而实现对失效模型的验证。现利用 $2^\#$，$3^\#$，$4^\#$ 轴承试验件的已知工况条件及寿命试验结果对第 1 个轴承的寿命进行预测。

首先，将 $2^\#$，$3^\#$，$4^\#$ 轴承的接触应力 $p_0^{(j)}$、角速度 ω_j 和寿命 T_j 作为初始值（$j = 2$，3，4），并构造矩阵

$$\boldsymbol{X} = \begin{bmatrix} 1 & -\ln p_0^{(2)} & -\ln\omega_2 \\ 1 & -\ln p_0^{(3)} & -\ln\omega_3 \\ 1 & -\ln p_0^{(4)} & -\ln\omega_4 \end{bmatrix}$$

$$= \begin{bmatrix} 1 & -6.705 & -5.481 \\ 1 & -7.062 & -5.940 \\ 1 & -7.154 & -4.382 \end{bmatrix} \tag{15}$$

令

$$\boldsymbol{Y} = \begin{bmatrix} \ln T_2 \\ \ln T_3 \\ \ln T_4 \end{bmatrix} = \begin{bmatrix} 6.365 \\ 5.684 \\ 7.830 \end{bmatrix} \qquad B = \begin{bmatrix} M \\ c \\ d \end{bmatrix} \tag{16}$$

由式（15）和式（16），利用多元线性回归法获得参数 M，c，d 的估计值为

$$\boldsymbol{B} = \begin{bmatrix} M \\ c \\ d \end{bmatrix} = (\boldsymbol{X}^{\mathrm{T}}\boldsymbol{X})^{-1}\boldsymbol{X}^{\mathrm{T}}\boldsymbol{Y} = \begin{bmatrix} 14.807 \\ 0.127\ 0 \\ 1.384\ 9 \end{bmatrix} \tag{17}$$

由式（17）获得的参数 M，c，d 的估计值及 $1^{\sharp}$ 轴承的工况参数（接触应力 $p_0^{(1)}$ 和角速度 ω_1），可以求得 $1^{\sharp}$ 轴承的寿命预测值，具体情况见表 2。

表 2 $1^{\sharp}$ 轴承试验件的寿命预测

轴承试验件	已知数据			模型参数估计值			$1^{\sharp}$ 轴承寿命	$1^{\sharp}$ 轴承寿命
序号 j	T_j/h	$p_0^{(j)}/\mathrm{MPa}$	$n_j/$ (r/min)	M	c	d	预测值 $\hat{T}_1/\mathrm{h}$	试验值 T_1/h
2	581	816.3	240					
3	294	1 167	380	14.807 0	0.127 0	1.384 9	1 564	1 483
4	2 514	1 279	80					

由表 2 可知，$1^{\sharp}$ 轴承的寿命预测值为 $\hat{T}_1 = 1\ 564\ \mathrm{h}$，与试验值 $T_1 = 1\ 483\ \mathrm{h}$ 较为接近。采用相同的方法，也对其他 3 个轴承的寿命进行了预测，预测结果表明，轴承寿命预测值与寿命试验值基本吻合，从而初步验证了本文所建立的固体润滑球轴承磨损失效模型的正确性。依据该模型，轴承寿命随接触应力和转速的增加而缩短，这为长寿命航天器机构固体润滑球轴承的加速寿命试验提供了一定的理论依据。基于该模型所揭示的逆幂律关系，本文作者对航天器机构固体润滑球轴承的加速寿命试验方法进行了研究，并给出了示例。

4　结　论

综上所述，可以得出以下几点结论。

1）基于球轴承赫兹接触理论和运动学基本原理所建立的固体润滑球轴承的磨损失效模型，适用于轻载低速的长寿命航天器机构固体润滑角接触球轴承应用的一般情况。初步验证结果表明，在不改变固体润滑膜磨损失效机理的条件下，轴承寿命随接触应力和转速的增大而缩短，从而为长寿命航天器机构固体润滑球轴承加速寿命试验提供了一定的理论基础。在重载高速工况下，固体润滑膜的失效机理将发生改变而超出本文失效模型的适用范围。

2）固体润滑膜在耐磨的致密层的厚度范围内，球轴承寿命 T 与固体润滑膜允许的最

大磨损量 W_{rmax} 成正比，即与膜厚成正比。

　　3）本文利用十分有限的试验数据对所建立的固体润滑球轴承在大气环境下的磨损失效模型进行了初步验证和轴承寿命预测，寿命的预测值与试验值基本吻合，从而初步验证了本文所建立的固体润滑球轴承磨损失效模型的正确性。对于真空环境下航天器机构固体润滑球轴承，其失效模型应根据真空环境下固体润滑球轴承寿命试验数据对该失效模型做出修正。

　　4）本文建立的失效模型尚未考虑轴承自润滑保持架转移膜的影响，还需进一步研究固体润滑球轴承的性能退化规律和失效机理，从而建立更准确、考虑因素更全面的失效模型。

参 考 文 献

[1]　刘志全，李新立，遇今. 长寿命航天器机构的加速寿命试验方法. 中国空间科学技术，2008，28（4）：65 - 71.

[2]　李建华，张蕾. 固体润滑轴承的寿命分析. 轴承，2002（11）：21 - 23.

[3]　李建华，姜伟. 固体润滑轴承保持架试验分析. 轴承，2004（9）：18 - 20、48.

[4]　于德洋，赵家政，朱昌铭，等. 精密径向推力球轴承的固体润滑失效探讨. 第五届全国摩擦学学术会议论文集. 武汉，1992.

[5]　于德洋，汪晓萍. 精密角接触球轴承的固体润滑失效分析. 摩擦学学报，1995（4）：310 - 317.

[6]　Meeks C R，Bohner J. Predicting Life of Solid - Lubricated Ball Bearings. ASLE Transactions，1986，29（2）：203 - 213.

[7]　Meeks C R. Theory and Practice of Self - Lubricated，Oscillatory Bearing for High - Vacuum Applications Part Ⅱ：Accelerated Life Tests and Analysis of Bearings. Lubrication Engineering，37（11）：657 - 667.

[8]　温诗铸，黄平. 摩擦学原理（第2版）. 北京：清华大学出版社，2002.

[9]　万长森. 滚动轴承的分析方法. 北京：机械工业出版社，1985.

[10]　李新立. 长寿命航天器机构滚动轴承加速寿命试验方法研究. 北京：中国空间技术研究院硕士学位论文，2008.

航天器机构固体润滑球轴承的加速
寿命试验方法*

李新立　刘志全　遇　今

摘　要：给出了加速寿命试验的一般流程，论述了长寿命航天器机构固体润滑球轴承的恒定应力加速寿命试验方法，包括加速应力类型、加速模型、应力水平、试验环境、试验件数量、试验测试参数、失效判据、试验终止条件、数据处理等要素的确定原则和方法。针对某航天器天线指向机构固体润滑球轴承，给出了具体的加速寿命试验方案示例。

关键词：航天器　机构　固体润滑　球轴承　加速寿命试验

引　言

固体润滑的球轴承寿命试验是长寿命航天器机构经常涉及的试验项目。若对长寿命航天器机构固体润滑球轴承在正常应力水平下开展寿命试验，则无论是时间进度还是试验费用都是令人难以接受的。因此，固体润滑球轴承的加速寿命试验方法成为人们研究的热点。在国内外长寿命航天器机构的加速寿命试验中，球轴承一直作为重点考核的对象。过去已开展的某些固体润滑长寿命航天器机构（或其球轴承）所谓的加速寿命试验，大多是针对1个试验件进行的。在这样的试验中，一般通过简单地提高转速来缩短试验时间，同时考核试验件能否达到在轨工作期间完成的转数或工作次数。这种试验由于没有足够的试验件统计数据，而且一般也没有将试验进行到试验件出现故障为止，所以难以定量评估试验件的寿命及可靠性，不完全符合加速寿命试验的概念[1]。因此，探索切实可行的长寿命航天器机构固体润滑球轴承的加速寿命试验方法具有重要的现实意义。

1　加速寿命试验的概念

加速寿命试验是为缩短试验时间，在不改变故障模式和故障机理的条件下，用加大应力的方法进行的寿命试验[2]。利用加速寿命试验数据可外推正常应力（指广义的应力）下产品的寿命。

而实现外推的关键是建立产品寿命特征与应力水平的关系，即加速寿命曲线（见图1）或加速模型（又称为加速方程）。在图1中，S_0 为正常应力水平，对应的寿命为 T_0。

* 《航天器工程》2008，Vol. 17，No. 5，pp82 - 87

$T_1 \sim T_n$ 分别为加速应力 $S_1 \sim S_n$ 下对应的寿命。常用的加速模型有：Arrhenius 模型、逆幂率模型和 Eyring 模型等[3]。

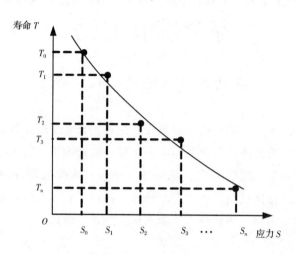

图 1　加速寿命曲线

　　按照施加应力方式的不同，加速寿命试验主要分为 3 种类型：恒定应力加速寿命试验、步进应力加速寿命试验和序进应力加速寿命试验。其中，恒定应力加速寿命试验的数据处理相对容易，外推的精度较高，理论比较成熟，因此获得了广泛的应用。

　　加速寿命试验通常具有如下几个基本特征。

　　1）在加速应力水平下，产品的故障（失效）模式和故障（失效）机理应与在正常应力水平作用下的故障（失效）模式和故障（失效）机理一致。否则，加速寿命试验将失去意义；

　　2）加速寿命试验通常需要选取一定数量的、可供统计分析的试验件而不是 1 个试验件；

　　3）加速寿命试验中全部或部分试验件发生失效，即试验进行到全部或部分试验件失效为止；

　　4）利用加速寿命试验所获取的数据，形成加速寿命曲线或加速方程来外推正常应力水平下产品的寿命。

2　固体润滑球轴承的加速寿命试验方法

2.1　加速寿命试验的一般流程

　　加速寿命试验的一般流程如图 2 所示。

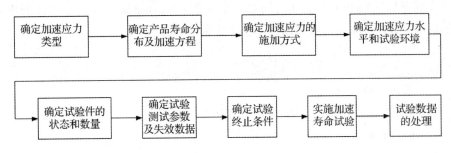

图 2　加速寿命试验的一般流程

2.2　确定加速应力类型

固体润滑球轴承作为典型的长寿命航天器的活动部件，通常工作在轻载低速工况下，其寿命主要取决于轴承套圈滚道固体润滑膜的寿命。本文笔者在文献［4］中建立了航天器机构固体润滑球轴承的磨损失效模型

$$T = \frac{W_{rmax}}{K_3 p_0^c \omega^d} \tag{1}$$

式中　T——球轴承固体润滑膜寿命；

　　　W_{rmax}——轴承滚道固体润滑膜最大允许的体积磨损量，对于某一具体球轴承是确定的；

　　　K_3——与润滑膜材质、工况条件、轴承力学特性和几何参数等有关，由试验来确定；

　　　p_0——球与滚道赫兹接触区的最大接触应力；

　　　ω——轴承转动角速度；

　　　c, d——分别为接触应力和转速的影响指数，亦由试验确定。

由式（1）可知，增大接触应力 p_0 和（或）轴承转动角速度 ω 都将缩短轴承的寿命 T，即都能起到加速失效进程的作用。然而，增大接触应力将使轴承的几何参数发生改变，而这种影响很难定量分析，从而影响固体润滑球轴承的寿命预测精度。因此，一般不宜选择接触应力作为固体润滑球轴承加速寿命试验的加速应力。此时，若不改变接触应力 p_0，轴承寿命仅为轴承转动角速度 ω 的函数[5]，即

$$T = \frac{K}{\omega^d} \tag{2}$$

式中，参数 $K = W_{rmax}/K_3 p_0^c$，由试验来确定。可见，宜选择轴承转动角速度 ω 作为加速寿命试验的加速应力。

2.3　确定寿命分布及加速方程

确定产品的寿命分布类型是产品加速寿命试验研究的基础。长寿命航天器机构固体润滑球轴承的失效主要表现为润滑膜的磨损。对于这类耗损型的机械产品，工程界一般认为

其寿命服从威布尔（Weibull）分布。因此，本文假定长寿命航天器机构固体润滑球轴承的寿命服从 Weibull 分布。两参数的 Weibull 分布函数为

$$F(t) = 1 - \exp\left[-\left(\frac{t}{\eta}\right)^m\right] \quad t > 0 \tag{3}$$

式中　m——形状参数，且 $m > 0$；

　　　η——特征寿命，即可靠度 $R = e^{-1}$ 时的可靠寿命；

　　　t——任务时间。

基于 Weibull 分布，用特征寿命 η 作为加速方程的参数[3]。且由式（2）可知，固体润滑球轴承的失效模型满足逆幂率方程。此时，长寿命航天器机构固体润滑球轴承的加速寿命试验的加速方程具有下面的形式

$$\ln\eta = a + b\ln\omega \tag{4}$$

式中　a，b——加速方程的待定参数，通过对加速寿命试验数据处理来获得。

2.4　确定加速应力的施加方式

长寿命航天器机构固体润滑球轴承采用恒定应力加速寿命试验方法。即，选择一组大于轴承正常应力水平 ω_0 的应力水平 $\omega_i (i = 1, 2, \cdots, k)$ 和 k 个容量分别为 n_1，n_2，$\cdots$，n_k 的试验件，把容量为 $n_i (i = 1, 2, \cdots, k)$ 的试验件放在应力水平 ω_i 下进行寿命试验，直到有 $r_i (r_i \leqslant n_i)$ 个试验件失效时试验才结束，见图 3。图 3 中，"×"表示试验件发生失效。

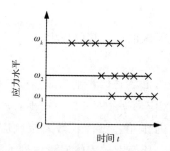

图 3　恒定应力加速寿命试验

2.5　确定加速应力水平和试验环境

通常，轴承寿命分布函数（3）及加速方程（4）中的参数 m，η，a，b 都是未知的，所以需要通过对加速寿命试验数据处理来获取其估计值。为了使评估具有一定的置信度，一个完整的加速寿命试验加速应力水平一般应不少于 4 组[6]。选择加速应力水平的最基本的原则如下所示。

1）为了保证加速寿命试验结果的外推精度，加速寿命试验所选取的最低加速应力水平 ω_1，在能够满足预期的加速效果的前提下，应尽可能接近于轴承的正常应力水平 ω_0。

2）在不改变轴承失效模式和失效机理的条件下，所选取的最高应力水平 ω_k 应尽可能

的大。

3) 在选择最高加速应力水平 ω_k 时，要充分考虑固体润滑球轴承可加速的能力。提高轴承转速所产生的外力应不使固体润滑膜摩擦表面的接触应力产生明显变化；加速产生的温升应不改变轴承固体润滑膜的摩擦磨损特性，即不改变固体润滑膜的失效机理。

4) 确定了最低和最高加速应力水平后，中间加速应力水平应适当间隔。由于固体润滑球轴承的失效模型满足逆幂率关系，中间加速应力水平 $\omega_i(i=2,\cdots,k-1)$ 可按下式确定

$$\ln\omega_i = \ln\omega_1 + (i-1)\frac{\ln\omega_k - \ln\omega_1}{k-1} \quad (i=2,\cdots,k-1) \tag{5}$$

试验环境（如温度、真空度等）应尽量模拟长寿命航天器机构固体润滑球轴承的在轨工作环境。

2.6　确定试验件的状态和数量

固体润滑球轴承试验件应在同一批产品中随机抽取，为了避免轴承早期失效给加速寿命试验外推精度带来影响，试验件应是验收合格的产品（某些航天器机构固体润滑球轴承的验收试验中包含了跑合试验，经过跑合，轴承固体润滑膜进入稳定磨损阶段），然后在各加速应力水平下进行寿命试验。通常，每个应力水平下试验件的数量一般应不少于 10 个，特殊产品不少于 5 个[6]。在航天器实际工程应用中，采用完全寿命试验（即试验进行到各加速应力水平下所有试验件都失效才停止），各加速应力水平下也至少需要选取 4 个试验件。

2.7　确定试验中测试的参数及失效判据

加速寿命试验中，应对反映轴承性能的主要参数（如摩擦力矩、噪声等）进行监测。根据具体航天器机构对轴承的性能要求来制定合理的失效判据，这是保证加速寿命试验结果外推精度的关键。例如，对轴承摩擦力矩有特殊要求的航天器机构，当轴承摩擦力矩增大到一定值时即判为轴承失效。

2.8　确定试验终止条件

一般情况下，寿命试验按试验件的失效时间可分为：完全寿命试验、定时截尾寿命试验和定数截尾寿命试验。对于恒定应力加速寿命试验，各加速应力水平下试验件失效数一般应不少于 4 个[7]。对于长寿命航天器机构固体润滑球轴承的加速寿命试验，试验件通常比较昂贵，受试验经费的限制，所选取的轴承试验件可能较少，为了充分利用有限的试验件寿命试验数据，建议采用完全寿命试验。

2.9　试验数据的处理

在加速应力水平 $\omega_i(i=1,2,\cdots,k)$ 下，到试验结束时发生失效的球轴承试验件的寿命信息记为

$$t_{i1} \leqslant t_{i2} \leqslant \cdots \leqslant t_{ir_i} \tag{6}$$

对于加速寿命试验数据式（6）的处理在下面 3 个基本假定下进行。

1）在各加速应力水平和正常应力水平下，轴承寿命均服从 Weibull 分布；

2）在各加速应力水平和正常应力水平下，轴承的故障模式和故障机理不变，即各应力水平下，形状参数 m 保持不变；

3）轴承特征寿命 η 与应力 ω 满足加速方程（4）。

恒定应力加速寿命试验数据的处理方法主要有图估计、最小二乘估计（LSE）、最优线性无偏估计（BLUE）、最好线性无偏估计（GLUE）和极大似然估计（MLE）等[3,7-9]。上述恒定应力加速寿命试验数据的处理方法，图估计操作最为简单，但精度最差，估计结果因人而异，适用于对估计结果精度要求不高的场合；极大似然估计精度最高，但试验数据处理过程比较复杂，计算量较大；最优线性无偏估计和最好线性无偏估计精度较高，操作较为简单，特别适用于试验件数量较少的场合。

采用这些估计方法（有关这些方法的具体计算过程可参考文献 [3，7-9]，此处不再赘述），可获得上述参数 m，a，b 的估计值，从而利用加速寿命曲线或加速方程外推轴承在正常应力（转速）下的特征寿命 η。

上文仅给出了长寿命航天器机构固体润滑球轴承加速寿命试验方法的一般程序和确定一些要素的原则和方法。对于某个具体的应用对象，还需制定专门的加速寿命试验方案。

3　示例

某航天器天线指向机构是一种长寿命、高精度双轴指向机构，要求在轨工作（间歇运动）达 8 a（任务时间 t＝1 000 min），可靠度要求 $R = 0.999$。该机构在真空环境下工作，温度变化范围为 $-20 \sim +50$ ℃，其驱动组件输入端采用 MoS_2 固体润滑膜润滑的 61 807 和 16003 型球轴承作为支撑，在轨工作转速（正常应力）$\omega_0 = 3.37$ r/min，工作方式是正反方向往复转动，要求在轨可靠工作达 2.02×10^5 r。现要求对该机构固体润滑的 61 807 和 16003 型球轴承的寿命进行地面试验验证。

现以 61807 型球轴承为例，说明其加速寿命试验方案，该方案同样可作为 16003 型球轴承加速寿命试验的参考。

1）试验目的。通过对机构输入端固体润滑球轴承（61807 型）进行加速寿命试验，外推轴承在正常工作条件（正常应力）下的寿命。

2）选取加速应力。如前所述，选取轴承转速作为加速寿命试验的加速应力。

3）寿命分布及加速方程。轴承寿命服从两参数 Weibull 分布，见式（3）。将特征寿命 η 作为加速寿命试验的考核参数，加速方程形式如式（4）。

4）加速应力的施加方式。采用恒定应力加速寿命试验，见本文 2.4 节。

5）加速应力水平和试验环境。选取 4 个加速应力水平，经摸底试验，在不改变轴承失效模式和失效机理的条件下，选取最高加速应力水平为 $\omega_4 = 500$ r/min。长寿命航天器机构固体润滑的球轴承转动圈数一般可达 1×10^7 r 以上，为了不使试验时间太长，选取最低加速应力水平为 $\omega_1 = 100$ r/min。由式（5）可得中间加速应力水平 ω_2，ω_3 为

$$\omega_2 = \exp\left(\ln\omega_1 + \frac{\ln\omega_4 - \ln\omega_1}{3}\right) \approx 170(\text{r/min})$$

$$\omega_3 = \exp\left(\ln\omega_1 + 2 \times \frac{\ln\omega_4 - \ln\omega_1}{3}\right) \approx 290(\text{r/min})$$

即选择 4 个加速应力水平：$\omega_1 = 100$ r/min，$\omega_2 = 170$ r/min，$\omega_3 = 290$ r/min，$\omega_4 = 500$ r/min。

依据球轴承实际在轨工作环境，确定轴承加速寿命试验的环境条件如下。

真空度：$\leqslant 1.3 \times 10^{-3}$ Pa。

温度：考虑到固体润滑膜对温度不敏感，模拟空间温度交变环境（$-20 \sim +50$ ℃）对试验结果的影响不大，故加速寿命试验在室温条件下进行。

载荷：轴承采用轴向定位预紧方式，不承受径向载荷，在空间温度交变环境下预紧力将发生波动。经热分析确定轴承承受的最大预紧力作为加速寿命试验所施加的载荷。这样，可保证试验结果具有更高的置信度。

转动方式：天线指向机构实际在轨工作时往复转动，加速寿命试验中每 30 min 就改变一次轴承转动方向。

6）选取试验件。球轴承试验件是经过验收合格的、从同批次中随机抽取的产品，已经过跑合试验。各加速应力水平下各选取 4 个轴承试验件，共 16 个试验件。

7）测试参数及失效判据。选取轴承摩擦力矩作为监测参数，并测试记录各试验件发生失效时的累积运转时间和转数。61807 型球轴承的失效判据为：若轴承平均摩擦力矩＞1.25 N·cm 或摩擦力矩峰值＞1.75 N·cm，则可将轴承判定为失效。在轴承稳定运转阶段，参数的测试频度为每 12h 测试一次（每天早上 8 点和晚上 8 点各测试一次）。在轴承寿命末期，对轴承摩擦力矩实时监测，随时记录轴承失效时的时间。

8）试验终止条件。本试验方案仅选取了 4 个加速应力水平，每组加速应力水平下仅 4 个试验件。依据各加速应力水平下试验件的失效数应不少于 4 个的原则，故对轴承在各加速应力水平下进行完全寿命试验，即试验进行到所有试验件均失效时结束。

9）试验数据的处理。各加速应力水平 $\omega_i(i = 1, 2, 3, 4)$ 下轴承试验件先后失效时的累积运转时间 $t_{ij}(j = 1, 2, 3, 4)$ 记录如表 1 所示。

表 1 球轴承加速寿命试验数据

i \ j	1	2	3	4
1	t_{11}	t_{12}	t_{13}	t_{14}
2	t_{21}	t_{22}	t_{23}	t_{24}
3	t_{31}	t_{32}	t_{33}	t_{34}
4	t_{41}	t_{42}	t_{43}	t_{44}

由于各加速应力水平 ω_i 下轴承试验件较少（$n_i=4$，即 $n_i<25$），故采用最优线性无偏估计对试验数据进行处理，操作过程如下。

首先，令 $\mu_i=\ln\eta_i$，$\sigma_i=1/m_i$，η_i，m_i 为加速应力水平 ω_i 下轴承寿命分布参数。利用表 1 中的试验数据可求得 μ_i，σ_i 的估计值为[3]

$$\left.\begin{array}{l}\hat{\mu}_i=\sum_{j=1}^{r_i}D(n_i,\ r_i,\ j)\ln t_{ij}\\[3mm]\hat{\sigma}_i=\sum_{j=1}^{r_i}C(n_i,\ r_i,\ j)\ln t_{ij}\end{array}\right\}(i=1,\ 2,\ \cdots,\ k)\tag{7}$$

式中　$D(n_i,\ r_i,\ j)$，$C(n_i,\ r_i,\ j)$——无偏系数，它们可由文献 [10] 查得。

然后，根据已求得的 $\hat{\mu}_i$，$\hat{\sigma}_i$ 求得分布参数 m 和加速方程系数 a，b 的估计值为[3]

$$\hat{m}=\frac{\sum\limits_{i=1}^{k}l_{r_in_i}^{-1}-1}{\sum\limits_{i=1}^{k}l_{r_in_i}^{-1}\hat{\sigma}_i}\tag{8}$$

$$\hat{a}=\frac{GH-IM}{EG-I^2}\tag{9}$$

$$\hat{b}=\frac{EM-IH}{EG-I^2}\tag{10}$$

式中

$$\left.\begin{array}{l}E=\sum\limits_{i=1}^{k}A_{r_in_i}^{-1},\ I=\sum\limits_{i=1}^{k}A_{r_in_i}^{-1}\ln\omega_i,\ H=\sum\limits_{i=1}^{k}A_{r_in_i}^{-1}\hat{\mu}_i\\[3mm]G=\sum\limits_{i=1}^{k}A_{r_in_i}^{-1}(\ln\omega_i)^2,\ M=\sum\limits_{i=1}^{k}A_{r_in_i}^{-1}\ln\omega_i\hat{\mu}_i\end{array}\right\}\tag{11}$$

其中，方差系数 $A_{r_in_i}$，$l_{r_in_i}$ 同样可通过文献 [10] 查得。对于本示例，以上各式中 $n_i=r_i=k=4$。

求得 $\hat{a}$，$\hat{b}$ 后，可由加速方程（4）获得正常应力水平 ω_0 下轴承特征寿命 η_0 估计值

$$\hat{\eta}_0=\exp[\hat{a}+\hat{b}\ln\omega_0]\tag{12}$$

则球轴承正常应力水平下的可靠寿命 t_R 为

$$t_R=\hat{\eta}_0\left(\ln\frac{1}{R}\right)^{\frac{1}{m}}\tag{13}$$

式中，$R=0.999$，为给定的可靠度要求。

球轴承正常应力水平下的可靠度 $R(t)$ 可由下式估计

$$R(t)=\exp\left[-\left(\frac{t}{\hat{\eta}_0}\right)^{\hat{m}}\right]\tag{14}$$

若由式（13）求得的 $t_R\geqslant 1\ 000\ h$，或将 $t=1\ 000\ h$ 代入式（14）求得的 $R(t)\geqslant 0.999$，则说明球轴承寿命满足要求。否则不满足要求，需要改进设计，重新验证。

参 考 文 献

[1] 刘志全，李新立，遇今．长寿命航天器机构的加速寿命试验方法．中国空间科学技术，2008，28（4）：65-71.

[2] 中国人民解放军总装备部．GJB 451A-2005 可靠性维修性保障性术语．总装备部军标出版发行部，2005.

[3] 张志华．加速寿命试验及其统计分析．北京：北京工业大学出版社，2002.

[4] 李新立，刘志全，遇今．航天器机构固体润滑球轴承磨损失效模型．航天器工程，2008，17（4）：109-113.

[5] 李新立．长寿命航天器机构滚动轴承加速寿命试验方法研究．北京：中国空间技术研究院硕士学位论文，2008.

[6] 国家标准总局．GB 2689.1-1981 恒定应力寿命试验和加速寿命试验方法总则．中国标准出版社，1981.

[7] 国家标准总局．GB 2689.2 寿命试验和加速寿命试验的图估计法．中国标准出版社，1981.

[8] 国家标准总局．GB 2689.3 寿命试验和加速寿命试验的简单线性无偏估计．中国标准出版社，1981.

[9] 国家标准总局．GB 2689.4 寿命试验和加速寿命试验的最好线性无偏估计．中国标准出版社，1981.

[10] 中国电子技术标准化研究所．可靠性试验用表（增订本）．北京：国防工业出版社，1987.

载人飞船座椅缓冲机构的可靠性试验方法[*]

刘志全　满剑锋

摘　要：论述了载人飞船座椅缓冲机构的功能和主要故障模式，建立了座椅缓冲机构的可靠性模型，给出了座椅缓冲机构的可靠性特征量，基于计量型可靠性试验的基本思路，提出了座椅缓冲机构的可靠性试验方法并给出了应用示例，为载人飞船座椅缓冲机构可靠性验证提供了技术途径。

关键词：座椅　缓冲机构　可靠性试验　载人飞船

引　言

缓冲机构广泛应用于载人飞船返回着陆、月球探测器软着陆等领域[1-2]。在载人飞船返回舱的返回着陆过程中，首先需要通过降落伞对返回舱进行一系列的减速，其次通过反推发动机点火产生的反推作用对已接近地面的返回舱作进一步的减速，目的是为了实现航天员的安全着陆。安装在航天员座椅与返回舱结构之间的缓冲机构，是进一步保障航天员安全着陆的设施。即使在"降落伞正常工作，而反推发动机失效"的故障情况下，座椅缓冲机构和其他缓冲结构的缓冲作用，也能保证航天员安全。因此，提高和保证座椅缓冲机构的可靠性对于保障航天员的生命安全和载人航天飞行任务的完成具有重要意义。

本文结合中国载人飞船座椅缓冲机构，对其可靠性验证试验方法进行研究，为开展载人飞船座椅缓冲机构的可靠性验证试验提供一个技术途径。

1　缓冲机构的功能及其主要故障

图1分别展示了座椅缓冲机构及其负载处于"未提升状态"和"提升状态"的两种情况，图2展示了座椅缓冲机构的工作原理（详细结构尺寸略）。这里所提及的"负载"是指"座椅（含束缚装置）＋赋形垫＋航天员"，赋形垫是与航天员赋形的、置于航天员和座椅结构之间、具有一定缓冲功能的座垫和靠垫。所谓提升，就是通过"与座椅缓冲机构密封腔体相连"的高压气源将"与航天员座椅以移动副相连"的座椅缓冲机构的外套筒向上提升到位，并使得上位锁锁定（详见图2）。提升是座椅缓冲机构创造缓冲运动行程、实现缓冲功能的前提。

   * 《中国空间科学技术》2009，Vol. 29，No. 2，pp33－37

　　在座椅缓冲机构处于提升状态下，当舱体结构（座椅缓冲机构下部）受到着陆冲击载荷作用时，束缚在座椅内的航天员及其座椅将通过座椅与座椅缓冲机构之间的移动副，沿座椅缓冲机构的轴线向下运动，驱使座椅缓冲机构的锥环挤压内部的缓冲吸能元件，迫使缓冲吸能元件发生塑性变形，通过这种方式，达到缓冲吸能的目的。

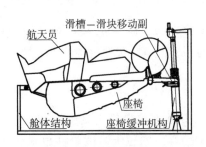

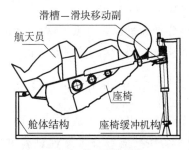

(a) 处于未提升状态　　　　　　　　　　　　(b) 处于提升状态

图 1　座椅缓冲机构与座椅及舱体结构的连接示意

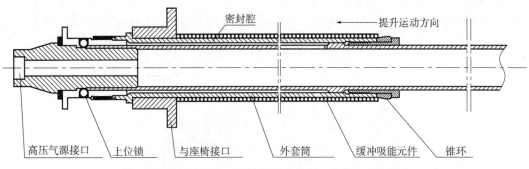

图 2　座椅缓冲机构（已处于提升状态）的缓冲工作原理

　　座椅缓冲机构的主要故障模式有两个：一是提升气压不足以使座椅缓冲机构及其负载提升到位，二是座椅缓冲机构的缓冲性能达不到要求。

2　可靠性试验方法

　　基于对座椅缓冲机构的功能分析，座椅缓冲机构的可靠性 R 为

$$R = R_1 \times R_2 \tag{1}$$

式中　R_1——提升可靠性；

　　　R_2——缓冲可靠性。

　　当座椅缓冲机构的可靠性指标 R 给定后，需要设计师依据可靠性指标分配的有关方法（此处不再赘述）进行指标分配，确定 R_1 和 R_2 的值。

　　提升可靠性 R_1 可用"在规定的负载条件和常温常压环境下，气源供给的工作压力 p_w 大于临界提升压力 p_{cr} 的概率"来表征，即 $R_1 = P(p_w > p_{cr})$。

　　缓冲可靠性 R_2 可用"在规定的负载条件和常温常压环境下，在规定的输入冲击加速

度作用下，座椅缓冲机构规定测点处输出的加速度峰值 a 小于规定值 a_U 的概率"来表征，即 $R_2 = P(a < a_U)$。

　　因此，实现提升功能的可靠性特征量[3-4]是气源的供气压力 p_w，p_w 越大或临界提升压力 p_{cr} 越小越可靠；实现缓冲功能的可靠性特征量是规定测点处输出的加速度峰值 a，a 越小越可靠。

　　如果分别通过提升可靠性试验和缓冲可靠性试验验证了提升可靠性 R_1 和缓冲可靠性 R_2，则可利用可靠性综合评估法（详见本文的示例）求得座椅缓冲机构的可靠性 R。

2.1　提升可靠性试验方法

　　尽管提升过程是一个成败的过程（即提升到位并使上位锁锁定则提升成功，否则失败），但是若按照成败型可靠性试验方法进行提升试验，势必所需试验件数量较大[5-6]。为了减少试验件数量，节约试验经费，同时达到验证提升可靠性的目的，可以采用计量型可靠性试验方法进行试验。

　　将座椅缓冲机构按图 3 所示的连接方式连接到负载和试验工装上，试验中的负载是指"座椅（含束缚装置）＋赋形垫＋假人"，连接的接口同飞行时的真实接口一致。将高压气瓶及阀门管路与座椅缓冲机构的密封腔体相连。

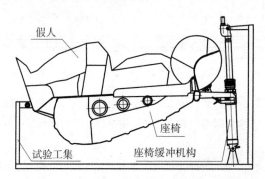

图 3　座椅缓冲机构的提升可靠性试验

　　将高压气瓶的阀门缓慢打开，逐渐加大提升压力，观测提升的临界压力——能够使负载提升接近到位，上位锁间于可锁定和不能锁定时对应的供气压力。对于同一个座椅缓冲机构可重复提升 x 次（注：x 不能过大，否则影响试验效果，一般 $x \leqslant 5$），则对于 N 个座椅缓冲机构试验件，就可得到 $n = N \times x$ 个临界提升压力的实测值 $p_{cr_i}(i = 1, 2, \cdots, n)$。根据这些实测值，就可按国家标准 GB4882 的方法对实测数据进行正态性检验[7]，同时可计算出临界提升压力的均值 $\overline{p}_{cr}$ 和标准差 S_p

$$\overline{p}_{cr} = \frac{1}{n} \sum_{i=1}^{n} p_{cr_i} \tag{2}$$

$$S_p = \sqrt{\frac{1}{n-1} \sum_{i=1}^{n} (p_{cr_i} - \overline{p}_{cr})^2} \tag{3}$$

　　对于给定的提升可靠性指标 R_1，可依据 R_1，n 和置信度 γ 查国家标准 GB4885 获得

裕度系数 k_{p}[8]。若 $\dfrac{p_{\mathrm{w}} - \overline{p}_{\mathrm{cr}}}{S_{\mathrm{p}}} \geqslant k_{\mathrm{p}}$，则表明提升可靠性 R_1 得以验证，反之亦然。

2.2 缓冲可靠性试验方法

将座椅缓冲机构手动置于提升状态；按图 4 所示的安装方式将座椅缓冲机构正确安装在试验工装上。将模拟负载（座椅（含束缚装置）＋赋形垫＋假人）的专用等效质量块正确安装在座椅缓冲机构上。

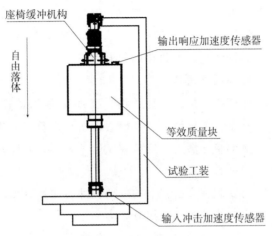

座椅缓冲机构
自由落体
输出响应加速度传感器
等效质量块
试验工装
输入冲击加速度传感器

图 4 座椅缓冲机构的缓冲可靠性试验

在与座椅缓冲机构下部连接的试验工装平台上安装输入冲击加速度传感器，在模拟负载的等效质量块上部安装输出响应加速度传感器。

将装有座椅缓冲机构及加速度传感器的试验工装通过冲击塔上的起吊装置提高到规定的高度（这一高度由规定的输入冲击加速度来决定，而输入冲击加速度由载人飞船系统给出）后突然释放，让试验工装作自由落体运动。当试验工装与规定的地面发生冲击时，通过加速度传感器和测试仪器获得输入冲击加速度和输出加速度随时间变化的曲线。从而测得输入和输出的加速度峰值。

对于 m 个座椅缓冲机构的 m 次冲击试验，可以获得 m 个座椅缓冲机构的输入冲击加速度和输出加速度。需要说明的是，缓冲可靠性试验不同于提升可靠性试验，在每一次冲击过程中，座椅缓冲机构内部的缓冲吸能元件均发生塑性变形，所以 m 次冲击试验一般需要 m 个座椅缓冲机构试验件。

若 m 次试验中测得的输出加速度峰值为 $a_j (j = 1, 2, \cdots, m)$，则可按国家标准 GB4882 的方法对实测数据进行正态性检验[7]，同时可求出输出加速度峰值的均值 $\overline{a}$ 和标准差 S_{a}

$$\overline{a} = \frac{1}{m} \sum_{j=1}^{m} a_j \tag{4}$$

$$S_{\mathrm{a}} = \sqrt{\frac{1}{m-1} \sum_{j=1}^{m} (a_j - \overline{a})^2} \tag{5}$$

对于给定的缓冲可靠性指标 R_2，可依据 R_2，m 和置信度 γ 查国家标准 GB4885 获得裕度系数 k_a[8]。若 $\dfrac{a_U - \bar{a}}{S_a} \geqslant k_a$，则表明缓冲可靠性 R_2 得以验证，反之亦然。

3　示例

某座椅缓冲机构的可靠性指标 $R=0.999\,87$，经过指标分配后，要求提升可靠性 $R_1=0.999\,91$，缓冲可靠性 $R_2=0.999\,96$，置信度 $\gamma=0.7$。

1）R_1 的验证试验方案设计如下。

试验目的	验证座椅缓冲机构的提升可靠性
试验对象	座椅缓冲机构
试验内容	座椅缓冲机构的提升临界压力 p_{cr} 测试试验
试验条件	常温、常压环境；座椅缓冲机构带负载（座椅（含束缚装置）＋赋形垫＋假人）安装在试验工装上，安装接口与飞行状态下的接口一致
受试产品状态	与安装在飞行器上的座椅缓冲机构具有相同技术状态
可靠性特征量	座椅缓冲机构的提升压力
特征量分布规律	正态分布（根据以往试验数据，按国家标准 GB4882 的方法检验，不拒绝正态性假设）
特征量容许限	$p_w=4.8$ MPa
任务时间	瞬间
可靠性验证指标	$R_1=P(p_w>p_{cr})$
试验判断风险	$\beta=1-\gamma=0.3$

抽样方案

投试数量：　试验件数 $N=12$，每件提升 3 次，$n=36$

接收常数：　由 n，R_1，γ 查国家标准 GB4885 并通过线性插值获得 $k_p=4.056\,92$

试验判断规则：　若 $\bar{p}_{cr}+4.056\,92S_p\leqslant4.8$ MPa，则座椅缓冲机构提升可靠性满足指标 R_1，否则，需要进一步减小提升的摩擦力，或进一步增大提升的供气压力，从而使可靠性增长。其中：$\bar{p}_{cr}$ 和 S_p 分别由式（2）和式（3）求得，其中 $n=36$。

2）R_2 的验证试验方案设计如下

试验目的	验证座椅缓冲机构的缓冲可靠性
试验对象	座椅缓冲机构
试验内容	座椅缓冲机构冲击试验（测等效质量块上的输出加速度峰值 a，加速度曲线需经过适当滤波）
试验条件	常温、常压环境；将模拟负载（座椅（含束缚装置）＋赋形垫＋

假人）的专用等效质量块安装在座椅缓冲机构上；座椅缓冲机构输入冲击加速度为 $(66\pm2)\,g_n$（g_n 为重力加速度）

受试产品状态   与安装在飞行器上的座椅缓冲机构具有相同技术状态

可靠性特征量   座椅缓冲机构冲击试验中测得的等效质量块上的输出加速度峰值 a

特征量分布规律   正态分布（根据以往试验数据，按国家标准 GB4882 的方法检验，不拒绝正态性假设）

特征量容许限 $a_U=28g_n$

任务时间   瞬间

可靠性验证指标 $R_2=P(a<a_U)$

试验判断风险 $\beta=1-\gamma=0.3$

抽样方案

   投试数量： $m=30$

   接收常数：   由 m，R_2，γ 查国家标准 GB4885 并通过线性插值获得，$k_a=4.343\,09$

试验判断规则   若 $\overline{a}+4.343\,09\,S_a\leqslant28g_n$，则表明座椅缓冲机构缓冲可靠性满足指标 R_2，否则，需要改进以使可靠性增长。其中：$\overline{a}$ 和 S_a 分别由式（4）和式（5）求得，其中 $m=30$。

   按上述可靠性试验方案进行试验后，所获得的原始实测数据经检验符合正态分布。根据原始实测数据统计处理后的数据如下所示。

   提升可靠性试验：$\overline{p}_{cr}=2.7\,\text{MPa}$，$S_p=0.5\,\text{MPa}$，$k_p=4.2$。查国家标准 GB4885 并通过线性插值得 $R_1=0.999\,949$

   缓冲可靠性试验：$\overline{a}=23.112g_n$，$S_a=0.948\,5g_n$，$k_a=5.153\,4$。查国家标准 GB4885 并通过线性插值得 $R_2=0.999\,998\,6$。

   下面对座椅缓冲机构的可靠性进行综合评估。

   首先，分别将提升可靠性和缓冲可靠性的试验数据转化为成败型试验数据。设 N_1，S_1 分别为提升可靠性的等效试验次数和等效成功次数；N_2，S_2 分别为缓冲可靠性的等效试验次数和等效成功数，则有

$$\begin{cases} S_1=N_1\hat{R}_1 \\ \displaystyle\int_0^{R_1} x^{S_1-1}(1-x)^{N_1-S_1}\,\mathrm{d}x=(1-\gamma)\int_0^1 x^{S_1-1}(1-x)^{N_1-S_1}\,\mathrm{d}x \end{cases} \tag{6}$$

式中 $\hat{R}_1$—— 提升可靠性的点估计，即 $\hat{R}_1=\Phi\left(\dfrac{p_w-\overline{p}_{cr}}{S_p}\right)$。

   将 R_1，$\hat{R}_1$，γ 代入式（6），求解可得 $N_1=24\,002.8$，$S_1=24\,002.5$。同理，可以得到 $N_2=S_2=1\,084\,664.5$。

   然后，根据串联系统可靠性评估的 L－M（Lindstrom－Maddens）法[9]，座椅缓冲机

构的等效试验次数 N_G 和等效失败次数 F_G 分别为

$$\begin{cases} N_G = \min\{N_1,\ N_2\} \approx 24\ 003 \\ F_G = N_G\left(1 - \dfrac{S_1 S_2}{N_1 N_2}\right) = 0.3 \end{cases}$$

由于 0.3 处于 0 和 1 之间，故令 $F_a = 0$，$F_b = 1$，查 GJB376—87 得到信度 $\gamma = 0.7$ 下，对应 N_G，F_a 和 F_b 的可靠性分别为 $R_a = 0.999\ 949\ 8$ 和 $R_b = 0.999\ 898\ 4$。于是，由线性插值可得，$N_G = 24\ 003$，$F_G = 0.3$，$\gamma = 0.7$ 时座椅缓冲机构的可靠性为 $R = 0.999\ 933\ 4$，满足指标 0.999 87 的要求。

需要说明的是，本文论述的座椅缓冲机构是基于"高压气体驱动座椅缓冲机构实现提升，缓冲吸能元件通过塑性变形吸收冲击能量"工作原理的缓冲机构。对于那些基于其他工作原理的不同类型的缓冲机构，其可靠性试验也可以参考本文的方法进行，但需要根据具体结构和工作原理重新确定可靠性模型和可靠性特征量，需要重新制定可靠性试验方案。

参 考 文 献

[1] 刘志全，黄传平．月球探测器软着陆机构发展综述．中国空间科学技术，2006，26（1）：33 - 39.

[2] 黄传平，刘志全．月球探测器软着陆机构展开过程的运动学分析．中国空间科学技术，2007，27（2）：10 - 16.

[3] 刘志全．航天器机械可靠性特征量裕度的概率设计方法．中国空间科学技术，2007，27（4）：34 - 43.

[4] 刘志全．航天器机构的可靠性试验方法．中国空间科学技术，2007，27（3）：39 - 45.

[5] 刘志全，陈新华，孙国鹏．航天器火工机构的可靠性验证试验及评估方法．航天器工程，2008，17（4）：62 - 66.

[6] 中华人民共和国国家军用标准，火工品可靠性评估方法．GJB376 - 87．国防科学技术工业委员会，1987.

[7] 中华人民共和国国家标准，数据的统计处理和解释正态性检验．GB4882 - 2001．国家标准局，2001.

[8] 中华人民共和国国家标准，正态分布完全样本可靠度单侧置信下限．GB4885-85．国家标准局，1985.

[9] 周正伐．航天可靠性工程．北京：中国宇航出版社，2006：201 - 207.

[10] Chen Jinbao，Nie Hong. Overloading of Landing Based on the Deformation of the Lunar Lander. Chinese Journal of Aeronautics (English Edition)，2008，21（1）：43 - 47.

载人航天器密封舱门的可靠性验证试验方法*

刘志全　　夏祥东

摘　要：论述了载人航天器密封舱门的功能、工作原理和主要故障模式，确定了舱门的可靠性特征量，基于计量型可靠性试验的基本思路，提出了舱门的可靠性试验方法，包括试验方法选择、试验件状态及试验条件的确定、试验程序、故障判据和可靠性评估方法，给出了应用示例，为载人航天器密封舱门的可靠性验证提供了技术途径。

关键词：舱门　密封　可靠性验证试验　载人航天器

引　言

载人航天器密封舱门是供航天员和地面操作人员进出密封舱的舱门，是载人飞船、空间实验室、空间站等载人航天器上必不可少的、决定着航天员生命安全的重要设备。航天员在太空工作、生活的舱内环境与舱外真空环境有着近似一个大气压的压差，若舱门密封不可靠，将会影响飞行任务的完成甚至造成灾难性的后果。因此，载人航天器密封舱门（下文简称舱门）的可靠性备受载人航天工程界的关注。在地面开展舱门的可靠性验证试验是保证舱门可靠工作和航天员安全的重要措施之一，而舱门属于较为昂贵的航天器机械产品，试验件数量不宜过多。如何利用较少的舱门试验件进行舱门可靠性试验，将是本文论述的主要内容。本文将对舱门的可靠性验证试验方法进行研究，为开展载人航天器密封舱门的可靠性验证试验提供一个技术途径。

1　舱门的功能、工作原理及可靠性特征量

图1为某舱门舱内一侧的结构（不含门框）示意图。该舱门由门体结构、开关手柄、门轴组件、减速器、连杆组件、舱内把手、平衡阀和滑块等组成。舱门锁紧和开锁的动力源来自操作者的手动操作力。舱门传动机构（包括开关手柄、减速器、连杆组件）将操作者旋转开关手柄的操作力传递到滑块处，实现舱门的锁紧或开锁[1-4]。

当开关舱门时，操作者转动开关手柄，减速器将动力同时向2组对称的连杆组件传递。每组连杆组件带动3个滑块同步伸出或缩入门体结构上的滑槽。

当滑块伸出时，滑块顶端的滚轮接触到固定在舱门门框上的压紧支座的压紧曲面上

*《中国空间科学技术》2010，Vol. 30，No. 1，pp60-64. EI：20101912922864

（见图 2），滑块滚轮通过压紧曲面的导向作用将滑块沿舱门径向运动至锁紧位置。在滑块运动的同时，滑块通过滑槽带动门体结构压向门框，使得门体与门框间的门体密封圈压缩，从而实现舱门的锁紧密封功能。

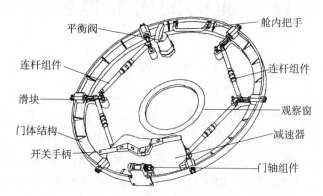

图 1　某舱门舱内一侧的结构示意图

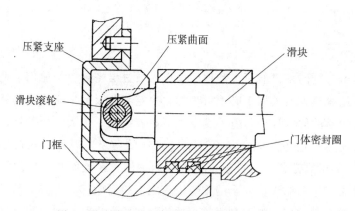

图 2　滑块伸出后在压紧曲面的导向作用下运动

　　在此锁紧密封状态下，若需要打开舱门，操作者需要手动打开平衡阀（见图 1），以平衡舱门内外两侧的压力。然后，操作者反向旋转开关手柄，使 6 个滑块脱离压紧支座，缩回门体，实现舱门的开锁。之后，操作者拉动舱内把手，将舱门沿门轴转动，实现舱门的开启。

　　舱门打开后若需要关闭，则先拉动舱内把手将舱门关闭，然后转动开关手柄，使 6 个滑块伸出，实现舱门锁紧，最后关闭平衡阀，完成关闭舱门的全部动作。

　　由舱门的工作原理可知，舱门操作力与门体密封圈的压缩率密切相关。密封圈压缩率越大，密封性能就越好，舱门开关操作所需的力就越大；反之，密封圈压缩率越小，密封性能就越差，舱门开关操作所需的力就越小。

　　舱门的功能就是在满足开关操作力要求的条件下实现舱门的密封；或在满足密封性能要求的条件下实现舱门的灵活操作。因此，舱门的主要故障模式有 2 个：一是舱门关闭后漏率超标；二是开启或关闭舱门时操作力超标。

　　基于对舱门功能、组成、故障模式及密封性能和操作灵活性之间关系的分析，舱门的

可靠性 R 可以用"在规定的环境条件下，在保证舱门操作力不超标的前提下，舱门漏率 X 小于漏率指标 X_U 的概率"来表征，即 $R = P(X < X_U)$。所以，舱门的可靠性特征量[5] 确定为舱门的漏率 X。

2 可靠性验证试验方法

2.1 试验方法选择

舱门的试验方法有多种。若进行舱门开闭操作力测试及漏率检测的"成败型"试验（即每开闭一次舱门，就测试一次开启操作力和关闭操作力，同时进行一次密封漏率检测，若各项性能均满足指标则记为一次成功，反之，则记为失败），则所需舱门试验件很多，所需巨额试验经费难以为工程所接受。若进行"寿命型"的长期反复开闭疲劳试验，则不能反映舱门实际开闭次数很少的工作特征[6-7]。舱门的可靠性验证试验可采用"计量型"可靠性试验方法进行。这样既可减少试验件数量，节约试验经费，又能达到验证舱门可靠性的目的。即：在舱门可靠性验证试验中，用 n 次开关舱门后舱门漏率的实测数据 $X_i (i = 1, 2, \cdots, n)$ 来评估舱门的可靠性。将"舱门的开闭操作力和漏率不超标"作为每次开关舱门操作无故障的判据。

2.2 试验件状态及试验条件的确定

舱门试验件应是通过验收试验考核的合格产品，与交付安装在载人航天器上的舱门具有相同的技术状态。

先将舱门模拟门框按图 3 所示的连接方式安装到真空设备上，再将舱门安装在舱门模拟框上。舱门与试验设备的安装接口与其在飞行状态下的安装接口一致。将舱门置于关闭状态，然后关闭真空设备进行真空检漏，记录漏率测试值。若该漏率满足舱门的漏率指标，则确定该状态为舱门试验的初始状态。说明合格的舱门安装到试验装置上的初始状态是完好的。

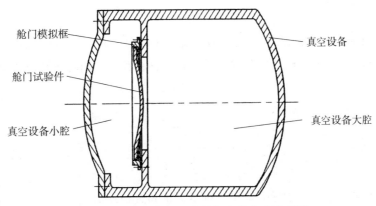

图 3 可靠性验证试验中舱门安装方式示意图

产品可靠性验证试验的环境条件应当覆盖产品工作环境中最恶劣的条件。舱门可靠性验证试验的环境条件为：反复开闭舱门时在常温、常压条件下进行（参见前文所述的舱门工作原理）；舱门真空检漏时的真空度优于 1×10^{-3} Pa。

2.3　试验程序

首先按照 2.2 节的方法将试验件安装完毕并进行初始状态确认。在常温常压条件下，反复开闭舱门 m 次，每开闭一次舱门就用弹簧测力计测试一次开启舱门所需的力 $F_j(j = 1, 2, \cdots, m)$ 和一次关闭舱门所需的力 $P_j(j = 1, 2, \cdots, m)$，考察是否满足 $F_j \leqslant F_U$，$P_j \leqslant F_U$ 的条件。F_U 为舱门开闭操作时所需操作力的上限（舱门的操作力指标）。若满足，则说明"舱门的开闭操作力不超标"，反之亦然。

反复开闭舱门 m 次的目的就是模拟 m 次的开闭舱门操作对舱门性能退化的影响。m 的选取考虑舱门允许的最大开闭操作次数 N 和漏率检测次数 n。一般情况，$mn \leqslant N$。经过 m 次的舱门反复开闭，进行一次真空检漏，测得舱门的漏率。

待真空试验设备恢复到可以打开的状态时打开真空设备，在常温常压条件下，反复开闭舱门 m 次，进行第二轮舱门真空检漏……，如此反复试验，直到 $i = n$ 时结束试验，获得试验数据 $F_j(j = 1, 2, \cdots, m)$，$P_j(j = 1, 2, \cdots, m)$ 和漏率实测值 $X_i(i = 1, 2, \cdots, n)$。

2.4　故障判据

在试验过程中，若出现 $F_j > F_U$ 或 $P_j > F_U$ 或 $X_i > X_U$ 现象，则判定为出现故障，需要停止试验，进行故障分析。

若确认故障属于非关联故障，则剔除该试验数据，对试验设备采取措施后，可继续进行后续试验。

若确认故障属于关联故障，则需要改进舱门设计，重新进行验证，发生故障前的测试数据对于可靠性评估无效（因为设计改进意味着舱门的技术状态已经发生改变）。

2.5　可靠性评估方法

在 n 次舱门的检漏中获得 n 个漏率实测值 $X_i(i = 1, 2, \cdots, n)$。根据这些实测值，可按国家标准 GB4882 的方法对实测数据进行正态性检验[8]，同时可计算出漏率的均值 $\overline{X}$ 和标准差 S

$$\overline{X} = \frac{1}{n} \sum_{i=1}^{n} X_i \tag{1}$$

$$S = \sqrt{\frac{1}{n-1} \sum_{i=1}^{n} (X_i - \overline{X})^2} \tag{2}$$

对于给定的舱门可靠性指标 R，可依据 R，n 和置信度 γ 查国家标准 GB4885 获得裕度系数 k[9]。

若 $\dfrac{X_{\mathrm{U}}-\overline{X}}{S} \geqslant k$，则表明舱门可靠性得以验证，满足可靠性指标 R，反之亦然。

若根据 n 次舱门检漏中获得 n 个漏率实测值 $X_i(i=1,2,\cdots,n)$ 来评估舱门具体的可靠度，则根据漏率实测值 $X_i(i=1,2,\cdots,n)$，利用公式（1）和（2）计算出均值 $\overline{X}$ 和标准差 S，然后计算 $k=\dfrac{X_{\mathrm{U}}-\overline{X}}{S}$ 的值，根据 k，n 和置信度 γ 查国家标准 GB4885 获得舱门的可靠性评估值[10]。

3　示例

某舱门的可靠性指标 $R=0.999\,96$，要求按置信度 $\gamma=0.7$ 进行评估。

R 的验证试验方案设计如下。

试验目的：验证舱门的可靠性。

试验对象：舱门。

试验内容：反复开闭舱门后的漏率检测试验。反复开闭舱门时检测操作力是否超标。

试验条件：在常温、常压条件下，反复开闭舱门环境；舱门真空检漏时真空度优于 $1\times10^{-3}\ \mathrm{Pa}$；舱门与试验设备的安装接口与飞行状态下的安装接口一致。

受试产品状态：与安装在载人航天器上的舱门具有相同技术状态。

可靠性特征量：舱门的漏率 X。

特征量分布规律：正态分布（根据以往试验数据，按国家标准 GB4882 的方法检验，不拒绝正态性假设）。

特征量容许限：$X_{\mathrm{U}}=1\times10^{-4}\ \mathrm{Pa}\cdot\mathrm{m}^{3}/\mathrm{s}$。

任务时间：十几次或几十次，每次几分钟（根据飞行任务特点而定）。

可靠性验证指标：$R=P(X<X_{\mathrm{U}})=0.999\,96$。

试验判断风险：$\beta=1-\gamma=0.3$。

抽样方案：

1）投试数量。试验件数为 2 件，每件舱门开关门总次数 200 次，每开关 10 次进行 1 次检漏，2 件舱门的总检漏次数 $n=40$。

2）接收常数。由 n，R，γ 查国家标准 GB4885 并通过线性插值获得 $k=4.218\,473$。

试验判断规则：若 $\overline{X}+4.218\,473S\leqslant1\times10^{-4}\ \mathrm{Pa}\cdot\mathrm{m}^{3}/\mathrm{s}$，则舱门可靠性满足指标 R，否则，需要进行改进设计，从而使可靠性增长。其中：$\overline{X}$ 和 S 分别由式（1），式（2）求得，其中 $n=40$。

按上述可靠性试验方案进行试验后，所获得的原始实测数据经检验，不拒绝正态性假设。根据原始实测数据统计处理后的数据为

$\overline{X}=3.2\times10^{-7}\ \mathrm{Pa}\cdot\mathrm{m}^{3}/\mathrm{s}$，$S=0.9\times10^{-7}\ \mathrm{Pa}\cdot\mathrm{m}^{3}/\mathrm{s}$，则 $3.2\times10^{-7}+4.218\,473\times0.9\times10^{-7}=7\times10^{-7}\ \mathrm{Pa}\cdot\mathrm{m}^{3}/\mathrm{s}<1\times10^{-4}\ \mathrm{Pa}\cdot\mathrm{m}^{3}/\mathrm{s}$。这表明舱门的可靠性满足指标 $R=$

0.999 96 的要求。

　　需要说明的是，不同的载人航天器密封舱门的结构形式、尺寸大小可能有所不同，但其功能要求无非是开闭操作灵活，关闭后保持良好的密封性能。本文论述的可靠性验证试验方法对于载人航天器密封舱门具有普遍意义。

参 考 文 献

[1]　Composyizo C，Olazabal L DE. An Opening Mechanism for The Scientific Airlock Outer Hatch. N94 -24027, 1994.

[2]　刘志全，嵇景全. 载人航天器电动兼手动舱门的研究. 中国空间科学技术，2005，25（4）：1-7.

[3]　刘志全，夏祥东，嵇景全. 载人航天器舱门周边传动锁紧释放机构的原理和特点. 载人航天，2006，（2）：12-14.

[4]　王耀兵，刘志全，夏祥东. 载人航天器舱门有限元分析及机构最小传动角计算. 载人航天，2007，（1）：36-39.

[5]　刘志全. 航天器机械可靠性特征量裕度的概率设计方法. 中国空间科学技术，2007，27（4）：34-43.

[6]　刘志全. 航天器机构的可靠性试验方法. 中国空间科学技术，2007，27（3）：39-45.

[7]　刘志全，陈新华，孙国鹏. 航天器火工机构的可靠性验证试验及评估方法. 航天器工程，2008，17（4）：62-66.

[8]　中华人民共和国国家标准. 数据的统计处理和解释正态性检验. GB4882-2001. 国家标准局，2001.

[9]　中华人民共和国国家标准. 正态分布完全样本可靠度单侧置信下限. GB4885-85. 国家标准局，1985.

[10]　刘志全，满剑锋. 载人飞船座椅缓冲机构的可靠性试验方法. 中国空间科学技术，2009，29（2）：33-37.

载人飞船某连接分离机构的可靠性
验证试验方法*

刘志全　孙国鹏　宫　颖

摘　要：论述了载人飞船某连接分离机构的功能、工作原理和主要故障模式，确定了该连接分离机构的可靠性特征量。基于计量型可靠性试验的基本思路，提出了该连接分离机构的可靠性试验方法，包括试验方法选择、试验件状态及试验条件的确定、试验程序、故障判据和可靠性评估方法；给出了应用示例，为载人飞船连接分离机构的可靠性验证提供了技术参考途径。

关键词：可靠性试验　连接分离机构　载人飞船

引　言

供载人飞船实现两舱之间电路、气路、液路连接与分离的某连接分离机构，是影响载人飞船舱段连接分离可靠性和航天员安全性的重要设备之一。若该连接分离机构工作不可靠，特别是不能实现分离功能，将会导致灾难性的后果。因此，载人飞船连接分离机构的可靠性备受载人航天界的关注。在地面开展该连接分离机构的可靠性验证试验是保证飞船两舱之间电路、气路、液路连接与分离可靠和航天员安全的重要措施之一，而该连接分离机构属于较为复杂且昂贵的航天器机械产品，试验件数量不宜过多。如何利用较少的试验件进行该连接分离机构可靠性验证试验，将是本文论述的主要内容。

1　某连接分离机构的功能、工作原理及可靠性特征量

载人飞船某连接分离机构示意图如图 1 所示，图 1 左侧为连接状态，右侧为分离状态。

该连接分离机构位于载人飞船舱外，该机构的机架即 B 舱的舱体结构。电连接器、气路断接器和液路断接器均为可插合接通及拔脱分离的装置（图 1 中未反映气路断接器和液路断接器，其安装连接与分离界面与电连接器的相同），装有电连接器、气路断接器、液路断接器的舱外板部件与摆杆连接，可以实现舱外板部件的短距离拔脱平动和绕 O 点铰链

* 《中国空间科学技术》2011，Vol.31，No.1，pp56-61. EI：20111613926524

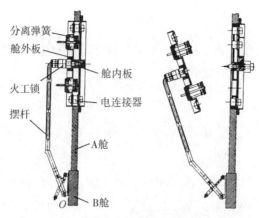

图 1　某连接分离机构示意图

的转动。电缆、气体管路及液体管路按要求被绑扎在摆杆上。装有电连接器、气路断接器、液路断接器的舱内板部件与 A 舱结构刚性密封连接。

在载人飞船发射时和"舱外板部件与舱内板部件连接释放前"的在轨运行期间，舱外板部件与舱内板部件通过火工锁连接，两板上电连接器、气路断接器、液路断接器处于插合接通状态，实现 A 舱和 B 舱之间电路、气路、液路的连接。

当 A 舱和 B 舱分离时，火工锁发火解除舱外板部件与舱内板部件之间的连接。在火工锁解锁后的残余冲量和 2 个分离弹簧的弹性力共同作用下，舱外板与舱内板实现分离，从而实现 A 舱和 B 舱之间电路、气路、液路的分离。按照飞行程序要求，舱外板与舱内板完全分离的时间必须控制在规定的时间内。

在飞行全任务剖面，舱内板及安装在其上的部件都必须保证可靠的密封。

基于对上述连接分离机构组成和工作原理的描述，该连接分离机构的主要功能包括：连接功能、分离功能和密封功能。连接分离机构的主要故障模式有：火工锁连接件断裂、分离时间超标和舱内板漏率超标。因此，该连接分离机构的可靠性 R 为

$$R = R_1 \times R_2 \times R_3 \tag{1}$$

式中　R_1——连接可靠性；

　　　R_2——分离可靠性；

　　　R_3——密封可靠性。

具体值可由该连接分离机构的主管设计师根据可靠性指标 R 进行分配（关于可靠性指标分配方法此处不再赘述）。

火工锁连接的工作载荷 F_w 由预紧力和发射段引起的轴向动载荷两部分组成，可以预先计算得到。而 m 个火工锁由于受材质、加工或装配等方面的随机因素影响，其拉断力 $F_j (j = 1, 2, \cdots, m)$ 可能不尽一致，所以将连接可靠性特征量[1]确定为火工锁的拉断力 F_j，则连接可靠性 $R_1 = P(F_w < F_j)$。为了验证连接可靠性 R_1，可从验收合格的一批火工锁中随机抽取 m 个火工锁进行拉断破坏试验。火工锁的连接安装接口与其在飞船实际状

态下的安装接口一致。m 个火工锁的拉断破坏试验可获得 m 个拉断力的实测值 $F_j(j=1$，2，$\cdots$，m），根据这些数据即可给出 R_1 的评估结果。

分离可靠性 R_2 与分离时间密切相关，可以用"在规定的环境条件下，舱外板与舱内板分离时间 X 小于分离时间指标 X_U 的概率"来表征，即 $R_2=P(X<X_U)$。所以，分离可靠性特征量确定为分离时间 X。

密封可靠性特征量确定为舱外板与舱内板分离后舱内板的漏率 Y 更具有实际意义。密封可靠性 R_3 可以用"在规定的环境条件下，在规定的检漏时间内，舱外板与舱内板分离后舱内板的漏率 Y 小于漏率指标 Y_U 的概率"来表征，即 $R_3=P(Y<Y_U)$。

2　可靠性验证试验方法

2.1　试验方法选择

连接分离机构的试验方法有多种。若进行连接分离机构的"成败型"试验（即每件产品进行一次试验并检测，若各项性能参数均满足指标则记为一次成功，反之，则记为失败），则所需连接分离机构试验件很多，所需巨额试验经费难以为工程所接受[2-3]。若进行"寿命型"的长期反复疲劳试验，则不能反映该连接分离机构实际工作次数很少的工作特征。该连接分离机构的可靠性验证试验可采用"计量型"试验方法，这样既可减少试验件数量，节约试验经费，又能达到验证连接分离机构可靠性的目的[4-7]。即：在连接分离机构可靠性验证试验中，用若干次试验获得的可靠性特征量的实测数据来评估连接分离机构的可靠性。

对应于上述提及的连接可靠性 R_1、分离可靠性 R_2 和密封可靠性 R_3 的验证试验方法分别是"常温常压条件下，进行 m 个火工锁的拉断破坏试验，获得 m 个拉断力的实测值 $F_j(j=1$，2，$\cdots$，m）"、"常温常压条件下，进行连接分离机构 n 次发火分离试验，获得 n 个分离时间数据 $X_i(i=1$，2，$\cdots$，n）"和"常温常压条件下，进行连接分离机构 n 次发火分离试验的过程中，获得 l 个（考虑到检漏操作的可实现性 $l<n$）漏率检测数据 $Y_k(k=1$，2，$\cdots$，l）"，用这些试验数据和可靠性定义 $R_1=P(F_w<F_j)$、$R_2=P(X<X_U)$、$R_3=P(Y<Y_U)$ 就可分别给出 R_1，R_2 和 R_3 的评估结果。

限于篇幅，下文仅对连接分离机构的分离可靠性验证试验的试验件状态、试验条件、试验程序、故障判据、可靠性评估方法进行讨论并给出示例。

2.2　试验件状态及试验条件的确定

连接分离机构试验件应当是通过验收试验考核的合格产品，与交付安装在载人飞船上对应的连接分离机构具有相同的技术状态。

先将连接分离机构（含模拟电缆、气体和液体管路）按图 2 所示的连接方式安装到试验工装上，再将试验工装安装到试验台面上并固定。连接分离机构与试验工装的安装接口与飞船实际状态下的安装接口一致。

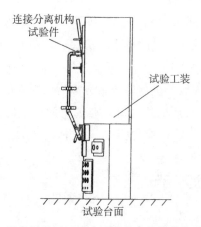

图 2　可靠性验证试验中连接分离机构的安装方式

　　产品可靠性验证试验的环境条件应当覆盖产品工作环境中最恶劣的条件。考虑到该连接分离机构及试验工装结构尺寸较大、真空低温环境下的多次发火分离试验费用较高、连接分离机构整体进行真空低温环境下的多次发火分离试验难以实现的实际情况，还考虑到连接分离机构分离性能对温度敏感的部件为火工锁，在低温条件下火工锁发火性能会有所降低的特性，参加可靠性验证试验的火工锁需要在低温箱中低温冷透后取出，再被快速安装在舱外板与舱内板的连接部位。此外，连接分离机构在常温常压条件下分离阻力（含空气阻力）较真空条件下的分离阻力大。所以，选择火工锁处于低温（如$-50\ ℃$）＋其他部分处于常温常压的试验环境，既考虑了试验的可实现性，又考虑了可靠性试验环境应覆盖产品工作环境中最恶劣条件的原则。

2.3　试验程序

　　首先按照 2.2 节的方法将试验件安装完毕并进行初始状态确认。在常温常压条件下，进行连接分离机构的 n 次发火分离试验，通过高速摄像机拍摄每次分离过程，通过后处理获得分离时间，则 n 次试验将获得 n 个分离时间实测数据 $X_i(i=1, 2, \cdots, n)$。

2.4　故障判据

　　在试验过程中，若出现 $X_i > X_U$ 现象，则判定为故障，需要停止试验，进行故障分析。

　　若确认故障属于非关联故障，则剔除该试验数据，对试验设备采取措施后，可继续进行后续试验。

　　若确认故障属于关联故障，则需要改进连接分离机构设计，重新进行验证，发生故障前的测试数据对于可靠性评估无效（因为设计改进意味着连接分离机构的技术状态已经发生改变）。

2.5　可靠性评估方法

在连接分离机构 n 次发火分离试验中，可获得 n 个分离时间实测数据 $X_i(i=1$，2，$\cdots$，$n)$。根据这些实测值，可按国家标准 GB 4882 的方法对实测数据进行正态性检验[7]，同时可计算出分离时间的均值 $\bar{X}$ 和标准差 S

$$\bar{X} = \frac{1}{n}\sum_{i=1}^{n} X_i \tag{2}$$

$$S = \sqrt{\frac{1}{n-1}\sum_{i=1}^{n}(X_i - \bar{X})^2} \tag{3}$$

对于制定可靠性验证试验方案的情况，可根据给定的连接分离机构分离可靠性指标 R_2，n 和置信度 γ 查国家标准 GB4885 获得裕度系数 K[1]。

若 $\dfrac{X_U - \bar{X}}{S} > K$，则表明连接分离机构的分离可靠性得以验证，满足可靠性指标 R_2；反之亦然。

对于评估连接分离机构分离可靠性的情况，则根据实测值 $X_i(i=1$，2，$\cdots$，$n)$，利用公式（2）和（3）计算出均值 $\bar{X}$ 和标准差 S，然后计算 $K = \dfrac{X_U - \bar{X}}{S}$ 的值，根据 K，n 和置信度 γ 查国家标准 GB4885 获得连接分离机构的分离可靠性评估值 R_2[1]。

事实上，连接可靠性 R_1 和密封可靠性 R_3 的评估方法与分离可靠性 R_2 的评估方法相同，不同的只是可靠性特征量和试验样本量。因此，本文不必对三者逐一进行详细论述。

为了获得在置信度 γ_0（规定在该置信度下评估产品可靠性）下的连接分离机构的可靠性评估结果，不能简单套用公式（1）来计算，需要按串联系统可靠性综合评估方法——L‑M（Lindstrom‑Maddens）法进行评估[8]。

首先，依据连接可靠性试验、分离可靠性试验、密封可靠性试验获得的试验数据，按照前文所述的可靠性评估方法分别获得置信度 $\gamma = 0.5$ 时的连接可靠性置信下限 $R_{1L}|_{\gamma=0.5}$，分离可靠性置信下限 $R_{2L}|_{\gamma=0.5}$ 和密封可靠性置信下限 $R_{3L}|_{\gamma=0.5}$，并记 $\hat{R}_p = R_{pL}|_{\gamma=0.5}(p=1,2,3)$。同样可以分别获得置信度 $\gamma = \gamma_0$ 时的连接可靠性置信下限 $R_{1L}|_{\gamma=\gamma_0}$、分离可靠性置信下限 $R_{2L}|_{\gamma=\gamma_0}$ 和密封可靠性置信下限 $R_{3L}|_{\gamma=\gamma_0}$。

其次，将非成败型数据转换为成败型数据。设 n_p 和 s_p 分别为第 $p(p=1,2,3)$ 个单元由非成败型数据转换为成败型数据后的试验数和成功数，则 n_p 和 s_p 可以通过求解下列方程式获得

$$\left. \begin{array}{l} s_p = n_p \hat{R}_p \\[2mm] \displaystyle\int_0^{R_{pL}|_{\gamma=\gamma_0}} x^{s_p-1}(1-x)^{n_p-s_p}\,\mathrm{d}x = (1-\gamma_0)\int_0^1 x^{s_p-1}(1-x)^{n_p-s_p}\,\mathrm{d}x \end{array} \right\} \tag{4}$$

获得 n_p 和 s_p（$p=1$，2，3）后，则整个连接分离机构（系统）的系统等效试验数 N 和系统等效失败数 F 可由下式求得

$$N = \min\{n_p\} \tag{5}$$

$$F = N\left(1 - \prod_{p=1}^{3} \frac{s_p}{n_p}\right) \tag{6}$$

根据上述求得的 N 和 F 及规定的置信度 γ_0，通过查国家标准 GB4087.3[9] 和线性插值求得整个连接分离机构（系统）在置信度 γ_0 下的可靠性置信下限。

在查 GB 4087.3 时，N 可以按四舍五入的规则进行取整。对于 F，按公式（6）获得 F 的计算值（一般不是整数）后，在 F 附近取两个相邻的整数 a 和 b，使得 $a < F < b$。系统等效失败数分别按 a 和 b 查 GB 4087.3，获得在置信度 γ_0 下两个不同的可靠性置信下限值。据此，通过线性插值求得系统等效失败数为 F 的可靠性置信下限。

3　示例

某连接分离机构的分离可靠性指标 $R_2 = 0.999\,9$，要求按置信度 $\gamma = 0.9$ 进行评估。R_2 的验证试验方案设计如下。

试验目的　　　　验证连接分离机构的分离可靠性 R_2

试验对象　　　　连接分离机构

试验内容　　　　连接分离机构发火分离试验。试验中检测分离时间

试验条件　　　　除火工锁为低温外，连接分离机构其他部分处于常温、常压环境连接分离机构与试验设备的安装接口与飞行状态下的安装接口一致

受试产品状态　　与安装在载人飞船上的连接分离机构具有相同的技术状态

可靠性特征量　　分离时间 X

特征量分布规律　正态分布（大量的以往试验数据都不拒绝正态性假设，参见标准 GB 4882）

特征量容许限　　$X_U = 100$ ms

任务时间　　　　瞬间

可靠性验证指标　$R_2 = P(X < X_U)$

试验判断风险　　$\beta = 1 - \gamma = 0.1$

抽样方案

　　投试数量：　试验件数为 2 件，每件连接分离机构发火分离总次数 20 次，2 件连接分离机构发火分离总次数 $n = 40$，需要 40 发火工锁。

　　接收常数：　由 n，R_2，γ 查国家标准 GB 4885 获得 $K = 4.411\,37$。

　　试验判断规则：若 $\bar{X} + 4.411\,37S < 100$ ms，则连接分离机构的分离可靠性满足指标 R_2，否则，需要进行改进设计，从而使可靠性增长。其中：$\bar{X}$ 和 S 分别由式（2）和式（3）求得，其中 $n = 40$。

按上述可靠性试验方案进行试验后，所获得的原始实测数据经检验不拒绝正态性假设。根据原始实测值统计处理后的数据为：

$\bar{X}$＝75.5 ms，S＝4.5 ms，则 $\bar{X}$＋4.411 37S＝95.4 ms＜100 ms。这表明连接分离机构的分离可靠性满足指标 R_2＝0.999 9 的要求。

根据数据 $\bar{X}$＝75.5 ms，S＝4.5 ms，X_U＝100 ms，利用 $K = \dfrac{X_U - \bar{X}}{S}$ 求得 K＝5.444 44。再依据n＝40，γ＝0.9，K＝5.444 44，查国家标准 GB4885 获得连接分离机构的分离可靠性评估结果为 0.999 996。

整个连接分离机构的可靠性按前文所述的串联系统可靠性综合评估方法——L-M 法获得。

需要说明的是，不同载人飞船的这类型连接分离机构的结构型式、尺寸大小、性能指标可能有所不同，但其功能要求无非是可靠的连接、分离和密封，因此其可靠性验证试验可参照本文论述的方法进行，但需要根据具体结构参数和性能指标对试验方案做相应的调整。

致　谢

在本文撰写过程中，作者得到中国航天科技集团公司可靠性专家、中国运载火箭研究院研究员徐福荣和周正伐同志的指导与帮助，在此表示衷心感谢！

参 考 文 献

[1]　刘志全. 航天器机械可靠性特征量裕度的概率设计方法. 中国空间科学技术，2007，27（4）：34－43.

[2]　刘志全. 航天器机构的可靠性试验方法. 中国空间科学技术，2007，27（3）：39－45.

[3]　刘志全，陈新华，孙国鹏. 航天器火工机构的可靠性验证试验及评估方法. 航天器工程，2008，17（4）：62－66.

[4]　国家标准局，GB4885－85. 正态分布完全样本可靠度单侧置信下限. 北京：中国标准出版社，1985.

[5]　刘志全，满剑锋. 载人飞船座椅缓冲机构的可靠性试验方法. 中国空间科学技术，2009，29（2）：33－37.

[6]　刘志全，夏祥东. 载人航天器密封舱门的可靠性验证试验方法. 中国空间科学技术，2010，30（1）：60－64.

[7]　国家标准局，GB4882-2001. 数据的统计处理和解释——正态性检验. 北京：中国标准出版社，2001.

[8]　周正伐. 航天可靠性工程. 北京：中国宇航出版社，2006：201－207.

[9]　国家标准局，GB4087.3－85. 数据的统计处理和解释——二项分布可靠度单侧置信下限. 北京：中国标准出版社，1985.

航天器开关类机构可靠性验证试验方法[*]

刘志全　夏祥东　宫　颖

摘　要：航天器开关类机构的主要作用就是把机械运动行程转换为电信号，从而为航天员或地面飞行控制指挥中心提供航天器的部分状态信息。文章论述了航天器开关类机构"多次动作进行通断状态转换"的产品特征，确定了以开关类机构的寿命作为可靠性特征量，提出了开关类机构的可靠性验证试验方法，包括试验方法选择、试验件状态及试验条件的确定、试验程序、故障判据和可靠性评估方法。以载人航天器舱门压点开关为例，示范了其可靠性验证试验方法的应用，可为航天器开关类机构的可靠性验证试验提供技术途径。

关键词：航天器　开关机构　可靠性验证试验

引　言

开关类机构在航天器舱段分离或两航天器间的交会对接与分离中有着广泛的应用。航天器舱段分离开关、舱门压点开关、对接机构上的行程开关等都属于航天器开关类机构。航天器开关类机构用于实现机械运动行程转换为电信号，从而为航天员或地面飞行控制指挥中心提供航天器的部分状态信息。若航天器开关类机构工作不可靠，则可能会出现状态判读错误，对航天员完成在轨任务及地面飞行控制都有不利的影响。因此，在地面开展航天器开关类机构的可靠性验证试验，是保证航天器开关类机构可靠工作和航天员顺利完成在轨任务的重要措施之一。本文将对航天器开关类机构的可靠性验证试验方法进行研究，为开展航天器开关类机构的可靠性验证试验提供技术途径。

1　可靠性验证试验方法

1.1　试验方法选择

航天器开关类机构的可靠性可以用在规定的环境条件，在正常开关操作的前提下，航天器开关类机构的寿命大于任务时间的概率来表征，故将寿命确定为该类机构的可靠性特征量[1-2]。考虑到航天器开关类机构每进行一次通断切换（由"通"切换为"断"为一次，由"断"切换为"通"为另一次）所用的时间是恒定的，则寿命末的通断切换次数乘以每

＊《航天器工程》2011，Vol. 20，No. 6，pp126－129

通断切换一次所用的时间就是寿命，所以用通断切换次数 T 来表征寿命。同理，用任务要求的工作次数 t 来表征任务时间。航天器开关类机构的可靠性 $R = P(T > t)$。

　　验证航天器开关类机构的可靠性有多种试验方法。但是，在选择试验方法时，必须要考虑航天器产品小批量生产、研制进度紧和试验费用较高的特点，否则，所选择的试验方法将难以在工程中实施。在满足验证可靠性水平的前提下，应尽可能选择试验件数少、试验时间短、试验经费少的可靠性验证试验方法。

　　航天器开关类机构是多次动作进行通断状态转换的产品，它不属于一次性动作的成败型产品（如火工机构），因而不宜采用类似成败型的火工机构的可靠性验证试验方法进行试验[3]。开关类机构的输出信号不是接通就是断开，而不同于某些所测输出性能参数符合正态分布的机构产品，因而也不宜采用如文献［4 - 6］所述的计量型（正态分布）可靠性验证试验方法进行试验。

　　考虑到航天器开关类机构（寿命型产品）的工作特点，其特征量用开关类机构的通断切换次数 T 来表征，故选择定时截尾无替换方式的寿命试验方法作为航天器开关类机构的可靠性验证试验方法。

　　在 n 个样品的寿命试验中，若失效时间（用通断切换次数来表征）按由小到大排序为 t_1，t_2，$\cdots$，t_r 相互独立，且寿命分布类型均为指数分布，预定在通断切换次数为 τ 次时停止试验，产品失效数为 $r(r \leqslant n)$，则试验总通断切换次数[7]为

$$T = (n - r)\tau + \sum_{i=1}^{r} t_i \tag{1}$$

　　R 的近似单侧置信下限[7]为

$$R_L(t) = \exp\left(- \frac{t\chi_{1-\alpha}^2(2r + 2)}{2T}\right) \tag{2}$$

式中　t——任务要求的工作次数；

　　　　$1 - \alpha = \gamma$，γ 为置信度；

　　　　χ^2 分布的分位数可查阅有关统计方面的数表获得。

　　由式（2）得，总通断切换次数 T 为

$$T = - \frac{t\chi_{1-\alpha}^2(2r + 2)}{2\ln R_L} \tag{3}$$

　　由式（3）可知，制定可靠性验证试验方案时，总通断切换次数 T 需要根据任务要求的工作次数 t、失效数 r 和待验证的可靠性指标 R_L 来决定。其中 t，γ 和 R_L 一般由产品的上级设计师或用户在技术要求中下达，而失效数 r 在试验前是未知的，所以需要根据 r 可能的数值，按式（3）来计算几种可能情况下的试验总通断切换次数 T，制定几种试验截尾预案，若 $r = 0$，则试验截尾通断切换次数 τ 为

$$\tau = \frac{T}{n} = - \frac{t\chi_{1-\alpha}^2(2)}{2n\ln R_L} \tag{4}$$

　　若 $0 < r < n$，则需根据 r 值按公式（3）来具体控制总通断切换次数 T 和试验截尾通断切换次数 τ。

1.2　试验件状态、试验条件及试验程序

航天器开关类机构试验件应是通过验收试验考核的合格产品，与交付安装在航天器上的开关机构具有相同的技术状态。

产品可靠性验证试验的环境条件应当覆盖产品工作环境中最恶劣的条件。

先将 $n(n \geqslant 3)$ 个同种开关机构按照规定的安装要求，固定到可靠性验证试验工装上，并进行初始状态确认，当环境条件符合规定的试验条件时，在通电的情况下反复开闭航天器开关机构，利用计算机数据采集装置自动记录各个开关机构的开闭次数。最终完成如上文所述的定时截尾无替换方式寿命试验。

1.3　故障判据

在试验过程中，若出现开关机构的开关电信号不能切换的现象，则判定为出现故障，需要暂停试验，进行故障分析。

若确认故障属于非关联故障[8]，则剔除该试验数据，对试验设备采取改进措施后，可继续进行后续试验，之前的试验数据有效。

若确认故障属于关联故障[8]，则需要改进开关机构的设计或工艺，重新进行验证，发生故障前的测试数据对于可靠性评估无效。

1.4　可靠性评估方法

根据试验获得的实测值 $t_i(i=1, 2, \cdots, r)$、失效数 r 和总通断切换次数 T 数据，查阅有关统计方面的数表获得 χ^2 分布的分位数，利用式（2）即可计算出开关机构可靠性的评估值。

2　示例——某载人航天器舱门压点开关可靠性验证试验

2.1　功能及工作原理

图 1 为某载人航天器舱门压点开关的示意图。

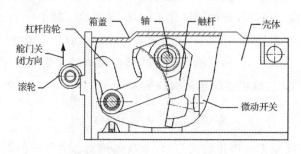

图 1　某舱门压点开关示意图

该舱门压点开关主要由杠杆齿轮、滚轮、轴、触杆、壳体、箱盖和微动开关等组成。

当舱门处于打开状态时，舱门压点开关处于图1所示的自由状态，杠杆齿轮上的滚轮不被舱门压紧，杠杆齿轮在内部扭簧的作用下保持初始位置，内部微动开关发出舱门打开状态电信号。

当关闭舱门时，舱门上的压块与舱门压点开关的滚轮接触并压紧，滚轮按图1中的箭头方向运动，杠杆齿轮绕轴旋转，通过一对齿轮副将力矩传递到触杆上。这样，杠杆齿轮转动带动触杆转动，使得触杆压缩微动开关的触点，当舱门关闭到位时，微动开关的通断状态由绝缘状态切换到导通状态，发出舱门关闭的信号。当关闭状态的舱门要实现开启时，杠杆齿轮轴上的扭簧释放弹性力，使得触杆与微动开关逐渐脱离，当舱门打开到位时，微动开关通断状态切换，发出舱门打开的信号。

分析舱门压点开关的组成和工作原理后可知，舱门压点开关的可靠性主要取决于微动开关能否可靠切换通断状态。

2.2　可靠性指标、试验条件及试验方法

该载人航天器舱门压点开关任务要求的工作次数 $t = 10$ 次，该舱门压点开关的可靠性指标 $R = 0.999$，要求按置信度 $\gamma = 0.7$ 进行可靠性评估。

为了验证舱门压点开关的可靠性，从验收合格的一小批舱门压点开关中随机抽取3件舱门压点开关作为试验件，试验件技术状态与安装在载人航天器上的舱门压点开关具有相同技术状态。舱门压点开关与试验设备的安装接口与飞行状态下的安装接口一致。

将3个舱门压点开关同时固定在试验工装上并放置在试验环境中，利用试验工装上的电机驱动"凸轮－摆杆"机构作周期性摆动（如图2所示），同时压动3个舱门压点开关作开或关的动作。在舱门压点开关通电的情况下反复开闭压点开关，利用计算机数据采集装置自动记录各个舱门压点开关的开闭次数。一旦第 i 个舱门压点开关不能正常切换通断状态，则此前记录的开闭次数即为式（1）中的 $t_i (i = 1, 2, \cdots, r)$。

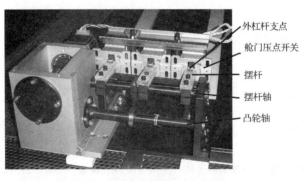

外杠杆支点
舱门压点开关
摆杆
摆杆轴
凸轮轴

图2　载人航天器舱门压点开关试验件及试验工装

舱门压点开关的环境条件与对应的舱门门框附近的环境条件接近。在载人航天器舱门中，航天员出舱活动舱门的工作环境较为恶劣。对应的舱门压点开关所处的最恶劣的环境

为真空低温，因此选择真空低温环境（真空度$\leqslant 1.3 \times 10^{-3}$ Pa；温度$-45 \sim -48$ ℃）作为舱门压点开关可靠性验证试验的环境条件。

按照本文 1.2 节的试验程序进行定时截尾无替换方式寿命试验。

2.3　试验结果及可靠性评估结果

从上述定时截尾无替换方式寿命试验中得到试验结果如表 1 所示。

根据 $t=10$，$r=2$，$T=37\ 927$，$\gamma=1-\alpha=0.7$，查统计数表得：$\chi^2_{0.7}$（6）$=7.231$ 14，将这些数据代入式（2）得到舱门压点开关的可靠性评估结果：$R_L = \exp\left(-\dfrac{10 \times 7.231\ 14}{2 \times 37\ 927}\right) = 0.999\ 047$。这表明舱门压点开关的可靠性满足指标 $R=0.999$ 的要求。

表 1　试验结果

试验件数 n/个	失效数 r/个	总动作次数 T/次	试件编号	失效前或试验截止时的动作次数/次	失效情况
3	2	37 927	1	3 739	保持导通状态，不能切换
			2	9 188	保持导通状态，不能切换
			3	25 000	试验截止时无失效

3　结束语

本文给出了航天器开关类机构可靠性验证试验的方法，并以载人航天器舱门压点开关为例，示范了其可靠性验证试验方法的应用，可为航天器开关类机构的可靠性验证试验提供技术途径。

致　谢

作者衷心感谢上海航天电子有限公司李其隆、杨惠良、张建等同志给予的支持和帮助。

参 考 文 献

[1]　刘志全. 航天器机械可靠性特征量裕度的概率设计方法. 中国空间科学技术，2007，27（4）：34 - 43.

[2]　刘志全. 航天器机构的可靠性试验方法. 中国空间科学技术，2007，27（3）：39 - 45.

[3]　刘志全，陈新华，孙国鹏. 航天器火工机构的可靠性验证试验及评估方法. 航天器工程，2008，17（4）：62 - 66.

[4]　刘志全，满剑锋. 载人飞船座椅缓冲机构的可靠性试验方法. 中国空间科学技术，2009，29（2）：33 - 37.

［5］ 刘志全，夏祥东．载人航天器密封舱门的可靠性验证试验方法．中国空间科学技术，2010，30
      （1）：60 - 64.

［6］ 刘志全，孙国鹏，宫颖．载人飞船某连接分离机构的可靠性验证试验方法．中国空间科学技术，
      2011，31（1）：56 - 61.

［7］ 周正伐．航天可靠性工程．北京：中国宇航出版社，2006：193 - 196

［8］ 中华人民共和国国家军用标准．可靠性维修性保障性术语，GJB 451A - 2005．中国人民解放军总
      装备部，2005.

航天器太阳翼展开可靠性的评估方法[*]

刘志全　吴跃民　濮海玲　杨巧龙

摘　要: 作为航天器的电能供给装置, 太阳翼对于航天器飞行的成功起着重要的作用。本文基于航天器太阳翼展开过程的分析, 确定了以太阳翼铰链的总驱动力矩作为展开可靠性的特征量。基于"应力-强度"干涉理论, 提出了利用太阳翼铰链线驱动力矩和阻力矩等测试数据进行太阳翼展开可靠性定量评估的方法, 并给出了某卫星星座用太阳翼展开可靠性评估的应用示例, 为航天器太阳翼的可靠性验证提供了技术途径。

关键词: 航天器　太阳翼　展开　可靠性

引　言

太阳翼在轨展开是太阳翼实现将太阳能转化为电能并为航天器供电的前提条件, 若太阳翼在轨不能展开, 则航天器将因无电或供电不足而导致飞行失败。所以, 航天器太阳翼展开的可靠性一直受到宇航界的高度关注[1-3]。

为了回答太阳翼机械部分的可靠性是否满足可靠性指标要求的问题, 一些研究部门套用电子产品可靠性预计的方法对太阳翼机械部分进行可靠性预计[1,4]。即: 假设太阳翼机械部分寿命服从指数分布, 按照公式 $R = \exp(-\lambda t)$ 计算可靠度 R, λ 为失效率, t 为任务时间 (一般取 $t = 500$ h)。而事实上, 1) 机械产品多为耗损型产品, 其寿命一般不服从指数分布 (多为正态分布或威布尔分布); 2) 机械产品的失效率 λ 随时间的变化曲线中没有失效率为常值的情况, 不存在类似电子产品那样的"浴盆曲线", 因而 λ 的取值缺乏数据来源; 3) 太阳翼展开为瞬间过程, 仅在几秒到十几秒内完成, 取 $t = 500$ h 也缺乏充分的依据。因此, 套用电子产品可靠性预计方法对太阳翼机械部分进行可靠性预计, 所得到的可靠性预计结果不够客观, 存在着一定的人为因素。更重要的是, 上述方法没有利用地面真实的测试数据来评估太阳翼展开的可靠性。

随着太阳翼定型产品在航天器 (特别是卫星星座) 上的大量应用, 相同技术状态太阳翼的地面测试积累数据使得定量评估太阳翼展开的可靠性成为可能。用真实的测试数据来评估太阳翼展开的可靠性比上文提及的可靠性预计结果更为真实客观。

本文基于太阳翼展开的可靠性特征量, 提出太阳翼展开的可靠性评估方法, 旨在促进在太阳翼研制过程中能有效利用真实的太阳翼地面测试数据来开展航天器太阳翼的可靠性

---

* 《中国空间科学技术》2013, Vol. 33, No. 3, pp52-56

评估，为验证太阳翼的展开可靠性提供一个技术途径。

1 太阳翼的展开过程及可靠性特征量

图1为某刚性太阳翼的结构示意图。该太阳翼由内板、中板、外板、连接架、根部铰链、板间铰链、连接架联动、板间联动等组成。

当航天器发射时，为满足运载火箭对航天器包络尺寸的要求，减少力学环境对太阳翼的影响，太阳翼处于图1（a）所示的收拢状态。处于收拢状态的太阳翼，其根部铰链和板间铰链内的扭簧因弹性变形而产生弹性势能。当太阳翼被释放（通常由火工机构完成释放）后，根部铰链和板间铰链扭簧的弹性势能转化为太阳翼各块电池板运动的动能，太阳翼各块电池板在根部铰链和板间铰链扭簧力矩驱动下依次展开。为保证展开过程的有序性，在太阳翼各铰链线之间设置了联动装置，如铰链线 A 与 B 之间、铰链线 B 与 C 之间、铰链线 C 与 D 之间等。联动装置使得太阳翼展开过程中各铰链转角按固定传动比进行。太阳翼展开即将到位时，铰链（包括根部铰链与板间铰链）上的锁定机构开始运动（参见图2），锁定摆杆在锁定弹簧驱动下绕偏心轴转动，带动柱销进入母铰链上预制的凹槽内，实现太阳翼的锁定[5]。关于太阳翼展开到位后的锁定可靠性评估，因篇幅所限，拟另文刊登。火工机构释放功能的可靠性验证试验及评估方法详见文献［6］，本文不再赘述，本文仅论述收拢状态的太阳翼被释放后展开过程的可靠性评估。

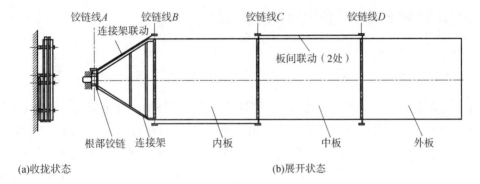

(a)收拢状态   (b)展开状态

图1　某太阳翼的结构示意图

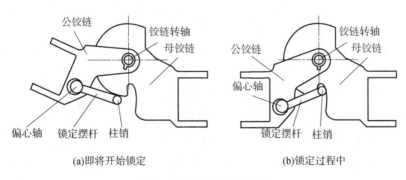

(a)即将开始锁定   (b)锁定过程中

图2　太阳翼铰链锁定过程

在太阳翼地面展开试验中，铰链锁紧深度、对中度、展开时间、联动装置联动绳的张力等参数是判定展开效果的重要依据。铰链锁紧深度、对中度分别用于衡量太阳翼展开并锁定后铰链锁紧状态和翼面平整状态。展开时间是太阳翼从收拢状态到展开状态的转变总时间，理论上讲，展开时间既能够综合反映太阳翼的展开性能又容易测试，但在地面模拟零重力展开试验中，展开时间受到零重力展开吊挂试验设备状态（如展开架滑道上的摩擦阻力）、大气压力、试验场内空气流动状态等非产品自身因素影响，相同的太阳翼在不同测试场地所测得的展开时间有一定的差异，所以实际上测试展开时间难以准确反映太阳翼自身驱动力矩与阻力矩的综合作用效果。联动绳的张力大小与铰链摩擦阻力矩大小有关，联动绳张力越大，铰链摩擦阻力矩也越大。所以测试铰链阻力矩实际上已包含了联动绳张力对铰链阻力矩的贡献。因此，铰链锁紧深度、对中度、展开时间、联动绳张力各参数均不宜作为评估太阳翼展开可靠性的特征量。

从本质上讲，太阳翼的展开过程是驱动力矩与阻力矩综合作用的结果。驱动力矩主要由铰链扭簧提供，而阻力矩则包括板间电缆的阻力矩（低温情况下电缆的僵硬化使得阻力矩更大）和铰链内部的摩擦力矩两大部分。因此，太阳翼展开可靠性 R 可以用"在规定的约束条件（铰链扭簧的应力水平及各铰链线上关节轴承游隙均在许用范围内）下，太阳翼展开总驱动力矩 X 大于总阻力矩 Y 的概率"来表征，即 $R=P(X>Y)$。所以，太阳翼展开的可靠性特征量[7]确定为太阳翼的总驱动力矩 X。

2　太阳翼展开的可靠性评估方法

2.1　测试数据的采集

按照太阳翼研制技术流程，太阳翼在部件装配前需进行驱动性能测试，从而获得各铰链线上驱动力矩、阻力矩随展开角度的变化曲线。测试工作通常在专用测试系统中进行，测试分为常温常压工况下的测试与低温真空工况下的测试两大类，文献［8］介绍了测试方法和数据处理方法。由于地面常温常压下展开时空气阻力和展开试验设备摩擦力对铰链阻力矩的贡献大于在轨低温情况下电缆僵硬化对铰链阻力矩的贡献（地面展开时间大于在轨低温展开时间遥测值），所以地面常温常压下展开试验数据覆盖了最严酷的工况。典型的常温常压下的地面展开试验的测试结果如图 3 所示。对于图 1 所示构型的太阳翼，测试完成后将分别获得 A，B，C，D　4 条铰链线的 4 组驱动力矩、阻力矩随展开角度的变化曲线。如果太阳翼单翼的基板数为 $n-1$，则可得到 n 条铰链线的 n 组测试结果。

为便于计算，参照太阳翼静力矩裕度的定义方法[9]，取整个展开过程中各铰链线驱动力矩的最小值 $T_{sk}(k=1, 2, \cdots, n)$ 和阻力矩的最大值 $T_{rk}(k=1, 2, \cdots, n)$ 作为中间过程量，按传动比关系折算到与航天器结构最近的铰链线（图 1 中的铰链线 A）上，即可得到第 j 个太阳翼总的驱动力矩 X_j 与总的阻力矩 $Y_j(j=1, 2, \cdots, m)$，m 为太阳翼单翼的数量。

X_j 和 Y_j 的计算公式为

$$X_j = \sum_{k=1}^{n} T_{sk} \cdot i_k \qquad Y_j = \sum_{k=1}^{n} T_{rk} \cdot i_k \tag{1}$$

式中　n——每个太阳翼单翼总的铰链线数；

　　　k——铰链线序号，$k=1$，2，$\cdots$，n，$k=1$ 定义为太阳翼展开后最靠近航天器结构的第 1 条铰链线；

　　　i_k——太阳翼展开过程中第 k 条铰链线相对于第 1 条铰链线的传动比，该传动比已在太阳翼设计阶段根据整翼构型及展开方式确定。

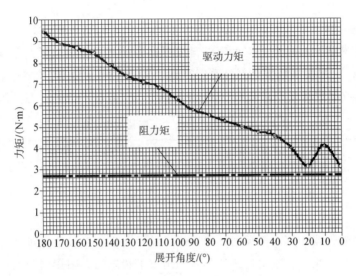

图 3　典型太阳翼铰链线驱动性能测试

对于 m 个技术状态相同的太阳翼单翼来说，会得到 m 组 X 与 Y（由各铰链线驱动力矩及阻力矩实测结果计算得到），这 m 组数据即可作为太阳翼展开可靠性评估的基本数据。

2.2　可靠性评估方法

对于总驱动力矩值 $X_j(j=1$，2，$\cdots$，$m)$ 和总阻力矩值 $Y_j(j=1$，2，$\cdots$，$m)$，可进行正态性检验[10]。同时，可按式（2）和式（3）计算出总驱动力矩的均值 $\overline{X}$ 和标准差 S_X，计算出总阻力矩的均值 $\overline{Y}$ 和标准差 S_Y

$$\overline{X} = \frac{1}{m} \sum_{j=1}^{m} X_j \qquad \overline{Y} = \frac{1}{m} \sum_{j=1}^{m} Y_j \tag{2}$$

$$S_X = \sqrt{\frac{1}{m-1} \sum_{j=1}^{m} (X_j - \overline{X})^2} \qquad S_Y = \sqrt{\frac{1}{m-1} \sum_{j=1}^{m} (Y_j - \overline{Y})^2} \tag{3}$$

若经检验，驱动力矩 X_j（应力—强度干涉理论中的强度）和阻力矩 Y_j（应力—强度干涉理论中的应力）均不拒绝正态性假设，则

$$t_{\mathrm{R}} = \frac{\overline{X} - \overline{Y}}{\sqrt{S_X^2 + S_Y^2}} \tag{4}$$

$$R = \int_{-t_{\mathrm{R}}}^{+\infty} \frac{1}{\sqrt{2\pi}} \mathrm{e}^{-\frac{u^2}{2}} \mathrm{d}u = \Phi(t_{\mathrm{R}}) \tag{5}$$

根据 t_{R} 查数学手册或有关标准[11]的"正态分布数值表"可获得 $\Phi(t_{\mathrm{R}})$ 值，即太阳翼展开的可靠性评估值 R。

3　示例

某卫星星座 6 颗卫星共安装了 12 个技术状态完全相同的太阳翼，每个太阳翼有 4 条铰链线。在太阳翼研制过程中，对所有铰链线驱动力矩与阻力矩随展开角度变化曲线进行了测试。按式（1）对实测数据进行计算，得到了 12 组总驱动力矩 X 和总阻力矩 Y，如表 1 所示。对这些数据进行正态性检验[10]，结果表明该组数据不拒绝正态性假设。

表 1　某卫星星座用 12 个太阳翼的驱动性能

序号 j	1	2	3	4	5	6	7	8	9	10	11	12
总驱动力矩 X_j/（N·m）	9.033	8.972	9.412	9.331	9.038	9.011	8.274	8.369	8.485	8.475	8.5093	8.411
总阻力矩 Y_j/（N·m）	4.514	4.478	4.3115	4.421	4.1	4.086	3.776	3.882	4.131	4.149	4.142	4.1805

根据式（2）～式（5）得，$t_{\mathrm{R}} = 10.081\,478\,97$，查文献 [11] 得，$R > 0.999\,999$。

对于不同的航天器，其太阳翼的结构形式、尺寸大小、基板数量可能有所不同，但其功能、展开过程基本相同。本文论述的具有相同技术状态的太阳翼展开的可靠性评估方法具有普遍意义。

4　结束语

本文基于"应力—强度"干涉理论，提出了利用太阳翼铰链线驱动力矩和阻力矩测试数据定量评估太阳翼展开可靠性的方法，以此来解决目前太阳翼可靠性预计中存在的问题。本文以某卫星星座太阳翼地面展开试验数据为依据，用本文提出的太阳翼展开可靠性评估方法对太阳翼展开可靠性进行了评估，以实例示范的方式促进该太阳翼展开可靠性评估方法的应用，促进航天器太阳翼展开可靠性的定量验证。

参 考 文 献

[1]　陈烈民. 航天器结构与机构. 北京：中国科学技术出版社，2005.

[2]　Feng Y S. The Deployment of Theory of Mechanism Reliability. Reliability Engineering & System Safety, 1993, 41 (1)：95 - 99.

[3]　肖宁聪，李彦锋，黄洪钟. 卫星太阳翼展开机构的可靠性分析方法研究. 宇航学报，2009，30 (4)：1704 - 1710.

［4］ 吴嘉宁，阎绍泽，谢里阳。基于 RBD 与 FTA 的航天器可靠性分析。清华大学学报（自然科学版），2012，52（1）：15－20.

［5］ 杨巧龙，濮海玲，杨宝宁．太阳翼铰链锁紧槽的设计研究．航天器工程，2010，19（3）：57－63.

［6］ 刘志全，陈新华，孙国鹏．航天器火工机构的可靠性验证试验及评估方法．航天器工程，2008，17（4）：62－66.

［7］ 刘志全．航天器机械可靠性特征量裕度的概率设计方法．中国空间科学技术，2007，27（4）：34－43.

［8］ 翟少雄，王长胜，张伟文，等．适用于热真空环境的太阳翼铰链组件测试系统。真空与低温，2004，10（4）：202－204.

［9］ 中华人民共和国国家标准，太阳电池阵机构通用规范 GJB 4042－2000．国家标准局，2000.

［10］ 中华人民共和国国家标准，数据的统计处理和解释正态性检验．GB4882－2001．国家标准局，2001.

［11］ 中华人民共和国国家标准，统计分布数值表正态分布．GB 4086.1－1983．国家标准局，1983.

太阳翼黏滞阻尼器的可靠性评估方法[*]

濮海玲　刘志全　王　旵

摘　要：基于黏滞阻尼器的工作原理分析，确定了以黏滞阻尼器的阻尼率作为可靠性特征量，提出了利用大量地面测试数据进行黏滞阻尼器可靠性评估的方法，并给出了某太阳翼黏滞阻尼器可靠性评估的应用示例，为黏滞阻尼器的可靠性验证提供了技术途径。

关键词：太阳翼　阻尼器　可靠性

引　言

太阳翼展开冲击载荷影响的严重性越来越受到关注，越来越多的阻尼器在太阳翼上得到了应用。黏滞阻尼器（简称阻尼器）是一种以高黏度阻尼液体为工质的稳定耗能装置。相对于其他类型的阻尼器，该阻尼器具有动力性能稳定、耗能能力强、对振动冲击敏感、构造简单和可靠性高等优点，因而被广泛用于吸收太阳翼展开末了时刻的剩余能量，从而降低展开锁定冲击载荷。

阻尼器的关键性能参数为阻尼率。若阻尼率过小，则导致太阳翼展开速度过快、锁定冲击载荷过大。当冲击载荷超过许用值时，势必造成太阳翼驱动装置（SADA，Solar Array Drive Assembly）或其他对冲击敏感的结构受损。所以，必须采取措施保证阻尼器可靠。随着越来越多的技术状态相同的阻尼器地面试验数据的积累，定量评估阻尼器可靠性已成为可能。

本文基于阻尼器的可靠性特征量，提出阻尼器可靠性评估方法，可为有效利用阻尼器地面测试数据评估阻尼器的可靠性提供依据。

1　阻尼器的结构、工作原理及可靠性特征量

阻尼器的结构组成及工作原理如图1所示。阻尼器包括叶轮、壳体、动密封部件、温度补偿腔、黏性阻尼液体等。

叶轮将阻尼器内腔分为A和B两个容腔，两腔内均装满黏性阻尼液体，在叶轮与壳体内壁间留有缝隙。当叶轮以一定角速度ω旋转时，容腔B体积增大形成部分真空，促使黏性阻尼液体通过缝隙由高压腔A向低压腔B流动；容腔A的体积减小，受压的黏性阻

* 《航天器工程》2013，Vol. 22，No. 5，pp42 − 45

尼液体通过缝隙流向 B 腔。高黏度阻尼液体通过缝隙产生阻尼力，此阻尼力对于叶轮产生阻尼力矩[1]。

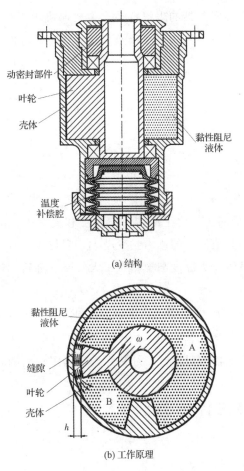

(a) 结构

(b) 工作原理

图 1　阻尼器的结构组成及工作原理

图 2 所示为阻尼器在太阳翼根部铰链上安装的应用示例。阻尼器与根部铰链的转动轴同轴安装。

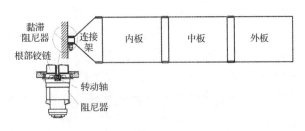

图 2　阻尼器在太阳翼上的安装

当太阳翼展开时，根部铰链的转动轴带动阻尼器的叶轮旋转，阻尼器产生的阻尼力矩又通过转动轴施加到根部铰链上，限制根部铰链的转动角速度，各铰链间的联动装置按照传动比关系，将阻尼力矩逐级传递到所有铰链上，抑制了太阳翼整个展开过程中的运动速度，从而减小了锁定冲击[2]。

本文提及的狭缝式黏滞阻尼器的阻尼特性，主要取决于阻尼率 c，它定义为阻尼力矩与叶轮角速度之比，其与阻尼器结构尺寸以及黏性液体物理特性之间的关系[3]为

$$c = |M|/\omega \approx \mu \cdot \frac{D_0^6}{h^3} \tag{1}$$

式中　　M——阻尼力矩；

ω——叶轮的角速度；

μ——液体动力黏度；

D_0——壳体内径；

h——缝隙径向高度。

由式（1）可知，阻尼率 c 正比于液体动力黏度和壳体内径的六次方，反比于缝隙径向高度的三次方。即黏性阻尼液体的动力黏度越大，阻尼率越高；缝隙径向高度越大，阻尼率越低。其次，由于液体动力黏度与温度有很大关系，随着温度降低，液体动力黏度变大，阻尼率变大。

因此，阻尼器的可靠性 R 可以用"在规定温度和驱动力矩下，阻尼器的阻尼率 c 保持在一定区间范围内的概率"来表征，即 $R = P(c_L \leqslant c \leqslant c_U)$，其中，$c_U$ 为阻尼率上限，c_L 为阻尼率下限。所以，阻尼器的可靠性特征量[4]确定为阻尼器的阻尼率 c。

2　阻尼器的可靠性评估方法

2.1　测试数据的采集

在阻尼器的研制过程中，为了验证阻尼器在经历了力学鉴定（验收）试验和热真空鉴定（验收）试验后，阻尼特性是否能够稳定在设计要求范围内，体现试验环境对阻尼器性能的影响，分别在阻尼器装配完成后、力学试验后、热真空试验后，各进行 4 次（即顺时针旋转 2 次、逆时针旋转 2 次）阻尼率测试，因此，每个阻尼器都获得 6 个顺时针旋转和 6 个逆时针旋转的阻尼率测试结果，共 12 个数据。从产品经过不同试验环境后会发生微小的状态变化这一观点看，这 12 个数据具有独立性。测试结果包括阻尼力矩和角速度随展开时间的变化曲线，典型测试结果如图 3 所示。截取阻尼力矩和角速度为常值部分的曲线，按照公式（1）计算每一次测试的阻尼率。测试数据的合格判据为：在规定温度和驱动力矩下，阻尼率满足 $c_L \leqslant c \leqslant c_U$。

对于 m 个设计状态相同的阻尼器来说，会得到 $12m$ 个 c 的实测值，这 $12m$ 个数据即可作为阻尼器可靠性评估的基本数据。

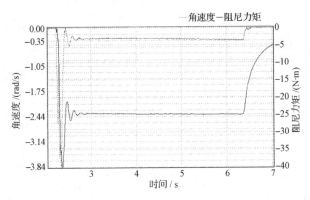

图 3　典型阻尼器的测试曲线

2.2　可靠性评估方法

对于 $12m$ 个阻尼率数据 $c_j(j=1, 2, \cdots, 12m)$，可按照文献 [5−6] 所述方法对数据进行正态性检验，同时可计算出阻尼率的均值 $\bar{c}$ 和标准差 S_c。

$$\bar{c} = \frac{1}{12m} \sum_{j=1}^{12m} c_i \tag{2}$$

$$S_c = \sqrt{\frac{1}{12m-1} \sum_{j=1}^{12m} (c_j - \bar{c})^2} \tag{3}$$

在阻尼器的阻尼率 c_j 不拒绝正态分布假设的前提下，可对阻尼器进行如下的可靠性评估。由于阻尼率受双侧限制，即 $c_L \leqslant c \leqslant c_U$，则根据之前求得的 $\bar{c}$ 和 S_c，可通过如下公式分别求得阻尼率的双侧容许限系数 K_1，K_2

$$K_1 = \frac{\bar{c} - c_L}{S_c} \tag{4}$$

$$K_2 = \frac{c_U - \bar{c}}{S_c} \tag{5}$$

根据阻尼器测试样本数量 $n = 12m$，K_1，K_2 和置信度 γ，查标准 GB4086.1 和 QJ1384[7-8]可获得下限超差概率 p_1、上限超差概率 p_2，进而求得可靠性 $R = 1 - (p_1 + p_2)$。

3　应用示例

某太阳翼系列累积应用了 10 套技术状态完全相同的阻尼器，即 $m = 10$。在研制过程中，对所有阻尼器在 25 ℃和 25 N·m 驱动力矩下进行了阻尼率测试。获得了 120 个阻尼率数据，如表 1 所示。按照文献 [6] 所述方法对这些数据进行正态性检验，结果表明，该组数据不拒绝正态性假设。

表 1　某太阳翼系列 10 套阻尼器的阻尼率测试数据

N · m · s/rad

m	1	2	3	4	5	6	7	8	9	10
阻尼率 c（顺时针）	64.46	63.30	64.60	63.20	63.10	63.90	62.00	63.80	63.50	64.50
	63.07	62.00	63.30	62.50	64.00	62.90	60.60	63.80	64.80	65.30
	63.53	63.62	62.84	61.76	64.47	63.04	63.59	65.37	64.02	64.97
	62.70	63.80	61.90	61.10	64.20	64.00	63.40	65.70	63.70	64.60
	62.90	63.70	62.10	60.70	63.80	63.50	63.10	65.30	63.40	64.50
	62.90	64.20	62.10	60.70	63.70	63.40	63.10	65.30	63.40	64.50
阻尼率 c（逆时针）	59.61	60.20	60.00	59.60	59.80	60.00	59.20	59.50	59.40	61.20
	61.58	59.10	58.60	59.60	60.10	59.40	58.50	59.80	61.30	61.40
	60.55	60.79	58.89	59.33	61.23	60.97	61.07	61.82	61.36	62.12
	59.10	59.90	59.60	58.90	60.80	60.60	61.10	61.60	60.70	61.40
	59.10	59.70	59.70	58.60	60.10	60.00	60.10	60.80	60.50	61.30
	59.10	60.00	59.80	58.30	60.20	59.90	60.70	61.10	60.30	61.30

由式（2）、式（3）可求得，$\bar{c} = 61.8222$ N · m · s/rad，$S_c = 1.9470$ N · m · s/rad。

该系列太阳翼要求 $c_L = 55$ N · m · s/rad，$c_U = 69$ N · m · s/rad，由式（4）和式（5）可求得极限取值 $K_1 = 3.5040$，$K_2 = 3.6866$。置信度 γ 由航天器系统统一给定，此处 $\gamma = 0.7$，通过查标准 GB4086.1 和 QJ1384[7-8] 可得到下限超差概率 $p_1 = 0.00049$，上限超差概率 $p_2 = 0.00033$。

所以，在温度为 25 ℃，驱动力矩为 25 N · m 的情况下，阻尼器阻尼率满足 $55 \leqslant c \leqslant 69$（单位：N · m · s/rad）的可靠性按 $\gamma = 0.7$ 进行评估，可得 $R = 1 - (p_1 + p_2) = 0.99918$。

如上所述，黏性阻尼液体的黏度与温度有很大关系，不同温度下阻尼器的可靠度是不同的。这里取 25 ℃ 下的测试数据是考虑了阻尼器在轨工作时的实际温度为 20～25 ℃，25 ℃ 下黏性阻尼液体的黏度更小，阻尼性能更差，即测试条件覆盖了任务剖面中的最严酷的情况。

4　结束语

本文提出了利用阻尼器的阻尼率测试数据定量评估阻尼器可靠性的方法，可以解决阻尼器可靠性评估的问题。航天器其他展开机构若采用黏滞型阻尼器，其可靠性评估也可借鉴本文的方法进行。

参 考 文 献

[1]　徐青华，刘立平．航天器展开机构阻尼器技术概述．航天器环境工程，2007，24（4）：239 - 243

[2]　王晛，陈天智，柴洪友．太阳翼地面展开锁定的动力学仿真分析．航天器工程，2011，20（3）：

86 - 92

[3]　Koller F，Nitschko T，Labruyere G. Viscous Rotary Damper//Proceedings of the 5th European Space Mechanisms and Tribology Symposium. Paris：ESA，1993

[4]　刘志全．航天器机械可靠性特征量裕度的概率设计方法．中国空间科学技术，2007，27（4）：34 - 43

[5]　刘志全．航天器机构的可靠性试验方法．中国空间科学技术，2007，27（3）：39 - 45

[6]　国家标准化管理委员会．GB 4882 - 2001 中华人民共和国国家标准：数据的统计处理和解释　正态性检验．北京：国家标准化管理委员会，2001

[7]　国家标准化管理委员会．GB 4086.1 - 1983 中华人民共和国国家标准：统计分布数值表　正态分布．北京：国家标准化管理委员会，1983

[8]　中华人民共和国航天工业部．QJ 1384 - 88 正态分布双侧容许限系数表．北京：中华人民共和国航天工业部，1988

火工切割器的一种小样本可靠性验证试验*

刘世毅　　刘志全

摘　要：文章提出了火工切割器的一种小样本计量型可靠性验证试验方法及偏保守的可靠性评估方法，将火工切割器的燃气压力峰值作为可靠性特征量进行可靠性验证试验，分别测试额定工况（双边点火工况）下的燃气压力峰值和单边点火工况下的燃气压力峰值。基于应力—强度干涉理论，用小样本可靠性验证试验数据开展可靠性评估。这种验证方法既可避免特征量临界值分布规律摸底试验中消耗一定数量的产品，又能实现计量法代替计数法，还避免了人为设定强化系数，评估结果能够反映产品在加严条件下的可靠度水平。文章给出了用 60 个火工切割器样本进行可靠性验证试验及可靠性评估的应用实例，为航天器火工装置小样本可靠性验证提供技术途径。

关键词：火工切割器　可靠性验证　小样本　可靠性评估　航天器

引　言

作为火工装置之一，火工切割器广泛应用于航天器太阳翼压紧释放装置和天线压紧释放装置上，其可靠性直接影响整个飞行任务的成败，因而航天界对火工切割器提出了很高的可靠性要求。国军标 GJB376 给出的火工装置可靠性评估方法有计数法与计量法两种[1]。若利用计数法评估火工切割器的可靠性，在失效数 $F = 0$ 的前提下，在置信度 $\gamma = 0.95$ 时，为验证可靠度 $R = 0.999\,95$ 所需试验样本量至少为 6 万发，巨大的试验成本在工程上难以被接受。若采用计量法（利用正态容许限法）对可测量的性能参数进行可靠性评估，可大大减少试验样本量。在我国载人飞船的研制过程中，文献［2，3］基于计量型可靠性验证试验方法，通过测量较少的火工机构试验样本的分离速度、加速度等运动性能参数，验证了产品的可靠度。但火工切割器只有切割功能要求，没有可直接测量的运动性能参数，因此有必要寻求小样本计量型火工切割器可靠性验证试验方法。

美国国家航空航天局早在 20 世纪 60 年代双子星飞船上首先采用了 ±15％装药裕度试验方法[4]，在后续的阿波罗飞船、航天飞机等航天器上也都采用了该方法验证设计裕度，但这种方法不能给出可靠的量化评估结果。文献［5］于 20 世纪 90 年代初提出了利用性能裕度来设计和验证火工装置可靠性的思路，受到了普遍关注。在国内，文献［6］提出了可靠性特征量裕度的概率设计方法，将火工装置装药量作为特征量，建立了可靠性指标、裕度和装药量之间的定量关系，可实现可靠性的量化设计与验证。但是在寻找临界装药量分布规律的摸底试验过程中，仍需较多的火工装置试验样本。

在欧洲空间局研制阿里安运载火箭期间，出现在 1996 年可靠性与安全性管理年会上的文献［7］提出了火工装置的"强化试验法"，该方法利用 3～15 个样本的试验数据即可验证 0.999 9～0.999 99 可靠度指标，但该方法的理论依据和具体试验方法尚未公开报道。国内，文献［8］于 2001 年提出了基于信息熵理论的"最大熵试验法"，在熵最大的临界工况点进行试验，提高了单个样本所含的信息量，这也是一种强化试验的思路。利用该方法进行火工切割器可靠度评估的算例仅使用 13 个样本即可获得很高的可靠性评估结果。文献［9］在 2004 年解释了"强化试验法"的理论，破译了加严条件下可靠性评估方法。文献［10］通过计算得到了加严条件与额定条件下可靠度与试验样本数的关系。强化试验法结合了计数法和计量法，并将设计裕度引入可靠性评估中，能够使用较少的样本量实现高可靠度的评估。但由于进行加严工况的验证数量少，所以在产品生产过程控制还不能真实反映随机变量的离散程度的情况下，所获得的变差系数不够准确，且强化系数的选取精度也直接影响可靠性评估结果。

针对上述问题，本文提出火工切割器小样本计量型可靠性验证试验及偏保守的可靠性评估方法。该方法将火工切割器的燃气压力峰值作为可靠性特征量，分别测试额定工况（双边点火工况）下的燃气压力峰值和单边点火（仅一个点火器点火，另一端不装点火器，用堵头封死）工况下的燃气压力峰值，利用应力—强度干涉理论进行可靠性评估。这种验证方法既可避免在特征量临界值分布规律摸底试验中消耗一定数量的产品，又能用计量法代替计数法，且避免人为设定强化系数，能够反映产品的可靠性水平，可为航天器火工装置小样本可靠性验证提供新的技术途径。

1   工作原理及可靠性特征量的确定

火工切割器（如图 1 所示）的工作原理：火工切割器采用双点火器冗余设计，点火器点火后，燃气压力驱动切刀运动，切断直径为 d 的被切杆。产品正常工作时双点火器同时点火，没有主装药，仅利用两个点火器点火后的输出能量实现切断功能。

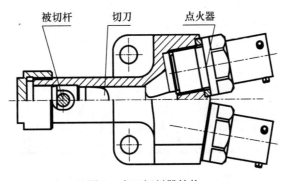

图 1   火工切割器结构

　　燃气压力越高，火工切割器切断被切杆的能力越强，推动切刀做功的能力也越强，点火器装药药型和药量偏差、点火器点火不同步性及燃烧容腔结构尺寸偏差的存在，使得工作燃气压力峰值具有一定随机性，即燃气压力峰值是一个反映火工切割器可靠性特征的随机变量。因此，将火工切割器的燃气压力峰值作为可靠性特征量。

2　可靠性表征

　　按照应力—强度干涉理论，火工切割器的可靠性可以用额定工况（双边点火工况）下燃气压力峰值 p 大于临界状态下燃气压力峰值 p_{cr} 的概率来表征，即 $R = P(p > p_{cr})$，如图 2 所示。在图 2 中，$\mu_{p_{cr}}$ 和 μ_p 为均值。

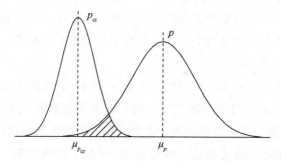

图 2　额定工况下燃气压力峰值 p 的概率分布与临界状态下燃气压力峰值 p_{cr} 的概率分

　　为了获取 p_{cr} 的分布规律，需要进行较多样本的摸底试验。为了节约试验费用，减少试验样本，满足工程需要，本文用单边点火（仅一个点火器点火，另一端不装点火器，用堵头封死）情况下的压力峰值 p' 代替 p_{cr}，即用 $R = P(p > p')$ 来表征火工切割器的可靠性。

　　以往大量的双点火器冗余设计有效性验证试验结果表明：火工切割器在高温、低温和常温下单边点火情况下就能切断被切杆，即 $p' > p_{cr}$，如图 3 所示。因此，本文用 $R = P(p > p')$ 来表征火工切割器的可靠性是偏保守的，但在工程上，测量 p' 要比测量 p_{cr} 更容易实现。

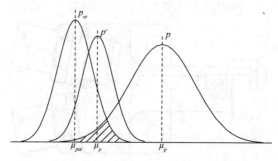

图 3　p、p' 与 p_{cr} 三者的概率分布关系

3 可靠性验证试验及评估方法

火工切割器不装主装药，仅利用两个点火器点火后的燃气压力做功。多批次点火器的发火试验结果表明：点火器输出性能稳定，高温及低温环境对火工切割器燃气压力的影响可忽略[11]。因此选择在常温工况下进行点火试验，用定容测压的方法测试火工切割器初始容腔（即切刀运动前的初始容腔）内的燃气压力峰值。测压传感器安装在切刀作用端面，传感器的安装不改变初始容腔的大小、密封性能及切刀的运动。传感器获得的燃气压力峰值反映了切刀运动瞬间承受的燃气压力。可靠性验证试验及可靠性评估的流程如图 4 所示。

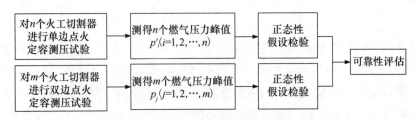

图 4 可靠性验证试验及可靠性评估流程

根据国家标准 GB/T4882 对试验获得的实测结果 $p'_i (i = 1, 2, \cdots, n)$ 和 $p_j (j = 1, 2, \cdots, m)$ 进行正态性假设检验[12]，若均不拒绝正态性假设，则可按如下步骤进行可靠性评估。

1）分别计算均值 $\mu_{p'}$ 和 μ_p

$$\mu_{p'} = \frac{1}{n} \sum_{i=1}^{n} p'_i \tag{1}$$

$$\mu_p = \frac{1}{m} \sum_{j=1}^{m} p_j \tag{2}$$

2）分别计算标准差 $\sigma_{p'}$ 和 σ_p

$$\sigma_{p'} = \sqrt{\frac{\sum_{i=1}^{n} (p'_i - \mu_{p'})^2}{n-1}} \tag{3}$$

$$\sigma_p = \sqrt{\frac{\sum_{j=1}^{m} (p_j - \mu_p)^2}{m-1}} \tag{4}$$

则

$$R = P(p > p') = \Phi\left(\frac{\mu_p - \mu_{p'}}{\sqrt{\sigma_p^2 + \sigma_{p'}^2}}\right) \tag{5}$$

式中　$\Phi(\cdot)$——标准正态分布函数，可根据 GB/T4885 附录 B 计算获得[13]。

3）计算在给定置信度 γ 时的可靠性置信下限近似值 R_L[14]

$$R_L = \Phi(V - Z_\gamma \sigma_V) \qquad (6)$$

其中

$$V = (\mu_{p'} - \mu_{p'}) / \sqrt{\sigma_p^2 + \sigma_{p'}^2} \qquad (7)$$

$$\sigma_V = \sqrt{\frac{1}{\sigma_p^2 + \sigma_{p'}^2}\left(\frac{\sigma_p^2}{m} + \frac{\sigma_{p'}^2}{n}\right) + \frac{V^2}{2(\sigma_p^2 + \sigma_{p'}^2)^2}\left(\frac{\sigma_p^4}{m-1} + \frac{\sigma_{p'}^4}{n-1}\right)} \qquad (8)$$

式中　Z_γ——标准正态分布的 γ 分位数，可根据 GB/T4885 附录 A 查表获得[13]。

根据式（5）或式（6），通过 GJB376 附录 C 查表即可获得偏保守的可靠性评估结果[1]。

4　实例

某火工切割器可靠性验证试验的试验件 60 个。其中，40 个试验件进行双边点火定容测压试验，20 个试验件进行单边点火定容测压试验，即 $m=40$，$n=20$。火工切割器试验件通过两个螺钉固定在安装板上，利用传感器测试火工切割器初始燃烧容腔内的压力，传感器测试方向与切刀工作方向一致。试验获得的 20 个单边点火燃气压力峰值数据与 40 个双边点火燃气压力峰值数据分别如表 1、表 2 所示。典型单边点火及双边点火的压力—时间曲线（$\hat{p}-t$ 曲线）如图 5 所示，所有 $\hat{p}-t$ 曲线的趋势一致。

表 1　单边点火试验燃气压力峰值测试数据

序号	1	2	3	4	5	6	7	8	9	10
压力峰值/MPa	39.36	37.34	39.56	42.17	38.15	40.56	36.34	39.76	37.14	38.35
序号	11	12	13	14	15	16	17	18	19	20
压力峰值/MPa	37.95	42.57	39.57	38.97	38.77	44.57	41.27	38.96	38.76	37.55

表 2　双边点火试验燃气压力峰值测试数据

序号	1	2	3	4	5	6	7	8	9	10
压力峰值/MPa	70.23	72.25	73.45	71.44	74.86	67.62	74.66	75.35	71.76	75.64
序号	11	12	13	14	15	16	17	18	19	20
压力峰值/MPa	74.15	74.75	75.64	74.15	72.66	73.25	70.26	78.33	76.84	72.36
序号	21	22	23	24	25	26	27	28	29	30
压力峰值/MPa	76.54	74.65	73.85	75.05	78.93	74.15	75.64	76.24	73.85	73.55
序号	31	32	33	34	35	36	37	38	39	40
压力峰值/MPa	76.84	71.16	71.96	76.54	76.84	75.94	74.45	75.35	72.26	77.34

根据 GB/T4882 对燃气压力峰值进行正态性假设检验。利用 Shapiro－Wilk 检验方

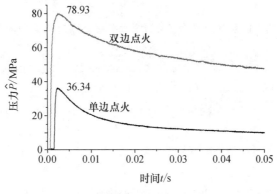

图 5　典型燃气压力 $\hat{p} - t$ 曲线

法[11]统计20个单边点火压力峰值数据，计算得检验统计量 $W = 0.934$，查 GB/T4882 表 11 得分位数 $W_{0.05} = 0.905$[12]。因为 $W > W_{0.05}$，所以单边点火器压力峰值在显著性水平 $\alpha = 0.05$ 上不拒绝零假设。根据同样方法，统计 40 个双边点火压力峰值数据，检验统计量 $W = 0.981$，分位数 $W_{0.05} = 0.940$。因为 $W > W_{0.05}$，所以双点火器压力峰值数据在显著性水平 $\alpha = 0.05$ 上也不拒绝零假设。

根据式（1）计算单边点火燃气压力峰值均值 $\mu_{p'} = 39.38$，标准差 $\sigma_{p'} = 2.02$。

根据式（2）计算双边点火燃气压力峰值均值 $\mu_p = 74.27$，标准差 $\sigma_p = 2.36$。

依据国家标准 GB/T10094 附录 A[15]，查得标准正态分布的 γ 分位数 $Z_{0.95} = 1.645$（$\gamma = 0.95$ 时）。根据公式（7）、式（8）得到：$V = 16.67$，$\sigma_V = 1.683$。

根据公式（6）得到：$V - Z_\gamma \sigma_V = 16.67 - 1.645 \times 1.683 \approx 13.9$

根据国家标准 GB/T4885 的直接法[13]，得到 $\gamma = 0.95$ 下的火工切割器可靠性置信下限 $R_L = 0.999\ 999\ 9$。

5　结束语

本文提出的火工切割器可靠性验证试验方法具有如下三个特点：

1）试验样本少。试验样本数仅为成败型计数法可靠性验证试验所用试验样本的 1‰。

2）可靠性评估结果偏保守。单边点火燃气压力大于临界状态燃气压力，可靠性评估结果偏保守，结果更可信。

3）试验方法简单易行。该试验方法对试验工况及试验过程记录的要求都易于实现，可操作性强。

参 考 文 献

[1]　中华人民共和国国家军用标准. GJB 376 - 87 火工品可靠性评估方法. 北京：国防科学技术工业委员会，1987：2 - 3.

［2］ 刘志全，满剑峰．载人飞船座椅缓冲机构的可靠性试验方法．中国空间科学技术，2009，29（2）：33－58.

［3］ 刘志全，夏祥东．载人航天器密封舱门的可靠性验证试验方法．中国空间科学技术，2010，30（1）：60－64.

［4］ Laurence J Bement, Herbert A Multhaup. Determining Functional Reliability of Pyrotechnic Mechanical Devices. AIAA Journal 1999, 37（3）：357－363.

［5］ Laurence J Bement, Morry L Schimme. Determination of Pyrotechnic Functional Margin. NASA report, 1993, N93－20134：34－50.

［6］ 刘志全．航天器机械可靠性特征量裕度的概率设计方法．中国空间科学技术，2007，27（4）：34－43.

［7］ Beurtey X. Reliability Prediction on Ariane5 Pyrotechnical Devices Using the Hardened Test Method. Probabilistic Safety Assessment and Management, Springer London Ltd. London, 1996：1687－1695.

［8］ 刘炳章．航天火工装置可靠性的优化试验法：最大熵试验法．导弹与火工技术，2001（1）：23－38.

［9］ 荣吉利，白美，刘志全，加严条件下火工机构可靠性评估方法．北京理工大学学报，2004，24（2）：117－120.

［10］ 荣吉利，张涛．航天火工机构可靠性的强化试验验证方法．宇航学报，2009，30（6）：2426－2430.

［11］ 李利，赵宝昌，杨栋．火药热分解特性与燃烧稳定性间相关性的分析．火炸药学报，2001（3）：30－32.

［12］ 国家质量技术监督局．GB/T 4882－2001，数据的统计处理和解释 正态性检验．北京：中国标准出版社，2001：1－28.

［13］ 国家质量技术监督局．GB/T 4885－2009，正态分布完全样本可靠度置信下限．北京：中国标准出版社，2009：1－4.

［14］ 周正伐．航天器可靠性工程．北京：中国宇航出版社，2006：200－201.

［15］ 国家质量技术监督局．GB/T 10094－2009，正态分布分位数与变异系数的置信限．北京：中国标准出版社，2009.

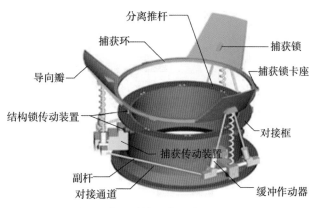

图 1　某型对接组件示意图(P95)

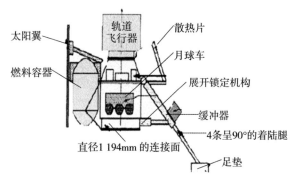

图 5　欧洲月球 2000 探测器(P116)

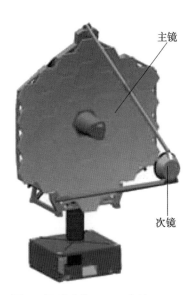

图 2　展开后的 JWST 主镜(P129)

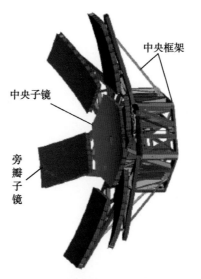

中央框架

中央子镜

旁瓣子镜

图 5　电机驱动的 Lidar 系统（P130）

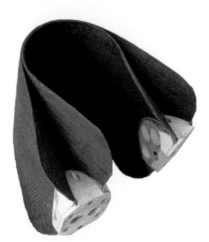

图 8　折叠状态的 EMC 铰链（P131）

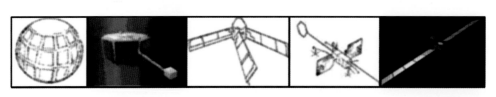

(a)球形体装式　　(b)柱形体装式　　(c)带桨展开式　　(d)单板展开式　　(e)多板展开式

图 1　空间太阳电池阵总体构型的发展（P153）

图 2　多板一维一次展开构型[4]（P153）

图 3　多板二维多次展开构型[3]（P154）

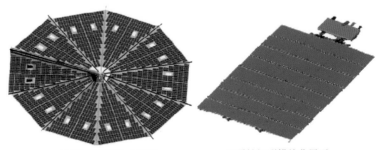

(a)柔性三角模块化展开　　　　　　(b)柔性矩形模块化展开

图 4　近期空间太阳电池阵总体构型的发展趋势（P154）

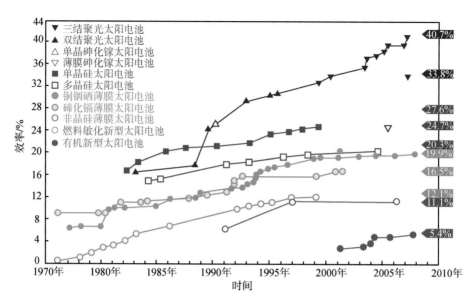

图 5　不同材料的太阳电池片光电转换效率随年份的变化曲线[10]（P156）

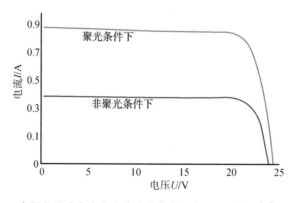

图 6　太阳电池片在聚光和非聚光条件下的 I - U 曲线[11]（P156）

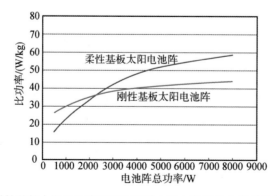

图 7　柔性基板太阳电池阵和刚性基板太阳电池阵比功率的比较（P158）

(a)扭簧铰链　　　　　(b)盘压杆　　　　　(c)铰接杆　　(d)管状杆　　(e)充气杆

图 8　几种展开机构类型(P158)

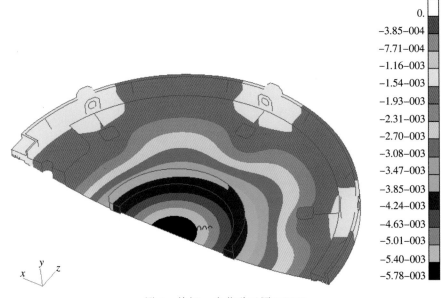

	0.
	−3.85−004
	−7.71−004
	−1.16−003
	−1.54−003
	−1.93−003
	−2.31−003
	−2.70−003
	−3.08−003
	−3.47−003
	−3.85−003
	−4.24−003
	−4.63−003
	−5.01−003
	−5.40−003
	−5.78−003

图 4　舱门 y 向位移云图(P208)

	2.04+008
	1.91+008
	1.77+008
	1.63+008
	1.50+008
	1.36+008
	1.23+008
	1.09+008
	9.54+007
	8.18+007
	6.82+007
	5.46+007
	4.10+007
	2.74+007
	1.38+007
	1.91+005

图 5　舱门 Von−Mises 应力云图(P208)

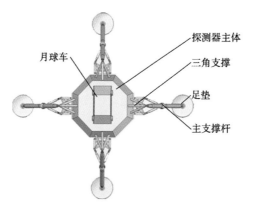

图1 软着陆机构(俯视图)(P213)

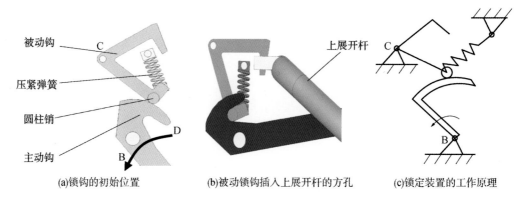

(a)锁钩的初始位置　　　　(b)被动锁钩插入上展开杆的方孔　　　　(c)锁定装置的工作原理

图4 软着陆机构的锁定过程(P215)

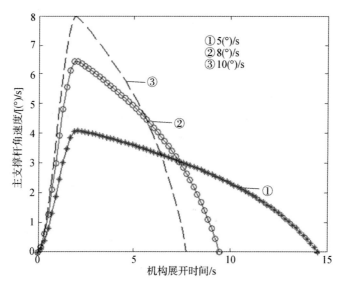

图9 主支撑杆角速度曲线(P219)

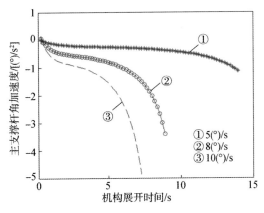

图10 主支撑杆角加速度曲线(P220)

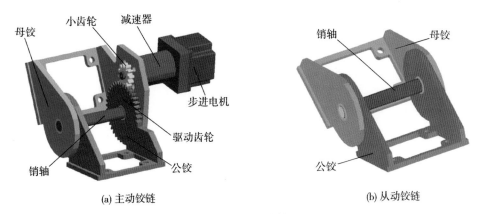

(a) 主动铰链

(b) 从动铰链

图3 旁瓣子镜展开铰链(P224)

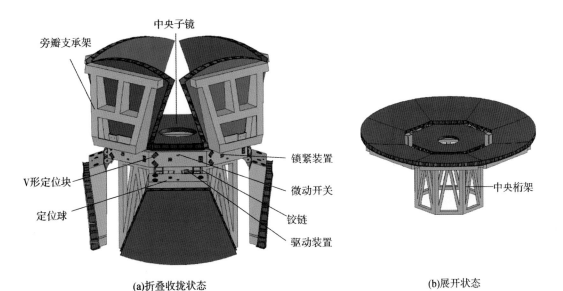

(a)折叠收拢状态

(b)展开状态

图6 主镜展开机构总体构型(P227)

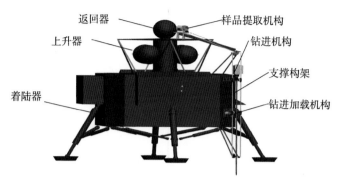

图 2　钻取式自动采样机构在月球探测器上的布局（P280）

图 2　载人航天器舱门压点开关试验件及试验工装（P461）

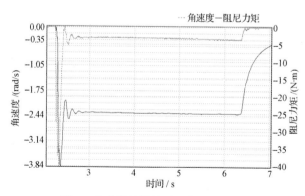

图 3　典型阻尼器的测试曲线（P473）